果树优质丰产的生理基础与调控技术

杨洪强　房经贵　胡春根　管清美　主编

西北农林科技大学出版社

·杨凌·

图书在版编目（CIP）数据

果树优质丰产的生理基础与调控技术 / 杨洪强等主编.—杨凌：西北农林科技大学出版社，2022.11

ISBN 978-7-5683-1170-0

Ⅰ.①果…　Ⅱ.①杨…　Ⅲ.①果树园艺—研究　Ⅳ.①S66

中国版本图书馆CIP数据核字（2022）第213116号

果树优质丰产的生理基础与调控技术

杨洪强　等　主编

出版发行	西北农林科技大学出版社	
地　　址	陕西杨凌杨武路3号	**邮　编**：712100
电　　话	总编室：029-87093195	发行部：029-87093302
电子邮箱	press0809@163.com	
印　　刷	西安日报社印务中心	
版　　次	2022年11月第1版	
印　　次	2022年11月第1次印刷	
开　　本	787 mm×1 092 mm　1/16	
印　　张	30.75　　**插页**　4	
字　　数	638千字	

ISBN 978-7-5683-1170-0

定价：98.00元

本书如有印装质量问题，请与本社联系

编 委 会

（排名不分先后，以姓氏笔画排序）

主　编　杨洪强　房经贵　胡春根　管清美
副主编　马方放　王利军　毛　柯　张玮玮　张培安　徐记迪　谭　彬

编　委　马　跃　王　楠　王三红　王小非　王江波　王志刚　王志强
　　　　　王鹏蔚　文颖强　孔　瑾　孔俊花　卢素文　卢晓鹏　代占武
　　　　　白团辉　冯　琛　冯建灿　刘永忠　刘军伟　刘松忠　刘国甜
　　　　　刘德春　祁巧云　杜远鹏　李　洋　李　菡　李天红　李兴亮
　　　　　李雪薇　杨　莉　杨雨璋　束　靖　肖元松　邱昌朋　宋春晖
　　　　　张　华　张世忠　张军科　张金智　武松伟　范伟国　周靖靖
　　　　　赵小虎　胡承孝　段　伟　姜卫兵　姚改芳　徐凌飞　高　振
　　　　　郭大勇　黄小三　梅　莉　曹　辉　渠慎春　梁　东　董天宇
　　　　　惠竹梅　解凯东　管　乐　潘　磊

前　言

　　果树作为兼具生态与经济效益的重要作物，在我国农业供给侧改革、精准扶贫、乡村振兴及生态环境保护方面发挥着重要的作用。实现果树优质丰产不仅是果树产业发展的主攻方向，也是推进乡村振兴的重要任务。编者团队基于果树的树体建成、水分及养分高效利用、关键代谢网络、库源供应关系、水分与养分耦合等方面的研究基础，承接并完成了国家"十三五"重点研发计划"果树优质丰产的生理基础与调控"项目的研究任务，取得了创新性成果。

　　该项目由西北农林科技大学牵头，联合华中农业大学、南京农业大学、山东农业大学等10余家科研单位，围绕苹果、柑橘、梨、葡萄及桃5种果树的光能、水分、养分高效利用及省力化树体控制等产业相关问题，开展了果树高效生产生理基础研究及调控技术的研发，阐明了果树优质丰产的生理基础理论并研发了相关技术，为提高果园生产力、发展轻简高效栽培技术、实现果树优质丰产提供了重要参考。

　　为助推项目研究成果在科研和生产中的应用，项目研究团队组织人员对所取得的研究成果进行归纳总结，共同编写了《果树优质丰产的生理基础与调控技术》一书。本书共分为5个章节，第一章主要介绍了苹果和柑橘等重要果树的产业概况及光、水、养分、树体结构等在果树优质丰产的重要性，第二章至第五章分别介绍了果树光能、水分、养分以及省力化树体控制的生理基础与调控技术等方面的研究发现和新成果。

　　项目在执行过程中，得到了老一辈专家和众多同仁的指导与帮助，借此向他们致以衷心的感谢和敬意。本书在编写过程中借鉴了许多国内外专家、学者的最新研究成果，同时也得到项目实施相关单位的支持，在此一并致谢。由于时间仓促，编者学识、水平有限，书中难免有疏漏和不足，敬请专家、学者和读者批评指正。

编者

2022年11月12日

目　录

第一章　我国果树产业概况 ································· 001

　　第一节　概述 ································· 001

　　　　一、果树产业对经济发展和人民生活至关重要 ············· 001

　　　　二、地理气候条件形成了我国特有的果树分布特点 ·········· 001

　　　　三、产业全面发展，产量规模与日俱增 ················ 002

　　　　四、不同果树产量的地域特点 ····················· 003

　　　　五、市场需求推动产业技术升级 ···················· 004

　　　　六、果树技术研发与时俱进，支撑了果树产业发展 ········· 004

　　第二节　主要果树产业发展现状 ··················· 005

　　　　一、苹果 ································· 005

　　　　二、柑橘 ································· 007

　　　　三、梨 ·································· 009

　　　　四、桃 ·································· 010

　　　　五、葡萄 ································· 012

　　第三节　影响果树优质丰产的关键要素 ··············· 016

　　　　一、光 ·································· 016

　　　　二、水分 ································· 019

　　　　三、养分 ································· 021

　　　　四、树体结构 ······························ 026

第二章　果树光能高效利用的生理基础与调控 ··············· 031

　　第一节　果树光合作用代谢流及光合产物的分配 ·········· 031

　　　　一、果树光合作用代谢流 ······················· 031

　　二、果树光合产物分配 ┈┈┈┈┈┈┈┈┈┈┈┈┈┈┈┈┈┈┈┈┈┈┈ 035

　第二节　光条件与果树光合效率及果实品质 ┈┈┈┈┈┈┈┈┈┈┈┈ 040

　　一、光条件对葡萄光合作用效率及果实品质的影响 ┈┈┈┈┈┈┈ 041

　　二、光条件对苹果光合作用效率及果实品质的影响 ┈┈┈┈┈┈┈ 053

　　三、影响柑橘光合作用的因素 ┈┈┈┈┈┈┈┈┈┈┈┈┈┈┈┈┈┈ 060

　　四、不同光质对桃光合作用效率及果实品质的影响 ┈┈┈┈┈┈┈ 063

　第三节　果树不同树体结构及栽培条件与光能利用效率及果实品质 ┈ 066

　　一、葡萄不同树体结构及栽培条件对光能利用效率及果实品质的影响 ┈ 066

　　二、苹果不同树体结构及栽培条件对光能利用效率的影响 ┈┈┈ 075

　　三、柑橘不同树体结构对光能利用效率及果实品质的影响 ┈┈┈ 083

　　四、桃不同生长型及栽培条件对光能利用效率及果实品质的影响 ┈ 092

　第四节　提高果树光合效率的调控技术 ┈┈┈┈┈┈┈┈┈┈┈┈┈┈ 101

　　一、提高葡萄光合效率的调控技术 ┈┈┈┈┈┈┈┈┈┈┈┈┈┈ 101

　　二、提高苹果光合效率的调控技术 ┈┈┈┈┈┈┈┈┈┈┈┈┈┈ 114

　　三、提高柑橘光合效率的调控技术 ┈┈┈┈┈┈┈┈┈┈┈┈┈┈ 122

第三章　果树水分高效利用的生理基础与调控 ┈┈┈┈┈┈┈┈┈┈┈ 131

　第一节　果树水分高效利用的生理基础 ┈┈┈┈┈┈┈┈┈┈┈┈┈ 131

　　一、果树需水规律 ┈┈┈┈┈┈┈┈┈┈┈┈┈┈┈┈┈┈┈┈┈┈ 131

　　二、砧穗组合及根构型影响水分高效利用的生理基础 ┈┈┈┈┈ 145

　　三、节水措施影响水分高效利用的生理基础 ┈┈┈┈┈┈┈┈┈┈ 169

　第二节　果树水分高效利用的分子调控机制 ┈┈┈┈┈┈┈┈┈┈┈ 188

　　一、苹果水分高效利用的分子调控机制 ┈┈┈┈┈┈┈┈┈┈┈┈ 188

　　二、梨水分高效利用的分子调控机制 ┈┈┈┈┈┈┈┈┈┈┈┈┈ 199

　　三、柑橘水分高效利用的分子调控机制 ┈┈┈┈┈┈┈┈┈┈┈┈ 204

　　四、葡萄水分高效利用的分子调控机制 ┈┈┈┈┈┈┈┈┈┈┈┈ 208

　　五、桃水分高效利用的分子调控机制 ┈┈┈┈┈┈┈┈┈┈┈┈┈ 211

第三节　果树水分高效利用调控技术 …………………………………… 212

一、苹果水分利用调控技术 ……………………………………… 212

二、梨水分利用调控技术 ………………………………………… 219

三、柑橘水分高效利用调控技术 ………………………………… 222

四、葡萄水分高效利用调控技术 ………………………………… 226

五、桃水分高效利用调控技术 …………………………………… 232

第四章　果树养分高效利用的生理基础与调控研究进展 …………… 254

第一节　果树根际微生物及土壤养分高效吸收调控技术 ………… 254

一、苹果根际微生物及土壤养分吸收调控 ……………………… 255

二、柑橘根际微生物及其对养分吸收和抗病性的影响 ………… 269

三、葡萄园土壤微生物与葡萄养分高效利用调控 ……………… 276

第二节　果树氮素养分高效利用机理及其调控技术 ……………… 280

一、苹果氮素养分高效利用及其调控技术 ……………………… 280

二、桃树氮素养分高效吸收利用机理及其调控技术 …………… 292

第三节　果树磷素养分高效吸收利用及其调控技术 ……………… 297

一、苹果对低磷的响应及磷高效利用调控 ……………………… 298

二、柑橘磷素养分高效吸收利用机理及其调控技术 …………… 306

第四节　果树钾素养分高效吸收利用及其调控研究进展 ………… 314

一、柑橘钾素高效吸收及其调控技术 …………………………… 314

二、葡萄钾素养分高效吸收机理及其调控技术 ………………… 318

第五节　果树钙素养分高效吸收利用及其调控技术 ……………… 325

一、细胞钙形态与果实缺钙症 …………………………………… 326

二、果树钙素吸收和运输特点 …………………………………… 327

三、不同苹果品种钙吸收的生理差异 …………………………… 330

四、从枝菌根真菌和油菜素内酯对苹果钙吸收的调节作用 …… 331

五、果树钙素养分吸收利用调控技术 …………………………… 334

六、果树钙素养分高效利用总结和展望 ………………………… 337

第六节　果树铁素养分高效吸收机理及其调控技术 ………………………… 337

一、果树铁营养概述 ………………………………………………… 338

二、果树缺铁响应及铁吸收机理研究进展 ………………………… 340

三、果树叶片缺铁黄化病的防治措施 ……………………………… 347

四、果树铁高效利用总结与展望 …………………………………… 353

第五章　果树省力化栽培生理基础和调控机制 …………………… 379

第一节　果树枝梢发生和树体调控的生理基础 …………………………… 379

一、果树树体发育生理基础 ………………………………………… 379

二、果树树体调控的主要途径 ……………………………………… 394

第二节　主要果树省力化栽培调控技术研究进展 ………………………… 415

一、苹果省力化栽培调控技术研究进展 …………………………… 415

二、柑橘省力化栽培调控技术研究进展 …………………………… 432

三、桃省力化栽培调控技术研究进展 ……………………………… 440

四、梨省力化栽培调控技术研究进展 ……………………………… 451

第一章　我国果树产业概况

第一节　概述

一、果树产业对经济发展和人民生活至关重要

果品贸易在世界果品市场上占有重要地位。近年来，中国果树产业发展速度较快，据农业农村部统计，2021年中国水果的种植面积已达1264.628万公顷，占世界水果种植总面积的19.5%，占我国耕地总面积的9.9%，有67%分布在山地丘陵。伴随着栽培面积逐年增加，至2021年果品年产量已达29970.20万吨，占世界总产量的48.3%，栽培面积和果品产量皆居世界首位。全国果品年产值4107.95亿元，在国内种植业中居第3位，占经济总值（GDP）的0.41%，是农民增收的主要产业。随着人民生活水平的提高，城镇和农村居民人均水果购买量逐年增加，果树产业已成为农业增效、农民增收和农村经济发展的支柱产业之一，尤其是对乡村振兴、促进山区经济发展以及生态环境保持具有特别的意义。当前我国有9000万农村人口从事果树业，果农人均收入可达15900元，我国水果产业从业人数已超过许多国家的总人口。消费需求与产业规模逐渐升级，果树产业的发展促进了中国一、二、三产业的繁荣，很多精品果园亩产收入超过万元，而且随着生活水平的逐步提高，果树的文化与休闲功能日益突出，近年各地城郊休闲观光果园迅速发展，超过三分之一的销量都走的是线下采摘这一渠道。以北京为例，2006年有600万人次参加郊区果园采摘，直接收入达2.7亿元。果树产业在中国农业产业发展中占有十分重要的战略地位，对促进农村经济发展意义重大。

二、地理气候条件形成了我国特有的果树分布特点

我国地域广袤横跨寒带与热带气候区，但其中大部分地区温带（指沈阳以北到大兴安岭北部一带）、暖温带（以兰州南部为起点，向东展开，直抵渤海和黄海，南界沿秦

岭—伏牛山、经淮河苏北总干渠一线）和亚热带地区（淮河以南到南岭以南的北回归线一带），由于温带具有严寒的冬季和炎热的夏季，所以就产生了夏季枝叶茂盛、冬季落叶的落叶阔叶林。落叶阔叶树还具有很厚的树皮和坚实的芽鳞以适应冬季的严寒，防止过度蒸腾作用的进行。温带冬季严寒时间较长、积温较低，适合栽培耐寒的小苹果、秋子梨、李、杏等果树，而，桃、葡萄等无防寒措施，就不能越冬。暖温带较温带的积温为高，冬季严寒时期较短，春、秋季温度日较差大，有利于水果的糖分积累和果实着色，所以这一带是我国主要落叶果树产区；该区适宜栽培许多优良品种的苹果、梨和桃等，还出产枣、柿、山楂、樱桃、葡萄、核桃、板栗等果树。亚热带冬季温暖、夏季湿热，年积温为5000～7500 ℃，年均温16～21 ℃，最冷月均温一般为5～12 ℃，最热月温度大多为28～29 ℃，全年无霜期为270～300 d。在这样温暖湿润的气候下，就出现了具有光泽、革质的大形叶子而冬季不落叶的常绿阔叶林。这一带是我国常绿果树的主要产区，有温州蜜橘、柚子、金橘、枇杷、杨梅等。

中国是一个多山国家，山地约占陆地总面积的三分之二，其中丘陵和山地地区占我国国土面积约43%。我国的山地是十分复杂的，不仅全国各区不同，就是在同一个地区内；高山、丘陵、盆地、平原也经常互相交错。因之形成了大气候不同。复杂的山地条件导致无法开展有效的粮食作物的生产，而果树种植生产成为山地地区发展的必然选择。苹果、柑橘、梨、葡萄、桃等果树因其自身特点，能够适应我国众多丘陵和山地地区的地理和气候条件，成为我国主要的果树栽培树种，共占我国果树产量和面积的60%以上，在我国农业供给侧改革、精准扶贫、乡村振兴及生态环境保护方面发挥着重要的作用。因此本书将这5类果树作为阐述科学问题、创新栽培生产技术的关键角色。

三、产业全面发展，产量规模与日俱增

中华人民共和国成立后，特别是改革开放以来，中国果树产业发展十分迅速。1952年，中国果树面积为68万公顷；1980年增加到178万公顷；2015年水果面积已达到1280万公顷，加上干果，面积超过1660万公顷。果树产量从1952年的244万吨，增加到1980年的679万吨，2015年水果产量达到1.74亿吨；人均水果占有量超过120 kg，位居世界前列。从树种来看，2002年时苹果、柑橘、梨和葡萄分别为1924.1、1199.01、930.94、447.95万吨，之后2002年至2021年的产量逐渐增加，其中2017年前苹果产量最高，2017年后柑橘产量超过苹果，占果树第一位，至2021年柑橘和苹果的产量分别为5595.61和4597.34万吨。梨产量呈逐年增加趋势，但产量增长幅度少于另外3类果树。2011年至2015年期间葡萄产量大幅度增加，但之后便趋于稳定。从栽培面积角度来看，近20年间苹果和梨的栽培面积分别稳定在

1900万和1000万公顷，而柑橘和葡萄则呈现出逐渐增加的趋势分别增加了86.3%和85.1%。

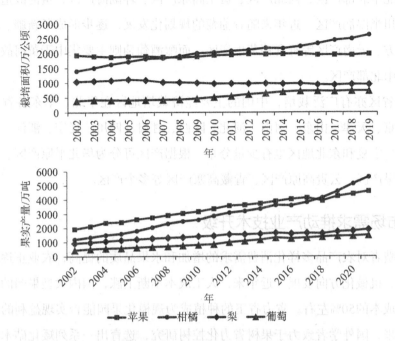

图1-1　近20年苹果、柑橘、梨、葡萄的产量和栽培面积的变化

四、不同果树产量的地域特点

苹果和柑橘表现出明显的区域适应性。苹果主要种植在北方温带地区，形成环渤海湾和黄土高原两大优势产区，位于黄土高原产区的陕西省一跃成为苹果生产第一大省，产量占全国的四分之一，环渤海湾优势产区代表——山东，产量也接近全国的四分之一。虽然国光、元帅、红玉等优质苹果新品种不断普及，但红富士的产量仍占苹果产量的70%。

柑橘则主要种植于南方亚热带地区，其中广西地区凭借独特的自然条件、丰富的劳动力资源、政府的大力支持，成为中国最大的柑橘主产地，2021年达1607.44万吨，占全国比重由2012年的12.4%提升至2021年的28.7%，桂林、南宁为种植主力军。湖南省为全国柑橘第二大产区，全省14个市（州）100多个县已实现柑橘规模化种植，2020年湖南省产量突破600万吨，2021年产量实现进一步扩大，产量主要集中在怀化及常德石门县等地。柑橘是湖北第一大水果，产量居全国第三，2020年湖北省柑橘产量成功突破500万吨，达510万吨，2021年约为532万吨左右，其中76%的产量来源于宜昌市。

与苹果同属蔷薇科的梨是中国的传统果树之一，除海南外，梨的种植遍布中国大陆各省份，其中约70%集中在北方地区。

葡萄同样在我国各省、市、自治区均有不同规模的种植，根据栽培产区主要分为7大产区，即东北中北部产区、西北产区、黄土高原产区、环渤海产区、黄河故道产区、南方产区、云贵川半湿润产区。近年来随着葡萄的规划化发展，逐步形成了新疆、环渤海、黄河故道、南方、云南产区等鲜食葡萄生产区。而酿酒葡萄则主要集中于黄河故道、黄土高原以及东北中北部产区。

桃在各省区亦有广泛栽培，中国的主要经济栽培地区在华北、华东各省，较为集中的地区有北京、天津、山东、河南、河北、陕西、甘肃、四川、辽宁、浙江、上海、江苏等地，青海、宁夏和东北地区也有少量分布。根据产区可分为华北平原产区、长江流域产区、西北高旱产区、云贵高原产区、青藏高寒产区等多个产区。

五、市场需求推动产业技术升级

随着消费者对农产品多样化消费需求的增加和水果品质的提高，农业正逐步向精准、高效、省力、机械化方向发展。近年来，人工成本不断上涨，国内大型果园的人工成本已经占到生产成本的50%左右。省力省工的种植成为规模化果园能否实现盈利的基础。20世纪60年代以来，国外学者致力于果树省力化控树研究，选育出一系列矮化砧木，开发出配套的省力化栽培技术，率先实现了以苹果为代表的果树矮化、集约化、高效化栽培。国内学者也在积极开展适应我国土壤和气候特点的果树砧木育种工作。培育了具有矮化效应的中砧1号苹果砧木等14个砧木品种（系），发展了短枝、立柱等省力化树形和限根栽培等新的栽培模式。虽然这些栽培措施能有效促进省力化，但这方面的理论基础研究滞后于生产实践，对省力化树促进优质高产的机理、省力化树形成的影响因素、树木生长发育动态和光合产物的分配规律仍不清楚，对省力化树调控的关键技术参数也不清楚。今后要摸清我国不同生态区域矮化、柱状等省力化树种的影响因素，以及矮化砧木促进优质高产的机理，开发适合我国生态和土壤条件的优质高效省力化栽培技术和措施。

六、果树技术研发与时俱进，支撑了果树产业发展

目前，我国针对果树设立了10余个国家工程（或改良/育种）研究中心（如国家苹果工程技术研究中心、国家柑橘工程技术研究中心等），4个国家重点实验室设有果树研究方向，另外，农业农村部以及各省区市也建立了30余个果树专门实验室。这些平台较好地支撑了果树科学研究。2008年，国家农业部和财政部建立了现代农业产业技术体系，现有柑橘、苹果、梨、桃、葡萄、香蕉、荔枝龙眼等7个产业技术体系，包括150多名岗位科学家和150个综合试验站，国家每年投入近2亿元体系经费用于支持果树领域研究与技术试验示范。来自中国知网的数据显示，迄今，中国（不含港澳台）申请获批果树方面的专利近

20000项。根据汤姆森路透数据库的最新统计，中国果树学领域发表的国际刊物论文和高水平论文均仅次于美国，居世界第二位。

多年来，中国果树研究的选题紧密围绕生产实际，从开始的资源收集、推广良种，到后来的专业化生产、普及嫁接修剪技术、授粉技术；由乔砧到矮砧，从计划密植到适度稀植；苗木由裸根苗到容器大苗，以及苹果、葡萄等果实套袋技术，果实气调贮藏技术，柑橘覆膜增糖技术、覆膜晚采技术、留树保鲜技术。新近，针对果园用肥用药较多的问题，开展"两减"技术研发。这些均反映出果树技术研发与集成的时代特征，即从过去的不规范生产到规范化生产，从追求产量到关注品质，从关注眼前到放眼长远，中国果树技术研发正朝着绿色高效可持续方向发展。而研究光能、水分、养分高效利用及光合产物在果实中高效积累的生理基础与调控，阐明矮化和柱状等省力化树体控制促进果树优质丰产的基础，研发促进果树优质丰产的系统配套技术等更是实现这些目标并最终达到果树优质丰产与高效的重要支撑。

第二节　主要果树产业发展现状

一、苹果

1.种植资源收集与保存

我国是世界上最大的苹果种质资源国，全世界苹果属植物共有35个种，我国原产及自然分布的有24个。其中原产中亚天山山脉的新疆野苹果（*Malus sieversii*），是现代栽培苹果（*M. domestica*）的祖先种。把资源优势有效地转化为育种和品种优势，进而转化为产业优势对我国苹果产业可持续发展具有重要意义。为此，于1978年我国相继在辽宁兴城、吉林长春、新疆轮台、新疆伊犁、云南昆明等地建立了5个国家级苹果资源圃，合计收集、保存了1600余份苹果种质资源，并对这些资源进行了系统评价。其中国家苹果种质资源圃（辽宁兴城）收集、保存23个种、703份材料，包括19个野生种的93个类型；国家果树种质公主岭寒地果树圃（吉林长春）现保存抗寒苹果资源12种1变种332份；国家果树种质新疆名特优果树及砧木圃（新疆轮台）收集、保存新疆地方苹果属植物45份；国家果树种质新疆野苹果资源圃（新疆伊犁）保存300余份野生苹果资源；国家果树种质昆明特有果树及砧木圃（云南昆明）收集保存西南地区苹果属资源13个种、29类型、202份材料（王大江 等，2021；翟衡 等，2007）。

为规范我国苹果种质资源评价技术标准，在"七五""八五"期间观察、评价的基础上，拟定了中国对苹果种质资源记载项目和评价标准，于2005年出版了《苹果种质资源描述规范和数据标准》，建立了苹果种质资源共享信息数据库，录入550份苹果种质资源，每份资源录入苹果数据信息100余条，为进一步利用苹果种质资源开展常规育种和生物技术育种提供了现代化分析工具。

2.新品种的引进与选育

1951～2019年间我国累计育成了273个苹果品种（不包括砧木），其中255个苹果品种通过审（认、鉴）定、品权、登记或备案。常规杂交选育与芽变选育各自参半，并以大果（单果≥200 g）、耐储运、抗寒、短枝型等性状特征作为主要的育种目标。亲本选择多以金冠、富士、长富2号、特拉蒙等国外引进的优质品种，超过90%的品种具有国外亲本血缘，富士、金冠、元帅和嘎拉是我国苹果育种中最主要的骨干亲本。秦冠品种推广超过30万公顷，获得国家发明二等奖；寒富品种的育成与推广，使中国大苹果栽培的北界向北推移超过300 km；早熟品种华硕综合性状优良，推广面积超过0.5万公顷，市场前景看好。引进并选育富士、嘎啦品种的各类优系，现已成为中国苹果主栽品种，实现了中国苹果品种的更新换代。建立了苹果矮化砧木育种技术体系，育成了适于国内不同生态区优良矮化砧木SH系、GM256、青砧系和辽砧2号等，同时引进评价了M系、CG系等国际主要矮化砧木，基本满足了中国主要苹果产区发展矮砧栽培所需矮化砧木（张玉刚、魏景利 等，2022）。

3.栽培模式优化与创新

先后建立了乔砧稀植、乔砧密植、低砧密植的省力高效技术体系，使我国苹果园实现了从乔砧稀植到乔砧密植再到目前低砧集约高效栽培体系的转变，建立了无病毒、多分枝、自根、大苗繁殖技术体系。同时建立各种高光效树，苹果园由树干疏层状、自由纺锤状、细长纺锤状向高纺锤状转变。穴储肥水技术节水集水，有效解决了干旱半干旱地区具有"春旱"特点的苹果树早春肥水需求问题，显著提高了肥水利用效率。果实套袋技术虽然操作复杂，但能有效降低病虫害和农药残留的危害，尤其是苹果轮纹病、炭疽病等果实病害。壁蜂授粉技术替代人工授粉，大大节约了人工成本，可以实现一次投入，多年受益。此外，许多现代果园技术，如果园肥水一体化、果园生草、起垄覆土保墒、果园和苗圃机械、花果省力化管理等，也广泛应用于苹果生产（王昆鹏，2020；翟衡 等，2007；王力 等，2022）。

4.采后加工延伸产业链

通过引进国际先进的全机械化设备，建立了世界最大的苹果浓缩汁生产线，年出口苹果浓缩汁45万～65万吨，占全球40%～60%。先后研发不断优化了苹果果汁、果酒、果醋、脱水干制、果酱、果粉和副产品综合利用等深加工增值技术。苹果适期采收技术、采后贮藏保鲜技术、商品化处理技术、冷链物流技术等支撑了苹果产业持续健康发展（陈学森 等，2010）。

二、柑橘

1.种植资源收集与保存

柑橘类植物种质资源调查、收集及评价方面，全国范围内系统开展地方良种、农家种、野生/半野生资源调查与收集，近10年共收集1600余份资源，其中枸橼56份、宜昌橙231份、柚类274份、野生橘2份、山金柑1000份及酸橙72份。位于重庆北碚的国家果树种质重庆柑橘圃收集、保存了1000余份柑橘种质资源，基本形成了柑橘种质资源保存和研究体系。于2006年出版的《柑橘种质资源描述规范和数据标准》进一步规范我国苹果种质资源评价技术标准。2012年建立的"国家柑橘信息资源共享平台"以图文的形式收集了980份种质资源信息，为进一步利用柑橘种质资源开展常规育种和生物技术育种提供了现代化分析工具（董美超 等，2013；邓秀新 等，2018；郭文武 等，2019）。

基于分子标记并结合全基因组序列信息等手段，明确了我国西南地区是枸橼及柚的起源地之一；武陵山区和中西部的大巴山区是宜昌橙起源中心；南方南岭—武夷山脉是野生橘和山金柑起源中心；湖南和江西为主体的橘柚栽培地为酸橙主要起源地。开展山金柑资源调查过程中，发掘到极其稀有的单胚山金柑资源，有望成为木本果树从种子到种子类似一年生作物的模式实验材料。利用连续多代自交获得单株纯合度最高达99.6%的植株，对S3代单株S3y-45全基因组从头测序和组装，获得了373 Mb山金柑参考基因组（基因组覆盖率约96%）。还构建了山金柑遗传转化和CRISPR-Cas9基因编辑体系，将获得表型稳定T1代的时间缩短至15个月，加快了柑橘乃至整个木本果树功能基因组研究步伐（顾丽霞，2019）。

2.品种选育与引进

我国柑橘品种结构形成早期主要通过国外引种与地方良种的选育，而后期主要采用国外良种，同时自育品种的利用比例逐渐提高。20世纪30年代，中国留日学者从日本引种温州蜜柑，栽培于湖南邵阳，50年代之后，温州蜜柑在南方省区市种植。在50～60年代，中国老一辈科学家选育了沙田柚、南丰蜜橘、锦橙、桃叶橙、本地早橘、冰糖橙、大红甜橙等，一批地方良种，加快了柑橘良种化进程，形成了中国柑橘品种的基本结构。70年代以后，选育的品种主要是温州蜜柑系列品种，如国庆一号；甜橙有奉节72-1、罗脐35等。

改革开放后，中国开始有序开展柑橘的引种驯化工作。1984年，由章文才、赵学源等组成的柑橘考察团赴美交流，引进12个脐橙品种；筛选出朋娜脐橙、纽荷尔脐橙以及奈维林娜脐橙；1998年，农业部实施948柑橘品种引种与示范重大项目，持续近10年，引进了近百个当时世界的优良品种。之后，筛选出的品种有福本脐橙、伦晚脐橙、不知火杂柑、天草等。与此同时，20世纪90年代以来，中国以每年平均选育2～3个品种的速度为产业提供良种，自主选育的包括琯溪蜜柚（红肉、三红系列品种）、沙糖橘、早红脐橙、崀丰脐橙、赣南早脐橙、长叶橙、金煌杂柑、金秋沙糖橘、无籽红橘等（董美超 等，2013；邓秀新 等，2018）。

由于珠心胚干扰，柑橘育种主要依赖芽变选种和资源发掘。40年来，我国共选育了111个品种，其中，77.5%来自芽变，资源发掘等途径占14.4%；只有6.3%的品种是人工杂交而来。无核和早熟则是柑橘育种的主要目标。为我国柑橘产业发展，实现早中晚熟搭配，鲜果周年均衡上市提供了品种保障。

3.脱毒苗良种繁育广泛应用

柑橘黄龙病、裂皮病、碎叶病、衰退病、萎缩病等柑橘检疫性病害的肆虐，给柑橘产业和人民生活带来了巨大的灾难。20世纪80年代初，华中农业大学、中国农业科学院柑橘研究所以及广西桂林柑橘研究所较早开展柑橘脱毒技术研究，主要通过茎尖微芽嫁接技术，培育无病毒柑橘原种。新世纪以来，在国家和地方财政的支持下，建立了柑橘良种无病毒三级繁育体系。在江西赣州、重庆以及湖北、湖南、广西等省区市，无病毒育苗技术普及率较高。保证我国柑橘产业健康持久发展，成为建设"产出高效、产品安全、资源节约、环境友好"现代柑橘产业的有力保障（邓崇岭 等，2016）。

4.柑橘栽培技术与时俱进

我国柑橘的种植模式从前的房前屋后到大规模种植，再到现在的大规模种植。种植方式正朝着省力高效的方向发展，从密植到适度疏植，从强调修剪到适度修剪到简化修剪和机械修剪。肥水管理正朝着肥水一体化、智能化管理的方向发展（郭文武 等，2019）。

5.生物技术推动柑橘种质创新

华中农业大学于20世纪70年代末在国内率先开展柑橘生物技术研究，40年来，先后建立起茎尖微芽嫁接技术并应用于良种脱毒，为福建永春芦柑的产业重振提供了无病毒材料；建立起完整的柑橘细胞工程技术体系，创造出一批体细胞杂种，以及单倍体、三倍体、四倍体材料。中国农业科学院柑橘研究所较早开展柑橘遗传转化研究，获得多个抗病株系。2012年，中国率先完成了甜橙全基因组测序，此后其他8个柑橘品种的测序工作也陆续完成，由此构建的柑橘基因组综合分析平台向研究者免费开放，为国际国内同行开展相关研究提供了重要平台，提升了中国柑橘研究的国际影响力；通过组学技术发掘到柑橘重要农艺性状的第一个相关基因*CitRWP*。此外，我国近年来在柑橘采后生物学、抗性、色泽等方面的研究逐步形成体系，并进入世界同类研究的先进行列（顾丽霞，2019）。

三、梨

1.种植资源收集与保存

我国是东方梨重要原产地之一，种质资源丰富，现已定名的梨属植物有13个种，目前我国已经收集安全保存的梨种质资源在2000份以上，资源丰富多样。在辽宁兴城、湖北武汉、吉林公主岭、新疆轮台相继建成了4个相关的国家级种质资源圃，并对这些资源进行了系统评价。其中国家苹果种质资源圃（辽宁兴城）收集、保存14个种，731份材料。其中包括10个野生种的40个类型；国家果树种质武昌砂梨圃（湖北武汉）收集、保存国内外砂梨种质资源548份；国家果树种质公主岭寒地果树圃（吉林长春）现保存抗寒梨资源4种62份；国家果树种质新疆名特优果树及砧木圃（新疆轮台）收集、保存新疆地方梨属植物98份（田路明 等，2019）。

2.新品种选育

梨在我国的栽培历史悠久，据文献记载可以追溯到2000年以前。我国幅员辽阔，南北差异较大，在劳动人民的辛勤培育下，各地形成了独具特色的地方梨品种。大多数地方品种的来历已无从考究，其中不乏一些品质优良、外形独特的梨品种，备受人们的青睐。为了满足人们对梨品质和外观的综合需求，自20世纪50年代起，中国科研院所及院校近40家单位及个体等通过杂交育种途径获得了翠冠、黄冠、中梨1号、红香酥、玉露香、宁霞、夏露等120多个梨品种（品系），其中通过芽变选种、实生选种分别获得30、10个梨品种（品系），部分品种已大面积推广和栽培。目前中国自育或传统地方梨品种市场占比高达85%，其中新品种的市场贡献率达40%以上（姜卫兵 等，2002）。

杂交育种仍然是最主要的选种方式。苹果梨是北方梨育种的重要亲本之一，早酥作为苹果梨的后代也选育出了众多品种。此外，新世纪与茌梨也是重要的育种亲本。在品种改良目标上，一方面围绕抗性、不同成熟期、不同皮色、紧凑型和多倍体育种为主，兼顾其综合性状的提高和广泛的区域适应性；另一方面，充分利用我国野生梨种质资源，要加强矮化砧木、观赏类种质、自交亲和性较高和专用加工类型种质的选育与开发（柴明良、沈德绪，2003）。

随着梨基因组的暴露和分子标记的深入开发和利用，获得了果实色泽等与质量和抗病有关的多种分子标记，初步建立了分子辅助育种技术体系，为大规模杂交后代的筛选提供了有效手段（曲柏宏 等，2001；曹玉芬 等，2007）。另一方面，梨病毒检测、清除技术及无病毒种苗栽培技术日益成熟，有助于进一步规范种苗繁育体系，促进无病毒种苗的推广应用。此外，基于单株二维码标签的梨育种数据管理和收集系统、作物育种信息管理和辅助决策系统等育种软件相继开发，提高了梨育种田的生产力。

3.栽培模式变革与管理技术创新

中国的梨生产不断向最适宜的地区转移，逐步形成了八大产业优势区（华北白梨、西北白梨、白梨沙里、长江流域沙里、东北梨、渤海湾梨、新疆梨、西南梨）。生产的重心正逐渐从"产量"向"质量"和"安全"转变。生产方式正逐步从劳动密集型向机械化、轻简化、标准化、现代化迈进，梨的品质和经济效益显著提高（赵德英 等，2010）。

在栽培模式上，以纺锤形、散层为主的大冠稀植传统栽培模式，转变为以"圆柱形""倒个形""3+1形""双臂顺行棚架"等高光效简化树为主的宽行密植新栽培模式。机械化梨生产的配套设备，如开沟机、旋耕机、割草机、喷药机等，在生产中广泛使用（张绍铃、谢智华，2019）。

花果管理方面，授粉、脱萼、化学及机械疏果等简化生产技术研发成为关注重点。梨花粉长期贮藏及运输技术日渐成熟，适合轻简化生产的液体授粉技术、脱萼技术研发成功，并在各主产区大力推广。在新疆库尔勒香梨产区应用液体授粉技术，比传统授粉方法节省用工90%以上，且操作简单、授粉均匀、坐果效果理想、节本增效显著（郭黄萍 等，2011）。

在土肥水管理方面，我国梨园养分循环规律、优势分布区地理信息调查研究基本完善，传统的经验施肥逐渐被梨园配方施肥和肥水一体化管理所取代。草、覆盖、间作、种养结合等多种梨园土壤管理方式，以及梨树剪枝、堆肥、还田等技术研发取得重要进展；研制成功了梨树专用生物有机肥和专用复合肥。

在病虫害防治方面，生物防治和物理防治在生产中广泛推广，除已登记的生物源杀菌剂多抗霉素外，还发现有明显拮抗效应的生防菌株和活性代谢物，害虫天敌、诱捕器、迷向产品的开发和产业化推广取得了很大进展。从传统依赖化学农药逐步过渡到综合管理，基本形成农业防治、物理防治、生物防治和科学化学农药防治相结合的技术体系，有效降低农药使用次数和使用量，实现安全生产（许传超 等，2022）。

四、桃

1.种质资源保存与应用

桃是我国原产的重要落叶果树之一，种质资源丰富，栽培分布广泛。我国自20世纪

50年代开始有计划地进行资源调查与收集保存工作，相继在江苏南京、北京、河南郑州、云南昆明、新疆轮台、吉林公主岭等地建立了6个国家桃种质资源圃，共入圃保存桃种质资源1600余份，涉及桃的6个种。其中国家果树种质郑州葡萄、桃圃保存510份资源，其中普通桃340份，油桃90份，蟠桃28份，碧桃13份，寿星桃11份，垂枝桃3份，砧木类型及其他近缘植物25份；国家果树种质南京桃、草莓圃保存桃品种600份，其中硬肉桃品种群52份、蜜桃品种群25份、油桃品种群50份、蟠桃品种群30份、水蜜桃品种群201份、黄桃品种群158份，桃近缘野生类型及砧木84份；国家果树种质北京桃、草莓圃已保存国内外桃资源285份；国家果树种质新疆名特优果树及砧木圃（新疆轮台）收集、保存新疆地方新疆桃、油桃、蟠桃、普通桃67份资源；国家果树种质昆明特有果树及砧木圃收集、保存西南地区桃属资源20份，包括4种7类型；国家果树种质公主岭寒地果树圃收集、保存桃属资源5份（包括2种）（沈志军 等，2013）。

此外，以《果树种质资源描述符》和《桃种质资源描述规范和数据标准》为依据，对保存的桃种质资源性状进行了系统的观察与鉴定，建立了性状评价数据库，并从形态学、孢粉学、同工酶和DNA标记等方面研究了桃亚属种间、桃种群间和桃品种群间的亲缘关系。在国家自然科技资源平台共整理录入58784个共性数据、115905个特性数据（侯伦俊 等，2020；俞明亮 等；2010，凌士鹏 等，2018）。

2.桃新品种选育

随着我国社会发展和需求的不断变化，对于桃育种的目标也在发生改变。20世纪50年代，我国桃的主要是用来鲜食或罐装，因而当时育种的主要方向是早熟和优质。到了20世纪60年代，随着罐装桃的发展，育种目标向黄肉、不溶质和黏核转变。20世纪70年代，我国开始了油桃选育，20世纪80年代的主要育种方向为油桃、蟠桃、成熟期育种。20世纪90年代，桃育种研究目标向耐储运和硬度转变。2000年之后，世界各地关注品种选育，要求果品的品种丰富特色鲜明、品质优良且高产。对于抗褐化和抗低温的品种开始注重，此外还看重单果的个头、品质和耐贮运程度以及果肉的质密程度。我国对于桃品种的选育工作首要目的是鲜食，其次是加工和观赏。所以将果品大小、品质、产量、类型和耐贮运程度作为主要的育种标准。通过观察和判断自然和社会发展趋势可以发现，今后桃育种总体目标总体偏向于品质的提升、品种的多样化、较强的抗性和适应性以及耐贮运的程度。对高寒地区有抗寒能力强、品质优良、适应性强、丰产性能好的要求。培育树形紧凑、成花容易、具有矮化基因、抗病性强的品种是我国桃树育种方向之一。云贵高原位于我国的西南地区，由于气候的复杂多样和立体性造就了桃品种的多样化，有着很多的种质资源，利用价值高（汪祖华 等，1989）。

在多代人的研究和努力下，我国桃品种的选育工作持续稳定进步，并获得了众多研究成果。我国成立以来培育出623个品种，鲜食加工品种598个、观赏品种16个、赏食兼用品种8个、砧木品种1个。选育的新品种中50%以上的品种是杂交选育而出；芽变和实生选育，约占总数的1/3（俞明亮 等，2019）。

改革开放以来，不论1956～1978年育成的丰黄、连黄，还是1979～2000年早花露、端玉等，都达到了早熟水蜜桃育种国际先进水平，都是在桃树育种领域取得的重大突破，标志着我国在桃树育种方面成果累累。2000年以后，我国在桃新品种选育方面进入了高速发展阶段。据不完全统计，在此期间有396个品种发布，且果品的品质明显提高。油蟠桃、红肉桃、鲜食黄肉桃等品种的育成，使桃果类型得到了丰富；育成不同需冷量的品种，让国内不同地区可以选择适宜当地种植的桃树种类。在品种特性和果肉质地上也呈现出多样化，油桃的抗裂果能力强且在外观和品质上都有着很好的表现，蟠桃的味甜、果大和丰产满足了不同地区和不同消费者群体的需求。其中，硬溶质类型品种的占比最多，高达81.18%。桃类不仅在品质和抗性方面得到了较大的提升，果实发育期也不断缩短，从第一阶段的75 d，第二阶段的48～51 d，缩短至第三阶段的45 d，上市期也延长了近4个月，从而更好地弥补了水果的季节性缺陷，很好地延长了市场流动的时间，从而在更大程度上满足了消费者全年对果品的需求（马之胜 等，2003）。

3.栽培技术创新

建立了与品种配套的省力、高效栽培技术，如：采用疏剪、缩剪、长放修剪方式代替传统修剪手段；根据不同桃品种的生物学特性进行土壤改良，采用果园植草，增加有机质肥料施用，改变氮肥和钾肥的施用方法，以及施用菌肥等措施；利用袋控缓释肥实现化肥减施技术；桃小食心虫综合防治技术；节水灌溉技术。优良品种与栽培技术相结合，良种良法，充分发挥品种的优良特性，为桃产业的健康发展提供了重要的技术支撑（汪祖华 等，1989；侯伦俊 等，2020）。

五、葡萄

1.我国葡萄的演化与传播

作为世界果树起源中心之一，我国的葡萄栽培历史悠久。我国有关葡萄的最早文字记载见于《诗经》。《诗·王风·葛藟》记载到："绵绵葛藟，在河之浒。终远兄弟，谓他人父。谓他人父，亦莫我顾"。此外，《诗·豳风·七月》记载到："六月食郁及薁，七月亨葵及菽"。这表明在殷商时代，我国劳动人民已开始采集并食用各种野葡萄。不过，此时葡萄的栽培还未普及，仅作为皇家果园的珍稀果品。一般认为，我国最早民间种植葡萄、酿造葡萄酒的地区是新疆。中国新疆吐鲁番鄯善县洋海墓地出土了的一株约2500年前葡萄标本，其属于圆果紫葡萄的植株。张骞出使西域，不仅将中国的丝绸带入西方，而且将西域的葡萄栽培及葡萄酒酿造技术引进中原，极大地促进了中原地区葡萄栽培和葡萄酒酿造技术的发展。因而，史上有"葡萄自西域而来"之说。

2.种质资源保存与应用

我国的3个国家级葡萄种质资源圃建立于20世纪70~80年代，其中郑州葡萄圃和太谷葡萄圃均为综合型资源圃，而左家山葡萄圃则保存了世界上最多的山葡萄种质。从栽培角度看，葡萄品种分为栽培品种和野生品种；从用途看，有酿酒品种、鲜食品种、制干品种、制汁品种和砧木品种等；从染色体倍性看，有二倍体、四倍体、非整倍体等品种；从果核看，分为有核品种和无核品种（任国慧 等，2012）。

郑州葡萄圃资源圃是国内保存葡萄种质最多的资源圃，也是世界上保存葡萄品种资源最为丰富的圃地之一，共保存了1400余份葡萄种质资源，主要开展葡萄品种资源的收集、保存、鉴定、评价和创新工作，选育了超宝、郑果大无核、抗砧3号、抗砧5号、郑果25、郑果早红、11-43等多个葡萄新品种，还重点开展了葡萄种质资源的抗性鉴定工作，主要包括抗旱、抗寒、耐盐碱、抗石灰质、抗葡萄根瘤蚜、抗根结线虫等。

太谷葡萄资源圃是我国"六五"期间建立的第一批国家级果树种质资源圃之一，在其发展过程中由于资金短缺、管理不善，导致资源丢失，发展滞后，目前该圃保存的葡萄种质资源较少。但随着技术的不断革新以及上级政府的大力支持，该圃至2010年底保存了鲜食品种、酿酒品种、无核制干品种、砧木资源、野生资源及中间材料等葡萄种质资源13个种（或变种、杂交种），共计430多份材料。同时还培育了一批如早黑宝、秋黑宝、秋红宝、早康宝、丽红宝等鲜食葡萄新品种，其中早黑宝、秋黑宝为欧亚种四倍体新品种，已在全国多地进行推广。

左家山葡萄圃此圃是当前世界上保存山葡萄种质资源份数最多、面积最大的种质资源圃，共有东亚种群的山葡萄（*V. amurensis*）365份。山葡萄是抗寒、抗病的宝贵种质资源，我国是起源中心。从20世纪50年代起，我国开始对山葡萄进行系统的研究和开发，目前在山葡萄抗寒品种、酿造品种培育和性状遗传方面取得了一系列的研究成果。在种质资源选育、栽培技术及组织培养方面也取得了显著进展，如双庆、左山一、左山二、双优、双丰等一批优良品种已初步形成了规模栽培。还利用山葡萄与欧亚种葡萄进行种间杂交，培育出了北醇、北玫、北红、公酿1号、公酿2号、左红一等抗寒和酿酒葡萄新品种。

除上述3个国家级葡萄种质资源圃外，国内各省科研单位也建有一些规模较小的葡萄品种资源圃。例如，北京市农林科学院林业果树研究所葡萄资源圃拥有113个葡萄品种

（系）；辽宁省农科院果树研究所葡萄研究室保存有优良鲜食、酿造品种资源200余份，优良砧木品种资源40余份；上海马陆葡萄科普园展示和保存了从全国各地收集而来的珍贵葡萄品种100余个；江苏省农科院园艺研究所建立了具有南方特色的葡萄种质资源圃，收集保存各类葡萄资源120余份，在组培脱毒及无核葡萄选育方面也有一定建树；山西省农科院果树研究所葡萄种质资源圃占地1.33 hm²，收集保存5个种，410多个葡萄品种和类型，是比较有特色的北方葡萄资源圃；广西壮族自治区农科院南方葡萄研究中心资源圃现有葡萄品种200多份、野生资源30多份、葡萄杂交后代100多份；新疆农科院吐鲁番长绒棉研究所建立葡萄品种资源1.33 hm²，引进、定植葡萄品种资源100份，筛选出鲜食葡萄品种2个，制干、制汁葡萄品种2个；新疆石河子葡萄研究所拥有试验葡萄园33.33 hm²余。

企业和果农在葡萄品种资源圃的建设上发挥了越来越大的作用。例如，张家港市神园葡萄科技有限公司所建立江苏省首家民营葡萄资源圃，现已收集鲜食品种150个，砧木品种20个，加工品种15个，是江苏省最大的优质葡萄品种示范及育苗基地。山东蓬莱中粮君顶酒庄是国内首家酿酒葡萄品种（系）种质资源圃，自1988年开始从法国、意大利、德国引进优良嫁接苗木。庄园目前种植面积400 hm²，现拥有赤霞珠、美乐、西拉、紫大夫、泰纳特、霞多丽、雷司令等国际优良酿酒葡萄品种40个，以及70个品系、11个砧木类型。同时，收集国内酿酒葡萄品种167个，20个砧木类型，共达到207个品种、237个品系、31个砧木，具备了国内最大的酿酒葡萄品种种质资源。

3.鲜食葡萄栽培技术不断创新

研发出一系列配套的优质、高效、安全的葡萄栽培技术，栽培方式已从传统的露地栽培模式发展到设施栽培、有机栽培、休闲观光高效栽培等多种栽培模式同步发展。其中针对南方葡萄生产地区多雨、少日照和高地下水位条件下，病害重、喷药多、农残高、品质差、优质果产量低等问题，围绕品种选育、规避高地下水位、弱光和多雨高湿障碍的栽种、整形修剪和肥水供给技术创制及低成本避雨设施开发，开展了联合攻关和集成示范，解决了南方适栽优良品种少的困境，筛选和自主杂交选育适栽新品种，促进了品种的优化、换代和多元化；针对南方地下水位高、土壤黏重的缺陷，在中国率先开发出根域限制栽培技术，颠覆了"根深叶茂"的传统理论，解决了根域形式、根域容积和肥水供给的阈值参数及根域累积的盐类等有害物质洗脱等难题，建立了中国第一套葡萄数量化的、精确可控栽培技术。系统研究了避雨下叶幕内的微气候环境特征，建立了"先促成后避雨""三膜覆盖促成"及"小拱棚连栋促成避雨"等栽培模式，使欧亚种葡萄也"越过"长江在多雨南方"落户"，年用药减少10～15次，成熟提早1～2周，品质、安全性和经济效益大增，促进了南方葡萄栽培技术的进步和葡萄产业水平的跃升和快速发展（田惠，

2007；刘三军 等，2010）。

针对传统的种植模式多采用篱架多主蔓扇形整枝、大肥大水，盲目追求高产，葡萄品质差、病害重和本产区土地盐碱等问题，从葡萄品种资源优化、控产提质、新型架栽培、省力化修剪、限域栽培、生物肥料应用等方面进行系列关键技术创新，筛选出适宜品种有效解决了本产区品种单一的问题，拉长葡萄上市时间，推动了本产区品种更新和多元化发展；在国内率先从光合产物、芳香物质、产量分布、省力化夏季修剪等方面系统研究省力化修剪技术和盐碱地改良葡萄根域限制栽培技术，显著提高果实品质，省工、省药，明显改善果园生态，为充分利用渤海湾地区盐碱地葡萄栽培提供了新途径。

葡萄一年两收栽培技术。广西农科院在中国亚热带地区创新的一年两收葡萄栽培技术，一收果提前6月初成熟有效解决了夏季高温高湿不利葡萄上色弊病，二收果12月底成熟科学利用了秋季高温高光照、冷凉干燥的气候条件，葡萄错季节上市，果实质量优、经济效益高。

4.酿酒葡萄产业朝世界一流水平看齐

基于独特大陆季风性气候区酿酒葡萄品质精准调控栽培技术体系的构建，创新性解决了埋土防寒产区的机械化难题，大幅度降低生产成本；保证了葡萄从萌芽到果实成熟的一致品质；运用感官风味定向酿造的系列工艺方法和技术，最大限度地保障了果实潜在风味品质在葡萄酒中的完美表现，酿造出了个性鲜明、风格典型的系列优质产品；酿酒葡萄品质精准调控和葡萄酒感官定向酿造的关键技术体系在全行业9个重点葡萄酒产区推广应用，显著提升了国产葡萄酒的感官品质和安全质量，丰富了产品种类，满足了消费市场的个性需求（石友荣，2007；蒋鹏，2016）。

围绕中国无酿酒葡萄适生区及品种区域化、栽培技术创新、优质葡萄酒酿造等问题进行了系统研究，创立了适合包括中国气候特点在内的以无霜期和干燥度为核心的酿酒葡萄气候区划指标体系；完成了中国4区12亚区酿酒葡萄气候区划，改变了中国不能生产优质酿酒葡萄和优质葡萄酒的传统观点，构建了从土地到餐桌的葡萄酒产业链关键技术体系。

基于独特大陆季风性气候区酿酒葡萄品质精准调控栽培技术体系的构建，创新性解决了埋土防寒产区的机械化难题，大幅度降低生产成本；保证了葡萄从萌芽到果实成熟的一致品质；运用感官风味定向酿造的系列工艺方法和技术，最大限度地保障了果实潜在风味品质在葡萄酒中的完美表现，酿造出了个性鲜明、风格典型的系列优质产品；酿酒葡萄品质精准调控和葡萄酒感官定向酿造的关键技术体系在全行业9个重点葡萄酒产区推广应用，显著提升了国产葡萄酒的感官品质和安全质量，丰富了产品种类，满足了消费市场的个性需求。

第三节　影响果树优质丰产的关键要素

影响果树优质丰收的重要因素除了人控制不了的自然气候原因外，还有水、光、负荷量、肥料、修剪等因素可以控制，其中水、光、养肥、树体结构在果树管理中对调节果树内循环起着决定性的作用。水带着无机矿物元素往上走，光促进叶子制造的有机营养下。果树的花和果实摄取水和光带来养分。花果过多，水和光照提供的无机有机养分被过量花果消耗，根系得不到有机营养的供给，制约根系生长，根系营养不良影响水和无机营养的吸收，引起树体内循环衰竭，导致果树植株衰老。因此只有保证上下大循环稳定顺畅，才能保持稳定的营养吸收和优质的产量。

一、光

光合作用作为"地球上最重要的化学反应"和"生命界最重大的顶级创造之一"，与人类面临的资源、能源和环境问题密切相关。光合作用细胞学、遗传学、分子生物学、果树生理生化等研究领域和农学的交叉融合将有力推动光能利用效率的调控机理研究。

光是果树赖以生存的唯一能量来源，不仅作为果树光合的驱动力，还作为一种环境信号因子，通过光敏色素的形式调节果树的生长、发育和形态建成。果树在长期的进化过程中形成了许多调节机制，光合机构能够相应地协调不同光化学反应过程来适应环境的变化，并在光合速率、呼吸消耗、资源利用及光合的生物化学过程方面发生相应的可塑性变化。而光环境的变化将直接或间接导致叶片的解剖结构、光合气体交换参数、叶绿素荧光参数、光合酶活性、叶片光谱特征和呼吸参数发生改变。

作为植物碳同化的重要途径，光合作用一直备受国内外学者的重视。利用模式植物或大田作物已基本探明了植物光信号传导、光合系统功能及同化物转运等光合生理过程。果树个体结构复杂多样，冠内微生态因子存在水平和垂直方向的变化，光合效率评价复杂，且对于影响光能高效利用及光合产物在库源间的分配规律及调控机制等研究尚不深入。果园群体光合效率的影响因素更多，评价方法不够系统。国内外学者在苹果、葡萄、梨等果树光能高效利用的设备开发和模型构建取得了一些创新性的成果，如开发了监测葡萄库源关系的模块，以及利用数学模型模拟苹果树体动态结构变化及碳同化与分配的规律。与模式植物相比，国内外果树光能高效利用机理和调控的研究仍不够深入，也缺乏指导产业的系统性理论。因此，亟待引入当前先进的技术，研究果树光能利用的生理机制，构建果树库源调控的精准量化模型，评价多种栽培模式，形成提高果树光能利用的调控技术。

1.光环境变动与果树栽培生理

我国目前90%的果园均采用乔砧密植栽培模式，由于树形、砧木和栽植密度三者不配套，大多数果园出现总枝量偏多、树冠郁闭、内膛光照恶化、树体生长衰弱、管理困难、病虫害严重、产量和品质下降及效益低下等问题，如何对树体进行有效的树形改造，确立适宜的栽植密度，合理的群体结构和个体枝叶空间分布良好的树冠光照体系，已成为促进我国果树产业提档升级，实现优质、丰产、高效和可持续发展的关键。目前国外学者在叶幕对光的截获和利用、果实产量品质与冠层微气候因子的关系等方面做了大量工作，但多数学者对光合作用的研究多集中在稳态下苹果的光合特征分析，关于非稳态下光反应部分中的光量子转化效率、非光化学耗散等光响应特征方面的研究鲜见报道。近年来，我国关于苹果的树形改造技术研究也取得了一些成果。结果表明，间伐、提干、减少主枝数量、落头开心等一系列改形措施的使用能够使树体结构趋于合理，树体内部的光照分布得到改善，从而增加了产量，改善了果实品质。不同的修剪强度，直接影响树冠内的光照条件，进而影响树体叶片的光合特性和比叶质量。但大多树形改造工作均在休眠期进行，改造过程中还存在一定的盲目性，缺乏相关的理论支撑。与休眠期修剪相比，夏季修剪作用于活跃状态的带叶植株，在调节光照、枝密度、负载量等方面表现得更直观、更准确和更合理，但夏季修剪后叶幕重建过程中不同冠层叶片对光环境变动的适应和响应机制尚缺乏系统研究。因此，揭示光环境变动条件下光合电子传递、质子转移、能量分配与碳同化的动态衔接机制具有重要的科学意义，将为果园的合理密植和光能的高效利用奠定良好的理论基础。

2.光照强度对叶片光合功能的影响研究

果树的光合作用受树体自身品种特性和光强的制约，光强大小改变树体形态结构，调节叶片叶绿素含量，影响果树生长和干物质积累。果树叶片吸收的光能主要集中于光化学电子传递、热交换耗散的能量及反应中心的过剩激发能三个方面，光强及叶片接受光能的多少会直接影响三者所占比例。如果叶片吸收光能过多，不能及时有效地加以清除或耗散时，光系统内就会积累过剩的激发能，对光合作用反应中心、光合色素和光合膜产生巨大的伤害，PSII的电子传递速率和激发能捕获效率持续下降，非光化学猝灭持续增加，产生光合作用的光抑制，甚至导致光合机构的光氧化损伤。光抑制不仅是光系统 II 受到伤害的一种表现形式，而且还是一种光保护过程。当果树受到光抑制伤害时，可以通过建立跨类囊体膜的质子梯度和启动叶黄素循环来促进非光化学猝灭过程，耗散过量光能，保护光合机构免受损伤。

光照强度弱的情况下，果树必须尽可能地吸收和捕获更多的光能，才能维持正常的生长发育，因此，出现叶片的气孔密度降低、气孔开张度增大的现象，有利于果树充分利用空气中的CO_2进行气体交换，进一步促进CO_2的固定和碳水化合物的积累。研究表明，减少光照强度通常降低了果树叶片的净光合速率。也有人认为，适度的弱光处理能提高果树叶片的光化学效率，通过增加气孔导度和胞间二氧化碳浓度的供应来明显地提高光合作用。长期生长在弱光条件下的果树可通过加强类囊体垛叠和增加叶绿素含量来提高光能的吸收，类囊体膜的组成和垛叠程度会因果树对弱光环境的长期适应而发生相应的变化。弱光条件下，叶片中的叶绿素b含量升高，叶绿素a/b比值降低，叶片光合能力下降，光合酶基因的表达受到抑制，从而导致果实中可溶性固形物含量减低，花青苷合成减少，果个变小，品质变差。

3.光质对叶片光合功能的影响研究

果树除了对光周期和光强的需求外，光谱组成（光质）也对果树的生长发育具有重要影响。随着臭氧层变薄、空气污染等环境的变化，光质对果树形态建成和产量品质方面的研究已成为国内外的研究热点。

果树体内不同的光受体可感知不同的光信号，光敏色素主要感受红光和远红光，也感受蓝光和紫外光，隐花色素感受蓝光和UV-A。不同光质可触发不同光受体，进而影响果树的生长发育、光合特性、抗逆性和衰老等生理过程。研究表明，光长期调控光合器官的发育，光质能够调节光合作用不同类型叶绿素蛋白质的形成以及光系统之间电子传递，蓝光调控气孔的开启、叶绿素的形成及光合节律等生理过程；红光抑制光合产物从叶片中输出，增加叶片中的淀粉积累。

光质是影响果树形态建成的重要因子之一。已有研究发现，红光（长波光）对葡萄愈伤组织的生长有促进作用，有利于根和茎的伸长生长，能够提高叶绿素含量，增强光合效率，促进干物质积累；蓝光（短波光）则抑制茎的伸长；在蓝光和红光并存的条件下叶绿素总量最高，红光转蓝光和蓝光转红光处理后，*ZTL*基因表达量上调，促进光形态进程。设施内补光，可提高叶绿素含量，增加气孔数量，促进光合作用，进而提高单粒重和可溶性固形物含量；补红光可促进新梢营养生长，减少了运输到果实的光合产物，对改善品质的效果较差。

太阳高度角不同，树冠内叶幕和枝叶都会阻挡叶片对光的吸收，树冠不同部位的叶片对不同波长辐射的吸收、反射和透射程度不同，导致光质差异性。树冠内膛由于叶片遮阴，处于弱光环境，光质发生了显著改变，红光/远红光（R/FR）比值明显降低。树冠的外围和顶部主要接受直射光，而内膛和下部主要接受散射光，直射光中短波的紫光、UV

较多，散射光谱中长波的黄光、红外线较多。波长越长，果树的光合速率越高。在相同的辐射能下，光合速率从高到低依次为黄光、红光、蓝光、紫光；而在相同的光量子通量密度下，则依次为红光、蓝紫光、黄光、绿光。

4.光环境变动对叶片光合功能的影响研究

果树所处光环境的一个重要特点是变幅大、变动速度快，照到果树体上的光照强度和光谱组成也在不断变化，光合机构中光系统 I 和光系统 II 所接受到的光能也常常处于变动之中，由于两个光系统结合色素组成不同，光强与光质的不断变化常常导致两个光系统的不均衡激发。研究表明，晴天早晨和傍晚光照较弱、红光较多，阴天蓝光较多，中午时光照很强且为白色，忽晴忽阴的日子则更是变化多端。针对太阳光的这些变化，果树通过调控叶绿体内相关蛋白质，光系统 I、光系统 II 的捕光天线色素复合体等的基因表达，以及改变叶绿体大小和类囊体膜的组成、结构及其垛叠程度，建立相应的长期和短期适应性机制，以较好地利用光能进行光合作用。由此可见，建立起对光强大幅度变化的快速反应机制，对于果树适应多变的光环境是至关重要的。

果树修剪等技术措施都会直接影响树体库源关系的变化，造成光合同化产物的减少或积累，从而影响光合产物在不同库源器官之间的运输和分配，最终影响叶片的光合效率。

二、水分

水是生命之源、万物之本。全球干旱、半干旱区占陆地面积40%以上，水资源短缺是限制农业生产的一个重要因素。针对果园普遍存在水分利用效率低、水资源浪费严重等问题，国内外学者对果树水分利用效率的生理基础与调控进行了初步研究，包括砧穗组合、节水措施对果树水分利用效率的影响，果树需水耗水规律等。相对于大田作物，国内外果树水分利用效率的生理基础与调控机制研究起步较晚，深度、广度、系统性都远远不够，且缺乏果树水分利用效率评价体系。植物根系负责感知土壤水分含量，并吸收、运输水分到地上部，是植物的"根本"，也是果树栽培的基础。国内学者对果树根系生物学的生理生态进行了研究，但根构型对调控果树水分利用效率的重要性还未受到国外学者重视，鲜有报道。另外，节水措施、砧穗组合等水分利用效率影响因子对果实品质和产量的影响，果树在不同生态区和不同栽培模式下的需水规律，砧穗组合、根构型影响果树水分利用的调控机制等科学问题，都亟待明确。

1.果树节水灌溉理论体系

节水灌溉技术是指按照果树的需水要求和果园的灌溉条件，合理高效地利用降水水资源和灌溉水资源，力争获取最佳的经济效益、社会效益和生态效益而采取的多种技术的总称。灌溉水从水源地到果园土壤，再到被果树根系吸收，主要包括4个环节：水源取水、中途输水、田间灌水及作物吸收。相应的，灌溉节水技术的应用与发展也包括4个方面：水资源的优化调度、农艺措施的改良、浇灌方法及设备的改进、土壤水分的管理。其中，浇灌方法及设备的改进节水效果显著、增产性能较高，尤其在干旱年份更加突出。果树是多年生植物，抗旱能力相对较强，相比草本植物，果树根系数量较多、分布范围较广，可以充分利用土壤水分，尤其包括深层土壤水分，这就为果树节水灌溉理论和技术的发展创新提供了依据。

早在20世纪70年代，国内学者就对如何减少输水过程中水资源的损失和浪费进行了探讨，比如减少输水渠道的渗漏损失等；进入80年代以后，国内外学者开始试验研究果树生长发育的不同阶段浇灌不同的水量对果树生长发育和结实的影响，致力于探索果树的需水规律，并取得了显著成果；进入90年代以后，水资源污染问题日益严重，水资源危机更加突出，传统的高产丰水灌溉逐步向优产节水灌溉转型，研究重点开始转向不充分灌溉。

调亏灌溉（Regulate Deficit Irrigation，简称RDI）由澳大利亚农业灌溉节水研究所在20世纪70年代中期提出的。其理论基础主要是：植物的遗传物质和生长激素共同决定着植物的生理生化特性，人为施加一定程度的水分胁迫到植物生长发育的某个特殊阶段，可以调节光合产物向不同组织器官分配，以此来抑制营养器官（枝、叶）的生长而促进生殖器官（果实）的生长，从而达到节水目的。后来，许多研究人员对一些果树（柑橘、李、苹果、石榴等）的需水规律、亏水时间、亏水程度以及在亏水状态下呈现出的生理生化反应做了大量论证，发现RDI对果树生产能力的影响不大，但却能有效抑制果树的营养生长，大幅节省灌水量。20世纪90年代，调亏灌溉节水增产的机理逐渐被人们所认知。当亏水期果树枝叶生长受到抑制时，果实可以积累更多的光合有机物以维持自身的膨大，使其在亏水期的生长不会明显下降，这是因为果肉细胞在亏水期生长受到抑制，在果实快速膨大期复水后，前期积累的光合有机物有助于果肉细胞数量的增加，从而补偿果实的生长，所以适度的水分胁迫不会导致产量下降；但是如果水分胁迫历时过长或过于严重，果肉细胞的细胞壁可能因此而变得十分坚固，以致果实即使复水也不能恢复生长，导致产量下降。20世纪90年代至今，人们对调亏灌溉的研究范围越来越广，比如调亏灌溉下肥料的高效利用、调亏灌溉与病虫害防治等等，并且向咸水灌溉方面扩展，研究重点已从果实产量的提高转向果实品质的改善。

2.水分胁迫对果树生理形态的影响

水分胁迫下，叶片是果树外部形态中反应最敏感的器官。叶片适应性的主要变化有利于保水和提高水分利用效率。当果树受到水分胁迫后，随胁迫程度的加强，细胞的扩大和分裂受限制，叶面积减少，叶片数增加缓慢，幼叶变厚，栅栏组织厚度明显增加，上下表皮细胞变扁、纵/横径变小，栅栏细胞变细长，海绵细胞变小；而成龄叶在水分胁迫时变薄，栅栏细胞的厚度也不同程度地减小，细胞形状变化不像幼叶那样明显。幼叶可能比成龄叶对水分胁迫更敏感，因为正处于形态建造过程中的幼叶易随水分含量的变化而变化，形成与之相适应的显微结构，从而增强抗逆能力；而成龄叶形态建造已经完成，受水分胁迫影响程度较小，很难通过其显微结构的弹性调节来实现抗性的提高，只是被动适应。

水分胁迫使果树地上部与地下部的生长同时减弱，但水分胁迫可增大根梢比。水分胁迫对根系的影响包括根在水平或垂直方向的伸展、根长、密度、具有强吸收功能的细根数量、根冠比、根面积/叶面积、根内水流动的垂直和横向阻力的变化等。根系越发达，分布越深，抗旱性越强；具有菌根的果树，由于增大了根系吸收面积，使果树抗旱力增强。水分胁迫下，延长根活力大于吸收根，这有利于根系尽快找到新水源。根系的超微结构发生变化，中、轻度胁迫使新根的中柱木质部向心分化速度加快，导管分子直径加大，导管比正常供水时发达，这有利于水分的传导，从而提高抗水分胁迫的能力。

枝以及由它长成的干是树冠的基本组成部分，也是扩大树冠的基本器官。苹果树干不同向量的生长对水分胁迫的反应不同。土壤水分胁迫对苹果营养生长的影响最先表现在枝干的加粗生长受到抑制，且抑制作用较对其他的营养器官强得多，这种抑制作用还具有"后效应"，即树体内的水分胁迫完全解除后，其抑制作用仍然要持续相当长的时间；苹果枝干延长生长对水分胁迫的反应远没有加粗生长敏感。简言之，水分胁迫主要抑制果树枝干的加粗生长。

水分胁迫对花序和花柱的伸长有明显抑制作用。充足的土壤水分有利于它们的伸长，品种间因抗旱性不同，对水分胁迫的反应也不同。严重干旱时，花器官发育不良，生长受到抑制，植株的花序和柱头长度缩短，甚至花序末端出现萎蔫干枯现象，花粉萌发率低，花粉管生长速度慢，这可能造成花期不遇、有效花粉数目减少、柱头活性降低及授粉受精不良，导致落果严重，坐果率低，且幼果生长受抑制，最后造成产量降低。随着灌水量的增加，以上现象会减弱。

三、养分

养分是构成生命体的物质基础，亦是作物生长发育、品质与产量形成不可或缺的成分。国内外在分子水平对模式植物和大田作物的养分吸收和转运机制等开展了深入研究，但有关结果与结论难以直接用于多年生木本果树，更无法直接指导果树生产。目前，国内外学者在果树养分胁迫应答机制、苹果对氮、铁以及柑橘对硼等的吸收规律方面取得了一些创新性成果，提出了养分高效利用的一些管理措施，但对主要果树根际养分的动态还不清楚，对不同生境和发育期果树养分需求规律的认识还不系统，施肥基本依赖经验，养分供给和需求难以匹配，导致施肥过量和养分利用率低等普遍问题。因此，建立果树养分高效利用的理论和调控技术体系对于果树提质增效有重要意义。

1.氮

氮肥管理方式主要包括氮肥的施用量，施用时间和施用次数。由于氮肥种类繁多，其肥效释放速率、土壤转化机理和作物吸收效率均存在差异，所以针对不同的氮肥种类，氮肥管理制度也要进行相应的适应性调整。同时，灌溉方式也会在一定程度上影响肥效的释放。因此，氮肥管理方式的建立是一个复杂的、系统的工作。

土壤中氮素转化是一个动态的过程，大量研究表明，灌溉方式和氮肥管理方式均会影响土壤氮素的分布。灌溉方式主要通过两方面对土壤氮素的分布转化进行影响。其一，水分在土壤中迁移扩散时，将离子化、溶于水中的氮素转移至更深层的土壤中，这一过程主要是基于重力影响的物理过程；其二，土壤含水量会直接影响土壤微生物的活性及数量，同时，土壤含水率会影响土壤通气性，进而影响土壤微生物对氮素的转化效率，影响氮素在土壤中的分布。同时，由于水的比热容较大，水分的入渗会对土壤温度产生直接影响而土壤温度的高低则会影响土壤微生物的活性和种群数量及结构，进而影响到土壤中硝化反应的进行方向和速率。有研究表明，土壤温度的提高会加快硝化反应的速率，而硝化反应最适宜温度为25 ℃左右。

氮肥的施入会直接改变土壤中氮素转化反应的平衡。随着施氮量的增加，土壤中无机氮的含量均有不同程度的增加，这是由于在一定范围内，施氮量的增加了土壤微生物及土壤酶的活性，有助于提高氮肥水解离子化的速度。也有研究认为，施氮量的提高可以促进土壤中硝化反应的速率，增加硝态氮含量，硝态氮的大量累积会提高氮淋失现象发生的风险。而氮的气态损失程度和施肥量存在显著的相关性。在保持施氮总量不变的基础上，施肥次数的增加可以减少了单次的施肥用量，有助于减少氮素的气态损失和硝态氮的累积及淋失。

氮肥管理制度对作物生长及产量的影响研究氮素是植物正常生长的必需元素之一，是植物核酸、叶绿素和蛋白质等结构的重要组成部分，对植物的结构和生理有举足轻重的作用。因此，针对氮肥施用与作物生理及产量的相关关系进行了大量卓有成效的研究。大量研究表明，施氮量的增加可以促进作物的生长和产量的提高，但随着施氮量的持续增加，当超过某一阈值后，作物的生长和产量并未继续增加，甚至，反而会造成生长的抑制和产量的减少。

根系作为植物的吸收器官，其生理状态直接影响植物对营养元素以及水分等必须营养物质的吸收能力。大量研究表明，施氮能促进作物根系生长，随施氮量的增加，根系生长指标会明显升高，但过量的氮素会抑制根系的生长，有研究认为过量的氮素促进了乙烯含量的增加，而对根系生长产生抑制作用。此外，施肥时期也会对作物的根系产生显著影响，这可能与不同时期植物对氮肥的需求和吸收能力有关。氮素同样会影响作物的冠层形态及生长。合理的氮肥施用可以促进叶片生长，枝条伸展，及树干的加粗，同时，还可以促进花芽分化及产量等。根据作物的需氮规律，合理选择施肥时期及分次施肥可以在保证作物生理健康的同时提高氮肥利用率。

光合作用是植物生长发育过程中重要的生化反应之一，是绿色植物利用光能合成所需有机物质，同时制造氧气的主要过程。光合速率的快慢及光合效率的高低则决定了该植物生长发育的速度，这与植物自身种类存在直接关系。阳生植物的光饱和点明显高于阴生植物，同时高光强还会产生阴生植物叶片的灼伤等危害，这些导致了阳生植物可以利用更多的光能进行有机物质的累积。光合作用的影响因素较多，通常从气孔的角度将其划分为气孔因素和非气孔因素。施肥管理方法就是通过这两种途径对光合作用产生影响，有研究表明，氮肥的施用会影响植物体内部分激素和酶的含量，其中部分激素和酶如：乙烯和脱落酸等会对叶片气孔产生直接影响，进而影响光合作用的效率。合理的氮肥施用会增加叶片中叶绿体的数量、表面积密度和体积密度等指标，促进叶片中叶绿素含量的提高，这些均会通过非气孔途径影响光合作用的速率和效率。

综上所述，水肥管理方式从多个方面和角度影响着土壤氮素的分布和植物的生长。因此，对于不同的灌溉方式，制定与其相适应的、高效的氮肥管理方式是保证土壤肥力可持续发展、作物可持续生长和高产稳产的重要方法。

2.磷

磷是果树生长发育不可或缺的重要元素，在果树中的含量很高尤其是种子中。磷还能促进果树进行光合作用，有利于碳水化合物的形成以及转化。在植果树的生长发育过程中，磷能够加速细胞分裂，促进果树根系的形成和生长，促进果树各部位快速生长。有机磷可以有效促进果树花和芽的分化，进而对果树果实的产量产生直接影响。据研究报道，苹果树对磷肥的吸收主要集中在新梢旺长期，因此在追肥期间要重视磷肥的施用。

国内外关于磷肥对果树生长发育以及产量品质的研究报道已有不少。① 磷能够提高植物中的磷素营养水平，提高作物对矿质元素的吸收效率。在水磷一体化的试验研究中发现，滴灌条件下施用液体磷肥能够有效降低土壤中磷的固定转化，大大提高磷在土壤中的有效性和移动性，同时还能提高植物中的磷素营养水平，进而提高磷肥的利用效率；通过对玉露香梨施用氮磷钾肥的试验研究中发现，适当增加磷肥的施用量可以有效提高果实对矿质元素钾和锌的吸收，并且还可以抑制镁的积累。② 磷肥可以有效提高果树叶片的质量。通过大田试验研究发现矿物磷肥可以明显提高苹果树叶片叶绿素、果实的单果重和糖酸比，同时还能有效提高土壤中速效磷含量。在对陕北果树进行注射施肥的试验中发现增施磷肥可有效提高果树叶片中叶绿素的含量，提高叶片的净光合速率和叶片中矿质营养的含量。③ 磷可以有效提高果树的产量。在对果树施用硝酸磷肥和尿素的试验中发现，适当增加硝酸磷肥的施用可以使果树增产增质。在陕西渭北苹果园的试验研究中发现，增加20～40 cm土层中速效磷的含量可明显增加果树的产量。④ 磷能够有效提高果树果实的品质。在对脐橙施用不同氮磷钾配比的肥料的试验中发现，在钾肥施用水平一定的情况下，增施磷肥可有效提高果实中可溶性固形物和VC的含量。

3.钾

钾是果树生长发育中不可或缺的矿质元素之一，在果树营养中占有很重要的位置，被称为"品质元素"。钾是以 K^+ 的状态被果树根系吸收，不参与有机物质的合成。大量研究表明，钾是果树中多种酶的活化剂，与果树代谢关系密切，还参与碳水化合物的合成、转化和储存，调控叶片气孔的开合以及叶片的成长，对果树果实生长及产量、果实品质及储运性能等都具有很大的影响，还能增强果树的抗性。苹果树对钾肥的吸收主要集中在果实发育时期的6～8月份，因此在果园管理中应在追肥期及时施用钾肥，提高钾肥的利用效率，进而提高果树产量和果实品质。

国内外关于钾肥对果树生长发育以及产量品质的研究报道已有不少。① 钾能够促进果树的生长，促进果树对矿质元素的吸收和运转。经过连续多年对不同地区、不同产量水平的苹果树进行采样测定发现，增施钾肥可以调节和促进氮、磷、钙等多种矿质元素之间的比例关系以及在果树体内的吸收运转。② 钾能够显著提高果树的产量，有效改善果实的品质。研究表明增施钾肥能够改善果实的色泽并且提高果实的含糖量。在为期三年对豫西地区苹果树增施氯化钾的田间试验中发现，钾肥可明显改善树体营养状况，增加果树产量，改善果实品质。在对苹果、梨和猕猴桃三种果树施钾效应的试验中发现增施钾肥可以增加叶片中的矿质营养，提高叶绿素含量，增大果实并且显著改善果实品质。在对盛果期苹果树施以不同水平钾肥的试验中发现，钾能有效提高苹果树叶片中的营养，还能提高果实的品质。

4.微量元素

锌肥的使用。在萌芽前15 d全树喷布2%～3%硫酸锌，展叶期叶面喷施0.1%～0.2%

硫酸锌，落叶前叶面喷施0.3%～0.5%硫酸锌。如果缺素严重，可持续喷2～3年。也可以采用土施的方式，结合施基肥，在发芽前3～5周，每株成年树施50%硫酸锌1.0～1.5 kg或0.5～1.0 kg锌铁混合肥。

镁肥的使用。可采用叶面喷施和土施两种方式。缺镁程度轻的树体，可采用叶面喷施1%～2%硫酸镁溶液的方式，时间是6～7月，喷施2～4次。重度缺镁的树体，可采用叶面喷施结合土施的方式，667 m^2土施1.0～1.5 kg。

铁肥的使用。虽然果树缺铁时有发生，特别是苗木或幼树缺铁现象较多，但很多缺铁症状并不是由土壤缺铁引起。以苹果树为例，一般苹果园土壤含铁较多，并不缺乏，缺铁可能由于干旱少雨、土壤呈碱性、有机质含量低、土壤通透性差、盐渍化严重，导致可溶态铁元素变成难溶态铁，树体无法吸收。此外，铁吸收还与砧木相关，山定子做砧木，容易缺铁，而小金海棠铁吸收能力很强。应注意改良土壤，排涝，通气和降低盐碱含量。缺铁严重的果树，可以在萌芽期喷0.3%～0.5%的硫酸铁溶液，或者在新梢生长初期喷布黄腐酸二胺铁200倍水溶液。注意展叶后不要直接喷施硫酸铁溶液，以免产生肥害。

锰肥的使用。果园缺锰可采用叶面喷施和土施两种方式。叶面喷施0.2%～0.3%硫酸锰。土施一般与有机肥混合施入较好，667 m^2土施氧化锰0.5～1.5 kg，也可土施氯化锰或硫酸锰2.0～5.0 kg。

硼砂和硼酸的使用。坡地、滩涂或沙砾果园，容易引起土壤硼溶液渗漏，引发硼缺素症。干旱、盐碱、酸化严重，氮肥用量过多，也能造成树体硼缺乏。缺硼果园可结合秋、春季施基肥加以矫正。可选择硼砂、硼酸或其他商品硼肥。使用量依树龄和缺乏程度而定，一般成龄树，每株施硼砂0.15～0.20 kg，幼树施硼砂0.05～0.10 kg。严格控制用量，施后灌水。土施持效期长，作用可延续2～3年。如果缺素较严重，要结合叶面喷施。在开花5%的初花期、盛花期和落花95%的时期各喷一次0.3%～0.5%硼砂水溶液。也可以在萌芽期喷施1%～2%硼砂水溶液。

钙肥的使用。轻度缺钙果园，应增加有机肥的施入量，改善果园土壤理化性质，春季注意灌溉，雨季注意排涝。酸性土壤，要适当提高土壤pH值，施用石灰等碱性土壤改良剂，增加游离钙含量。缺钙较严重的果园，生长季叶面喷施1000～1500倍氯化钙或硝酸钙溶液。在套袋前的幼果期喷施3～4次，套袋后喷施1～2次，采收前3周喷施最后1次。此外，采收后浸钙，提高果实钙含量，例如将果实于氯化钙溶液中浸泡24 h，可大大减轻果实缺钙比率。

四、树体结构

果树树形的形成受诸多因素的共同调节，如基因遗传调控、人工整形修剪以及立地环境的影响等。每种树形均有其独特的冠层微环境，影响树体对光、水、肥的利用，造成冠层不同部位的叶片营养与果实产量和品质的差异。若任果树干、枝、叶的自然特性生长，很难实现丰产、优质、安全的生产目标。果树冠层郁闭、树形管理成本高是果树栽培现行的普遍问题。在丰富的果树种质资源、广泛的分布范围和复杂的气候条件下，针对不同果树种类进行合理整形修剪，是建立与完善果树树形及其评价体系的现实需求，对果树栽培有重要的实践指导意义。由此，人们对不同树形的适用性进行了大量的研究。研究发现，适宜的树形可提高冠层的透光性、再成花率、结果枝的比例，利于碳水化合物分配，平衡营养生长与生殖生长，实现树体的连续结果。此外，整形修剪可提高树体的抗性和果实品质。近年来，运用分子生物学手段从育种层面筛选树形调控基因，也已成为当前研究的热点。

1.果树树形类型

根据树形成形方式可将其分为自然生长树形和人工培育树形。自然生长树形是由树体自身的分枝特性决定，未经人工整形修剪形成的树形。这类树形是由其遗传基因控制，因此不同种属间差异较大。常绿果树和落叶果树的自然生长树形存在差异：以柑橘为代表的常绿果树，在年生长周期中抽生新梢次数较多，易形成圆头形；而落叶果树如香梨的自然生长树形则为开心形。近年来，从自然芽变品种中筛选出的柱状苹果树因树体表现出矮化、枝条紧凑、分枝短等特点，被用来作为苹果矮化育种的重点研究对象。这类树形的结构特点是没有明显的主枝，在主干上直接着生10～12个结果枝组，上下错落着生。研究者对柱形树形的叶片解剖结构进行观察，发现柱形树形叶片中每一层的栅栏组织厚度均显著高于普通树形，且栅栏组织层数比普通树形少1层（柱形有2层，普通树形有3层）。也有研究发现柱状树形的枣树适合密植，且水分利用率较高，是枣树的节水丰产树形。

自然生长树形的形成和维护较简易，却较大程度地降低了果园的生产效益。研究发现与疏散分层形相比，自然开心形对外界环境的敏感性不高，不易通过改善其生长的环境条件来提高光合速率。也有研究者发现，苹果自然主干形的病害较改造树形严重。当然这类树形在植株生长期间仍具有一定的优势。自然圆头形的枇杷可增强幼树生长势，利于幼树快速成形。通过对桃树幼树进行修剪，会导致树体生长过旺，建议幼树应保持其自然生长状态。此外，研究者还发现自然开心形桃树的果实产量高于修剪树形，而且前者冠层不同部位果实的可溶性固形物含量也较高。迄今，人们已经对各种果树树形进行了比较研究，

并针对不同种类和不同栽培地区筛选出了适宜推广应用的树形

2.树形形成与调控的机制

关于木本植物树形形成的分子机制研究较多，大多集中于冠层分枝与节间长度遗传特点、矮化基因表达调控等方面。有研究发现多年生植物的冠层分枝特性是可遗传性状。也有研究发现苹果的节间长度是高度遗传的性状，且其遗传变异与细胞数目呈显著相关。进一步研究发现该性状由显性单基因控制，温度调控节间长度并决定株高，通过图位克隆的方法精细定位了目标基因。通过利用分子标记方法探讨了与苹果树形态相关的数量性状位点QTL之间的关系，将梨的矮化基因与开花性状结合。研究桃矮化性状基因GID1时，比较了GID1同源基因（PpeGID1c和PpeGID1b）的表达，发现PpeGID1c通过发夹结构导致基因沉默，且PpeGID1c沉默程度与矮化性状程度呈正相关。因此，对PpeGID1c的表达修饰既可以出现矮化性状，同时也不会对果实品质造成影响。此外在苹果中发现dsRNA结合蛋白MdDRB1通过调节miRNAs及其靶基因的转录水平影响树体分枝特性，并确定了MdDRB1以保守的方式参与miRNA的形成。

在基本树形形成的基础上，营养枝和结果枝的分枝角度、分枝方向、枝条数量及比例等决定了不同树形的冠层结构及特性，当不同枝条类型搭配适当，不同长度的枝条保持一定比例，且结果枝合理分布，连年形成健壮新梢和足够的花芽，才能保证树体优质高产稳产。已有研究表明，生长素和细胞分裂素含量及比例会影响枝条类型构成。在葡萄新梢萌发与停止生长期间，新梢生长的快慢等均取决于（GA_3+IAA）/ABA值。因此，生产中常通过喷施或涂抹生长调节剂调节冠层分枝特性。通过对不同株型桃树枝叶内源激素不同时期的观测发现，7月垂枝型枝条上侧GA、IAA、ZR含量明显高于下侧，而ABA含量为枝条上侧低于下侧，从而使其生长速度低于中部上侧，枝条发生弯曲。还有一些激素可能是通过调控顶端优势控制植物株型，如独角金内酯、赤霉素。而植物内源激素的平衡是调控树形形成的重要因素之一。研究者发现，在柱状和非柱状苹果的发育过程中，16种激素合成有显著差异，证实IAA含量和IAA/ZT值偏高是柱状苹果幼树和结果树的共同特征。

3.人工整形修剪技术

不同果树根据应用的树形不同，所采用的整形修剪方式有较大的差异。猕猴桃打顶对果实的形态和内部品质均有提高，而苹果顶端修剪会使其果实变小。将富士苹果小冠疏层形按春季一次整形和连续两年春季整形的方法，培养成高干开心形树形，发现一次性修剪由于枝梢修剪量大，较两年改形树体光照条件好。而将枇杷改造开心形树形需逐步回缩，修剪量过大会由于光渗透过多而引起日灼，建议每次修剪量最好不超过全树的1/3。树体分枝特性造成不同种属果树修剪效应的差异，研究发现为提高幼树早期产量和品质，皇家嘎拉和富士宜分别选用高纺锤形和V形。

不同树龄果树的适宜树形有一定的差异。研究证实不同树龄的果树生长势不同，导致光合性能和产量有差异。幼树树形培养主要以快速形成树冠、提早开花为目的，进入结果期后则以维持丰产、稳产、优质、抗逆的树形为目标。如研究发现桃树过早的整形修剪，会导致枝条活力过高。低干开心形梨树只在初果期产量较高，进入盛果期后，高干和中干开心树形在产量上优势较明显。通过对龙眼的高产树形进行筛选时，发现纺锤形只在早期出现丰产性状，结果初期花量和果量均高于开心形和圆头形。但连续结果2次后，开心形的产量却要优于其他2种树形。进入盛果期几年后的高纺锤形苹果，应及时疏除基部弱枝，同时短截更新，培养新的主枝。

断顶、拉枝、环剥、刻芽等是传统的整形修剪技术，近年来整形修剪又有了较大发展：（1）多种修剪方法配套实施：修枝能够降低常绿果树澳洲坚果枝条的碳水化合物含量，致使落果率增加，产量下降，而将修枝与环剥相结合时，则可显著缓解由于修剪所导致的落果现象。将富士苹果拉枝后进行刻芽、扭枝和去顶梢的综合处理是较为有效的促花措施。（2）嫁接砧木：随着乔化果园逐渐被矮化密植果园所替代，矮化砧木逐渐成为人们的选择对象。M26、M9、GM256等矮化砧木常被用作苹果自根砧和中间砧以形成矮化树冠。不同砧木对枝条分枝特性有影响，也会存在种属间的差异，因此筛选不同嫁接砧木对砧穗亲和性、嫁接树体生长势乃至适宜树形形成等具有一定的作用。（3）调节叶果比：是实现库源之间同化物优化分配的重要途径。有研究者发现，短枝型植株的寿命受库源平衡的影响较大，当源不足以满足库的需求时，短枝存活率会下降；过大的果实负载极易导致枝条枯死，因减少了光合面积，使碳水化合物降低。高密度的甜樱桃果园通过手动疏果可以增加叶果比，而叶果比越高，成熟期越早且果实品质越好；未经疏果处理的果树叶果比较低，会延迟果实成熟期。也有人发现不同水平的叶果比，碳水化合物积累、氮元素的积累以及光合驯化方式和机制有差异，低水平的叶果比光合效率较高。（4）根系修剪：由于果树根系分布于地下深处，因此造成了对根系研究的局限性。断根是研究根系修剪的常用方法，通过修剪果树的根系，叶水势、叶片膨压、气孔导度以及木质部离子浓度显著降低，木质部ABA含量显著高于未进行根系修剪的树体，表明根系修剪降低水分和养分的吸收是根系修剪抑制地上部分的营养生长和生殖生长的生理机制。运用非破坏性微根窗技术探究根系生长过程，研究结果显示冠层修剪会促进浅根系的生长，这可能与碳水化合物的竞争抑制根系的垂直生长有关。采用分层取样获得根系，之后用WinRHIZO根系分析系统和Image J图像处理软件进行根系测量，获取了根系的解剖结构、生长顺序和轨迹，这为根系的进一步研究提供了新思路。（5）机械修剪：通过评估4种人工修剪方式的生产效益时发现，精细修剪分别比开大窗回缩修剪、开门修剪及对照的效益高19.70%、46.37%和131.43%，但精细修剪技术要求较高，无法满足果园大面积的修剪，只适合生产精品水果。在当前人力资源费用逐渐增加的条件下，机械修剪成为国内外的发展趋势，但机械修剪目前仍需人工修剪来完善和实现冠层内部的光渗透。如何识别被修剪的枝条，提高识别传感技术，更好地优化修剪旺盛的营养枝，保留结果枝的修剪体系以及如何修剪出适宜肥药机械喷施的树形均是目前机械修剪的重点和难点。

参考文献

[1] 曹玉芬，刘凤之，高源，等，2007.梨栽培品种SSR鉴定及遗传多样性[J].园艺学报（02）：305-310.

[2] 柴明良，沈德绪，2003.中国梨育种的回顾和展望[J].果树学报（05）：379-383.

[3] 沈志军，马瑞娟，俞明亮，等，2013.国家果树种质南京桃资源圃初级核心种质构建[J].园艺学报40（01）：125-134.

[4] 陈学森，韩明玉，苏桂林，2010，等.当今世界苹果产业发展趋势及我国苹果产业优质高效发展意见[J].果树学报27（04）：598-604.

[5] 邓崇岭，娄兵海，刘升球，2016.广西柑橘脱毒苗良繁体系介绍（英文）[J].南方园艺27（05）：3-5.

[6] 邓秀新，束怀瑞，郝玉金，等，2018.果树学科百年发展回顾[J].农学学报8（01）：24-34.

[7] 翟衡，史大川，束怀瑞，2007.我国苹果产业发展现状与趋势[J].果树学报（03）：355-360.

[8] 董美超，李进学，周东果，等，2013.柑橘品种选育研究进展[J].中国果树（06）：73-78.

[9] 顾丽霞，2019.柑橘CRISPR遗传转化体系的探索及成花基因FT/TFL1的转移验证[D].武汉：华中农业大学.

[10] 郭黄萍，郝国伟，张晓伟，等，2011.'玉露香梨'的性状表现与栽培贮藏保鲜技术[J].落叶果树43（05）：41-43.

[11] 郭文武，叶俊丽，邓秀新，2019.新中国果树科学研究70年——柑橘[J].果树学报36（10）：1264-1272.

[12] 侯伦俊，唐菀，任俊杰，2020，等.桃优质丰产创新栽培技术[J].四川农业科技（10）：14-15，19.

[13] 姜卫兵，高光林，俞开锦，2002，等.近十年来我国梨品种资源的创新与展望[J].果树学报（05）：314-320.

[14] 蒋鹏，2016.宁夏红寺堡区酿酒葡萄优质栽培的土肥水综合管理技术研究[D].银川：宁夏大学.

[15] 凌士鹏，孙萍，林贤锐，等，2018.基于SSR标记的桃种质资源遗传多样性研究[J].江西农业学报30（11）：14-18.

[16] 刘三军，蒯传化，于巧丽，等，2010.黄河故道地区鲜食葡萄标准化栽培技术规程[J].中外葡萄与葡萄酒（03）：48-51.

[17] 马之胜，贾云云，马文会，2003.我国桃育种目标的演变、育种成就及目标展望[J].河北农业科学（S1）：99-102.

[18] 曲柏宏，金香兰，陈艳秋，等，2001.梨属种质资源的RAPD分析[J].园艺学报（05）：460-462.

[19] 任国慧，吴伟民，房经贵，等，2012.我国葡萄国家级种质资源圃的建设现状[J].江西农业学报24（07）：10-13.

[20] 石友荣，2007.优质酿酒葡萄无公害栽培技术研究[D].杨凌：西北农林科技大学.

[21] 田惠，2007.不同鲜食葡萄品种的栽培适应性及配套技术[D].贵阳：贵州大学.

[22] 田路明，曹玉芬，董星光，等，2019.我国梨品种改良研究进展[J].中国果树（02）：14-19.

[23] 汪祖华，陆振翔，胡征令，1989.我国桃育种栽培技术的进展与成就[J].中国果树（04）：1-5.

[24] 王大江，肖艳宏，高源，等，2021.我国苹果属植物野生资源收集、保存和利用研究现状[J].中国果树（10）：6-11.

[25] 王昆鹏，2020.不同苹果栽培模式要素替代关系研究[D].杨凌：西北农林科技大学.

[26] 王力，郭小红，玄立飞，等，2022.苹果矮化密植栽培模式简介[J].现代农村科技（03）：42.

[27] 魏景利，王楠，张宗营，等，2022.苹果优质高效育种技术创建及应用[J].中国果树（09）：20-22, 41.

[28] 许传超，沈传敏，殷明林，等，2022.梨的栽培技术与病虫害防治[J].农家参谋（09）：129-131.

[29] 俞明亮，马瑞娟，沈志军，等，2010.中国桃种质资源研究进展[J].江苏农业学报26（06）：1418-1423.

[30] 俞明亮，王力荣，王志强，等，2019.新中国果树科学研究70年——桃[J].果树学报36（10）：1283-1291.

[31] 张绍铃，谢智华，2019.我国梨产业发展现状、趋势、存在问题与对策建议[J].果树学报36（08）：1067-1072.

[32] 张玉刚，苹果育种技术创新与特色品种选育.青岛：青岛农业大学【2018-09-27】.https：//kns.cnki.net/KCMS/detail/detail.aspx?dbname=SNAD&filename=SNAD000001790019

[33] 赵德英，程存刚，曹玉芬，等，2010.我国梨果产业现状及发展战略研究[J].江苏农业科学（05）：501-504.

第二章　果树光能高效利用的生理基础与调控

第一节　果树光合作用代谢流及光合产物的分配

光合作用是地球上最重要的化学反应，是一切生命活动的源动力，是生物演化强大的加速器，也是解决绿色革命的核心问题（许大全，2013）。光合作用的研究若从其发现的那一年（1771）算起，已整整跨越了250年。有关主要果树树种或品种的光合作用变化规律及其与环境因子和遗传因素等之间的关系都有了较系统的研究与知识积累，这是果树生理研究领域的瑰宝。

近年来，随着生态环境的变化和科学技术的发展，越来越多的问题急需解决。其中之一是，光合作用的定向调控和改良受限于光合作用无法被精准量化的实际困难，尤其是当环境因子剧烈变化时，抑或是在转基因植株或遗传材料中，光合代谢与野生型相比发生了系统性的改变，不仅光合器官的形变可能会导致叶绿体超微结构的改变使得CO_2和O_2在胞质内的渗透效率发生改变，更重要的是光合酶与底物的结合动力学也会发生改变。然而传统的净光合速率测定是建立在光合相关动力学指标不变基础上，因此无论是单叶光合还是整株光合都无法准确还原此种条件下光合效能的改变，无法定位代谢瓶颈，进而无法进行深入探究光合作用的调控机制。在此我们提出了由稳定同位素标记辅助的代谢流量分析方法是解决这一问题的新兴技术，值得深入探索。另外，现代果园的建设、树形的选择以及品种的改良除了要考虑到光能捕获效率之外，还要考虑是否可以应对不断攀升的大气CO_2浓度。我们应努力在生理和分子的水平上，让果树的光合基础研究沿着模式植物和农作物的研究轨迹进行"弯道超车"，让光合成为果树提质增效研究领域内的新兴刺激因子。

一、果树光合作用代谢流

光合代谢的生化过程虽已得到了极为细致和系统的阐述，但是人们仍然无法精准量化这一涉及叶绿体、细胞质、过氧化物酶体和线粒体四个亚细胞结构的复杂生命过程，也无法对光合代谢进行精准定向调控。更关键的是，不同亚细胞结构内存在多个代谢池（Metabolic pools），均可能参与光合作用且涉及频繁的跨膜转运，传统的代谢组仅能宏观地分析植物组织整体代谢水平，无法在组织、细胞及亚细胞层面对光合特性进行精准量化，无法指引研究者和生产者进行下一轮的、针对产量和品质的遗传改良。在模式植物上尚且如此，在果树作物上更是一个急需面对的挑战。

近年来，针对果树光合相关的研究势头明显减缓。与此同时不同果树因科属或品种差异，树体外观的异质性不尽相同。果树具有树体高大、冠幅大、生长周期长、树冠结构复杂等特点，大幅提高了果树光合研究的难度；果树植株生长环境存在诸多不确定因素，因此无论是单叶抑或是单株光合效率均无法准确反映群体光合的日变化和年变化特性，一定程度阻碍了果树光合的研究进展。同时，果树的遗传转化效率低周期长，诸如苹果、梨、葡萄、枣、柑橘、菠萝、甜樱桃、李、香蕉和草莓等众多栽培种果树多为多倍体，无法使用基因编辑技术展开基因功能的高效研究，致使果树光合作用领域基础与应用研究的层次与水平停滞不前。

随着研究的深入发现仅凭净光合速率指标无法准确地反映多个细胞器间光合作用的复杂性过程。近年来通过量化光合代谢通路来辅助刻画光合作用的调控机理已逐渐成为研究新趋势。所谓的"量化"，即不是指测定所有相关代谢物的含量，也不是指测定相关酶的活性、基因的表达或者蛋白的含量（这些指标的测定均趋于成熟，并非限定因素），而是将光合代谢视为一个完整的网络来计算整个网络内碳水化合物的运转速率，从而辅助准确定位不同条件下的光合代谢瓶颈。

代谢是一切生命活动的基础。无论是RNA还是蛋白质均需要通过各种机制快速感知代谢物浓度的变化，随后通过改变植物的代谢水平以本质上重建细胞稳态。代谢在时间和空间上具有高度复杂性，这要求研究过程中必须将代谢过程细化到组织和细胞水平，甚至单一细胞的水平。然而，代谢过程极为复杂，跟某个重要农艺性状紧密连锁的代谢标记往往不可能是单一代谢物。传统代谢组学能够测定植物内源代谢产物浓度的变化，但是作为基因和蛋白质下游功能的体现，代谢物浓度的变化并不能完全反映基因和蛋白质的变化，而绝大部分技术无法在细胞或亚细胞的水平上对代谢物进行有效的区分。以往研究表明代谢物浓度的高低与基因、蛋白质的相对含量并无直接关系，而代谢途径的分支和环形的特点使得代谢物跟酶活性之间的关系也并非简单的此消彼长，代谢物之间的转化更依赖于催化酶的动力特性而非代谢物自身的含量。另外由于代谢反应非线性的特点，代谢物的水平可以在酶含量发生巨大变化的条件下依然维持恒定。因此单单基于代谢物浓度的变化，研究者无法理解造成此种变化的真正原因，更无法从根本上解析代谢在复杂生命活动中所发挥的核心调控作用。

代谢流量（Flux）指在代谢稳态下代谢物流经代谢网络的速率，是真实反映代谢网络 in vivo 状态的数量化指标，也是连接基因和蛋白功能的关键参数。基于此所开展的代谢流量分析方法（MFA, Metabolic flux analysis）能够高度还原生物化学的真实性，量化整体代谢网络（包括相互竞争的代谢途径），辅助准确定位代谢瓶颈，是系统生物学的研究热点。笔者等人（2014）在世界上首次运用 ^{13}C 瞬态标记辅助的非稳态代谢流量分析方法（^{13}C-Isotopically nonstationary metabolic flux analysis, ^{13}C-INST-MFA）成功对模式植物拟南芥叶片内 130 余个重要代谢反应的 flux 在细胞及亚细胞水平上进行了精准定量；该方法详细刻画了叶片初生代谢对光照、CO_2 浓度和遗传背景扰动的响应，计算了光合反馈抑制与库源互作相关所有关键代谢节点的 Flux，证明蔗糖合成、淀粉合成和光呼吸三者间的平衡决定了光合同化物向产量形成途径的合理分配，并协助定位了影响植物产量的多个关键代谢步骤；同时证实了初生代谢的平衡可直接或间接改变次生代谢 Flux，如莽草酸途径介导的酚类物质的合成会受到影响等等，辅助解析代谢表型并加速基因改良。稳定同位素辅助的 MFA 是植物代谢领域内的系统性研究新方法，可做到对高度复杂、动态的代谢网络的精准量化与空间区隔，弥补传统代谢组分析方法的不足，是植物代谢的全新研究手段，全世界范围内仅有极少数课题组涉足这一领域，该手段当前还从未拓展到果树上。对于精准量化果树代谢产物的分配与调控过程具有极大的潜力。

对于光合研究而言，空气中的 CO_2 是自养型 C_3 植物叶片的唯一碳源，^{13}C 原子进入细胞后通过光和同化作用进入下游各个代谢途径，经化学重排整合到不同代谢产物中；随标记时间的增加，^{13}C 在代谢库中的丰度（%）会不断增加，最终叶片中所有的代谢物在理论上均会达到均一的、接近 100% 的稳态（steady-state）标记程度，此时收取的标记样品已无法用于计算自养型叶片的代谢流量。针对叶片组织，必须使用标记时间较短的瞬态（transient）标记，涵盖从完全没有标记（^{13}C 丰度为 0%）、到 ^{13}C 丰度迅速增加的线性标记过程、再到稳态标记的这一阶跃过程；在标记过程中根据研究的需要按照 10~60 秒的时间间隔密集取样；其中 ^{13}C 丰度迅速增加的线性标记直接反映了不同代谢过程的反应速率以及 ^{13}C 在代谢网络中特异性的分布和富集，对光合代谢流量的估算至关重要（图 2-1）。

目前 ^{13}C-INST-MFA 刚刚开始拓展到苹果等果树作物上，未来将会辅助果树光合精准量化研究的长足发展。笔者课题组在严格控温控光的条件下，以长至 5~6 片真叶的平邑甜茶幼苗作为试材，优化并完成了整株幼苗非稳态 ^{13}CO_2 时程标记试验。经液相质谱（LC-MS/MS）测定叶片组织中的代谢提取物，并分析光合代谢物质量同位素异构体的相对含量随标记时间的变化规律（Mass Isotopomer Distributions, MIDs）。通过对正常生长条件下的平邑甜茶进行^{13}C标记，探究其在光合代谢途径中的富集和分流，发现卡尔文循环中较为重要的12个代谢中间产物的平均^{13}C丰度在4 min内呈线性增加，以25%的富集程度作为cut-off，DHAP、G6P、UDPG、F6P、FBP、G1P和Sor6P在标记时间达20 min时，其平均^{13}C丰度未能超过25%，而3-PGA、P5P、RUBP、S7P和ADPG的^{13}C平均丰度可达到50%（图2-2）。

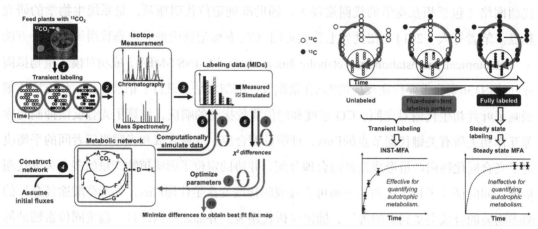

图 2-1　稳定同位素标记辅助的代谢流量分析方法的流程

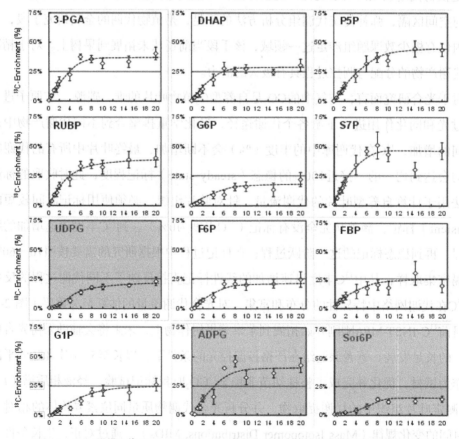

图 2-2　平邑甜茶经 ^{13}C标记后叶片中12个卡尔文循环关键的代谢中间产物丰度变化

标记模式基本反映了各个代谢中间产物在细胞和亚细胞水平上的分区。例如定位于叶绿体的S7P，其与卡尔文循环直接相关，标记的速率和程度均为最高；Sor6P是山梨糖醇的合成前体，定位于细胞质中，标记的速率和程度均低；UDPG是蔗糖合成前体，同样定位于细胞质中，表现出的标记模式与Sor6P相似，但明显低于ADPG；ADPG是淀粉合成的前体，定位于叶绿体中，表现出较高的^{13}C丰度。然而与同样是C$_3$植物的拟南芥相比，苹果叶片的^{13}C标记速率整体较为缓慢。例如拟南芥叶片中3-PGA在2.5分钟之内即完成了线性标记阶段，并在后续的标记时间中其平均^{13}C丰度不断增加直至75%的水平（Ma et al.，2014）；在标记时间达15 min时，拟南芥叶片中3-PGA M3的相对含量与其他质量同分异构体相比是最高的，已达53%；而苹果叶片3-PGA M3的相对含量在标记时间为20 min时仅有8%，依然显著低于其他质量同分异构体。苹果叶片光合代谢物的标记模式表现出木本植物所特有的代谢特性，由于存在冠层结构和存在叶片间光合产物的长距离运输，且叶片中含有高含量的蔗糖、山梨糖醇和淀粉等光合代谢终产物，会对^{13}C标记产生十分明显的稀释作用，所以我们所观察到的Sor6P和UDPG的富集程度较低，这些木本植物所特有的光合代谢特性需通过细致的代谢分析做更为深入的挖掘。

二、果树光合产物分配

光合作用为植物的生长发育提供糖、糖醇和淀粉等碳水化合物，即光合终产物（End-products）。不同果树种的光合终产物因物种的差异略有不同。光合终产物的合成起始于叶绿体基质内卡尔文循环生成的磷酸丙糖，一部分磷酸丙糖会经由磷酸丙糖转运子（Triose phosphate/phosphate translocator, TPT）被运至细胞质用于合成蔗糖（Sucorse）或山梨糖醇（Sorbitol），用于细胞自身代谢或者经过韧皮部的长、短运输，输出到库器官中参与代谢过程；另一部分磷酸丙糖会经过一系列酶促反应用于合成淀粉（Starch），暂时储存在叶绿体中，并在夜间降解用于支持植物的生长的发育。蔗糖和山梨糖醇均是碳水化合物的主要运输形式，而淀粉则是碳水化合物的储藏库。绝大部分果树属于蔗糖合成型，而蔷薇科的果树如苹果、梨、桃、樱桃、杏和李等则属于山梨糖醇合成型，该类果树会在叶片中同时合成蔗糖和山梨糖醇，二者共用磷酸己糖（Hexose phosphates）包括G6P和F6P作为合成底物，其中50%～90%的同化碳会用于合成山梨糖醇，而蔗糖合成型果树则不会生成山梨糖醇。除了蔗糖和山梨糖醇这两种运输形式之外，如酸橙、榛子树、榆树和橄榄树会在其韧皮部中运输棉子糖（Raffinose）家族的低聚糖，如棉子糖、水苏糖（Stachyose）和毛蕊花糖（Vrbascose）。

（一）苹果光合产物分配

光合作用所产生的蔗糖、山梨糖醇和淀粉等同化物依果树树种或者品种的遗传特性存在差异，对苹果而言，输出的主要形式是蔗糖和山梨糖醇。同化物需通过生物氧化作用将其储存的化学能释放出来，以ATP的形式供应生命体的代谢需求，支持植物体的生长和发育。狭义的同化物代谢即指呼吸作用（respiration），也就是将光合作用所生成的还原态的碳水化合物通过严格控制的代谢网络逐步氧化分解并释放生命体所需能量的过程。呼吸作用一般以葡萄糖的氧化来表示，而葡萄糖在白天来源于光合作用合成的蔗糖，在夜间来源于淀粉的降解。而广义的光合同化物代谢则包括同化物韧皮部长、短距离运输、同化物在库源组织间的分配以及同化物在器官、组织、细胞和亚细胞水平上的代谢，多种代谢途径如蔗糖和淀粉的合成及降解、糖酵解（glycolysis）、三羧酸循环（tricarboxylic acid cycle, TCA cycle）、氧化磷酸化戊糖途径（oxidative pentose phosphate pathway, OPPP）、回补途径（anaplerotic pathway）、一碳单位代谢（C_1 metabolism）、氨基酸的合成、蛋白和脂肪酸的合成、激素合成以及次生代谢等均涉及其中。呼吸作用则可分为有氧呼吸和无氧呼吸，前者是彻底的氧化降解过程，可释放大量能量；后者只可部分氧化降解呼吸底物，释放的能量也较少，高等植物的无氧呼吸会产生乳酸或者乙醇。

对于苹果而言，广义的光合同化物的分配过程是一个古老而又常新的话题，也即我们常说的"大小年"现象，或隔年结果现象（Biennial bearing），即大年结果量相对较高，而在第二年也就是小年中结果量相对较低，两年的平均产量一般低于稳产年。桃、樱桃、葡萄、枣、石榴等果树成花较易，因此不容易形成大小年；而苹果、梨、柿、山楂等果树则容易产生大小年。同一种树间也有一定差异，一般晚熟品种比早、中熟品种容易出现大小年。比如，早熟的苹果品种Gala不易发生大小年，而辽宁果科所选育的晚熟苹果品种 岳华则极易形成大小年。

在生产上，大家普遍认为该现象的产生是由栽培管理的不善或者品种的遗传特性导致树体营养分配的不均所激发的，在大年中，果实的发育和正在分化的花芽竞争养分，同时幼果中大量生成的种子会合成并释放赤霉素（GA），也会对花芽的形成产生抑制作用，严重影响花芽分化，导致小年的出现；而在小年中，急剧减少的坐果量会使树体内营养成分充分积累，促进花芽分化，又在第二年形成大年，如此周而复始，造成树势逐渐衰弱，盛果年限缩短，果树寿命缩短，果园收益走低。事实上，大小年现象的成因原理经过多年的研究仍未得到充分的阐述（Guitton et al.，2012）。在基因水平上，较为公认的看法是大小年现象与成花诱导而不是花器官的分化有关，其中以植物内源激素调控花芽形成的研究为传统热点；然而在代谢水平上，植物内源激素的合成前体恰是光合同化物，笔者认为正是光合同化物在幼果和花芽间的不平衡分布和竞争导致了大小年的现象的出现。

为了从代谢水平探析苹果大小年现象的机理，笔者分别以Gala和岳华作为试材，在花芽分化早期（6月底）收取了叶片、芽、果实和种子4种植物组织。其中岳华的大小年现象极为严重，处于小年状态的树体（YH-off）完全没有坐果，只收取了叶片和芽这两种植物组织；而处于大年状态的树体（YH-ON）发育正常，坐果量极高，收取了叶片、芽、果实和种子4种植物组织；Gala树体发育很好，没有明显的大小年现象，因此也收取了叶片、芽、果实和种子4种植物组织。针对不同的植物组织，采用LC-MS/MS分析了光合初生代谢中间产物的含量，进行了主成分分析（PCA）。发现YH-ON和Gala的树体发育均正常，与光合作用直接相关的初生代谢中间产物表现出极为显著的组织特异性。YH-ON和Gala果肉间代谢物的差异不明显，然而种子间代谢物在Dim2上有非常明显的差异，且造成这种区别的主要是能量代谢相关的物质，如三羧酸循环和氧化磷酸化戊糖途径的代谢中间产物。当YH-ON、YH-off和Gala之间做对比时，我们发现3种不同状态树体的芽内代谢中间产物之间的差异在Dim1上很明显，且造成这种区别的代谢物是FBP。最有意思的是YH-off的叶片可与YH-ON和Gala的叶片Dim1做出明显区分，而YH-ON和Gala的叶片之间无差别，且我们注意到，造成此种区别的主要代谢物是S7P和AMP，直接与光合作用相关。

更重要的是，在RNA干扰产生的转基因绿袖苹果幼苗叶片中，山梨糖醇合成关键酶6-磷酸醛糖还原酶（Aldose-6-phosphate reductase，6PR）的活性大幅降低，山梨糖醇的合成受阻，其合成前体6-磷酸葡萄/果糖大量积累，促使蔗糖和淀粉的代谢发生了复杂的重排。$^{14}CO_2$ pulse-chase标记试验证明，叶片中新产生的碳同化物向淀粉途径的分配增加，向蔗糖途径的分配未受到影响，最终转基因植株的光合速率并未发生明显变化。与此同时，大量积累的6-磷酸葡萄/果糖使得苹果叶片的呼吸代谢活性得到了显著的提高，使得转基因植株对缺氮环境具有更好的耐受性。

（二）葡萄光合产物分配

在葡萄发育过程中，同一节位叶片会发生库源之间的相互转化，早春的幼叶虽然能进行光合作用，但其在成为完全叶的50%前它们不能被视为光同化物输出者（Petrie et al.，2000）。同一时间不同节位叶片也存在着库—源的关系。在果实转色后，基部叶不再是光合产物的主要来源，因此移除基生叶不会影响成熟过程。而树冠顶部三分之二的叶片是最具功能的叶片（Palliotti et al.，2014）。库源之间存在着微妙的平衡，在凉爽气候条件下充分成熟所需的叶面积与果实的比率可能在10～20 cm^2·g^{-1}之间。当去掉赤霞珠果穗后，果树库也随之降低，整个植株对光和同化物的需求降低，叶片光合速率也随之降低。在葡萄花期或果粒豌豆大小时，适当去掉一些叶片，对剩余尚未达到最大光合活性成熟期的扩张叶片进行测量发现叶片的净光合速率增加，以补偿光合产物亏缺（Petrie et al.，2000）。通过疏穗和修剪枝条可以改变葡萄的源库关系，通过对生长至果粒豌豆的赤霞珠、美乐果穗开展疏穗和修剪后，发现便随着果实负荷的减少，叶片中淀粉含量增加，改善了果实颜色和果皮浆果中的总酚。在美乐葡萄中，疏穗且未修剪处理葡萄果实中葡萄糖和果糖的浓度增加，而在赤霞珠葡萄中则没有统计学差异。

1.不同树体结构对光合产物分配的影响

（1）直立龙干树形

葡萄不同树形影响光合产物分配，对于赤霞珠直立龙干树形，其上部新梢标记叶片碳营养自留量低于下部新梢标记叶片的碳营养自留量（表2-1），直立龙干树形标记新梢的果实分配率较单干单臂树形标记新梢上果实分配率高，标记下部新梢的果实分配率高于标记上部新梢的果实分配率。

表2-1　赤霞珠直立龙干树形各器官^{13}C含量和分配率

器官		标记上部新梢叶片		标记下部新梢叶片	
		^{13}C含量（mg）	分配率	^{13}C含量（mg）	分配率
上部新梢	叶片	1.89±0.05de	17.42±0.50de	0.00±0.00h	0.00±0.00h
	茎	1.61±0.12e	14.80±0.99e	0.00±0.00h	0.00±0.00h
	果实	4.49±0.19b	41.27±1.54b	0.02±0.00h	0.14±0.01h
上部新梢总计		7.99	73.49	0.02	0.14
中间新梢	叶片	0.05±0.00gh	0.49±0.04gh	0.07±0.00gh	0.61±0.02gh
	茎	0.04±0.00h	0.40±0.03gh	0.00±0.00h	0.00±0.00h
	果实	0.05±0.01gh	0.43±0.06gh	0.48±0.01fg	4.03±0.10fg
中部新梢总计		0.14	1.32	0.55	4.64
下部新梢	叶片	0.02±0.00h	0.22±0.00h	2.37±0.01c	19.88±0.11d
	茎	0.00±0.00h	0.00±0.00h	2.13±0.16cd	17.87±1.36de
	果实	0.18±0.01gh	1.67±0.08gh	6.08±0.36a	50.89±2.95a
下部新梢总计		0.20	1.89	10.58	88.64
主干		2.53±0.23c	23.31±2.24c	0.79±0.11f	6.59±0.94f
粗根		0.00±0.00h	0.00±0.00h	0.00±0.00h	0.00±0.00h
细根		0.00±0.00h	0.00±0.00h	0.00±0.00h	0.00±0.00h
总计		10.8784	100	11.9339	100

注：不同的字母表示多重比较检测的显著性，后同

（2）水平与下垂叶幕

与水平叶幕相比，蜜光下垂叶幕提高了光合产物向果实分配比例。在果实膨大期下垂叶幕主梢和副梢叶片固定的 ^{13}C 向果实的分配率分别比水平叶幕高5.19%和9.09%，在果实转色期分别高4.89%和3.28%（图2-3）。

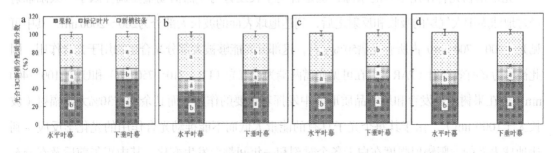

图2-3 下垂叶幕对光合产物分配的影响

在果实膨大期对果实附近主梢叶片（a）和副梢叶片（b）进行碳标记以及在转色期对果实附近主梢叶片（c）和副梢叶片（d）进行碳标记

2.土壤环境影响光合产物分配

土壤水肥气热能够通过调控根系生长进而影响光合产物分配。地下加气灌溉可促进葡萄碳代谢产物向细根、新枝、粗根的分配（赵丰云，2018）。坐果期到转色期，中度和重度水分胁迫促进了叶片和果实可溶性总糖含量的积累，加速了韧皮部可溶性总糖的转运。根域限制下葡萄植株根、叶和果实的组织结构，尤其是源叶和库果实输导组织结构及其韧皮部超微结构发生了相应的变化，改变了葡萄源库器官的组织结构，增加了叶片细脉筛管伴胞复合体间的胞间连丝数量，促进光合产物在叶端共质体途径的装载，而在葡萄果实在第二次快速生长期，根域限制伴胞和周围薄壁细胞中液胞膜出现内陷和小囊胞运输的质外体卸载途径，影响了光合产物在源库两端装载和卸载，促进了果实中糖分积累（谢兆森，2010）。

3.外源生长调节剂影响光合产物分配

外源生长调节剂同时也对光合产物分配具有调节作用。通过在蜜光葡萄果实转色期叶面喷施脱落酸（ABA），能够增加新梢光合产物向果实的运输，并表现为果实 ^{13}C 的含量增加（图2-4），其中25 mg·L^{-1} ABA处理显著提高了蜜光总花色苷含量，提高了果实表皮强度、脆性、表皮韧性、果肉平均坚实度。

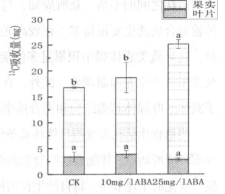

图2-4 喷施不同浓度脱落酸对蜜光叶片和果实 ^{13}C 同化物分配的影响

第二节　光条件与果树光合效率及果实品质

光是植物光合作用重要的来源，也是各类生长发育与生命活动重要调控因子。太阳辐射经过地球周围大气层的吸收和反射之后，到达地球表面的波长大部分为200～2000 nm，其中可见光（400～700 nm）占所有光谱50%左右，这部分光能够被大部分光合生物用于光合作用，因此被称为光有效辐射（PAR）。在可见光谱两端为远红光（FR，710～750 nm）和UV（100～400 nm）也在果树生长发育和果实品质形成中发挥着重要的作用。而其余约占30%太阳辐射（波长大于1000 nm），由于其每个光子具有的能量太低而不能推动光合作用的光化学反应。到达地球表面的太阳辐射强度在白天各个时刻和一年间都会发生变化，其中正午前后及春分至夏至之间分别为太阳日和年辐射的高峰，这与大多数果树生长发育旺盛期及果实成熟期相吻合。光周期在全球各地并不相同，随纬度和海拔的改变光周期发生明显的变化。

与光质相似，光照强度（Light intensity）也极大影响着植物光合器官的结构和功能以及植株生长和生产潜力。利用不同光照强度处理植株后，比较了处理后植物光合作用和其他形态、解剖、生理和生化参数的变化，发现仅有特定区间的光照强度能够满足不同类型植物正常生长需要，高于或低于正常光照强度都可能抑制光合作用。一般来说，较低的光照强度或遮阴条件会抑制叶片生长，导致叶片与栅栏组织变薄、叶面积变小、叶绿素含量降低，进而导致光能利用效率下降。此外，叶片气孔密度和导度降低，导致叶片中CO_2运输效率降低，从PSII到PSI的电子转移被阻断，参与卡尔文循环酶的数量和活性发生改变，产生ROS破坏光合作用系统的正常功能。所有这些都会导致叶片CO_2同化速率、净光合速率（Pn）和最大净光合速率（A_{max}）降低。较高的光照强度则同样会扰乱植物能量供应与消耗之间的平衡。众所周知，与光捕获和能量转移到PSII相比，ATP和NADPH的电子传输和合成速度要慢得多。在较高光强度的条件下，吸收的能量会反复克服所需的代谢能量，这导致类囊体膜中积累过多的能量，对PSII造成损害，甚至可能导致PSII反应中心永久关闭并产生光抑制现象。此外，在较高和较低光强度下长期生长的植物中光合色素、电子载体、叶绿体超微结构和光合速率也会逐渐发生改变。

当植物生活在多变的自然环境条件下，其光合作用水平和效率将受到一系列复杂多变的外部环境所调控。伴随着这些复杂的调控过程，植物呈现出光合作用的日变化、季节变化和发育变化的生理节律。将自然生长的植物转移至恒定光照和温度条件下，植物光合作用依旧表现出周期接近24 h的昼夜节律，其中正午时最高，而午夜时最低，但随着处理时间延长，这类节律现象可持续多日，但波动幅度明显减少。因此，断定植物生长的光周期控制不仅受环境因素所调控，同样依赖于植物自身的生物钟。随着研究深入，人们发现这类生理节律现象在进行光合作用的生物体中是普遍存在的，除了叶片光合作用外，生物代谢、生长发育、生物发光、香气散发、生物固氮、开花、气孔运动、叶片运动、细胞分裂、激素调控、活性氧调控等众多植物生理生化相关的活动都呈现出生理节律现象（Sweeney，1987）。

葡萄、柑橘、蓝莓和苹果等众多果树的果实中观察到大量的光合活性。随着果实成熟，这些果实CO_2交换率显著降低，而重新固定了来自新陈代谢和呼吸作用所产生的CO_2。通过抑制番茄果实中参与卡尔文循环的关键酶，其果实的重量减少了约15%（Obiadalla-Ali et al.，2004）。相比之下，通过特异性抑制番茄叶绿素生物合成并未导致果实重量的减少，但减少了果实中种子的数量和大小。当番茄果实中缺失叶绿体后，并不会影响实发育正常，但成熟果实中的糖分减少了10%~15%（Powell et al.，2012）。此外，当柑橘果实被套带后，果实中糖含量也出现了类似的降低，这可能也是由于光合作用减少所导致的（Brazel and O'Maoileidigh，2019）。

一、光条件对葡萄光合作用效率及果实品质的影响

（一）葡萄光合作用特点

葡萄喜光同时耐阴能力较强，其可通过改变叶片和新梢等生长来适应弱光，但这也导致了新梢中水分阻力的增大。当整个新梢或植株经受连续阴天、遮阴等弱光环境时，葡萄植株将产生新叶，特别是副梢叶片，而不是保持老叶的源能力。叶片吸收最佳量的光对叶片来说十分重要，这直接或间接导致叶片形成了不同的解剖结构和生理策略，使之适应一系列的光环境。与全日照条件下生长的叶片相比，生长在遮阴条件下的叶片更大但较薄，主要是因为它们的栅栏组织细胞大幅度变短。由于遮阴条件下叶面积相对较大，这也导致了其相较于光照叶片，单位面积上的气孔数量较少。遮阴叶片中每个反应中心和每单位氮素还具有更多的总叶绿素，但具有较少的Rubisco蛋白和类胡萝卜素（特别是叶黄素），且比光照叶片的呼吸速率低50%。此外，这类叶片对于光照高度敏感，当它们突然暴露在阳光下时，它们可能遭受严重的氧化胁迫和光抑制，在极端的条件下甚至可能死亡。

1.不同发育程度的叶片

将果穗结果位置向上6~7片朝向行间的从下至上不同节位叶片依次标记为L1至L6。其中L1至L5叶片Pn逐渐增大，其中L5叶片Pn最大为7.42 $\mu mol \cdot m^{-2} \cdot s^{-1}$，而L1叶片的$Pn$为负值，此外L6叶片也相对较小仅为0.10 $\mu mol \cdot m^{-2} \cdot s^{-1}$。蒸腾速率（$E$）、气孔对水汽的导度（$gsw$）和气孔对$CO_2$的总导度（$gtc$）在不同节位叶片中表现出相似的变化趋势，即L1至

L3叶片显著增加，而L3至L6则逐步降低。L1、L2、L3与L6节位叶片的C_i相当，均大致为400 μmol · mol⁻¹，而Pn相对较强的L4与L5则低于其他节位的叶片，分别为353.82 μmol · mol⁻¹和311.96 μmol · mol⁻¹。此外，L3叶片边界层对水汽的电导（gbw）值略低于其他叶片，而其他叶片中gbw不存在显著差异。不同节位叶片的光响应曲线表现出随着PAR的增加Pn迅速升高，当PAR持续增加，Pn的增加趋于平缓直至达到曲线光饱和点（LSP），之后随着PAR增加，各节位叶片的Pn均出现了不同程度的下降，即光抑制现象。不同节位叶片的A_{max}与LSP也存在一定差异，其中L1至L5叶片的A_{max}从−0.0921 μmol · m⁻² · s⁻¹逐渐增大到7.472 μmol · m⁻² · s⁻¹，而L6的A_{max}仅为3.290 μmol · m⁻² · s⁻¹。LSP在L1至L5叶片也呈现出上升的趋势，其中L2叶片LSP最小为419.48 μmol · m⁻² · s⁻¹，而L5叶片LSP最大为1309.86 μmol · m⁻² · s⁻¹，而L6的LSP为577.57 μmol · m⁻² · s⁻¹（表2-2，图2-5）。

表2-2　不同节位叶片光响应曲线及其主要参数

节位	光响应曲线拟合的方程	A_{max} μmol · m⁻² · s⁻¹	光饱和点LSP μmol · m⁻² · s⁻¹	拟合度 R^2
L1	$P_n(I)=0.0917I \cdot (1-0.0002815I)/(1+0.01465I)-5.4294$	−0.0921	475.8716	0.801
L2	$P_n(I)=0.1861I \cdot (1-0.0002562I)/(1+0.01739I)-6.618$	1.7808	419.476	0.938
L3	$P_n(I)=0.1024I \cdot (1-0.000289I)/(1+0.007408I)-4.8718$	4.4611	561.6567	0.903
L4	$P_n(I)=0.0627I \cdot (1-0.000363I)/(1+0.004544I)-2.6582$	5.2391	588.9466	0.949
L5	$P_n(I)=0.0524I \cdot (1-0.00011I)/(1+0.003758I)-2.4406$	7.4715	1309.8632	0.975
L6	$P_n(I)=0.1062I \cdot (1-0.0003523I)/(1+0.01292I)-3.1638$	3.2903	577.5689	0.879

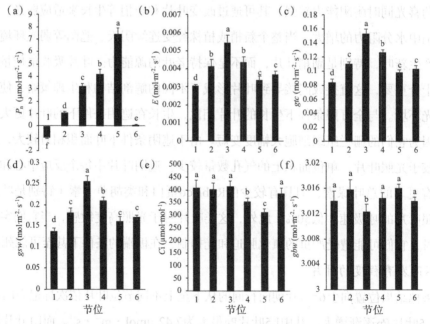

图2-5　不同节位叶片的P_n（a）、E（b）、C_i（c）、gsw（d）、gtc（e）和gbw（f）的差异

注：P_n为净光合速率、E为蒸腾速率、C_i为胞间CO_2浓度、gsw为气孔对水汽的导度、gtw为气孔对水汽的总导度、gtc为气孔对CO_2的总导度，后同

2.不同品种间差异

为了更好地了解不同葡萄品种叶片光合能力的差异笔者测定了101个不同葡萄品种叶片的光响应曲线，获得了暗呼吸速率（Rd）、LSP、光补偿点（LCP）、A_{max}等指标。其中Rd介于0.5～4 $\mu mol \cdot m^{-2} \cdot s^{-1}$，且主要介于1～2.5 $\mu mol \cdot m^{-2} \cdot s^{-1}$，共有76个品种，其中黑香蕉和红伊豆的Rd相对较小趋近于零，摩尔多瓦则最大为3.69 $\mu mol \cdot m^{-2} \cdot s^{-1}$；LCP介于0～180 $\mu mol \cdot m^{-2} \cdot s^{-1}$，且有90个品种介于20～80 $\mu mol \cdot m^{-2} \cdot s^{-1}$，其中最大的品种为红宝石无核为165.22 $\mu mol \cdot m^{-2} \cdot s^{-1}$，最小品种则为红井川仅有7.59 $\mu mol \cdot m^{-2} \cdot s^{-1}$；LSP介于900～2200 $\mu mol \cdot m^{-2} \cdot s^{-1}$，其中LSP最大的红富士、沪培2号、红瑞宝均为4倍体巨峰系品种，而着色香的LSP为所调查的品种中最小仅为990.41 $\mu mol \cdot m^{-2} \cdot s^{-1}$；此外，$A_{max}$介于1～15 $\mu mol \cdot m^{-2} \cdot s^{-1}$，其中65.3%品种介于5～9 $\mu mol \cdot m^{-2} \cdot s^{-1}$，$A_{max}$相对较大的品种沪培2号、申秀、高砂也均为巨峰系葡萄品种，红宝石无核与布朗无核这两个无核品种的A_{max}则相对较小，分别为1.91 $\mu mol \cdot m^{-2} \cdot s^{-1}$和1.70 $\mu mol \cdot m^{-2} \cdot s^{-1}$。然而，不同倍性、种群、用途类型品种间光响应曲线的各项参数指标不存在显著的差异。

（二）光强对叶片光合作用的影响

在完全黑暗的条件下，叶片因为只进行呼吸作用而不进行光合作用，CO_2净同化为负值，叶片的代谢和糖分运输的维持依赖白天积累沉淀的分解。随着辐射或光照强度的增加，光合吸收的CO_2增加。叶片净CO_2同化为0时的光照强度（即光合吸收的CO_2和呼吸作用释放的CO_2相平衡）被称为光补偿点。光补偿点在不同品种和不同发育条件的叶片中存在显著差异。

1.光强日变化

一天中叶片表面的截获的光强条件存在一定差异，例如对于Y形架而言，东（E）和西（W）两侧叶片表面的截获的光强条件也存在一定差异。在转色前期，E侧叶片从5：15～5：30至19：15暴露在阳光下，而W侧叶片从5：30～5：45至19：15～19：30暴露在阳光下，E和W两侧叶片分别于10：00和11：15达到一天中最强的PAR，分别为1402 $\mu mol \cdot m^{-2} \cdot s^{-1}$和1345 $\mu mol \cdot m^{-2} \cdot s^{-1}$，其中上午（5：30至11：15）E侧强于W侧，午后（11：45至19：15）两侧PAR则相反。转色期时，叶片PAR的全天变化趋势和强度与转色期前相似，但日光照时长均较转色期前减少了约1 h（图2-6）。

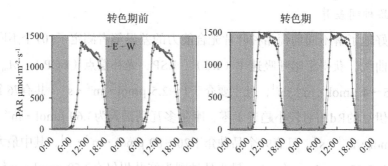

图2-6　转色期前和转色期E和W叶片截获光合有效辐射

2.光合作用日变化

（1）气体交换参数

不同物候期叶片P_n的日变化趋势不尽相同，E侧叶片在转色期前、转色期和成熟期均为典型的双峰曲线，而W侧叶片仅在成熟期表现为双峰曲线，其他两个时期均为单峰曲线，且日P_n最大值与E侧第二个峰相当。由此可见光午休现象在E侧叶片中普遍存在，其中转色期前、转色期均发生于12：00，而成熟期两侧叶片均发生于14：00。同时我们还发现从转色期前至成熟期，日最大P_n逐渐减少，其中E侧依次为10.46 μmol · m^{-2} · s^{-1}、6.63 μmol · m^{-2} · s^{-1}和4.60 μmol · m^{-2} · s^{-1}，W侧依次为10.32 μmol · m^{-2} · s^{-1}、6.47 μmol · m^{-2} · s^{-1}和4.45 μmol · m^{-2} · s^{-1}。此外，各时期P_n最小值均发生于未接受太阳辐射时，且均小于0（图2-7 a、b、c）。

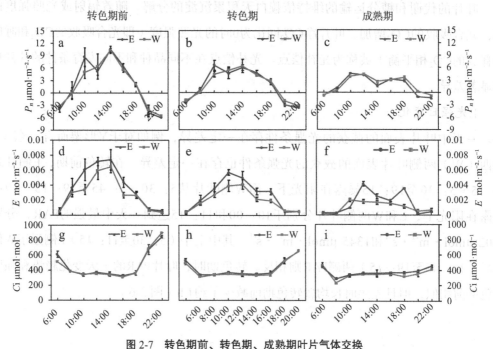

图2-7　转色期前、转色期、成熟期叶片气体交换

（a～c: P_n; d～f: E; g～i: C_i; j～l: gsw; m～o: gtw; p～r: gtc）日变化

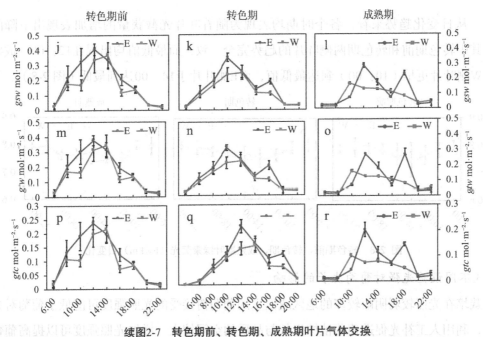

续图2-7 转色期前、转色期、成熟期叶片气体交换

（a~c: P_n; d~f: E; g~i: C_i; j~l: gsw; m~o: gtw; p~r: gtc）日变化

E、gsw、gtc和gtw在不同物候期阶段的日变化趋势均较为相似，在转色期前时，E和W侧均表现为单峰曲线，并于正午时（即12：00或14：00）达到日最大值，而E侧叶片仅在正午前后（10：00和16：00）强于W侧（图2-7 d、j、m、p）。转色期时E侧的日变化趋势与转色期前高度相似，但E和W侧的日最大值均小于后者。E侧叶片gsw、gtc和gtw日变化均表现为双峰曲线，W侧叶片依旧为单峰曲线，且与E的日变化趋势高度相似（图2-7 e、k、n、q）。成熟期时，E侧叶片E、gsw、gtc和gtw的日变化趋势也表现为双峰曲线（两个峰出现于12：00和18：00），而W侧叶片为单峰曲线（日最高值出现在10：00），10：00时W侧显著高于E侧，而之后（分别为12：00、14：00和18：00）则相反（图2-7 f、i、g、r）。

C_i在E和W侧之间的差异不显著，在3个时期均表现为接受太阳辐射后（6：00后）显著降低，而当太阳辐射消失后（18：00后）再次快速回升，其中转色期前至转色期的上升幅度逐渐减小。此外，在太阳辐射稳定阶段（即8：00~18：00）两侧叶片C_i无显著差异且变化幅度较小，且均保持在309.81~374.14 μmol·mol⁻¹之间（图2-7 g、h、i）。

（2）叶绿素荧光

暗适应下的PSII最大量子产额（Fv/Fm）表示叶片PSII最大或潜在的量子效率比，3个时期全天大部分时间E和W两侧叶片的Fv/Fm值不存在显著的差异，且均保持在0.74~0.80

之间。从日变化趋势来看，各个时期均表现为随着叶片光截获量的增加表现出下降的趋势，其中转色期前和转色期两侧叶片的趋势完全一致，而最低值均出现在12：00。成熟期时，W侧叶片更早（10：00）到达最低值，而E侧叶片于14：00达到最低（图2-8）。

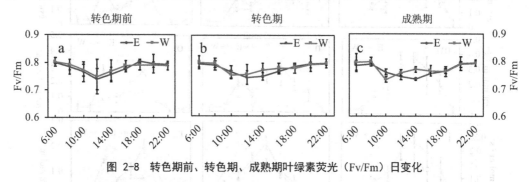

图 2-8　转色期前、转色期、成熟期叶绿素荧光（Fv/Fm）日变化

3.不同设施光强对葡萄生长的影响

栽培在光照较弱阴雨较多的地区或温室的葡萄树接受的光照强度可能低于葡萄对光的需求，利用人工补光促进葡萄植株生长与品质的空间较大。增加光照强度可以提高葡萄叶绿体吸收的光能总量，从而逐步提高葡萄叶片的净光合速率，提高碳固定能力，但过高的光强也可能引发光抑制，吸收的光能超过植物能够利用的能量时光抑制即会发生，PSII的光能利用率降低，非光化学淬灭增加。探究补光处理的适宜光强或者不同光强对葡萄植株的影响，可以为人工补光的应用提供参考。

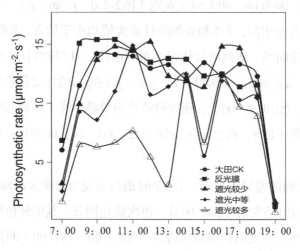

图 2-9　不同光强处理的葡萄光合速率日变化曲线

不同的覆膜程度下的葡萄和大田栽培的葡萄植株对照发现，利用反光膜增强光照后，叶片的净光合速率在一天内普遍高于大田处理的对照组；遮光中等及较多的处理后，净光合速率普遍较低。光合速率随着光强的增加而增加，表明大棚覆膜的条件下无法达到光饱

和。同时还发现，不同处理间的差异在上午时较明显，午后差异逐渐减小，可能原因是午后温度升高，葡萄叶片气孔闭合，净光合速率下降（图2-9）。

光强、光入射角和叶倾角的变化可共同影响葡萄植株的光合作用速率。560 W·m^{-2}、420 W·m^{-2}、280 W·m^{-2}和17 W·m^{-2}的光强照射葡萄叶片后，光合速率和光强的变化呈正比，进一步改变光的入射角，从直射光（0°）到90°完全平行于叶片的变化过程中，叶片的净光合速率也随之下降；在560 W·m^{-2}和280 W·m^{-2}的光强条件下，改变叶片的倾角，增大了叶倾角，增大了暴露在光下的叶面积，冠层光合作用也随之提高（图2-10）。

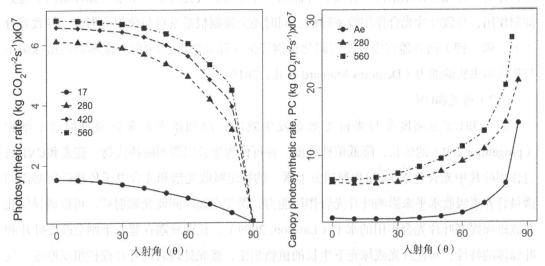

图2-10　不同光强、入射角和叶倾角对光合作用的影响，根据Smart（1974）重绘

注：改变入射角对光合速率的影响（a）；改变叶片倾斜度对冠层光合速率的影响（b）

（三）不同光质对葡萄的影响

1.植株生长发育

（1）远红光与红光

对于葡萄生长发育而言，远红光与红光比值（FR:R）的提高能够增加枝条伸长与节间长度，为植株拓展了更多的生长空间，而节间本身也可感知环境中FR:R的变化，并对FR表现出高度敏感性和快速响应能力（Libenson et al.，2002）。叶片同样也受到FR:R控制，在双子叶植物中，高FR:R会刺激叶柄伸长，但对于叶片生长在不同物种中表现迥异（Demotes-Mainard et al.，2016），同时植物对FR也表现出负向光性，较高的FR:R能够通过改变叶柄角导致叶片向上弯曲（Maddonni et al.，2002）。与白光相比，红光处理后植株茎长显著增加，而全株叶面积没有观察到明显变化。葡萄叶片对不同波长的光的吸收具有选择性，叶片对红光和蓝光的吸收率普遍高于对绿光的吸收。远红光补光可以显著提

高叶片的荧光特性，Fv/Fm代表原初光化学反应的最大量子产额，ETo/CSm、ABS/CSm和TRo/CSm都代表了荧光激发达到最大值时光系统的能量捕获能力，这些参数均在远红光补光处理下显著提高，均和光系统Ⅱ的效能相关，而光系统Ⅰ相关参数无明显变化，表明光系统Ⅱ可能被额外补充的远红光激发。在许多植物中，在较高的FR:R环境下，能够抑制芽的生长并导致分枝减少，这可能是通过红光受体蛋白PHYB调控下游相关激素信号所产生的结果（Reddy、Finlayson，2014）。此外，较高的FR:R还能够抑制花芽分化与开花过程，并对叶片光合作用条件（分枝、叶面积、叶方向、气孔开张、卡尔文循环酶活）起到抑制作用，导致叶片光合作用效率降低。同时还会抑制根系发育与菌根的形成，导致养分（氮、磷、钾）向各器官中分配与同化比例降低。除此之外，FR似乎能够提高植株耐旱与抵抗病虫害的能力（Demotes-Mainard et al.，2016）。

（2）蓝光和UV

蓝光和UV也高度参与果树光形态发生效应，增加蓝光通常会通过抑制干细胞（progenitor cell）的生长，降低植株高度，并可作为生长阻滞剂的替代物。蓝光和UVB通过作用叶片中光合色素（Chl和类胡萝卜素）的特定吸收光谱和光合电子传递链所必需的微量营养素吸收水平来影响叶片光合作用能力，例如在短时间蓝光辐射后，可以诱导气孔开放进而提高叶片光合作用的水平（Lawson，2009）。长期暴露在蓝光下则会改变叶片和叶绿体的特性，与在红光或绿光下生长的植物相比，蓝光处理后的叶片栅栏组织厚度、气孔数量和长度均增加（O'Carrigan et al.，2014），同时也提高了叶绿体中粒片和类囊体膜的数量。在不同物种中，蓝光对芽萌发作用在存在一定差异。此外，蓝光还能够介导开花进程，并增加花的大小。UVB会降低枝条长度、枝条干质量和叶面积。UVA对植株生长过程中所发挥的作用尚无准确的研究结果，但其能够增强叶片Pn，且在低光照条件下表现尤为明显。此外，蓝光、UVA和UVB还能够诱导植物次生代谢物、激素水平、抗氧化酶等体内防御机制的发生，进而提高植物应对生物与非生物胁迫的能力。

（3）绿光和黄光

在传统的认知中，绿光和黄光对植物的生命活动似乎不发挥决定性的作用，但随着大量研究的展开，单色绿光已被证明足以满足苔藓等一些底层物种的呼吸需求（Griffin-Nolan et al.，2018）。尽管阳光中的大部分能量都集中于绿光光谱区域内，但光合活性色素对此部分光吸收能力远低于红色和蓝色部分。Nishio（2000）提出植物在绿光处的吸收低谷可能是为了避免高能量造成光损伤，进而抑制光能利用效率。有趣的是一旦绿光被叶片吸收，其具有较为高效的驱动光合作用的能力。此外，绿光在细胞光合碳固定中发挥的作用也被相继报道（Terashima et al.，2009）。分别在红光和蓝光中添加绿光已被证明可以增加生菜的产量和叶面积，而不会显著改变Pn。在小麦中，补充绿光能够提高植株发育速度与产量，其中在540 nm处达到峰值的绿光比较短或较长波长的作用更大。这可能是由于在绿光穿透叶子和冠层程度能力高于在相同强度的红光和蓝光，这使得PAR可以更深入地进入高度折叠的叶片中（Battle et al.，2020）。此外，绿光也被用于调控植物结构，配合特定光照条件，减少次级代谢物积累。同样，绿光也能够促进开花，并减少柑橘和草莓受病害胁迫的程度（Alferez et al.，2012）。

（4）基因表达水平的差异

通过对3种不同单色光质（蓝光、绿光和红光）处理后的葡萄植株的根、茎、叶转录组进行测序分析。对于蓝光处理下的样品，叶片共有差异表达基因1011个，茎部共有差异表达基因440个，根部共有差异表达基因3个，蓝光影响了更多的基因在叶片中下调表达。对于绿光处理下的样品，叶片共有差异表达基因394个，茎段共有差异表达基因331个，根部共有差异表达基因154个，绿光对根部基因的差异表达影响更大，上调和下调的差异表达基因数量均高于蓝光和红光。差异表达基因在不同器官间的表达模式不同，绿光和红光的表达模式在同器官水平上相近，蓝光的表达模式与前两者相比呈相反的表达模式，这种差异主要体现在地上部器官中。远红光补光处理后的葡萄植株的根、茎、叶转录组进行测序分析，得到三种器官中的差异基因共982个。其中在叶片中差异表达的基因共432个，茎部差异表达的基因共561个，根部中差异表达的基因共19个，叶片和茎部中的差异表达基因总体多于根部，地上部器官更多地响应了远红光补光的处理。对982个差异表达基因的差异倍数进行聚类分析，发现差异表达基因在不同器官间的表达模式存在差异。

GO注释分析的结果表明，差异表达基因被多次富集于光信号传导、光系统Ⅱ的结构构成、碳代谢等过程，将上述过程中起主要调控作用的基因和差异表达基因相比较，筛选出多个基因可能参与光质对光合作用与碳代谢的调控。其中，参与编码捕光天线蛋白基因*VvLHCA1*、*VvLHCA2*和6个参与光系统结构构成的基因在蓝光的叶片和茎段中呈上调趋势，这可能是蓝光处理后最大净光合速率提高的原因，参与光形态建成的基因*HY5*可以靶向结合*LHCB1.3*、*LHCA4*响应光照和温度变化。参与光信号传导的*VvCOP1*、*VvHY5*、*VvHYH*、和*VvPIF3*受蓝光的显著上调，这些基因可能在上游调控下游光合作用和碳同化物的积累和转运。

2.果实品质形成

不同光质对葡萄花色苷的合成与积累有不同的影响，研究表明UV照射会改变采后葡萄果皮中花色苷的积累。对采后的葡萄果实进行7～9 d白光+UV或蓝光照射能够促进其果肉中的花色苷积累。巨峰葡萄果实成熟时，黄光和蓝光处理明显提高果实花青苷含量，红光和红蓝混合光处理效果不及对照。蓝光处理有助于提高巨峰葡萄果皮中的稳定花色苷比例。与未经处理的对照组相比，夜间红光和蓝光处理能显著提高葡萄成熟时果皮中的花色苷含量，尤其蓝光对花色苷积累的促进效果最为明显。然而，关于不同光质究竟是如何影响葡萄花色苷形成的研究还鲜有报道。

为探究不同光质对葡萄花色苷的合成与品质形成的影响，利用白光（350~750 nm）、红光（660 nm）、绿光（530 nm）和蓝光（450 nm）不同光质处理后，葡萄果穗中果实着色率均呈"S"形曲线。处理4 d后，蓝光处理的果穗中19.7%果实已开始着色，但其他处理均尚未开始着色。8 d后，蓝光、白光和绿光处理的葡萄果穗中所有果穗均几乎完全着色，但白光和绿光处理的葡萄果实着色程度显著弱于蓝光处理。但此时红光和对照处理的果穗仅有56.0%和15.8%的果实着色。

（1）果皮中花色苷含量

蓝光处理后花色苷最高，达到0.125 μmol·g^{-1}；白光和绿光处理后，TAC分别为0.112 μmol·g^{-1}和0.097μmol·g^{-1}。而红光处理和对照，TAC仅为蓝光处理后的31.5%和11.2%。

cyanidin-3-O-glucoside（Cy）和delphinidin-3-O-glucoside（Dp）及其衍生物几乎仅在白光和蓝光处理后被检测到，其中蓝光处理后果皮中Cy和Dp含量显著高于白光，前者分别为0.883 mg·kg^{-1}和2.263 mg·kg^{-1}，后者分别为0.135 mg·kg^{-1}和0.612 mg·kg^{-1}。但delphinidin 3-O-（6''-p-coumaroyl-glucoside）在白光处理后含量（0.340 mg·kg^{-1}）显著高于蓝光（0.122 mg·kg^{-1}），绿光处理后含量与蓝光下相近，为0.127 mg·kg^{-1}。除白光外，其他绿光、蓝光、红光和对照处理均检测到peonidin-3-O-glucoside（Pn），含量分别为0.676 mg·kg^{-1}、3.565 mg·kg^{-1}、0.489 mg·kg^{-1}和0.163 mg·kg^{-1}，而其乙酰化衍生物（peonidin 3-O-（6''-acetyl-glucoside））分别为0.559 mg·kg^{-1}、1.487 mg·kg^{-1}、0.461 mg·kg^{-1}和0.189 mg·kg^{-1}。petunidin-3-O-glucoside（Pt）及其衍生物在所有光照处理组中均检测到，但Pt仅在绿光处理后检测到，含量为0.143 mg·kg^{-1}。其衍生物在白光处理后含量最高，其中petunidin 3-O-（6''-caffeoyl-glucoside）、petunidin 3-O-（6''-p-coumaroyl-glucoside）和petunidin 3-O-coumaroylglucoside-5-O-glucoside含量相对较高，分别为0.743 mg·kg^{-1}、0.862 mg·kg^{-1}和0.895 mg·kg^{-1}。malvidin-3-O-glucoside（Mv）是赤霞珠果皮中含量占比最大的单体花色苷。因此，Mv含量的变化很大程度上影响了葡萄果皮中TAC的变化。白光、绿光、蓝光、红光和对照处理后分别检测到5.968 mg·kg^{-1}、6.644 mg·kg^{-1}、18.234 mg·kg^{-1}、0.125 mg·kg^{-1}和0.588 mg·kg^{-1}。其中，在白光处理后检测到5种Mv衍生物，而其他处理仅检测到1~2种衍生物。在白光、绿光、蓝光、红光和对照处理后均检测到Malvidin 3-O-（6''-p-coumaroyl-glucoside），

其含量分别为2.583 mg·kg^{-1}、5.323 mg·kg^{-1}、4.922 mg·kg^{-1}、0.250 mg·kg^{-1}和0.425 mg·kg^{-1}。此外，仅在蓝光处理后检测到少量pelargonidin-3-O-glucoside（P1），含量为0.143 mg·kg^{-1}。综上所述，通过检测不同光质处理后的果皮中几种主要花色苷及其衍生物的含量可以发现，蓝光可以促进葡萄果皮中各类花色苷组分的形成，并可能在调控Cy和Dp及其衍生物的合成中发挥关键作用。

（2）果肉中糖酸水平

酒石酸含量在不同光质处理后未表现出显著的差异。蓝光和绿光处理后柠檬酸含量略低于白光、红光和对照。此外，苹果酸在对照中含量最高为14.5 mg·kg^{-1}，其次是经白光、红光、蓝光和绿光处理的果实，分别为12.6 mg·kg^{-1}、12.2 mg·kg^{-1}、10.2 mg·kg^{-1}和11.7 mg·kg^{-1}。综上可知不同的光质能够影响果实中苹果酸和柠檬酸的含量，进而影响果实中总有机酸含量。一般认为随着果实成熟，果皮中花色苷积累，有机酸含量减少，可溶性糖含量增加。然而，有趣的是果皮色泽更深的蓝光和绿光处理组，其果肉中可溶性糖含量却相对较低，分别为26.6 mg·kg^{-1}和27.5 mg·kg^{-1}，而白光和红光处理后的葡萄果实中可溶性糖含量相对较高，分别为52.9 mg·kg^{-1}和43.1 mg·kg^{-1}。此外，在对照中含量最低仅为13.7 mg·kg^{-1}。

（3）果肉中挥发性物质

绿光处理后总挥发性物质最低，仅为0.221 mg·g^{-1}。蓝光处理后挥发性物质含量最高，与白光最为接近，分别为0.429 mg·kg^{-1}和0.431 mg·g^{-1}，此外，红光和对照果实中含量总挥发性物质分别为0.328 mg·kg^{-1}和0.274 mg·g^{-1}。不同光质处理后所检测到的挥发性物质的组成类别存在一定差异，其中蓝光处理后果实中的醇类和酚类物质显著高于其他组，白光处理后的烃类、酯类和酸类也显著高于其他组。酮类和醛类物质在红光和白光处理后显著增加，而其他处理与对照相当。（E）-2-己烯-1-醇［（E）-2-hexen-1-ol］和反式-2-己烯醇（trans-2-hexenol）之间互为异构体，且是每个处理组中含量最多的挥发性物质。但前者仅在暗处理中检测到，而后者能够在光处理后被检测到。此外，各光照处理组中反式-2-己烯醇的含量均高于对照组中（E）-2-己烯-1-醇的含量。白光处理后反式-2-己烯醇含量达到0.017 mg·g^{-1}，其次是红光和蓝光处理，绿光处理后反式-2-己烯醇含量相对较少。此外，仅在蓝光处理后检测到石竹烯（一种萜烯类物质）。我们还发现了大量具有不同特性的挥发性物质，这些物质可能也是通过不同的光质处理产生的，导致果实表现出香气特异性。

（四）光周期对葡萄果实品质的影响

除了光质、光强外，光周期也会影响葡萄果实花色苷的合成与积累。光作为植物重要的信号因子，通过与生物钟核心振荡器多层互作，促进生物钟的形成，从而使植物的生长发育与代谢适应环境的光周期变化并与其同步（Nohales and Kay，2016）。

结合前期的工作以及以往的研究，选取中科院植物研究所资源圃的红色欧亚种葡萄品种京艳（京秀×香妃）作为试验材料。在京艳转色期前对其进行不同时段的补蓝光处理〔分别为8：00-18：00（日间）和20：00-6：00（夜间）〕。与未补光处理相比，日间补蓝光会促进京艳果实提前3~4 d完成着色，而夜间补蓝光则会使京艳推迟3~4 d着色。日间补蓝光能有效促进'京艳'果皮花色苷的积累，并且这种作用一直持续到花后70 d，即处理后35 d，但这种差异在之后开始缩小直至无差异，这可能是由于果实成熟后花色苷开始降解。通过对测定的花色苷组分进行分析发现，京艳果皮中的花色苷有80%是由芍药苷-3-O-单糖组成的，芍药苷属于二羟基类的花色苷，但从结果来看，日间补蓝光对京艳果皮中三羟基化的花色苷促进作用更明显。通过对比赤霞珠的花色苷组分得知，京艳果皮中的二羟基化花色苷主要是Pn-3-glc和 Cy-3-glc，三羟基化花色苷主要是Mv-3-glc、Pt-3-glc和Dp-3-glc，而日间补蓝光主要是促进对Mv-3-glc、Pt-3-glc、Dp-3-glc的促进效果较明显。

通过测定6：00取样（即夜间补光结束后）的京艳果皮花色苷相关基因的相对表达量发现，日间补蓝光处理确实可以提高花色苷合成的关键结构基因$UFGT$的表达，且在花后53 d，即处理18 d后达到最大值，之后$UFGT$迅速被降解，而花色苷合成的关键调控基因$MybA1$的表达则在处理后18 d及之前并无差异，在处理后35 d日间补蓝光的$MybA1$表达量却显著高于对照和夜间补蓝光。而通过测定18：00取样（即日间补光结束后）的京艳果皮花色苷相关基因的相对表达量发现，在花后47 d（即处理后12 d）日间补蓝光处理同样可以提高$UFGT$的表达，但在取样的第4个时期开始（即花后53 d），$UFGT$的表达在各处理间无差异，且该时期$UFGT$的表达突然下调，这可能是由于从第4个时期恰逢阴雨天气，导致空气湿度增大，从而引起$UFGT$表达下调；而$MybA1$的表达则在处理后18 d及之前并无差异，在处理后35 d及以后日间补蓝光的$MybA1$表达量却显著高于对照和夜间补蓝光。光通路中的关键基因$HY5$、HYH、$COP1$以及CRY的表达均受到蓝光的诱导，无论日间补光还是夜间补光结束时，它们的表达量会立即上升，并且与$UFGT$的变化趋势较一致，这表明$HY5$、HYH以及CRY均有可能参与京艳果皮花色苷的合成。以上研究表明相同条件下，日间补蓝光10 h有利于葡萄果皮花色苷的积累，但夜间补蓝光10 h不利于葡萄果皮花色苷的积累，并且对于京艳来说，蓝光有可能是通过相应的光受体以及下游的光信号因子，从而促进葡萄花色苷的积累。但对于葡萄花色苷的积累来说，补光最优的时长及时间段，以及它们与光周期的互作还有待进一步研究。

二、光条件对苹果光合作用效率及果实品质的影响

苹果属于喜光阳生果树，在长期的进化过程中形成了完备的光调节机制，能够协调不同光化学反应过程来适应光条件的变化，并在光能的吸收、传递和转换速率、光合速率、光呼吸强度等方面发生相应的可塑性变化。光照不足，将直接影响苹果的光合作用和树体营养水平，并影响果实着色和糖分转化。而光照过强又会导致光合作用的光抑制，甚至导致光合机构损伤。此外，不同的光质、光周期同样会影响苹果的产量与品质。我国的苹果主产区主要集中在渤海湾、西北黄土高原和黄河故道，且优势产区不断向西北高海拔地区扩展。不同产区之间光质、光强、光周期的差异显著。因此，探究不同光条件对苹果光合作用效率及果实品质的影响，将为苹果的生态区划和优质高产栽培的适宜光环境选择和技术调控提供重要依据。

（一）光质对苹果光合作用效率的影响

1.光质对苹果光合作用效率的影响

在苹果中，不同光质处理下的苹果植株生长状态存在显著差异（图 2-11 a）。红光处理后的株高、茎粗、叶面积分别是白光处理的1.29、1.12、1.54倍，是蓝光处理的1.49、1.30、2.53倍。红光处理显著促进了植株生长、叶片延展以及茎增粗，而蓝光则抑制植株生长（图 2-11 b～e）。此外，不同光质处理显著影响苹果叶片发育及叶绿体的结构和功能，组织切片染色及电镜超微结构表明，蓝光处理后，苹果叶片栅栏组织排列紧密，叶绿体致密，有利于光吸收及光合效率的提高。由于栅栏组织细胞排列紧密，用蓝光处理的叶片相对较小，呈深绿色。相比之下，用白光或红光处理的叶子有组织松散的栅栏组织（图 2-11 f）。蓝光下的叶绿体是长圆形的。此外，基底层堆叠紧密，基质层结构清晰，叶绿体包膜清晰完整，表明光合膜的光捕获能力和能量转化效率增加。红光处理后，叶绿体趋于短、厚、膨大，基粒整齐紧密堆积，有许多大淀粉粒（图 2-11 g）。

白光和蓝光处理的叶片中叶绿素a和b的含量显著高于红光处理的叶片。然而，不同光照处理的叶片类胡萝卜素含量没有显著差异。表明红光不利于苹果叶片叶绿素的积累。此外，红光处理后叶片光适应下PSII的实际光化学效率（ϕPSII）略低于白光和蓝光处理，而不同光质处理后Fv/Fm没有显著差异，蓝光处理后叶片的净光合速率比白光对照显著提高了23.7%，蓝光与红光处理的叶片胞间CO_2浓度（Ci）均显著高于白光对照，蓝光处理后叶片的蒸腾速率及气孔导度比白光对照分别提高了55.6%和60.6%，表明蓝光处理可以增加叶片Gs和Tr，同时提高光合效率。

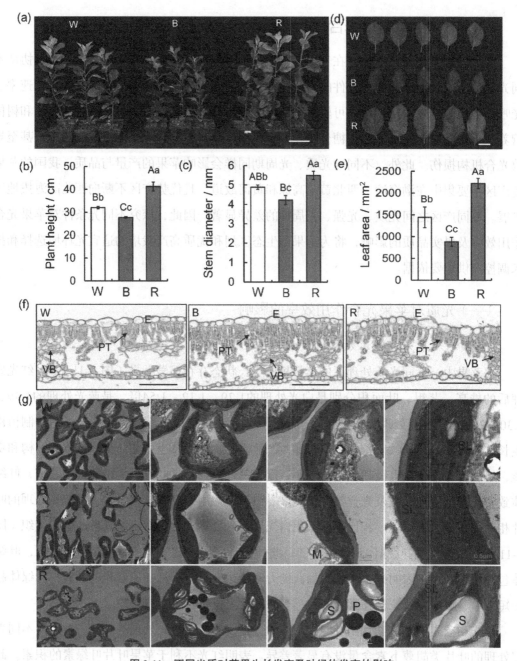

图2-11　不同光质对苹果生长发育及叶绿体发育的影响

（a）不同光质处理后苹果苗生长状态；（b）不同光质培养苹果苗后株高的生长量；（c）不同光质培养苹果苗后茎粗的生长量；（d）不同光质处理后苹果叶片状态；（e）不同光质处理后苹果叶片叶面积；（f）不同光质处理后苹果叶片的组织切片；（g）不同光质处理后苹果叶绿体的电镜超微结构分析；W: 白光；B: 蓝光；R: 红光；E: 表皮；PT: 栅栏组织；VB: 维管束；M: 线粒体；S: 淀粉粒；SL: 基质片层；P: 嗜锇颗粒

碳氮代谢是植物中基础的代谢过程。植物利用光将光合作用叶片中CO_2转化成有机碳，同时吸收土壤中的氮素转化为有机氮。光质具有调节植物内碳氮代谢的能力。在葡萄中，研究表明蓝光能促进碳代谢相关酶的活性，进而促进了含碳有机物的积累。而在油菜中，与蓝光以及红蓝复合光相比，红光处理有利于碳代谢产物如可溶性糖、蔗糖和淀粉的积累。在番茄中，红光、蓝光和红蓝光处理可以显著提高蔗糖合成酶（SS）的活性，而红光和蓝光处理对蔗糖磷酸合成酶（SPS）活性的影响相反。此外，蓝光处理会降低硝酸还原酶（NR）活性和硝态氮含量，但会显著增加谷氨酰胺合成酶（GS）和谷氨酸合成酶（GOGAT）活性，而红光处理则会显著降低 NR、GS 和 GOGAT 活性。

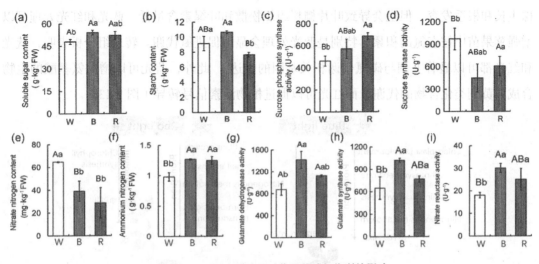

图 2-12 不同光质处理对苹果苗碳氮代谢的影响

（a）、（b）不同光质处理后苹果叶片中可溶性糖和淀粉的含量；（c）、（d）不同光质处理后苹果叶片蔗糖磷酸合成酶（SPS）和蔗糖合成酶（SS）活性；（e）、（f）不同光质处理后苹果叶片硝态氮和铵态氮的含量；（g）～（i）不同光质处理后苹果叶片谷氨酸脱氢酶（GDH）、谷氨酸合成酶（GOGAT）和硝酸还原酶（NR）活性

在苹果中，不同光质处理显著影响其光合产物积累及碳代谢过程中关键酶的活性。蓝光处理的叶片中可溶性糖含量显著高于白光处理的叶片，而红光处理叶片中的淀粉含量显著低于蓝光和白光处理，表明蓝光处理能促进可溶性糖和光合产物的积累（图 2-12 a、b）。SPS在红光处理后活性最高，显著高于白光对照，同蓝光处理差异不显著；SS在白光处理下活性最高，红光蓝光处理均低于对照组（图 2-12 c、d）。此外，不同光质处理对苹果叶片中硝态氮、铵态氮的含量及氮代谢过程中的关键酶活具有显著影响。红光或蓝光处理的叶片中硝态氮含量低于白光处理的叶片（图 2-12 e），而蓝光处理后参与氮代谢的关键酶活性显著高于白光处理后的叶片，表明蓝光处理能够显著促进氮代谢（图 2-12 g～i）。

通过转录组测序分析表明，蓝光处理与白光处理的苹果叶片之间有631个差异基因（DEGs），其中356个上调，275个下调。红光处理的叶片与白光处理之间检测到666个DEGs，其中187个上调，479个下调。维恩图表明，蓝光和红光处理与白光处理相比有88个共有的DEGs。KEGG分析表明，蓝光处理中上调表达的DEGs主要与氨基酸的生物合成、半乳糖代谢、氮代谢以及果糖和甘露糖代谢有关。红光处理中上调表达的DEGs主要与植物激素信号转导、植物−病原体相互作用、淀粉和蔗糖代谢、果糖和甘露糖代谢以及氮代谢有关。综上，蓝光对苹果植株的生长和叶片延伸有显著抑制作用，但对叶片组织构成和叶绿体发育有积极影响，同时也提高了Gs、Tr和光合效率。红光处理可以促进苹果植株生长和根系发育，但也会导致叶片栅栏组织松散和叶绿素含量低。蓝光和红光处理可以增强苹果苗中铵态氮的积累，特别是蓝光处理会显著促进氮代谢。转录组分析表明，蓝光和红光都可以显著上调与碳氮代谢相关基因的表达。此外，蓝光可以增加氨基酸的生物合成和黄酮类化合物的代谢，而红光可以促进植物激素信号转导（图 2-13）。

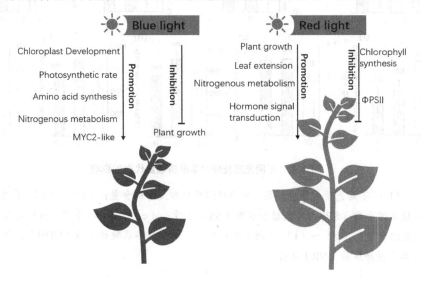

图2-13　红蓝光质影响苹果苗生长发育及光合作用模式图（Li et al., 2021）

2.1.2　光照强度对苹果光合作用效率的影响

光照强度是影响植物光环境调控及光合速率的重要参数之一。在一定范围内，光合速率随光强的增加而增加，呈线性关系；当光强超过光饱和点时，净光合速率不再增加。强光下随着光能的不断积累，可能导致光系统内激发能的积累过剩，反而使PSII的电子传递速率及激发能捕获效率持续下降，非光化学猝灭持续增加，导致光合作用的光抑制，甚至光合机构的光氧化损伤。弱光下，植物为捕获更多的光能，往往表现出叶片的气孔密度降低，气孔开度增大，C_i升高等现象（Kim et al., 2011）。研究表明，植物处于弱光中的时间越长，对光合作用影响越大，表现出类囊体垛叠增强，叶绿素b含量增加以及叶绿素a/b比值下降等，导致叶片光化学效率下降（Fu et al.，2011）。

我国的苹果主产区主要集中在渤海湾、西北黄土高原和黄河故道，且优势产区不断向西北高海拔地区扩展。但是黄土高原的果园在夏季的晴天中午，光合有效辐射强度经常会超过苹果叶片的光饱和点，极有可能出现光能过剩而发生光抑制。Liu 等（2019）研究表明，全天遮光处理的苹果叶片的CO_2光合固定率比全光照叶片高了12.1%。尤其在下午强光下，全光照叶片的Pn反而降低了近50%，并且gs、E以及Ci也明显下降；而此时遮阴叶片的净光合速率升高，一度超过光照叶片（图 2-14）。

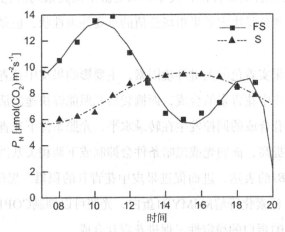

图 2-14　全光照（FS）和遮阴（S）处理下苹果树净光合速率（Pn）的日变化拟合曲线（Liu et al.，2019）

此外，研究发现遮光处理后苹果叶片的叶绿素b和叶绿素a的含量均逐渐增加，其中叶绿素b的增加比例高于叶绿素a，导致Chla/b比值降低（表 2-3），体现了苹果叶片在遮阴环境下对弱光的一种适应能力，以捕获更多光能，提高光合作用运转能力（Liu et al.，2019）。

表 2-3　全光照下（FS）和遮荫下（S）苹果树叶片总叶绿素（chl）、chla、chlb和chla/b比值

处理	处理时间（天）	Chl（a+b）（mg·cm⁻²）	Chl a（mg·cm⁻²）	Chl b（mg·cm⁻²）	Chl a/b
FS	0	0.031 ± 0.001h	0.026 ± 0.001g	0.005 ± 0.001g	5.14 ± 0.07a
	10	0.034 ± 0.002g	0.029 ± 0.002f	0.006 ± 0.002f	5.13 ± 0.10a
	16	0.037 ± 0.002f	0.031 ± 0.001e	0.006 ± 0.001ef	5.12 ± 0.02a
	21	0.039 ± 0.001e	0.033 ± 0.002d	0.006 ± 0.003e	5.10 ± 0.01a
	26	0.042 ± 0.002d	0.035 ± 0.003c	0.007 ± 0.001d	5.10 ± 0.02a
S	0	0.031 ± 0.001h	0.026 ± 0.001g	0.005 ± 0.000g	5.14 ± 0.05a
	10	0.037 ± 0.002f	0.031 ± 0.002e	0.006 ± 0.001ef	4.81 ± 0.04b
	16	0.044 ± 0.003c	0.036 ± 0.002b	0.008 ± 0.003c	4.30 ± 0.03c
	21	0.049 ± 0.002b	0.039 ± 0.002a	0.010 ± 0.001b	3.98 ± 0.02d
	26	0.050 ± 0.002a	0.040 ± 0.003a	0.011 ± 0.001a	3.73 ± 0.02e

综上，光照强度的大小对于果树形态结构、叶片叶绿素含量以及光合速率均有着显著影响。在上午的光强范围内，遮阴条件下的苹果叶片因光强不足而光合能力下降，而在下午的强光下，遮阴条件明显降低了苹果叶片光合机构的光破坏，其光合速率高于全光照处理。

（二）光条件对苹果果实品质的影响

目前，世界各苹果主产区的苹果主栽品种主要包括富士、嘎拉、金冠、元帅、乔纳金、澳洲青苹等，其中除金冠与澳洲青苹以外的大部分品种为红色着色品种。我国苹果的栽培面积和产量均位居世界首位，其中70%是富士及其系列红色芽变品种（陈学森，2022）。因此，果皮颜色是决定苹果市场价值的重要外观性状，也是苹果育种中是重要的目标性状。

光照是决定苹果果实着色的关键环境因素，主要影响果皮中花青苷的合成。苹果果实套袋后显著抑制了果皮中花青素的合成，而摘袋后光照能够快速激活花青苷的合成，促进果实着色。光对花青苷合成的调控发生在转录水平，光照条件下花青苷合成结构基因和调控基因的表达量显著提高，而弱光或黑暗条件会抑制或下调相关基因的表达。在苹果中，光照可以诱导*MdMYB1*的表达，进而促进果皮中花青苷的积累。黑暗条件下，*COP1*能与MdMYB1蛋白结合，泛素化降解MdMYB1蛋白，光照可以抑制COP1蛋白往细胞核内的转运，从而增加MdMYB1蛋白的稳定性，促进花青苷合成。

1.光质对苹果果实着色的影响

不同的光质对花青苷的影响不同。紫外光和蓝紫光诱导花青苷合成的效果最佳，而远红外光效果最差，甚至有抑制作用。UV-A（波长>320 nm）对苹果果皮有灼伤的作用，使其变褐；而UV-B（波长280～320 nm）则能够显著促进花青苷的合成。UV-B的光受体是UVR8，正常情况下UVR8是以二聚体的形式存在的，但UV-B能够诱导UVR8二聚体破解成两个单体。单体的UVR8可以与COP1相互作用形成蛋白复合物，进而促进下游转录因子*HY5*的转录活性，从而调控花青苷合成相关基因的表达。COP1具有泛素化酶的活性，在黑暗条件下抑制植物的光形态建成，但在UV-B信号中正调控光形态建成。

为探究紫外光对苹果果实着色的影响，在苹果果实摘袋前采用荧光灯和紫外灯（FL+UV-B）、过滤掉紫外的荧光灯（FL−UV-B）处理，每天照射10 h。结果表明FL−UVB试验棚里的果实几乎不着色，而FL+UVB试验棚里的果实着色更快。与之相一致的，FL+UVB温室内花青苷合成相关的结构基因*MdCHS*、*MdCHI*、*MdF3H*、*MdANS*、*MdDFR*和*MdUFGT*的表达量也明显上调（图2-15）。BBX蛋白是一类锌指结构转录因子，能够调控植物的光形态建成。在UV-B条件下，8个BBX基因中只有*MdBBX20*的表达量明显上调，且每个采样时期的表达量都很高，并在第8 d达到高峰。这个结果表明UV-B促进*MdBBX20*的表达。将*MdBBX20*在王林苹果愈伤组织中过表达。然后对过表达BBX20的王林苹果愈伤和野生型王林愈伤进行UV-B处理，处理2周后，过表达的王林愈伤慢慢变红，花青苷含量是WT的4倍左右。*CHI*、*DFR*、*ANS*、*MYB1*和*bHLH3*的表达量在转基因愈伤组织中明显高于野生型愈伤。MdBBX20蛋白不仅能够与花青苷合成的关键酶基因*DFR*和*ANS*的启动子结合，还能够与*MdMYB1*的启动子结合。在苹果上，*MdHY5*能够通过促进下游*MdMYB10*的表达来促进花青苷的积累。MdBBX20-MdHY5互作关系中结构域的功能，结果表明MdBBX20中的B-box2结构域和MdHY5中的b-ZIP结构域是两者形成蛋白复合体所必不可少的。综上表明，UV-B辐射能够促进苹果果实花青素积累，进而调控苹果果皮着色。B-box家族转录因子*MdBBX20*能够响应UV-B从而促进苹果花青苷的合成。

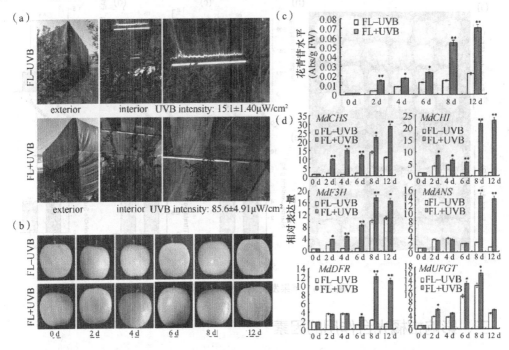

图 2-15　UV-B促进苹果果皮着色

（a）不同紫外强度的温室结构比较；（b）富士苹果在不同温室里的着色情况；（c）和（d）不同UV-B条件下花青苷含量和结构基因表达量

2.光周期对苹果果实品质的影响

光周期除了诱导植物开花，光照的时长在一定程度上也会影响花青苷的合成。海棠叶片和愈伤组织中的花青苷含量会随着照射时间的延长而增加，相应结构基因和*McMYB10*的表达量也会上调表达。为探究光周期对苹果果实品质的影响，以富士苹果为试材，于

3年生苹果园设置补光处理，6月21日（夏至）至10月20日采收期间，天黑后自动补光至20：00，通过记录天亮及天黑时间，统计果实发育期的自然光照时间长度及补光后光照时间，采收时选取不同处理的苹果树20棵，在相同位置结果枝组随机采集10个果实作为待测样品，探究苹果果实发育期间，不同光周期对其相关品质性状的影响。研究表明，延长光照时间对于单果重、果形指数均没有显著影响（图2-16 b、c）。但是长光照时间能显著促进苹果果皮花青苷的合成（图2-16 d）。此外，长光照时间显著提高了苹果果肉中可溶性糖含量，但其淀粉含量却显著降低（图2-16 e、g），表明长光照时间增强了源叶片的光合作用，积累更多的光合作用产物向库果实运输，同时长光照时间也促进了果实中淀粉的降解，从而导致了可溶性糖的积累。

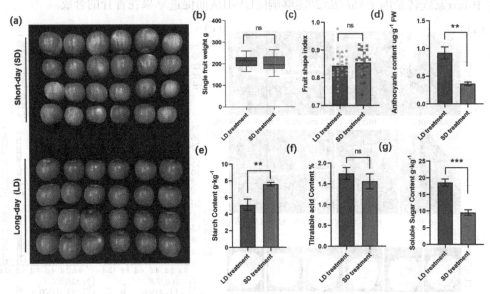

图2-16　苹果发育期延长光照时间处理

三、影响柑橘光合作用的因素

（一）柑橘光合作用特征

相比于苹果等落叶果树而言，柑橘属于较耐阴树种。柑橘的光饱和点一般为600 μmol·m⁻²·s⁻¹，且品种间柑橘的光饱和点不同。伦晚、星路比、日辉及江西无核4个柑橘品种间的光合作用的光补偿点在种间差异大，4种柑橘光合作用的光饱和点在1088～1139 μmol·m⁻²·s⁻¹之间，远小于落叶果树。另外，柑橘的光能利用率也只有0.2%，较苹果低（2%～4%）（汪良驹等，2005）。

柑橘叶片光合作用日变化因季节、天气、叶片部位等而异。国庆4号温州蜜柑在不同天气条件、不同部位叶片以及不同月份的光合作用日进程不同，外围叶片在11月份光合日变化为单峰曲线，而6—10月光合日变化进程均为双峰曲线，有不同程度"午休"现象。研究报道琯溪蜜柚内膛叶片的Pn日变化呈锯齿形。温州蜜柑外围叶的Pn显著高于内膛叶，各部位叶片光合作用存在明显的且较一致的季节变化规律，即6月最高，7月下降，8—9月上升，9月再次出现高峰，之后随着气温下降，Pn下降至11月的最低值（胡利明，2007）。

不同柑橘品种的光合速率和光合特性有明显差异。刘国琴等（2003）比较研究了16个柑橘品种的光合特性，结果表明品种间的光合速率差异较大，清见橘橙、清家脐橙的光合速率最高，福罗斯特脐橙、Fallago橘和朋娜脐橙的光合速率较低。宋勤飞等（2009）对温州蜜柑、本地早、金柑等的研究表明，温州蜜柑光合速率最高，本地早次之，金柑最小。黄永敬等（2008）对柑橘的净光合速率研究结果表明，沙田柚和贡柑的光合性能较高，而奈92-1脐橙和沙糖橘的光合性能较低。柠檬的光合N利用效率（PNUE，55～120 mmol CO_2 $g \cdot N^{-1} \cdot d^{-1}$）高于甜橙（31～68 mmol CO_2 $g \cdot N^{-1} \cdot d^{-1}$）。不同品种的柑橘叶片具有自身独特的结构，而叶片的结构与其自身的光合作用特征具有重要的影响，因此不同柑橘品种存在光合作用效率的显著差异可能与其在系统发育过程中形成的与自然条件相适应的叶片结构及功能有关（任青吉，2015）。

（二）影响柑橘光合作用的主要环境因素

（1）光照

柑橘叶片光合作用有其适宜的光照强度范围，当光照较弱时，则因同化力不足而限制光合碳同化的进行，从而影响橘园产量和果实品质。但是如果光能过剩也会引起光合作用的下调，主要表现是PSⅡ的光化学效率（Fv/Fm）和光合碳同化的表观量子效率（AQY）降低，即光合作用的光抑制现象。研究表明，夏季晴天条件下，柑橘容易发生光合作用的光抑制，存在明显的"午休"现象。

（2）水分

水分是光合作用最重要的原料之一，在轻度和中度水分不足时，叶片气孔部分关闭，导致通过气孔进入叶片的CO_2减少，从而降低了光合速率。谢深喜等（2010）研究发现，柑橘光合受到抑制时的ψ（叶水势）阈值为-1.70 MPa，除了叶片到空气之间水蒸气压亏缺外，土壤水势也对柑橘气孔导度和叶片光合速率影响很大，当土壤水势降低到-1.5 MPa时，脐橙的气孔导度和光合速率明显下降，而严重的水分胁迫下的光合作用受抑制主要与RuBPCase活性和可溶性蛋白含量下降有关。

（3）温度

当环境温度超过一定范围后，叶片会初步进行自身保护，环境温度过低或过高均会造成叶片受损，严重时可能会造成叶片凋亡，不同程度影响叶片光合作用效率。柑橘原产亚热带地区，其生长活动对低温较为敏感。适宜柑橘生长的年平均气温为16.5～23 ℃，其生长温度范围是：最低（停止生长）12.5～13 ℃，最适23～24 ℃，最高（停止生长）37～39 ℃（何天富，1999）。低温（15 ℃昼 / 5 ℃夜）作用下气孔导度下降，Ci / Ca升高，表明低温胁迫可明显抑制柑橘的光合作用。有研究进一步认为短期（几小时）的低温胁迫导致温州蜜柑光合作用主要与低温引起的气孔限制有关，而长期（几十小时）低温胁迫引起的光合作用下降主要与低温引起的非气孔限制有关，因为低温也会导致Rubisco 酶活性的下降，从而造成光合速率的降低（胡美君，2006）。

高温也会导致柑橘光合作用下降，当叶片温度达到37 ℃时CO_2的同化能力下降，在大气干燥的条件下更为严重。郭延平等（1999）研究发现，高温使PSⅡ受体侧电子传递受到抑制，热耗散增加，电子传递能量减少，PSⅡ供体侧捕光色素复合体或者放氧复合体受到严重伤害，导致捕获光能减少，光能利用率也进一步降低。当气温温高达38～40 ℃时，在这种环境中生长25 d的温州蜜柑和脐橙因PSⅡ反应中心被破坏，净光合速率明显下降（郭延平 等，2003）。由高温引起的净光合作用的降低也与叶肉对CO_2电导的降低有关，同时高温会使蒸腾速率提高，造成叶片与环境的水气压差变大，也是造成光合速率降低的原因。

（4）CO_2浓度

大气中的CO_2浓度只有370 $\mu mol \cdot mol^{-1}$左右，远低于柑橘光合作用的CO_2饱和点（1000 $\mu mol \cdot mol^{-1}$左右）（郭延平 等，1998）。如果CO_2供应不足，则直接限制光合作用的进行。在设施栽培柑橘的过程中，适当提高CO_2浓度，有利于提高柑橘叶片光合速率。如通过提高柑橘生长环境的CO_2浓度，可以提高叶片和树冠的光合速率，甚至可以增加1倍；可以提高地上与地下部分的生物量、果实的干物质生产率以及产量，同时果实着色也加快，不过增施CO_2的浓度以大气CO_2浓度的2～3倍为宜（Idso et al.，1993）。Idso和 Kimball（1992）发现高浓度（1000 $\mu mol \cdot mol^{-1}$）CO_2促进酸橙光合作用的同时，暗呼吸作用也下降，表明高浓度CO_2下柑橘对光合产物的消耗减少，有利于光合产物积累，这是促进产量增加的另一个重要原因。在1000 $\mu mol \cdot mol^{-1}$的CO_2浓度中生长温州蜜柑的前13 d，净光合速率显著提高，比正常水平高2倍，第13 d后，净光合速率开始逐渐下降，在第35 d时为对照的1.7倍。

（5）矿质养分

氮亏缺胁迫降低了柑橘净CO_2同化，升高了CO_2补偿点，缺氮可能通过影响RuBP羧化酶活性限制光合作用。尽管缺氮限制了光合作用的进行，但当氮的供应达到一定程度时，随叶片氮含量的增加，光合碳同化也并不一定增加。磷是核酸、核苷酸、糖磷脂和辅酶等的组成元素，而且在所有涉及ATP的反应中起关键作用。柑橘在自然条件下生长发育常常受磷亏缺的限制，在缺磷条件下的温州蜜柑光合速率和表观量子效率（AQY）下降，这主要是因为缺磷导致了Rubisco活性、RuBP再生能力下降和PSⅡ反应中心可逆失活。缺磷胁迫除了直接导致光合作用下降外，还会引起光合作用的光抑制。

镁对光合效率的影响基于叶绿体中色素含量的提高，叶片缺镁能阻碍叶绿素的形成，还能促进叶绿素的分解，甚至使叶片失绿而黄化，最终失去光合作用能力。铁元素作为叶绿素合成过程中某些酶或酶辅基的活化剂，影响着叶绿素的形成，从而影响植株的光合作用。在缺铁胁迫下，柑橘砧木新生叶片出现失绿黄化现象，2种砧木光合色素含量均降低。纽荷尔脐橙缺铁时，不仅叶绿素含量下降，而且氧的释放效率下降，同时PSⅡ的光化学效率轻微地降低。硼可以促进授粉、受精和花器官的发育，缺硼会影响柑橘砧木的光合色素含量，显著降低砧木的净光合速率。硼过高（如2.5 mg·L^{-1}）会导致柑橘（*Citrus clementina* L. cv. SRA63）气孔导度及光合速率下降，推测高硼可能破坏类囊体膜结构。对柑橘喷施微量元素型大量元素水溶肥料可提高叶绿素含量，提升其叶片的光合作用，使树势增强，可显著提高果实的产量及品质。

四、不同光质对桃光合作用效率及果实品质的影响

（一）不同光质对桃光合作用效率的影响

各种光质滤光处理下，叶绿素含量均显著高于对照的叶绿素含量。比较不同光照处理后，红、黄光处理后桃叶片中Chl含量最高，蓝色次之，绿光处理的叶片Chl含量最低。不同处理中，P_n、E、水分利用效率（WUE）、光利用效率（LUE）、碳利用效率（CUE）值在白光处理后最高，在绿、蓝光处理后，这5个指标中的一项最低，但蓝光的WUE显著高于绿色。与对照组相比，白光处理后P_n、WUE、LUE和CUE显著升高，但E未观察到显著差异。红色处理后P_n、E和LUE与对照相比没有显著差异，但红色和对照下的这些值显著高于黄色滤光片处理。红色和黄色滤光片处理中的WUE和CUE相似，它们的WUE显著高于对照组，而CUE低于对照组。所有过滤处理均显著增加了叶片的C_i，尤其是绿光。黄色滤光片处理测量的g_s与对照相似，但白光和红色滤光片处理的g_s高于对照，绿光和蓝光

处理则相反。关于Ls，白光与对照相似，其他光质均显著低于对照，蓝光处理的值最低。因此，白光处理可以保证桃叶片的E，提高叶片的光合能力和水、光、CO_2的利用效率。这些能力在绿光和蓝光处理中显著降低，不利于维持叶片光合性能（表2-4）。

表 2-4　不同光质处理后光合水平变化

Treatment	Control	Neutral filter	Red filter	Yellow filter	Green filter	Blue filter
Chl [mg g^{-1}(FM)]	4.66 ± 0.21c	4.97 ± 0.15b	5.25 ± 0.09a	5.35 ± 0.14a	3.58 ± 0.08d	4.95 ± 0.12b
P_N [µmol(CO_2) m^{-2} s^{-1}]	12.10 ± 0.39b	16.22 ± 1.01a	13.08 ± 1.50b	10.90 ± 0.98c	1.18 ± 0.30d	2.15 ± 0.49d
E [mmol(H_2O) m^{-2} s^{-1}]	3.74 ± 0.24a	4.05 ± 0.62a	3.82 ± 0.62a	3.14 ± 0.41b	1.24 ± 0.20c	1.32 ± 0.16c
WUE [mmol(CO_2) mol(H_2O)$^{-1}$]	3.24 ± 0.13b	4.07 ± 0.55a	3.78 ± 0.65a	3.86 ± 0.31a	0.89 ± 0.09d	1.74 ± 0.23c
LUE [mol m^{-2} s^{-1}]	12.13 ± 0.42b	16.32 ± 1.01a	13.06 ± 1.45b	10.97 ± 1.05c	1.23 ± 0.37d	2.15 ± 0.49d
CUE [mol m^{-2} s^{-1}]	0.063 ± 0.001b	0.079 ± 0.014a	0.055 ± 0.007c	0.048 ± 0.006c	0.004 ± 0.001d	0.008 ± 0.002d
C_i [µmol(CO_2) mol^{-1}]	177.00 ± 10.18d	214.83 ± 2.31c	237.50 ± 14.03c	230.33 ± 2.06c	337.83 ± 7.49a	290.67 ± 8.12b
g_s [µmol(H_2O) m^{-2} s^{-1}]	108.00 ± 9.42b	158.00 ± 9.30a	158.50 ± 9.80a	102.00 ± 8.13b	32.17 ± 8.04c	38.00 ± 6.16c
L_s	0.541 ± 0.022a	0.507 ± 0.024a	0.434 ± 0.033b	0.443 ± 0.014b	0.199 ± 0.078d	0.300 ± 0.081c

在白光和对照之间没有观察到 Fm 的显著差异，但所有其他滤光片都显著高于对照（表 2-5）。蓝光处理的F_0和Fm最高，黄光的Fm与蓝光相似。对于 Fv/Fm，绿光/蓝光与对照之间没有显著差异，而白光、红光和黄光显著高于对照。比较不同处理的Fs、Fm'、ΦPSII和qP，蓝光处理后表现出最高水平，其次是绿光。此外，红光和黄光处理的这些指标显著高于对照组，而白光处理的Fs和Fm'与对照组相当。不同处理下的qN和NPQ呈现出相同的规律，从大到小的顺序为：对照/白光/红光>黄光>绿光>蓝光。所有光照处理后ETR均显著高于对照，蓝色光最高，红光次之。ETR在白光、黄光和绿光处理中相对较低，且三者的值相似。

表 2-5　不同光质处理后叶绿素荧光变化

Treatment	Control	Neutral filter	Red filter	Yellow filter	Green filter	Blue filter
F_0 [mV]	93.67 ± 2.50d	87.17 ± 6.82e	111.83 ± 6.88b	99.83 ± 1.33c	102.33 ± 3.01c	139.33 ± 5.57a
F_m [mV]	702.50 ± 24.64d	689.83 ± 21.75d	950.17 ± 32.15a	875.67 ± 18.56b	800.00 ± 13.47c	980.83 ± 29.43a
F_v/Fm	0.865 ± 0.003b	0.874 ± 0.003a	0.875 ± 0.013a	0.881 ± 0.004a	0.865 ± 0.005b	0.859 ± 0.008b
F_s	182.00 ± 8.53d	169.83 ± 7.08d	197.50 ± 5.24c	218.50 ± 1.87b	218.67 ± 2.69b	274.00 ± 6.72a
F_m'	285.67 ± 10.42e	284.33 ± 10.11e	372.67 ± 9.79d	399.50 ± 8.93c	449.83 ± 8.22b	759.17 ± 8.77a
Φ_{PSII}	0.374 ± 0.020e	0.427 ± 0.017d	0.470 ± 0.007c	0.502 ± 0.013b	0.514 ± 0.030b	0.637 ± 0.029a
q_P	0.564 ± 0.028d	0.613 ± 0.030c	0.686 ± 0.041b	0.660 ± 0.025b	0.660 ± 0.025b	0.790 ± 0.021a
q_N	0.687 ± 0.017a	0.673 ± 0.033a	0.689 ± 0.016a	0.615 ± 0.024b	0.505 ± 0.055c	0.263 ± 0.010d
NPQ	1.462 ± 0.091a	1.437 ± 0.180a	1.553 ± 0.094a	1.196 ± 0.104b	0.790 ± 0.160c	0.292 ± 0.015d
ETR [µmol m^{-2} s^{-1}]	212.12 ± 8.14d	297.45 ± 13.54c	342.72 ± 9.02b	315.00 ± 8.18c	316.61 ± 8.70c	430.03 ± 5.64a

3.2　光条件对桃果实品质的影响

除白光外，所有其他光质处理的L*均显著升高，其中红光和黄光片的水平最高。红光、黄光和绿光处理后的b*明显高于对照，而在白光和蓝光处理中没有观察到差异。所有处理中a*和a*/b*的模式与对照的顺序相同，白光/蓝光>绿光>红光>黄光，但h°的顺序与a*和a*/b*相反。此外，与对照相比，绿光处理显著提高了果实的C，而黄光降低了C，其他均无显著变化。白光和蓝光与对照一起在果实颜色中产生所需的红色外观（图2-17），但其他处理呈现浅红色，这与a*和a*/b*一致。

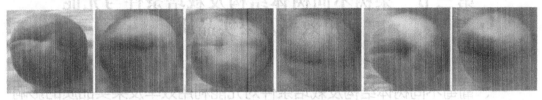

图2-17 不同光质处理后果实的变化

注：L*、a*、b*表示国际照明组织CIE制定的均匀色空间表色系统指标，后同

白光和蓝光处理后的花色苷含量与对照相似，但所有其他光照处理后都显著降低，尤其是红光和黄光处理。与对照相比，各种光质处理提高了Chl含量，并且在不同光质之间的比较中，绿光和蓝光的含量最高。对于黄光处理，观察到最低含量。黄酮类化合物和总酚含量的变化在不同光质中是一致的，绿光处理后的含量最高，其次是白光和蓝光。所有不同光质处理的黄酮类化合物含量均显著高于对照，但在对照和黄光红光之间的总酚含量没有观察到显著差异。因此，白光和蓝光可以保持桃果实的红色外观，并且各种光质减缓了桃果实成熟前表皮Chl的降解，从而提高了抗氧化性。

光质对果实大小的影响较大。黄光处理的果实最大，比对照大11.7%，绿光的果实最小，仅为对照的75.2%。此外，与对照相比，红光和蓝光也导致果实显著变小，而白光处理的大小与对照一致。此外，不同的光质处理提高了果实的硬度。除黄光外，其他不同光质处理较对照均显著改善了果肉与果皮的紧致度，其中红光和蓝光处理效果尤为显著。

不同光质处理对桃果实中糖含量亦有显著的影响。白光处理下的所有糖组分均表现出最高值，并且显著高于对照。绿光和蓝光的葡萄糖、果糖和山梨糖醇含量在统计学上与对照相同，但红光和黄光的糖成分含量相对较低。红光处理的蔗糖含量最低，除白光外所有处理均显著低于对照。不同处理之间的苹果酸和奎宁酸含量没有显著差异。绿光和红光处理的柠檬酸含量均高于对照，绿光处理最高；而与对照相比，白光、蓝光和黄光的含量降低，黄光处理的含量最低。绿光和白光片处理下的可溶性糖与对照相当，其他光照处理后的含量显著降低，尤其是红光处理。白光的总糖含量最高，其次是绿光和蓝光，与对照相似，红光和黄光处理的总糖含量最低。不同处理之间的总酸量相当。与对照相比，白光增加了糖酸比，但红光减少了糖酸比。其他光质表现出与对照相似的结果。上述数据表明，白光处理促进了桃果实中可溶性碳水化合物的积累，从而提高了果实品质。

第三节　果树不同树体结构及栽培条件与光能利用效率及果实品质

一、葡萄不同树体结构及栽培条件对光能利用效率及果实品质的影响

（一）葡萄不同树体结构及栽培条件对光能利用效率的影响

微环境温湿度、光照强度等是影响果树光能利用的主要因素。生产上通常采用不同的树形和叶幕形来适应环境变化，提高果树光能利用效率。合理的叶幕结构能够改善葡萄果实微域光照与温度条件，调节树体营养生长与生殖生长，提高光能利用率，使果树提早进入结果期，延缓果树衰老，通过建立冠层光能截获能力强的葡萄架式和树形则可大大提高树体的光能利用效率，增加叶片光合产物，提高产量和果实品质。

1.葡萄不同树体结构

树体结构包括架式和树形及叶幕形。传统意义上葡萄的栽培架式主要分为篱架和棚架。篱架有单篱架、双篱架、宽顶篱架等形式，适于密植建园，能早期丰产；两面受光，通风透光良好；营养面积大，枝条留量大，产量高；浆果着色好，品质好；操作容易，利于机械化操作，适合大面积建园和规模化生产。其缺点是垂直性强，结果部位上移，不能满足高节位品种的生长需求。棚架既适于埋土防寒区又适于非埋土防寒区，种类较多，架面大且高，负荷大，能充分利用各种地形，通风透光好，病虫害少；适宜长势旺的品种。但棚架架材和整形成本高，不易早期丰产，果实仅见散射光，着色不如篱架，管理较为复杂。另外，也有将棚架和篱架结合，控制枝蔓生长和分布，形成兼具二者架面的棚篱架，现代化种植也越来越需要适宜本地气候和生产需要的架形（表2-6）。

表2-6　葡萄架式种类、规格及优缺点

架式	类型	应用地区	规格	优点	缺点
篱架	单篱架	全国	每行一个架面，高低可调	光照和通风条件好，田间管理方便	易日灼，长势过旺，枝条密闭，土地利用率低，易染果部病害
	双篱架（"V"形、"Y"形）	全国	两个架面，葡萄栽在中间，枝条与中柱呈45°	早期丰产、易于操作，光合效率高	成本高，管理不便，费工，通风差，架面内侧喷药不便

架式	类型	应用地区	规格	优点	缺点
篱架	宽顶篱架（T形）	全国	行距2.5~3.0 m，架高2.0 m；单篱架上加一横梁，宽1 m，横梁两端拉2道铁丝	通风透光好，病虫害较轻，树势缓和，稳产性能好	管理不便
棚架	小棚架（或水平式棚架）	防寒栽培区，如西北地区	架长多为5~6 m，架根（靠近植株处）高1.2~1.5 m，架梢高1.8~2.2 m	适于多数品种的长势需要，有利于早期丰产；操作方便；丰蔓短，易调节树势，产量较高且稳产；架材易得	棚架低矮，拖拉机及配套机具等无法棚下作业，生长管理过程基本上纯人工作业，劳动强度大，效率低，工作条件艰苦，田间管理粗放
棚架	大棚架	葡萄老产区、庭院，如辽宁、山东、河北、山西等	架长7 m以上，近根端高1.5~1.8 m，架梢高2.0~2.5 m，架面倾斜	公共场所作乘凉荫棚或用以遮盖建筑物等	通风点少，不利于架下水分散失，管理不便
棚架	漏斗式棚架	地形较复杂地段，河北宣化、甘肃兰州等地较普遍	直径10~15 m，每亩栽植3~5架，各枝蔓扇形分布在30°~35°的圆架上，架根高0.3 m，周围架梢高2.0~2.5 m，形成漏斗状或扇状	省土，省水，外形美观，稳产性好	古老架式，管理费工，不利机械化操作，通风透光差，病虫害易滋生
棚架	水平式棚架（X形和H形）	淮河以南地区大面积平地或坡地，适宜生长期较长或长势强品种，如红地球、美人指等	架高1.8~2.2 m，每隔4~5 m一支柱，柱高2.2~2.5 m；周围边柱12 cm×12 cm，45°角向外倾斜。骨干线用双股8号铁丝，内部骨干线用单股8号铁丝，其他纵横线、骨干线间支线用12号铁丝，支线间距50 cm	牢固耐久，架面平整	一次性投资较大
棚架	屋脊式棚架	常用于道路、走廊及观光葡萄长廊	架根高1.5~1.8 m，架梢高2.5~3 m，由两个倾斜式小棚架或大棚架相对头组成，形似屋脊	与大小棚架相比，可省去一排高支柱，且架式牢固	光照相对较差，易发生病害

2.葡萄不同树体结构光能利用效率

叶幕对光辐射的应用主要为叶幕对光能的总截留面积和整个叶幕内外对光能的合理分配。不同的叶幕结构对叶幕光能截留和光能分配不同，光合速率也不同，从而使新梢叶面积也会存在一定的差异，对果树生长生产影响不同，最终使葡萄产量以及品质也存在很大的差异。选择合适的高光效架式，防止叶片相互遮光造成冠层郁闭，叶片的有效光合辐射面积大，树体通风透光能力强，促进叶片叶绿体发育，提高了光能利用率。传统棚架直立龙干树形和"顺沟高厂"树形叶面覆盖面积和消光系数相同，而由于枝蔓分布角度不同，生长季内"顺沟高厂"树形实际光能截获面积大于传统直立龙干树形。在宁夏常规设施葡萄栽培中，由于扇形架式中，葡萄主蔓直立生长，顶端优势明显,扇形叶面积小，而"L"

形生长相对缓和，光照条件好，叶面积最大。直立叶幕新梢较短，光照充足，叶幕周边的微气候波动较大，面积指数、光能截获率均显著低于"V"形叶幕和水平叶幕。"V"形叶幕果实周围温度低于直立叶幕，并且在阴雨天可以降低空气湿度，比直立叶幕具有更好的通风散热性，"V"形叶幕葡萄叶片的栅栏组织厚度显著大于直立叶幕，叶片叶绿素和类胡萝卜素含量显著高于直立叶幕。新梢开张角度在45°时葡萄叶片P_n、gs、Ci、Tr更高一些。水平叶幕下果实周边微气候相对稳定，架面外部光照充足，通风性好。棚架飞鸟形叶幕可显著提升光截获效率及光合能力，可作为北疆地区潜在的优选冠层结构（张洁，2020）。

（1）香百川篱架伞形叶幕光能利用

香百川篱架单干单臂伞形叶幕显著提高了葡萄叶片叶面积指数，降低了无截取散射。成熟期伞形叶幕叶面积指数（LAI）为1.81，比直立叶幕比提高了0.39，无截取散射（DIFN）为0.32，相比直立叶幕降低了0.09。伞形叶幕透光率低于直立叶幕，整体截获量大。在转色期伞形叶幕的光谱截获率在300～800 nm波长（可见光、远红光）范围内整体高于直立叶幕（图2-18）。

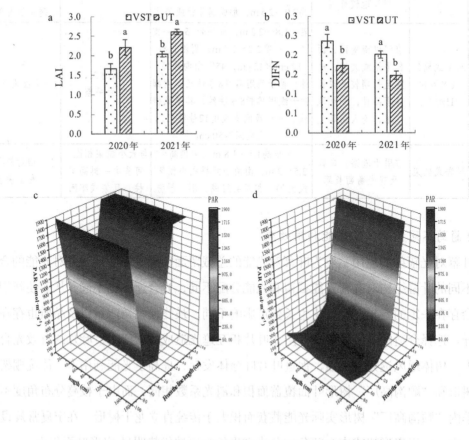

图2-18　伞形叶幕和直立叶幕对葡萄LAI、DIFN及光合有效辐射分布

香百川对大气臭氧敏感，容易遭受光氧化胁迫，伞形叶幕缓解了香百川叶片臭氧胁迫，2020年和2021年未表现臭氧胁迫的叶片比例比直立叶幕高12.96%和15.36%。直立叶幕发生二级以上臭氧伤害叶片是伞形叶幕的1.81和1.31倍（图 2-19）。伞形叶幕提高了主梢叶片净光合速率，2020和2021分别比直立叶幕提高了32.73%和124.07%。

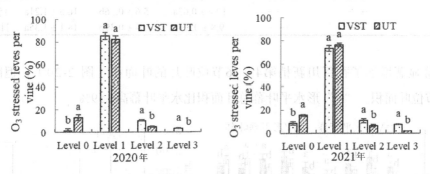

图 2-19　伞形叶幕和直立叶幕对葡萄叶片臭氧伤害发生的影响（VST直立叶幕，UT伞形叶幕）

（2）香百川棚架V形下垂叶幕光能利用

棚架下垂叶幕降低了强光直射时间，从而缓解了臭氧对PSⅡ的伤害，增加了叶片的叶绿素含量和叶片净光合率。水平叶幕叶片单位面积内有活性反应中心的数量（RC/CS_m）与反应中心吸收的光能用于电子传递的量子产额（φ_{E_o}）在转色期和成熟期均显著低于下垂叶幕；水平叶幕J点相对可变荧光（V_j）与用（F_m-F_o）进行标准化后K点相对可变荧光（W_k）在转色期和成熟期时均高于下垂叶幕，其PSⅡ受体侧及放氧复合体受到的伤害程度更高；"V"形下垂叶幕削弱了顶端优势，放缓了新梢生长速度，有利于提高香百川葡萄生长季中后期6～16节位叶片的光合速率（孙宝箴 等，2022）。下垂叶幕显著提高了4～20节位叶片的叶绿素含量。花后4周，"V"形下垂叶幕显著增加了香百川第2节位主梢叶片的净光合速率，但降低了第12～16节位主梢叶片的净光合速率。花后11周，"V"形下垂叶幕显著提高了香百川第6～12节位叶片的净光合速率，但降低了第14～20节位叶片的净光合速率。在花后14周，"V"形下垂叶幕显著提高了香百川第6～16节位叶片的净光合速率。降低了第2、4、20节位叶片的净光合速率（表2-7）。

表 2-7　V形下垂叶幕对香百川不同时期叶片净光合速率的影响

节位	花后4周		花后11周		花后14周	
	HC	PC	HC	PC	HC	PC
2	7.6 ± 0.54b	10.5 ± 0.49a	6.9 ± 0.43a	5.1 ± 0.24b	5.9 ± 0.31a	3.3 ± 0.27b
4	11.3 ± 0.62a	11.8 ± 0.91a	9.8 ± 0.59a	9.4 ± 0.78a	8.7 ± 0.64a	5.9 ± 0.21b
6	16.8 ± 1.23a	16.6 ± 0.85a	11.3 ± 0.94b	14.2 ± 0.67a	10.1 ± 0.68b	12.2 ± 0.94a
8	18.6 ± 1.34a	19.5 ± 0.63a	13.8 ± 0.88b	18.8 ± 1.26a	8.2 ± 0.53b	15.0 ± 1.06a
10	18.2 ± 0.98a	17.2 ± 1.29a	15.6 ± 0.95a	16.4 ± 1.36a	12.5 ± 0.88a	12.0 ± 0.59a
12	19.2 ± 0.53a	14.7 ± 0.24b	15.9 ± 1.09b	17.9 ± 1.31a	11.3 ± 0.6b	20.1 ± 0.55a

续表

节位	花后4周		花后11周		花后14周	
	HC	PC	HC	PC	HC	PC
14	14.7 ± 0.68a	12.5 ± 0.84b	14.2 ± 0.64a	12.2 ± 0.84b	17.2 ± 0.81b	21.7 ± 1.63a
16	9.1 ± 0.52a	7.3 ± 0.47b	16.9 ± 1.23a	10.9 ± 0.64b	19.6 ± 1.03b	25.6 ± 1.74a
18	——	——	10.4 ± 0.63a	5.6 ± 0.26b	16.5 ± 1.21a	15.7 ± 0.89a
20	——	——	9.8 ± 0.51a	6.4 ± 0.39b	18.1 ± 1.35a	11.0 ± 0.76b

下垂叶幕显著增加了香百川新梢第4～16节位叶片的叶面积（图 2-20），但降低了第18～20节位叶面积。"V"形水平叶幕总叶面积比水平叶幕高6.59%。

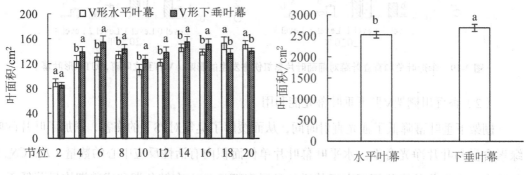

图 2-20 "V"形下垂叶幕对不同节位叶面积和单个新梢总叶面积的影响

（3）棚架水平和下垂叶幕对蜜光光能利用的影响

下垂叶幕果域附近的光合有效辐射均显著高于水平叶幕。水平叶幕光合有效辐射整体波动幅度小，变化于0～400 μmol·m⁻²·s⁻¹。下垂叶幕果际微域光合有效辐射强度多在200～1000 μmol·m⁻²·s⁻¹。7、8、9月份下垂叶幕的平均温度为26.49 ℃、28.26 ℃、23.18 ℃，比水平叶幕平均温度高0.7 ℃、0.63 ℃、0.54 ℃。下垂叶幕温度波动均比水平叶幕大，7、8、9月份极温差比水平叶幕要大3.6 ℃、3.5 ℃、2.9 ℃。下垂叶幕显著增加了蜜光新梢第6～12节位叶片的叶面积，但第2、4、20节位面积要低于水平叶幕。水平叶幕单个新梢总叶面积与下垂叶幕无显著性差异。

在果实膨大期，下垂叶幕显著增加了蜜光第2～8节位主梢和第6节位副梢叶片的净光合速率，但降低了第16～20节位主梢叶片净光合速率；在转色期，下垂叶幕显著提高了蜜光第2和10～16节位主梢叶片的净光合速率，但降低了第8和20～24节位主梢叶片的净光合速率；在成熟期，下垂叶幕显著提高了蜜光第8和第14～24节位主梢叶片的净光合速率，其中第14节位和24节位提高幅度较大，分别提高了28.89%和36.89%。降低了第4节位和第6节位叶片的净光合速率。在果实膨大期，蜜光水平叶幕整个新梢净光合相比下垂叶幕要高87.50%，转色期二者无显著性差异，但在成熟期下垂叶幕显著提高了蜜光整个新梢的净光合速率，提高了67.73%。说明下垂叶幕降低了新梢和叶片生长速度，显著提高蜜光葡萄生长季中后期的叶片光合速率（表2-8）。

表2-8 下垂叶幕在不同时期对不同节位叶片光合速率（μmol·m⁻²·s⁻¹）的影响

节位	果实膨大期		转色期		成熟期	
	水平叶幕	下垂叶幕	水平叶幕	下垂叶幕	水平叶幕	下垂叶幕
2	5.6 ± 0.32b	8.4 ± 0.43a	3.4 ± 0.12b	3.7 ± 0.25a	−2.7 ± 0.18a	−3 ± 0.12a
4	7.2 ± 0.55b	8.8 ± 0.28a	4.7 ± 0.32a	5.1 ± 0.43a	3.6 ± 0.20a	2.0 ± 0.15b
6	10.5 ± 0.43b	16.1 ± 0.19a	4.1 ± 0.24a	4.4 ± 0.36a	4.1 ± 0.23a	3.3 ± 0.29b
8	9.3 ± 0.46b	10.8 ± 0.21a	8.4 ± 0.33a	6.1 ± 0.42b	8.3 ± 0.34b	9.4 ± 0.45a
10	9.8 ± 0.49a	9.5 ± 0.79a	10.4 ± 0.94b	13.5 ± 0.85a	16.5 ± 0.89a	16.6 ± 0.67a
12	8.2 ± 0.58a	8.8 ± 0.14a	15.5 ± 0.55b	18.0 ± 0.76a	17.2 ± 0.96a	16.9 ± 1.03a
14	7.9 ± 0.67a	8.2 ± 0.51a	16.2 ± 0.52b	17.2 ± 0.68a	18.0 ± 0.86b	23.2 ± 0.97a
16	12.7 ± 0.94a	7.9 ± 0.39b	12.4 ± 0.66b	17.8 ± 1.06a	16.6 ± 1.09b	19.3 ± 1.23a
18	13.1 ± 0.68a	5.6 ± 0.24b	13.8 ± 0.49a	14.6 ± 0.34a	16.3 ± 0.77b	19.6 ± 0.99a
20	6.9 ± 0.33a	2.3 ± 0.19b	12.2 ± 0.73a	10.7 ± 0.55b	12.2 ± 0.51b	14.3 ± 0.76a
22	——	——	6.6 ± 0.21a	5.1 ± 0.13b	13.3 ± 0.34b	15.9 ± 0.92a
24	——	——	2.7 ± 0.14a	2.0 ± 0.09b	10.3 ± 0.86b	14.1 ± 0.44a
5节位副梢	14.2 ± 1.13a	15.4 ± 0.86a	15.4 ± 0.22a	14.7 ± 1.03a	16.3 ± 0.87a	15.9 ± 0.94a
6节位副梢	10.7 ± 0.81b	15.1 ± 0.64a	13.1 ± 0.95a	14.2 ± 0.88a	17.1 ± 0.76a	16.5 ± 0.69a

3.不同栽培条件对光能利用的影响

（1）砧木对葡萄光能利用的影响

砧木SO4嫁接增加了蜜光和脆光的叶面积、叶片厚度和叶片重量，提高了蜜光和脆光叶片的叶绿素a、叶绿素b和类胡萝卜素含量，增加了叶片的叶面积、叶片厚度和叶片重量，提高了叶片的净光合速率（图2-21），缩短了节间长度，增加了新梢粗度。

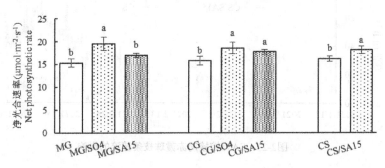

图2-21 不同砧木嫁接对脆光（CG）、蜜光（MG）和赤霞珠（CS）叶片净光合速率的影响

砧木SA15能够显著增加赤霞珠叶片厚度，比赤霞珠高26.67%。提高叶片中叶绿素a、叶绿素b和类胡萝卜素的含量。提高叶片的净光合速率、气孔导度、蒸腾速率和水分利用效率都高于自根苗。SA15显著降低了深休眠期间枝条总含水量及自由水含量，确提高了束缚水含量，提高了赤霞珠枝条的可溶性糖和淀粉含量，进而提高了枝条的越冬抗寒能力；SA15提早了休眠解除后枝条的总含水量和自由水回升时间（图 2-22），枝条茎流快

速升高时间较赤霞珠自根苗早24 d，有利于缓解枝条抽干发生（图2-23）。

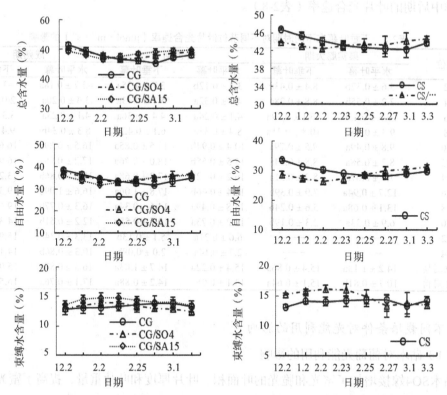

图2-22　砧木嫁接对脆光、蜜光及赤霞珠枝条总含水量、自由水含水量和束缚水含水量的影响

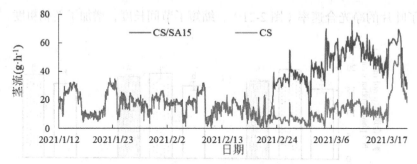

图2-23　SA15嫁接对赤霞珠枝条茎流的影响

（二）葡萄不同树体结构及栽培条件对果实品质的影响

叶幕光热条件是影响葡萄果实有机酸产生、运输分配及代谢的主要因素，研究表明葡萄成熟期叶幕光温环境越高，越有利于葡萄果实内有机酸的代谢降解。葡萄果实的酚类物质与叶幕微域光温环境有显著的相关性。较高的叶幕光温条件有利于酚类物质的合成，适宜的果际温度是果实着色的重要因素，果皮中的次生代谢物含量与光强呈正相关，当果实遮阴时果实中的次生代谢物含量降低（Falcao et al.，2009）。

1.不同栽培条件对果实品质的影响

不同的架式和叶幕影响葡萄果实品质。山东地区棚架摩尔多瓦水平叶幕使果实第二次生长量和膨大速率显著增加，其成熟果实纵横径、果形指数及粒重均高于篱架直立叶幕，水平叶幕提高了成熟果实的糖、酸、总酚及花色苷含量，且改善了果实色泽。山西地区赤霞珠"V"形叶幕与直立叶幕相比，平均单株产量和可溶性固形物含量显著提高，果皮总酚、总类黄酮、总单宁含量差异不显著，但提高了总黄烷醇、总花色苷含量高。乌鲁木齐地区"厂"形树形结构下"V"形叶幕型能够有效改善赤霞珠葡萄叶幕群体的受光条件，提高浆果不同发育阶段果域日温差，果穗更为松散，浆果可溶性固形物、可滴定酸、酚类物质和总黄酮含量提高（张雯 等，2018）。京蜜设施栽培条件下，"V"形叶幕挥发性香气化合物种类最多。直立叶幕和"V"形叶幕葡萄里那醇含量显著高于水平叶幕，橙花醇含量在"V"形叶幕中显著高于直立叶幕和水平叶幕，叶醇含量在V形叶幕和水平叶幕中显著高于直立叶幕，香茅醇仅在"V"形叶幕中检出（史祥宾 等，2015）。

山东地区蜜光棚架下垂叶幕和水平叶幕对果实大小和可溶性固形物机可滴定酸含量没有显著差异，但下垂叶幕比水平叶幕提高了果实香气含量总量，提高了C_6类、高级醇类、醛类、酯类、酮类、芳香族类香气含量；山东地区香百川"V"形下垂叶幕较"V"形水平叶幕提高了果实可溶性糖含量，对果实可滴定酸含量和果实大小没有显著差异。"V"形下垂叶幕提高香百川果实C_6类、醛类、酯类、酮类、芳香族类香气含量，香气总量提高了17.54%。

山东地区伞形叶幕与直立叶幕相比，对篱架香百川果实大小和重量无影响，但可以提高葡萄果皮中次生代谢物的含量。伞形叶幕果实可溶性固形物含量均高于直立叶幕，成熟期比水平叶幕高12.14%。两种叶幕果实中可滴定酸的含量无显著性差异。伞形叶幕提高了果实中C_6类、醛类和芳香族类香气的香气含量，香气总量提高了57.61%，但是降低了醇类、酯类、酮类、萜烯类的香气含量。

2.不同叶幕环境对果实品质的影响

（1）单果重、果实硬度、TSS

转色期前、转色期和成熟期果实单粒重分别介于5.60～7.54 g、6.38～8.59 g和6.89～9.63 g。3个物候期中，东侧（包括E和EM）果实单粒重均高于西侧（包括W和WM），其中在10：00至22：00时，E侧果实单粒重均高于EM侧，而W和WM果实的单粒重差异相对较小。不同物候期日变化趋势也存在差异，且表现出昼夜节律。转色期前，6：00至22：00间4个位置果实单粒重均逐渐增加，而在之后至次日6：00间逐渐减小；在转色期和成熟期日变化趋势较为相似，果实单粒重逐渐增加的时间往往发生在白天（即6：00至18：00），而在夜间（18：00至次日6：00）表现为减少。从果实单粒重日极值来看，向阳面果实（E和W）单粒重日极值相对较大，在三个时期分别为（1.11 g和0.90 g）、（1.22 g和1.21 g）、（1.81 g和2.26 g），而背阴面果实（EM和WM）分别为（0.81 g和0.51 g）、（0.92 g和0.94 g）、（1.58 g和1.94 g）。

转色期前的果实硬度显著高于转色期和成熟期，前者介于1.56~5.83kg·cm^{-1}，而后两者分别介于0.71~1.05 kg·cm^{-1}和0.56~1.13 kg·cm^{-1}。通过进一步分析我们发现，各物候期果实硬度的日变化趋势与果实表面温湿度条件存在相关性且表现出一定的昼夜节律，即果实表面温度相对较低的时间段（夜间至清晨）果实硬度逐渐增加，而随着果实表面温度逐渐增加，果实硬度则呈现出变小的趋势。转色期前时，E、EM、W和WM各位置果实硬度最大均发生于2：00，分别为4.83 kg·cm^{-1}、4.93 kg·cm^{-1}、4.36 kg·cm^{-1}和5.83 kg·cm^{-1}，而在12：00~20：00时果实则相对较软。转色期和成熟期时，4个位置果实硬度的日变化趋势较为相似。在转色期8：00时，果实硬度相对较大，分别为0.98 kg·cm^{-1}、1.05 kg·cm^{-1}、0.97 kg·cm^{-1}和0.91 kg·cm^{-1}，而在14：00–18：00时果实硬度相对较小；成熟期果实硬度日最大值均发生于次日10：00，分别为1.13 kg·cm^{-1}、0.93 kg·cm^{-1}、1.06 kg·cm^{-1}和0.97 kg·cm^{-1}，与转色期前果实相对较软时段同为12：00~20:00。

葡萄TSS含量可被认为果实的糖度水平，也可作为判断果实成熟的重要指标。转色期前红地球果实成熟度相对较低，其果实中TSS含量也相对较少，介于7.44~10.00 Brix。转色期与成熟期时，果实TSS含量显著高于未转色的果实（转色期前），分别介于13.93~17.46 Brix和16.68~18.68 Brix。转色期前、转色期和成熟期时各位置日变化的极值则差异较小，分别介于1.44~2.07 Brix、1.42~2.60 Brix和1.16~1.93 Brix。从果实位置来看，E侧果实TSS含量相对较高，EM和WM果实中含量相似，而同为向光的W侧果实中TSS含量相对较少，且在大部分时段显著低于E侧。3个时期果实中TSS含量的日变化同样也表现出明显的昼夜变化规律，其中转色期前和转色期的变化规律较为相似，白天果实中TSS的含量高于夜间。在成熟期时，4个位置果实TSS含量的日变化趋势均为双峰曲线，其中向光侧（E和W）果实表现出相似的变化趋势，即在10：00~14：00时随着果实温度升高，果实中TSS含量逐渐减少，但随着果实温度的降低TSS含量逐渐增加，并于0：00时达到峰值，而在果实接受太阳辐射前TSS含量呈现下降趋势，6：00~10：00含量再次增加；而背阴侧（EM和WM）果实中TSS含量的日变化趋势均较为一致，但峰值与谷值出现时间均早于向光侧，且日变化幅度也小于向光侧。

（2）可溶性糖和相关酶活

红地球果肉中均只检测到葡萄糖和果糖2种可溶性糖，且除成熟期背阴侧（EM和WM）果实葡萄糖和果糖含量相当外，其他各个阶段果实中葡萄糖含量均显著高于果糖。

从转色期前至果实成熟期，果实中可溶性糖含量显著增加。通过进一步分析不同发育阶段果实中葡萄糖和果糖含量的日变化趋势，发现在转色期前时，向光侧与背阴侧果实存在较大的差异，前者在午后（14：00后）至20：00果实中可溶性糖含量显著增加，而在夜间果实中含量逐渐减少；而后者果实中可溶性糖含量日变化幅度相对较小。在转色期和成熟期时，向光侧果实中可溶性糖在白天含量相对较高，夜间处于相对较低的水平，有趣的是成熟期E和W侧果实中可溶性糖含量日变化与TSS高度相似；背阴侧果实中含量日变化幅度也相对较小，例如成熟期E和W果实日变化极差分别为40.91 mg·g^{-1}和72.43 mg·g^{-1}，而EM和WM果实仅有16.7 mg·g^{-1}3和19.82 mg·g^{-1}。

果实中SS合成和分解方向和SPS活性的日变化趋势。SS分解方向的活性远大于合成方向与SPS，且分解与合成方向活性的变化趋势相反。不同位置果实果肉SS分解方向酶活的日变化趋势与可溶性糖相似，其中向阳侧果实（E和W）酶活在12：00至18：00显著增加，而在夜间活性降低，且保持在相对较低的水平，至次日白天SS分解活性再次上升；背阴侧（EM和WM）果实中SS分解活性日变化幅度相对较小。SS合成方向与SPS酶活日变化趋势较为相似，但与SS分解活性的日变化截然不同。SS合成方向与SPS酶活性在16：00至次日6：00持续升高，并于6：00～8：00活性达最大值，但之后活性再次持续降低。

（3）有机酸

同一物候期相同位置果实中酒石酸、柠檬酸和苹果酸的日变化差异较小。在大部分时间中，不同位置果实的含量彼此差异不显著。在转色期前时，东侧（E和EM）果实中酒石酸和苹果酸含量相当，分别介于6.52～8.75 mg·g^{-1}和5.18～10.80 mg·g^{-1}，而西侧（W和WM）果实中苹果酸含量远大于酒石酸，二者分别介于7.92～15.82 mg·g^{-1}和6.24～9.71 mg·g^{-1}。此外，果实中柠檬酸含量相对较少，但有趣的是随着果实的发育，从转色期前至成熟期果实中柠檬酸含量逐渐增加，各时期含量分别介于0.62～1.27 mg·g^{-1}、0.87～2.61 mg·g^{-1}和1.21～3.61 mg·g^{-1}。转色期果实中酒石酸和苹果酸含量较转色期前显著降低，其中苹果酸含量减少的尤为明显仅为0.68～1.44 mg·g^{-1}，而此时期酒石酸含量则介于2.21～4.71 mg·g^{-1}。成熟期果实中酒石酸和苹果酸含量较转色期不存在显著差异，分别介于2.11～3.68 mg·g^{-1}和0.66～1.88mg·g^{-1}。

二、苹果不同树体结构及栽培条件对光能利用效率的影响

近年来，由于片面追求短期利益，我国的苹果种植面积剧增。苹果品质的高光效要求与目前我国苹果栽培所导致的弱光环境之间矛盾的日益加剧，已经成为苹果产业发展中亟待解决的问题（王金政 等，2010）。而良好的树形可以改善树冠内的通风透光，促进

叶片周围与其附近大气的CO_2交换，从而增强光合作用（Tustin et al.，1988）。目前生产上普遍存在树体结构过密、定干过低、主枝过多、侧枝密闭、枝量增大，通风透光不良，树体生长变弱，产量下降等严重问题。因此，通过苹果不同树形的树体结构和光能利用率的研究，选取一种适宜苹果栽培的优质高产高光效树形，改善现有果园郁闭、品质低的现状，对于提高苹果栽培的效益、实现苹果产业的高效可持续发展具有重要的指导意义。

（一）苹果不同树体结构及栽培条件对光能利用效率的影响

1.苹果不同树体结构对光能利用效率的影响

我国苹果自规模化栽培以来，树形在不断发展，从自然圆头形、疏散分层形，到自由纺锤形、细长纺锤形和开心形（张显川 等，1999），发展趋势是向通风透光更为合理的树形演变。前人对以上树形树冠光照分布情况、树冠不同部位叶片光合特性和果实品质的差异等作了较为系统的研究评价。同时为解决乔化密植园树冠郁闭、产量低、品质差等问题，提出了改形的措施，并对改形的效果作了相应的研究（张显川 等，2007）。

生产上采用丰富多样的措施以优化苹果果园光照情况。对于整体果园的栽植密度、行向、采用单行还是多行栽植都会影响果园的光照。Robinson等（2012）认为，现在密植果园的适宜密度应介于每公顷2500～3300株，在此范围内果园的净收益可达到最大。南北行向的栽植也为广大果园所采用，不仅保证太阳辐射在各行最大化分布，还降低了每行植株对其他行的遮蔽。对于单棵果树，人们采用各种园艺措施，如整形、修剪、拉枝、铺设反光膜等以提高树体光截获能力。通过对不同品种、不同树形苹果树体连续年份树体光截获及产量的比较后，研究者认为，树体采取重修剪的整形措施对树体产量只有很小的影响（Robinson，1996）。Tustin等（1988）认为，对于成龄的果树而言，栽培方式已经确定，在栽培管理模式相同的情况下，树形成了影响光能利用的重要因素。

高照全等（2012）对我国苹果生产中4种主要树形（小冠疏层形、疏散分层形、自由纺锤形、开心形）的光合有效辐射分布做了详细比较，认为开心形树冠光辐射分布优于其他树形。董然然等（2013）则对矮化自根砧幼年富士苹果的不同树形的光照辐射能力做了比较，认为高纺锤形产量高，而"V"形和"Y"形品质好。太阳光照分布通过冠层的时候会不断削减，同时冠层还会受到冠层外部光线、内部光线、下部光线对冠层的侧向散射、外向散射、垂直反射。

一般光照充足时，树体形成短枝较多，枝条健壮；光照不足时，枝条表现出"徒长"现象。对于苹果树来说，长枝比例过多（>20%）则表明树势偏旺，会影响果树结果。只有短果枝比例较高时，产量和果实品质皆好。通过对乔砧密闭园不同改造方式对冠层垂直透射光照度、外散射光照度、内散射光照度和反射光照度以及叶片质量、果实质量的影响进行了分析研究。研究显示果园的栽植模式及树体的树形、修剪方式等影响树体的光截获，而对于某一给定的品种，其内在的树体分枝方式、枝条结构以及不同类型砧木的嫁接都会影响树体光截获。

通过对红富士苹果树不同树形进行研究发现：垂帘形枝组量为每公顷76.4万条，中长枝比例为34.5%，短枝比例为51.6%，透光率0.225，叶面积指数1.519，相对光强和净光合速率最大。纺锤形枝组量最小，为每公顷54.6万条，短枝比例52.68%，透光率最大，叶面积指数最小，相对光强和净光合速率与垂帘形相差不大。而改良纺锤形的枝量最多、冠幅最大，透光率低，造成直射光透过系数小，冠层下辐射值最小，不利于对光能的充分利用，净光合速率和相对光强最小。

通过探索适宜苹果矮砧现代栽培模式果园的树形，对高纺锤形、细长纺锤形、改良纺锤形和小冠疏层形4种树形对矮化中间砧苹果树树体发育、果园结构、枝类组成进行调查，并对其光合能力和果实品质进行测定和分析。结果表明，高纺锤形结构最优，具有相对较低的干周、冠幅和果园覆盖率，以及相对较高的树高和冠内透光率，其园通风透光条件最好，同时中短枝比率最为适宜，使果树较其他树形拥有较强的光合能力，也因此其单位面积产量、着色指数、光洁指数、果型指数和果肉硬度均较高；其次为细长纺锤形，各项指标均优于改良纺锤形和小冠疏层形，同时其果实具有4种树形中最高的可溶性固形物含量。综上所述，矮砧密植苹果园选择高纺锤形，其次是细长纺锤形。

苹果树形决定冠层的形状，而冠层的形状决定冠层的枝量和树冠的通风透光，所以良好的树形是优质果实生产的基础。通过试验发现，虽然垂帘形的相对光强和光能利用率最大，但是，其枝组比例不合理，中长枝比例较大，短枝比例较小，叶面积指数较小。苹果树叶面积指数最大不超过5，理想指数为2～3。由于垂帘形枝条下垂，容易生长背上的直立长枝，所以，在修剪过程中要及时去掉或让其下垂，增加短枝的比例，适当增加总枝量，使叶面积指数更加合理。纺锤形的枝组量最小，短枝比例较小，其相对光强和净光合速率与垂帘形相差不多，应多注重枝组的培养，提高枝组量和叶面积指数。改良纺锤形枝组量最大，光的截留量大，透光率、冠层下辐射最小，相对光强和净光合速率最小，说明树冠内枝组过密，枝叶互相遮荫，通风透光不良，不利于光能的利用。因此，在管理过程中，应着重对枝条进行修剪，去掉一些过密的枝组，营造良好的通风透光环境，增加光能的利用。

树形对光能利用的影响，关键在于树形的枝组量与枝类组成结构。合理的枝组量和枝组分配明显有利于光能的利用。树形的不同决定于主枝的开张角度和分层，树体开张的树形，树冠内光照充足，通风良好，互不遮荫。因此，采用栽培技术措施来改变树体结构，改善树冠内光分布状况，可有效提高光能利用率，从而提高果树产量。

2.苹果不同栽培条件对光能利用效率的影响

栽培苹果树，不仅需要技术条件，也要从具体栽培环境和条件出发，因地制宜，根据栽培苹果树所需的土壤条件和气候条件，制定栽培方案。选择有利的栽培条件对于提高苹果果树光能利用效率具有重要的意义。

苹果树适合在干燥的气候中种植，且在充足的光照下，植株光合能力较强，光能利用率较高，果树能够生长得更加茂盛，结出的果实也更加香甜可口。如果当地环境多为阴雨天气，会导致苹果光合能力下降，果实甜度降低，口感较差。

苹果树具有较强的适应性，在较为贫瘠的土壤中也能很好地生长，和其他的果树相比，苹果树对土壤要求不高。但是土壤条件不同，也会对果树的生长状态产生一定影响，土壤肥沃，就能够长出树势健壮、光能利用率较高的果树；土壤条件一般时，就需要通过施肥对果树进行营养补充。土壤条件的肥沃程度会在很大程度上影响苹果树体长势和苹果的产量和质量，为了使得苹果树生长状态良好，果农需要选择土壤中营养物质含量高的地区种植。在选取合适的栽培地后，也要保证良好的光照和温度条件。比如吐鲁番地区具有早晚温差大、白天光照充足的气候特点，非常适合种植苹果，且产出的苹果糖分高，果个大。因此，在实际选择种植环境时，光照、温差、土壤都是需要重点考虑的环境参数，只有在适宜的环境中种植出来的苹果，才能更加优质、富有营养。

针对苹果树所处的不同环境条件及生长期，应适当进行肥水管理，若种植地土壤贫瘠，应当增加施肥量，保证果树生长所需的营养。苹果树的寿命较长，为了使果树更好地生长，在幼树期就需要补充一定的营养，可以施加氮肥，促进根系生长。在结果期，要想提高果实甜度，需要施加一些钾肥，以提高果实的含糖量。在苹果的整个生命周期中，磷肥的使用时间较长，可以结合氮肥、钾肥来施加。肥料施加的频率和用量需要结合果树的实际生长状况和气候条件确定，比如在秋季需要施加有机肥，补充微量元素，不仅可以改善果实品质，还也可以健壮树体。在提倡绿色有机食品的时代，市场对于水果的要求越来越高，人们不再仅仅考虑水果的味道，也开始关注其含有的营养价值。对于我国的一些贫瘠土地，会出现难以满足果树生长所需营养的情况，而增施有机肥是一个很好的营养补充途径，同时还可以改善土壤理化性质。因此，苹果树在采收后，也要根据其树龄补加一定量的有机肥，充分保证果树的营养需求。需要注意的是，施肥也有一定的技巧，施肥位置也是需要考虑的问题，比如磷肥的施加位置要深一点，氮肥要浅一点。同时，要根据果树不同的生长状况，调整施肥的种类。对于生长状况良好的果树，不建议施加太多肥料，防止其营养过剩，造成营养失衡，树体徒长。在果树发芽期，要注重浇水，并辅以氮肥来补充营养。在果树开花阶段，需要施加磷肥，促进开花，提高着果率。总之，合理进行肥水管理是提高苹果光能利用效率、树势、产量和品质的关键环节。

（二）苹果不同树体结构及栽培条件对果实品质的影响

果实品质不但影响其营养价值及口感，而且也影响其价格及果园收入。我国是世界第一大苹果生产国，提高果实品质是生产中面临的突出问题。苹果品质由外观品质和内在品质构成。外观品质包括果实色泽、果形和大小等，内在品质包括糖酸含量、果实硬度和香气成分等（聂继云 等，2012）。影响苹果品质形成的因素有很多，主要可分为3方面：一是遗传因素，这与果树种质基因有关，栽培措施几乎不可能改变果树的遗传性状，主要靠优良品种选育；二是气候条件，如温度、日照时长、降水等，不可人为控制；三是栽培技术措施，如树形、肥水管理、果实套袋技术、铺反光膜、摘叶转果、适时采收等。每一种品质都是由多种因素相互作用、共同影响的。

苹果树冠不同部位采样对果品品质的影响不同，杜社妮等（2012）研究发现，苹果树冠不同部位的果形指数、着色指数、光洁指数、果皮花青苷含量、硬度、可溶性固形物、可溶性糖、VC含量均为树冠上部的较高，下部的较低，外围的较高，内膛的较低；单果质量、果锈指数、果皮叶绿素含量、可滴定酸含量为树冠上部的较低，下部的较高，外围的较低，内膛的较高；相同高度的树冠外围东、南、西、北侧的果实品质之间无显著差异。树冠外围中部、下部的果实品质平均值接近于树冠不同部位品质的平均值。树冠外围中下部可作为分析苹果品质的采样部位。

果树干物质积累及产量与其光截获量正相关，光截获量的增加可直接促进光合能力的提升，促进树体生长。现代果园种植将矮化砧木、多分枝苗木与密植栽培结合，可以使树体在栽植的第三年底或第四年底形成一定的树冠，有些果园采用超级纺锤形，甚至可在栽植第一年底即可形成一定的树冠，从而保证果园的光截获量并早产。然而，并不是树冠越密集、栽植密度越大越好。因为，果实产量及品质的形成需要挂果部位有一定量的光辐射，保证果实最近的源可以提供足够的同化物并保证果实的初次级代谢有利于果实品质的形成。而且，短枝作为果实早期生长的主要同化物来源，冠层内果实数量及质量与短枝光截获正相关（Wunsche、Lakso，2000）。同时，花芽的分化需要一定的光照辐射，至少达到光照强度的30%，与光合相关的叶片质量的形成也需要一定的光辐射的积累，如单位叶片面积的氮含量（Cheng et al.，2000）。而冠层内部的遮荫会使果个变小，着色变差，糖含量降低，来年花芽数量降低等。所以，冠层内部良好的光照情况应是冠层光截获总量、光辐射分布及光辐射在不同类型枝梢间的分配三方面的平衡。

果树的产量主要依赖于树冠的光能利用效率，而果实品质主要与光照在树冠内的分布相关，取决于树冠内叶片的光能利用情况。研究不同树形结构光能利用效率的分布和差异，改善树冠光能利用效率，对于提高果树产量和品质都具有非常重要的意义。高照全等（2013）以长枝富士苹果树为材料，树形分4个处理：小冠疏层形、疏散分层形、自然纺锤形、开心形。建模分析发现，一般树冠下层和内膛光能利用效率高，这是因为叶片光能利用效率在辐射400 μmol · m^{-2} · s^{-1}左右时达到最大。小冠疏层形和纺锤形由于上层叶过密，即使在高辐射条件下最下层。辐射也达不到400 μmol · m^{-2} · s^{-1}，所以最下层的光能利用效率比较低。就整个树冠来说，其总的光能利用效率主要取决于叶面积多少和树冠对光能的截获。在高辐射条件下（1500 μmol · m^{-2} · s^{-1}），4种树形的光能利用效率分别为：小冠疏层形0.0186 μmol · m^{-2} · s^{-1}、疏散分层形0.0199 μmol · m^{-2} · s^{-1}、纺锤形0.0187 μmol · m^{-2} · s^{-1}、开心形0.0150 μmol · m^{-2} · s^{-1}。研究显示，该模型可模拟出不同苹果树形三维树冠光能利用效率的三维分布和日变化；4种苹果树形中开心形叶片光能利用效率最高，有利于提高果实品质；而其他3种树形的树冠光能利用效率总量大，有利于提高果实产量。开心形苹果树由于树冠整体光能利用效率较低，所以果实产量受到一定限制，调查发现，在我国一般水肥条件下开心形苹果园产量控制在30～37.5 t · hm^{-2}较为适当。

1.苹果不同树体结构及栽培条件对果实着色的影响

苹果树冠外围上部、中部的果实着色指数基本一致，无显著差异。树冠外围下部着色指数显著低于树冠上部，内膛则极显著低于外围。树冠外围下部的光洁指数极显著低于中部及上部，但显著高于内膛上部，极显著高于内膛下部。树冠外围下部和内膛的果实着色指数较低，主要是树冠外围上部、中部的光照、通风良好，空气相对湿度低，为果实着色提供了良好环境；树冠外围下部株间、行间枝叶交叉，树冠内膛则光照、通风不良，因而果实着色指数较差（杜社妮 等，2012）。

苹果的不同树体结构影响树冠内的光照和温度，而光照和温度可诱导花青素的形成从而影响果实着色。在果实着色期内，光照达到全日照的70%以上时，苹果着色良好。光照为全日照的40%～70%时，果皮有一定着色。光照低于全日照的40%以上时，苹果不着色（周纯 等，2002）。低温促进花青苷形成，而高温则抑制花青苷形成。冷凉干燥的气候条件有利于果实着色，且着色期温差大于10 ℃时果皮着色较好。因此，在果实着色前期，可通过清理树盘内杂草、铺设反光膜，以改善树冠内和冠下的光照条件，提高下垂果的着色面积（贾少武，2007）。矿质营养和糖分积累是花青苷形成的物质基础，是影响果实着色的关键因素。若糖分积累过少则不利于红色发育。氮素过多不利于着色，因为氮素可促进枝叶繁茂、降低碳水化合物的积累。钾可促进果实着色，缺铁果实着色不良。因此，科学合理施肥、适时灌水，提高树体营养水平和碳水化合物积累，可促进果实着色。采用套袋技术能明显改善果实着色，同时使果面细嫩光洁、着色鲜艳。生产实践中应综合考虑各种因素，运用多种技术措施，如采前对果园喷水降温、适当推迟采收期等，以利于果实着色。

2.苹果不同树体结构及栽培条件对果形指数的影响

果形指数（L/D）是衡量果实外观品质的主要指标之一。果形指数在0.8～0.9的苹果为圆形或近圆形；在0.6～0.8之间的苹果为扁圆形，果形指数在0.9～1.0的苹果近椭圆形；而大于1.0的苹果为长圆形（杨刚 等，2001）。

乔化栽培的富士苹果，从树冠外围上部到下部，果形指数逐渐变小，且上部显著高于下部，但同一高度树冠外围东、南、西、北侧的果形指数基本一致，无显著差异。树冠内膛上、下部位的果形指数相同，无显著差异。树冠外围的果形指数显著或极显著高于树冠内膛。树冠外围中、下部的果形指数平均值与树冠不同部位的平均值相同。

影响果形指数的关键因素是果实内源激素含量及分布。人工授粉、调整果实着生状态、外施生长调节剂可改善果实内源激素含量和分布。在果实细胞分裂旺盛期，人工授粉的果实果肉IAA、ZT、GA$_3$含量显著高于自然授粉，可使果肉细胞加速膨大（杜研 等，2013）。人工授粉通过影响果实内激素含量而使果实偏斜率降低、果形指数提高。调整果实着生状态，可在留果时多留下垂果，少留斜生果，调整和利用中长结果枝结果，使果实呈自然下垂状，可促进内源激素的均衡分布和提高果形指数。外施生长调节剂，如在花期喷施果形素水剂，能显著提高苹果的果形指数。喷施方法：重点喷花托，浓度600倍最佳，喷施2次优于1次，2次间隔7～10 d（杨刚 等，2001）。

影响果形指数的主要环境因素是水肥条件和温度。果形指数的提高主要靠促进纵径的生长，而纵径的生长主要在细胞分裂阶段。充足的树体营养和适当的低温能促进细胞分裂。因此加强水肥管理、提高树体营养可明显提高果形指数。果实生长成熟期6～9月及品质形成期9～10月的平均最低气温影响细胞分裂和纵径生长,对苹果果形的形成影响很大。苹果果形指数最大时，6～9月平均最低气温为14.7 ℃，9月平均最低气温为10.4 ℃（朱琳 等，2001）。

3.苹果不同树体结构及栽培条件对苹果果实大小的影响

树冠上部果实较小，下部及内膛较大，由于果实生长所需的水分、养分由根系吸收，从下部逐渐向上部及远离根系的方向运输，下部及内膛的果实可以得到相对较多的水分及养分（李明霞 等，2010）。

肥水管理、光照、降水、温度、果树负载量等栽培条件，可影响树体营养和碳水化合物积累，从而影响果实大小。科学施肥、提高树体营养水平是果树结大果的营养基础。配方施肥、多施有机肥、适时适量施用氮肥、增施磷钾肥等科学施肥方法可提高树势，增加树体营养积累。

影响果实大小的环境因素是降水、光照、温度。缺水影响果实的增大和产量的增加，合适的降水有利于果实细胞中液胞容积的增大，从而增加果重。光照通过影响果树光合作用而影响碳水化合物的积累。苹果在一定温度、光照、降水和肥水管理条件下，单果重的增长与1~9月日照时数呈正相关（周纯 等，2002）。夜间低温可减少呼吸作用对碳水化合物的消耗，白天高温有利于光合作用积累，因此较大的昼夜温差可促进碳水化合物的积累从而利于结大果。

果树负载量对果实单果重影响很大。负载量过大，果实的单果重、着色率降低，果实品质下降，树体衰弱，病害严重。负载量低则产量偏低，影响经济效益。为保证苹果品质和产量，疏花疏果时要确定合适的负载量，负载量的确定因品种特性、果园立地条件、树体发育水平而异。依照负载量标准，果台间距控制在20~25 cm。疏果时多留花序中心果，尽量留单果，疏除梢头果、弱枝果、小果病果、畸形果。

4.苹果不同树体结构及栽培条件对苹果糖、酸含量的影响

树冠不同部位果实的可溶性固形物、可溶性糖均随树冠高度的降低而降低，且外围高于内膛，但不同部位之间无显著差异。树冠外围中、下部的可溶性固形物平均值与树冠不同部位的平均值相同。树冠外围中、下部的可溶性糖平均值接近于树冠不同部位的平均值。树冠外围上部、中部不同方向的果实可滴定酸相同，无显著差异，树冠外围下部果实的可滴定酸显著高于树冠外围中部和上部，而内膛的显著高于树冠外围下部，极显著高于树冠外围中部和上部。树冠外围中、下部的可滴定酸含量与不同部位的平均值相同（杜社妮等，2012）。

苹果中糖、酸含量也与气温、日照等环境因素以及栽培管理措施密不可分。苹果糖分的积累在成熟前1个月左右，总糖含量取决于8~9月平均最高气温和年降水量。在30 ℃以内，果实中糖含量随着温度的升高而线性增加。在黄土高原地区，影响苹果糖含量的最佳年降水量应在500 mm左右（朱琳 等，2001）。影响果实可滴定酸含量的直接因素是气温。同一品种在高温条件下成熟时，其果实的含糖量高而含酸量低，反之则含糖量低而含酸量高。可溶性固形物含量是衡量苹果风味品质和成熟度的重要指标，包括糖、酸、维生素、矿质元素等，但主要是可溶性糖类。影响苹果中可溶性固形物含量的主要环境因素是9~10月降水量（周纯 等，2002）。9~10月降水量多、光照不足，则会使果实着色不良、糖分减少。覆盖反光膜可明显提高可溶性固形物在果实中的含量，并改良苹果风味和

改善果实着色。套袋可使果实可溶性固形物降低。

5.苹果不同树体结构及栽培条件对苹果果实硬度的影响

果实在果树的位置以及矿质营养条件都对苹果果实硬度有影响。生长在冠外的果实比冠内的果实硬度高、着色好。在树冠外围，果实硬度随着树冠高度的降低而降低，树冠上部、中部、下部之间存在显著差异，且上部极显著高于下部。树冠外围下部的果实硬度显著高于树冠内膛，树冠外围中部、上部的极显著高于内膛。同一高度树冠外围东、南、西、北侧的果实硬度无显著差异，树冠内膛上、下部的果实硬度无显著差异。树冠外围中、下部的果实硬度平均值接近于树冠不同部位的平均值。钙、钾具有增加果肉细胞壁强度，提高果实硬脆度的作用；锰、锌具有促进果实软化的作用；铜具有提高果实韧性的作用。但是单一矿质元素含量不能作为影响果实品质的指标，因此在生产实践中应综合考虑各种影响因素，改善果实硬度和口感。

三、柑橘不同树体结构对光能利用效率及果实品质的影响

我国是柑橘类果树的重要原产地和主产地，柑橘品种多、适应性广、抗逆性强，已成为我国是栽培面积最大的水果。伴随我国柑橘产业的发展，中国柑橘研究在近20年进入了一个全面快速发展阶段，种植方式从传统模式朝着省力高效方向发展，从密植到适度稀植，从强调修剪到适度修剪再到简化修剪和机械修剪，肥水管理正向肥水一体化、智能化管理方向发展（邓秀新 等，2018）。

柑橘品种繁多，生长发育特性差异大，在生产上需结合柑橘不同品种、为其设置不同的种植株行距。传统柑橘种植多采用较大的株行距栽培模式，如脐橙及蜜柑早熟品种的株行距为3 m×4.0（或4.5）m，柚类、蜜柑中熟品种、椪柑等的株行距为3 m×5 m。也有采取2 m×3 m的栽植密度，待结果5～6年，间移（或间伐）株间1株，变栽植密度为3 m×4 m。

柑橘种植地多属于丘陵山地，栽培管理难度大，成本投入高，成为制约柑橘产业发展的因素之一。随着农村劳动力的缺失和人工劳动成本的增加，发展新型省力化栽培模式成为必然趋势；因地制宜地将省力化栽培模式应用于柑橘生产，是突破这一瓶颈的有效途径（俞晓曲，2012）。如采取宽行密株方式，可以保证柑橘园获取充足光照，在减少柑橘病虫数量的同时可提高柑橘产量及质量，实现节本增效（唐丽娟，2021）。不同的树体结构及栽培模式决定了柑橘对光照和土壤水肥资源的利用效率，进而必然对果实产量和质量有至关重要的影响。因此，开展不同的栽培模式对柑橘光照、水肥资源的利用效率的影响，探讨不同栽培模式下的果实产量和品质形成的生理基础，为解决柑橘生产中的栽培管理制约因素提供理论基础，对柑橘生产实践中省力化栽培模式的推广应用具有重要意义。

（一）柑橘树体结构特征及主要栽培树形

柑橘的树体结构主要由树干、主枝、副主枝、侧枝、枝组成。主干是自地面根颈以上到第一主枝分枝点的部分，主干的高度称为干高。主干越矮，树冠形成越快；主干越高，树冠易高大，投产则较晚。主枝是指在中心主干上选育配备的大枝，从下向上依次排列，分别称第一主枝、第二主枝等，是树冠形成的主要骨架枝。副主枝则是指在主枝上的大枝，每个主枝上可以配置0~4个侧枝，也是树冠的骨架枝。侧枝是指着生在副主枝上的大枝或主枝上暂时留用的大枝。侧枝起着支撑枝组和叶片、花果的作用，形成树冠绿叶层的骨架枝。枝组是指着生在骨干枝或骨架枝上，包含营养枝和结果枝的结构单元，是树冠绿叶层的组成部分。

柑橘生产中常见的树形有：自然圆头形、自然开心形、塔形、矮干多主枝形，近年来也出现了单干圆柱树形等。不同树形的树体结构特征存在差异，其树体的光照和光合特征也不尽相同。

（1）自然圆头形

自然圆头形适应柑橘果树自然生长习性，是较容易培育的一种树形。树体无明显中心骨干，依其原来的自然特性为主，修剪轻，易于培育树冠骨架枝，形成树冠快速且丰满，果实丰产早产。但该树形变庞大后，树冠内部光照不良，叶面积变小，绿叶层变薄，易出现大小年结果和过早衰退现象；同时果实相关品质在不同部位差异较大（Alam et al.，2022）。

（2）自然开心形

一般由杯状形改进而来，符合柑橘丛生习性，骨干枝少，多斜生向上生长，从属分明，生长势较强，只形成一层绿叶层，树冠表面多凹凸，阳光能深透树冠内部。自然开心形的整形修剪量少，成形快。全树叶片多，进入结果期早，果实发育好，品质优。丰产后，修剪量也较小。但自然开心形的树冠内外直射光强，容易造成枝、干和果实日灼。

（3）塔形

塔形树形的中心主枝明显，适用于生长势强旺或由种子培育而成的实生树。沿中心主枝上分3~4层，排列7~9个主枝，形成下大上小的塔形。塔形树体高大，丰满，骨架多而牢固，负荷力强，绿叶层厚，适于稀植栽培，通风透光好，后期可保持较高的产量。但该树形造型较困难，需时较长，树冠高大，不便于管理，投产较晚，前期产量低，因此目前生产上应用不多。

（4）矮干多主枝形

主要体现主干矮、主枝及副主枝较多，直立或斜生呈放射状生长，副主枝、侧枝长势较弱，树形紧凑直立，适用于密植栽培，早实丰产。该树形需要控制主枝数量、不宜太多，以免树冠内部拥挤荫蔽而不结果。

（5）单干形

单干形树体中心主干明显，主干上下形成不同的树冠层，侧枝分布均匀，透光条件好（图 2-24 右）。培养单干形树体结构有利于构建篱壁式栽培模式，适于轻简化栽培（图2-24 左）。

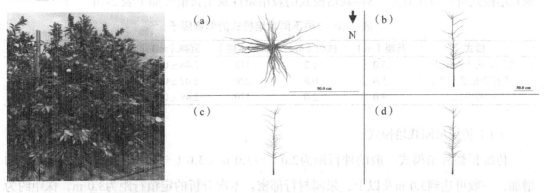

图 2-24　单干形纽荷尔脐橙（左）及其骨干结构模型（右）（柳东海拍摄或绘制）

单干形树干树体结构特征见表 2-9，4个冠层各个方向主枝分布均匀，主枝数量在不同冠层及不同方向上均没有显著差异；4个冠层各个方向的主枝长度和主枝的角度均基本一致，没有显著差异；4个冠层各个方向的主枝粗度有一定差异，其中第三和第四冠层的东西方向主枝粗度相对较高。

表2-9　单干形纽荷尔脐橙树体结构特性

冠层（m）		第一冠层 （0.65～1.15）	第二冠层 （1.15～1.65）	第三冠层 （1.65～2.15）	第四冠层 （2.15～2.65）
主枝长度 （cm）	东	41.53 ± 6.52a	22.40 ± 3.49a	43.25 ± 7.99a	45.83 ± 7.14a
	西	32.78 ± 5.58a	22.56 ± 4.00a	44.33 ± 12.33a	44.40 ± 7.22a
	南	36.50 ± 8.28a	27.33 ± 7.03a	27.44 ± 6.95a	42.17 ± 4.93a
	北	32.82 ± 5.31a	35.50 ± 5.50a	40.91 ± 6.91a	46.75 ± 5.72a
主枝数量 （根）	东	3.75 ± 0.63a	2.50 ± 0.29a	2.00 ± 0.71a	1.50 ± 0.65a
	西	4.50 ± 1.26a	4.00 ± 0.92a	0.75 ± 0.48a	1.25 ± 0.75a
	南	3.00 ± 0.71a	3.00 ± 0.41a	2.00 ± 0.41a	1.50 ± 0.29a
	北	3.50 ± 1.32a	3.50 ± 1.19a	2.75 ± 1.18a	1.00 ± 0.41a
主枝粗度 （cm）	东	0.67 ± 0.08ab	0.46 ± 0.06a	0.81 ± 0.14b	0.87 ± 0.07b
	西	0.64 ± 0.12ab	0.41 ± 0.07a	1.10 ± 0.15b	0.76 ± 0.12ab
	南	0.52 ± 0.10a	0.48 ± 0.11a	0.64 ± 0.09a	0.68 ± 0.06a
	北	0.58 ± 0.09a	0.58 ± 0.09a	0.79 ± 0.12a	0.83 ± 0.14a
主枝角度 （°）	东	56.67 ± 3.71a	52.50 ± 2.50a	50.63 ± 2.75a	49.17 ± 6.88a
	西	56.11 ± 2.04a	49.69 ± 2.64a	55.00 ± 5.00a	44.00 ± 1.00a
	南	55.83 ± 4.52a	50.83 ± 3.47a	39.38 ± 3.95a	40.00 ± 5.00a
	北	57.14 ± 3.09a	51.43 ± 2.59a	55.00 ± 2.43a	50.00 ± 7.91a

（二）柑橘不同栽培模式对光能利用效率的影响

1.柑橘不同栽培管理模式的生长结果情况

为了探索柑橘轻简型栽培模式的生长特点和光合利用效率，开展了基于小冠树形的宽行窄株栽培模式（图2-25 a）、基于单干树形的宽行窄株篱壁式栽培模式（图2-25 b）与传统栽培模式进行对比研究。3种栽培模式的栽培条件及生长情况如下表 2-10。

表 2-10　3种不同栽培模式的调查因子

模式	行距（m）	株距（m）	株数（棵）	冠幅（m）	树高（m）	基径（cm）
宽行窄株小冠模式	5.0	1.2	110	2.46 ± 0.35	2.40 ± 0.34	5.54 ± 0.56
宽行窄株篱壁式	5.0	0.6	220	2.07 ± 0.33	2.91 ± 0.21	4.19 ± 0.63
一般模式	3.0	2.0	110	2.49 ± 0.44	2.08 ± 0.41	5.86 ± 0.96

（1）传统果园栽培模式

传统柑橘种植模式一般的株行距为2.0（～3.0 m×3.0（～4.0）m，树冠随着树龄的增加，一般可达到3.0 m及以上，果园封行郁密。本次分析的定植行距为3.0 m，株距约为2.0 m，每667 m²定植株数110株左右，树龄4年。多自然圆头形树体结构，测定时的冠幅为（2.49 ± 0.44）m，树高2.08 ± 0.41 m和主干基径（5.86 ± 0.96）cm。

（2）宽行窄株小冠栽培模式

宽行窄株栽培模式在苹果等果园有比较多的经验，该模式在柑橘中目前应用较少。柑橘宽行窄株采用大行距、小株距栽培（如行宽5.0 m、株距为0.6～1.5 m），保证有足够的行距行驶机械，株间相连以方便机械打药。本次分析的定植株距为1.2 m、行距为5.0 m，每亩定植110株左右。测定时的冠幅为2.46 ± 0.35 m，树高（2.40 ± 0.34）m和主干基径（5.54 ± 0.56）cm。

a 宽行窄株小冠形　　　　　　　　　　　　b 宽行窄株篱壁形

图 2-25　宽行窄株两种树形种植模式（刘永忠摄）

（3）宽行窄株篱壁式栽培模式

宽行窄株篱壁式栽培时参照落叶果树的细纺锤形栽培模式对柑橘栽培模式的创新，定植行距较大，为4.5～5.0 m，株距较小，为0.6～1.2 m。本次分析的定植株距为0.6 m，行距为5.0 m，每亩定植株数220株左右。测定时的冠幅为2.07±0.33 m，树高为（2.91±0.21）m，主干基径为（4.19±0.63）cm（图2-25 b）。

篱壁式栽培模式的柑橘为单干树形，第一年培养主干2.5 m，不留分枝。第二年分层培养副主枝3到8层，每层分枝3至5个，结果母枝若干个，第三年开始挂果。

2.不同栽培模式的叶面积指数及叶片分布特征

（1）不同栽培模式的叶面积指数

利用Mazzini 等（2010）方法测定了三种栽培模式下柑橘的LAI表明：篱壁式单株柑橘树的有效LAI为4.41，显著大于小冠模式（3.37）和一般栽培模式（3.63）（$p<0.05$）；小冠模式和一般模式间没有显著差异。

（2）不同栽培模式的叶片分布特征

采用激光雷达扫描法，研究3种不同栽培模式下的柑橘叶片在树体上的分布差异，结果表明，小冠模式和篱壁式的叶片点云密度高于一般传统模式；对树体不同高度的对比发现，三种模式在10个高度上的点云密度均存在极显著差异（$p<0.001$）；小冠模式和篱壁模式在较高的高度切片（5～9）的点云密度均明显高于一般传统模式，表明在该范围内的叶片分布密度较高；而在高度切片（1～4），小冠模式和篱壁模式的点云密度均低于一般传统模式。

3.不同栽培模式的光合效率

宽行窄株小冠和传统模式的树冠上层、中层和下层的叶片Pn（$\mu mol\ CO_2\ m^{-2}s^{-1}$）均差异显著，均表现为上层>中层>下层（图 2-26）。篱壁模式的上层与中层叶片净光合速率Pn差异不显著，中层与下层差异不显著，但上层净光合速率明显大于下层。宽行窄株小冠和传统模式的上层、中层和下层的叶片Ci（$mol\ H_2O\ m^{-2}s^{-1}$）和叶片蒸腾速率（$\mu mol\ H_2O\ m^{-2}s^{-1}$）均有显著差异，上层>中层>下层。篱壁模式的气孔导度和叶片蒸腾速率上层与中层差异不显著，与下层差异显著。对比3种栽培模式不同冠层的光合特征发现，上层、中层和下层叶片净光合速率差异显著。篱壁式叶片Pn显著大于宽行窄株模式和传统模式，宽行窄株模式和传统模式间没有显著差异；3种栽培模式的气孔导度差异显著，上层和下层均表现为：篱壁式>传统模式>宽行窄株式，中层则为传统模式最大。上层与中层叶片的蒸腾速率表现为：传统模式>篱壁式>宽行窄株模式；下层叶片蒸腾速率则表现为宽行窄株模式最低。

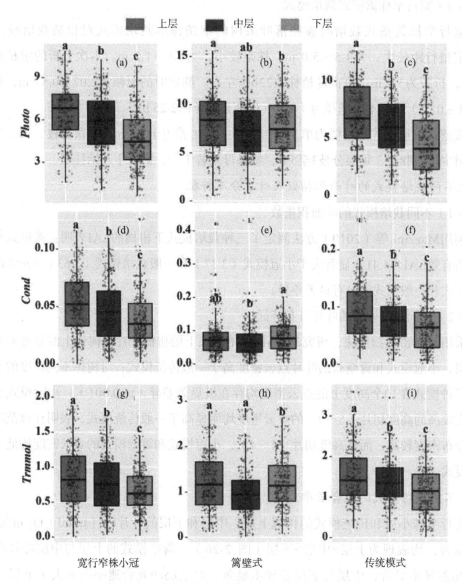

图2-26 不同栽培模式光合作用参数（周靖靖，2022）

4.不同栽培模式的树体养分分配

（1）不同栽培模式的柑橘叶片氮素空间特征变化

3种栽培模式下，宽行窄株模式和篱壁式的树冠上层和中层的叶片氮素含量均没有显著差异，但3种模式上层和中层叶片氮素含量均显著高于下层叶片。各个栽培模式叶片氮含量分布情况表明，宽行窄株模式的上层叶片氮含量与中下层叶片氮含量差异显著；篱壁式和传统模式下，树冠各个层次间氮含量差异不显著（图2-27）。

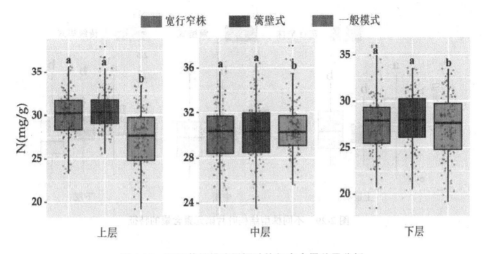

图 2-27　不同栽培模式柑橘叶片氮素含量差异分析

（2）不同株型结构下叶片氮素光合利用率差异

篱壁式和一般模式下，树冠上层和中层叶片的氮素光合利用率明显大于宽行窄株模式；篱壁模式下，下层叶片氮素光合利用率明显大于宽行窄株模式和一般模式（图 2-28）。

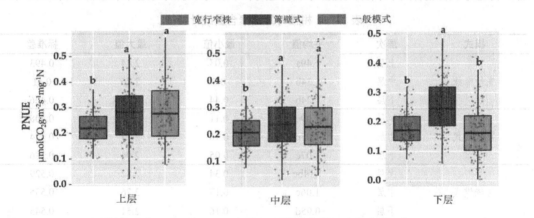

图 2-28　不同模式下树冠上层、中层和下层氮素光合利用率

不同模式下，上层、中层和下层氮素光合利用率不同；宽行窄株模式的上层和中层显著大于下层；篱壁式则表现为上层最高、中层稍低；一般模式下，上层、中层、下层树冠氮素光合利用效率均有显著差异。这表明篱壁模式树冠上层、中层、下层的叶片氮素光合利用效率差异最小，分布较均匀，一般传统模式各层次差异最显著。

（3）不同株型结构柑橘叶片磷素空间特征变化

树冠上层、中层和下层三个层次柑橘叶片磷素含量在不同模式之间差异显著，均表现为宽行窄株模式显著大于篱壁式和传统模型，篱壁式和传统模式之间没有显著性差异（图 2-29）。

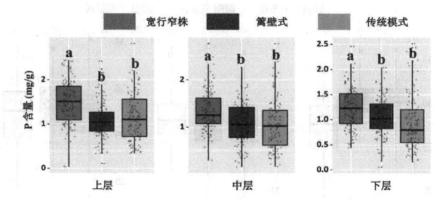

图 2-29　不同株型结构叶片磷元素含量的特征

不同模式下，树冠不同层次结构对磷素含量影响不同；宽行窄株模式下，上层叶片磷素含量明显大于中层和下层，中层和下层中间没有显著差异；篱壁模式下，柑橘三个层次叶片磷素差异不显著；传统模式下栽培的柑橘叶片磷素含量在上、中、下三个层次之间的差异显著，表现为上层显著大于下层，上层与中层之间、中层与下层间均差异不显著（表 2-11）。

表 2-11　柑橘叶片磷素含量统计特征

模式	层次	平均值	最小值	最大值	标准差
宽行窄株	上层	1.49a	0.03	2.44	0.493
	中层	1.34b	0.3	2.76	0.41
	下层	1.24b	0.44	2.46	0.406
篱壁模式	上层	1.09c	0.11	2.42	0.408
	中层	1.07c	0.16	2.27	0.424
	下层	1.07c	0.05	2.04	0.386
传统模式	上层	1.14bc	0.34	2.82	0.529
	中层	1.06c	0.17	2.76	0.535
	下层	0.95d	0.16	2.51	0.545

（三）柑橘不同树体结构及栽培模式对果实品质的影响

篱壁式栽培模式下的单干树形，其株高显著高于宽行窄株的小冠树形，而单干树形的主干直径及冠幅则低于小冠树形（表 2-12）。从枝梢和叶片特征来看，单干树形的枝梢密度显著低于小冠树形，但单干树形的树冠光照和叶片SPAD值高于小冠树形，但差异不显著。单干树形的百叶重及叶片厚度与单干树形没有显著差异（表 2-13）。

表 2-12　篱壁式单干树形的树体特征

树形	株高（cm）	主干直径（mm）	东西冠幅（cm）	南北冠幅（cm）
单干树形（篱壁式）	284.5±17.55a	29.85±3.00 b	165.00±22.73b	133±20.06a
小冠树形（宽行窄株）	231.17±21.96b	46.52a±3.85	244.67±27.95a	167.67±31.10a

表 2-13　单干树形枝梢和叶片特征

树形	枝梢密度（根/m³）	光强（Lux）	叶片SPAD值	百叶重（g）	百叶厚（mm）
单干树形	257.33±94.55 *	858.31±354.99	81.82±4.06	52.97±7.88	32.96±1.89
小冠树形	901.33±181.58	793.28±329.95	78.85±3.42	56.42±6.53	33.71±0.85

注：*表示显著性差异，后同

单干树形单株结果数量及单株产量均低于小冠树形，但其日灼果比例显著低于小冠树形（表2-14）。虽然单干树形的单株产量低与小冠树形，但因其定植密度较高，综合比较，单干树形下的篱壁式栽培模式的亩产量高于小冠树形下的宽行窄株模式。

表 2-14　与小冠树形对比单干树形果实产量

树形	单株果数（个）	果实单重（g）	单株产量（kg）	日灼果比（%）	亩产量（kg）
单干树形	47.33±6.65 *	300.90±42.61	14.24±2.01 *	12.32±6.70 *	3164.80±333.50
小冠树形	82.00±19.59	329.53±57.60	27.02±4.72	18.22±3.90	3002.38±689.49

单干树形与小冠树形果实整齐度、果形指数、果实横径和纵径等外观品质均没有显著差异，果实可食率也没有显著差异（表 2-15）。

表 2-15　单干树形果实外观品质

树形	可食率（%）	果实整齐度（GR）	横径（mm）	纵径（mm）	果形指数
单干树形	79.42±2.14	0.85±0.03	76.84±3.14	79.43±3.43	1.05±0.01
小冠树形	78.58±3.72	0.86±0.01	80.13±0.45	83.32±0.90	1.02±0.01

与小冠树形相比，篱壁式单干树形下的果实pH值、可滴定酸含量没有显著差异，但单干树形的可溶性固形物、固酸比及VC含量均显著高于小冠树形（表 2-16）。

表 2-16　单干树形果实生理特征

树形	pH值	可滴定酸（%）	可溶性固形物（%）	固酸比	VC（mg/100g）
单干树形	3.89±0.22	0.64±0.08	12.79±0.56 *	20.10±2.20 *	43.46±5.31 *
小冠树形	4.04±0.18	0.69±0.15	10.77±0.89	16.06±3.05	34.65±4.42

为了弄清单干树形果实产量和品质形成的生理基础，进一步研究了单干树形不同冠层的枝梢和叶片特征，结果发现单干树形树冠由上至下三个层次的枝梢密度呈下降趋势，但差异不显著；树冠中部光照强度、叶片SPAD值、百叶重均最低，但各个层次差异不显著；树冠中部百叶厚度显著低于上部叶片，与下部叶片差异不显著（表 2-17）。

表 2-17　单干树形各冠层枝梢和叶片特征

冠层	枝梢密度（根/m³）	光强（Lux）	叶片SPAD值	百叶重（g）	百叶厚（mm）
上	321.33±64.4	957.00±384.66	82.06±5.13	56.31±10.03	34.48±1.86 a
中	238.67±64.4	644.22±344.93	79.79±2.44	49.52±7.09	31.83±1.42 b
下	212.00±109.67	973.00±205.12	83.62±3.14	53.08±3.51	32.56±1.23 ab

比较单干树形不同冠层的果实产量发现，树冠上层和中层的果实数量显著高于下层；果实单重中层树冠较高，上层树冠较小；日灼果比例由上层至下层树冠呈下降趋势（表2-18）。

表2-18　单干树形各冠层果实产量

冠层	果实数（个）	果实单重（g）	日灼果比（%）
上	17.22±3.01a	279.42±33.15	14.1±6.22
中	20.78±3.64a	322.82±36.59	12.95±4.91
下	9.33±5.21b	300.47±45.35	9.90±7.89

比较不同树冠层次果实形态和生理特征发现，树冠上、中、下三个层次的果实可食率、整齐度及横径均没有显著差异；但中层的果实的纵径均显著高于上层，与下层差异不显著；中层的果形指数显著高于上层和下层（表2-19）。

表2-19　单干树形各冠层果实形态特征

树形	可食率（%）	果实整齐度（GR）	横径（mm）	纵径（mm）	果形指数
上	78.25±1.09	0.88±0.03	81.88±2.76	82.07±3.94b	1.00±0.03b
中	79.25±1.79	0.84±0.03	83.88±4.43	94.47±7.92a	1.13±0.10a
下	80.75±2.49	0.85±0.03	82.98±3.95	85.67±5.49ab	1.03±0.03b

单干树形各冠层果实的品质分析结果表明，果实的pH值、可滴定酸及可溶性固形物在各个树冠层次间均没有显著差异，但树冠上层的果实固酸比显著高于中层和下层，VC含量上层和中层没有显著差异，均显著高于下层（表2-20）。

表2-20　单干树形各冠层果实生理特征

树形	pH值	可滴定酸（%）	可溶性固形物（Brix）	固酸比	VC（mg/100g）
上	4.07±0.23	0.57±0.06	12.80±0.87	22.70±1.57a	48.34±0.43a
中	3.71±0.19	0.68±0.09	12.83±0.78	18.90±1.33b	45.54±1.62a
下	3.90±0.167	0.68±0.03	12.70±0.17	18.69±0.5b	36.49±2.96b

四、桃不同生长型及栽培条件对光能利用效率及果实品质的影响

（一）桃不同生长型及栽培条件对光能利用效率的影响

1.不同生长型的枝叶片生长特征

生长型是桃树重要的树体特征，是控制树体大小的遗传因素，与栽培关系密切。传统栽培生产中桃的生长型一般分为普通型、垂枝型、帚型、矮化型4种。而其受到基因调控、外界环境和人为因素的共同影响，且不同生长型桃在生长特征、枝条特性等方面

会有所不同。良好的树形有利于提高冠层的透光性，利于叶片更好地吸收光能，促进树体生长，而不同的生长型需要有对应的管理措施。PAR在夏季最大，并在中午12：00达到最高峰（1720 $\mu mol \cdot m^{-2} \cdot s^{-1}$），PAR在春季比夏季稍低，而在秋季最低，其中午后迅速下降，至18：00时仅为75 $\mu mol \cdot m^{-2} \cdot s^{-1}$。温度在夏季显著高于春季和秋季，其在8：00～12：00时呈上升趋势，12：00达到44.64 ℃，下午仍保持较高温度；春季温度变化较为平缓，并在8：00温度最低（24.24 ℃），其他时间均保持在30 ℃左右；秋季温度变化范围较大，最高峰出现在14：00（34.09 ℃），最高和最低温度之间相差11.07 ℃。CO_2浓度均表现为早晨和下午较高，而中午降低，且3个季节之间差异不大，变化范围为397.65～456.46 $\mu mol \cdot mol^{-1}$。环境湿度在秋季低于春季和夏季；其在春季变化较为平缓，但在10：00～14：00高于夏季；夏季早晨和傍晚环境湿度值较高，分别为65.19%和67.87%。

（1）不同生长型桃的叶片特性变化

在同一调查时期，同一生长型、不同枝类的叶长大小依次为"长枝>中枝>短枝"；春、夏、秋3个季节中，普通型桃长枝的叶长相对最长，矮化型桃次之，帚型桃短枝叶长相对最短，且极显著低于其他类型（$p<0.01$）；随季节变化，大部分类型枝条的叶长呈先升后降趋势，且春季的叶长大于秋季。3个季节中，普通型桃长枝的叶宽相对最大，帚型桃短枝在春、秋2季的叶宽相对最小，矮化型桃短枝在秋季的叶宽相对最小，且与帚型桃短枝的叶宽差异不显著（$p>0.05$）；普通型、垂枝型桃长枝的叶宽为春季相对最大、夏季相对最小，矮化型桃短枝的叶宽从春季到秋季依次降低，其他类型的叶宽随季节变化呈先升后降趋势（表2-21）。

表2-21　春、夏、秋3个季节不同生长型桃的叶长、叶宽比较

生长型	枝类	叶长(cm)			叶宽(cm)		
		春季	夏季	秋季	春季	夏季	秋季
普通型	长	19.03±0.40aA	19.51±0.87aA	17.41±1.30aA	4.41±0.11aA	4.30±0.21aA	4.33±0.25aA
	中	17.87±0.55bB	16.06±1.32cC	15.72±1.47bB	3.93±0.15bBC	3.93±0.29cC	3.92±0.19cB
	短	13.60±0.66dD	14.41±1.12dD	12.32±0.41dD	3.43±0.15cDE	3.55±0.18cCD	3.22±0.16eDE
垂枝型	长	16.50±0.26cC	14.16±1.14dD	14.22±0.92cC	4.27±0.06aAB	3.66±0.15dD	4.12±0.35bAB
	中	14.20±0.61dD	12.73±1.13eE	11.99±0.82deDE	3.41±0.10cDE	3.72±0.22eE	3.45±0.18dCD
	短	11.43±0.40efE	12.27±0.69eE	11.17±0.95eE	3.02±0.24dEF	3.50±0.21eE	3.20±0.24eDE
帚型	长	12.17±0.38eE	14.46±0.88dD	14.00±1.41cC	3.47±0.06cDE	4.32±0.24aA	4.13±0.19bAB
	中	11.30±0.17fE	12.09±0.94eE	11.20±1.02eE	3.43±0.21cDE	3.70±0.22cdBC	3.51±0.30dC
	短	9.47±0.29gF	10.06±0.89fF	8.78±0.52fF	2.60±0.44eF	3.43±0.24eC	3.15±0.20eE
矮化型	短	17.50±0.26bBC	17.37±0.81bB	16.15±0.86bB	3.67±0.06bcCD	3.65±0.18bB	3.09±0.28eE

植株叶片和光合作用关系密切。春、夏、秋3个季节中，普通型桃长枝的叶面积极显著大于其他类型（$p<0.01$），帚型桃短枝的叶面积相对最小；大部分类型桃枝条叶片的叶面积在夏季相对较大，除帚型桃长、中、短枝及垂枝型桃短枝外，其他类型桃的叶面积均为春季大于秋季，说明春、夏2季桃树叶片处于旺盛生长期，光合能力较强。春季，帚型

桃中枝的比叶重相对最大，矮化型桃短枝次之，垂枝型中枝相对最小；夏季，帚型长枝的比叶重极显著大于其他类型（$p<0.01$），秋季普通型长枝的比叶重相对较大，与矮化型短枝差异不显著；随季节变化，各个类型枝条叶片的比叶重整体多呈逐渐增加趋势（表2-22）。

表2-22 春、夏、秋3个季节不同生长型桃的叶面积、比叶重比较

生长型	枝类	叶面积（cm^2）			比叶重（g/m^2）		
		春季	夏季	秋季	春季	夏季	秋季
普通型	长	56.74±2.33aA	57.63±3.23aA	53.16±5.63aA	56.00±1.80cdBCD	68.25±2.34bcBC	75.81±3.71aA
	中	46.32±0.97bB	44.27±6.20bB	43.08±4.69bB	51.00±4.52deD	65.02±1.22cdCD	56.13±0.27dB
	短	31.04±3.62deC	35.40±3.27cCD	27.57±1.48cD	49.32±0.41deD	50.12±0.41fF	57.86±2.04cdB
垂枝型	长	45.92±4.72bB	36.70±2.45cC	42.30±3.60bB	51.57±1.00cECD	54.18±2.11fEF	74.93±3.72abA
	中	32.93±2.48dC	34.54±2.02cCDE	29.79±3.11dD	47.11±2.19eD	52.37±1.20fF	71.97±9.46abA
	短	24.56±2.52fDE	30.79±2.60dE	26.07±2.90eD	51.00±7.23deD	61.22±1.73deD	72.23±3.62abA
帚型	长	28.26±2.93efCD	42.68±3.08bB	40.13±5.19bB	63.25±0.73abAB	85.10±1.99aA	72.14±1.79abA
	中	24.09±1.72DE	31.31±4.11dDE	27.60±3.47deD	67.54±3.99aA	68.91±1.48bcBC	71.83±4.36abA
	短	18.87±0.13gE	24.03±2.60eF	19.79±1.85fE	60.20±4.74bcABC	72.10±2.85bB	65.64±3.69bcAB
矮化型	短	40.04±0.59cB	44.74±3.40bB	34.90±5.24cC	63.52±2.13abAB	59.40±5.42eDE	76.92±9.88aA

（2）不同生长型桃的植株生长指标变化

春、夏、秋3个季节中，帚型桃的株高相对最高，其次为普通型桃，矮化型桃相对最矮；随季节变化，普通型、矮化型桃的株高呈逐渐升高的变化趋势，垂枝型、帚型桃呈"低—高—低"的变化趋势，可能是由于秋季这2个类型的桃树出现叶片掉落而影响测量结果。不同生长型桃树之间的冠幅差距较大，春、夏、秋3个季节中普通型桃的冠幅相对最大，帚型最小；随季节变化，普通型、垂枝型桃的冠幅呈逐渐增大趋势，而帚型、矮化型桃的冠幅呈秋季略微降低的趋势，且秋季大于春季。随季节变化，各个生长型桃的地径呈逐渐增大趋势；春季普通型桃的地径相对最大，夏、秋2季矮化型桃的地径相对最大；帚型桃的地径极显著小于其他生长型（$p<0.01$），说明其积累营养物质的能力相对较差。3个季节中，帚型桃的叶面积系数相对最大，矮化型次之，春季时帚型桃的叶面积系数显著大于其他生长型（$p<0.05$），夏、秋2季则达到极显著水平（$p<0.01$）；不同季节，各个生长型桃树夏季的叶面积系数相对最大，秋季最小（表2-23）。

表2-23 春、夏、秋3个季节不同生长型桃的生长指标比较

季节	生长型	株高（cm）	冠幅（cm）	地径（cm）	叶面积系数
春季	普通型	276.67±10.41bAB	407.67±11.02aA	16.57±0.73aA	3.53±0.29bB
	垂枝型	252.00±15.87bB	365.16±17.39bB	13.98±0.45bB	3.34±0.05bB
	帚型	315.23±13.32aA	127.62±17.62dD	7.22±0.42cC	5.54±0.45aA
	矮化型	194.67±11.50cC	259.18±25.66cC	16.52±1.14aA	4.15±0.62bAB
夏季	普通型	320.27±38.12aAB	422.50±6.61aA	16.85±1.86aA	3.61±0.23cC
	垂枝型	269.83±21.68bB	394.78±3.87aA	14.02±0.44bA	3.42±0.17cC
	帚型	355.23±20.35aA	163.83±28.29cC	7.32±0.33cB	6.67±0.34aA
	矮化型	199.50±6.50cC	309.67±6.05bB	17.28±2.21aA	4.19±0.28bB
秋季	普通型	323.63±30.61aA	457.67±9.46aA	16.93±1.53abA	1.75±0.16dD
	垂枝型	263.53±24.40bB	410.00±34.37bA	14.15±1.60bA	2.31±0.15cC
	帚型	327.37±13.70aA	148.5±19.97dC	7.35±1.13cB	4.65±0.4aA
	矮化型	223.40±8.71bC	307.83±5.80cB	17.37±0.55aA	3.32±0.50bB

（3）不同生长型桃的枝条特性变化

不同类型之间，普通型桃长枝的节间长度相对最大，是最小的矮化型桃短枝节间长度的5.6倍，矮化型桃短枝的节间长度极显著小于其他类型枝条（$p<0.01$）；对不同枝条而言，普通型桃长枝的节间长度最长、帚型桃最短，垂枝型桃中枝的节间长度最长、帚型桃最短，帚型桃短枝的节间长度最长、矮化型桃最短；对同一生长型桃而言，节间长度大小依次为"长枝>中枝>短枝"。二级分枝角为矮化型桃相对最大，垂枝型桃次之，帚型桃的分枝角度整体较低，有利于顶端优势的产生。帚型桃各个枝条数量相对最少，矮化型桃的短枝数相对最多，普通型桃次之；普通型桃中枝数相对最多，垂枝型桃长枝数相对最多；同一生长型中，随枝条长度的降低，枝数呈减少趋势（表2-24）。

表2-24 不同生长型桃的枝条特性比较

生长型	枝类	节间长度（cm）	分枝角度（°）	枝数（根）
普通型	长	2.47±0.18aA	47.07±4.87bcBC	210.53±3.14bB
	中	1.87±0.17cdC	41.34±5.38dCDE	192.07±48.29bBC
	短	1.44±0.17eD	47.49±5.58bcABC	121.00±45.21cdDE
垂枝型	长	2.14±0.25bB	50.51±6.33abAB	284.37±7.39aA
	中	1.88±0.21cdC	44.09±6.04cdBCD	149.76±28.17cCD
	短	1.39±0.13eD	42.55±4.47cdCD	88.83±9.00dEF
帚型	长	2.02±0.05bcBC	44.72±3.03cdBCD	91.50±11.63dEF
	中	1.81±0.11dC	34.82±4.11eE	46.63±16.01eF
	短	1.51±0.11eD	39.26±5.99deDE	52.46±7.06eF
矮化型	短	0.44±0.03fE	54.16±7.16aA	311.47±16.02aA

2.不同树体结构叶片光合特征

（1）净光合速率的日变化及季节差异

不同生长型桃树叶片的P_n日变化曲线在春季、秋季均为单峰型，而在夏季均为双峰型，出现了明显的"午休"现象；而同一生长型不同枝长桃树叶片的P_n日变化曲线趋势基本相同。春季各生长型桃树叶片的P_n在8：00～14：00均保持较高水平，而后迅速降低。其中，普通型桃树P_n最高峰出现在12：00，峰值均在17.22 μmol·m^{-2}·s^{-1}以上，其短枝P_n在18：00的值最低，与最高值相差16.51 μmol·m^{-2}·s^{-1}；垂枝型长、中枝桃树P_n都在12：00达到最大值，其短枝最高峰在14：00；帚型桃树P_n最高值与最低值之间差距较小，长枝和中枝在12：00达到最大值，短枝呈先降后升再降低的趋势，最高峰出现在14：00；矮化型的寿星桃P_n在12：00达到最高峰，峰值值为19.83 μmol·m^{-2}·s^{-1}。夏季各生长型桃树的光合强度低于春季。其中，普通型桃光午休幅度较大，但持续时间不长，12：00为光合低谷，第一、二峰值分别出现在10：00和14：00；垂枝型桃的光合最低谷出现在14：00，为10.52 μmol·m^{-2}·s^{-1}；帚型桃光合"午休"幅度较低，第一峰值均大于第3二峰值，峰谷差值较小，在3.53～4.69 μmol·m⁻²·s⁻¹之间；矮化型桃光合"午休"时间大致在12：00～14：00，第一、第二峰值分别出现在10：00和16：00，峰值相差2.82 μmol·m⁻²·s⁻¹。秋季各生长型桃树的P_n值明显低于春季和夏季。其中，普通型长、中、短枝桃树在10：00～14：00保持较高的P_n，而午后迅速降低，帚型桃与之相似；垂枝型中、短枝桃P_n峰值出现在中午12：00，长枝峰值出现在10：00；矮化型桃P_n于上午10：00达到最大值，午后迅速降低，最高值与最低值相差11.99 μmol·m⁻²·s⁻¹。在秋季18：00时，除矮化型的寿星桃和普通型长枝桃外，其他类型桃的P_n均小于1 μmol·m⁻²·s⁻¹，可能是因为秋季日照长度变短，光强较弱（18：00时仅为75 μmol·m⁻²·s⁻¹）所致（图2-30）。

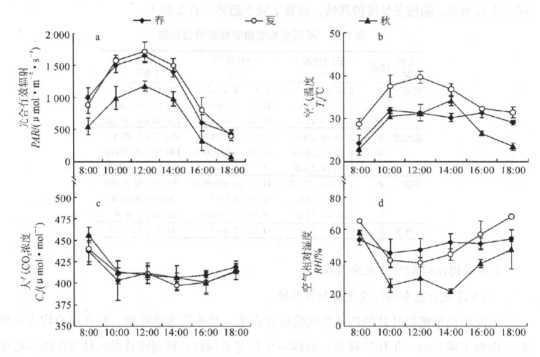

图2-30 三个季节不同生长型桃净光合速率日变化

（2）叶绿素荧光参数

5月下旬各个生长型的F_o从8：00开始逐渐上升，高峰在10：00或12：00，垂枝型在14：00出现了第2个高峰，F_o到18：00又恢复到了8：00的水平，帚型桃全天的F_o值大部分均低于其他生长型，表明帚型桃叶片色素吸收的能量用于光化学反应较多，以热和荧光形式耗散的能量较少。8月上旬各个生长型桃叶的F_o日变化曲线均为"升高—降低—升高"的趋势（图2-32 b），且18：00的值明显大于8：00；不同生长型间，矮化型的F_o值最高，垂枝型次之，帚型最低。10月上旬各个生长型F_o值变化幅度不大（图2-32 c），普通型和垂枝型在小范围的上升和下降后，18：00时恢复到8：00的水平，而矮化型和帚型

18：00的F_o值分别降为8：00的84%和79%，说明下午随着光照强度的减弱，光反应降低，从而导致F_o小范围的回升。5月下旬各个生长型F_m的日变化曲线变化幅度不大，矮化型最高，普通型次之，帚型最低（图 2-32 d）。8月上旬各个生长型F_m的日变化趋势基本一致，呈"V"字形，各个生长型桃叶的最低谷均在12：00或14：00，且18：00的值均大于8：00（图 2-32 e）。10月上旬大部分生长型的F_m的日变化曲线比较平缓，而垂枝型的日变化趋势为曲折上升；普通型的F_m值最高，与最低的帚型相差近1倍（图 2-31 f）。

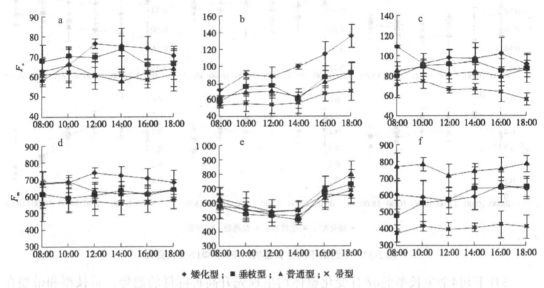

◆ 矮化型；■ 垂枝型；▲ 普通型；× 帚型

图 2-31　个时期不同生长型桃F_o和F_m日变化

5月下旬各个生长型的Fv/Fm均为0.85～0.88（图2-32 a），说明桃树叶片的PSⅡ反应中心内原初光能转化效率并未受到胁迫影响，且4种生长型中，普通型和矮化型大于垂枝型和帚型。8月上旬4种生长型桃树的Fv/Fm日变化均出现了午间降低的趋势（图 2-32 b），矮化型和垂枝型下降幅度较大，帚型的值最高且保持平稳。10月上旬各个生长型的Fv/Fm较低，普通型整体水平较高，8：00到10：00逐渐降低，后逐渐升高，午后较平稳；矮化型08：00到12：00的趋势与普通型相反，12：00到18：00稳定上升；垂枝型和帚型全天均呈上升趋势，18：00的值分别为8：00的1.06和1.08倍（图 2-32 c）。说明在中午PSⅡ反应中心功能的下降是可逆的，是一种避免强光伤害的调节方式。5月下旬普通型和矮化型ΦPSⅡ日变化呈单峰型，最高峰分别出现在10：00和12：00；垂枝型和帚型的日变化均呈不规则"M"形，第1和第2峰值分别在10：00和14：00，说明其光合电子传递速率在中午出现了降低。8月上旬普通型10：00的值较高，10：00至12：00降低，14：00有所回升，午后逐渐降低；垂枝型8：00的值最高，10：00稍有降低，午后逐渐降低；帚型桃的ΦPSⅡ日变化呈"M"形，低谷在14：00时，18：00时未恢复到8：00的水平；矮化型的ΦPSⅡ全天变化幅度不大，在10：00和14：00有所降低（图 2-32 e）。10月上旬各个生长型的ΦPSⅡ在上午时差异不大（图 2-32 f），且均保持较高水平，但14：00后大幅度下降，至18：00时，除矮化型外，其他3个生长型明显低于08：00的水平。3个时期中ΦPSⅡ的变化较复杂，说明ΦPSⅡ对于外界环境变化的响应较敏感。

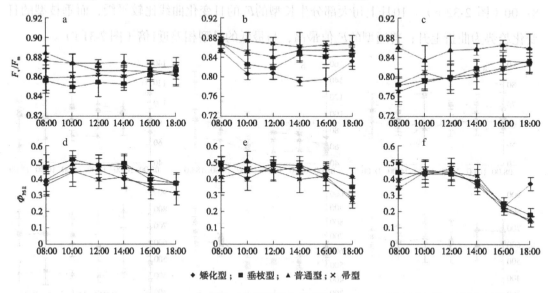

图 2-32　个时期不同生长型桃Fv/Fm和ΦPSⅡ日变化

5月下旬4个生长型的qP日变化整体均呈现先升高再降低的趋势，垂枝型和帚型在12：00稍有下降，表明其在中午用于光化学反应的能量降低。如图（2-33 b）所示8月上旬帚型桃的qP从8：00至12：00逐渐上升，而后基本呈下降趋势，其他3个类型上午的qP值较平稳，午后降低。10月上旬各个生长型的qP整体呈现先上升后下降的趋势，18：00的值明显低于8：00（图2-33 c）。3个时期中，5月下旬和8月上旬各个生长型的qP日变化较平缓，10月份午后随着光强迅速降低，qP随之较大幅度减小。5月下旬普通型和矮化型桃的NPQ全天呈缓慢上升趋势，至16：00时达到最高，而后稍有下降；垂枝型和帚型在8：00至10：00 NPQ降低，帚型桃在14：00达到最高峰，而垂枝型则呈缓慢上升趋势，18：00的NPQ为8：00的1.2倍。8月上旬普通型桃的NPQ为单峰曲线，峰值出现在12：00，表明在8月上旬中午高温强光的环境下，其叶片吸收的光能用于热耗散的份额增多；垂枝型和矮化型中午有降低的趋势，午后变化幅度不大；帚型的NPQ高于其他生长型（图2-33 e）。10月上旬矮化型的NPQ高于其他3个生长型，说明矮化型桃在10月上旬对于光能有较高的利用效率；且其他3个生长型10：00至14：00变化幅度不大，午后逐渐降低（图2-33 f）。

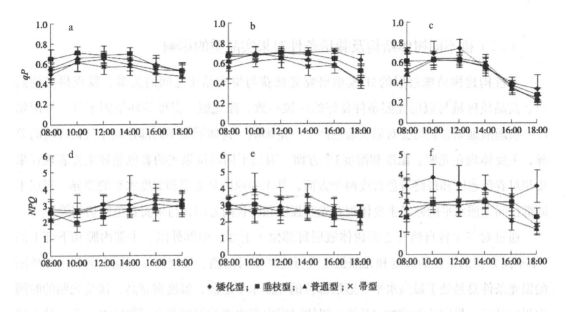

◆ 矮化型；■ 垂枝型；▲ 普通型；× 帚型

图 2-33　3个时期不同生长型桃qP和NPQ日变化

　　5月下旬矮化型桃的ETR为单峰曲线，峰值在10：00，其他3个生长型为双峰曲线，峰值分别在10：00和14：00，中午12：00时稍有降低，至18：00时均恢复到08：00的水平。由图（2-34 b）可见8月上旬普通型的ETR日变化为双峰曲线，峰值分别出现在10：00和14：00，垂枝型和矮化型为单峰曲线，峰值在14：00，帚型的峰值出现在10：00。10月上旬各个生长型在08：00的ETR值相近（图 2-34 c），后随着光照强度的增加逐渐上升，普通型在10：00达到最大值，其他3个类型峰值出现在12：00，至傍晚18：00，矮化型的ETR出现回升，其他3个生长型的ETR均低于08：00的水平。通过计算3个生长时期不同生长型桃树ETR的日均值（数据未列出），总体来看，各个生长型的ETR均为8月上旬最高，10月上旬最低。不同的生长型之间，矮化型在3个时期中的ETR均为最低，5月下旬普通型的ETR最高，8月上旬和10月上旬帚型的ETR最高。

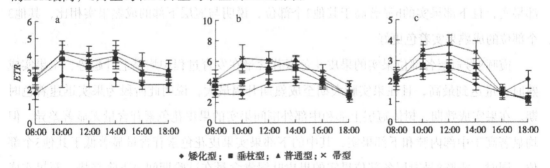

◆ 矮化型；■ 垂枝型；▲ 普通型；× 帚型

图 2-34　3个时期不同生长型桃ETR日变化

（二）桃不同树体结构及栽培条件对果实品质的影响

通过构建桃植株冠层的3D模型研究光截获与果实品质之间的关系，发现果实的高产、高品质区域与冠层光照条件良好的区域一致。除光照、温度等环境因子外，外源物质、物理措施如套袋均会对果实着色产生一定影响。树体冠层不同部位间小气候环境的差异，主要体现在光照、温度和湿度3个方面。冠层不同部位果实的着色差异主要表现在果皮相对着色速度和最终着色程度两个方面，其主要原因是光照和温度水平的差异。冠层不同部位间光照水平的差异主要体现在光照强度和时长两方面，与果实着色密切相关。

通过对三主枝自然开心形树体冠层每部位（上部、中部外围、中部内膛和下部）的3个不同方位的主枝的温度和光照强度进行连续实时监测。发现树体冠层上部和中部外围的温光条件总是处于最高水平。冠层部位的光照水平越高，温度则越高，接受光照的时间也得到延长。果实成熟前20 d开始，树体冠层中部内膛的温度和光照强度也较高；整个试验过程中，冠层下部果实所处环境的温度、光照条件一直都较差。同时，树体冠层中部温度、光照积分值均显著低于冠层上部和中部外围2个处理，而树体冠层下部的温度、光照积分值显著低于中部内膛。冠层上部和中部外围2个处理间温度、光照积分值无显著性差异。桃果实发育过程中冠层上部和中部外围果实所处微环境的温、光水平基本一致且处于最高水平，中部内膛处于中间水平，而下部则最弱。

冠层各部位果皮的a^*和a^*/b^*总体呈上升趋势，L^*、b^*呈先升高后降低的趋势，C在试验前期有所升高，后期保持稳定；h则在前期保持稳定，后期快速下降。其中，膨大期至成熟期，果皮a^*和a^*/b^*显著升高，而h和b^*则显著降低，说明此阶段是霞晖8号桃果实迅速着色时期；硬核期和膨大期冠层不同部位果实的a^*、a/b^*及b^*无显著差异，是由于此阶段果实尚为绿果未明显转色；在成熟期，冠层上部、中部外围和中部内膛果实的a^*/b^*显著高于下部果实，且下部果实的h显著高于其他3个部位，说明与冠层下部的成熟果实相比，其他3个部位的成熟果实着色更好。

霞晖8号冠层各部位果实的果皮花色素苷含量在发育过程中均呈上升趋势，至果实成熟时含量达到最高，且在果实膨大期至成熟期升幅最大，说明此阶段为果实迅速着色时期。在果实成熟期，树体冠层上部和中部外围间果实的果皮花色素苷含量无显著差异，但均显著高于中部内膛和下部果实，其中的下部果实果皮花色素苷含量显著低于其他3个部位。同时，霞晖8号冠层各部位果实的果皮叶绿素含量在试验期间呈下降趋势，至果实成熟时含量达到最低值，表明果皮中的叶绿素随果实生长发育而分解；在果实成熟期，下部果实的果皮叶绿素含量显著高于其他3个部位（图2-35）。

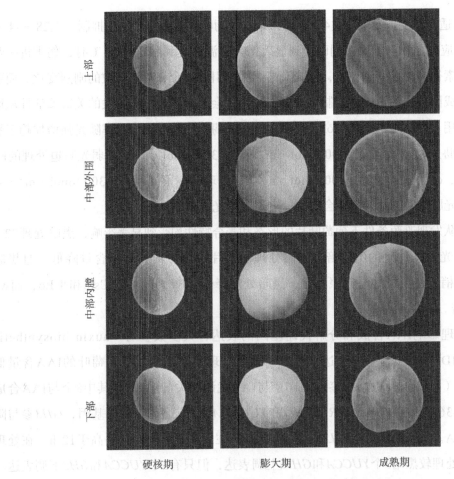

图2-35 霞晖8号树体冠层不同部位果实色泽发育动态

第四节 提高果树光合效率的调控技术

一、提高葡萄光合效率的调控技术

(一)影响光合效率的环境条件

1.光照强度对葡萄光合效率的影响

植物光合机构在经常处于变化的外界环境因素和内部因素因素综合作用之中,光照过强或过弱对植物光系统造成的影响不同,强光容易造成植物叶片吸收的光能超过碳固定所需的能量,产生过剩激发能,导致过量活性氧生成,在1200 μmol·m⁻²·s⁻¹较强光照环境下，28 ℃适宜温度下处理超过4小时即开始对葡萄叶片造成明显的光抑制。在28～34 ℃内，PS Ⅱ反应中心和电子受体侧已受到显著伤害，温度达到和超过37 ℃时，伤害进一步加剧，叶黄素循环开始受到抑制，强光及高温胁迫引起光合和荧光参数的剧烈变化。而弱光环境会造成同化力的短缺而限制光合碳同化，还会抑制光合作用相关的关键酶活性从而限制光合作用。PAR大于400 μmol·m^{-2}·s^{-1}时，葡萄叶片的净光合速率随光强增加趋于平稳，随弱光胁迫时间的延长，100 μmol·m^{-2}·s^{-1}、300 μmol·m^{-2}·s^{-1}弱光胁迫处理的F$_v$/F$_m$、ΦPS Ⅱ、qP呈下降趋势，100 μmol·m^{-2}·s^{-1}处理的qP下降幅度比300 μmol·m^{-2}·s^{-1}大，说明弱光胁迫后的葡萄叶片会产生一定程度的光抑制。

笔者团队发现遮荫条件下葡萄叶片的形态和光合特性均受到显著影响，黑暗处理72 h后叶面积是光照条件下的0.72倍。黑暗处理后叶片可溶性糖和淀粉含量降低，且黑暗处理下的新梢更长更细。与光照相比，黑暗处理降低了Fv/Fm、RC/Csm和ΨEo，而wk增加了1.8倍。

黑暗处理影响IAA合成和分解代谢基因的表达，大多数参与"auxin biosynthetic process"的DEG在黑暗中的表达水平低于光照处理。黑暗处理下葡萄叶的IAA含量低于光照处理（图 2-36 a）。共鉴定出16个与IAA代谢相关的DEGs，其中8个与IAA合成有关（图 2-36 b）。*TAA1*、*TAR*、*AMI1*和*YUC*是*IAA*合成途径上游的基因，*GH3*参与降低高浓度IAA。1个*TAA1*、2个*YUCCA*和4个*GH3*s在24 h时的表达水平高于12 h。在处理12 h，光照处理较黑暗3个*YUCCA*和*GH3*s上调表达，但只有1个*YUCCA*和*GH3*下调表达。在处理24 h，黑暗处理有2个*YUCCA*和3个*GH3*s上调表达，2个*YUCCA*和4个*GH3*s下调表达。

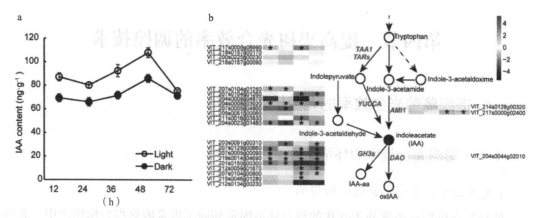

图2-36　黑暗处理对葡萄叶片生长素代谢过程的影响.

2.温度对葡萄光合的影响

在自然界中，植物所处的环境温度经常发生一定幅度的日变化和季节波动。植物周围温度波动对其光合碳固定和还原、蔗糖合成、光合产物运输与分配、两个光系统间电子传递等多个光合作用生理生化过程存在直接的影响。其中植物Pn对环境温度变化的响应呈单峰曲线，即在较低温度范围内随着温度的增高而不断提高，直至在最适温度条件下达到峰值，之后随着温度的升高而逐渐降低。不同物种间光合作用的最适温度也不尽相同，果树大部分为C_3植物，其光合最适温度为25 ℃左右。除了植物本身之外，光合最适温度还受到生长环境温度、空气湿度和光呼吸影响。光合最适温度随着生长环境温度的变化而表现出类似的增减，环境温度的升高引起叶片光呼吸进程中Rubisco羧化的二磷酸核酮糖（RuBP）氧化与羧化的比例升高，PSII活性降低，类囊体膜结构稳定性降低，RuBP再生能力受限，极大限制了A_{max}。与之相对，低温能够抑制类囊体电子传递效率，并伴随着碳水化合物反馈抑制和光抑制现象的发生，进而导致叶片光合速率降低。此外，持续的低温可能会对植物光合系统构建和光合作用能力造成不可逆的影响。

高温胁迫将导致葡萄叶片光合机构受损，影响植物光合效率，导致葡萄叶片的P_n显著下降。葡萄光合作用最适气温为25 ℃～35 ℃，当超过这一范围时葡萄叶片光合效率便有所下降。在适宜的光照条件下，当空气温度上升至37 ℃或37 ℃以上时，赤霞珠葡萄叶片的PSⅡ便会发生严重的光抑制，遭到光破坏。赤霞珠叶片经40 ℃高温处理后，P_n、$\varPhi$PSⅡ、qP以及RC/CSo均显著低于常温对照。另外，高温处理后美人指叶片的初始荧光值（Fo）、单位反应中心吸收的光能（ABS/RC）、反应中心通过热耗散能量的比率（DIo/CSo）均显著提高，Fm、Fv/Fm、PI、ABS、单位面积捕获的光能（TRo/CSm）、单位面积捕获的用于电子传递的能量（ETo/CSm）、捕获的激子将电子传递到电子传递链中超过QA的其他电子受体的概率（ψo）、用于电子传递的量子产额（ϕEo）降低，影响了PSⅡ的电子传递。高温胁迫导致qP及Fv'/Fm'在各光强下均明显降低，由于PSII实际光化学效率是由qP和Fv'/Fm'共同决定的，因此高温下PSII实际光化学效率的降低更多的是由于光化学效率的降低导致的，葡萄叶片通过调整PSII及PSI的能量分配响应高温胁迫，高温胁迫显著影响了流经PSI和PSII光合电子传递速率（ETRI和ETRⅡ），高温对ETRII的抑制程度要大于ETRI。在25 ℃到35 ℃温度范围内，ETRI/ETRⅡ比值维持在1.2到1.5，但高温处理导致了ETRI/ETRⅡ的显著升高，表明高温胁迫激活了叶片环式电子传递CEF，应对高温胁迫，葡萄叶片NDH依赖途径的CEF受诱导活性上升。弱光可以缓解高温胁迫导致的PSⅡ光抑制。高温胁迫抑制了D1蛋白合成，而弱光可以缓解高温胁迫对D1蛋白的抑制程度（图2-37）。

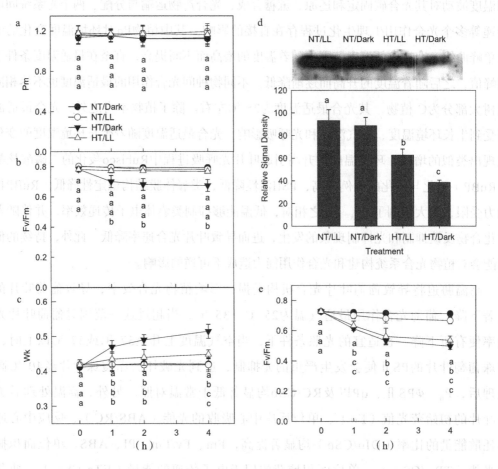

图 2-37　光照对高温胁迫下光系统活性及 D1 蛋白的影响

（a）Pm 值；（b）Fv/Fm 值；（c）标准化的 K 点相对可变荧光，Wk；（d）D1蛋白含量的变化；（e）氯霉素预处理后，叶片 Fv/Fm 的变化。不同小写字母表示不同处理之间有显著性差异（$P<0.05$）

（二）提高葡萄光合效率的调控技术

1.提高葡萄光合效率的光强调控技术

植株光合作用与光照时长、强度、密度及光质相关，且温度、湿度、气体分压均不同程度地影响光合利用率。葡萄喜光，弱光环境会降低葡萄的光合能力。但外界光照强度大于葡萄光饱和点或气温较高时叶片会发生光抑制现象，造成光合速率降低。对温室进行适当遮阴对改善葡萄生长环境条件、扩大葡萄叶片光能利用区间和提高光能利用率有帮助，利于光合产物的积累，使叶片的光合速率日变化曲线由双峰曲线转变为单峰，扩大葡萄叶片光能利用区间和提高光能利用率有帮助，利于光合产物的积累。通过对红地球葡萄进行暗胁迫，发现短时轻度寡照胁迫对葡萄叶片光合作用无明显抑制，甚至在恢复光照后表现出一定的刺激作用，但长时重度寡照胁迫会对葡萄叶片光合系统造成不可逆损伤。寡照胁迫后，0～8 d为葡萄叶片光合参数快速恢复阶段，恢复至相对稳定状态需要12 d左右。在反季节栽培或梅雨季时葡萄生长常面临光照不足的情况，通过夜间补充白光6 h和红光6 h均能提高其叶片叶绿素含量，不同光质补光处理的巨峰葡萄春果叶片净光合速率、气孔导度和蒸腾速率有不同程度的提高。

Coverlys TF150®由于耐拉强度大，可实现无骨架避雨栽培，本团队首次在葡萄避雨栽培应用，发现在泰安地区连续应用三年效果较好（图 2-38）。Coverlys TF150®透光率比PO膜降低了11.91%，但提高了UV-A和蓝紫光的透射率，缓解了强光胁迫，葡萄生长季节12：00超过1600 µmol · m^{-2} · s^{-1}光强的时间占比降低了26.19%。Coverlys TF150®降低了果实微域高温时间占比，≥37 ℃时间占比仅为PO膜的38.46%，且≥80%相对湿度的时间占比也降低了15.86%（图 2-39）。

图 2-38　Coverlys TF150®无骨架避雨栽培

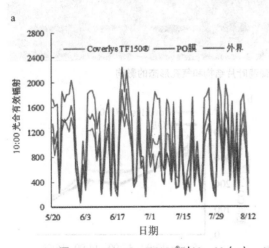
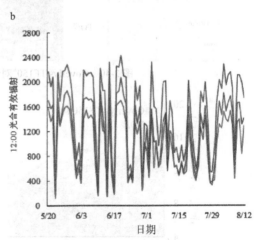

图 2-39　Coverlys TF150®对10：00（a）、12：00（b）树冠顶层光合有效辐射的影响

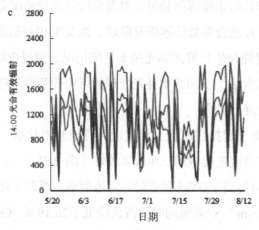

图 2-39 Coverlys TF150®对14：00（c）树冠顶层光合有效辐射的影响

Coverlys TF150®覆盖显著提高了葡萄萌芽率和新梢生长速率；显著增加了葡萄叶片厚度、叶片重量和栅栏组织厚度（图 2-40），分别提高了23.53%、13.32%和13.26%；显著提高了叶片叶绿素含量，比PO膜高36.36%；Coverlys TF150®覆盖显著提高了葡萄叶片的气孔密度，比对照提高了14.93%；Coverlys TF150®覆盖提高了10：00～14：00时葡萄叶片的p_n、gs、Tr以及C_i。10：00～14：00时Coverlys TF150®覆盖下葡萄叶片的净光合速率提高了8.65%～34.41%。通过积分可得，晴天Coverlys TF150®净光合速率日变化面积为365520 μmol·m⁻²·s⁻¹，比PO膜高8.75%（图 2-41），说明Coverlys TF150®覆盖缓解了光合午休，提高了日光合能力。

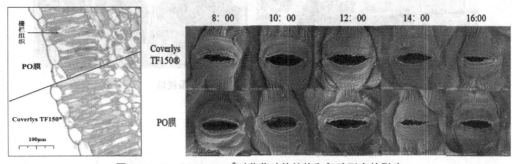

图 2-40 Coverlys TF150®对葡萄叶片结构和气孔形态的影响

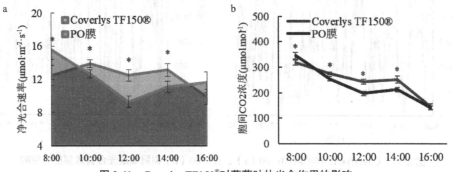

图 2-41 Coverlys TF150®对葡萄叶片光合作用的影响

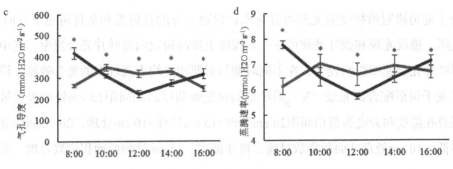

续图 2-41 Coverlys TF150® 对葡萄叶片光合作用的影响

与PO膜相比，Coverlys TF150®覆盖显著提高了10：00～14：00时葡萄叶片的Fv/Fm、ETR、qP以及 ΦPSII，Fv/Fm在10：00、12：00、14：00时分别提高了2.90%、5.06%和2.35%。Coverlys TF150®覆盖降低了8：00和16：00葡萄叶片的Fv/Fm、ETR、qP以及 ΦPSII（图2-42）。

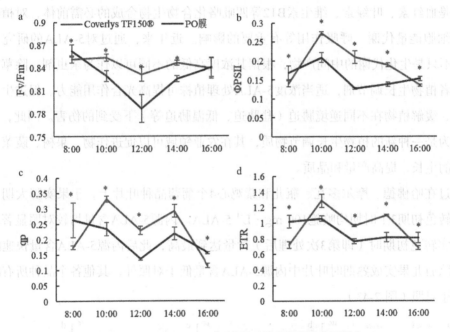

图 2-42 Coverlys TF150® 对葡萄叶片叶绿素荧光的影响

另一方面由于强光加剧高温胁迫，因此可通过喷施遮光剂缓解高温胁迫，在高温胁迫下对叶面喷施9‰高岭土（表 2-25），可减少叶片对光能的吸收，缓解叶片所受光抑制，降低PSII的损伤，保护叶片光合系统，提高叶片净光合速率。

表2-25 9‰高岭土处理对高温强光下福克葡萄叶片光合气体交换参数的影响

处理	测定时期/（月/日）	Pn/（μmol·m⁻²·s⁻¹）	Ci/（μmol/mol）	Gs/（mmol·m⁻²·s⁻¹）
9%高岭土	07/20	11.53±0.55 a	217.68±13.47 a	402.68±20.17 b
	07/26	10.53±0.59 a	315.67±4.50 a	393.00±14.97 a
对照	07/20	12.53±0.55 a	213.55±15.43 a	453.57±20.17 a
	07/26	7.83±0.59 b	317.33±16.66 a	253.67±34.93 b

由于葡萄树冠所接受的光照可分为来自树冠上方的直射光和来自树冠下方的反射光，研究表明，铺反光膜和摘叶处理可在一定程度上提高树冠内膛叶片光合速率，其中以铺膜处理对叶片光合速率影响较大，在不同时期与对照相比均表现较强的光合效能。设施栽培中水平龙干树形配合高光效"V"形叶幕的京蜜葡萄以新梢间距15 cm处理表现最佳。树体冠层总孔隙度和开度为新梢间距20 cm处理>15 cm处理>10 cm处理，20 cm间距处理光能利用率低，10 cm处理叶面积指数过高，树体郁闭，15 cm处理叶面积指数合理，光能利用率高。

2.外源5-ALA提高叶片光能利用效率

5-氨基乙酰丙酸（5-Aminolevulinic acid，5-ALA），又称5-氨基-4-酮戊酸，分子式为$C_5H_9NO_3 \cdot HCl$，分子量为167.59。5-ALA是生物体内天然存在的一种功能性非蛋白质氨基酸，是血红素、叶绿素、维生素B12等四吡咯化合物生物合成的必需前体，对植物光合作用、细胞能量代谢、呼吸作用等有重要的影响。近年来，通过对5-ALA的研究表明，5-ALA不只是生化代谢的中间产物，根据其浓度高低的不同可以作为杀虫剂、除草剂、杀菌剂或者植物生长调节剂，适当浓度5-ALA处理植株可提高光合作用能力、促进生长、提高产量、缓解植物在不同逆境胁迫（盐胁迫、低温胁迫等）下受到的伤害。因此，5-ALA也被认为是一种新的植物生长调节物质，其在农业领域可以促进作物、果树、蔬菜、园林植物等的生长，提高产量和品质。

通过在哈佛德、摩尔多瓦、瓶儿和紫鸡心4个葡萄品种叶片上，于果实膨大期、转色期前、转色初期3个时期均喷施100 mg·L^{-1} 5-ALA。内源5-ALA含量均较对照显著增加，且在果实转色初期时（即第3次处理后）含量达到最高，此后内源5-ALA含量快速降低。此外，除瓶儿果实成熟期时叶片中内源5-ALA含量低于对照外，其他各个品种所有时期均显著高于对照（图2-43）。

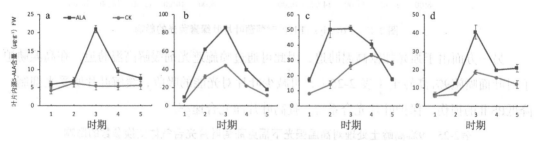

图2-43 5-ALA处理叶片后不同时期叶片中内源5-ALA含量的变化

注：哈佛德（a）、摩尔多瓦（b）、瓶儿（c）和紫鸡心（d），时期1~5分别代表果实膨大期、转色期前、转色初期、果实转色期、果实始熟期、果实成熟期5个时期

（1）光合色素

叶片中光合色素（叶绿素a、叶绿素b与类胡萝卜素）含量的变化趋势均相似，4个品种中瓶儿与紫鸡心的变化趋势大致相同，即DS1时，对照叶片中光合色素含量显著高于处理后的，但DS1~DS3时对照中光合色素含量逐渐下降，处理组则逐渐增加。DS1~DS3 3个时期摩尔多瓦叶片中光合色素含量显著多于对照，至DS4时快速降低，DS5含量差异不显著。哈佛德中叶绿素a含量在DS3–DS5在处理后显著增加，但叶绿素b与类胡萝卜素仅DS3时处理组高于对照（图2-44）。

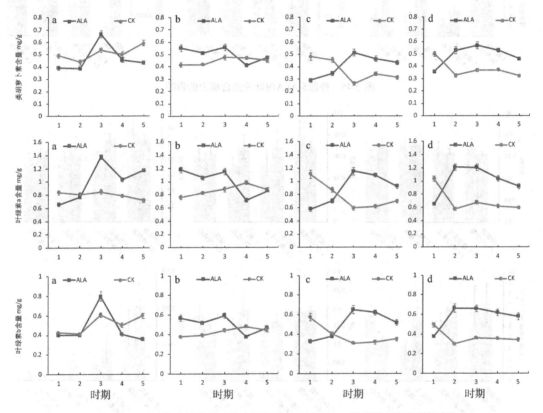

图2-44　5-ALA处理叶片后叶片中叶绿素a、叶绿素b、类胡萝卜素含量的变化

（2）叶片结构

通过观察外源5-ALA处理摩尔多瓦叶片的结构变化，发现处理5 d后，处理与对照叶片结构未产生显著差异。但至处理后45 d时，栅栏组织较对照细胞数目增加、排布整齐，且叶绿体分布更多；海绵组织厚度与紧密度均显著增加，进而导致叶片厚度增加。此外，处理后叶片上、下表皮细胞变化均不明显。

（3）叶片光合水平

外源5-ALA处理能够显著增加葡萄叶片P_n、Tr、Ci，增加量达83.6%~135.3%。同时

Tr与Ci均较对照显著增加，因此也说明了外源5-ALA处理叶片可能能够增大气孔张度，进而提高净光合速率（图 2-45）。摩尔多瓦Fv/Fm、Fv'/Fm'与PhiPS2均低于对照，而其他3个品种则表现出相反的趋势。二伯娜与瓶儿表观ETR与qP高于对照，紫鸡心则表现为抑制作用。除紫鸡心外，其他3个品种NPQ均显著增加（图 2-46）。

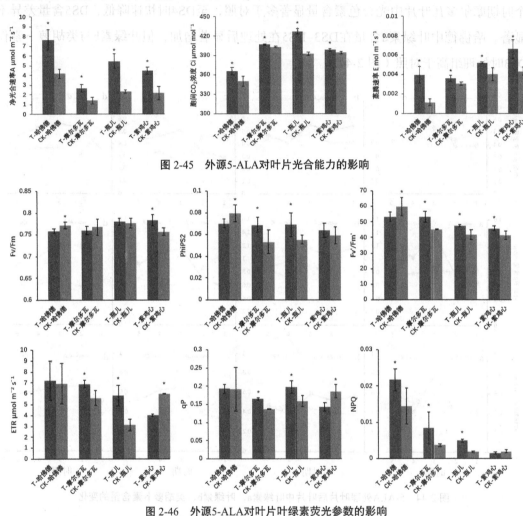

图 2-45　外源5-ALA对叶片光合能力的影响

图 2-46　外源5-ALA对叶片叶绿素荧光参数的影响

（4）葡萄果实品质性状的影响

通过对膨大期葡萄的叶片喷洒5-ALA可以使葡萄果实重量提早增加。随着果实的发育，各类型果实的单粒重均呈升高趋势。但在不同的发育阶段，发育速度存在差异。在果实膨大期，哈佛德单粒重增加较显著。在果实成熟期，摩尔多瓦、瓶儿、紫鸡心单粒重增加较显著。经过5-ALA处理后，各品种葡萄果实的单粒重均高于对照。其中瓶儿成熟时单粒重显著高于对照，达6.86 g，高于对照19.1%。DS4～DS5时期，摩尔多瓦、瓶儿、紫鸡心处理组单粒重增加最显著；DS5～DS6时期，哈佛德、摩尔多瓦、紫鸡心对照组单粒重增加最显著（图2-47）。

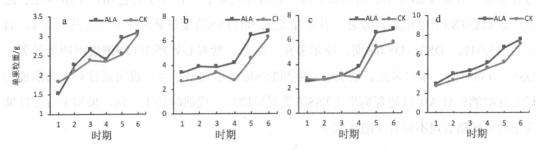

图2-47　5-ALA处理叶片后葡萄果实单果粒重的变化

通过对膨大期葡萄的叶片喷洒5-ALA可以促进部分葡萄果实纵横径增加。随着果实的发育，各类型果实的纵横径均呈升高趋势。由成熟后纵径指标来看，摩尔多瓦与对照相比差异较显著，高于对照17.5%，达25.22 mm；其次为紫鸡心的纵径高于对照13.0%，达27.22 mm。哈佛德、瓶儿纵径变化与对照相比差异不显著。由成熟后横径指标来看，紫鸡心与对照相比差异较显著，高于对照17.1%，达23.92 mm，其次为瓶儿的纵径高于对照9.8%，达19.28 mm。哈佛德、摩尔多瓦横径变化与对照相比差异不显著（图2-48）。

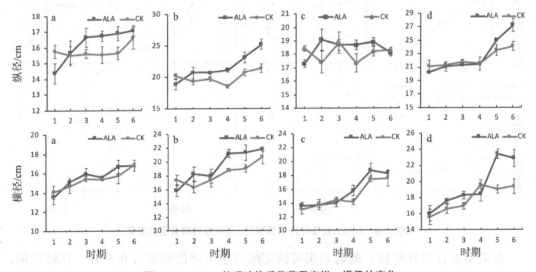

图2-48　5-ALA处理叶片后葡萄果实纵、横径的变化

通过对膨大期葡萄的叶片喷洒5-ALA可以促进部分葡萄果实快速软化。至转色期时，哈佛德、摩尔多瓦葡萄果实硬度与对照相比差异最大，分别低于对照2.37 N、1.84 N。哈佛德、摩尔多瓦、瓶儿在膨果期经5-ALA处理后，与对照相比，其硬度下降较快，在成熟期趋于一致。紫鸡心与对照相比，差异不显著（图2-49）。

不同品种的叶片经过5-ALA处理，其变化有所差异，且不同的发育阶段，发育速度存在差异。在果实膨大期，哈佛德TSS浓度增加较显著。在果实转色期，摩尔多瓦、瓶儿、紫鸡心TSS浓度增加较显著。其中瓶儿成熟时TSS浓度显著高于对照，达14.2%，高于对照2.04%。DS3～DS4时期，摩尔多瓦、瓶儿、紫鸡心处理组TSS浓度增加最显著；DS5～DS6时期，摩尔多瓦、紫鸡心对照组TSS浓度增加最显著，说明通过对膨大期葡萄的叶片喷洒5-ALA可以使葡萄果实TSS浓度提早增加，成熟时趋于一致。果实中可溶性糖含量的差异则表现不显著（图2-50）。

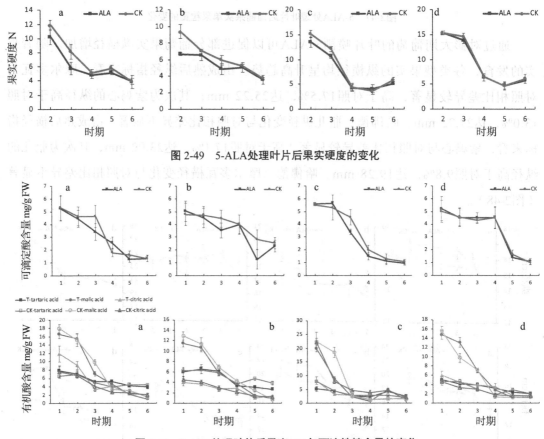

图 2-49　5-ALA处理叶片后果实硬度的变化

图 2-50　5-ALA处理叶片后果实TSS与可溶性糖含量的变化

在果实发育的各阶段，葡萄果实可滴定酸含量下降的幅度存在差异。在转色期，瓶儿的TA含量降低幅度与对照相比差异较明显，5-ALA处理组降低1.54%，对照组降低0.73%。在果实转色初期，哈佛德、摩尔多瓦、瓶儿果实的TA含量与对照相比差异最大，分别低于对照1.22%、0.92%、1.15%，随后下降至成熟期趋于一致。紫鸡心的TA含量与对照相比差异不大。说明，对膨大期葡萄果实喷洒5-ALA在转色期可以促进部分葡萄果实快速降低TA含量，最后成熟时TA含量相同。在各个品种中酒石酸含量在果实发育过程中变化幅度较小，且处理后较对照均表示不显著。在果实成熟时，4个品种中各个有机酸含量较对照均不显著。在DS1～DS3时期叶片经处理后哈佛德与瓶儿果实中柠檬酸含量较对照显著降低，其中瓶儿中在此时期苹果酸含量也显著降低，紫鸡心中苹果酸变化趋势与瓶儿相似，但柠檬酸含量变化不显著。摩尔多瓦果实中各类有机酸含量经处理后均不显著（图2-51）。

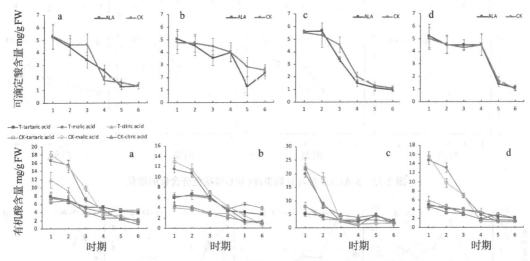

图2-51　5-ALA处理叶片后果实可滴定酸和有机酸含量的变化

随着葡萄果实成熟，颜色由绿转红或黄，CIRG值不断升高。在果实发育的各阶段，葡萄果实CIRG值升高的幅度存在差异，所有果实均在转色期开始后CIRG值出现大幅度上升。DS2～DS3时期，哈佛德、瓶儿、紫鸡心处理组CIRG值增加最显著；DS3～DS4时期，哈佛德、瓶儿、紫鸡心对照组CIRG值增加最显著。在转色末期，摩尔多瓦的CIRG值与对照相比差异最大，显著高于对照2.58，达7.14。成熟期时，摩尔多瓦果实CIRG值与对照相比差异最大，为7.71，高于对照15.1%；其次为瓶儿，其CIRG值高于对照12.6%，为6.26。进一步测定葡萄果皮中花色苷含量，发现4个品种叶片经5-ALA处理后，均比对照更早着色，除哈佛德外其他品种成熟时果皮中花色苷含量均显著高于对照。说明，对膨大期葡萄果实喷洒5-ALA在转色期可以提高部分葡萄果实CIRG值，促进葡萄果实着色，改善葡萄果实外观色泽（图2-52）。

叶片经5-ALA处理后，果实中总酚含量在果实发育的各个时期较对照表现出一定差异。4个葡萄品种中，瓶儿经处理后总酚含量较对照不显著。哈佛德、摩尔多瓦和紫鸡心在果实膨大期与转色期阶段果实中总酚含量远多于对照。至成熟时4个品种较对照总酚含量均不显著（图2-53）。

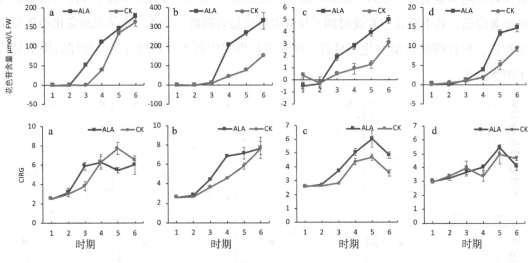

图 2-52 5-ALA处理叶片后果皮CIRG和花色苷含量的变化

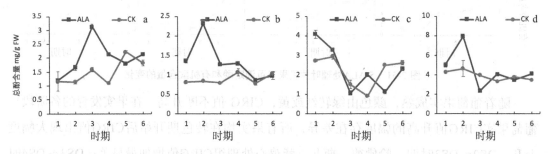

图 2-53 5-ALA处理叶片后果皮中总酚含量的变化

3.温度对葡萄光合效率、品质的影响及调控技术

一方面可通过外源喷施生长调节物质缓解高温胁迫，如高温胁迫下外源喷施$CaCl_2$、水杨酸、油菜素内酯、亚精胺、乙酸、ABA、黄腐酸钾等化学物质均可保护光合电子传递链，缓解叶绿素荧光参数Fv/Fm、Fv/Fo、Fm/Fo、ETR的下降程度，降低了非化学淬灭系数的上升程度，加快电子传递,增加光化学量子产量,提高表观光合电子传递速率，从而提高叶片净光合速率。

此外，可进行葡萄园间稻草覆盖、种植苜蓿均等作物降低田间气温、增加湿度，有研究表明覆盖稻草处理植株光合作用没有"午休"现象。再者，可通过采用砧木进行提升品种的光合性能。87-1/SO4、87-1/华葡1号提高了接穗高温下净光合速率。

二、提高苹果光合效率的调控技术

苹果是喜光植物，干物质的90%以上来自叶片的光合产物，光合效率是其产量和品质形成的基础，净光合速率Pn、光能利用率LUE是最主要的光合效率指标。影响苹果光合效率的因素是多方面的，就植株个体而言，品种的光合特性、光合器官质量、光合器官内外部环境条件、叶面积指数、光合产物运输分配等都会影响光合效率。就果园群体而言，栽培模式、定植密度、树体结构、冠层结构、树龄等也会影响果园总体的光合效率和产出。为兼顾劳动效率和提高光合效率，现把提高苹果光合效率的调控技术总结如下：

（一）选育、应用高光效品种，优化品种区域布局

已知不同苹果属不同种、栽培苹果不同品种的光合效率均存在较大差异；不同苹果品种、砧木以及不同砧穗组合类型的光合效率也有明显差异。在苹果生产中，选育、利用具有较高光适应性（低光补偿点、较高光饱和点、高净光合速率）的品种可提高光合产物积累和产量。此外，选用高CO_2适应性（较低的CO_2补偿点、较高的CO_2饱和点）、宽温度范围适应性（对高、低温度的不敏感性以及无午休现象）的品种都会显著提高苹果品种的光合效率。

由于我国苹果产区主要分布在北半球的温带、寒温带地区，南北地理气候带跨度大，海拔高度变化明显，生长期在温度、光照、CO_2等光合条件方面均存在较大差异，把现有不同光合特性的品种栽培在适宜的气候区域，对于提高苹果光合效率也很重要。

（二）选用高光效砧木

砧木是苹果个体适应环境的组成部分，苹果生产中应用的砧木类型包括：乔化、矮化中间砧、矮化自根砧。在接穗品种相同的情况下，不同类型的砧木对植株整体的光合作用也会产生影响。

通常情况下，矮砧相比乔砧苗木植株有较高的净光合速率、光合效率和经济产量。乔砧苹果（寒富/山定子）与矮化中间砧苹果（寒富/GM256/山定子）光合特性对比研究显示，矮化中间砧树的叶面积和比叶重增加的速度更快、成熟度更高、具有较高的比叶重和叶绿素含量。较高的叶绿素a含量和叶绿素a/b值提高了叶片中参与光合作用被能量激发的分子数和光能转换为电能的效率。在相同的光强和CO_2浓度条件下，矮砧树较乔砧树有更高的Pn和固定CO_2能力。

大多数情况下，矮化自根砧较传统的乔化砧植株有更高的光合效率。4年生矮化自根砧苹果砧穗组合（宫藤富士/G935、宫藤富士/M9-T337和宫藤富士/SH6）Pn检测显示，在正常生长或干旱处理条件下，宫藤富士/G935与宫藤富士/M9-T337的Pn水平无显著差异，但均显著高于乔砧。

同一砧木类型的不同砧木品种光合效率也存在差异。以礼泉富士苹果嫁接在8种矮

化中间砧（Pajam2、Mark、GM256、M26、MM111、SH6、SH9、SH40）为试材研究显示，不同矮化中间砧对叶绿素含量及其比例间产生明显差异性影响。叶绿素a含量以M26最高，类胡萝卜素则以MM111含量最高，而叶绿素a/b则以SH9最高，Pn以Mark最高，为20.55 μmol $CO_2 \cdot m^{-2} \cdot s^{-1}$，各砧木对礼泉富士苹果幼树叶片光合特性的影响以M26和Mark最为显著。

（三）选用高光效的砧木品种与接穗品种组合

砧木品种与接穗品种存在较为复杂的互作关系，导致不同砧木、品种组合的光合效率存在差异。15年生的嘎拉、乔纳金、首红与M26、M7、Bud9砧木的9个砧穗组合中，首红/M26光合效能显著高于嘎拉/M7、嘎拉/Bud9和乔纳金/Bud9。3种砧木对接穗品种叶片光合效能的影响程度表现为M26＞M7＞Bud9。

对基砧八棱海棠9种矮化中间砧上的长富2号苹果3年生树进行叶片特性指标的测定显示，不同矮化中间砧对长富2号叶片光合作用的影响差异较大。Pn以CF2/SH6/BL组合最高，为20.14 μmol $CO_2 \cdot m^{-2} \cdot s^{-1}$；其次为CF2/MM106/BL、CF2/Mark/BL和CF2/GM256/BL组合，各组合间差异不显著；以CF2/Pajam1/BL组合最小，为12.75 μmol $CO_2 \cdot m^{-2} \cdot s^{-1}$，且与以上四种组合间差异显著。

对2年生平邑甜茶基砧分别嫁接7种矮化砧木（GX、CG24、M26、M9-T337、SH1、SH6和SH40）的苹果矮化中间砧富士Pn检测显示，在正常生长条件下，以CG24、M26砧穗组合Pn水平最高，SH1、SH6砧穗组合Pn水平最低。在干旱胁迫下7种砧木中以M26、M9-T337的净光合速率最高。

此外，外在因素如气候条件、水肥管理等都会对果树的光合效率产生影响。鉴于上述砧穗互作关系研究结果，建议在不同地区当地立地条件下进行砧穗组合筛选，选用较高光合效率的砧穗组合。

（四）优化和改良个体树形结构和群体结构

苹果的品种与树形种类很多，生长特性与形式多样，但管理措施的目的是相同的，即最大限度地截获光能，保证花芽孕育与分化、果实坐果与发育等过程的光照基础，获得最大的果实产量与品质效益。尤其对于新建果园，要在最短的年限内，最大可能地调节营养生长与生殖生长的平衡，调节光合产物的分配，形成伸展合理、光能高效利用的树体结构。保持树体健壮生长的前提下，减少营养器官的冗余生长，促进果品等经济器官的产出，实现早花丰产和优质高效的有机统一。

1.选用和培养良好的个体树形结构

树体结构是人们在长期的生产实践中，根据果树生长发育规律改造而成的理想的树体骨架结构模式，以适应不同类型果园的生产。根据树冠的大小进行分类，苹果树体大致分为大冠型、中冠型和小冠型等3种，分别适用于不同密度（低密度、中密度和高密度）栽培和不同苗木类型果园（乔化、矮化中间砧、矮化自根砧）使用。苹果个体植株的目标树形包括：疏散分层形、延迟开心形、高纺锤形等，分别作为乔化稀植、乔化和矮化密植、矮砧密植的理想树形。选用和培养与生态条件、苗木种类、栽培密度相适应的高光效树形，是获得较高光合产出率的有效途径。

2.改善单株个体冠层光合相关生态条件

苹果树体结构与冠层的枝条数量及各类枝条的比例都直接影响着冠层对光能的利用效率，从而影响果树生产能力的大小和果实品质的高低。通过相应的整形修剪措施调整枝叶数量、不同枝梢比例以及合理的空间分布，使树体冠层具有良好的光照分布，从而更好的制造光合产物，实现树体的更高效生产。

在树形优化的前提下，对果树个体的叶片在树冠的集中分布层即冠层结构和光合相关的光照强度及分布情况、通风通气情况、温度、湿度等进行优化改善，也可明显提高果树光合效率。冠层中较小体积的无效光区、较大体积的适宜光区和良好的通风透光条件是冠层结构及生态条件改良的目标。改善冠层光合相关生态条件的方法有：

（1）控制冠层高度。随着太阳光在冠层中行程的增加，枝叶对太阳光吸收遮蔽，到达冠层下部光强与冠层厚度一般成反比。为减少和控制冠层中的无效光区，应控制冠层厚度，一般通过冠层上部"落头"或疏除底部主枝、提高主干高度，即"提干"措施，降低冠层厚度，改善通风透光条件。

对渭北南部地区三种主要树形（小冠疏层形、自由纺锤形和低干开心形）的12年生红富士苹果调查显示，低干开心形的适宜光区体积占比最大，占树冠总体积的74.39%，落头开心明显降低了无效光区占比；小冠疏层形的适宜光区占比为57.98%，自由纺锤形的适宜光区占比为50.21%，其无效光区占比接近40%，冠层厚度增大导致无效光区占比较高；对着色也有影响，低干开心形的冠内 UV-B 辐射强度分布均匀，自由纺锤形冠内紫外辐射较弱，小冠疏层形上层紫外辐射过强。三种树形中低干开心形和小冠疏层形的光照分布较合理，果实品质较好，适合渭北南部地区的推广，而自由纺锤形的叶幕光照截获量较低，果实产量、品质都较差，需要进行改造。

对河北省内丘县盛果期红富士纺锤形、改良纺锤形和垂帘形3种树形研究显示，纺锤形的冠层下总辐射量、冠层下散射辐射、冠层下直射辐射均最大，分别为

1579.2 MJ·m^{-2}·a^{-1}、276.67 MJ·m^{-2}·a^{-1}、1310.83 MJ·m^{-2}·a^{-1}，极显著高于垂帘形和改良纺锤形。垂帘形的相对光强显著高于改良纺锤形，纺锤形的相对光强高于改良纺锤形，但差异不显著。垂帘形的净光合速率最高，纺锤形次之，改良纺锤形最小。

（2）开展枝条角度或减少枝叶总量。自然条件下，苹果枝叶的自然抱合生长状态时，枝条与中干基角较小，枝叶空间间距小、密度大，不利于通风透光，通过拉枝、挂果压冠等途径可以增大枝条开张角度；冠层内部直立枝条也可通过开角、疏除等措施处理，减少内膛枝叶总量，改善光合条件。

（3）调整枝组构成，增加短枝比例，控制长枝比例。苹果主要依靠短枝成花结果，长枝基本为长枝、长叶的营养器官。通过疏长枝、长放、戴帽修剪等措施调控冠层中长、中、短枝的构成比例，增加短枝比例、抑制长枝比例，也可实现冠层密度调控，改善光合条件。

3.控制苹果枝梢冗余生长、促进花果产量、提高单株树体光能利用效率

适当的枝叶量是苹果生产的必要条件，但盛果期苹果超过必要限度的枝叶生长会形成冗余，最终通过枝叶修剪浪费光合产物，控制枝梢冗余生长是提高光合效率的重要途径。通过调整果树枝、叶、果的数量关系，改变树体中经济器官和非经济器官对光合产物的利用和分配，使光合产物多分配于果实、减少冗余生长是提高光能利用效率的重要措施。

对于新建矮砧苹果园，控制枝梢冗余生长的栽培管理措施主要包括：

（1）生长期连续人工摘心：主枝生长到35～45 cm时留外芽及时摘心，对摘心后萌发2～3条新梢，留顶端新梢，去掉竞争新梢；侧枝生长20～25 cm时再次摘心，同样处理多余萌发梢。通过连续摘心可控制枝梢生长量满足正常生长需要，减少冗余枝条。

（2）化学控秋梢：苹果秋梢一般不能产生高质量的短枝和花果，一般应尽量控制秋梢生长，可采用化控方式实施。8月中下旬或者主枝生长至60～80 cm时，全树喷施以调环酸钙为主要成分的控长剂，控制秋梢生长。

（3）提高养分贮备、促进养分回流：苹果自然落叶前7～10 d，喷施一遍以5%～10%尿素为主要成分的脱叶剂，喷施后5～7 d叶片逐渐脱落，促进叶片有机养分回流，提高树体贮藏营养。

4.应用幼树促发枝快速成形技术，提高幼树期光合效率和产量

对于新建苹果园，树冠小，叶幕尚未形成，LAI数低，果园群体光能截获与光合效率低，促发枝、快成形、提高枝叶量与光合产物的积累是果园早果丰产的关键。目前生产上密植苹果果园的主流树形为高纺锤形，该类树形的特点为树冠较为窄小，骨干枝的延伸较短较细，要求要有较多的主枝数量（30条以上）。培养苹果高纺锤形树形结构，幼树期促

发枝、快速成型是非常关键的一环，主要包括以下措施：

（1）高定干：苹果定植建园后，依据苗木质量，选择主干上最饱满芽定干，同时疏除主干离地面70 cm以下的枝条，一般在早春进行；

（2）主干人工刻芽或化学发枝：在主干离地面70 cm开始，人工刻芽。主干刻芽目的为促发长枝或每隔15 cm左右涂商品发枝素（主要成分6-BA或普罗马林），直到离主干剪口芽20～30 cm部位，确保当年主干上发芽、发枝数量15～20个；

（3）主干顶部发芽后，扶正中干延长头，留桩5 cm左右短截第2、3、4、5芽竞争枝；

（4）主干延长头新梢化学分枝：在主干延长头生长过程中，根据生长速度，在新梢顶端叶片上喷施发枝素，促进主干生长并继续形成侧枝。主干延长头每生长20～25 cm，在顶端叶片上喷施一次发枝素，每次可以促发3～4个侧枝，根据不同区域气候的差异，全年可用2～4次，当年生新梢可以促发15个以上分枝。

通过上述措施，可以实现幼树定植当年或次年快速形成具有30个以上分枝的高纺锤形树形，从而形成幼树期光合面积，提高幼树期光合效率和产量。

5.提高苹果果园群体的光合效率

果园是由众多单株按一定组织形式排列组合形成的群体，群体内个体之间存在相互影响，不同于单个个体的简单相加，改善群体结构，也可以提高单位面积的光合效率。

（1）适当提高叶面积系数和果园覆盖率

叶面积系数和果园总体覆盖率都是反应果园总体光截获能力的重要指标，其中LAI是单位植物冠层垂直投影面积上叶片的总面积，主要反应单位冠层投影面积上光合面积的大小；覆盖率是单位土地上被冠层覆盖面积的比例，反映了冠层投影面积（最大有效光截获面积）的大小。果园群体的光和效率通常与叶面积系数、覆盖率、净光合速率成正比；近年来，由于果园中由于作业通道、便于机械化等要求的不断强化，果园总体覆盖率、总叶面系数呈下降趋势，但冠层内覆盖率、冠层叶面系数呈上升趋势。

根据品质和产量需求，调整果园群体密度、调整叶面系数是我国乔化密植果园解决密闭问题的关键技术。据报道，将三主枝疏散分层形苹果树形逐步改造成高干开心形之后，叶面积系数从3.98降至2.31，冠层内叶片及光照分布更为均匀，无效光区从43%降至24%，冠层的光合作用略有降低，但平均单叶光合速率增加40.4%，产量和可溶性固形物均有所提高。此外，不同修剪强度、不同树龄也会对果园的叶面积系数产生显著影响。

对于盛果期果园为提高果园的光能截获，在果树春梢停长以前，应促进新梢生长和叶面积增大，以提高叶面积系数；春梢停长之后到秋梢停长以前，应控制新梢生长，适度修剪，保持相对稳定的叶面积系数，控制无效冗余生长。调整树冠的枝梢类型和叶面系数，保持生长季较高的光能截获利用是保持果园连年丰产稳产的关键。

（2）适宜的栽植密度、合理的群体结构以及适宜的冠层微环境是实现苹果优质丰产的关键。苹果园群体光合效率和冠层光照状况受树体结构、砧穗组合类型、栽植密度、整形修剪、枝（梢）类组成与空间分布及其他栽培管理措施等多种因素影响。一般而言，优质丰产的矮砧密植苹果园盛果期的枝（梢）量应达到每公顷9.0×10^5条，稳定叶面积系数在2.5~3.5之间，冠层内相对光照强度不低于30%，90%以上树冠体积相对光照强度达到40%~80%，避免枝叶量过少光照强度过高（超过80%）而导致苹果果实灼烧。

（五）合理负载

果实是一个强有力的代谢库，可引起光合产物由叶到果的有效运转，果实的存在可提高光合速率并加速光合产物由叶外运的效果。果树的负载量是否合理与果树的产量、果实品质之间存在相辅相成密不可分的关系，合理负载量是保证树体生长势及获得优质、高产、稳产的重要基础。

对M9-T337矮化自根砧富士高纺锤树形不同负载量研究显示，叶片相对叶绿素含量和净光合速率随负载量的增大先增高后降低，叶片面积和单果质量逐渐减少，5年生M9T337矮化自根砧富士高纺锤树形较适宜的负载量为每平方厘米干截面积留5个果（刘丽 等，2022）。对8年生矮化中间砧烟富3号苹果树研究显示，中负载量下叶片厚度和叶绿素含量较高，冠层截获直射和散射的能力最强，果实品质最好；高负载量时，叶面积指数最大，叶倾角最小，植株冠层截获光能的能力增强，叶片胞间CO_2浓度和蒸腾速率升高，净光合速率增加，但光向冠层深处透射能力和净同化率降低。综合分析认为，中负载量水平，即每平方厘米主干横截面积留4个果，为盛果期矮化中间砧烟富3号较适宜的负载量（薛晓敏 等，2019）。对7年生矮化中间砧红富士苹果树研究显示，负载量对叶片影响较大，随着负载量升高，叶面积逐步减小，叶绿素含量逐步增大；高负载量提高了叶片净光合速率，同时也增大了叶面积指数，使植株受光面积变大；随着负载量增大，落果严重，果实品质变差，小果比例升高。分析认为矮化中间苹果以中等负载量水平，即留果4个·cm^{-2}为较适宜的负载量（薛晓敏 等，2020）。

（六）通过矿质营养提高叶片质量和光合效率

矿质元素对植物光合作用的影响，主要是通过调节叶绿素的合成与降解来起作用的。

1.主要元素功能

氮素是植物必需的矿质元素之一，是蛋白质、核酸、磷脂、叶绿素、激素、维生素和生物碱的主要成分，参与植物生长发育的各个阶段。苹果树体氮素水平直接影响光合作用，缺氮可导致光合效率降低60%以上。树体含氮量适宜，叶面积大，叶绿素多，叶绿体体积大，基粒数目层次多，因而光能利用率高。同时，氮素充足树体幼嫩枝叶多，赤霉素含量高，可促进气孔开张，提高光合效率。如亚精胺处理可明显提高富士和嘎啦苹果的净光合速率及气孔导度，降低胞间CO_2浓度，同时提高PSⅡ原初光能转换效率（张媛等，2005）。

目前苹果盛果期施氮主要采用秋季施氮，在秋季采果前后通过施基肥方式土壤施入，施入量与树龄树势、负载量、土壤条件、水肥条件有关。

钾在植物生命活动中的作用是全面的，影响是复杂的。苹果树根外施钾肥可使叶片在一天中提前进入光合作用的最高峰，且午后恢复较快，在一定程度上缓和了"午休"现象，从而提高了光合作用效率。不同施钾量对9年生红富士苹果叶片光合特性影响的研究显示，当株施钾肥量达到800 g时，光合速率和气孔导度显著提高，分别为对照的236%、452%；同时叶片蒸腾速率和胞间CO_2摩尔分数显著降低，分别为对照的48.84%、34.68%。钾能增加苹果叶片矿质营养含量，氮、磷、钾、钙、镁5种元素的含量与对照相比均增加（郭雯等，2010）。

根施或叶面喷施锌肥、铁肥可以提高红富士苹果的净光合速率。根外施硼，能够增加新红星苹果叶片的叶绿素含量，提高蒸腾速率，促进光合速率。此外，$NaHSO_3$溶液喷施红富士苹果叶面后，叶绿素a和叶绿素b含量升高，果实产量和品质得到改善（陈屏昭等，2013）。

2.苹果施肥提高光效技术

对于西北黄土高原区苹果主产区，土壤中的钙含量较多，而磷低一些，因此实际应用时应适度增加磷肥的用量，其氮磷钾的比例可选用1∶1∶1，其他山东、河南中性到酸性的地区成龄果树可选用1∶0.5∶1。磷肥和钾肥主要作秋季秋梢停止生长后基肥（或秋追肥）施用，应占总施肥量的一半以上，其余部分可作为春梢停止生长时花芽分化期的促花肥和果实膨大期的促果肥。成龄苹果树的每亩年施用氮磷钾以纯养分计为氮肥12～18 kg、磷肥9～15 kg、钾肥6～12 kg。具体到每个果园还需要根据有机肥的施用量及土壤的肥力状况酌情调节。在施肥的时期方面，注意重施秋季基肥，及时于花前、果实膨大期、花芽分化期进行追肥，每次施用量不可过大，注意在施用量较大时应全园撒施、适度深翻防止肥害。

（七）通过植物生长调节剂

植物生长调节剂是人们基于对植物激素的深入研究发展起来的，通过生物化学途径合成的具有生理活性的物质，具有与植物激素相似的化学结构和生理效应。植物生长调节剂对调节植物生长发育、抗逆性、果实品质与成熟期等有着广泛而特殊的作用，苹果生产上常用的植物生长调节剂种类已有很多，如乙烯利（ETH）、矮壮素（CCC）、多效唑（PP333）、比久（B-9）、三碘苯甲酸（TIBA）等。

在调控苹果光合效率方面，三十烷醇是一种适用范围相当广泛的植物生长促进剂，能促进叶片光合作用，提高光合效率，增加有机物质的积累。研究显示，对10年生金冠苹果的叶片喷施三十烷醇0.01～0.3 ppm，可提高光合效率20%以上，应用不同浓度三十烷醇对光合效率提高的影响程度较小，如喷施0.3 ppm三十烷醇较喷施0.1 ppm浓度下光合效率仅提高4%（辛维华、李生菁，1983）。在红星、元帅、国光等苹果品种的应用显示，三十烷醇在提高光合效率的同时，还具有提高坐果率、增加单果重与果形指数等功能。

普洛马林是一种赤霉素与细胞分裂素的混合植物生长调节剂，其他商品名还有宝美灵、宝丰灵、大果灵等，主要成分为GA_{4+7}和6-BA。喷施普洛马林可以显著提高苹果叶片的叶绿素含量，进而提高光合效率，目前已经广泛应用于果园生产中。对元帅、红星、富士系苹果的单果重、果型指数、着色度等品质具有较好的改善功能。此外，普洛马林在生产中还主要用于苹果苗木促发枝等。

三、提高柑橘光合效率的调控技术

调控柑橘光合作用效率，就是通过栽培设施、整形修剪、水肥管理等技术措施，调控影响柑橘光合作用效率的光照、温度、水分、通气及养分等环境条件，进而达到提高光合作用效率，提高柑橘产量和品质的目的。

（一）合理密度及栽培模式控制

控制柑橘栽植密度，不仅能够改善柑橘园的光利用率，而且能够改善果园温度、湿度及通风状况等光合环境，进而综合提升柑橘的光合作用效率。徐芳杰等（2015）通过间伐措施，将树龄20年、株行距为3 m×3 m的宫川果园密度降低至3 m×6 m后，LAI和消光系数增加，树体内膛光秃现象得到改善，树体光截获能力提高，光能利用率增加。因此合理间伐能有效改善树体冠层内部通风透光条件，明显提升成熟果实可溶性固形物及蔗糖和葡萄糖含量，在促进增产的同时有效提升果实糖酸比，改善果实风味。

不同栽培模式影响树体各部分的叶片分布及光强有效辐射。不同栽培模式及不同冠层的叶片净光合速率差异显著，篱壁式叶片Pn显著大于宽行窄株小冠模式和传统模式；上层和下层均表现为篱壁式气孔导度大于传统模式和宽行窄株小冠模式；而上层与中层叶片的蒸腾速率表现为：传统模式>篱壁式>宽行窄株小模式；下层叶片蒸腾速率则表现为宽行窄株小冠模式最低。

（二）整形修剪及树体结构调控

树形结构特征影响柑橘的叶片分布、受光面积及光合作用效率，通过整形修剪，可为果树冠层各区域创造良好的光照条件。温州蜜柑开心形树的透光性和光合能力均优于自然圆头形，单株产量比自然圆头形高。胡德玉等（2017）综合研究了整形改造对柑橘树体光合特征的影响，结果表明，开心形、篱壁形和主干形改造的树体冠层光合有效辐射均较对照植株显著提高，表明整形改造处理增大了冠层的透光性，使冠层的中、下部叶片可以获得较好的光照条件。同时，树形改造后的冠层叶片的 Chl a、Chl b、Chl a+b 和 Car 呈上升趋势，表明光合色素合成增加，可能与冠层光强逐渐变弱、植株叶片光合能力自我调节和自我适应的结果密切相关。开心形、篱壁形和主干形的PIabs、PIcs和PItotal均显著高于对照，说明合理的整形改造可提高叶片光合性能，有利于叶片更高效率的合成更多植株生长发育所需的营养物质。整形改造处理后，由于树体冠层微域环境的改善，奥林达夏橙单株产量及果实品质都得到了明显提高。整形改造改善了树冠内通风透光状况，提高了冠内各部位叶片的光合效率，促进树体有机物质的积累和可移动营养元素向果实的运转，从而提高了植株产量和果品质量（张显川 等，2007）。

通过修剪调整合理的叶果比，能够平衡光合产物在叶片（源）和果实（库）中的分配，增强叶片的光合能力。控制合理的叶果比是果树栽培管理的重要环节，适宜的叶果比既要满足当年果实的生长发育的需求，又为翌年的开花结果储备充足的养分。叶果比过低，果实和叶片之间就会存在同化产物分配的竞争，大量的光合产物分配到果实中，就会导致果树枝叶的生长受抑制，进而影响树势和翌年的生产。王鹏等（2022）通过不同叶果比对比试验研究，结果表明，设施栽培红美人杂柑连年优质稳产的叶果比控制在80左右比较适宜。砂糖橘适宜的叶果比为15（～25）：1，沃柑的适宜叶果比为30（～40）：1。

（三）适度补光或遮荫措施

不同的设施栽培条件影响柑橘树体的光合效率、生长发育及其生理机制，甚至影响柑橘果实的产量及品质。弱光是常见的影响植物生长发育的限制因子之一，韩春丽（2008）研究发现，弱光直接影响纽荷尔脐橙的光合作用，其原因可能是由于弱光影响了Rubisco的活性和含量，影响其羧化效率，最终降低了叶片的光合速率。因此设施栽培弱光条件下，适时补光是提高果实产量及品质的措施之一。

但是，光照过强易导致光合效率下降以及果实日灼问题的发生，适度遮阴能提高柑橘光合效率。通过对柑橘树体周围覆盖透湿性反光膜，可提高叶片的光合速率，提升果实品质。魏四军等（1993）研究发现，适度对温州蜜柑遮荫（72%自然光）处理，叶片厚度、比叶重、含N量、可溶性蛋白比经41%自然光、13%自然光以及不遮荫（100%自然光）的处理都高，而且净光合速率、水分利用效率以及气孔导度也最大。遮阴处理显著降低了中午光合有效辐射强度，降低了树冠温度，增加相对湿度，使柑橘树冠高温强光低湿环境条件得到明显改善。遮阴处理的柑橘叶片净光合速率日变化呈单峰型，叶片净光合速率高于对照。通过遮荫网降低叶片温度来提高气孔导度及 CO_2 同化率，从而有效地提高了温室栽培柑橘的光合效率。因此，在设施栽培条件下，光照过强时及光合"午休"期间，可采取拉遮阴网、叶面喷水等措施降低柑橘树体周围小环境温度，提高湿度、以提高其光合效率。

（四）水肥一体化及限根栽培技术

水分和养分是决定作物生长发育、产量和品质的关键因素，滴灌水肥一体化技术对柑橘光合、呼吸等生理作用有不同的影响，进而影响其光合产物积累和果实品质形成（张锐 等，2015）。中国柑橘种植地区主要在长江以南的丘陵山地一带，这些区域普遍灌溉条件较差，同时面临严重的区域工程性缺水和季节性干旱缺水（万水林 等，2010）。另外，柑橘主产区缺磷、缺镁、缺硼等问题普遍，对柑橘光合效率及生产造成不利影响，水肥一体化管理可以均衡各种养分的供应量，是提高柑橘光合作用效率，提升柑橘产量和品质的重要措施（张中华 等，2019）。

陈昱辛等（2018）研究发现，不同生育期实施不同的滴灌水肥一体化管理模式，可以相应地提升叶片的光合性能，提高柑橘产量。春见、红美人、鸡尾葡萄柚的水肥一体化处理可明显促进生长、提高产量、提升品质，取得显著的经济效益。水肥一体化技术与常规施肥方案相比，其肥料的节省用量可以达到30%～50%，对于施肥环节劳动力的节省效果可以达到90%。通过直接在果树根部施肥的方式让果树根部快速吸收养分，提高果树抗病害能力。由于水肥一体化技术精准供应水肥至果树的根部，其余区域并没有水肥供应，降低水肥供应的同时限制杂草生长。水肥一体化技术可以根据柑橘的生长规律以及对于水分和养分的实际需求制定对应的灌溉和施肥方案，从而保证柑橘生长过程中的水肥供给（经桂平，2022）。

干旱虽然在一定程度上限制了光合作用进行，但干旱处理的温州蜜柑果实总糖含量最高。通过 ^{13}C 标记实验，证明在中度干旱条件下，光合产物主要转移到了汁囊中，用于果实生长。果实膨大期干旱，糖酸含量显著升高。在柑橘膨大至成熟期，通过避雨隔绝雨水、通过限根阻断地下水的方式形成较低持水量的根域环境，能有效提高果实的糖酸总量，尤其酸度的提高在口感中表现较为明显。因此，通过水肥一体化、限根栽培等措施，可以控制水肥供应，提高光合效率，在果实糖分积累期适当干旱，以促进糖分积累、增加果实品质（刘永忠，2015）。

（五）果园生草及立体复合经营

柑橘主要产区在南方低山丘陵区，容易发生水土流失，土壤水肥条件变差影响光合效率。间作套种生草及其他减少耕作的农作物，能够增加地表植被覆盖，叶面层和根茎能对雨滴和地表径流进行拦截和过滤，有效减少雨滴对地面的直接打击和地表径流对地表的冲刷，减少水土流失。研究表明，"柑橘+蔬菜"间套作农业模式比纯柑橘种植降低了土壤侵蚀强度（姜达炳等，2003）。"柑橘+作物"的物种配置能保持水土和改善土壤理化性状，进而提升柑橘光合效率。三峡库区柑橘园生态复合经营，具有投入低、防止水土流失和农业面源污染、维系坡地柑橘园生产力、提高柑橘产量和质量、增加柑橘园经济产出和生态效益的作用，对于库区经济和保护生态环境有重要意义。

在干旱少雨的季节柑橘果园会出现自然生草与树体争夺水分及养分的现象，选择适宜的草种种植可以减少争夺水分对果实造成的不利影响，增加土壤有机碳，减少日灼的发生。在炎炎烈日下，温州蜜柑生草覆盖比清耕的梯面地面温度要低4.9 ℃，脐橙生草覆盖园，梯面地面温度要低4.4 ℃（胡艺帆 等，2020），有效改善了光合环境。树盘覆盖亦可降低果园地表气温，减少果园土壤水分蒸发。

防虫网的作用是通过物理性隔离，可以防治柑橘种植中常见的木虱、蚜虫、食心虫、红蜘蛛和潜叶蛾等虫害，同时还具有较好的防治病害的作用，减少病虫害的发生能够维持柑橘树体健康和叶片光合效率。柑橘常常会受到黄龙病、炭疽病等病害的影响，而这些病害往往是通过风、雨水等途径进行传播。使用防虫网能在一定程度上减少这些传播途径的病害，从而降低柑橘病害的发病率，保障柑橘种植的质量（桑文 等，2018）。另外，防虫网还可以降低柑橘树的落果率，从而维持柑橘的光合效率，保障柑橘的种植产量。

参考文献

[1] 陈屏昭，王荣，刘健君，等，2013.红富士苹果叶片光合色素含量和果实生长量对NaHSO_3溶液浓度的响应[J].河南农业科学42（03）：96-99.

[2] 陈昱辛，贾悦，崔宁博，等，2018.滴灌水肥一体化对柑橘叶片光合、产量及水分利用效率的影响[J].灌溉排水学报37（S2）：50-58.

[3] 陈学森，伊华林，王楠，等，2022.芽变选种推动世界苹果和柑橘产业优质高效发展案例解读[J].中国农业科学55（04）：755-768.

[4] 邓秀新，束怀瑞，郝玉金，等，2018.果树学科百年发展回顾[J].农学学报8（01）：24-34.

[5] 董然然，安贵阳，赵政阳，等，2013.不同树形矮化自根砧苹果的冠内光照及其生长和产量比较[J].中国农业科学46（09）：1867-1873.

[6] 杜社妮，耿桂俊，白岗栓，2012.苹果树冠不同部位采样对果品品质分析的影响[J].北方园艺（13）：8-12.

[7] 杜研，李建贵，侍瑞，等，2013.授粉受精对富士苹果果形形成的影响[J].新疆农业大学学报36（03）：202-206.

[8] 高照全，赵晨霞，程建军，等，2012.我国4种主要苹果树形冠层结构和辐射三维分布比较研究[J].中国生态农业学报20（01）：63-68.

[9] 高照全，赵晨霞，李志强，等，2013.我国4种主要苹果树形光合能力差异研究[J].中国生态农业学报21（07）：853-859.

[10] 郭雯，李丙智，张林森，等，2010.不同施钾量对红富士苹果叶片光合特性及矿质营养的影响[J].西北农业学报19（04）：192-195.

[11] 郭延平，陈屏昭，张良诚，等，2003.缺磷胁迫加重柑橘叶片光合作用的光抑制及叶黄素循环的作用[J].植物营养与肥料学报（03）：359-363.

[12] 郭延平，张良诚，沈允钢，1998.低温胁迫对温州蜜柑光合作用的影响[J].园艺学报（02）：8-13.

[13] 郭延平，张良诚，洪双松，等，1999.温州蜜柑叶片光合作用的光抑制[J].园艺学报（05）：281-286.

[14] 胡德玉，刘雪峰，王克健，等，2017.郁闭柑橘园改造对植株光化学反应参数及果实品质的影响[J].果树学报34（05）：552-566.

[15] 胡利明，2007.柑橘光合特性研究及C_4光合途径的初步探讨[D].武汉：华中农业大学.

[16] 胡美君，郭延平，沈允钢，等，2006.柑橘属光合作用的环境调节[J].应用生态学报（03）：3535-3540.

[17] 胡艺帆，葛聪聪，黄运鹏，等，2020.柑橘日灼病的发生及防控技术研究进展[J].广西植保33（01）：25-27.

[18] 黄永敬，唐小浪，马培恰，等，2008.几个柑橘品种叶片光合特性比较研究[J].中国农学通报24（12）：132-135.

[19] 贾少武，2007.促进红富士苹果着色的技术措施[J].果农之友（08）：16-17.

[20] 姜达炳，李峰，彭明秀，2003.三峡库区高效生态农业技术体系研究[J].中国生态农业学报（02）：102-104.

[21] 经桂平，2022.柑橘水肥一体化栽培技术[J].农业技术与装备（04）：79-81.

[22] 李明霞，杜社妮，白岗栓，等，2010.渭北黄土高原苹果生产中的问题及解决方案[J].水土保持研究17（04）：252-257.

[23] 刘国琴，樊卫国，何嵩涛，等，2003.16个柑橘品种的光合特性[J].种子（05）：13-15.

[24] 刘丽，石彩云，魏志峰，等，2022.负载量水平对矮化自根砧富士苹果生长发育和果实品质

的影响[J].果树学报39（06）：982-991.

[25] 刘永忠，2015.柑橘提质增效核心技术研究与应用[C]//：柑橘提质增效核心技术研究与应用.

[26] 聂继云，李志霞，李海飞，等，2012.苹果理化品质评价指标研究[J].中国农业科学45（14）：2895-2903.

[27] 任青吉，李宏林，卜海燕，2015.玛曲高寒沼泽化草甸51种植物光合生理和叶片形态特征的比较[J].植物生态学报39（06）：593-603.

[28] 桑文，刘燕梅，邱宝利，2018.柑橘木虱绿色防控技术研究进展[J].应用昆虫学报55（04）：557-564.

[29] 史祥宾，刘凤之，程存刚，等，2015.不同叶幕形对设施葡萄叶幕微环境、叶片质量及果实品质的影响[J].应用生态学报26（12）：3730-3736.

[30] 宋勤飞，欧阳斌，2009.不同柑橘品种光合生理生态特性的日变化[J].贵州农业科学37（09）：178-181.

[31] 孙宝箴，李商锐，范东英，等，2022.V形水平和V形下垂叶幕对香百川葡萄光能利用的影响[J].中国果树（03）：26-30.

[32] 唐丽娟，2021.柑橘节本增效栽培新技术[J].世界热带农业信息（05）：25-26.

[33] 汪良驹，姜卫兵，高光林，等，2005.幼年梨树品种光合作用的研究[J].园艺学报（04）：571-577.

[34] 王金政，薛晓敏，路超，2010.我国苹果生产现状与发展对策[J].山东农业科学（06）：117-119.

[35] 王鹏，金龙飞，黄贝等，2022.不同叶果比对设施红美人杂柑光合特性和果实品质的影响[J].果树学报39（10）：1857-1863.

[36] 魏四军，张良诚，吴光林，1993.柑橘光合作用适应性变化的研究[J].浙江农业大学学报（03）：84-89.

[37] 谢深喜，刘强，熊兴耀，等，2010.水分胁迫对柑橘光合特性的影响[J].湖南农业大学学报（自然科学版）36（06）：653-657.

[38] 谢兆森，2010. 根域限制对葡萄果实发育、源库器官及其输导组织结构的影响[D].上海交通大学.

[39] 辛维华，李生菁，1983.三十烷醇对苹果叶片光合作用的影响[J].烟台果树（04）：27.

[40] 徐芳杰，杜纪红，骆军，等，2015.间伐对上海地区'宫川'柑橘密植园改造的效果[J].中国农学通报31（04）：141-146.

[41] 许大全，2013.光合作用学[C]//：光合作用学.

[42] 薛晓敏，韩雪平，陈汝，等，2020.盛果期矮化中间砧'烟富3号'苹果适宜负载量的研究[J].中国果树（01）：87-91.

[43] 薛晓敏，韩雪平，王来平，等，2019.负载量水平对矮化中间砧苹果生长发育、光合作用及产量品质的影响[J].江苏农业科学47（21）：202-206.

[44] 杨刚，张先林，张江，2001.果形素对苹果果形指数影响的研究[J].林业科技开发（01）：28-29.

[45] 俞晓曲，2012.永安市柑橘省力化栽培发展现状与思考[J].福建果树（02）：19-20.

[46] 张洁，2020. 棚架不同叶幕类型对葡萄冠层结构、光截获及光合的数字化模拟研究[D].石河子：石河子大学.

[47] 张雯，韩守安，钟海霞，等，2018.叶幕型和植物源营养液处理对赤霞珠葡萄生长和果实品

质的影响[J].新疆农业科学55（11）：2002-2011.

[48] 张显川，高照全，付占方，等，2007.苹果树形改造对树冠结构和冠层光合能力的影响[J].园艺学报（03）：537-542.

[49] 张显川，张文和，牛自勉，1999.从引入开心树形谈苹果优质栽培[J].山西果树（03）：6-8.

[50] 张媛，徐继忠，陈海江，等，2005.亚精胺对苹果叶片光合日变化的影响[J].河北农业大学学报（03）：34-37，41.

[51] 张中华，蒋亭亭，张东滨，等，2019.柑橘智慧灌溉水肥一体化应用及效果调查[J].热带农业工程，43（02）：69-75.

[52] 赵丰云，2018.加气灌溉对葡萄氮素代谢及光合同化物积累分配的影响[D].石河子大学.

[53] 周纯，林盛华，李武兴，等，2002.影响苹果品质形成的主要环境因子研究初报[J].山西果树（02）：5-7.

[54] 朱琳，郭兆夏，李怀川，等，2001.陕西省富士系苹果品质形成气候条件分析及区划[J].中国农业气象（04）：50-53.

[55] ALAM S M, LIU D-H, LIU Y-Z, et al, 2022. Molecular elucidation for the variance of organic acid profile between citrus top and bottom canopy fruits[J]. Scientia Horticulturae, 302.

[56] BRAZEL A J, O'MAOILEIDIGH D S , 2019. Photosynthetic activity of reproductive organs[J]. Journal of Experimental Botany, 70: 1737-1753.

[57] CHENG L L, FUCHIGAMI L H, BREEN P J , 2000. Light absorption and partitioning in relation to nitrogen content in 'Fuji' apple leaves[J]. Journal of the American Society for Horticultural Science, 125: 581-587.

[58] DEMOTES-MAINARD S, PERON T, COROT A, et al, 2016. Plant responses to red and far-red lights, applications in horticulture[J]. Environmental and Experimental Botany, 121: 4-21.

[59] FALCAO L D, CHAVES E S, BURIN V M, et al , 2009. Maturity of Cabernet Sauvignon berries from grapevines grown with two different training systems in a new grape growing Region in Brazil [J]. Ciencia E Investigacion Agraria, 36: 131-131.

[60] FU Q S, ZHAO B, WANG X W, et al., 2011. The Responses of Morphological Trait, Leaf Ultrastructure, Photosynthetic and Biochemical Performance of Tomato to Differential Light Availabilities[J]. Agricultural Sciences in China, 10: 1887-1897.

[61] GRIFFIN-NOLAN R J, ZELEHOWSKY A, HAMILTON J G, et al., 2018 .Green light drives photosynthesis in mosses[J]. Journal of Bryology, 40: 342-349.

[62] GUITTON B, KELNER J J, VELASCO R, et al. , 2012. Genetic control of biennial bearing in apple[J]. Journal of Experimental Botany, 63: 131-149.

[63] IDSO S B, KIMBALL B A , 1992. Effects of atmospheric co2 enrichment on photosynthesis, respiration, and growth of sour orange trees[J]. Plant Physiology, 99: 341-343.

[64] IDSO S B, WALL G W, KIMBALL B A , 1993. Interactive effects of atmospheric co2 enrichment and light-intensity reductions on net photosynthesis of sour orange tree leaves[J]. Environmental and Experimental Botany, 33: 367-375.

[65] KIM S J, YU D J, KIM T C, et al, 2011. Growth and photosynthetic characteristics of blueberry (Vaccinium corymbosum cv. Bluecrop) under various shade levels[J]. Scientia Horticulturae, 129: 486-492.

[66] LAWSON T, 2009 .Guard cell photosynthesis and stomatal function[J]. New Phytologist , 181:

13-34.

[67] LI Z, CHEN Q, XIN Y, et al, 2021. Analyses of the photosynthetic characteristics, chloroplast ultrastructure, and transcriptome of apple (Malus domestica) grown under red and blue lights[J]. BMC plant biology, 21.

[68] LIBENSON S, RODRIGUEZ V, PEREIRA M L, et al, 2002. Low red to far-red ratios reaching the stem reduce grain yield in sunflower [J]. Crop Science, 42: 1761-1761.

[69] LIU Y J, ZHANG W, WANG Z B, et al, 2019. Influence of shading on photosynthesis and antioxidative activities of enzymes in apple trees[J]. Photosynthetica, 57: 857-865.

[70] MA F F, JAZMIN L J, YOUNG J D, et al, 2014 . Isotopically nonstationary C-13 flux analysis of changes in Arabidopsis thaliana leaf metabolism due to high light acclimation[J]. Proceedings of the National Academy of Sciences of the United States of America. , 111: 16967-16972.

[71] MADDONNI G A, OTEGUI M E, ANDRIEU B, et al, 2002. Maize leaves turn away from neighbors[J]. Plant Physiology , 130: 1181-1189.

[72] MAZZINI R B, RIBEIRO R V, PIO R M , 2010. A simple and non-destructive model for individual leaf area estimation in citrus[J]. Fruits, 65: 269-275.

[73] NISHIO J N , 2000. Why are higher plants green? Evolution of the higher plant photosynthetic pigment complement[J]. Plant Cell and Environment, 23: 539-548.

[74] NOHALES M A, KAY S A, 2016 . Molecular mechanisms at the core of the plant circadian oscillator[J]. Nature Structural & Molecular Biology , 23: 1061-1069.

[75] O'CARRIGAN A, BABLA M, WANG F F, et al, 2014 . Analysis of gas exchange, stomatal behaviour and micronutrients uncovers dynamic response and adaptation of tomato plants to monochromatic light treatments[J]. Plant Physiology and Biochemistry , 82: 105-115.

[76] OBIADALLA-ALI H, FERNIE A R, KOSSMANN J, et al, 2004. Developmental analysis of carbohydrate metabolism in tomato (Lycopersicon esculentum cv. Micro-Tom) fruits[J]. Physiologia Plantarum , 120: 196-204.

[77] PALLIOTTI A, TOMBESI S, SILVESTRONI O, et al, 2014 . Changes in vineyard establishment and canopy management urged by earlier climate-related grape ripening: A review[J]. Scientia Horticulturae, 178: 43-54.

[78] PETRIE P R, TROUGHT M C T, HOWELL G S , 2000. Influence of leaf ageing, leaf area and crop load on photosynthesis, stomatal conductance and senescence of grapevine (Vitis vinifera L. cv. Pinot noir) leaves[J]. Vitis, 39: 31-36.

[79] POWELL A L T, NGUYEN C V, HILL T, et al, 2012.Uniform ripening Encodes a Golden 2-like Transcription Factor Regulating Tomato Fruit Chloroplast Development[J].Science, 336:1711-1715.

[80] REDDY S K, FINLAYSON S A , 2014. Phytochrome B Promotes Branching in Arabidopsis by Suppressing Auxin Signaling[J]. Plant Physiology, 164: 1542-1550.

[81] ROBINSON T L, 1996. Interaction of tree form and rootstock on light interception, yield and efficiency of 'Empire', 'Delicious' and 'Jonagold' apple trees trained to different systems[C]//6th International Symposium on Integrating Canopy, Rootstocks and Environmental Physiology in Orchard Systems. Wenatchee, 427-436.

[82] ROBINSON T L, HOYING S A, SAZO M M, et al, 2012. Yield, Fruit Quality and Mechanization

of the Tall Spindle Apple Production System[C]//10th International Symposium on Integrating Canopy, Rootstock and Environmental Physiology in Orchard Systems. Stellenbosch, SOUTH AFRICA:95-103.

[83] SWEENEY B M, 1987. Rhythms That Match Environmental Periodicities: Day and Night[C]//:Rhythmic Phenomena in Plants.

[84] TERASHIMA I, FUJITA T, INOUE T, et al, 2009.Green Light Drives Leaf Photosynthesis More Efficiently than Red Light in Strong White Light: Revisiting the Enigmatic Question of Why Leaves are Green[J]. Plant and Cell Physiology, 50: 684-697.

[85] TUSTIN D S, HIRST P M, WARRINGTON I J, 1988. Influence of orientation and position of fruiting laterals on canopy light penetration, yield, and fruit-quality of granny smith apple[J]. Journal of the American Society for Horticultural Science, 113: 693-699.

[86] WUNSCHE J N, LAKSO A N, 2000. The relationship between leaf area and light interception by spur and extension shoot leaves and apple orchard productivity[J]. Hortscience, 35: 1202-1206

第三章　果树水分高效利用的生理基础与调控

第一节　果树水分高效利用的生理基础

一、果树需水规律

水分是影响果树生长发育、果实品质和产量的重要因素之一，水分过多或不足都会严重影响果树的生长和质量。我国水资源相对短缺，各地区水资源时空分配不均，而果树在各个物候期对水分的要求也不同。根据果树的需水规律合理节水、精准灌溉，能够有效提升果树水分利用效率，对促进果树提质增效，维持果树产业的可持续发展具有重要意义。

（一）苹果需水规律

苹果是世界栽培面积最广泛的果树种类之一。我国在世界苹果产业具有重要地位，是世界上最大的苹果生产国和消费国，苹果的种植面积和产量均占世界的40%以上。苹果产业为农业增效、农民增收做出巨大贡献，能够推进我国农业供给侧改革、有效助力乡村振兴战略（霍学喜 等，2022）。

水分是影响苹果优质高产最重要的生态因子之一。苹果树产量高、负载量大，需水量高，而且随着果树树龄的增加，土壤水分逐年消耗，大多数果园有水分亏缺的问题。我国苹果多数种植在丘陵、山地等易受到水分胁迫的干旱和半干旱地区，多数果园立地条件不足，抵御自然灾害的能力差，灌溉条件较差，一些山地苹果甚至不具备灌溉条件，果园水分利用效率低；多数果园为旱地果园，土壤保水保肥性差，根系常处于干旱条件下，同时果树品种之间具有差别，部分品种抵御干旱能力不强；多数果园管理模式一成不变，同时土壤干旱和多变的降水又降低了土壤养分的有效性，从而导致土壤肥力下降，果实产量和品质难以持续提高（尉亚妮，2008）。因此，明确苹果树物候期内不同生长发育阶段的需水规律，界定出适宜的灌水量，为苹果生产适时节水、精准灌溉提供科学依据，为提高苹果产量和品质、保持产量稳定、提高苹果水分利用效率提供技术支撑。

1.苹果需水量的研究方法

针对苹果需水特征的研究常分为两大类。第一类是通过试验观测，利用蒸渗仪法、水量平衡法、涡度相关法、茎流法、气孔计法、同位素示踪法、红外遥感法等方法估算作物蒸腾量（Testi et al., 2004）。其中，近几年茎流法正越来越广泛地应用于研究果树物候期需水规律中。茎流是植物体内的液体流动，因为植物筛管内的液体流动没有固定方向性，所以茎流实际上就是植物体导管或管胞内的水分流动，茎流法就是通过对树干边材液流速度的监测来估算树木蒸腾量，这种方法可以获得较准确的结果（王华田、马履一，2002）。第二类是利用数学模型。通过参考作物蒸发蒸腾量和作物系数进行计算，利用气象、土壤等数据进行模拟果树各阶段的田间蒸散，如Penman-Monteith模型、Priestley-Taylor模型、Hargreaves模型等（Paco et al, 2004）。其中利用联合国粮农组织（FAO）推荐的多种作物的标准作物系数和修正公式，通过作物系数法和由Penman-Monteith模型计算的参考作物蒸散量对作物需水量进行估算，是目前应用最为广泛的方法之一，在苹果上也主要采用该方法（程雪 等，2020）。该方法考虑影响蒸散的辐射和温度等气象因素，又考虑空气动力学因素，具有较强的物理依据和较高的计算精度（Douglas et al, 2009）。

2.苹果生育期需水动态规律研究

苹果在不同生育阶段的需水特征因不同产区环境条件、研究条件和方法等差异，得出的规律或有一定差异，但是能从中展现一些共同点如：苹果的需水具有阶段性，休眠期需水量少，果实生长发育期需水量大，随着果实的成熟采收，需水量也逐渐减少，而且不同生育期需水基本保持相对稳定。

陕西省地理环境优越，自然气候条件独特，海拔800~1200 m，年平均气温7~16 ℃，年降水量490~660 mm，年日照时数2200 h以上；土层深厚，质地疏松，透气蓄水保肥能力强，富含钾、镁、钙、锌等多种营养元素。陕西是联合国粮农组织认定的世界苹果最佳优生区，也是全球集中连片种植苹果最大的区域。中国果树研究所在《全国苹果区划研究报告》中，对我国各苹果主产区的生态条件进行了全面分析，指出陕西渭北旱源是符合苹果生态适宜指标的最佳区域，尤以洛川（延安）、乾县、白水、合阳、旬邑、兴平、礼泉（咸阳）最佳（毕华兴，2011）。

针对苹果的生长发育情况，将全年划分成以下生育期阶段：萌芽期（3月中旬~4月上旬）、花期（4月上中旬）、新梢生长期（4月下旬~5月下旬）、果实生长发育期（幼果期5月、果实膨大期6~8月、果实成熟期9~10月）和落叶休眠期（11月上中旬开始）。

果园土壤水分消耗在时间和空间上具有一定规律性。通过对延安市洛川县和咸阳市乾县两地苹果园的土壤水分测定，发现随着生长期降雨量的增大，苹果园土壤含水量会相应变高，即因降雨产生一定的波动性。降雨对表层土影响最大，在果园0～20 cm土层深度土壤含水量最高，20～40 cm含水量略有降低，40～60 cm土壤含水量有小幅回升，60～100 cm土层随深度增加而降低。通过对延安市宝塔区在丰水年和一般水文年的不同树龄苹果进行水分亏缺程度（SMSD）的测量，发现随着树龄的增加，较老的果树水分亏缺更严重，在同一深度丰水年土壤含水量要高于一般年。明确土壤水分变化规律，提高水分利用效率对促进苹果生产发展、改善土壤水分情况都有重要意义（图3-1）。

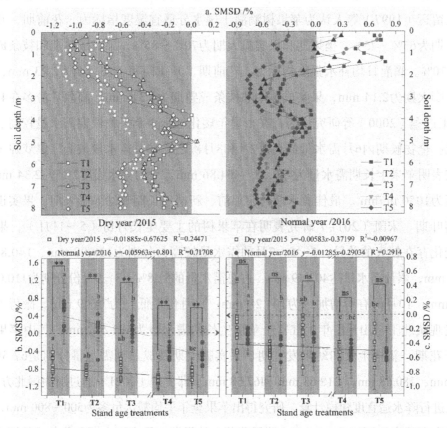

图3-1　在不同林分年龄的苹果园，在干旱年份（2015）和正常降水年份（2016）土壤水分亏缺（SMSD）的垂直分布（0～8 m），指定T1、T2、T3、T4和T5为年份，主要分别于1994、1997、2003、2006和2009年建立。

阴影区域代表了相对于对照处理（废弃农田）的负土壤水分亏缺。不同字母表示各研究年份林分年龄处理间差异有统计学意义（$p<0.05$）。在个体林分年龄处理中，ns表示两个研究年份之间没有显著性差异。误差棒表示95%的置信区间

苹果树的生长发育由土壤水分情况直接影响。在果树萌芽期到花期，水分供应充足，可以促进新梢生长、增大叶面积，促使果树的正常开花与坐果；幼果膨大期缺水会导致落果，要保持充足的水分供应；果实迅速膨大期与花芽分化期在同一时间段，充足的水分可

以保证果实的需水，也有利于促进花芽正常分化；果实成熟期前要适当控水，避免引起裂果（赵志军 等，2011）。水分亏缺对苹果树的新梢生长有一定的抑制作用，也能够调控果实品质：萌芽期的水分亏缺对果实含水量、可溶性固形物含量、可溶性还原糖的含量没有显著影响；坐果期水分亏缺会导致果实含水量下降，果实硬度增加，单果重、溶性固形物含量、可溶性还原糖升高；膨大期水分亏缺会导致果实硬度增加，果实含水量、单果重、优果率下降（钟韵 等，2019）。通过对洛川、乾县两地苹果相关指标测定发现，苹果新梢生长长度和土壤含水量呈一定正相关，果实单果重、产量和年降水量、土壤含水量也呈正相关。

王留运（1997）等人认为苹果树滴灌土壤水分适宜湿度指标为，花前期、开花期和生长后期为65%～75%，坐果期和果实膨大期为70%～85%，果实成熟期和枝条成熟期为60%～70%。滴灌日均补水强度指标为，花前期、开花期和生长后期为2.23 mm，坐果期和果实膨大期为2.14 mm，果实成熟期和枝条成熟期为1.31 mm。滴灌月份多在4～6月和9月。王进鑫（2000）等研究认为，在干旱年矮化红富士苹果物候期需水量较高，湿润年则较低。全物候期内6月需水量最高，7月和8月次之，10月需水量最低。焦梦妮（2009）等研究表明苹果生长期需水量为430.05～464.86 mm，平均耗水强度2.15～2.34 mm/d，灌溉定额为1050 m^3/hm^2。最佳灌水期为萌芽前、新梢生长期和幼果膨大期、果实迅速膨大期和落叶期。宋凯（2011）研究表明在苹果树的主要生长月份（5～11月），果园需水量的变化存在较大的差异，5、6、7月的需水量较高，分别为129.08 mm、140.84 mm、133.57 mm，累计需水量达403.49 mm，占总需水量的51.8%；8、9月份分别为110.06 mm、90.49 mm；10月份有所增加，为104.28 mm；11月份最低，为70.09 mm。徐巧（2015）研究发现陕北干旱山地6年生红富士苹果生长期需水量为571.54 mm，其中苹果树萌芽期、开花期、新梢生长和幼果发育期、果实膨大期及成熟期需水量分别是67.50 mm、37.20 mm、180.63 mm、218.63 mm和67.58 mm。邱美娟（2021）通过对中国北方7个苹果主产区进行降水适宜度建模计算，研究得出苹果全年平均需水量多为500～800 mm，其中苹果优势主产区为412.8～798.5 mm。苹果萌芽—幼果期、果实膨大期和着色成熟期需水量分别为120～210 mm，250～450 mm和100～160 mm的区域占研究区域总面积的88.6%、88.8%和85.2%，其中优势主产区平均需水量为94～208 mm，189～408 mm和86.2～175.3 mm。

3.影响苹果需水的主要因素

苹果园的需水量及需水规律与气象、植物、土壤状况关系密不可分。气象条件主要有当地的光照强度、降水、空气湿度、温度、风向、风速和太阳辐射等，是影响苹果需水的基本因素；土壤条件主要有土壤质地和结构、土壤水分、土壤热通量、土壤表面蒸发量、施肥情况和地下水位等，是苹果需水的限制因素；生物学特性主要是指：果树的品种、生长状况以及栽植和水分管理等，是苹果需水的内在因素（孙习轩，2008）。

（二）梨需水规律

1.北京地区梨生长季自然降水分布与水分需求特性

根据北京地区梨生长季的水分需求特性，大致将梨的水分需求分为三个时期，即生长前期、生长中期和生长后期。其中，在生长前期（萌芽—春梢停长，一般在3月中下旬6月上中旬），梨树处于萌芽、开花坐果、果实膨大和新梢旺长等时期，需要大量水分，但是在这一时期内，由于自然降水量相对不足，需要进行灌溉以满足梨生长发育需要。在生长中期（6月下旬~8月下旬），一方面前期梨树要进行花芽分化，需要适度控水；后期果实进入膨大期，需水量相对大。但是，这一时期北京地区降水较为集中，全年降水量的70%左右集中在这一时期，因此，为了防止花芽分化不良，树体旺长等，需要适度控水。在生长后期（果实成熟期—落叶），为了提高果实品质，需要适度控水，这一时期内要根据自然降水量进行适当控水或补水（图3-2）。

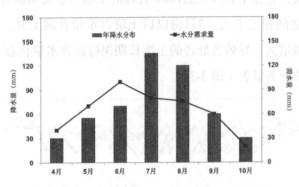

图3-2　北京地区自然降水年分布与梨水分需求量

2.梨树日耗水特性

梨树的耗水量日变化规律呈单峰型，适宜水分和中度水分条件下，峰值出现在10：00~12：00之间，而在重度水分亏缺条件下的峰值出现在12：00~14：00之间。适宜水分条件下的变化趋势与梨树在3种不同水分条件下均值的变化趋势一致，从早上6点开始蒸腾耗水逐渐增加，在10：00~12：00之间出现峰值，此后耗水量开始逐渐减少，到下午6点出现最小的耗水量。

不同季节，不同的天气情况都表现出不同的变化规律，在受到中度水分和重度水分胁迫以后，耗水量通常会降低，而且变化幅度会减小，说明受天气变化影响较小。在整个生长季中，5月份和10月份为日耗水量最少的时期，6~9月份为高峰期，持续到10月后耗水量显著降低。日耗水高峰出现在6~7月份。

3.不同土壤质地梨水分需求特性

通过对黏土栽培条件下的黄冠梨的生长季土壤含水量变化动态的监测，可以看出，黏土栽培条件下，20～40 cm土层土壤含水量相对较高，在雨季前后均在12%～30%之间波动，三种灌水量处理下的土壤含水量变化趋势一致，充分灌溉条件下的土壤含水量处于最高水平，75%和50%两种水分处理下的土壤含水量差别不大。

沙土栽培条件下，三种灌水处理的土壤含水量变化趋势一致，且在7月份中旬雨季到来前，各处理土壤含水量在5%～19%之间波动，灌水量越大，土壤含水量越高，但在雨季到来后，三种处理的土壤含水量明显提高，不同灌水量处理对土壤含水量已经没有影响。

壤土栽培条件下，三种水分处理的土壤含水量变化趋势一致，7月份以前在12%～25%之间波动，土壤含水量水平在不同灌水量之间表现为：100%处理>75%处理>50%处理；7月份以后在17%～30%之间波动，三种灌水量条件下的土壤含水量差别不大。

三种土壤类型栽培条件下，4、5、6月份的土壤含水量整体水平看，黏土处于高位，壤土居中，沙土最低；且黏土和沙土的100%处理的土壤含水量明显高于75%和50%处理，而壤土的三种处理之间相差不大。7月份以后土壤含水量普遍上升，主要是因为7月份雨季，降雨频繁，降雨量大，导致各处理的土壤长期保持高含水量状态，不同土壤类型和不同灌水量处理之间差异不显著（图3-3）。

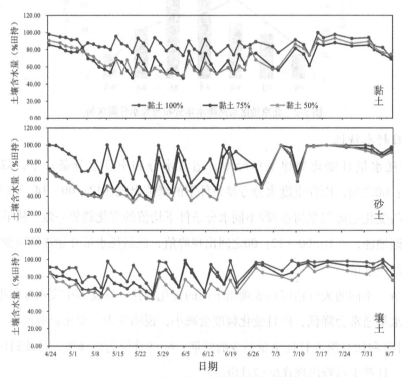

图3-3　不同质地土壤梨水分需求特性

（三）柑橘需水规律

柑橘类果树主要在我国南方地区栽培。而我国南方地区总体上年降水量比较大，多数地区年总降水量在1000 mm以上，由于不是柑橘生产中的瓶颈性问题，在过去种植人员很重视人员很少关注果园的水分管理，相关的基础研究也比较滞后。深入分析可知，南方柑橘产区虽然年总降水量大，但时空分配极不均匀，与之伴随的是一系列生产问题，如常见的梅雨季节连续阴雨影响开花坐果、夏秋季节性干旱影响果实产量和品质等。不言而喻，水分对果树生产是至关重要的，要解决水分产生的一系列产业问题，都需要以柑橘类作物需求规律作为支撑和依据。当前，柑橘类作物水分需求规律尚不十分明晰，依据柑橘水分需求规律支撑的科学灌水体系还不完善，明确柑橘类作物水分需求规律十分必要。

作物的水分需求规律除了与自身的生理结构有关外，还与外界环境因子变化密切相关。我国柑橘分布的多数南方产区有共同的南方气候特征和周年变化规律，但是也有部分产区小气候特征明显，与其他产区差异明显，如云南柑橘产区。本文主要基于大多数南方柑橘主产区气候特征论述一个柑橘需水大致规律。

1.南方柑橘主产区周年气象条件变化规律

以湖南长沙地区2020年气象因子变化为例，降雨主要集中在2～7月，降雨频繁，次数较多，此期降雨量高达736.3 mm，约占全年总降雨量的78.7%，月均降雨122.71 mm。8～12月，降雨较少，总降雨量仅为173.9 mm，其中8月、9月、10月、11月和12月的降雨量分别为16.37 mm、82.8 mm、32.9 mm、6 mm和35.9 mm，大大低于2～7月122.71 mm的月均降雨量。8～12月降雨间隔时间较长，间隔最长的一次是8月22日至9月3日，13 d均未降雨。8月正值柑橘果实快速膨大期，急需大量水分，但试验地8月仅降雨6 d，总降雨16.37 mm，另外25 d没有降雨。长沙地区日均温1月至7月缓慢上升，直到8～9月日均温达到高峰，此后缓慢下降至12月底。太阳辐射量成"几"字形缓慢上升，6月辐射量最高，7～8月下滑趋向稳定，9月缓慢下降至12月底（图3-4）。

2.柑橘树体周年需水规律

柑橘树体水分主要通过根系从土壤中吸收，再通过叶片蒸腾作用散失。依据柑橘类作物树体发育和外界环境条件的变化，其在周年发育期的不同阶段对水分的需求不同。

通过茎流仪的方法可以直观地监测柑橘枝干内通过的水流量，从而判断周年发育期内树体对水分的需求变化。以冰糖橙为例，1月至2月初树体处于休眠期时，枝条直径为1 cm的Flow1和枝条直径为3.2 cm的Flow2茎流量均较低。进入2月中旬，树体逐渐复苏，茎流量开始上升，4～6月趋于平稳，7～10月茎流维持在较高水平，11～12月气温下降时，茎流量逐步减少。不同直径的冰糖橙枝条茎流量在整个生长期呈"几"字形缓慢推进，变化趋势几乎一致，具有明显的昼夜节律性（图 3-5）。环境因素，如温度、太阳辐射和降雨对植物茎流具有较大影响。日均温和太阳辐射量较高时，茎流累积量、持续时长较高，例如日均温较高的8～9月（图 3-4），茎流的高峰强度、持续时间和茎流累积量均大大高于日均温较低的1～12月。雨天茎流启动时间晚，持续时长短，峰值较晴天显著下降。3～4月降雨频繁，茎流持续时长短，日累积量低，7～8月降雨较少，茎流持续时间长，日累计量高（图 3-4和图 3-5）。

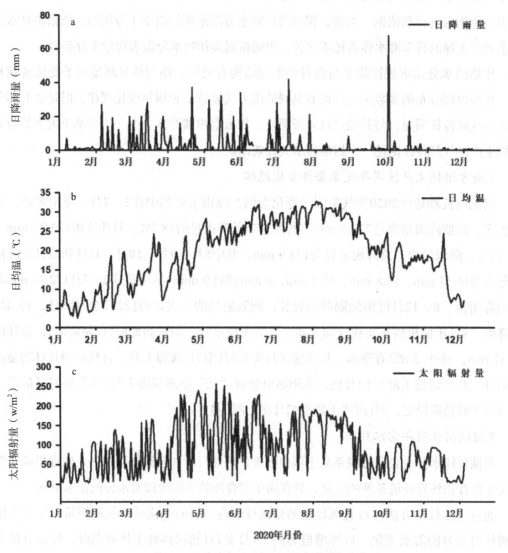

图 3-4　湖南省长沙地区2020年气象因子变化

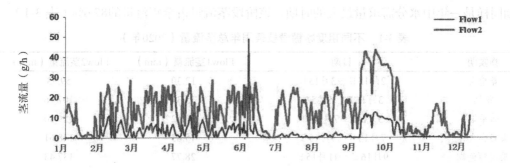

图 3-5　不同粗度冰糖橙枝条（Flow1枝条直径为1cm和Flow2枝条直径为3.2cm，下同）周年茎流量变化（2020年）

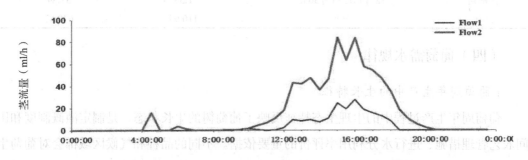

图 3-6　不同粗度冰糖橙枝条日茎流量变化（2020年6月3日）

冰糖橙日茎流强度变化呈"弱—强—弱"的活动规律。由图3-6可知，较粗枝条Flow2茎流启动时间早于较细枝条Flow1，8：00～9：00茎流启动平稳上升，16：00左右达到高峰，随后呈抛物线下降，18：00～20：00时茎流基本停止。Flow2茎流结束时间较Flow1晚1 h左右，Flow2的日茎流累积量大大高于Flow1。

3.柑橘树体周年需水量变化

不同物候期柑橘树体需水量差异明显。以广东梅州地区的纽荷尔脐橙为研究对象，杨文（2016）将脐橙果实发育分为开花坐果期（4月8日～5月27日）、果实膨大期（5月28～8月19日）、果实着色期（8月20日～9月26日）和果实成熟期（9月27～11月16日），通过实地实验和理论计算的方法得出脐橙果实各发育阶段适宜土壤含水量分别为田间持水量的45%～55%、55%～70%、45%～55%和45%～55%，对应的树体日耗水量分别为1.33 mm/d、2.90 mm/d、1.39 mm/d、0.41 mm/d，阶段内灌水定额分别为15.54 mm、23.31 mm、15.54 mm、15.54 mm。以冰糖橙为例，枝条较粗的Flow2全年总茎流量为620.87 mm，具体到各物候期，需水量大小顺序为果实膨大期＞果实转色期＞幼果期＞花期＞春梢期＞休眠期＞果实成熟期，其中花期至果实转色期茎流量约522.7 mm，占全年茎流量的84.2%。枝条较细的Flow1全年总茎流量为110.94 mm，各物候期需水量大小顺序为果实转色期＞幼果期＞花期＞果实膨大期＞春梢期＞休眠期＞果实成熟期，花期至果实转色期同样是一年中水分需求量最大的时期，该阶段茎流量占全年流量的87.6%（表3-1）。

表 3-1　不同粗度冰糖橙枝条周年总茎流量（2020年）

物候期	日期	Flow1茎流量（mm）	Flow2茎流量（mm）
春梢期	2月15日～3月15日	12.30	59.93
花期	3月16日～5月5日	25.39	107.16
幼果期	5月6日～7月14日	27.12	129.50
果实膨大期	7月15日～9月15日	15.85	148.61
果实转色期	9月16日～11月15日	28.77	137.43
果实成熟期	11月16日～11月30日	0.18	6.40
休眠期	12月1日～1月30日	1.33	31.84
总计	全年	110.94	620.87

（四）葡萄需水规律

1.葡萄周年生产中的生长特征

葡萄周年生产过程中的生理生态特征反映了葡萄树的生长状态，是制定灌溉制度和田间农艺管理措施、进行水分利用率评价的重要依据。不同的品种和气候区域都会对葡萄生长产生重要影响，从而影响具体的种植方案。如我国南方地区温度较高，降水丰富，适合葡萄高产，但是过多的降水也降低了露地栽培葡萄的生产效益，所以该地区需要采用棚架避雨栽培；而在吐鲁番地区，极端的干旱气候条件使得节水成为葡萄生产可持续发展的重要议题。因此，了解葡萄周年生产的生长特征是实现葡萄节水高效生产的基础，具有重要的生产指导意义。

与其他果树一样，葡萄的生长周期有着一定的生长规律。通过有节奏地进行生长期和休眠期交替，完成周年生产。从葡萄秋天落叶到第二年春天萌发之前，都属于葡萄的休眠期。在此期间，葡萄的生命活动减弱，对水分不敏感，需水量很小。

从春季萌发开始到秋季落叶休眠结束，为葡萄的生长期。在生长期的不同阶段，葡萄会呈现不同的生长特点，因此又可以细分为以下几个阶段：

（1）树液流动期（伤流期）：从春季树液流动到萌芽时为止，当早春根系分布处的土层温度达6～9 ℃时，树液就开始流动，根的吸收作用逐渐增强，这时从枝蔓新剪口处会流出无色透明的树液，即为葡萄的伤流，这种现象称为伤流现象。伤流是根系开始活动的标志，说明葡萄根系开始大量吸收养分、水分，开始进入生长期。伤流期从发芽前半个月左右开始，持续约15～20 d。伤流液的主要成分是水，干物质的含量极少。这一时期要加强松土，提高地温和保持土壤水分，及时追肥灌水。

（2）萌芽和展叶期（新梢生长期）：从葡萄萌芽至开花前的时期为新梢生长期。当春季昼夜平均气温稳定至10℃以上时，大部分品种葡萄冬芽开始膨大、萌发，长出嫩梢。一般枝条顶端的芽萌发较早。新梢生长初期，新梢、花序和根系的生长主要依靠根和茎贮藏的营养物质。叶片成龄之后，主要靠叶片光合作用制造养分。新梢开始生长较慢，之后随着温度升高而加快。这个时期如果营养不足或遇干旱，就会严重影响当年产量、质量和下一年的生产。生产上一定要加强肥水管理，并及时抹芽和定梢，减少不必要的营养消耗，促使新梢旺盛生长。

（3）开花期：葡萄的开花期会持续6~10 d。开花期间，葡萄对水分、养分条件的反应都很敏感，是决定当年产量的关键时期。当日平均温度达20 ℃时，葡萄开始开花，这时枝条生长相对减缓，高温、干燥的气候有利于开花，能够缩短花期，相反若花期遇到低温和降雨天气会延长花期，持续的低温还会影响坐果和当年产量。开花期期间，葡萄枝叶生长都需要消耗大量的营养物质，所以此期是葡萄管理的关键时期。生产上必须加强管理，及时摘心，控制副梢，改善通风透光条件。

（4）果实膨大期：果实膨大期是葡萄果实产量形成的关键时期，一般为80~110天。在此期间，葡萄果粒迅速膨大。新梢的加长生长减缓而加粗生长变快，基部开始木质化，此时冬芽进行旺盛的花芽分化。根系在这一时期内生长逐渐加快，不断发生新的侧根，根系的吸收量增大，达到全年的生长高峰。在果粒生长期，对水分需求敏感，要供给幼果充足的养分，加强肥水管理，同时改善通风透光条件，保护叶片正常生长。

（5）转色成熟期：转色成熟期是果实品质形成的关键时期，在此期间，果实膨大基本停止，而内在品质会发生重要变化。从外观上，果肉组织开始变软，有色品种开始上色，无色品种的绿色变浅。内在品质上，果实糖分增加、酸度降低，营养物质逐渐积累。在此期间，葡萄对水分需求量降低。这一阶段要注意保护好叶片，使叶片保持高的光合效率，以保证果实内有更多的糖分积累，同时要严格控制氮肥和水分，防止葡萄裂果。

（6）枝蔓老熟期（落叶期）：从葡萄成熟采收后到落叶为落叶期。果实采收以后，叶片仍然会继续光合作用，继续制造养分，此时同化产物会转入葡萄枝蔓、树干或地下部中贮藏，植株组织内的淀粉和糖含量迅速增加，水分含量却在逐渐减少。在此期间会进入根系全年生长的第二个高峰，但会显著弱于第一个高峰期。通过田间葡萄根构型调查可知，葡萄吸收根水平距离一般在0~100 cm的范围内，垂直方向主要集中在20~60 cm的范围内，在使用滴灌的条件下，根系分布范围会更加集中。同时，应适当控水促进新梢成熟，及时秋施基肥，为来年葡萄生长发育奠定良好的营养基础（表3-2）。

表 3-2　葡萄物候期及需水关键期（曾辰 2010）

物候期阶段	萌芽期	新梢生长期	花期	果实膨大期	果粒成熟期	枝蔓成熟期
日期	3.27～4.12	4.12～5.18	5.18～5.25	5.25～7.13	7.13～8.13	8.13～11.2
需水关键期	是	是	否	是	否	否

2.葡萄生长发育与水分的关系

一般认为环境温和、年降水量为600～800 mm的气候条件适合葡萄生长发育。水分对葡萄的生长有着重要影响。水分亏缺状态下，葡萄光合作用减弱，同化产物合成受阻，各组织和器官的发育受阻，根和地上部分的生长都会减缓（Alatzas et al.，2021；Wenter et al.，2020）。干旱胁迫下，葡萄藤蔓会加粗生长，延长生长则会受到抑制；复水后，藤蔓的延长生长抑制会被解除，而加粗生长会受到抑制（Sato and Hasegaw，1995）。研究表明，保持土壤相对含水量下限为75%的情况下，相比于其他的水分梯度，葡萄树体的新梢生长量和叶面积都能达到最大。同时，葡萄根系生长量、根长、根体积、根密度、根表面积等根系指标都达到最优，说明控制土壤相对含水量下限为75%时更有利于葡萄根系的生长发育（李波 等，2020）。除此之外，在75%土壤相对含水量下限的基础上，随着灌水量的减少，树体上部的新梢生长受抑制程度会高于树体下部（沈甜 等，2020）。另有研究表明，缺水条件下，葡萄的叶片水势和气孔导度会逐渐下降，同时渗透调节物质如蔗糖、脯氨酸等相关基因上调表达，而发育相关基因下调表达（Degu et al.，2019）。

葡萄果粒的生长进程呈双"S"曲线型，一般会经历快速生长期、生长缓慢期和第二个生长高峰期三个阶段。在第一个生长高峰期，果实细胞快速分裂，果实快速膨大。果实大小主要由第一个快速生长期决定，在此期间需要充足的水分和养分供给；转色之后，果实成为葡萄主要的水分储存场所（Dai et al.，2011；Ollat et al.，2002）。果实含糖量是研究果实品质的重要指标，转色成熟期果肉和周围维管束的果糖和葡萄糖含量会不断升高（Liu and Santesteban，2006）。在果实发育过程中，过多的水分供给会导致果实含糖量降低、含酸量升高，抑制果皮着色进程，从而降低果实品质（Matthews et al.，1990；Medrano et al.，2003；Salon et al.，2005）；适度的水分亏缺则会促进果实成熟，促进花青素积累，诱导类黄酮合成基因表达（Castellarin et al.，2007）。严重的水分亏缺会导致推迟果实成熟的时间，抑制果实着色，而适当的水分控制可以促进果实提前成熟（吕英民、张大鹏，2000）。张芮等（2014）研究发现在萌芽期进行中度水分胁迫会使葡萄水分利用效率和产量达到最高；在葡萄开花期进行中度胁迫，会促进葡萄果实变大、品质提升，但是对产量会造成大的影响，这一结果的原因可能和复水补偿效应有关；在转色成熟期进行轻度的水分胁迫会提高果实品质,促进可溶性固形物、VC、葡萄糖、总糖等营养成分的积累。在转色成熟期的中度水分胁迫可以提高保护酶活性,提高干旱胁迫下的水分利用率,显著提高葡萄的糖酸等风味品质及原花青素、花青苷、白藜芦醇等保健物质的含量(An et al.,2018)。葡萄果实发育过程中的水分还与葡萄休眠有关系,Shellie等(2018)研究发现葡萄果实发育时进行调亏灌溉,可以延迟休眠的开始以及降低需冷量,从而缩短休眠周期。

总之,水分亏缺对葡萄的叶片、根系及气孔行为、光合能力、酶活等生理生化方面都有不利影响。葡萄的需水分为关键期和非关键期,通过对水分关键期和非关键期设置不同的水分处理发现,非需水关键期的适度水分亏缺,不仅提高了果实品质,还能抑制葡萄过旺的营养生长,从而提高经济效益(Ju et al.,2018;Tong et al.,2022)。

3.葡萄各生育期耗水变化

水分不仅是葡萄植株的重要组成部分,也是光反应的原料,维持了生命活动(李泽霞等2015)。葡萄的耗水强度包括了日耗水强度和不同生育期耗水强度两个层面,一般情况下,葡萄耗水量约等于蒸散量。在不考虑深层渗漏和地表径流的情况下,耗水量的结果会受到当年降雨量、灌溉量、土壤层贮水量、农艺管理措施和植物本身生长发育状况等诸多因素的影响。

在设施栽培葡萄中,葡萄全生育期耗水强度变化呈现出"最小—增大—减小—最大—再减小"的规律。萌芽期温度较低,此时葡萄芽才刚刚萌发,光合作用和蒸腾作用都比较小,日耗水强度也是全生育期最低,为0.16~0.98 mm/d。到了新梢生长期,环境气温逐渐回升,生长速度加快,葡萄对水肥的需求增加,日耗水强度上升,为1.74~2.50 mm/d。进入开花期后,营养生长逐渐减弱,生殖生长逐渐加强,此时耗水强度有所下降,为0.90~1.27 mm/d。果实膨大期是葡萄产量形成的关键时期,此时生殖生长达到顶峰,也是葡萄对水分最为敏感的时期,日耗水强度为4.82~5.95 mm/d。在着色成熟期,葡萄的生理活动逐渐减缓,耗水强度又开始下降,为1.46~3.07 mm/d(张芮 等,2013、2014、2017)。刘上源(2020)使用竖管灌溉系统研究发现,单株葡萄树全生育期灌水量为966.7~1164.4 L,其中萌芽期灌水量为187.6~262.2 L,果实膨大期灌水量543.2~617.5 L,着色成熟期灌水量222.7~289.3 L。同时,不同生育期的单日内耗水强度变化规律基本一致,从早上9点到11点,耗水强度不断上升,随后逐渐下降,至晚间23点或凌晨1点到最小值。另外,由于果实膨大期相较于萌芽期和成熟期会有明显的"午休现象",所以日耗水强度变化会出现一个"双峰"现象(图3-7)。

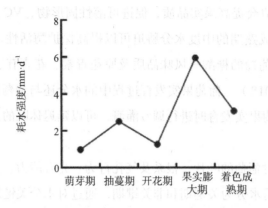

图 3-7   葡萄耗水强度变化过程（张芮等，2013）

在研究葡萄各生育期耗水强度变化时，通常会针对不同的生育时期，设置不同的水分亏缺程度，从而找出最合适的土壤水分状况。不同生育期进行水分亏缺，都会导致葡萄耗水强度的下降，其中萌芽期和着色成熟期的水分亏缺降低更明显。果实膨大期是葡萄需水临界期。许多研究都表明，在果实膨大期的水分亏缺会极大影响产量，同充分供水条件相比，减产率在32.5%左右（张芮 等，2013）。萌芽期和转色成熟期的水分亏缺对果实产量影响较小，并且转色成熟期的水分亏缺不仅不会造成大的产量损失，而且能够有效提高果实品质（An et al.，2018）。通过在需水关键期充分供水，非需水关键期减少水分供应的方式，不仅能够有效节约用水，提高水分利用率，同时还能提高果实品质，是促进葡萄稳产优质的有效途径（表3-3）。

表 3-3   葡萄果实品质和产量、WUE间的Pearson相关系数（孔文翔 2022）

指标	产量	耗水量	水分利用率
可溶性固形物	−0.736	−0.788	−0.649
可溶性糖	−0.932	−0.723	−0.943
可滴定酸	0.950*	0.866	0.842
花青素	−0.914	−0.693	−0.937
可溶性蛋白	−0.936	−0.669	−0.974*
维生素C	−0.907	−0.954*	−0.770
总酚	−0.887	−0.976*	−0.699
类黄酮	−0.779	−0.937	−0.608

（五）桃需水规律

桃树起源于我国西部山谷地区，对水分较为敏感，表现为怕涝耐旱，但是不同生长发育时期，对水分的需求不同。桃树在整个生长期，土壤含水量在60%～80%的范围内较适宜，其中桃树萌芽到果实成熟期间都需要充足的水分供应，才能满足正常的生长发育需求。

适宜的土壤水分有利于桃树树势生长、开花、坐果和良好的果实产量和品质。桃树的需水量随着树木长势增加而增加，虽然各时期需水量比率因土壤水分含量多少而产生差异，但总体趋势是一致的（徐迪 等，2010）。在桃树的一个生长周期内，萌芽期和果实的第二次膨大期是桃树需水的两个关键时期。

开花前水分供应不足，会导致花芽萌发不正常，开花不齐，坐果率低等问题；在果实的第二次膨大期如遇干旱，会影响果实细胞体积的增大，减少果实重量和体积。因此，这两个时期应尽量满足桃树对水分的需求。桃果实在第一个快速生长期和硬核期，对水分胁迫有较强的忍耐能力，可以在此时进行调亏灌溉，例如结合"部分根区干旱理论"进行分区灌溉或者交替灌溉，达到节水、不减产甚至增产和提高果实品质的效果。

相反，桃树生长期水分过多，土壤含水量过大或积水，造成土壤氧气不足，根系呼吸受阻将导致树体生长不良，严重时出现涝害死树。在桃的周期生产管理过程中，根据一年中的不同生长特性可以使用不同土壤水分百分比作为水分消耗的临界点。在桃开花和果实生长期，土壤水分应高于土壤饱和持水量的75%；营养生长期间，土壤水分一般在土壤可用水分含量的50%左右；休眠期桃树需水量最少，对土壤水分消耗量较小，土壤水分可低于土壤饱和水分持水量的50%（Zambrano et al.，2018）。

因此，应根据桃树品种、树龄、气候特点、土壤质地以及物候期等来确定桃园灌溉、排水的时间和灌水量。

二、砧穗组合及根构型影响水分高效利用的生理基础

水资源短缺是制约果树产业发展的重要因子，实现有限水资源的高效利用，提高果树水分利用效率是实现节水农业和农业可持续发展的重要战略措施。影响果树水分利用效率因素有很多，砧木、接穗、砧穗组合及根构型等都会影响果树水分的吸收和利用。不同果树砧木和品种由于其原产地不同，其水分利用效率可能存在很大差异，水分利用效率高低与砧木根系性能和其对接穗品种生理及形态的影响以及接穗叶片形态和结构会有密切关系，且还有中间砧木的影响，因此选择适合的砧木和接穗组合可以提高植物的抗逆性。

（一）苹果砧穗组合及根构型影响水分高效利用的生理基础

在苹果栽培过程中，砧木的选择对于果园的产量和品质均具有决定性作用。不同的苹果砧木能够显著影响苹果树的植株形态、花期、水分及养分吸收利用效率、抗旱性、抗寒性、抗病性等，并对于果实的品质也具有显著的影响。因此，比较不同砧木对苹果水分利用效率的影响，筛选旱区适宜的苹果砧木，对于通过栽培途径提高苹果园水分利用效率具

有重要的指导意义。

1.秦脆嫁接不同砧木植株生长发育及干旱下WUE的综合评价

（1）秦脆嫁接不同砧木植株的生长发育情况比较

砧木对苹果的树体生长、枝梢发育、花芽形成及花期等均具有重要影响。以秦脆（QC）苹果品种为接穗，嫁接于十余种不同砧木上，并定植于渭北旱塬中北部的洛川县。各组合随机选取各方面（立地条件、树龄、树冠大小、生长势）基本一致的20棵树，进行生长习性观察及指标测定，包括枝类组成、新梢长度、茎粗、成花数、光合速率等，并通过隶属函数法进行综合评价。

对于幼树来说，长枝占比不宜过高，否则会导致植株长势旺不易成花。以长果枝>15 cm，中果枝5～15 cm，短果枝<5 cm的标准，测定枝类组成及所占比例，发现以嫁接R4、R5、R9、R27砧木的苹果植株成枝数较多，平均在13以上。在枝类组成方面，以嫁接R5和R9的苹果植株的中短果枝比例最高，达到70%以上，嫁接其余砧木的苹果植株中短果枝比例则均小于55%，以嫁接M7的植株中短枝比例最低（表3-4）。

表3-4　嫁接不同砧木秦脆植株的枝类组成

砧木	总枝数/棵	枝类组成	
		长枝占比（%）	中短枝占比（%）
QC/R0	12.5	53.77	46.23
QC/R1	7.0	58.13	41.87
QC/R2	12.0	58.45	41.55
QC/R3	9.7	56.36	43.64
QC/R4	13.3	51.21	48.79
QC/R5	13.3	25.81	74.19
QC/R9	13.1	29.08	70.92
QC/R10	12.0	49.28	50.72
QC/R11	12.5	46.35	53.65
QC/R12	8.6	55.05	44.95
QC/R12优	9.0	48.53	51.47
QC/R23	12.8	45.62	54.38
QC/R27	13.1	47.94	52.06
QC/M7	3.7	62.50	37.50

树体生长量可以反映不同砧穗组合下苹果植株的生长发育情况，而新梢长度则可以用来反映树体生长量。新梢长度较长的苹果植株砧木为R2、R4、M7，较短的砧木为R10（图3-8）。苹果植株的成花数既是树体长势的代表之一，也是果实产量的保证。对成花数进行统计比较，发现以嫁接砧木R2的苹果植株花序数最多，其次为R1、R3、R4。花序数最少的苹果植株砧木为R5，花序数显著低于其他组合（图3-9）。

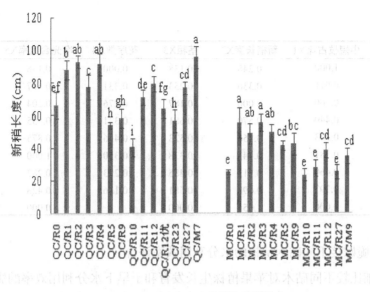

图 3-8 嫁接不同砧木秦脆植株的新梢长度

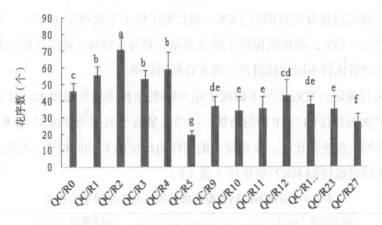

图 3-9 嫁接不同砧木秦脆植株的花序数

为了综合分析砧木对苹果植株生长发育的各项指标的影响，采用隶属函数法对中短枝占比（X1）、新梢长度（X2）、茎粗（X3）、花序数（X4）、净光合速率（X5）进行综合评价。以R2和R4为砧木的植株综合值得分较高（>0.7），说明树体综合生长较为旺盛，且成花能力及光合能力较强，适宜在陕北地区栽培（表3-5）。

表 3-5 嫁接不同砧木秦脆植株的生长指标隶属函数分析

砧木	中短枝占比X1	新梢长度X2	茎粗X3	花序数X4	净光合速率X5	综合值
QC/R0	0.238	0.497	0.432	0.515	0.921	0.521
QC/R1	0.119	0.899	0.427	0.702	0.013	0.432
QC/R2	0.110	1.000	1.000	1.000	0.548	0.732
QC/R3	0.167	0.708	0.619	0.655	0.446	0.519
QC/R4	0.308	0.990	0.755	0.775	0.786	0.723

续表

砧木	中短枝占比X1	新梢长度X2	茎粗X3	花序数X4	净光合速率X5	综合值
QC/R5	1.000	0.248	0.138	0.000	0.138	0.305
QC/R9	0.911	0.336	0.253	0.331	0.527	0.471
QC/R10	0.360	0.000	0.187	0.276	0.204	0.205
QC/R11	0.440	0.570	0.681	0.321	0.535	0.509
QC/R12	0.203	0.756	0.523	0.466	0.875	0.565
QC/R12优	0.381	0.443	0.338	0.350	1.000	0.502
QC/R23	0.460	0.313	0.485	0.293	0.282	0.367
QC/R27	0.397	0.698	0.581	0.136	0.428	0.448
QC/M7	0.000	1.055	0.000	0.000	0.000	0.211

（2）秦脆嫁接不同砧木植株的水分利用效率评价

为了详细比较不同砧木对苹果植株生长发育和干旱下水分利用效率的影响，将秦脆嫁接于十种不同砧木上，并通过盆栽的方式在塑料大棚中进行培养。6月份时，每个组合挑选50棵长势一致的植株分为对照组（CK）和长期中度干旱处理组（DS），对照组土壤含水量控制在75%～85%，处理组保持土壤含水量在45%～55%。处理过程中测定各项生理指标，并于处理后比较不同砧穗组合下的水分利用效率。

对株高进行测定，发现干旱下嫁接于砧木R9的植株净增长量最大，且显著高于其他砧穗组合，其次为嫁接R17和R10的植株，净增长量最小的则为嫁接R11、R12和R27的植株。对茎粗净增长量进行比较，发现最大的同样为嫁接砧木R9的植株，其次为R2和R12，净增长量最小的是嫁接R1和R27的植株（表3-6）。

表3-6　嫁接不同砧木秦脆植株的株高和茎粗净生长量

砧木	60天株高（cm）		净生长量	60天茎粗（cm）		净生长量
	CK	DS		CK	DS	
R1	88.20±3.82ab	75.83±6.22ab	14.11%bc	5.81±0.73ab	5.49±0.13ab	4.10%c
R2	71.03±3.08c	61.33±4.19c	13.67%bc	6.90±0.43a	5.61±0.47ab	18.72%ab
R3	91.83±3.09a	80.10±1.15a	12.74%bc	6.74±0.82a	5.93±0.19b	11.38%bc
R4	77.77±3.67bc	70.40±7.23b	9.57%cd	6.30±0.62ab	5.35±0.31ab	14.90%b
R9	85.03±5.43ab	59.33±2.08c	30.13%a	7.08±0.73a	5.18±0.35c	26.65%a
R10	83.83±8.25ab	70.77±2.43b	15.22%bc	6.15±0.53ab	5.22±0.11c	14.89%b
R11	78.63±9.42bc	76.73±2.83ab	2.30%e	6.55±0.92ab	5.71±0.23ab	11.98%bc
R12	78.10±5.46bc	76.17±3.17ab	2.44%e	6.52±0.21ab	5.31±0.09ab	18.49%ab
R17	86.27±7.16ab	69.23±6.94b	19.82%b	6.75±0.58a	5.04±0.28c	25.22%a
R27	57.50±7.37d	54.97±0.35c	4.20%de	5.74±1.42ab	5.52±0.44ab	3.65%c

（3）秦脆嫁接不同砧木植株光合特性比较分析

光合作用是植物干物质积累的主要途径，而干旱会显著影响植物的光合作用强度，影响水分利用效率。测定长期干旱下嫁接不同砧木的秦脆植株叶片的光合速率（Pn）、蒸腾速率（Tr）、叶绿素荧光（Fv/Fm）、叶绿素含量等指标，发现各组合下植株的光合速率均显著下降，以嫁接砧木R4的植株下降幅度最显著。下降幅度较小的是嫁接R11、R12的植株，但这两种组合在正常浇水下光合速率与其他组合相比偏低（图3-10）。干旱显著降低了苹果植株的蒸腾，以嫁接R4的植株降幅最大，其次为R9和R11，而嫁接R1、R3和R27的植株蒸腾速率降幅相对较小（图3-10）。干旱下多数植株Fv/Fm呈现降低趋势，但各组合间差异并不显著（图3-10）。叶绿素含量在控水初期呈小幅上升，随着干旱处理时间的延长，在干旱处理60 d时，各组合下植株的叶绿素含量显著下降。下降幅度最小的是嫁接砧木R3和R11的植株，且在干旱处理60 d后与其他组合相比仍处于较高水平（表3-7）。

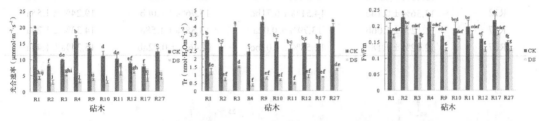

图3-10　嫁接不同砧木秦脆植株的光合速率、蒸腾速率及Fv/Fm测定

表3-7　嫁接不同砧木秦脆植株的叶绿素含量

砧木	叶绿素（mg·g⁻¹·FW）			
	0 d	20 d	40 d	60 d
R1	3.26±0.26ab	3.41±0.16a	3.50±0.18a	2.95±0.14b
R2	3.40±0.21b	3.53±0.26a	3.70±0.10a	3.09±0.06ab
R3	2.86±0.35ab	2.88±0.18ab	3.42±0.31a	2.82±0.33b
R4	2.95±0.20b	3.04±0.12b	3.73±0.18a	2.39±0.20c
R9	2.62±0.35c	2.96±0.18b	3.47±0.31a	2.27±0.33d
R10	3.27±0.19ab	3.35±0.16ab	3.42±0.19a	2.97±0.12b
R11	2.90±0.09bc	3.07±0.09ab	3.22±0.06a	2.84±0.11c
R12	2.91±0.03b	3.23±0.11a	3.03±0.15ab	2.55±0.24c
R17	3.53±0.16a	3.63±0.08a	3.34±0.23ab	2.96±0.37b
R27	3.36±0.21ab	3.38±0.24ab	3.55±0.19a	3.06±0.04b

（4）秦脆嫁接不同砧木植株生理生化特性分析

相对电导率、丙二醛（MDA）含量以及脯氨酸含量能够反映干旱下植株的胁迫损伤。长期干旱处理显著提高了不同组合下苹果叶片的相对电导率，尤其在处理最后阶段达到较高水平，其中以嫁接砧木R3、R11、R12的植株电导率最高，而嫁接R2、R17的植株电导率则较低（表3-8）。MDA含量测定结果表明嫁接R1、R9和R17的植株受干旱影响较明显，而嫁接R2、R10、R11、R12、R27等砧木的植株受干旱影响较小（图3-11）。脯氨酸作为渗透调节物质，对于缓解干旱胁迫损伤、维持植物生长具有重要作用。干旱下多数苹果植株的脯氨酸含量表现出明显上调，以嫁接砧木R1、R2、R9、R10、R27的植株上调

较为明显（图3-11）。

表3-8 嫁接不同砧木秦脆植株的相对电导率

砧木	相对电导率（%）			
	0 d	20 d	40 d	60 d
R1	13.06%±1.22ab	14.57%±0.02ab	14.92%±0.73ab	16.18%±1.08a
R2	9.67%±0.40c	13.14%±0.83b	13.40%±0.89ab	14.78%±0.91a
R3	13.53%±1.12c	15.45%±0.86b	16.97%±0.46b	20.67%±0.08a
R4	11.65%±0.59c	12.45%±0.03c	13.85%±0.35b	15.38%±0.52a
R9	12.79%±0.96b	13.50%±0.07ab	14.72%±0.52ab	15.70%±1.46a
R10	12.08%±0.22c	12.38%±0.10c	13.63%±0.49b	15.34%±0.09a
R11	13.46%±1.35b	14.50%±0.88b	15.11%±1.26b	18.77%±0.45a
R12	13.36%±0.14c	14.51%±0.71bc	15.96%±1.06b	19.24%±1.55a
R17	11.12%±1.06b	13.79%±0.02a	13.88%±1.58a	14.33%±1.26a
R27	12.02%±1.18c	12.58%±0.02bc	14.46%±0.72ab	15.34%±1.48a

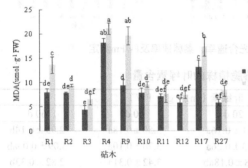 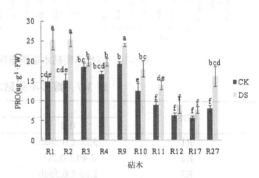

图3-11 嫁接不同砧木秦脆植株的MDA及脯氨酸含量

干旱会导致ROS过量积累从而造成氧化胁迫损伤，影响植物的正常生长。测定了与ROS清除相关的抗氧化酶类如SOD、CAT、POD的活性，发现随着干旱处理时间的延长，各组合下苹果植株的抗氧化酶活性均呈现先上升后下降的趋势，且在处理后的酶活性仍高于处理前的水平（表3-9，表3-10，表3-11）。

表3-9 嫁接不同砧木秦脆植株的超氧化物歧化酶（SOD）活性

砧木	SOD（unit/g·FW）			
	0 d	20 d	40 d	60 d
R1	79.79±4.03a	81.52±1.46a	70.09±2.18b	67.19±1.47b
R2	63.50±1.01d	97.83±1.12b	102.16±2.58a	74.87±3.29c
R3	60.96±2.39c	73.49±4.49b	84.26±1.94a	67.38±3.01b
R4	60.91±2.59c	82.38±1.33a	81.26±1.14a	67.81±4.54b
R9	61.98±4.11c	75.63±0.26b	91.57±2.87a	72.47±2.99b
R10	56.66±0.42d	104.30±2.76a	86.74±2.34b	68.7±1.83c
R11	55.72±3.30d	94.55±1.15b	84.29±1.35b	67.23±2.68c
R12	67.75±3.24c	85.39±1.86b	100.54±2.60a	83.61±0.70b
R17	49.33±1.08d	95.08±1.97a	77.74±2.91b	68.87±3.60c
R27	59.25±1.15d	78.12±0.97b	84.99±2.46a	66.56±0.99c

表 3-10　嫁接不同砧木秦脆植株的过氧化物酶（POD）活性

砧木	POD（nmol · g⁻¹ · s⁻¹）			
	0 d	20 d	40 d	60 d
R1	13.81 ± 0.77b	15.17 ± 0.41a	12.91 ± 0.34b	8.70 ± 0.38c
R2	14.17 ± 1.71c	20.16 ± 0.61a	17.27 ± 0.48b	11.41 ± 0.67d
R3	11.29 ± 1.13c	12.56 ± 0.52c	18.99 ± 0.19a	15.99 ± 1.05b
R4	12.33 ± 1.85d	14.89 ± 0.29c	17.37 ± 0.70b	19.61 ± 0.71a
R9	12.78 ± 0.36c	16.00 ± 028b	19.29 ± 1.18a	11.72 ± 1.35c
R10	12.04 ± 0.17c	19.39 ± 0.25a	16.55 ± 1.20b	12.99 ± 1.13c
R11	11.62 ± 1.95c	18.41 ± 0.96a	15.71 ± 0.65b	13.47 ± 1.05bc
R12	16.05 ± 2.51b	18.63 ± 1.64ab	20.67 ± 0.43a	20.77 ± 0.52a
R17	10.60 ± 0.43b	18.10 ± 1.27a	18.15 ± 1.88a	17.50 ± 1.10a
R27	12.95 ± 1.73b	15.43 ± 0.27a	15.97 ± 0.67a	17.47 ± 1.50a

表3-11　嫁接不同砧木秦脆植株的过氧化氢酶（CAT）活性

砧木	CAT（nmol · g⁻¹ · s⁻¹）			
	0 d	20 d	40 d	60天
R1	0.17 ± 0.02b	0.19 ± 0.03b	1.23 ± 0.10a	1.03 ± 0.13a
R2	0.24 ± 0.01d	0.43 ± 0.09c	1.18 ± 0.12a	0.95 ± 0.05b
R3	0.25 ± 0.02b	0.36 ± 0.12b	1.08 ± 0.19a	0.84 ± 0.12a
R4	0.17 ± 0.04d	0.38 ± 0.05c	1.15 ± 0.05a	0.85 ± 0.07b
R9	0.18 ± 0.01c	0.58 ± 0.08b	0.66 ± 0.06ab	0.75 ± 0.10a
R10	0.25 ± 0.01c	0.28 ± 0.07c	1.08 ± 0.04a	0.82 ± 0.04b
R11	0.15 ± 0.02c	0.57 ± 0.09b	1.28 ± 0.23a	1.05 ± 0.04a
R12	0.13 ± 0.02d	0.48 ± 0.10c	1.17 ± 0.08a	0.96 ± 0.07b
R17	0.18 ± 0.02d	0.70 ± 0.11c	1.22 ± 0.13a	0.90 ± 0.12b
R27	0.21 ± 0.03c	0.55 ± 0.07b	0.95 ± 0.12a	1.00 ± 0.21a

　　干物质积累测定结果表明，干旱处理显著抑制了苹果植株的干物质积累量。干旱下嫁接砧木R3的植株干物质积累较高，且相比于对照组下降幅度最小，而嫁接砧木R1、R4、R9的植株下降幅较大（图 3-12）。对水分利用效率进行鉴定，发现干旱处理提高了多个组合下植株的水分利用效率，包括砧木为R3、R10、R12、R17、R27的组合，其中砧木为R3和R10的组合在干旱下的WUE最高（图 3-12）。运用隶属函数法对测定的各项指标进行综合分析，并根据隶属函数值对嫁接不同砧木植株的水分利用效率进行了综合排序（表3-12）。结果能够为长期干旱地区苹果砧木的选择提供一定的依据。

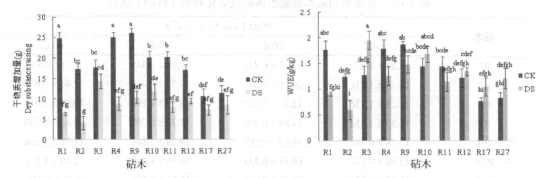

图 3-12　嫁接不同砧木秦脆植株的干物质增加量及水分利用效率

表 3-12　嫁接不同砧木秦脆植株的隶属函数值分析

	R1	R2	R3	R4	R9	R10	R11	R12	R17	R27
株高	0.583	0.596	0.627	0.746	0.000	0.526	1.000	0.998	0.377	0.928
茎粗	0.927	0.355	0.643	0.508	0.000	0.504	0.610	0.361	0.064	1.000
光合速率	0.068	0.379	0.679	0.000	0.179	0.149	0.889	1.000	0.737	0.282
蒸腾速率	1.000	0.496	0.990	0.000	0.150	0.328	0.148	0.656	0.636	0.787
Fv/Fm	1.000	0.795	0.759	0.469	0.000	0.674	0.917	0.388	0.486	0.847
相对含水量	0.551	0.105	0.000	0.091	0.019	0.745	1.000	0.628	0.638	0.956
叶绿素含量	0.545	0.568	1.000	0.000	0.308	0.560	0.964	0.389	0.163	0.575
相对电导率	0.038	1.000	0.999	0.310	0.000	0.144	0.558	0.707	0.203	0.162
MDA	0.645	0.129	0.418	0.087	1.000	0.157	0.000	0.208	0.240	0.336
PRO	0.334	0.357	1.000	0.874	0.814	0.611	0.472	0.638	0.689	0.000
SOD	0.000	0.608	0.475	0.490	0.590	0.667	0.658	0.708	1.000	0.508
CAT	0.713	0.191	0.021	0.417	0.222	0.000	0.899	1.000	0.460	0.359
POD	0.000	0.171	0.771	0.941	0.282	0.440	0.519	0.650	1.000	0.705
WUE	0.033	0.000	1.000	0.211	0.296	0.652	0.298	0.589	0.846	0.942
气孔开度	0.367	0.396	0.651	0.332	0.000	0.502	1.000	0.837	0.466	0.548
气孔密度	0.457	0.000	0.243	0.665	1.000	0.380	0.039	0.821	1.000	0.005
综合值	0.454	0.384	0.642	0.384	0.304	0.440	0.623	0.661	0.563	0.559
综合排序	6	8	2	9	10	7	3	1	4	5

2.富士嫁接不同砧木植株生长发育及干旱下WUE的综合评价

（1）富士嫁接不同砧木叶片形态与生长参数分析

对富士嫁接四种砧木叶片形态与生长参数分析，嫁接后叶片均出现不同程度卷曲。叶片生长参数也存在着明显差异，嫁接平邑甜茶具有更大的叶长、叶宽和株高及冠幅。从茎宽、高度、冠幅来看生长最差的是富士嫁接M9T337，发育最好的是富士嫁接变叶海棠（表3-13）。

表 3-13 富士嫁接四种不砧木生长特征的比较

品种	长度（cm）	宽度（cm）	茎宽（cm）	高度（m）	冠幅（m）
富士/M9T337	9.220±0.60b	5.340±0.27b	4.782±0.78b	3.09±0.08c	2.13±0.03a
富士/平邑甜茶	10.026±0.28a	5.978±0.34a	6.692±0.64a	3.32±0.04ab	2.03±0.11a
富士/新疆野苹果	9.030±0.44b	5.294±0.16b	7.460±0.32a	3.39±0.04a	1.72±0.11b
富士/变叶海棠	9.850±0.26a	5.918±0.38a	7.416±0.85a	3.23±0.06b	2.02±0.08a

（2）富士嫁接不同砧木叶片相对含水量分析

在20%和40%土壤相对含水量下分别对嫁接四种砧木的富士测定了叶片相对含水量。从图 3-13中可以看到，在20%壤相对含水量，不同砧木的叶片相对含水量并无明显差异。但40%土壤相对含水量情况下各植株叶片相对含水量较高。

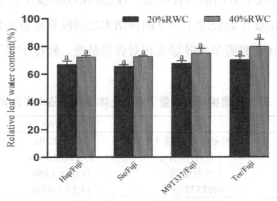

图 3-13　土壤相对含水量为20%和40%富士嫁接4种砧木叶片相对含水量

（3）富士嫁接不同砧木水分利用效率分析

为了比较在干旱下富士嫁接四种砧木叶片水分利用效率，在土壤相对含水量为20%和40%时测量叶片Pn和Gs，并计算叶片水分利用效率。从图 3-14可以看出，不同干旱胁迫对不同砧穗组合下的水分利用效率具有明显差异，在20%土壤相对含水量下，嫁接新疆野苹果的叶片水分利用效率显著低于40%土壤相对含水量下，而嫁接M9-T337的植株则显著高于40%土壤相对含水量情况下。

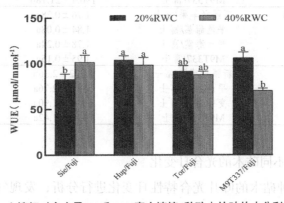

图 3-14　土壤相对含水量20%和40%富士嫁接4种砧木的叶片水分利用效率

（4）干旱下富士嫁接不同砧木光合特性分析

为了比较干旱下富士嫁接四种砧木的光合特性，测定了在不同水分胁迫下的净光合速率、气孔导度、叶绿素相对含量、蒸腾速率、胞间CO_2浓度，结果显示，不同程度的干旱胁迫对这些指标的影响存在明显差异。在20%重度干旱胁迫下，光合速率明显下降，蒸腾速率明显升高，气孔导度也出现不同程度下降，胞间CO_2浓度也低于轻度干旱下结果（表3-14）。在蒸腾速率上，重度干旱下嫁接新疆野苹果表现出最高的蒸腾速率，但在轻度干旱下蒸腾速率最低。在气孔导度方面，重度干旱下嫁接新疆野苹果气孔导度最高，而轻度干旱下嫁接M9T337表现出较高的气孔导度。在胞间CO_2浓度上，重度干旱下嫁接新疆野苹果也表现出最高的浓度，而轻度干旱下四种砧木之间没有显著差异。在叶绿素相对含量方面，重度干旱下嫁接新疆野苹果叶绿素相对含量最低，轻度干旱下嫁接不同砧木没有明显差异。

表3-14　不同土壤相对含水量下对富士嫁接四种砧木光合参数的影响

参数	品种	20% RWC	40% RWC
Pn（$\mu mol\ m^{-2}s^{-1}$）	新疆野苹果/富士	15.2±2.30a	11.9±0.91b
	平邑甜茶/富士	13.14±2.14ab	13.94±2.02ab
	变叶海棠/富士	11.02±1.69b	15.86±2.23a
	M9T337/富士	13.3±0.47ab	16.16±1.24a
Tr（$mmol\ m^{-2}s^{-1}$）	新疆野苹果/富士	8.72±1.35a	1.53±0.19c
	平邑甜茶/富士	7.15±1.22b	1.84±0.36c
	变叶海棠/富士	6.20±0.56b	2.3±0.34b
	M9T337/富士	6.86±0.62b	3.45±0.25a
C（$mmol\ m^{-2}s^{-1}$）	新疆野苹果/富士	0.19±0.03a	0.12±0.02c
	平邑甜茶/富士	0.13±0.03b	0.15±0.04bc
	变叶海棠/富士	0.12±0.02b	0.18±0.04b
	M9T337/富士	0.13±0.02b	0.23±0.02a
Ci（$\mu mol\ mol^{-1}$）	新疆野苹果/富士	254.4±29.95a	243.8±29.52a
	平邑甜茶/富士	197.2±18.46b	229.8±29.14a
	变叶海棠/富士	213.6±17.18b	234.4±10.95a
	M9T337/富士	196.4±21.18b	257.4±14.06a
WUE（$\mu mol\ mmol^{-1}$）	新疆野苹果/富士	1.76±0.28a	7.83±0.72a
	平邑甜茶/富士	1.84±0.08a	7.69±1.19a
	变叶海棠/富士	1.78±0.24a	6.90±0.47a
	M9T337/富士	1.95±0.15a	4.70±0.32b
Chl	新疆野苹果/富士	51.02±2.36b	59.46±2.39a
	平邑甜茶/富士	55.04±2.76a	61.04±1.76a
	变叶海棠/富士	56.82±1.90a	60.48±1.36a
	M9T337/富士	54.86±1.42a	62.00±2.24a

（5）富士嫁接不同砧木的光合日变化

对富士嫁接四种砧木的叶片光合特性日变化进行分析，发现气孔导度日变化趋势相似，但嫁接新疆野苹果显著较高，而嫁接平邑甜茶显著较低（图3-15a）。胞间CO_2浓度方面，嫁接M9T337明显低于其他三个品种。嫁接四种砧木的净光合速率日变化趋势相似，但嫁接新疆野苹果与平邑甜茶的植株整体较高，而嫁接变叶海棠则较低（图3-16b）。蒸腾速率日变化趋势也基本一致，但强度存在显著差异，嫁接新疆野苹果和平邑甜茶两种砧木的Tr值明显高于其他砧木（图3-15c）。

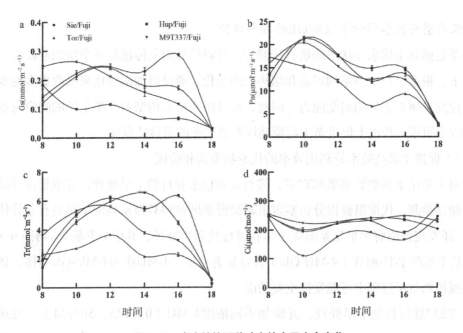

图 3-15 富士嫁接四种砧木的全天光合变化

（6）富士嫁接不同砧木叶绿素荧光特性

使用FluorPen手持式叶绿素荧光仪测量了嫁接不同砧木的富士叶片叶绿素荧光特性（表 3-15）。在初始荧光值上，嫁接不同砧木间具有显著差异，最大的为嫁接变叶海棠，最小为嫁接新疆野苹果。最大荧光值嫁接不同砧木则没有明显差异。F_v/F_m为植物的最大量子产率，健康生理情况下多数高等植物的F_v/F_m位于0.8/0.85。F_v/F_m测定结果发现四种砧木间存在显著差异，且F_v/F_m值最大的嫁接M9T337的植株也仅为0.78，表明嫁接四种砧木的富士均受到了干旱胁迫的影响。可变荧光（F_v）与最小荧光（F_o）的比值（F_v/F_o）可表征PSⅡ的潜在活性，富士嫁接M9T337值最大为3.55，其次是嫁接新疆野苹果。PAR测量结果则发现嫁接变叶海棠的PAR值明显高于其他三种砧木。尽管嫁接变叶海棠的可利用光强明显较高，但是嫁接M9T337及新疆野苹果在F_v/F_m、F_v/F_o指标上明显高于嫁接变叶海棠，因此嫁接M9T337和新疆野苹果的最大光合效率与光系统Ⅱ的潜在活性最好。

表 3-15 富士嫁接四种砧木后叶绿素荧光特性差异

品种	Fo	Fv/Fm	PAR	Fm	Fv/Fo
新疆野苹果/富士	2620.6±202.9ab	0.76±0.03ab	222.2±25.1c	10990.2±757.9a	3.23±0.57ab
平邑甜茶/富士	2693.2±409.5ab	0.74±0.02ab	219.6±43.0c	10245.9±750.1a	2.84±0.31ab
变叶海棠/富士	2846.4±264.2a	0.73±0.03b	1454±33.1a	10728.0±785.0a	2.79±0.36b
M9T337/富士	2308.6±85.0b	0.78±0.03a	330.4±61.4b	10515.8±1819.1a	3.55±0.71a

3.根构型及控水影响苹果WUE的综合评价

根系是感知土壤水分状态的最直接器官，并将信号向上传递给各个组织和器官。在干旱胁迫下，根系会产生一系列形态和结构上的变化，通过增加根冠比来吸收更多的水分和养分，提高果树对干旱的耐受能力。因此，通过研究根系构型对苹果干旱的响应及水分高效利用效率可很大程度上促进黄土高原地区苹果产业的可持续发展。

（1）促进苹果高效水分利用效率的代谢物筛选和验证

针对苹果砧木新疆野苹果和T337，进行正常供水和自然干旱处理，并取根部样品进行差异代谢物检测。代谢组数据分析鉴定出新疆野苹果和T337根系响应干旱共有差异代谢物106种，还发现新疆野苹果根系响应干旱特异性代谢物25种，其中4-甲基伞形酮（4-MU）和4-甲基伞形酮-β-D-糖苷（4-MU-Glc）含量显著增加。4-MU作为4-MU-Glc前体，猜测其在苹果属植物抗旱过程中可能发挥重要功能。

对 T337进行长期干旱处理，并施加不同浓度4-MU（0，125，500μM），发现施加4-MU处理后，T337生长状态好于未施加组；干旱胁迫下，施用4-MU的T337株高、茎粗、地上部干重、根干重及根冠比均显著高于未施加组；正常供水条件下，4-MU对砧木地上部无明显影响，但可显著促进根系的发育，提升根冠比（图 3-16）。表明4-MU可提高T337抗旱能力。

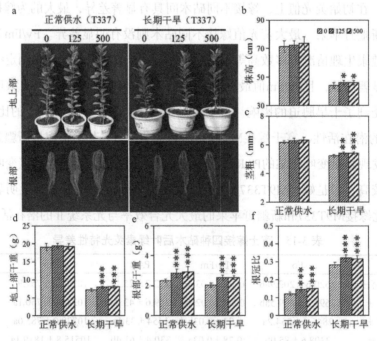

图 3-16　长期干旱胁迫下施加4-MU处理的T337生长情况

　　另外，正常供水条件下，施加4-MU的T337植株的iWUE和δ13C无明显差异；而干旱胁迫下，施加4-MU的T337植物的iWUE和δ13C值均显著高于对照组植物。表明4-MU可提高T337的水分利用效率（图3-17）。

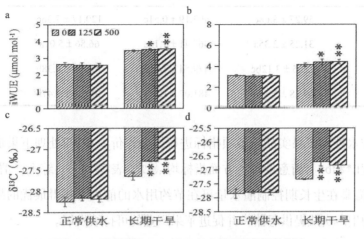

图3-17　不同浓度4-MU对T337水分利用效率的影响

　　（2）不同时期控水对苹果水分利用效率的影响

　　在苹果种植中进行精准灌溉，能在节水的前提下满足树体生长发育对水分的需求，提高果实品质和产量，这对苹果产业可持续发展具有重要意义。对陕西渭北常用砧穗组合烟富6号/M26/八棱海棠设置不同时期不同程度控水处理（表3-16）。I、II分别为果实生长前期和果实生中期，每个处理组含6棵苹果树，每个处理设置3个生物学重复，试验采用随机区组设计。

表3-16　不同控水的灌溉时间和灌溉定额

处理	M／（$m^3 \cdot hm^{-2}$）			
	（I）	（II）	（III）	总计
CK	300	250	0	500
W1	150	150	0	300
W2	150	250	0	400
W3	300	150	0	450

　　应用公式WUE=GY/ET（1-3）计算苹果产量的水分利用效率，GY为苹果产量，kg/hm^2；ET为耗水量，mm。灌溉水利用率计算公式为IWUE=GY/I（1-4），I为灌水量，m^3/hm^2。与CK相比，3种控水处理均降低了苹果产量，其中W1处理的降低幅度最大。另外，3种控水处理的水分利用效率（WUE）均显著性下降，不同控水条件下的WUE总体趋势表现为CK＞W2＞W3＞W1。尽管控水处理降低了果树的水分利用效率，W2处理显著促进IWUE提

高超过20%（表3-17）。

表 3-17　不同时期控水对产量和水分利用效率的影响

处理	产量	耗水量	水分利用效率	灌溉水利用率
CK	59.27±3.68c	493.19±0.51c	120.17±7.36c	107.76±6.68a
W1	31.25±2.35a	467.41±1.16a	66.86±5.01a	104.17±7.85a
W2	52.65±3.12bc	479.54±1.05b	109.80±6.38b	131.64±7.79b
W3	49.28±3.44b	481.07±1.52b	102.46±7.47b	109.52±7.63a

对不同控水处理下果实品质各项指标进行综合评价。在W2处理下果形指数、可滴定酸、果面色度L*和b*、满意度等各方面指标均最高（表 3-18）。综上，渭北地区的烟富6号/M26/八棱海棠在生长期控制灌水量可在节约用水的前提下获得最优的果实综合评价。这将为当地的生产实践提供思路，并促进苹果产业的可持续发展。

表 3-18　控水条件下苹果品质水分利用效率综合评价结果

处理	单果重	果形指数	可溶性固形物	可滴定酸	果面色度			产量	水分利用效率	满意度	排序
					L*	a*	b*				
CK	1.00	0.48	0.00	0.67	0.00	0.90	0.00	1.00	1.00	0.54	2.00
W1	0.00	0.20	1.00	0.00	0.20	0.84	0.42	0.00	0.00	0.18	4.00
W2	0.76	1.00	0.13	1.00	1.00	0.00	1.00	0.77	0.47	0.65	1.00
W3	0.55	0.00	0.27	0.67	0.20	1.00	0.30	0.64	0.53	0.40	3.00

（二）柑橘砧穗组合及根构型影响水分高效利用的生理基础

柑橘是我国南方地区主栽果树之一，具有重要的经济价值。柑橘主要通过嫁接繁殖，砧木对接穗品种的生长发育、水分利用和果实产量品质具有重要的影响（Gonçalves et al.，2016）。根系是植物吸收水分的主要器官，良好的根系发育可以促进形成优良的根系构型，提高根系吸收土壤水分的效率，从而提高植物水分利用率（Hodge et al.，2009；Głąb、Szewczyk，2015）。本木植物根系分布特征是决定其水分利用和抗旱性的关键因素。有研究表明，根系总长度、主根长度、根系总体积、根尖数等根系构型指标与柑橘水分吸收和抗逆性关系密切（Adesemoye et al.，2017）。因此，选择合适的砧穗组合，培育良好的根系构型对提高柑橘水分利用率具有重要的意义。不同砧穗组合具有不同的根系构型、光合特性和碳水化合物含量，这些生理差异对柑橘水分高效利用的影响很大。本节内容主要通过比较不同砧穗组合的生理差异揭示柑橘砧穗组合及根构型影响水分高效利用的生理基础。

1.砧穗组合对柑橘根系构型的影响

根系构型指植物根系在土壤中的形态、分布和空间造型，包括根长、根表面积、根体积等二维分布指标和根系拓扑结构、根系分支情况、侧根间夹角等空间三维指标（Lynch et al.，2001）。由于柑橘根系在土壤中分布复杂，因此目前对柑橘根系构型的研究相对较少，且多集中在砧木根系上。例如，魏清江等（2018）研究表明，干旱处理后，三湖红橘和三湖化红实生苗根体积和根表面积下降，三湖化红总根长下降，但三湖红橘的总根尖数和总根长增加。罗国涛等（2020）对11种柑橘砧木的根系形态及其对纽荷尔脐橙嫁接植株抗旱性的影响进行了研究。结果表明，沃尔卡姆、Z-021等柑橘砧木幼苗根系形态综合评价较高，根系较发达。资阳香橙、ZZ-022、KPJ-030、Z-006、XC-009、ZZ-030等砧木评价中等，而红柠檬、卡里佐枳橙、扁平橘的评价较低，根系较弱。嫁接纽荷尔脐橙后，以ZZ-022、ZZ-030、卡里佐枳橙和扁平橘嫁接植株抗旱性较强，KPJ-030砧较弱。他们提出可以使用柑橘砧木的总根表面积和根尖数来筛选抗旱柑橘砧木。同时，发现枳杂种砧木ZZ-022的根系较发达且嫁接后抗旱性较强，可作为柑橘生产的优良砧木资源。覃艳（2016）通过整根挖掘和图像分析等方法研究了8种柑橘砧木的根系构型。结果表明，香橙、枳、枸头橙总根长、总根体积、根平均直径、总根表面积等指标较大，侧根数量和密度也较大，根系较发达。卡里佐枳橙根系拓扑指数最大，根系分支呈鱼尾形。红檬檬、粗柠檬、红橘、枸头橙、香橙、酸橘等6种砧木根系拓扑指数较小，根系呈叉状分支。

关于柑橘不同砧穗组合根系构型的研究较少。周开兵等（2005）采用5种柑橘砧木（体细胞杂种红橘+枳、红橘+粗柠檬和有性杂种Troyer枳橙、Swingle 枳柚及枳）嫁接温州蜜柑、脐橙，并以未嫁接的砧木为对照，研究柑橘接穗对根系生长的影响。结果表明，除枳外，其余砧木嫁接植株根系体积与对照存在显著差异，说明接穗对柑橘嫁接植株根系生长有较大影响。

将纽荷尔脐橙分别嫁接到枳、红橘、枳柚、香橙和红柠檬砧木上，获得5种不同的砧穗组合嫁接植株。采用盆栽滴灌控水的方式对5种纽荷尔脐橙嫁接植株进行不同程度的水分胁迫处理。结果表明，轻度水分胁迫（土壤相对含水量65%～70%）可以促进柑橘嫁接植株根系生长，而重度水分胁迫处理（土壤相对含水量30%～35%）会抑制根系生长，并且枳柚砧木嫁接植株在水分胁迫处理后根系较其他嫁接植株发达。

2.砧穗组合对柑橘碳水化合物含量的影响

植物水分利用率、植株生长量和产量取决于光合作用和呼吸作用间的碳平衡（Lawson、Blatt 2014；Tokatlidis et al.，2015）。多个研究表明，砧木对柑橘叶片光合作用影响很大。González-Mas 等，（2009）采用 8 种柑橘砧木嫁接奈维林娜脐橙，并研究了各种砧穗组合的光合作用差异。结果表明，F-A517砧脐橙叶片净光合速率显著高于卡里佐枳橙砧脐橙，但胞间二氧化碳浓度较低。而卡里佐枳橙砧的叶片蒸腾速率和气孔导度最低。Jover 等，（2012）研究表明，嫁接在印度酸橘上的纽荷尔脐橙叶片净光合速率和蒸腾速率显著低于Forner-Alcaide 13 砧纽荷尔脐橙。梅正敏等（2014）研究了滑皮金柑、龙州土柠檬、桂脐 1 号、金宝酸橘、山东枳、大新腊月柑等砧木对桂脐 1 号光合作用的影响。结果发现桂脐 1 号/桂脐 1 号砧穗组合光合能力最强，而桂脐 1 号/龙州土柠檬光合能力最弱。贺世雄（2019）研究表明，以香橙和酸橙为砧木的砂糖橘叶片有较高的净光合速率，而以宜昌橙和酸橘为砧木的砂糖橘叶片净光合速率较低。本砧、香橙砧和酸橙砧砂糖橘的叶片气孔导度较大，而红橘砧、红黎檬砧和酸柚砧砂糖橘叶片气孔导度较小。以宜昌橙、飞龙枳、砂糖橘、红黎檬和酸橘为砧木的砂糖橘嫁接植株叶片胞间二氧化碳浓度较大，而嫁接在枳、卡里佐枳橙、枸头橙、酸柚和红橘砧木上的砂糖橘叶片胞间二氧化碳浓度较小。嫁接在香橙、砂糖橘和酸橙上的砂糖橘叶片蒸腾速率较高，而嫁接在卡里佐枳橙、红黎檬和红橘砧木上的砂糖橘叶片蒸腾速率较低。

对不同程度水分胁迫处理的枳、红橘、枳柚、香橙和红柠檬等5种砧木嫁接的纽荷尔脐橙盆栽植株进行光合指标测定。结果表明，水分胁迫具有抑制纽荷尔脐橙嫁接植株净光合速率和蒸腾速率的作用。对照（土壤相对含水量80%～85%）、轻度（土壤相对含水量65%～70%）及中度水分胁迫处理（土壤相对含水量45%～50%）后，嫁接在红柠檬上的纽荷尔脐橙叶片净光合速率最高，香橙砧木嫁接植株最低。而重度水分胁迫处理（土壤相对含水量30%～35%）后，枳柚砧木嫁接植株叶片净光合速率最高，红柠檬砧木嫁接植株最低。在对照处理下，枳柚砧木嫁接植株叶片蒸腾速率最低，枳砧木嫁接植株最高。在轻度和中度水分胁迫处理后，香橙砧木嫁接植株叶片蒸腾速率最低，红柠檬砧木嫁接植株最高。而重度水分胁迫处理后，香橙砧木嫁接植株叶片蒸腾速率最高，枳砧木嫁接植株最低。

碳水化合物是果树光合作用的直接产物，反映了果树的树体活力和能量贮存情况，对果树生长发育具有重要的作用（Olmstead et al.，2010）。砧穗组合对柑橘碳水化合物含量也有重要的影响。周开兵等（2005）发现红橘和枳的体细胞杂种砧木嫁接的国庆 4 号温州蜜柑叶片可溶性糖含量显著增加。赵旭阳（2011）研究表明，嫁接在枳和枳橙上的渝津橙叶片淀粉含量显著高于嫁接在香橙上的渝津橙。刘梦梦（2018）研究表明，植株生势与不同砧穗组合的砂糖橘叶片碳水化合物含量显著正相关。贺世雄（2019）研究表明以红黎檬为砧木的砂糖橘叶片可溶性糖含量显著高于嫁接在宜昌橙和飞龙枳上的砂糖橘。

随着水分胁迫程度的加深，枳、红橘、枳柚、香橙和红柠檬等5种砧木嫁接的纽荷尔脐橙叶片可溶性糖含量均呈先上升后下降的趋势。在对照环境下（土壤相对含水量80%～85%），嫁接在红柠檬上的纽荷尔脐橙叶片可溶性糖含量显著高于其他嫁接植株。在不同程度水分胁迫处理后，尤其是中度（土壤相对含水量45%～50%）和重度（土壤相对含水量30%～35%）水分胁迫处理后，嫁接在枳柚和红柠檬上的纽荷尔脐橙叶片可溶性糖含量显著高于其他砧木嫁接植株。

3.砧穗组合和根系构型对柑橘水分利用率的影响

砧穗组合对柑橘水分利用率有较大的影响。贺世雄（2019）研究表明，乔化砧上嫁接的柑橘水分利用率高于矮化砧和半矮化砧。嫁接在粗柠檬上的砂糖橘水分利用率最高，其次为酸柚砧砂糖橘，而嫁接在卡里佐枳橙、飞龙枳、酸橘上的砂糖橘水分利用率较低。

一般来说，乔化砧根系比矮化砧发达。因此，根系构型对柑橘水分吸收能力和水分利用率也有较大的影响。Rewald等，（2011）将沃尔卡姆柠檬根系分为八个等级，第一级根系由根系末端的细根组成，直径最小，第八级为主根，直径最大。八个等级根系在根系直径上有重叠，但比根表面积（specific root area, SRA）随着级数的上升而显著下降，其中第一级根系占根分枝生物量的30%和根分枝表面积的50%，具有最强的吸水能力和最高的碳利用率（carbon use efficiency），其次为第二和第三级根系。前三级根系是柠檬吸收水分的主要部位。因此，根系等级是水分吸收的决定因子。进一步研究表明，第四和第五级根系出现了水过量（water excess）的情况。水过量的出现表明由于各级根系渗透压差异导致了水分再分配（hydraulic redistribution, HR）。柑橘可以利用水分再分配来抑制粗根脱水干枯。Sampaio等，（2021）研究了田间环境下，嫁接在8种砧木上的Pera甜橙对土壤水分的吸收能力。结果表明，在干旱时期，Rangpur黎檬砧甜橙土壤基质水势最低，水分吸收能力较强。枳杂种砧木TH-51嫁接甜橙土壤基质水势最高，水分吸收能量较弱。有研究表明，Rangpur黎檬砧甜橙根系长度比枳砧甜橙增加30%，水分吸收能力也较强（Magalhães Filho et al.，2008）。因此，推测Rangpur黎檬砧甜橙根系发达是导致其水分吸收能力强的主要原因。

对不同程度水分胁迫处理的枳、红橘、枳柚、香橙和红柠檬等5种砧木嫁接的纽荷尔脐橙盆栽植株进行水分利用率测定。结果表明，适当的水分胁迫可以提高柑橘水分利用率，并且中度（土壤相对含水量45%～50%）和重度（土壤相对含水量30%～35%）水分胁迫处理后，嫁接在枳柚上的纽荷尔脐橙水分利用率最高，香橙和红橘砧木嫁接植株水分利用率较低。

综上所述，选择合适的砧木，并进行适当的水分胁迫处理，可以促进柑橘根系生长，提高叶片光合速率和碳水化合物含量，从而提高柑橘水分利用率。

（三）葡萄砧穗组合及根构型影响水分高效利用的生理基础

我国酿酒葡萄主产区位于以干旱半干旱气候为主的西北地区，干旱频发，水分成为限制葡萄植株生长与果实品质的关键影响因子。嫁接作为成熟的栽培技术被广泛应用于葡萄生产之中，通过嫁接栽培，利用不同砧木抗性抵御生物及非生物胁迫。抗旱砧木可以显著提高葡萄植株的光合能力，改善葡萄果实品质（由佳辉 等，2021；张彪，2014），同时抗旱砧木较高的根系水势与吸水量可促进葡萄植株对水分的有效吸收与利用（翟晨，2017）。因此，研究不同砧穗组合葡萄植株的水分利用能力及其生理基础，对于葡萄生产中砧木的选择与利用，提高葡萄产量、品质及葡萄酒品质等方面具有重要的意义。

1.葡萄砧穗组合根构型及其对水分吸收运输的影响

根系是植物吸收水分和营养物质的重要器官，是土壤养分的直接利用者和产量的重要贡献者，是构成个体及生态系统的重要部分。果树根系从来源上分为实生根系、茎源根系、根蘖根系；从功能上分为吸收根、生长根和次生根；同时，以皮层厚度分类，果树根系可分为肉质根和瘦硬根。葡萄的根系为肉质根，皮层比较厚，根皮率高，输导组织发达。果树根系与地上部之间也表现出极为复杂的相互关系，根系的形成与生长取决于地上部供应的碳水化合物，地上部的碳素同化和生长发育又取决于根系供应的矿质养分、水分和激素类物质等（王晓芳 等，2007）。研究表明，砧木基因型是影响根构型的关键因素，葡萄砧木的根系分为两大类：一类根系下扎较深，另一类根系分布较浅，不同类型葡萄砧木根系在分支角度、分布、生物量等方面差异显著（Smart，2006）。

根系是向地上部分传输水分和矿物质的重要器官，砧木通过根系改变了接穗对水分的吸收能力，这很大程度由砧木基因型决定，砧木基因型与土壤环境的互作关系也影响接穗对水分的利用能力。在嫁接植株中，嫁接部位愈伤组织中形成新的维管组织，最终连通砧木和接穗，承担起水分运输的功能。袁园园等（2015）发现，SO4、101-14等抗性砧木显著提高了金手指葡萄的茎流速度，同时也提高了叶片的蒸腾能力。Torii（1992）研究表明，砧木与接穗间的水分交流始于嫁接处愈伤的胞间连丝，新维管束形成的数量直接影响嫁接部水分运输的能力。就嫁接植株而言，砧木也会改善接穗的活力、生长发育、果实产量与品质，同时接穗也会对砧木根系产生影响。不同砧木对同一接穗，同一砧木对不同接穗的生理生长、果实产量及品质影响均不相同。

监测9年生的美乐、马瑟兰、赤霞珠和品丽珠自根苗根系及其砧穗组合，发现不同砧木的根构型、根系生长量、根长、根表面积、根体积不同；其中，美乐/5BB根系生长量、根长、根表面积均显著高于其他砧穗组合。

2.不同砧木对葡萄植株生理生长的影响

砧木通过影响接穗的水分吸收与利用、矿质元素的传递、激素的含量等使接穗生理生化性状改变，从而影响接穗的光合能力，改变砧穗组合树势，改善砧穗组合的生长发育。张付春等（2018）研究发现，砧木5BB能明显提高赤霞珠葡萄接穗叶片净光合速率，同时增强叶片对于强光和弱光的耐受性，使叶片光合能力显著提升；Bascunan等（2017）研究3种砧木嫁接鲜食葡萄红地球，结果表明不同抗性砧木均能提高红地球葡萄的单叶面积、比叶面积、剪枝重、单位叶质量光合作用、总叶绿素含量和根系碳储量。Bica等（2000）研究了黑比诺与5BB、SO4、41B、1103P嫁接的四种砧穗组合及嫁接在1103P、SO4上的霞多丽发现，霞多丽嫁接1103P比嫁接在SO4具有更高的光合速率、气孔导度、叶绿素含量及产量。黑比诺/5BB砧穗组合比黑比诺/SO4具有更高的气孔导度和蒸腾作用。郑秋玲等（2014）以110R、140R、SO4、5BB与1103P砧木嫁接 赤霞珠，研究发现110R砧木嫁接后赤霞珠枝条成熟度较好，能明显促进接穗的营养生长；5BB砧木嫁接赤霞珠接穗含氮量较高；SO4和1103P砧木嫁接使赤霞珠葡萄含磷、含钾量较高。

通过研究美乐、马瑟兰、品丽珠、赤霞珠四个酿酒葡萄自根苗及其砧穗组合发现（表3-19），发现不同砧木对同一接穗叶片光合作用及叶绿素荧光的影响不同（图3-18）。与自根苗相比，嫁接苗美乐/5BB、美乐/1103P、美乐/SO4中，三种砧木降低了接穗美乐葡萄叶片蒸腾速率及气孔导度，提高了叶片叶柄水势、胞间CO_2浓度、电子传输速率、PSⅡ光量子产额及光化学猝灭，表明砧木SO4通过降低光合作用、提高光能及水分利用率改善美乐叶片光合作用（图3-19，图3-20）。与马瑟兰自根苗相比，砧木5BB提高了接穗叶片的蒸腾速率及水汽压饱和亏；砧木1103P提高了马瑟兰叶片同化速率、电子传输速率、PSⅡ光量子产额及光化学猝灭，砧木1103P显著提高了马瑟兰的叶柄水势，同时显著提高了马瑟兰叶片的光能利用率。

同一砧木对不同接穗的影响也存在差异，与自根苗相比，砧木5BB提高了美乐、马瑟兰、品丽珠、赤霞珠四种酿酒葡萄的叶柄水势；降低了四种酿酒葡萄的叶片同化速率；降低了美乐、马瑟兰、品丽珠叶片的电子传输速率（ETR）和PSⅡ光量子产额，反之提高了赤霞珠叶片的ETR和PSⅡ光量子产额。

总体来说，与自根苗相比，美乐/SO4、马瑟兰/1103P嫁接苗的叶柄水势、水分利用率、光能利用率显著提高。

表3-19　不同砧木对酿酒葡萄砧穗组合接穗果实横、纵径的影响

	美乐自根苗	美乐/5BB	美乐/1103P	美乐/SO4	马瑟兰自根苗	马瑟兰/5BB	马瑟兰/1103P
横径/mm	34.37±1.57	45.87±1.24	26.81±1.07	31.76±3.26	38.44±0.94	46.54±1.09	36.71±0.38
纵径/mm	37.93±1.54	46.29±1.26	32.03±1.15	37.60±4.81	51.99±1.09	54.61±1.48	45.42±1.70
横纵比	1.1±0.02	1.0±0.01	1.2±0.02	1.2±0.03	1.4±0.01	1.2±0.03	1.2±0.05

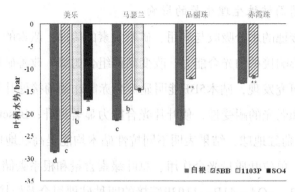

图 3-18　不同砧木对葡萄砧穗组合叶柄水势的影响

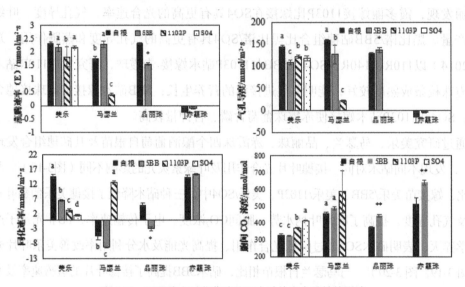

图 3-19　不同砧木对葡萄砧穗组合叶片光合特性的影响

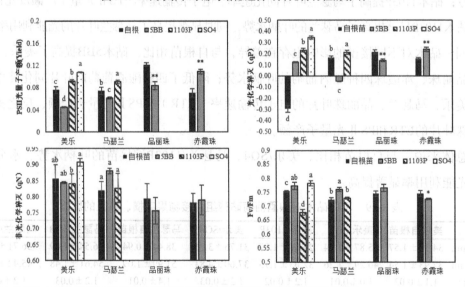

图 3-20　不同砧木对葡萄砧穗组合叶绿素荧光的影响

3.不同砧木对酿酒葡萄果实品质的影响

葡萄砧木对接穗果实的影响是多方面的。已有研究表明，砧木对果实穗重、粒重、含糖量、含酸量、矿质元素含量、香气成分、果皮花色苷积累等有一定影响（吴伟民 等，2014；Hale et al.，2016；程建徽 等，2015；李敏敏 等，2016）。Wolpert（2005）将赤霞珠嫁接在20种不同砧木上，发现1103P、775P、225Ru、5BB和99R等能显著提高赤霞珠果穗质量和单粒质量。李敏敏 等（2016）以188-08、5BB、SO4、3309C、110R、5C和101-14M为砧木嫁接赤霞珠及马瑟兰，发现5C和101-14M显著提高了果实花色苷含量。钟海霞等（2016）研究了7种砧木对克瑞森无核葡萄果实品质的影响，发现101-14M可显著提高果实可溶性固形物的含量，贝达可显著提高可滴定酸的含量，SO4显著提高果实糖酸比（TSS/TA）。吴伟民等（2014）以101-14M、140R、3309C、SO4和5BB做砧木，研究了不同砧木对夏黑葡萄果实矿物质含量的影响，发现几种砧木均不同程度地增加了果实中锌的含量，以SO4增加幅度最为显著。魏灵珠等（2020）以20种砧木嫁接新雅葡萄，结果表明101-14与Rupestrisdulo砧木使接穗葡萄产量、含糖量高于自根苗，且砧木降低了接穗葡萄的果实皱缩和炭疽病发病率，同时Rupestrisdulo砧木还能促进果实着色。

不同砧木对不同接穗果实品质的影响不同。砧木5BB、1103P使美乐果实还原糖含量显著提高，同时砧木5BB使品丽珠果实还原糖显著提高。砧木5BB可提高马瑟兰、品丽珠、赤霞珠果实总酸含量，且与自根苗差异显著。砧木1103P使美乐果实总酸含量显著降低，使马瑟兰果实总酸含量显著提高（图3-21）。

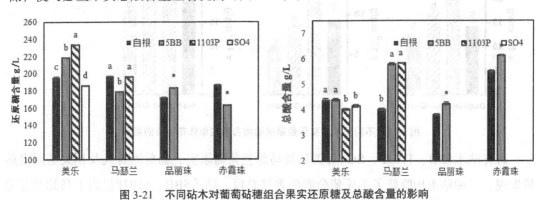

图3-21　不同砧木对葡萄砧穗组合果实还原糖及总酸含量的影响

葡萄果实中主要存在5种单糖苷花色苷：花青素、花翠素、甲基花青素、甲基花翠素和二甲花翠素及其乙酰化、香豆酰化等衍生物。与自根苗相比，砧木5BB、1103P显著提高了美乐、马瑟兰果实总花色苷含量，酰化甲基花青苷含量显著升高，其中1103P提高的幅度较大。砧木5BB也显著提高了美乐果实花翠素及甲基花翠素含量，但砧木SO4对美乐果实单体花色苷无显著影响。同时，与自根苗相比，砧木5BB显著提高了马瑟兰果实中包括花青素、花翠素在内的9种单体花色苷含量，砧木1103P则显著提高了马瑟兰果实中包括花青素、甲基花青素及乙酰化二甲花翠素在内的5种单体花色苷，表明砧木通过改变果实中花色苷含量来改变果实颜色及葡萄酒颜色（图3-22）。

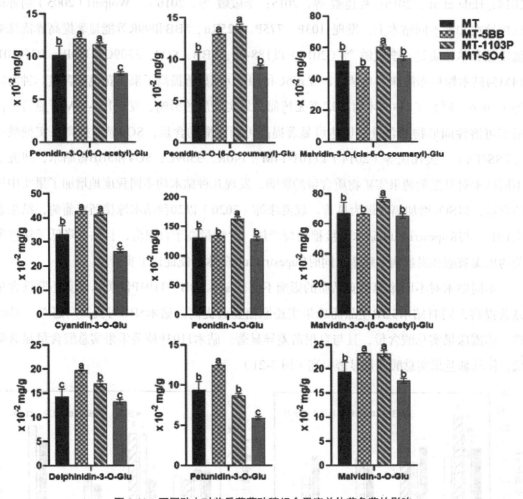

图3-22　不同砧木对美乐葡萄砧穗组合果实单体花色苷的影响

研究砧木5BB、1103P、SO4对美乐及马瑟兰葡萄果实、葡萄酒香气及相关基因表达量发现，三种砧木均降低了美乐葡萄酒的香气总量，砧木5BB、1103P提高了马瑟兰葡萄酒的香气总量。砧木对使美乐果实中C6化合物（C6醇、醛、酸等）含量增加，其中砧木5BB通过上调*VvLoXA*表达量使美乐果实C6醇含量增加，砧木1103P则通过上调*VvLinNer1*基因表达量使美乐果实的芳樟醇含量升高。砧木5BB及1103P使马瑟兰果实的香气总量显著增加，其中砧木1103P提高了马瑟兰果实中C6醇、C6醛和香茅醇含量。与砧木5BB及SO4相比，1103P使美乐和马瑟兰果实香气挥发物含量显著提高（图3-23，图3-24）。

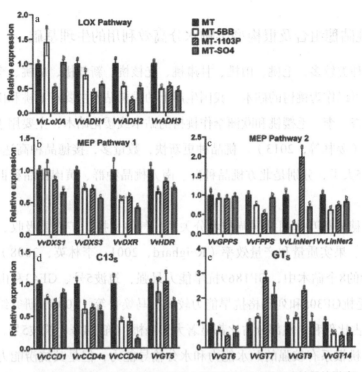

图 3-23　不同砧木对美乐葡萄砧穗组合果实香气相关基因表达量的影响

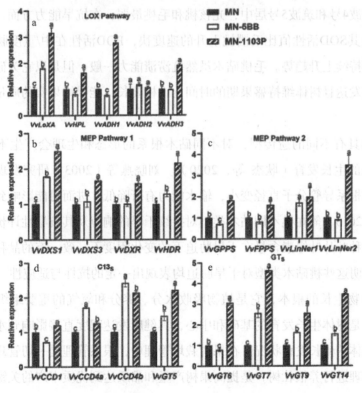

图 3-24　不同砧木对马瑟兰葡萄砧穗组合果实香气相关基因表达量的影响

（四）桃砧穗组合及根构型影响水分高效利用的生理基础

桃树砧木种类较多，毛桃、山桃、甘肃桃、光核桃、新疆桃、扁桃、李、杏、毛樱桃和欧洲李等均可以作为桃树的砧木。我国生产上的桃树砧木主要有毛桃和山桃，也有部分用甘肃桃，而杏、李、毛樱桃和欧洲李作桃树的砧木或矮化砧木，主要用于盆栽和设施栽培，数量极少（姜林等，2013）。桃品种更新快，数量多，接穗品种高达800余种，单从种群上划分为5大类，分别是北方桃品种群、南方桃品种群、黄肉桃品种群、蟠桃品种群和油桃品种群。

砧木和接穗的相互作用共同调控水分关系、气体交换、矿物质吸收、植株大小、开花、坐果时间、果实质量和产量效率（Reighard，2001；李林英，2008）。在蔡志祥等（2013）试验的8个砧木中，GF1869抗旱能力最强，筑波5号、GF43和山桃抗旱能力中等，毛桃2号毛桃GF305和列玛格抗旱能力较弱。马焕普等（2006）研究结果显示山桃的输导根周皮所占比例和中柱部分占比都显著大于毛桃、筑波4号、筑波5号，这说明一定程度肉质化的山桃根系有较强的贮水能力和水分输导能力，但是其抗涝能力最弱。曹艳平（2007）分别对不同桃砧木的抗涝和抗旱能力进行研究，结果表明毛樱桃的耐涝性最强，长柄扁桃、筑波4号和筑波5号居中，光核桃和毛桃最弱；在抗旱能力方面，长柄扁桃较为有优势，因为其SOD活性值比毛樱桃上升的速度快，POD活性在中/重度胁迫下显著高于胁迫前，并有持续上升趋势。毛桃砧木虽然抗涝渍能力一般，但是以它为砧木的嫁接苗生长旺盛、根系发达且树体维持盛果期的时间比山桃要长，能保持果实的质量和产量（王朝祥，2004）。

不同接穗具有不同的遗传型，对不同砧木根系的形态和生理会产生不同影响，进而影响嫁接植株的生长发育（耿杰 等，2020）。刘晓燕等（2003）研究发现毛桃嫁接栽培品种后，砧木根系导管分子直径变小，输水能力有所降低，进而可能影响到树体的水分供应。蔡志翔（2013）等在桃不同砧木类型对持续干旱的响应及其抗旱性评价研究中，发现不同桃砧木品种叶片叶绿素含量在干旱胁迫下的变化程度不一致，有的品种较对照变化不大或升高，表明这些桃砧木类型对干旱胁迫均表现出一定的抗性与适应性。

根系是植物生长的根本，它是植物吸收水分、养分和氧气的重要组织器官。对于果树而言，根系是树体生长发育的基础和中心，其健康发达程度直接影响到水分、养分的吸收，决定了树体的生长发育状况。在果树栽培管理中，根系管理是一切管理的核心，通过合理的根系管理进行养根壮树，是提高果树产量和品质达到优质丰产的关键。根系构型是植物根系生长代谢的体现，代表植株吸收、运输水分和养分的能力，不同径级的根吸水与输水能力也不相同。适宜的根系构型对植物有效利用土壤营养，促进水分和养分吸收具有重要意义（范伟国、杨洪强，2006）。

桃树为浅根性果树，根系在土壤中垂直分布范围较浅，呼吸强度高，对氧气的需求量大，因此土壤透气状况是影响桃树根系及植株生长发育的关键因素。桃树的根系是由主根、侧根构成的骨干根和须根组成。一般而言，桃树水平根发达，无明显主根，侧根分枝多近树干，远离树干则分枝少，同级分枝粗细相近，尖削度小。桃根的水平分布一般与树冠冠径相近或稍广；根系的垂直分布则主要集中在20～40 cm土层中。实际生产中，桃树根系分布的深度及广度，因砧木种类、品种特性、土壤条件和地下水位高低等而不同。毛桃砧木根群发达，根系分布较深；山桃砧木须根少，根系分布较深；寿星桃砧木主根短、根群密和细根多；毛樱桃和李砧根系浅、细根多。土壤黏重和地下水位高的桃园，根系分布浅；土层深厚、地下水位低的桃园则根系分布深。桃树根系呼吸旺、好氧性强、耐旱忌涝，其分布受环境条件的影响较大（肖元松，2015）。在疏松、排水良好的沙壤土中，桃树根系主要分布于20～50 cm的土层中；在排水不良、地下水位高的粘壤土中，桃树根系则主要集中在5～15 cm的表层土壤。而在干旱少雨的西北黄土高原地区，栽植在沙壤土中的桃树根系深度可超过1 m。肖元松（2015）研究发现增氧栽培可促进桃幼树细根的发生与生长，增加侧根数量，减小根系的水平分布范围，促进根系向土壤深处生长，有利于对水分的吸收利用，尤其在干旱少雨的地区更为重要。

三、节水措施影响水分高效利用的生理基础

目前，水资源短缺成了世界性难题，在过去的十年里，因缺水造成的全球作物产量损失共计300亿美元（Gupta et al.，2019）。而我国因人口庞大，面临着更为严峻的农业水资源危机。因此，发展节水农业是缓解我国水资源缺乏现状的重要途径。节水农业主要包括农艺节水、生物节水以及工程节水等。其中，农艺节水是指通过调整作物结构与改进耕作技术等提高水分利用效率的节水方式（安东升 等，2021；文小琴 等，2017）。目前，广泛应用于作物栽培的农艺节水方式包括起垄及覆膜等，这些节水栽培模式能够促发果树吸收根生长及提升根系立体分布性，同时也具有保持地温、改善土壤肥力和提高植株水分利用效率等优点（贾昊，2020）。目前，覆膜及起垄等节水栽培措施已在果树栽培中有一定的应用。

（一）苹果节水措施影响水分高效利用的生理基础

Suo等人（2019）的研究表明，在苹果园中覆膜能够有效增加土壤含水量与树体水分利用效率，并提高了新梢生长量及果实产量。此外，Liu等研究表明（2019），在苹果栽

培中同时应用起垄与覆膜栽培技术可以提高土壤肥力，进而提高坐果率、产量及单果重。虽然这些研究已经表明，起垄及覆膜能够提高果树水分利用效率及产量，但并未对果实品质差异进行深入解析。鉴于此，本研究着重对覆膜起垄、起垄不覆膜、覆膜不起垄及平作栽培等不同节水栽培模式下（图3-25）果实品质形成规律进行比较分析，以期为确定最佳苹果节水栽培方案提供理论支持，为建立苹果优质高效生产与可持续发展体系提供参考。

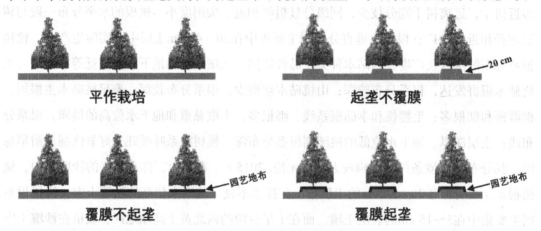

图3-25　不同节水栽培模式图

1.不同节水栽培模式下土壤含水量及苹果结果枝组占比分析

连续两年对果实发育期的土壤含水量进行测定分析，结果发现，平作栽培模式下的土壤含水量一直处于最低水平，单覆膜或单起垄均能提高土壤含水量，而覆膜起垄栽培模式下，土壤含水量均处于较高的水平（图3-26）。两年结果枝组占比分析如图3-27所示，覆膜起垄处理下短果枝占比最高，长果枝占比最低，且与其余三个处理均有显著差异；就中果枝占比而言，覆膜起垄显著高于平作栽培，而单起垄或单覆膜则差异不显著。这些结果表明，覆膜起垄能够保证苹果树体发育所需要的水分，同时能够提高中短结果枝占比。

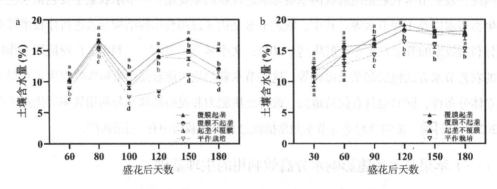

图3-26　不同节水栽培模式下土壤含水量测定（a）2020年（b）2021年

注：小写字母表示同一处理时间不同节水栽培模式下在$p<0.05$水平下的显著性差异，字母颜色与不同节水栽培模式的线条颜色相对应，竖线表示标准误（SE）

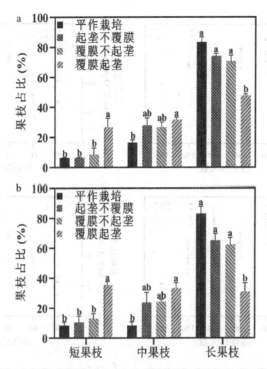

图3-27 不同节水栽培模式下苹果树体结果枝组占比分析（a）2020年（b）2021年

注：小写字母表示不同节水栽培模式下在$p<0.05$水平下的显著性差异，竖线表示标准误（SE）

2.不同节水栽培模式下苹果叶片光合生理参数分析

连续两年对果实发育期间苹果叶片光合生理进行监测（图3-28），发现覆膜起垄处理下的苹果叶片具有最高的净光合速率，而平作栽培下的苹果叶片净光合速率显著低于其他三个处理，单覆膜或单起垄能够在一定程度上提高叶片净光合速率（图3-28 a～b）。连续两年的蒸腾速率及气孔导度均呈现出波动的变化（图3-28 c～f），从整体结果来看，平作栽培下的苹果叶片具有最低的气孔导度与蒸腾速率，单覆膜或单起垄处理均能够在一定程度上提高苹果叶片的气孔导度与蒸腾速率。就水分利用效率而言（图3-28 g～h），两年变化趋势大致相似，均呈现出波动上升的趋势。在2020年的果实发育前期（盛花后60～80 d），不同处理期间苹果叶片水分利用效率差异并不显著；而在2021年的果实发育前期（盛花后30～90 d），覆膜起垄处理下苹果叶片的水分利用效率则显著高于平作栽培。在果实发育后期，尤其是花后180 d时，覆膜起垄处理下苹果叶片具有最高的水分利用效率，平作栽培下的水分利用效率最低，单起垄或单覆膜均能够显著提高苹果叶片的水分利用效率。

这些结果表明，覆膜起垄能够提高苹果叶片光合生理参数，进而促进植株的光合作用效率，单覆膜或单起垄也能在一定程度上提高植株的光合作用效率。

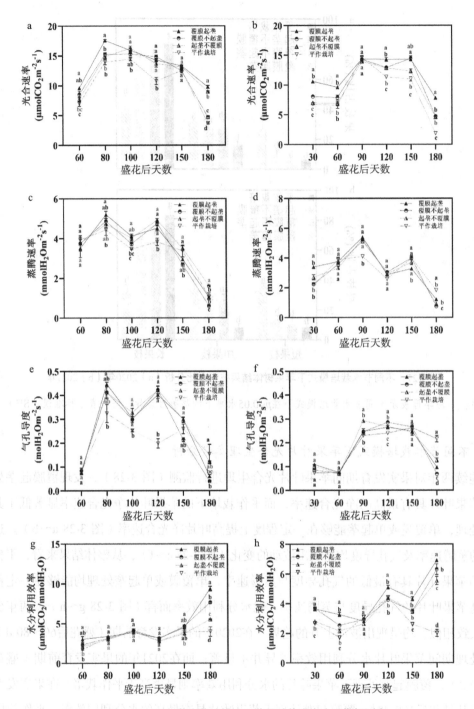

图 3-28　不同节水栽培模式下苹果叶片光合生理指标测定

（a～b）2020及2021年净光合速率（c～d）2020及2021年气孔导度（e～f）2020及2021年蒸腾速率（g～h）2020及2021年水分利用效率

注：小写字母表示同一处理时间不同节水栽培模式下在$p<0.05$水平下的显著性差异，字母颜色与不同节水栽培模式的线条颜色相对应，竖线表示标准误（SE）

3.不同节水栽培模式下苹果产量及果实糖酸比分析

连续两年对不同栽培模式下的苹果单株产量进行统计分析，结果如图3-29所示。覆膜起垄处理下具有最高的单株产量，两年均可达30 kg/株，显著高于其余三个处理；与平作栽培相比，单覆膜或者单起垄也能够显著提高果实的单株产量，但两者之间差异不显著。果实糖酸比是评价果实品质的一个重要指标。两年的果实糖酸比测定结果如图3-30所示，覆膜起垄下的果实具有最高的糖酸比，连续两年均在21%左右，平作栽培下果实的糖酸比则显著低于其余三个处理，而单覆膜或单起垄也均能够显著提高果实糖酸比。

以上结果表明，覆膜起垄能够显著提高单株产量及果实糖酸比，单覆膜或单起垄也能够在一定程度上提高果实品质。

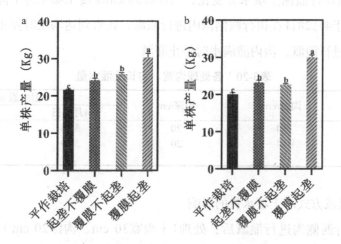

图3-29 不同节水栽培模式下单株产量统计（a）2020年（b）2021年

注：小写字母表示不同节水栽培模式下在$p<0.05$水平下的显著性差异，竖线表示标准误（SE）

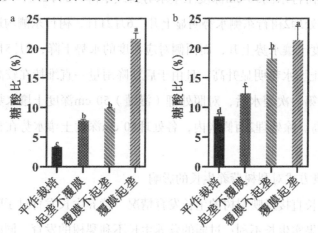

图3-30 不同节水栽培模式下果实糖酸比分析（a）2020年（b）2021年

注：小写字母表示不同节水栽培模式下在$p<0.05$水平下的显著性差异，竖线表示标准误（SE）

（二）梨节水措施影响水分高效利用的生理基础

1.覆膜隔沟交替灌溉对梨树生长及果实产量的影响

（1）试验设计

试验包括2个沟灌处理和1个漫灌处理。沟灌处理分别在距离树行150 cm处，沿树行方向东西两侧挖沟，沟宽及沟长见表3-20，树行内起垄，垄上覆盖黑色地膜。对照处理为传统的地表漫灌。试验采取完全随机布置，每个处理重复2次。每个重复3行，每行20株，重复两侧各设1行隔离行。距树行两侧130 cm处布设土壤水分监测点，埋设深度分别为50 cm及80 cm，利用负压计监测土壤水分变化，当该处30 cm深度土壤水势下降到−50 kPa时，开始灌溉。试验于4月28日在树行西侧沟内进行灌溉，在水到达沟尾时停止灌溉；6月21日在树行东侧沟内进行灌溉，沟内灌满水时停止灌溉。

表3-20　各处理沟宽、沟长及灌水量

处理	沟宽/cm	沟深/cm	灌水量/m^3	
			4月28日	6月21日
处理1	30	20	3.58	6.64
处理2	40	20	3.49	7.75
对照			22	20.24

（2）不同灌溉方式对土壤水势的影响

4月28日树行西侧沟进行灌溉后，处理1（沟宽30 cm、沟深20 cm）与处理2（沟宽40 cm、沟深20 cm）树行西侧50 cm深度土壤水势均维持在较高范围，直至6月初开始降低（图3-31）。树行东侧50 cm深度土壤水势持续下降，5月25日～27日，降雨量达到20.5 mm，处理1与处理2树行东侧水势明显上升。6月21日，树行东侧沟进行灌溉后，处理1与2东侧50 cm深度土壤水势上升，而西侧对应深度的水势下降；7月5日～13日降雨量达97.7 mm，各处理土壤水势明显升高，且由于后期降雨量一直维持在较高水平，各处理土壤水势持续较高。第一次灌水后，对照处理（漫灌）50 cm深度土壤水势均持续下降，直至7月初后显著升高。除处理2西侧沟内，各处理80 cm深度土壤水势在整个生育期内变化幅度均不大。

（3）不同灌溉方式对梨树营养生长的影响

梨树的营养生长直接反映梨树的生长发育情况。营养生长发育过于旺盛，会消耗过多的养分与水分，对果实生长不利；过弱的营养生长不利梨树的发育，同时也会导致梨树的盛果期推迟，影响果农的经济收益。同时，果树的营养生长对土壤水分状况具有较高的敏感性，如图3-32所示，在梨树生长的整个生育期，与对照相比，处理1与处理2的干周生长量分别增加了33.6%与25.2%，新梢生长量分别增加了23.2%与64.3%。果树的营养生长对土壤水分具有较高的敏感度，覆膜隔沟交替灌溉明显提高了灌溉湿润区当中土壤含水率，更高的土壤水分含量促进了梨树的营养生长。

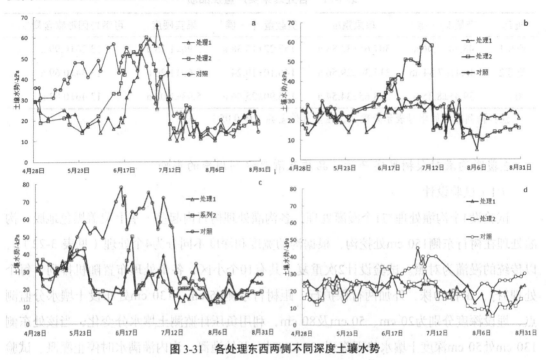

图 3-31　各处理东西两侧不同深度土壤水势

a. 树行西侧沟50 cm深度土壤水势；b. 树行西侧沟80 cm深度土壤水势；
c. 树行东侧沟50 cm深度土壤水势；d. 树行东侧沟80 cm深度土壤水势。

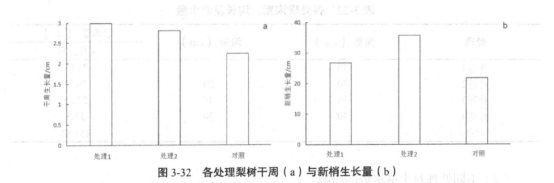

图 3-32　各处理梨树干周（a）与新梢生长量（b）

（4）不同灌溉方式对梨树果实产量及品质的影响

与对照漫灌处理相比，覆膜隔沟交替灌溉处理的果实产量、单果重及负载量均有所提高。其中，处理1与对照相比，果实产量显著性提高了22.5%，单果重与负载量也分别提高了6.6%与14.8%；处理2的产量、单果重及负载量与对照相比也有一定程度的提高，虽然差异并不显著。而处理1与处理2之间的差异相对较低，说明不同的沟宽对梨树果实生长的影响并不明显。不同的灌溉处理并未对梨的果实硬度与可溶性固形物含量造成显著性的影响（表3-21）。

表3-21　各处理果实产量及品质

处理	产量/kg·棵⁻¹	单果重/g	负载量/个·棵⁻¹	果实硬度	可溶性固形物含量/%
处理1	48.34±7.06 a	307.65±32.83 a	157.22±15.38 a	5.96±1.15 a	13.26±0.99 a
处理2	46.41±7.54 ab	317.36±29.56 a	146.10±19.24 a	5.60±1.20 a	13.34±0.69 a
对照	39.45±8.35 b	288.65±34.54 a	136.90±25.46 a	5.93±1.08 a	13.46±0.83 a

注：同列中不同字母表示处理间存在显著性差异（$P=0.05$）

2.覆膜沟灌对梨树果实产量、品质及灌溉水利用率的影响

（1）试验设计

试验设4个沟灌处理与1个漫灌处理，各沟灌处理树行内起垄，垄上覆盖黑色地膜，沟灌处理在树行东侧150 cm处挖沟，根据沟的宽度和深度不同分为4个处理（见表 3-22），以传统的漫灌为对照。试验设计2次重复，共有10个小区，各个处理布置随机排列，每个处理3行，每行20株，外加两行保护行。距树行东侧65 cm、130 cm处布设土壤水分监测点，埋设深度分别为20 cm、50 cm及80 cm，利用负压计监测土壤水分变化，当该处东侧130 cm处50 cm深度土壤水势下降到–50 kPa时，开始灌溉，沟内灌满水时停止灌溉。试验地在5月份漫灌一次，5月后开始试验处理的布置，6月26日开始沟灌，灌水量见表 3-22，其后由于降雨量较大，土壤水势始终高于预设值，未进行灌溉。

表3-22　各处理沟宽、沟长及灌水量

处理	沟宽（cm）	沟深（cm）	灌水量（m³）6月26日
处理1	30	20	22.83
处理2	40	20	26.33
处理3	30	30	27.25
处理4	40	30	33.5
对照			151.83

（2）不同处理对土壤水势的影响

如表3-23 所示，灌水结束3 d以后，各处理80 cm深度土壤水势较灌前均有所提高，说明砂地灌溉造成了一定的深层渗漏。距树行130 cm处，各沟灌处理灌后各层土壤水势均有所升高，但均要低于对照处理。距树行65 cm处，处理1、处理2与处理3底层的土壤水势在灌水后均有所升高，说明沟灌灌水产生了一定的侧向渗漏；但各沟灌处理各层土壤水势与对照相比仍然较低。沟灌处理属于局部灌溉，且灌水量远小于漫灌处理，因此，灌水结束

3 d后，漫灌处理的土壤水势均要高于各沟灌处理。各沟灌处理，处理3灌后的土壤水势要高于其他各处理，说明处理3的沟宽及沟深具有较好的保水效果。

表 3-23　各处理树行东侧灌水前后负压计读数　　　　　　单位：kPa

位置	深度（cm）	处理1		处理2		处理3		处理4		对照	
		6月21	6月29日	6月21日	6月29日	6月21日	6月29日	6月21日	6月29日	6月21日	6月29日
距树行65 cm处	20	-38	-43	-42	-76	-30	-32	-41	-37	-25	-10
	50	-38	-44	-41	-37	-36	-30	-38	-30	-33	-20
	80	-37	-34	-44	-38	-34	-30	-24	-28	-45	-20
距树行130 cm处	20	-32	-33	-58	-34	-33	-26	-42	-28	-51	-16
	50	-36	-34	-44	-29	-35	-28	-44	-32	-42	-16
	80	-36	-34	-42	-30	-30	-24	-32	-31	-45	-18

（3）不同处理对梨果实产量、品质及灌溉水利用率的影响

由表 3-24可见，对照处理果实产量要显著高于其他处理，沟灌处理属于局部灌溉，且灌水量远低于对照处理，因此在灌后的土壤水势均低于对照处理，更低的土壤水势影响了梨果实的发育，导致最终的产量低于对照。各沟灌处理当中，处理3的产量也明显高于其他各处理，由表 3-24可知，灌后处理3的各深度土层土壤水势均高于其他各沟灌处理，梨树的吸收根系主要分布在40～60 cm处，因此，该区域内更好的土壤水分条件保证了更高的果实产量，其他学者也得出了相同结论（武阳等，2012）。与沟灌相比，对照漫灌虽然提高了梨果实的产量，但灌溉水利用率却远低于沟灌处理。虽然漫灌处理能提高果园的土壤水势，同时也增加了地表蒸发与沙土地的深层渗漏，导致了灌溉水利用率的降低。不同的灌溉处理并没有对梨果实品质产生显著性影响（表 3-25）。

表 3-24　各处理产量及灌溉水利用率

处理	产量（kg/plant）	个数	单果重（g）	灌溉水利用率（kg/m³）
处理1	51.96	170	305.65	43.24
处理2	51.92	152	341.58	37.47
处理3	57.27	175	327.2	39.93
处理4	52.75	161	327.64	29.92
对照	65.42	209	312.15	8.19

表 3-25　各处理产量及灌溉水利用率

	硬度（kg/cm²）	可溶性固形物（%）	可滴定酸（%）	固酸比
处理1	7.93	10.48	0.091	115.44
处理2	8.19	10.97	0.086	127.00
处理3	7.80	10.90	0.088	123.49
处理4	8.12	10.71	0.088	121.55
对照	8.02	10.76	0.084	128.79

3.调亏灌溉对梨叶片生理特性及水分利用率的影响

（1）调亏灌溉对梨叶片生理特性的影响

光合速率是影响植物生长的重要参数，对土壤的水分状况较为敏感。4月中旬到6月初，气温逐渐上升，梨树营养生长旺盛，对照处理的光合速率呈逐渐上升的趋势。6月中旬到8月中旬，对照处理的光合速率保持在一个较稳定水平。8月下旬，梨果实进入成熟阶段，叶片光合速率逐渐降低土壤水分亏缺对香梨叶片的光合速率有显著的影响。水分胁迫显著地降低了叶片光合速率，并且降低的程度随着水分亏缺程度的增加而增加；与对照相比，7月初，调亏灌溉处理的光合速率分别减小了18%与28%。这说明调亏灌溉期间，持续下降的土壤水势已显著抑制了叶片的光合作用。调亏灌溉末期，2个调亏灌溉处理的叶片光合速率均较之前有所下降。果实快速膨大期，2个调亏处理均恢复充分灌溉，光合速率快速上升。3周后，处理1的光合速率已恢复到对照水平，并且一直保持至收获。处理2的光合速率却一直未恢复到对照的水平，这可能与其前期所受的水分胁迫程度过大有关。

水分胁迫显著减小了叶片气孔开度，且减小的程度随着水分胁迫程度的增加而增加；调亏灌溉末期，气孔开度也出现类似光合作用的变化拐点。7月初，处理1与处理2的气孔开度分别比对照显著减小了22%与34%。7月中旬，调亏处理均恢复充分灌溉，气孔开度快速恢复。8月中旬，处理1的气孔开度恢复到对照的水平，并且短期内（充分灌后第4周）超过了对照；处理2恢复较慢，至8月底仍然低于对照处理。

调亏灌溉期间，梨树的叶片蒸腾速率表现出与气孔开度和光合速率对水分胁迫不同的响应态势；水分胁迫显著地降低了香梨树叶片蒸腾速率，蒸腾速率随着土壤水势的下降及水分胁迫时间而持续降低，并且没有出现类似光合速率与气孔开度的变化拐点。调亏灌溉末期，处理1与处理2的蒸腾速率分别比对照降低了28%与40%。充分灌溉后，水分胁迫处理的蒸腾速率快速恢复。与叶片气孔开度相同，8月中旬，处理1达到了对照的水平；但处理2始终低于对照。

（2）调亏灌溉对梨叶片水分利用效率的影响

梨果实快速膨大前期的水分胁迫，抑制了光合速率，提高了叶片水分利用效率。在此期间香梨果实生长较慢，因此，适度的水分胁迫可提高水分利用效率，但对产量影响较小。果实快速膨大期，恢复充分灌溉，光合速率恢复到较高水平将有利于果实产量增加；处理1产量与对照无显著差异，香梨树叶片的相对光合速率随着气孔开度的增大而增大，相对水分利用效率（叶片水分利用效率与其最大值的比值）与气孔开度则呈现出相反的趋势。当气孔开度约为100 mmol/（m2·s）时，两条曲线相交。当气孔开度大于该点时，植物叶片将合成更多的光合产物，但叶片水分利用效率降低；气孔开度小于该点时，情况则相反。

（三）柑橘节水措施影响水分高效利用的生理基础

我国柑橘产区大都雨量充沛，但季节性分布不均，个别月份甚至干旱严重，干旱胁迫对柑橘生理产生负面影响，最终降低产量和品质。因此，多数产区需要灌溉保证产量和品质，而节水措施能提高了水分利用效率。现有对柑橘干旱胁迫的研究集中在光合作用、糖代谢及调控因子作用机制等方面，为柑橘水分管理和节水措施提供了理论依据。

1.干旱胁迫对柑橘表观生长的影响

干旱胁迫抑制柑橘的表观生长，表现为植株生长趋缓、矮化、器官变小、生长期变短等现象。樊卫国等对长期干旱环境下红橘进行研究表明，其新梢生长、开花及生理落果物候期明显推迟，果实成熟期提早，叶寿命缩短；新梢短而细且数量及叶片数减少，枯死严重；叶片革质化程度加重，叶片变小变厚；果实的鲜重、干物质质量、水分含量、种子数、果汁含量减少，果皮流胶和囊胞粒化程度加重，品质下降；叶片的栅栏组织增厚，海绵组织变薄，组织紧密度和气孔密度增大，气孔变小，组织疏松度降低。但在轻度胁迫（SRWC=65%）时，与对照下降趋势不显著。在重度胁迫（SRWC=25%）和极端干旱（SRWC=10%）时，与对照下降趋势达极显著水平（邓胜兴 等，2008）。轻度水分亏缺对柑橘果实生长、产量没有显著影响，还可以提高水分利用效率（李鸿平 等，2019）。

2.干旱胁迫对营养吸收的影响

水是植物中矿物质吸收运转的溶剂和载体，干旱胁迫影响柑橘营养物质的吸收和运转。长期干旱环境下新梢叶缺氮、锌、铁、硼等症状明显；春梢叶中氮、磷、钾、钙，镁、铁、铜、锌、硼及果实的氮、磷、钙、铁、硼素的含量明显降低，长期干旱导致红橘树果实及叶片中营养元素含量减少（樊卫国 等，2012）。参与氮素吸收与同化的重要转录因子NLP在干旱胁迫下的表达与土壤的水分条件密切相关。枳叶片NLP 的表达水平在干旱胁迫前、中期上调，后期下调；而枳根NLP 的表达水平在干旱胁迫下持续下调（曹雄军 等，2016）。说明柑橘在一定范围内具有调整应对干旱胁迫的能力。

3.干旱胁迫对柑橘光合作用的影响

不同干旱胁迫处理均使柑橘叶片净光合速率，气孔导度，蒸腾速率呈下降趋势，在轻度和中度胁迫（SRWC=65%和SRWC=45%）处理下，光合各指标较对照下降趋势不显著，但在重度胁迫（SRWC =25%）处理下，光合各指标较对照下降趋势显著。研究结果还表明：不同水分处理下的柑橘叶片净光合速率日变化模式有所不同。对照（SRWC=85%）、轻度胁迫（SRWc=65%）、中度胁迫（SRWC=45%）处理的植株叶片净光合速率日变化早双峰曲线模式，在重度胁迫（SRWC=25%）和极端干旱（SRWC=10%）处理下，净光合速率日变化模式变化不明显，呈单峰曲线（邓胜兴，2009）。

陈飞等对柑橘开花期和幼果期研究表明，轻度亏水（为对照灌水量的80%，没有明确土壤相对含水量）对柑橘光合作用的影响不显著，轻度亏水后复水出现了超补偿效应，光合速率（Pn）、水分瞬时利用率（WUEi）均高于对照。柑橘开花期和幼果期进行轻度亏水处理在保证较高Pn和WUEi条件下可节约15%灌溉用水，是柑橘早期适宜的滴灌水分亏缺模式（2021）。长期干旱环境下红橘叶片相对含水量和叶水势变小，光合速率（Pn）及蒸腾速率（Tr）明显降低，水分利用率（WUE）明显提高（樊卫国 等，2012）。

4.干旱胁迫对柑橘果实品质的影响

已有研究普遍认为，轻度干旱胁迫能增强柑橘果实糖、酸代谢。在一定胁迫范围内，柑橘果实总糖含量、果实可滴定酸含量与土壤相对含水量的关系呈线性显著负相关，柑橘中可滴定酸有着良好缓冲性，适当的控制土壤水分含量，可提高果实总酸的含量，而且不会造成果实pH值的显著升高，能提高柑橘果实的适口性（张规富 等，2012），在长期干旱的环境中红橘的可溶性糖含量增加（樊卫国 等，2012）。

甜橙在适度干旱胁迫下，果实蔗糖磷酸合成酶（SPS）活力升高和汁液pH下降，促进了果实的光合产物积累。柑橘在水分胁迫下通过渗透调节增加了单糖或光合产物向柑橘汁囊的运转。但在严重的水分胁迫下，果实中的糖积累就会受到一定程度的抑制。源叶中的SPS在轻度和中度胁迫下活性显著升高，但在重度胁迫下其活性显著下降，表明在轻度和中度胁迫下，促进源叶中蔗糖合成，而在重度胁迫下，源叶中蔗糖合成受到抑制，影响蔗糖运输和卸载（邱文伟 等，2005）。地面覆膜控水造成的干旱胁迫也能诱导椪柑果实SUS基因和SPS基因表达，促进了可溶性糖的合成，使果实糖分含量增加；此外，地面覆膜提高了果实固酸比，促进果实转色，因而在提升柑橘果实品质上有明显的效果（曾译可 等，2022）。

干旱胁迫40 d时果实可溶性固形物显著增加47.7%～59.3%，果糖升高63.25%～78.77%，但蔗糖和葡萄糖增量不大，处理间糖组分差异不大。对照果实柠檬酸含量随生长发育逐渐递减，但干旱胁迫20 d后果实中柠檬酸含量显著上升，最高约为对照的2倍，苹果酸显著高于对照14.70%～33.82%，干旱处理间酸组分含量差异不大。干旱胁迫下，调控柠檬酸积累的转录因子基因CitPH3（WRKY）、CitPH4（MYB）和CitAN1（bHLH）表达量显著上调。复水后，温州蜜柑根系在4～8 h迅速吸水，主茎和多年生茎内的D_2O含量在24 h达到最高，果实在24～48 h吸水量趋于稳定。干旱持续时长对果实品质形成的影响较大，干旱程度影响较小；干旱胁迫下CitPH3、CitPH4、和CitAN1上调表达促进了柠檬酸积累，可能是导致柑橘果实酸化的重要原因（周铁 等，2022）。

柑橘适度的干旱胁迫（SRWC=65%）不仅有利于提高植株的水分利用效率，而且能在不造成严重减产的情况下显著提高果实的品质，提高了果实糖、有机酸、维生素等物质的含量，但普遍伴随着产量一定程度的降低，对整体效益影响不显著。胁迫程度过大（干旱处理），对柑橘产生严重胁迫，会严重影响果实的产量和品质（邓胜兴，2009）。

5.干旱胁迫下相关调控因子的作用机制

脯氨酸、丙二醛等物质与细胞原生质的渗透有关，在受到逆境胁迫时参与调节渗透势，在长期干旱的环境中红橘的脯氨酸含量增加（樊卫国 等，2012）。干旱胁迫下随着土壤相对含水量（SRWC）的降低，不同时期柑橘植株叶片的脯氨酸、丙二醛的含量都明显增加。在轻度水分胁迫（SRWC=65%）下，不同时期丙二醛（MDA）增幅不大，膜保护系统的酶活性均有一定程度加强。表明在轻度水分胁迫下，柑橘能清除体内产生的活性氧，避免膜脂过氧化作用，表现出对水分胁迫的适应性。但重度胁迫（SRWC=25%）和极端干旱（SRWC=10%）处理下，过氧化氢酶（CAT）、过氧化物酶（POD）和超氧化物歧化酶（SOD）等酶活性迅速下降导致活性氧产生和清除的平衡失调，膜脂过氧化作用加强，MDA含量升高，从而降低膜的稳定性，最终导致膜伤害。这是水分胁迫下造成柑橘伤害的主要原因（邓胜兴，2008）。

作物在长期适应干旱环境中形成的复水补偿效应，适宜的水分亏缺不会对作物造成负面影响，甚至在复水后对作物产生积极作用。干旱胁迫促使PSⅡ的活性和光合电子需求不平衡，导致作物体内活性氧自由基大量积累，引发细胞质膜产生膜脂过氧化作用，而复水可以维持较高的超氧化物歧化酶、过氧化物酶、过氧化氢酶等酶活性，有效清除活性氧，减缓膜伤害与膜脂过氧化作用，最终产生不同程度的补偿效应。作物复水后恢复的程度可能取决于水分亏缺的强度及其生育期（陈飞 等，2021）。

植物水通道蛋白促进水分通过内膜的运输，在应对水分流失胁迫中挥重要作用。类似柑橘NOD26的内在蛋白CsNIP5；1在应对水分流失胁迫中参与透水性调节。表达谱显示CsNIP5;1在传导组织中表现出高转录丰度。功能分析显示CsNIP5；1降低了拟南芥莲座叶的水分损失，并促进了高渗胁迫下的种子萌发。此外，CsNIP5；1的过度表达有助于缓解柑橘果实和柑橘愈伤组织在贮藏期间的水分损失。对转基因柑橘愈伤组织的进一步代谢组学分析和RNA-seq分析表明，CsNIP5;1可能通过诱导渗透调节物质的积累和抑制其他AQP的表达来调节水分流失（Zhang et al.，2022）。

根域交替灌溉能提高水分利用效率。部分根区干燥，刺激减少柑橘水分利用的生理机制，改变气孔导度和环境蒸发条件之间的关系。它将根区干燥部分水分亏缺的生化信号反应与水分利用率降低导致的气孔导度降低的物理效应分离开来，从而有助于减少水分利用，提高水分利用效率，植物生长相关的发育过程保持不受干扰（Huttona et al.，2011）。

干旱胁迫使柑橘不同时期叶片中ABA含量上升，并与土壤水分胁迫程度成显著正相关；IAA的含量随着十壤相对含水量的降低，呈现出先升高后降低的趋势（邓胜兴，2008）。干旱胁迫促使木质部汁液中ABA浓度增加或叶片中的ABA含量增加。ABA的生理作用主要在于促进叶片气孔关闭，阻止叶水势下降，提高转化酶活性，促进蔗糖向单糖转化和脯氨酸的积累，从而提高细胞的渗透调节能力。茉莉酸（jasmonic acid，JA）是脂肪酸的衍生物。能诱导多种次生代谢物的合成，具有诱导气孔关闭、抑制二磷酸核酮糖羧化酶（Rubisco）生物合成、影响植物对N和P的吸收以及有机物的运输等的生理功能。同时，JA是诱导抗性基因表达的信号分子，在水分胁迫下，植物通过JA的信息传递可有效地调整水分关系，使植物对环境水分胁迫作出积极、主动的反应（张规富 等，2012）。赵晓莉等（时间）研究了不同水分胁迫处理对柑橘内源茉莉酸合成及相关酶基因表达的影响。采用提取总RNA与RT–PCR方法合成cDNA，通过荧光定量PCR检测茉莉酸合成途径中相关酶基因（CitLOX、CitAOS、CitAOC）在不同水分胁迫处理下的表达模式。结果表明，经过水分胁迫处理后柑橘叶片的内源茉莉酸、脯氨酸、可溶性糖含量随着水分胁迫程度的增加逐渐升高，但是叶绿素随着胁迫程度增加而逐渐降低。CitLOX与CitAOC基因在轻度水分胁迫的条件下，基因表达量较高，随着水分胁迫程度增加表达量降低；CitAOS基因随着水分胁迫程度的增加其表达量逐渐增加，在重度水分胁迫条件时，基因的表达量最高，并与茉莉酸（JA）含量呈现显著正相关，CitAOS基因在柑橘茉莉酸合成途径中可能发挥着更为重要的作用（2013）。

另外，干旱胁迫的应激因子在不同基因型间表现有差异（Shafqat et al.，2021；Neves et al.，2017）。

（四）葡萄节水措施影响水分高效利用的生理基础

干旱是我国大多数地区农业生产所面临的亟待解决的问题，严重影响着葡萄植株的生长发育、葡萄果实的品质和产量，从而制约着我国葡萄与葡萄酒产业的发展。适当的节水措施可有效降低葡萄生长势，提高水分利用效率，达到节约用水、减少成本投入，效益最大化等效果。目前，葡萄节水措施主要有调亏灌溉、交替灌溉及激素调控等。

1.调亏灌溉对酿酒葡萄植株水分利用及果实品质的影响

滴灌作为一种节水灌溉技术是利用专门灌溉设备，将灌溉水以水滴状流出而浸润植物根区土壤的灌水方法。滴灌方式包括地上灌溉及地下灌溉等。区别于大水漫灌等传统灌水方式，滴灌湿润面积的蒸发损失小，提高了水分利用效率，同时还能降低病虫害、减少人工成本、提高作物产量。滴灌技术凭借操作简单、水肥利用效率高以及显著提高作物产量和改善作物品质等特点，在我国干旱半干旱地区得到了大面积推广（王东，2021）。调亏灌溉、交替灌溉、水肥耦合等节水措施在滴灌的基础上能发挥出更好的效果。调亏灌溉是指在作物生长发育的某些时期（主要是营养生长阶段）进行控水，促使作物的光合产物重新分配，以提高其经济产量的节水灌溉技术（李磊，2017）。最早由澳大利亚的科学家提出，目前已在桃、梨、葡萄等多种果树栽培中广泛应用。

在葡萄生长发育的不同时期进行不同程度的调亏灌溉处理，对葡萄植株生理生长、水分利用及果实品质的影响不同。有研究表明，调亏灌溉条件下一定的水分胁迫可提高葡萄萌芽期的水分利用效率（张正红 等，2014）。同时，随着调亏程度不断加大，葡萄叶片的光合特性指标，净光合速率、蒸腾速率以及气孔导度均逐渐下降，但植株的水分利用效率显著提高（房玉林 等，2013）。Yang等（2020）通过转录组及代谢组解释了调亏灌溉对赤霞珠葡萄花青素合成的影响，指出30% ETc水分亏缺时果实可溶性固形物含量、果汁pH值、还原糖含量和总花青素含量增加，同时与花青素合成相关的7个基因上调表达。果实调亏灌溉能够显著影响可溶性糖和淀粉中碳源的分配（Dayer et al.，2016）。Kovalenko等（2021）研究发现，转色期调亏灌溉使琼瑶浆葡萄果实关键萜烯香气（香叶醇和香茅醇）含量显著升高。对不同时期调亏灌溉能稳定产量，同时减缓植株生长势，降低果实可滴定酸含量，提高果实中可溶性固形物、总酚、花色苷及丹宁含量，从而进一步提高果实品质（徐斌 等，2015；李凯 等，2015）（表3-26）。

表3-26　调亏灌溉试验设计方案（纪学伟，2014）

处理	各阶段土壤含水量下限（占田间持水量的百分比）/%			
	新梢生长期	开花坐果期	浆果膨大期	着色成熟期
T1	55～65	75	75	75
T2	75	55～65	75	75
T3	75	75	55～65	75
T4	75	75	75	55～65
T5	45～55	75	75	55～65
T6	45～55	45～55	75	55～65
T7	45～55	45～55	75	45～55
T8	45～55	45～55	55～65	45～55
CK	75	75	75	75

不同生育时期酿酒葡萄植株对土壤水分的敏感性不同，果实发育前期的葡萄植株生长较旺盛，葡萄果实细胞分裂速度较快且快速增加（黄学春，2013），对转色期前和转色后

的葡萄进行调亏灌溉处理发现，不同时期的水分亏缺均能使葡萄植株的营养生长和生殖生长受到抑制；在坐果期到转色期进行控水比在转色期到成熟期控水对果实大小和产量高低影响更大，早期控水会显著降低果实产量（Casassa et al.，2015）。转色期前处理对果实负面影响更大，转色期后进行调亏灌溉能够抑制营养生长，保证产量及果实品质，提高植株的水分利用率（李雅善 等，2013）。研究表明，新梢生长期和开花坐果期重度亏水、浆果生长期充分供水、浆果成熟期适度亏水是提高酿酒葡萄产量以及改善果实品质总体最优的水分调控模式（纪学伟 等，2014）（表3-27）。

表 3-27　不同水分亏缺对酿酒葡萄生长指标的影响（纪学伟，2014）

处理	株高（cm）	新梢长度（cm）	新梢粗度（cm）	节间距（cm）	叶面积指数	二次新梢生长量（cm）
T1	221.8aA	83.4abA	0.810aA	5.6aA	2.125aA	42.5abA
T2	217.5aA	84.3abA	0.812aA	5.9aA	2.179aA	45.2aA
T3	211.4aA	88.1aA	0.816aA	5.5aA	1.678bA	40.3bA
T4	212.3aA	91.1aA	0.845aA	5.3aA	1.555bA	42.6abA
T5	220.0aA	87.2aA	0.874aA	5.8aA	1.972aA	44.1aA
T6	215.8aA	82.2abA	0.780aA	5.4aA	1.668bA	40.2bA
T7	208.6aA	80.1abA	0.728aA	5.2aA	1.711bA	36.9cA
T8	199.5aA	73.5bA	0.771aA	5.2aA	1.227cB	32.2dB
CK	225.3aA	92.9aA	0.831aA	6.0aA	2.064aA	48.5aA

总体而言，调亏灌溉作为节水措施通过管理葡萄生长达到提高果实品质和植株水分利用率的目的，同时对于葡萄总产量无显著降低作用（Terry et al.，2011），提高了水资源利用率和葡萄园经济效益。但并非所有的气候条件都适用调亏灌溉。只有在自然降雨少，葡萄园可进行有计划地实施精准化的水分调节管理时，才能发挥其最大效用。进一步发挥调亏灌溉的潜力，既可以实现节水灌溉，又可调节葡萄生殖生长与营养生长的平衡，降低葡萄园夏季管理的所需的人力和物力成本，提高果实综合品质。

2.交替灌溉对酿酒葡萄植株水分利用及果实品质的影响

区别于调亏灌溉从时间维度进行水分调控，交替灌溉从空间维度对植株进行控水，是一种高效利用根区土壤水分的节水灌溉技术。在生产实践中，由于土壤理化性质的空间差异性和自然降水的时间差异性导致葡萄的整个根系很少全部处于均匀湿润或干燥状态（丁三姐 等，2007）。研究者们基于节水灌溉技术原理和作物感知缺水的根源信号理论提出了交替根区灌溉，指在作物某些生育期交替对部分根区进行正常灌溉，其余根区受到人为的水分胁迫的灌溉方式（康绍忠，1997；Kang，2004）。交替灌溉以刺激植物根系吸收水分的能力和改变根系截面土壤湿润形式为主要方式，通过调节叶片气孔开度，减少植物多余的蒸腾，提高作物水分利用效率，从而达到节约水分、提高产量、优化品质的目的。

分根区交替灌溉能够降低叶片的蒸腾速率和气孔导度并且保持稳定的光合速率。研究表明，在新梢生长期根系分区交替滴灌处理可降低葡萄新梢长度，减少整个生育期的修剪量，抑制葡萄的营养生长（陈丽楠，2020；Gu et al.，2000；Kirda et al.，2004），同时，葡萄根部交替受到一定程度的水分胁迫，根系合成脱落酸向地上部运送并调控植物地上部的生长和物质分配，调整营养生长与生殖生长的比例（杜太生，2005），使有限养分得到更高效分配。

根区交替灌溉对于果实产量的影响：一方面，应用交替灌溉技术可以促进糖分向果实运移，保证果实生长，提高口味和品质。相关研究表示，根区交替灌溉可显著提高VC含量，使果酸含量降低、可溶性固形物含量显著提高（杜太生，2007），同时显著提高葡萄的品质和口感，促进葡萄浆果表皮花青素和酚类物质含量的增加（Spreer et al.，2009）。根区交替灌溉比起常规滴灌，通过水分的间断性胁迫，从而达到显著提高葡萄品质和干物质含量的效果。另一方面，在灌溉量相同的条件下，交替根区灌溉的作物产量高于亏缺灌溉的作物，使得水果生产效率更高，甚至果实品质更好（康绍忠，1997）。因此，根区交替灌溉对于葡萄产量的增长与灌水量也有着密切关系。在我国一些干旱、水资源匮乏的葡萄产区（多集中于西北地区干旱半干旱地区），交替灌溉技术或能在节水同时确保葡萄果实品质及产量，具有广泛的应用前景。

3.外源激素调控对葡萄植株生理生长的影响

植物内源激素对植物生长发育起着至关重要的调节作用。植物在正常生长条件下，各激素间的平衡能够维持植物正常的生长发育和新陈代谢，但是在水分胁迫条件下，各激素间的平衡遭到破坏，导致植物生长规律的紊乱和新陈代谢的失调。在不同逆境条件下，植物内源激素通过激素之间的相互作用以及与外部环境的相互作用来调节植物对逆境胁迫的适应。外源激素调控作为间接措施被广泛研究，其中外源脱落酸、赤霉素、油菜素内酯等激素调控葡萄水分高效利用的研究表明，不同程度的外源激素喷施有利于缓解干旱对葡萄造成的损害。

植物激素不仅调控植物生长发育过程，在植物干旱胁迫响应过程中发挥十分重要的作用。研究表明，干旱胁迫导致植物内源激素的含量和比例发生改变，总体趋势为生长素（Auxins，IAA）、赤霉素（Gibberenllins，GA）和细胞分裂素（Cytokinins，CTK）等促进生长的激素含量降低，脱落酸（Abscisic acid，ABA）、乙烯（Ethylene，ET）等延缓或抑制生长的激素含量增加（Ullah et al.，2018）。另有研究发现，葡萄愈伤组织中与水分转运相关基因及赤霉素表达相关基因与赤霉素含量相关，同时外源赤霉素处理后葡萄果实中的水势、渗透势及膨压均显著升高（周琪，2021）（表3-28）。

表 3-28　干旱胁迫下不同植物激素变化

激素种类	干旱胁迫调控激素变化	参考文献
脱落酸 ABA	干旱胁迫诱导ABA在根部合成，通过木质部运输到叶片中，调节气孔关闭，减少水分散失	Lim et al., 2015 Yoshida et al., 2014
茉莉酸 JA	植物内源JA含量迅速升高，通过诱导气孔关闭、清除活性氧、促进根系发育等多种途径提高植物耐旱性	Wasternack, 2007
水杨酸 SA	SA通过调控气孔关闭、诱导ABA和脯氨酸合成等方式参与植物干旱胁迫应答反应	Liu et al., 2013 Bandurska et al, 2005
生长素 IAA	拟南芥AtYUC6过表达杨树植株中，IAA含量升高，植株耐旱性增强，说明IAA的积累有利于提高抗旱性	Ke et al., 2015
赤霉素 GA	在GAMT1过表达番茄植株和GA2ox过表达水稻植株中，GA含量降低，植株耐旱性增强	Nir et al., 2014 Lo et al., 2017

　　油菜素内酯（Brassinosteriods, BR）是一类广泛存在于植物中的多羟基化甾醇类植物激素，不仅调控植物细胞伸长与分裂、种子萌发、光形态建成、开花、叶片衰老等生长发育过程，还在植物响应生物和非生物胁迫过程中发挥重要作用。研究表明，外源24-表油菜素内酯（EBR）通过保护葡萄幼苗叶片细胞超微结构完整性，缓解了水分胁迫对葡萄叶片的光抑制程度，增强了抗氧化酶活性，抑制了活性氧产生，降低膜脂过氧化的程度，以缓解水分胁迫对葡萄幼苗造成的伤害（王智真，2015）。

　　EBR预处理可以通过提高葡萄叶片光合作用、叶绿素含量、叶绿素荧光参数，减少光抑制，同时提高超氧化物歧化酶（SOD）、过氧化氢酶（CAT）等抗氧酶活性和AsA及GSH含量，诱导相关基因表达量，调节AsA-GSH循环，降低H_2O_2和O^{2-}含量，缓解干旱胁迫对葡萄幼苗光合作用的抑制和减少氧化损伤。

　　同时EBR预处理在干旱胁迫前期和中期缓解胁迫对IAA、GA3和ZT含量的抑制，并进一步诱导ABA、SA和JA的积累，从而维持干旱胁迫下葡萄幼苗内源激素含量的稳定。进一步研究发现，EBR预处理上调干旱胁迫下BR信号转导途径关键转录因子VvBZR1基因的表达，表明EBR提高葡萄幼苗抗旱性可能通过VvBZR1转录因子发挥作用。干旱胁迫相关基因表达模式相关性分析发现，外源EBR处理可能通过诱导自噬或促进AsA合成响应干旱胁迫（图3-33）。

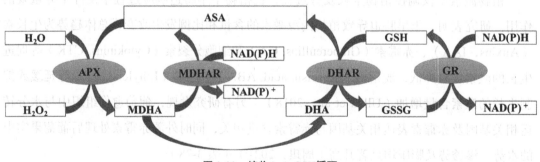

图 3-33　植物AsA-GSH循环

同时研究了外源腐胺缓解葡萄盆栽苗干旱胁迫的生理基础和作用机理，进一步在田间条件下研究外源腐胺缓解干旱胁迫的作用及其对酿酒葡萄果实品质的影响，为应用外源腐胺提高葡萄叶片水分利用效率和提高果实品质提供理论依据。外源腐胺在干旱胁迫下能有效维持赤霞珠葡萄幼苗叶片含水量，降低叶片电导率，保持细胞膜结构的完整，提高叶绿素含量、抗氧化酶活性，调节AsA-GSH循环，提高葡萄叶片内源多胺的含量。同时，外源腐胺可在干旱胁迫前促进H_2O_2累积，进一步研究发现，外源腐胺能上调叶片中NADPH氧化酶基因 *VvRBOHb* 和 *VvRBOHc2* 基因表达，诱导H_2O_2的积累。说明H_2O_2参与外源腐胺提高葡萄幼苗的抗旱性。

田间试验条件下，外源喷施腐胺提高了干旱胁迫下葡萄与葡萄酒的品质。干旱胁迫显著降低了田间葡萄植株的净光合速率，抑制果实生长发育，减少果皮中酚类物质和香气合成前体物质的含量，影响葡萄酒的色泽和香气。而外源腐胺处理在干旱胁迫下显著促进了叶片净光合速率、果实大小和果皮中的酚类物质的合成；同时显著增强葡萄酒的果香和花香，改善干旱胁迫对葡萄酒风味的影响。

（五）桃节水措施影响水分高效利用的生理基础

据报道，在桃果实的第一快速生长阶段和缓慢生长阶段进行水分胁迫，对果实可溶性固形物含量的影响并不显著，此时控水有利于控制桃树的营养生长，随后进行正常的水分管理，果实整体发育不受影响；在桃果实第二快速生长阶段进行水分胁迫，可增加果实的可溶性固形物，但是果实体积减小。目前，桃园常用的灌溉方法有沟灌、树盘浇水、喷灌、滴灌等，具体方法可根据当地的经济条件、水源情况、水利设施条件以及地形等综合因素考虑。近些年，有些果园根据桃果实的发育特性，在果实发育的前2个时期进行调亏灌溉（RDI）技术，不仅节约灌溉用水，还能增大果实体积，提高成熟桃果实中的可溶性固形物，改善风味，促进贮藏后果实的软化。在生产实践中，有些桃园还结合"部分根区干旱理论"进行分区灌溉和交替灌溉，使节水技术体系更加完善。

水分的高效利用与果树的生理息息相关。叶片水平水分利用率具有独特的模式，取决于羧化途径，即C3光合作用、C4光合作用和景天酸代谢（CAM）（Hatfield and Dold 2019）。在桃叶片水平上，净CO_2固定、蒸腾作用或气孔导度决定了水分利用率，蒸腾作用取决于气孔导度和饱和水气压，而气孔导度仅取决于气孔开口。饱和水气压通过影响叶片周围空气温度来改变叶片温度，直接影响叶片与大气之间的水气梯度，最终影响能量平衡和叶片或冠层温度的大气因素驱动内部水蒸气压力并最终驱动水的利用。施肥可以提高作物产量和水分利用率，即可以通过改变N的供应在有限的水分条件下施肥来改善水分利用率（Zhang et al.，2012）。最后，提高植物叶绿素含量也可以在减少水分供应情况下提高水分利用效率（Jimenez et al.，2020）。

第二节　果树水分高效利用的分子调控机制

近年来，随着分子生物学理论和技术的快速发展，通过分子生物学的技术手段解析植物响应干旱和水分高效利用的分子调控机制也屡见报道。通过解析植物响应干旱和水分高效利用的分子机制，进一步利用基因工程等多种分子生物学手段改良和培育抗旱、耐旱作物，提高农业用水效率对确保农作物安全生产及实现农业生产提质增效具有重要意义（邓秀新 等，2019）。

一、苹果水分高效利用的分子调控机制

（一）生长素响应因子MdARF17调控水分高效利用效率的机制

转录因子通过多种形式调控下游根系发育相关基因的表达，从而改变苹果树的根系构型，最终影响苹果的抗旱性和水分利用效率。生长素响应因子（auxin response factor，ARF）是一类重要的转录因子，参与调控植物生长和发育的多个过程，包括子叶发育、维管组织形成、顶端分生组织维持、下胚轴伸长、负向地性、侧根形成、向光性、花发育、果实成熟等（Hardtke et al.，2004）。ARF通过特异结合生长素响应基因启动子区域的生长素响应元件激活或者抑制靶基因的表达，从而在逆境胁迫响应中发挥关键作用。研究发现，Mdm-miR160-MdARF17-MdHYL1模块在苹果抗旱过程中起重要的调控作用，其中MdARF17通过影响根系形成影响其水分利用效率，最终负调控苹果抗旱（Shen et al.，2022）。

对 MdARF17 RNAi和OE的转基因苹果和野生型GL-3 经过三个月的长期干旱处理，发现在对照条件下，MdARF17 RNAi转基因株系比GL-3矮化；而在干旱处理后，这种差异变小（图 3-34）。此外，MdARF17 RNAi 转基因株系具有更大的根干重和根冠比，说明MdARF17 RNAi比GL-3有更强的耐旱能力。通过测定MdARF17 RNAi 植株和GL-3在长期干旱条件下的δ^{13}C，发现MdARF17 RNAi 株系比GL-3具有更高的水分利用效率（图 3-34）。

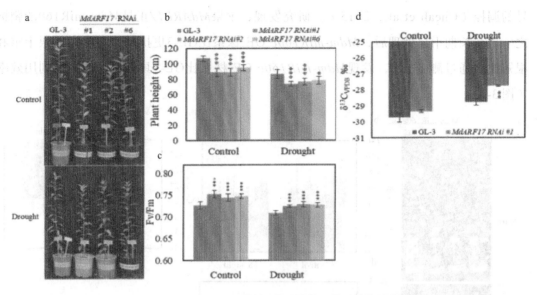

图 3-34　*MdARF17 RNAi* 转基因株系长期干旱后的表型分析

　　由于miR160的降解作用，*MdARF17*无法苹果植株内过量表达。因此试验将*Mdm-miR160*靶向*MdARF17*的位点进行定点突变，获得*MdmARF17*。研究发现，*MdmARF17* OE株系比GL-3具有更低的根干重和根冠比，说明*MdmARF17*过表达之后不利于根系的生长发育。δ^{13}C含量测定结果同样说明*MdmARF17* OE株系比GL-3具有更低的水分利用效率（图 3-35）。

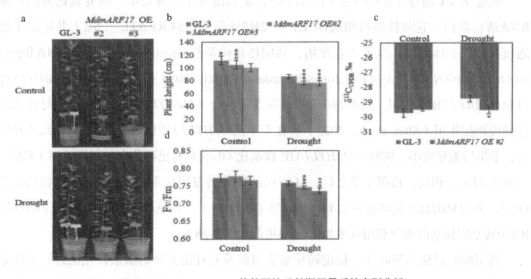

图 3-35　*MdmARF17* OE 转基因株系长期干旱后的表型分析。

　　拟南芥中miR160靶向ARF10、ARF16 和ARF17（Lin et al., 2018；Yang et al., 2013），参与根的生长、芽的再生和种子的萌发，也参与干旱过程中ABA 和生长素信号的调控（Cheah et al., 2015）。研究发现，苹果*MdARF17*正是*Mdm*-miR160的靶标之一。在长期干旱处理后，*Mdm-miR160e* OE 株系比GL-3更抗旱，有更大的根干重和根冠比。通过测定$\delta^{13}C$，发现*Mdm-miR160e* OE 株系比GL-3具有更高的水分利用效率（图3-36）。

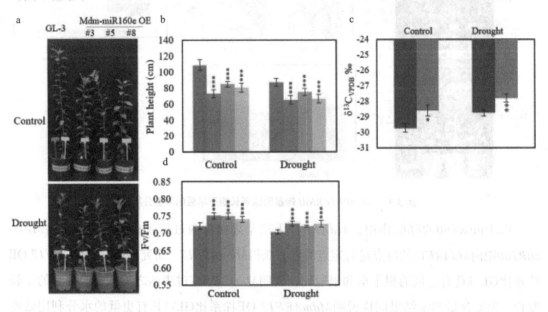

图3-36　Mdm-miR160e OE 转基因株系长期干旱后的表型分析

双链 RNA 结合（DRB）蛋白—HYL1，是拟南芥中发现最早、研究最透彻的双链RNA结合蛋白，它与核酸内切酶DCL1和C2H2锌指蛋白SERRATE （SE）共定位于细胞核并形成小体结构，三者相互作用，共同体精确调控pri-miRNA到pre-miRNA和pre-miRNA 到miRNA的加工过程（Jones-Rhoades、Bartel，2004）。研究发现，*MdHYL1*可以和*MdARF17*相互作用，且*MdARF17* 可以直接结合于*MdHYL1* 的启动子，并对其表达起到负调控作用（Shen et al.，2022）。在干旱前*MdHYL1* OE株系相比GL-3 株高差异较大，干旱后差异变小。同时，*MdHYL1* OE 株系比 GL-3 具有更高的水分利用效率（$\delta^{13}C$）（图 3-37）。相反，长期干旱之后，*MdHYL1* RNAi转基因株系的根干重、根冠比均低于GL-3，表明*MdHYL1* 沉默表达后不利于抗旱（图 3-38）。另外，长期干旱之后，*MdHYL1* RNAi转基因株系的水分利用效率相比GL-3更低（图 3-38）。

利用瞬时转化苹果叶片、稳定转化愈伤组织及农杆菌介导的根系转化法进行遗传分析，发现*MdARF17*通过直接结合于*MdHYL1*的启动子，负调控*MdHYL1* 的表达，进而影响miRNA的表达水平，最终负调控苹果抗旱。这些结果均揭示了*Mdm-miR160-MdARF17-MdHYL1*的正反馈回路调控苹果耐旱性及水分利用效率的机制。

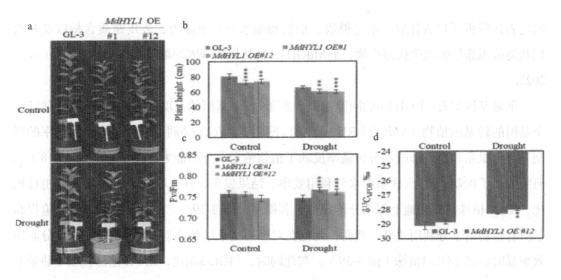

图 3-37 *MdHYL1* OE 转基因株系长期干旱后的表型分析

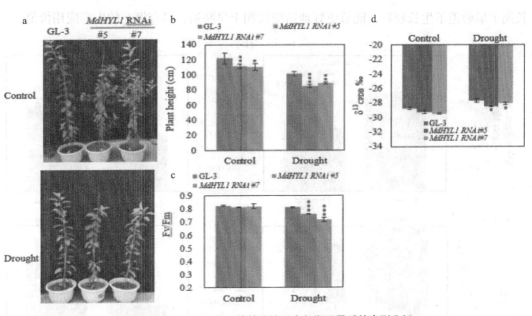

图 3-38 *MdHYL1* RNAi 转基因株系在长期干旱后的表型分析

（二）苹果生长素响应基因*MdGH3.6*调控水分高效利用效率的机制

GRETCHEN HAGEN3（*GH3*）家族基因参与 IAA 与氨基酸的结合（Mellor et al.，2016；Staswick et al.，2005），通过形成可逆或不可逆的 IAA 代谢（Kowalczyk、Sandberg 2001；Ostin et al.，1998），从而参与调控植物中生长素的稳态。先前的研究表明 GH3 家族基因在植物发育和胁迫反应中发挥重要作用（Singh et al.，2014）。研究发现，IAA结合酶*GRETCHEN HAGEN3.6*（GH3.6）是苹果耐水分胁迫的负调控因子。*MdGH3.6*基因

的过表达降低了IAA含量、不定根数、根长和耐水分胁迫能力、表皮蜡质含量以及苯丙烷和类黄酮途径的次生代谢产物，而MdGH3.6及其相似基因的敲除则相反（Jiang et al., 2022）。

苹果基因组有6个GH3.6的同源基因。鉴于这6个基因的高度同源性，获得了沉默这6个基因的转基因植物（*MdGH3* RNAi），以便明晰*MdGH3.6*调控水分高效利用效率的机制。由于根系和地上部的水分传输率反映了植物输送水分的能力（Geng et al., 2018），研究关注了RNAi转基因株系的水分利用效率。结果发现，在干旱胁迫下，与GL-3植株相比，RNAi植株的根和地上部水分传导性显著提高（图 3-39）。另外，尽管干旱胁迫提高了所有植物的水分利用效率。然而，无论在对照还是干旱条件下，RNAi 植株的水分利用效率都明显高于GL-3植株（图 3-39）。与此同时，与GL-3相比，RNAi 植株在干旱胁迫下的内在水分利用效率（WUEi）同样更高（图 3-39）。这些结果表明*MdGH3* RNAi 植株在长期干旱胁迫下生长较好，能够更好地适应长期干旱胁迫，具有潜在的生产应用价值。

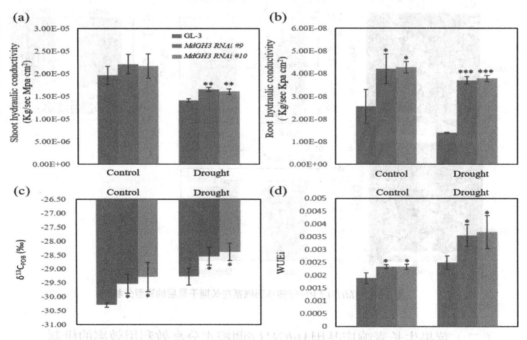

图 3-39 长期干旱胁迫下GL-3和*MdGH3* RNAi 植株的导水率和水分利用效率

研究通过全基因组关联分析发现转录因子*MdMYB94*与苹果抗旱相关指标紧密关联，如：叶片气孔密度、蜡质组分、干旱后叶片可溶性蛋白含量、丙二醛含量、相对电导率。随后试验证明苹果*MdMYB94*通过促进苹果叶片蜡质合成正调控苹果的抗旱性。且*MdMYB94*可以直接结合于*MdGH3.6*的启动子并抑制其表达。而*MdGH3.6*是干旱负调控因子，通过负向调节表皮蜡质含量、根长、抗氧化酶活性以及苯丙烷和类黄酮途径的次生代谢产物，从而调控苹果的抗旱性。转录因子*MdMYB94*和生长素响应基因MdGH3.6共同构成一个调控单元，协同调节苹果的水分利用效率从而响应干旱胁迫。

（三）苹果翻译后修饰因子——SUMO调控水分高效利用效率的机制

SUMO（small ubiquitin-like modifier）化修饰是一种常见的蛋白质翻译后修饰形式。研究表明，这种修饰不仅会改变修饰底物的亚细胞定位，还会改变底物蛋白的活性及稳定性，进而调节植物的逆境反应、病菌防御、脱落酸信号转导、成花诱导、细胞生长和发育以及氮素同化等多种过程，是植物正常生长发育过程中必不可少的蛋白质修饰方式（Johnson 2004；Miura et al.，2007）。苹果的SUMO化修饰精细调控其抗旱性：对转基因材料进行干旱处理后发现，与对照相比两个转基因株系都表现出抗旱的表型——超表达株系的根系更发达有较高的导水率和光合能力，而干涉株系表现出叶片小而厚，表现出更高的WUE和更多的ABA（图3-40）。因此超表达和干涉株系都表现出抗旱的表型（Li et al.，2022）。

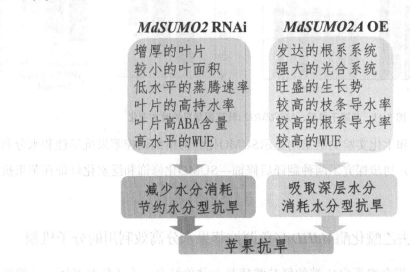

图3-40　MdSUMO转基因苹果的两种抗旱策略

苹果有6个SUMO同源蛋白，鉴于这些同源蛋白的高度相似性，试验将这6个基因同时干涉表达，获得*MdSUMO2* RNAi转基因株系。以*MdSUMO2A*过表达和沉默的转基因苹果苗及GL-3为材料进行了长期干旱处理，结果表明，与对照相比两个转基因株系都表现出抗旱的表型（图3-41）。同时，通过测定*MdSUMO2*转基因苹果和GL-3在长期干旱条件下的δ^{13}C，发现*MdSUMO2* RNAi株系的WUE最高，其次是*MdSUMO2A* OE，GL-3的WUE最小（图3-41）。

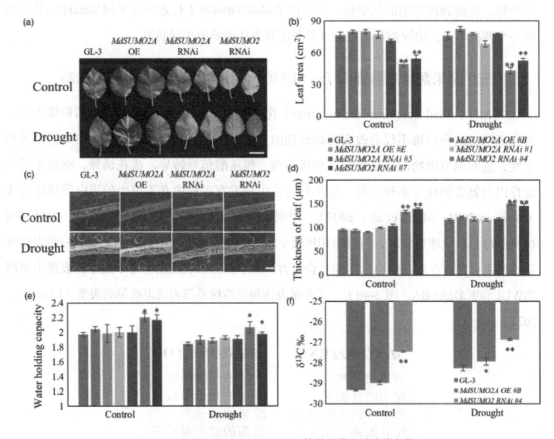

图 3-41　长期干旱后，*MdSUMO2A*转基因苹果的叶片变化

随后的分子实验和生化实验的结果均显示SUMO化修饰精细调控苹果抗旱性和水分利用效率的分子机制，并初步探究了两种翻译后修饰—SUMO化修饰和泛素化修饰在苹果抗旱过程中的协同作用。

（四）组蛋白去乙酰化酶*MdHDA6*负调控苹果水分高效利用的分子机制

组蛋白乙酰化是指在组蛋白N-端的氨基酸残基上共价结合一个乙酰基基团，该修饰可以使染色质结构更开放，基因发生激活；相反，乙酰化修饰也可以被去掉，发生去乙酰作用，基因表达被抑制（Hu et al.，2019）。该过程由组蛋白乙酰转移酶（HATs）和组蛋白去乙酰化酶（HDAs）共同催化完成，研究表明*HDA*除了能调控植物生长发育外，也广泛参与调控植物响应非生物逆境胁迫（Kim et al.，2015）。在苹果中超量表达组蛋白去乙酰化酶基因*MdHDA6*发现，转基因植株在短期干旱处理下与野生型相比更不耐旱，表现为光合速率更低；而离子渗透率比野生型更高，叶片的相对含水量更低，并且离体叶片的失水速率也更快，存活率更低。而在长期干旱胁迫下，*MdHDA6* OE植株的叶绿素荧光以及气孔数目均显著低于野生型，而在RNAi植株中则高于野生型；而*MdHDA6* OE植株的根冠比和水分利用效率在长期干旱处理下都是低于野生型的，RNAi植株则高于野生型。并且对光合指标进行测定发现，长期干旱处理后，MdHDA6 OE植株的光合速率低于野生型，而RNAi植株高于野生型；而蒸腾速率、气孔导度以及胞间CO_2浓度则是在OE植株中高于野生型，RNAi植株则低于野生型。这些指标都说明*MdHDA6*负调控苹果对长期干旱胁迫的适应性。为了进一步研究*MdHDA6*参与苹果响应干旱的分子机制，本研究对*MdHDA6* OE转基因株系及野生型在短期干旱处理下的转录组和组蛋白乙酰化H3ac的ChIP-seq分析。结果发现在干旱胁迫下，一些干旱正调控基因，如*MdGRX480*、*MdWRKY57*、*MdARF3*、*MdMYB4*的组蛋白乙酰化水平下降，其表达水平也明显降低。这说明*MdHDA6*可以通过催化干旱正调控基因发生组蛋白去乙酰化，进而降低其表达，从而负向调节干旱胁迫。

（五）自噬相关基因*MdATG8i*调控长期干旱下苹果水分高效利用的分子机制

自噬是真核生物中保守存在的降解大蛋白或破损的细胞器等的机制，对于植物的生长发育和胁迫抗性均具有重要的调控作用。自噬能够促进各种胁迫下的物质回收利用，从而促进胁迫下植物的生长（Signorelli et al.，2019）。苹果中的研究也证明多个自噬基因的过表达均能够提高苹果植株的抗性，以及干旱下的水分利用效率（Jia et al.，2021）。研究表明，苹果中的自噬相关基因*MdATG8i*表达受干旱的显著诱导。对苹果野生型及*MdATG8i*转基因植株进行80 d的长期中度干旱处理（含水量45%～50%），发现*MdATG8i*过表达植株显著缓解了长期干旱对苹果植株生长发育的抑制，表现为更高的株高及茎粗，以及更多的生物量积累以及更高的相对生长速率，这说明*MdATG8i*正调节干旱下苹果植株的水分利用效率。进一步的，对长期干旱下转基因植株的光合速率、叶绿素含量、ROS积累及抗氧化酶活性进行测定，发现*MdATG8i*过表达能够促进ROS清除并维持较高的光合能力。另外，干旱下*MdATG8i*转基因植株中的可溶性糖及多种氨基酸含量也显著高于对照。对自噬活性及自噬相关基因表达量进行鉴定，发现*MdATG8i*过表达显著提高了干旱下苹果植株的自噬活性及自噬相关基因的表达。基于以上结果，本研究提出了*MdATG8i*响应干旱并调节长期干旱下苹果水分利用效率的调控模型（图 3-42），干旱下*MdATG8i*通过调节自噬活性调节长期干旱下苹果植株的气孔开张度、可溶性糖及氨基酸含量及抗氧化酶活性，进而影响植物的光合作用能力及干物质积累，最终促进长期干旱下苹果植株的WUE及对干旱的适应性。

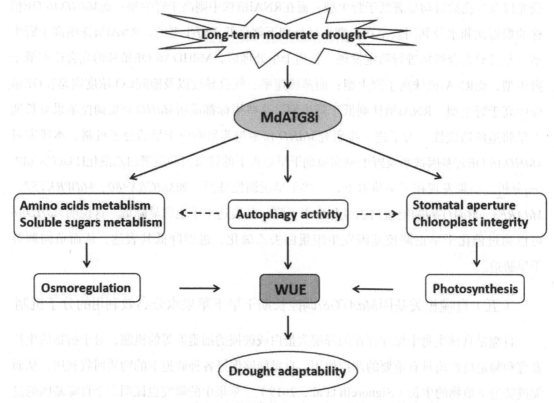

图3-42　*MdATG8i*响应干旱并调节苹果植株长期干旱下WUE的调控模式图

（六）苹果ABA受体MdPYL9调节干旱下苹果水分高效利用的分子机制

脱落酸（Abscisic acid，ABA）是调节植物生长发育及逆境响应的重要激素之一，其在植物的干旱胁迫响应和气孔关闭过程起到重要作用。PYL家族蛋白是植物的ABA受体，能够直接与ABA分子互作从而激活ABA信号介导的植物逆境响应。干旱下植物体内的ABA含量会显著上调，而ABA受体则能够响应ABA含量的变化，通过ABA信号途径参与调节植物在干旱下的生长发育过程及对长期干旱胁迫的适应性（Park et al.，2009；Sun et al.，2020）。本研究发现苹果ABA受体基因*MdPYL9*显著响应干旱胁迫。对MdPYL9蛋白结构进行预测分析，发现其能够形成与ABA分子互作的典型空间结构，说明其能够作为ABA受体参与干旱下的ABA信号途径。转基因获得了*MdPYL9*过表达苹果植株，短期及长期干旱处理下的表型分析及生理指标测定结果表明，*MdPYL9*正调节苹果耐旱性及长期干旱下的WUE。进一步的，蛋白互作鉴定发现MdPYL9能够与ABA信号途径中的多个PP2CA家族蛋白互作，包括MdABI1/2、MdAHG3、MdHAI1/2等，且与MdHAI1/2的互作是ABA依赖的，说明MdPYL9可能通过ABA信号途径调节苹果植物对干旱胁迫的抗性及长期干旱的适应性。另外，苹果植株在干旱下的转录组分析表明多数PP2CA家族基因表达显著上调，尤其以*MdHAI1*和*MdHAI2*上调最显著，说明可能存在干旱下的MdPYL9-MdHAI1/2反馈调控机制（Yang et al.，2022）。

　　基于以上研究，提出了干旱下*MdPYL9*响应ABA含量变化调节苹果植株生长发育的信号转导途径。在正常条件下，ABA含量及*MdPYL9*表达水平均处于较低水平，此时MdPP2CAs蛋白作为ABA信号途径的主要负调节因子能够通过与SnRK2家族蛋白互作抑制ABA信号途径，从而抑制抗性相关基因表达，维持苹果植株的正常生长发育。在干旱缺水条件下，ABA含量增高，同时*MdPYL9*表达显著上调。积累的MdPYL9蛋白结合ABA分子后发生构象变化并进而与MdPP2CAs互作，释放SnRK2家族蛋白，激活抗逆相关基因表达，提高植株对干旱胁迫的抗性。随着干旱的持续，ABA信号还会激活*MdPP2CAs*的表达，尤其是*MdHAI1*和*MdHAI2*，从而抑制ABA信号的过激反应以及抗逆基因的过量表达，维持植物在缺水条件下的生长发育。通过这种依赖ABA含量变化的动态反馈调节机制，植物就能最大限度维持干旱下的生长发育，从而提高水分利用效率。

（七）苹果转录因子*MdbHLH108*调控干旱下苹果水分高效利用的分子机制

　　bHLH转录因子是近年来受到关注的新型转录因子家族，也是植物体内第二大类转录因子家族，在调控植物生长发育和逆境应答过程中起重要作用。研究发现部分bHLH转录因子作为调节基因能够调控胁迫相关基因的表达变化，从而在逆境胁迫中发挥重要的作用。Yang等（2021）从苹果中鉴定出一个*bHLHm1*（*MdSAT1*），将其在拟南芥中过表达提高了耐盐性。Huang等从柑橘砧木枳中克隆到受低温诱导的*PtrbHLH*，发现过表达*PtrbHLH*的烟草和柠檬中抗氧化酶活性显著提高，同时活性氧含量降低，表明*PtrbHLH*通过调控POD介导的活性氧清除系统参与植物对冷胁迫信号的应答（Huang et al.，2013）。Yang等（2021）从苹果中鉴定出一个bHLHm1（MdSAT1），该基因能被干旱胁迫和ABA诱导，将其过表达转苹果（愈伤）提高了其耐旱性。

　　在干旱条件下添加外源ABA提高了苹果砧木平邑甜茶的耐旱性，叶绿素荧光值也显著提高。通过转录组分析发现多个*bHLHs*在干旱胁迫下差异表达，进一步对*bHLH*家族进行了全基因组鉴定和分析，发现*bHLH*家族成员在干旱胁迫下的表达发生了显著变化，其中多个*bHLH*基因的表达水平上调显著。qRT-PCR分析发现，苹果bHLH家族成员*MdbHLH108*在干旱和ABA处理下能够同时被显著诱导上调表达。利用农杆菌介导的烟草瞬时表达技术进行亚细胞定位分析，发现*MdbHLH108*定位在细胞核。与*MdbHLH108*高度同源的拟南芥功能缺失突变体抗旱性增强，将其过表达降低了植株的抗旱能力，表明其负调控抗旱性。进一步分析发现，干旱条件下野生型和突变体ABA合成相关基因*ATBG1*，*NCED1，NCED3*和*NCED5*差异表达。将*MdbHLH108*在苹果愈伤中过表达，发现其抗旱性显著降低。我们推测*MdbHLH108*极有可能介导ABA合成负调控苹果抗旱性。

（八）miR171i/miR164g介导新疆野苹果抗旱性的分子机制

新疆野苹果（*Malus Sieversii*）原产中亚天山山脉，相比于其他苹果砧木，具有最强的抗旱性与较高的水分利用效率（中国农业百科全书·果树卷，1993；马小卫，2009），且被证实是现代栽培苹果基因组的主要贡献者（Duan et al.，2017）。近年来，研究者利用分子生物学技术深入研究并挖掘了一系列新疆野苹果高抗旱性基因，为通过基因工程技术培育优良砧木提供了基因资源（徐彦 等，2010；耿达立，2019；Yuan et al.，2013；Liao et al.，2017；Zhao et al.，2020）。

miRNA是一类20-24 nt（Nucleotide）的非编码RNA，通过在转录后或翻译水平抑制靶基因的表达参与调控植物生长发育和环境适应等多个生理过程（Song et al.，2019）。miR171家族普遍存在于低等和高等植物中，是一类序列高度保守的植物miRNA。综合新疆野苹果miRNA测序数据及前人的研究结果，分析发现，新疆野苹果miR171共有17个家族成员；表达分析结果显示，渗透胁迫处理2 h时，新疆野苹果miR171i的表达水平就开始显著下调，且处理4 h后达到最低水平。进一步研究发现，miR171i可以靶向剪切*MsSCL26.1*（*SCARECROW-LIKE PROTEINS*）。相关转基因试验结果表明，拟南芥中异源表达msi-miR171i降低了拟南芥的抗旱能力；在苹果GL-3中分别敲除miR171i和过表达*MsSCL26.1*均显著提高MDHAR酶活性和抗坏血酸水平，进而明显增强转基因株系抗盐和耐旱性。综上，'miR171i-*MsSCL26.1*'模块通过影响单脱氢抗坏血酸还原酶*MsMDHAR*基因的表达，参与调控抗坏血酸代谢，进而增强植株抗旱性（Wang et al.，2020）。

同时也对miRNc11参与调控新疆野苹果响应干旱胁迫的机理进行了探究。经序列相似性分析、高通量测序及游离成熟体验证，miRNc11被认定为miR164家族成员新成员miR164g。miR164最早被报道为一类参与植株生长发育进程的miRNA，其在植物非生物胁迫的重要功能也逐渐被发现。表达分析显示，干旱胁迫显著抑制新疆野苹果miR164g的表达，在胁迫2 h后下调至最低水平，且是新疆野苹果miR164家族中响应干旱胁迫的主效成员。进一步研究发现，miR164g靶向剪切*MsNAC022*（*NAM-ATAF1/2-CUC2*）。相关转基因试验结果表明，拟南芥中异源表达msi-miR164g及其靶基因*MsNAC022*分别降低和增强了拟南芥的抗旱能力；在苹果GL-3中过表达*MsNAC022*能显著增加转基因株系的不定根数量和长度，并提高瞬时水分利用效率及POD等抗氧化酶活性，进而明显增强转基因株系抗旱性。综上，'miR164g-*MsNAC022*'模块通过提高瞬时水分利用效率及POD等抗氧化酶活性，参与调控水分利用及ROS清除系统，进而增强植株抗旱性。

二、梨水分高效利用的分子调控机制

植物水通道蛋白分为四类:液泡膜内在蛋白（TIPs），质膜内在蛋白（PIP），NOD-26样MIPs（NIP）。质膜膜内蛋白（PIPs）在质膜上大量表达。PIP进一步细分为两个系统发育亚群:PIP1和PIP2。质膜内在蛋白（PIPs）作为水通道蛋白的一个亚家族，在维持植物水分平衡方面发挥着重要作用。从杜梨中分离到*PbPIP1;4*，发现*PbPIP1;4*在脱水过程中有明显的诱导作用。通过病毒诱导基因沉默（VIGS）敲除杜梨*PbPIP1;4*的表达，导致杜梨对干旱的敏感性升高。通过酵母单杂交筛选，进一步分离出热休克转录因子*PbHsfC1a*。*PbHsfC1a*定位于细胞核，脱水和低温对*PbHsfC1a*的诱导作用较大，盐和ABA的诱导作用较小。烟草中*PbHsfC1a*的过表达增强了对脱水和干旱胁迫的耐受性，而杜梨中瞬时沉默*PbHsfC1a*则增加了对干旱的敏感性。与野生型相比，转基因烟草经脱水和干旱处理后的成活率更高，电解液渗漏（EL）降低，丙二醛（MDA）含量降低,H_2O_2和O^{2-}积累量降低。转基因烟草表现出较高的抗氧化酶活性（SOD、CAT和POD）。相反，在杜梨中调低*PbHsfC1a*的表达会下调*PbPIP1;4*的丰度，降低干旱条件下的抗性。这些结果表明*PbHsfC1a*在抗旱性中发挥了积极作用，至少部分原因是通过调节*PbPIP1;4*的表达来调节活性氧的动态平衡。

*PbPIP1;4*在梨中被病毒诱导的基因沉默（VIGS）沉默，沉默植株中*PbPIP1;4*的表达低于对照植株（野生型，WT）（图3-43e）。叶片萎蔫程度低于野生型沉默系和叶绿素荧光（图3-43）。沉默株系的最大光化学量子效率（Fv/Fm）低于WT（图3-43f）。沉默的电解质渗漏（EL）更高（图3-43g），丙二醛（MDA）含量更高（图3-43h）。这表明沉默系遭受了更严重的细胞损伤。杜梨的*PbPIP1;4*沉默表明其对干旱胁迫敏感。上述研究结果表明*PbPIP1;4*对抗旱性具有正向调节作用。

为了阐明*PbPIP1;4*增强抗旱性的分子机制，通过Y1H法验证*PbHsfC1a*与*PbPIP1;4*之间的相互作用（图3-44a）。在本生烟草（*N.benthamiana*）叶片中使用瞬时表达系统来检测*PbHsfC1a*是否能在体内增强*PbPIP1;4*的转录。这些结果表明TTCGTGAA基序在*PbPIP1;4*启动子的转录激活中发挥关键作用（图3-44 b,c）。为了进一步验证*PbHsfC1a*是否能特异性结合*PbPIP1;4*的启动子，对纯化的PbHsfC1a-HIS融合蛋白进行了电泳迁移实验（EMAS）。这特异竞争证实PbHsfC1a识别并特异性结合到*PbPIP1;4*启动子内的TTCGTGAA基序（图3-44e）。将基序片段融合到pGreen II 0800-LUC载体中，生成报告基因结构。将PbHsfC1a的编码区插入pGreenII 62-SK载体中，生成效应质粒。报告基因和效应基因（PbHsfC1a）共转化拟南芥叶肉原生质体，通过荧光素酶（LUC）/Renilla（REN）比值测定相对LUC活性。这结果提示*PbHsfC1a*可能作为*PbPIP1;4*的转录激活因子。

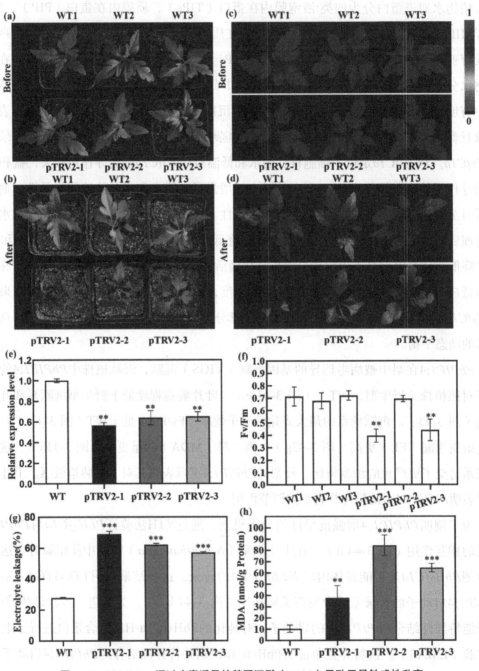

图3-43　*PbPIP1；4*通过病毒诱导的基因沉默（VIGS）导致干旱敏感性升高

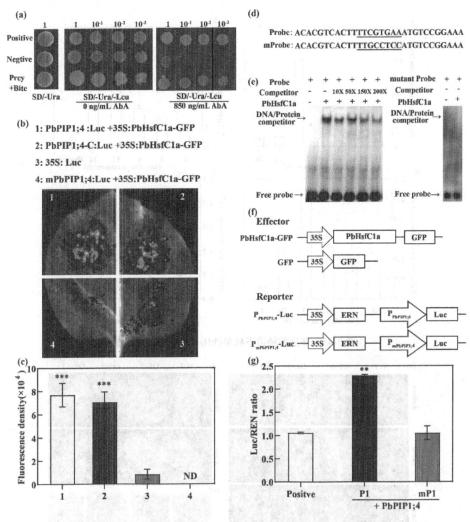

图 3-44　PbHsfC1a对*PbPIP1；4*中的启动子基序结合至关重要

在真核生物中，Hsfs是信号转导途径的关键组成部分，参与了多种类型环境胁迫下基因的激活。在正常条件下AtHsfA6a的表达非常低，但外源ABA、NaCl和干旱高度诱导了AtHsfA6a的表达。此外，AtHsfA6a受ABA响应元件结合因子/ABA响应元件结合蛋白的转录调控，这是ABA依赖的信号通路的关键调控因子（Hwang et al.，2014）。对PbHsfC1a的表达模式进行分析，发现PbHsfC1a是由脱水、低温、盐和ABA诱导的，但脱水引起的诱导量更大，表明PbHsfC1a在非生物胁迫特别是脱水中发挥了重要作用（图3-45）。

野生型和三个超表达系自然干旱,野生型枯萎的叶子更严重（图3-46）。复水3 d后，3个转基因株系的存活率显著高于野生型。干旱后过表达株系的MDA含量也显著低于野生型。在干旱处理结束时，野生型的气孔孔径显著大于转基因株系，而EL高于转基因株系。以上结果表明，PbHsfC1a基因转基因烟草植株的抗旱能力显著高于野生型。

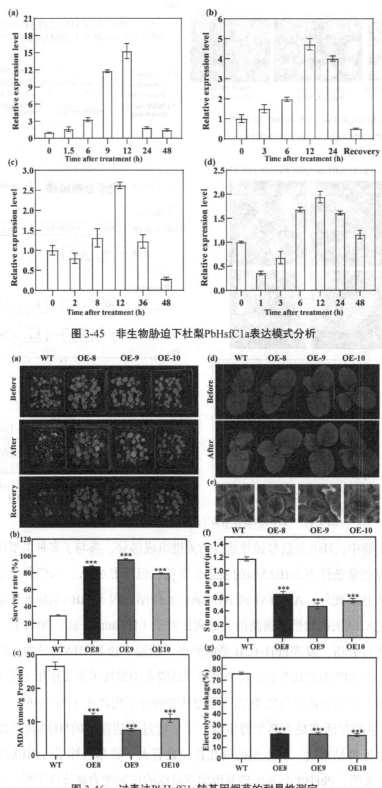

图 3-45　非生物胁迫下杜梨PbHsfC1a表达模式分析

图 3-46　过表达PbHsfC1a转基因烟草的耐旱性测定

为了进一步阐明PbHsfC1a在抗旱性中的作用，采用VIGS抑制梨中PbHsfC1a的表达。叶绿素荧光测量也显示，PbHsfC1a沉默株系的颜色比野生型的深。这些结果表明，PbHsfC1a沉默的细胞系受到了影响更严重的伤害。Fv/Fm越低，植株损害越严重。经过干旱处理后，沉默株系的Fv/Fm比对照株系显著低，表明植株受害程度更严重。与静默线相比，干旱处理后对照线的电解液漏量和MDA含量均较低。这些结果表明，PbHsfC1a基因沉默杜梨对干旱胁迫敏感（图 3-47）。我们使用qRT-PCR检测沉默系中PbHsfC1a基因的沉默效率。qRT-PCR结果显示，与野生型相比，沉默系PbHsfC1a的表达量大幅下降。可以认为在沉默线中对PbHsfC1a进行了次沉默。这些结果进一步证明PbHsfC1a通过调控*PbPIP1;4*的表达，在抗旱性中发挥了积极作用。

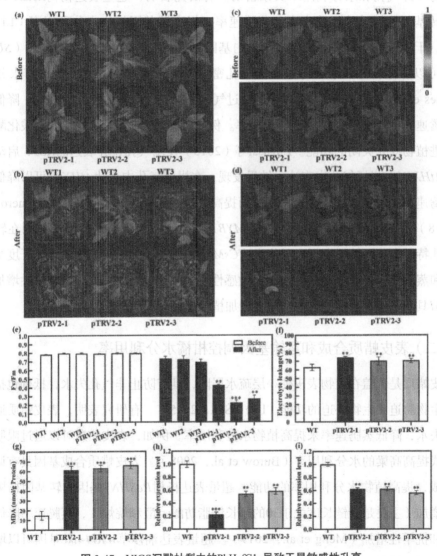

图 3-47　VIGS沉默杜梨中的PbHsfC1a导致干旱敏感性升高

三、柑橘水分高效利用的分子调控机制

柑橘是一种木本植物，具有童期长、基因杂合程度高、种子多胚等特点，传统的育种方式育种周期较长，成本较高。通过转基因技术进行柑橘育种可以在一定程度上克服这些问题。本节内容对柑橘水分高效利用的分子调控机制进行阐述，为通过转基因提高柑橘水分利用率提供理论基础。

（一）气孔相关基因调控柑橘水分利用率

植物叶片气孔和水分利用率关系密切。有研究表明，超量表达杨树*ERECTA*基因可以降低转基因杨树叶片气孔密度和蒸腾速率，提高转基因植物水分利用率（Li et al.，2021）。干涉烟草叶片气孔中糖转运蛋白基因*SUCROSE TRANSPORTER 1*（*SUT1*）的表达，可以降低转基因烟草叶片表皮气孔密度蒸腾速率，提高转基因烟草水分利用率（Antunes et al.，2017）。在柑橘中，通过气孔特异表达基因调控气孔开度，降低气孔导度和蒸腾速率也可以提高柑橘水分利用率。例如，*HXK1*基因编码一种糖磷酸化酶，该酶具有促进植物气孔关闭的功能。Lugassi等（2015）使用气孔特异表达的*KST1*启动子控制拟南芥*AtHXK1*在柑橘气孔中表达。结果发现，在柑橘气孔中表达*AtHXK1*可以降低气孔导度和蒸腾速率，但不影响光合速率，从而提高转基因柑橘的水分利用率。Romero-Romero等（2018）使用气孔特异表达的甜橙*CsMYB15*启动子控制甜橙*CsMYB61*基因在转基因拟南芥气孔特异表达。结果发现，异位表达*CsMYB61*的转基因拟南芥叶片气孔开度减小，气孔导度和蒸腾速率下降，对外源ABA的敏感性增加，水分利用率提高，抗旱性增加，说明*CsMYB61*具有调控植物叶片气孔开度，增加植物水分利用率的功能。

（二）表皮蜡质合成和运输基因调控柑橘水分利用率

表皮蜡质是覆盖在植物表皮的一层疏水屏障，具有防止非气孔失水，抵御包括干旱在内的非生物胁迫和生物胁迫的功能（Lee、Suh，2015）。有研究表明，表皮蜡质通过限制非气孔失水，降低蒸腾速率来提高植物水分利用率。例如，表皮蜡质可以通过限制叶片失水的方式提高高粱的水分利用率（Burow et al.，2008）。表皮蜡质合成基因具有调控表皮蜡质合成，提高植物水分利用率的功能。超量表达杨树*PeSHN1*基因的转基因杨树表皮蜡质含量增加（主要是碳链长度大于30的超长链脂肪酸、醛和烷烃），蒸腾速率降低，水分利用率和抗旱性增加（Meng et al.，2019）。超量表达油莎草*WRI4-like*基因可以增加转基因拟南芥表皮蜡质含量，降低叶绿素渗透率、叶片和蒸腾速率，从而提高转基因拟南芥水

分利用率（Cheng et al., 2020）。我们的研究发现，纽荷尔脐橙的芽变品种龙回红脐橙叶片表皮蜡质总量和蜡质组分中的超长链烷烃、初级醇和醛的含量显著高于纽荷尔脐橙（图3-48）。而龙回红脐橙叶片失水率显著低于纽荷尔脐橙（图 3-49 a）。在干旱处理前后，龙回红脐橙水分利用率显著高于纽荷尔脐橙（图 3-49 b）。推测龙回红脐橙叶片表皮蜡质含量的增加是导致其水分利用率提高的主要原因。植物CER3基因编码超长链醛还原酶，具有合成超长链烷烃的功能（Rowland et al., 2007; Bernard et al., 2012）。而ABC转运蛋白家族G亚家族基因具有调控表皮蜡质成分运输的功能（Panikashvili et al., 2007; Buda et al., 2013; Nguyen et al., 2013）。转录组测序表明，纽荷尔脐橙和龙回红脐橙的差异表达基因可富集到蜡质合成和运输相关途径。其中，*CsCER3-LIKE*、*CsABCG11-LIKE*和*CsABCG21-LIKE*在龙回红脐橙中显著上调表达（表 3-29），可能是龙回红脐橙叶片表皮蜡质含量上升，水分利用率提高的主要原因（Liang et al., 2022）。

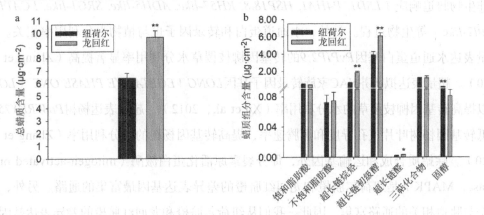

图 3-48　纽荷尔脐橙和龙回红脐橙叶片蜡质总量和各蜡质组成含量（Liang et al., 2022）

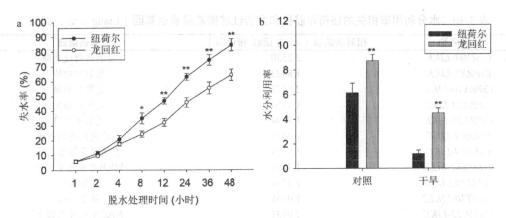

图 3-49　纽荷尔脐橙和龙回红脐橙叶片失水率和水分利用率（Liang et al., 2022）

表 3-29   蜡质相关的纽荷尔脐橙和龙回红脐橙差异表达基因（Liang et al.，2022）

基因名称	相对表达量（$\log_2$龙回红/纽荷尔）	编码蛋白
CsCER3-LIKE	2.8143	超长链乙醛脱羧酶
CsABCG11-LIKE	1.4780	ABC转运蛋白G亚家族
CsABCG21-LIKE	1.2926	ABC转运蛋白G亚家族

（三）转录因子和其他功能基因调控柑橘水分利用率

Fan等（2015）使用转录组测序技术从78个栽植在湿润地区和半干旱地区的南荻（*Miscanthus lutarioriparius*）中筛选出了可能与水分利用率相关的差异表达基因，这些基因主要参与调控光合作用（*PsbK, PsbI, Ycf4, PsaI, CemA-like, PsbH, Thioredoxin-like, PDRP, PetE*）、气孔调控（*CRK10-like*、*WRKY4*、*HAO1*、*WOX14*、*ARF4*、*OAT4*、*UBE3*、*HEX6*）和非生物胁迫响应（*LSD1, P4HA1, HSP18.8, RH57-like, ADH5-like, SRG1-like, LCAT1-like, Mettl2-like*）等生物过程。另外，水通道蛋白和转录因子也与植物水分利用率相关。例如超量表达水通道蛋白基因*PvPIP2;9*的转基因柳枝稷草水分利用率显著提高（Zhang et al.，2020）。超量表达拟南芥NAC家族转录因子基因*LONG VEGETATIVE PHASE ONE*（*LOV1*）可以提高转基因柳枝稷草的水分利用率（Xu et al.，2012）。超量表达杨树*PtrWRKY75*可以降低转基因杨树叶片气孔导度和蒸腾速率，提高转基因杨树的水分利用率（Zhang et al.，2020）。除蜡质合成和运输基因外，促分裂素原活化蛋白激酶（mitogen-activated protein kinase，MAPK）是纽荷尔脐橙和龙回红脐橙的差异表达基因最富集的通路。另外，还有多个与胁迫相关的通路富集。因此，我们从纽荷尔脐橙和龙回红脐橙的差异表达基因中还筛选出了多个可能和柑橘水分利用率相关的功能基因和编码转录因子的基因（表 3-30）（Liang et al.，2022）。

表 3-30   水分利用率相关的纽荷尔脐橙和龙回红脐橙差异表达基因（Liang et al.，2022）

基因名称	相对表达量（$\log_2$龙回红/纽荷尔）	编码蛋白
CsSOD1-LIKE	2.2530	超氧化物歧化酶
CsPRX5-LIKE	1.8422	过氧化物酶
CsPRX10-LIKE	2.8727	过氧化物酶
CsPRX24-LIKE	1.1134	过氧化物酶
CsPRX25-LIKE	1.4794	过氧化物酶
CsERF4-LIKE	1.0323	乙烯响应转录因子
CsERF9-LIKE	1.5729	乙烯响应转录因子
CsMYB62-LIKE	1.3835	MYB家族转录因子
CsZAT10-LIKE1	1.1106	锌指蛋白
CsZAT10-LIKE2	1.0356	锌指蛋白
CsNAC22-LIKE	2.0431	NAC家族转录因子
CsWRKY27-LIKE	-1.5064	WRKY家族转录因子
CsWRKY29-LIKE	-4.1799	WRKY家族转录因子

（四）根系发育相关基因调控柑橘水分利用率

根系是植物吸收水分的主要器官，因此与水分高效利用密切相关。有研究表明，*ANGUSTIFOLIA3*（*AN3*）可以负调控MAPKK激酶的*YDA*基因表达，*AN3*功能缺失促使*YDA*表达增加，并使植物叶片气孔密度降低、蒸腾作用下降，促进根系生长，从而提高植物水分利用率（Meng et al.，2015）。但是，研究者们对有关调控根系生长的基因与水分利用率的关系还知之甚少。

WOX家族基因具有调控植物根系和其他组织发育的功能。我们从枳基因组中共鉴定出了10个枳WOX家族基因。根据与拟南芥同源基因的相似性对这10个基因进行命名（*PtrWUS*、*PtrWOX1*、*PtrWOX3*～*PtrWOX6*、*PtrWOX9*～*PtrWOX11*和*PtrWOX13*）。枳WOX家族基因CDS序列长度差异较大，其中*PtrWOX5*的CDS序列最长，为1695 bp。*PtrWOX3*的CDS序列最短，为624 bp。枳WOX家族基因编码的氨基酸长度在207～552 aa之间；蛋白的分子量在23.663～62.676 kDa之间；理论等电点在5.46～9.44之间。不稳定指数在46.58～67.29之间，值均高于40，为不稳定蛋白，亲水性平均系数都在–1.124～–0.496之间，均为负值，为亲水蛋白。这个结果表明枳WOX家族基因均为不稳定的亲水性蛋白（表3-33）（马青龄等，2022）。

实时荧光定量PCR分析结果表明，*PtrWUS*、*PtrWOX1*、*PtrWOX9*和*PtrWOX11*在根中表达量相对较高，其中另外*PtrWOX1*、*PtrWOX9*和*PtrWOX11*可以在根中被干旱胁迫诱导表达，说明这三个基因可能具有调控柑橘根系发育、响应干旱胁迫并调控柑橘水分利用率的功能（马青龄 等，2022）（表3-31）。

表3-31　枳WOX家族基因理化性质分析（马青龄 等，2022）

基因名	登录号	编码区长度（bp）	氨基酸数目	分子量（kDa）	等电点	不稳定系数	亲水性
PtrWUS	Pt7g019810.1	879	292	31.892	6.45	48.50	-0.928
PtrWOX1	Pt1g010260.1	1065	354	40.119	6.16	53.90	-0.878
PtrWOX3	Pt8g009240.1	624	207	23.893	9.44	67.29	-0.766
PtrWOX4	Pt5g004640.2	654	217	24.849	9.24	62.02	-0.963
PtrWOX5	Pt4g022160.1	1659	552	62.676	5.94	45.92	-0.568
PtrWOX6	Pt2g018980.1	1011	336	38.604	6.65	61.96	-1.124
PtrWOX9	Pt2g025130.1	1095	364	40.194	6.56	62.10	-0.541
PtrWOX10	Pt5g000680.1	702	233	26.731	5.46	51.89	-0.788
PtrWOX11	Pt3g028530.1	882	293	32.348	6.97	56.90	-0.496
PtrWOX13	Pt7g020570.3	873	290	32.143	5.99	46.58	-0.749

四、葡萄水分高效利用的分子调控机制

在干旱环境中，葡萄通过提高对水分和营养物质的利用效率，增强对干旱的抵抗能力。因此，研究葡萄水分高效利用的分子机制对于促进葡萄产业健康发展具有重要意义。

（一）ABA参与的葡萄水分调节机制

研究表明，葡萄通过调节ABA合成和代谢来提高其在面对外界胁迫时的适应能力。在水分缺乏时，葡萄会提高内源ABA的含量，引发一系列适应或避免胁迫条件的反应。例如，激活转录因子以促进下游干旱相关基因的表达，通过调节气孔保卫细胞的开张度和体内水势，提高水分利用效率，增强抗旱能力，以及抑制芽的生长，促进根系生长以进一步获得水分等。研究表明，葡萄通过调节内源ABA的含量，进而控制保卫细胞的开闭，提高自身对逆境胁迫的应激反应。

应对干旱胁迫的相关基因通常由激素信号通路的复杂组合控制，依照ABA在植物抗旱过程中的作用，这些基因所在信号通路可被分为ABA依赖和ABA非依赖两类信号通路。ABA依赖的相关信号通路中参与抗旱调控的基因主要有*AREB/ABF*、*MYB*和*MYC*等。研究表明，过表达*AtMYC2*和*AtMYB2*基因导致植株对ABA的敏感性升高，同时植株的抗旱能力得到显著提高（Abe et al.，2003）。ABA非依赖信号通路中的抗旱因子主要是以*CBF/DREB*为中心的转录调控。*DREB2*基因受干旱胁迫诱导，且过表达DREB2可以显著提高植株的抗旱能力。在水稻中，过表达*OsDREB1*能显著提高水稻的抗旱性。此外，参与植物抗旱胁迫的NAC家族基因既有通过ABA依赖信号途径成员，也有ABA非依赖信号成员。

葡萄的抗旱性是由多个基因控制并受多种途径调节的。因此，研究葡萄的抗旱机制不应仅从单个或几个基因来解释，应全面系统的研究多个基因的协调作用，而多基因控制、多途径调节的特性加剧了科学研究的困难。早期对葡萄抗旱分子机制研究的内容较少，随着2007年葡萄全基因组序列的公开，现已分离并克隆了许多与干旱胁迫相关的基因及其调控因子，并通过转基因技术将其转入葡萄或模式植物以分析和验证其功能。根据抗旱基因在葡萄中发挥的作用，可将这些抗旱响应基因分为两类，一类是转录合成参与抵抗干旱胁迫的调节蛋白，包括各种转录因子、蛋白磷酸酶、蛋白激酶及其他信号分子。如山葡萄（*Vitis amurensis* Rupr.）*VaNAC26*转录因子基因通过调节茉莉酸合成增强了转基因拟南芥抗旱性（Fang et al.，2016）。*VvNAC1*基因表达量的提高显著增强了欧洲葡萄对生物和非生物胁迫的耐受性。另一类是转录合成参与抵抗干旱胁迫的功能蛋白，包括脯氨酸和蔗糖转运体、渗透蛋白、LEA蛋白、解毒酶类等。SUTs和SUCs是蔗糖转运蛋白，可将高等

植物叶绿体中合成的蔗糖转移到其他器官中，以用于植物的生长发育。Cai等（2020）在拟南芥中过表达葡萄蔗糖转运蛋白VvSUC11、VvSUC12和VvSUC27，过表达VvSUC基因的拟南芥具有更多的叶片和长角果，其中，过表达VvSUC11、VvSUC27增强了拟南芥的抗旱性。

（二）中国野生葡萄水分高效利用的分子机制

我国是葡萄起源地之一，已具有2000多年的葡萄栽培历史，并拥有丰富的野生葡萄种质资源。2003年，杨亚州等（2003）综合利用形态学、叶片相对含水量和叶片细胞膜相对透性等生理指标对起源我国的燕山葡萄（*V. yeshanensis* J. X. Chen）、山葡萄（*V. amurensis*）、毛葡萄（*V. quinquangularis*）等14个种100余株系及欧美杂种葡萄进行了抗旱性鉴定，筛选出了抗旱性最强的山葡萄（*V. amurensis*）、燕山葡萄（*V. yeshanensis*）等3个种。进一步分析了欧洲葡萄（*V. vinifera*）叶柄在干旱及干旱胁迫后复水情况下的转录组数据，通过GO富集分析发现干旱胁迫响应的基因多与压力胁迫、细胞生长、形态发生等有关。

过去二十年里，关于葡萄抗旱的分子机制研究进展较大。如Xiao等（2006）从欧洲葡萄（*V. vinifera*）中鉴定出3个CBF转录因子*VvCBF1*、*VvCBF2*、*VvCBF3*均对干旱、低温有所响应。Siddiqua和Nassuth（2011）发现在拟南芥中过表达河岸葡萄（*V. riparia*）*VrCBF1*基因能显著提高植株对干旱胁迫的抗性。Zhu等（2013）研究发现干旱胁迫和热激均能诱导华东葡萄（*V. pseudoreticulata*）*VpERF1*、*VpERF2*和*VpERF3*的表达。来自华东葡萄的*VpPR10.4*和*VpPR10.7*也被证明能响应干旱胁迫。Li等（2013）发现山葡萄（*V. amurensis*）*VaCBF4*转录因子可以提高转基因植株对干旱、高盐、冷害等非生物胁迫的抗性。Dubrovina等（2015）在拟南芥中过量表达野生山葡萄*VaCPK20*也能增强植株对干旱的抗性；Fang等（2016）研究发现在拟南芥中过量表达山葡萄（*V. amurensis*）*VaNAC26*能显著地提高植物对干旱胁迫的抗性。Yuan等（2016）在拟南芥中过量表达山葡萄（*V. amurensis*）*VaPAT1*能增加植株对干旱、高盐等非生物胁迫的抗性。Huang等（2016）在拟南芥中过表达中国野生毛葡萄商-24（*V. quinquangularis*）*VqSTS21*基因，提高了植株对干旱胁迫的抗性。Tu等（2016）研究发现葡萄*VqbZIP39*以依赖ABA信号分子来参与调控植物抗旱胁迫。在拟南芥中过量表达葡萄*VlbZIP36*，能显著增加植物在干旱条件下的保水能力（2016）（图3-50）。

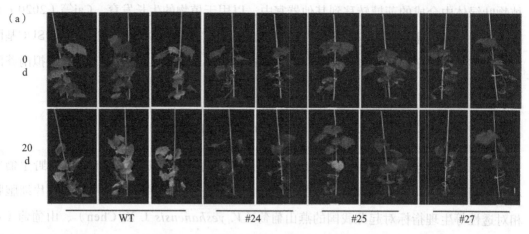

图 3-50 干旱条件下*VlbZIP30*转基因葡萄的水分高效利用（Tu et al.，2020）

多年研究表明，中国野生葡萄燕山-1（*V. yeshanensis* J.X. Chen accession Yanshan-1）是比较抗旱的葡萄株系，具有较高的水分利用效率。PYR/PYL/RCAR（以下简称PYLs）是一类脱落酸（ABA）受体，在拟南芥（*Arabidopsis thaliana*）、水稻（*Oryza sativa*）和番茄（*Lycopersicon esculentum*）的相关研究中，PYLs被证明能够使转基因植株表现出ABA超敏性，提高水分利用效率，增加应激反应基因表达，并增强抗旱性，而在葡萄中PYLs相关研究较少。

赵凤莉（2013）以中国野生葡萄燕山-1（*V. yeshanensis* J.X. Chen accession Yanshan-1）、通化-3（*V. amurensis* Rupr. accession Tonghua-3）、安林-2（*V. adstricta* Hance. accession Anlin-2）和河岸葡萄株系河岸-2（*V. riparia* Macadams.）及欧洲葡萄品种黑比诺（*V. vinifera* cv. Pinot Noir）为材料，测定其抗旱性指标和离体叶片保水力，结果表明，燕山-1具有较高水分利用效率和离体叶片保水力，较低的蒸腾速率和叶水势（图3-51）。

图 3-51 五种葡萄离体叶片保水力测定试验（Liu et al.，2019）

以抗旱的燕山-1葡萄为材料，克隆了6个*VyPYLs*基因，进一步研究燕山葡萄的ABA受体参与干旱胁迫调控的分子机制。亚细胞定位分析表明，*VyPYLs*基因定位于细胞质和细胞核中。除了*VyPYL3*外，该基因家族在老叶、根、茎、花序和卷须中都有相对较高的表达，而在嫩叶片中表达量都比较低。*VyPYL4a*、*VyPYL11*与*VyPP2C3*之间的互作不依赖ABA，YFP融合蛋白在细胞核和细胞质中表达；*VyPYL8*与*VyPP2C3*发生的互作也不依赖ABA，YFP融合蛋白在细胞质中表达。在不含ABA的条件下，*VyPYL8*不能与*VyPP2C7*发生互作；在含有ABA的条件下，*VyPYL8*能够与*VyPP2C7*发生互作，其YFP荧光信号在细胞核与细胞质中表达。进一步获得了*VyPYL9*转基因拟南芥，在种子萌发和早期幼苗生长期，转基因拟南芥可以增强对ABA的敏感性；在成年苗时期，转基因拟南芥的抗旱性显著增强。这些发现表明*VyPYL9*在葡萄应对干旱胁迫中起着积极的作用，可能是提高葡萄和其他园艺作物耐旱性的重要候选基因（Liu et al., 2019）。

五、桃水分高效利用的分子调控机制

植物通过调控自身发育与环境响应调节水分的吸收和外排。根的形态和结构、角质层生成、气孔发育和保卫细胞运动等都是植物对环境水分变化的应对途径。植物的水分吸收和外排受到复杂基因网络的调控。水分利用效率（WUE）很大程度上受根形态、气孔生长和保卫细胞运动相关基因表达的影响。水分高效利用的分子调控机制在模式植物，如拟南芥、水稻和番茄上已有较多研究。拟南芥 R2R3-MYB类转录因子MYB96通过调控脱落酸—生长素信号互作调节干旱胁迫条件下侧根生长，提高水分利用率（Baldoni et al., 2015）。水稻中NAC 转录因子家族基因*OsNAC9*通过调控根系生长提高了水稻耐旱性，并增加了水稻产量（Ramaswamy et al., 2017）。根重力响应相关蛋白DEEPER ROOTING 1（DRO1）能促进根系产生更陡的根角并能增强幼苗重力响应，使得根系更深，增强了水稻耐旱（Kulkarni et al., 2017）。相比而言，桃水分高效利用的分子调控机制研究还处于起步阶段。早期通过对3个桃*Dehydrin*基因（*PpDhn1*，*PpDhn2*，*PpDhn3*）的表达分析发现它们可能在干旱胁迫反应中起作用（Bassett et al., 2009）。前人鉴定到耐旱的杏和桃杂交砧木品种Garnem具有水分高效利用率（Felipe, 2009），为了探究其中的耐旱机制，首先利用PEG 诱导的水分胁迫模拟干旱条件处理，利用转录组测序探究了Garnem在干旱响应过程中的差异表达基因，研究结果发现了3个受干旱显著诱导并与水分利用效率直接相关的基因，*ERF023TF*，*LRR receptor-like serine/threonine-kinase ERECTA*和*NF-YB3TF*（Bielsa et al., 2018）；进一步利用蛋白质组学技术鉴定到了抗旱相关的15个蛋白，发现它们参与Garnem对干旱胁迫的早期响应，但它们的功能和作用机理有待进一步研究

（Bielsa et al., 2019）。此外，通过研究桃Nuclear Factor Y（NF-Y）转录因子家族，发现这些NF-Y启动子中有大量的干旱响应顺式元件，并从中鉴定到9个NF-Y基因在干旱胁迫中显著上调表达，但其参与桃水分高效利用的分子调控还有待深入探究（Li et al., 2019）。因此，挖掘参与桃耐旱和水分高效利用的关键基因并解析其分子调控机制能为桃耐旱性遗传改良和相关分子设计育种奠定重要基础。

第三节　果树水分高效利用调控技术

一、苹果水分利用调控技术

（一）地布及药渣覆盖对苹果园土壤理化性质及果实品质的影响

以渭北为代表的黄土高原苹果栽培面积逐年增长，是全国主要的苹果产区。由于灌溉条件缺乏，土壤贫瘠且肥料利用率低，存在严重的水分亏缺和养分流失问题。农田覆盖近年来成为干旱半干旱区的常用保墒保水措施。覆盖可以减少水分蒸发，增加果园的土壤含水量，显著提高水资源利用效率。覆盖还能提高土壤温度，延长果树根系的活动时间。在土壤养分方面，覆盖可以增加土壤氮、磷、钾等矿质养分的含量，同时还可以改变土壤结构，影响土壤酶活性，增加土壤微生物群落多样性，进而影响土壤微环境，促进果树根系的活动和对养分的吸收，从而提高水分和养分利用效率。因此，比较不同覆盖方式对苹果园土壤理化性质的影响及果实品质的影响，探索通过新的覆盖方式节水保墒并提高果实品质，对于苹果栽培具有重要意义。

以陕西省旬邑县苹果园内的烟富10/M26矮化自根砧苹果树为研究材料，果园行间生草，树盘覆盖地布或中药渣。地布为果园常用黑色无纺布，沿树干两侧铺设，宽度为120 cm；中药渣为中药企业提炼后的药渣，沿树干两侧覆盖，覆盖厚度10 cm，覆盖宽度120 cm。测定不同时期土壤理化性质指标及果实采收期品质指标，比较不同覆盖方式对水分及养分利用的作用。每15天测定不同深度土壤的温度，从当天7：00至21：00每隔2 h测定一次，发现药渣覆盖降低了土壤表层在夏季的温度，提高了在冬季的温度。地布覆盖则无论是夏季还是冬季均降低了土壤表层温度（表3-32）。

表 3-32　不同覆盖对土壤月平均温度的影响

土层深度	覆盖方式	不同季节土壤平均温度/℃			
		春季	夏季	秋季	冬季
5 cm	地布覆盖	10.4 ℃	25.6 ℃	14.6 ℃	-0.4 ℃
	药渣覆盖	10.9 ℃	23.7 ℃	16.8 ℃	4.3 ℃
	对照	13.6 ℃	27.2 ℃	16.4 ℃	1.4 ℃
10 cm	地布覆盖	9.5 ℃	24.1 ℃	15.2 ℃	1.0 ℃
	药渣覆盖	9.4 ℃	22.0 ℃	15.9 ℃	3.2 ℃
	对照	12.2 ℃	25.3 ℃	16.6 ℃	2.3 ℃
15 cm	地布覆盖	7.7 ℃	21.9 ℃	14.7 ℃	0.7 ℃
	药渣覆盖	8.2 ℃	20.6 ℃	15.1 ℃	3.2 ℃
	对照	8.8 ℃	22.9 ℃	15.6 ℃	1.9 ℃
20 cm	地布覆盖	6.4 ℃	20.2 ℃	14.0 ℃	0.5 ℃
	药渣覆盖	7.6 ℃	21.1 ℃	15.8 ℃	3.5 ℃
	对照	7.3 ℃	21.8 ℃	15.9 ℃	0.9 ℃
25 cm	地布覆盖	7.0 ℃	20.5 ℃	15.0 ℃	2.2 ℃
	药渣覆盖	8.0 ℃	20.3 ℃	15.3 ℃	3.6 ℃
	对照	6.8 ℃	20.7 ℃	15.8 ℃	1.0 ℃

　　土壤容重与土壤的类型、孔隙、土壤的土粒结构、有机质含量等相关，能够反映土壤的透气性及有机质含量。土壤容重越小，表明土壤孔隙越大，透气性越好，有机质含量一般也越高。测定 0～20 cm 土层深度下的土壤容重，发现中药渣覆盖显著降低了果园土壤容重，尤其在果实发育前中期差异较为显著（表 3-33）。测定不同深度土壤含水量，发现地布及药渣覆盖均能显著提高表层及中层土壤含水量，且药渣覆盖效果更显著。在深层土壤中，地布与药渣覆盖对土壤含水量虽有增加，但与对照相比并不显著（表 3-34）。

表 3-33　不同覆盖下的土壤容重

覆盖方式	不同时期土壤容重/g·cm⁻³		
	幼果期	膨大期	成熟期
地布覆盖	1.39b	1.32ab	1.37a
药渣覆盖	1.2a	1.22a	1.28a
对照	1.38b	1.38b	1.33a

表 3-34　不同覆盖下的土壤含水率

深度	覆盖方式	不同时期土壤含水率/%		
		幼果期	膨大期	成熟期
0~20 cm	地布覆盖	0.222b	0.259a	0.208a
	药渣覆盖	0.292a	0.254a	0.21a
	对照	0.188c	0.214b	0.204a
20~40 cm	地布覆盖	0.212a	0.233a	0.213a
	药渣覆盖	0.206a	0.254a	0.256a
	对照	0.183b	0.227a	0.204a
40~60 cm	地布覆盖	0.207a	0.231a	0.229a
	药渣覆盖	0.208a	0.256a	0.222a
	对照	0.189a	0.229a	0.217a

测定了不同覆盖下的土壤有机质含量及酶活性，发现地布和药渣覆盖均提高了土壤有机质含量，以药渣覆盖效果最好，在幼果期、果实膨大期和成熟期分别增加了34.3%、32.1%、27.7%。药渣覆盖下土壤中过氧化氢酶活性在各个发育期均显著高于对照和地布覆盖。在幼果期和果实膨大期，两种覆盖下的土壤蔗糖酶活性均显著高于对照。药渣覆盖下的脲酶活性在幼果期和果实膨大期均显著高于对照和地布覆盖，在成熟期趋向一致（表3-35）。

表3-35 不同覆盖下的土壤有机质和酶活性

时期	覆盖方式	有机质/g·cm⁻³	S-CAT（μmol·d⁻¹·g⁻¹）	S-SC（μg·d⁻¹·g⁻¹）	S-UE（μg·d⁻¹·g⁻¹）
幼果期	地布覆盖	16.45b	47.5a	75.3a	572.6b
	药渣覆盖	18.46a	49.5a	57.3b	784.4a
	对照	13.75c	42.9b	39.8c	532.6b
膨大期	地布覆盖	14.36b	46b	57.7a	785.1a
	药渣覆盖	17.63a	52.1a	63.3a	786.0a
	对照	13.35b	44.9b	42.3b	681.2b
成熟期	地布覆盖	13.91a	41.6b	58.2a	804.3a
	药渣覆盖	15.45a	46.2a	59.6a	775.1a
	对照	12.1b	40.3b	55.9a	769.1a

土壤菌群多样性及土壤微环境对果树的根系发育及其对水分和养分的吸收利用具有显著影响。在树干周围采用五点法取5～20 cm深土样，剔除杂物后在袋内充分混匀，随后用于土壤细菌16s rRNA测序。对测序得到的有效序列以97%的一致性进行聚类成为分类单元（Operational Taxonomic Units，OTU），并选择一条出现频率最高的作为代表序列，对OTU进行物种注释和多样性分析。结果表明药渣覆盖显著增加了苹果根际微生物群落的多样性，辛普森指数则比对照和地布覆盖有所降低，猜测药渣覆盖可能降低了土壤微生物均匀度，并增加了优势物种数量。两种覆盖均显著增加了微生物香浓指数、chao1指数和ACE指数。综合来看，两种覆盖均增加了土壤微生物的多样性和弱势种群的数量（表3-36）。另外，基于OUT进行PCA分析，发现不同覆盖处理之间均能很好地聚集在一起，说明菌群组成在相同处理下较为一致（图3-52 a）。通过基于Unifrac距离、Unweighted Unifrac距离的UPGMA聚类树，发现地布覆盖和药渣覆盖在聚类树上更近地聚在一起，说明两种处理下在土壤菌群组成和丰富度上均区别于对照，显著改变了细菌群落的多样性（图3-52 b、c）。

表3-36 不同覆盖下土壤菌群多样性指数

覆盖处理	分类单元OUT	香浓指数	辛普森指数	chao1指数	ACE指数
地布覆盖	2431	9.4920	0.9965	3120.7	2837.1
药渣覆盖	2605	9.5060	0.9960	2845.3	2911.4
对照	2417	9.4373	0.9965	2697.3	2754.2

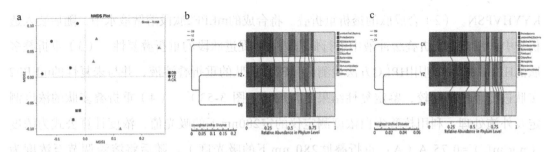

图 3-52 不同覆盖下土壤菌群多样性聚类分析

为了鉴定不同覆盖对果实生长发育的影响，测定了果实品质相关指标，发现药渣覆盖显著增加了处理下的苹果果实单果重，虽然对可溶性固形物及可溶性酸影响不显著，但是显著增加了覆盖下果实的营养元素含量（表 3-37，表 3-38）。综上，药渣覆盖能显著改善土壤表层低温，提高土壤有机质含量及透气性，提高土壤含水量，增加土壤菌群多样性并改善群落结构，从而提高果园节水保墒能力，促进水分高效利用及果实品质提升。

表 3-37 不同覆盖下果实单果重、可溶性固形物及可溶性酸含量

处理方式	单果重	可溶性固形物	可溶性酸
地布覆盖	218.22±4.45b	14.74±0.22b	0.52±0.07a
药渣覆盖	256.75±4.72a	15.35±0.18a	0.49±0.04a
CK	208.03±5.18b	15.41±0.16a	0.57±0.08a

表 3-38 不同覆盖下果实氮、磷、钾含量

处理方式	全氮	全磷	全钾
地布覆盖	2.34±0.08a	0.77±0.03a	5.14±0.27a
药渣覆盖	2.22±0.12a	0.66±0.03b	5.01±0.15a
CK	1.89±0.21b	0.61±0.02b	3.93±0.08b

（二）利用外施人工合成肽段提高苹果抗旱性及水分利用效率

前期研究发现苹果*MdEPF2*基因在苹果中过表达能够通过调节气孔密度，提高植株抗旱性及长期干旱下的水分利用效率（Jiang et al., 2019）。EPF家族蛋白一般以分泌肽的形式参与调节植物生长发育和逆境响应，因此本研究基于MdEPF2多肽的成熟区开发了利用外施人工合成肽段促进干旱下苹果植株生长发育的方法（蒋琦，2020），并申请了相关专利（专利号ZL202010864892.5）。

处理技术过程主要包括：（1）多肽合成。通过化学合成方法合成MdEPF2多肽的成熟区肽段mEPF2，序列为SGSRLPDCSHACGPCFPCKRVMVSFKCSTSESCPIVYRCMCKG

KYYHVPSN。（2）合成肽的透析重折叠。将合成的mEPF2肽段溶解液水中，随后装入透析袋中并浸泡在重折叠缓冲液中进行低温透析，促进肽段的重折叠复性。（3）重折叠多肽的HPLC鉴定。利用HPLC方法检测mEPF2合成肽的重折叠溶液，并与未复性的mEPF2多肽进行色谱峰比较，鉴定复性结果是否成功（图3-53）。（4）重折叠多肽的浓度测定及外施处理。利用核酸蛋白浓度测定仪的定280nm下的吸光值，浓度计算公式为浓度（mg/mL）=0.75 A（A：重折叠肽280 nm下的吸光度）。随后将溶液调节至浓度为5.7 mg/L，并将该处理液及对照溶液分别喷施平邑甜茶叶片，带植株生长一段时间后测定抗旱及水分利用效率相关指标。

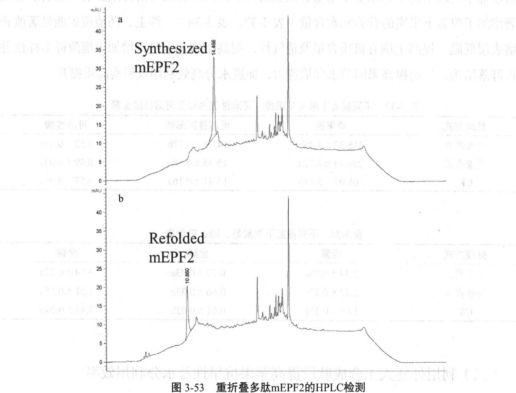

图3-53　重折叠多肽mEPF2的HPLC检测

　　实验示例以平邑甜茶植株为试材，首先鉴定了正常浇水下外源合成肽处理对植株叶片气孔密度的影响。处理过程中使用mEPF2合成肽处理溶液和对照溶液（对照）分别喷施平邑甜茶前两片展开叶及幼芽的背面，每天3次，15 d后观察气孔并测定水分散失速率。通过显微结构观察，发现与对照植株相比，mEPF2合成肽处理后的植株气孔密度显著降低（图3-54 a，b）。对处理后的植株和对照植株的离体叶片测定水分散失速率，发现mEPF2合成肽处理后的植株叶片水分散失速率显著降低（图3-54 c）。

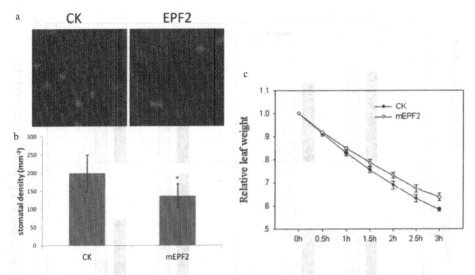

图 3-54　mEPF2合成肽处理对苹果叶片气孔密度及水分散失速率的影响

为了比较干旱下mEPF2合成肽处理对苹果植株抗旱性及水分利用效率的影响，设置了正常浇水（土壤含水量保持65%～75%）及中度干旱处理（土壤含水量保持45%～55%）两个处理组。每个组内的植株进一步分为两部分，一部分喷施mEPF2合成肽溶液，另一部分喷施对照溶液，每天3次，共处理80 d。在正常浇水条件下，各苹果植株生长未表现出显著差异。在长期干旱条件下，与对照溶液处理的植株相比，mEPF2合成肽处理下的植株表现出更好的长势，更高的生物量积累，以及更高的水分利用效率（图 3-55，图3-56）。另外，光合相关指标测定结果也表明，mEPF2合成肽处理下的植株的叶绿素含量、光合速率均高于对照植株，这可能是其干物质积累量更高的原因。而较低的蒸腾速率则可能是由于mEPF2合成肽处理下的植株气孔密度较小，从而抑制了水分的散失。

图 3-55　mEPF2合成肽处理对干旱下苹果植株生长发育的影响

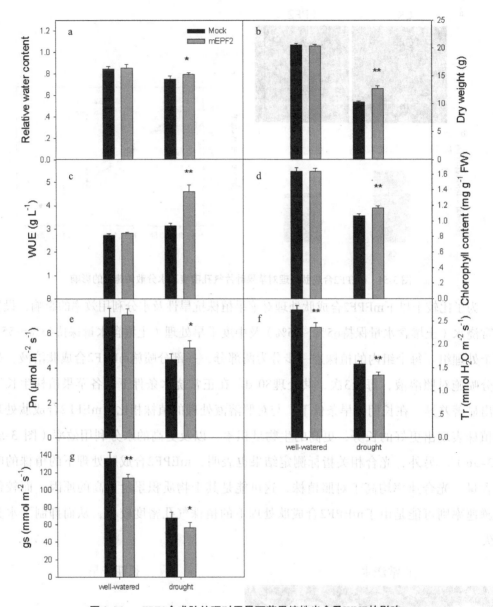

图 3-56　mEPF2合成肽处理对干旱下苹果植株光合及WUE的影响

测定了不同处理下苹果植株的干旱胁迫损伤相关指标，发现干旱下mEPF2合成肽处理显著降低了苹果植株叶片的离子渗漏及MDA含量，说明受到的干旱胁迫损伤更小。过氧化氢积累及抗氧化物酶活性测定结果表明，mEPF2合成肽处理下的植株的过氧化氢积累相比于对照植株更低，而抗氧化物酶如SOD、CAT、POD的活性更高，说明外源多肽处理下的植株受到的氧化胁迫损伤更小（图 3-57）。综上，mEPF2合成肽处理能通过减小气孔密度抑制水分散失，促进苹果植株对干旱胁迫的抗性，提高长期干旱下苹果植株的光合作用及干物质积累，从而提高干旱下苹果植株的水分利用效率。

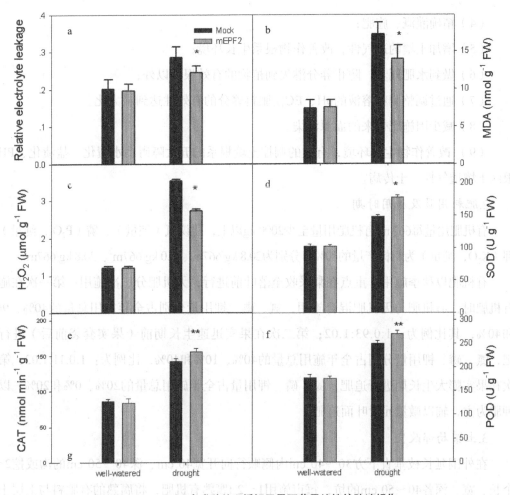

图 3-57　mEPF2合成肽处理缓解干旱下苹果植株的胁迫损伤

二、梨水分利用调控技术

（一）灌溉梨园起垄覆盖、水肥一体化技术

1.肥水一体化的优点

肥水一体化是利用管道灌溉系统，将肥料溶解在水中，同时进行灌溉与施肥，适时、适量地满足农作物对水分和养分的需求，实现水肥同步管理和高效利用的节水农业技术，与传统的浇水、施肥技术相比，具有如下优点：

（1）提高灌溉水的利用率；

（2）节省劳动力：可以大幅度的降低灌水施肥的劳力成本；

（3）水肥一体化技术可以有效的提高肥料的利用率；

（4）精确灌溉、施肥；

（5）增加土壤的透气性，改善作物根系生长环境；

（6）做到水肥同步，防止养分淋失到植物的有效根区以外；

（7）通过调整肥料溶液的pH、EC使肥料养分的有效性达到最大化。

（8）减少因施肥带来的面源污染。

（9）改善作物生长环境，有效的调控土壤根系的五大障碍：水渍化、盐渍化、PH、根区土壤透气性、土传病害。

2.肥料用量及施用时期

有机肥用量每667 m²有机肥用量至少2000 kg以上，建议氮（纯量）、磷（P_2O_5，纯量）、钾（K_2O，纯量）为目标产量的80%，分别为20.8 kg/667m²、9.0 kg/667m²、20.8 kg/667m²。

有机肥以秋季施用，重点在梨采收至落叶前进行；无机肥分三次施用：第一次在施用有机肥时，有机肥与无机肥混合施用，氮、磷、钾用量分别占全年施用总量的40%、90%和40%，其比例为：1:0.93:1.02；第二次在果实迅速生长期前（果实套袋前后）进行追肥，氮、磷、钾用量分别占全年施用总量的40%、10%和40%，比例为：1:0.11:1.02；第三次在果实膨大生长期进行追肥，氮、磷、钾用量占全年施用总量的20%、0%和20%，以氮钾肥为主，辅以微量元素叶面追肥。

3.土壤局部改良

在外围延长枝垂直下方30～40 cm内侧顺行向开宽40 cm、深40～50 cm的沟或挖2～4个长、宽、深各40～50 cm的坑，每亩施用1～2 t腐熟有机肥；将腐熟的有肥料与上层土壤充分混合均匀，根据目标产量加入无机肥料（氮、磷、钾肥）。达到土壤局部改良，集中营养供应，提高肥料利用率的效果。起垄调节水分：在施肥穴外顺行向或灌水方向，贴施肥坑外缘做宽、深分别为30～40 cm的灌水、排水沟。沟土覆盖于行内，高度15～20 cm，达到行间低、行内高的形状。沟的主要作用是增加行内熟土层厚度，干旱时用作灌水，夏季涝时可以排水，通过调节水分供应，达到控制树体新梢生长、提高产量、增加品质的作用。

4.地布覆盖时期与方法

选用园艺地布于早春覆盖，覆盖宽度根据行距的大小，一般每边1～1.5 m。覆盖可早春提高地温，保持墒情，节约水分，抑制杂草生长和病原菌蔓延等。

5.肥水一体化系统组成

果园肥水一体化系统通常由水源工程、控制枢纽工程、输水管道及灌水器等部分组成。

（1）水源工程

水源工程通常指供水工程所取用的地表水或地下水水体。地表水源通常又分为加压与自流水源，地下水水源一般指通过水泵将井水抽送至地表，然后通过管网或渠系向田间输送。

（2）控制枢纽工程

控制枢纽是整个肥水一体化系统的控制中枢，控制整个系统的开启与关闭。

（3）输水管道

输水管道是指以管道将水源水输送至灌水器进行地面灌溉的设施，其管道工作压力一般不超过0.4 MPa。输配水管道宜沿地势较高位置布置，支管宜垂直于树行布置，毛管宜平行树行布置。

（4）灌水器

灌水器是指灌溉系统末级出流装置，果园常用灌水器主要包括滴头、滴灌管（带）、微喷头、微喷带、涌泉灌等。

完成控制设备和输水管道安装后，沿树行进行铺设滴灌管，依据树龄不同滴灌管铺设一般距树行40～100 cm，或将滴灌管铺设在施肥坑上方。滴头间距和流速可根据株距和具体要求设置。同时，滴灌管要铺设在地膜下，以防止水分蒸发，减少浪费，提高水分利用效率。

6.依据土壤水分含量和施肥时期进行肥水一体化管理

在树下距离树干50～80 cm处分别在20 cm和50 cm土壤内安装两个张力计，依据不同土壤类型和树种及张力计读数指导灌水、施肥，达到控制生长、节水省肥、提高品质的效果。

（二）雨养梨园土壤局部改良、秋季起垄覆盖水肥高效利用技术

1.肥料用量及施用时期

有机肥用量每亩有机肥用量至少2000 kg以上，建议氮（纯量）、磷（纯量）、钾（纯量）为目标产量的80%，分别为20.8 kg/667m^2、9.0 kg/667m^2、20.8 kg/667m^2。

有机肥以秋季施用，重点在梨采收至落叶前进行；无机肥分三次施用：第一次在施用有机肥时，有机肥与无机肥混合施用，氮、磷、钾用量分别占全年施用总量的40%、90%和40%，其比例为：1:0.93:1.02；第二次在果实迅速生长期前（果实套袋前后）进行追肥，氮、磷、钾用量分别占全年施用总量的40%、10%和40%，比例为：1:0.11:1.02；第三次在果实膨大生长期进行追肥，氮、磷、钾用量占全年施用总量的20%、0%和20%，以氮钾肥为主，辅以微量元素叶面追肥。

2.土壤局部改良

在外围延长枝垂直下方30～40 cm内侧顺行向开宽40 cm、深40～50 cm的沟或挖2～4个长、宽、深各40～50 cm的坑，每亩施用1～2 t腐熟有机肥；将腐熟的有肥料与上层土壤充分混合均匀，根据目标产量加入无机肥料（氮、磷、钾肥）。达到土壤局部改良，集中营养供应，提高肥料利用率的效果。起垄调节水分：在施肥穴外顺行向或灌水方向，贴施肥坑外缘做宽、深分别为30～40 cm的灌水、排水沟。沟土覆盖于行内，高度15～20 cm，达到行间低、行内高的形状。沟的主要作用是增加行内熟土层厚度，干旱时用作灌水，夏季涝时可以排水，通过调节水分供应，达到控制树体新梢生长、提高产量、增加品质的作用。

3.地布覆盖时期与方法

选用园艺地布于雨季后覆盖，覆盖宽度根据行距的大小，一般每边1～1.5 m。覆盖可保持土壤墒情，节约水分，抑制杂草生长和病原菌蔓延等。有条件的梨园可以在行间覆草防止水分散失。

三、柑橘水分高效利用调控技术

我国柑橘产区普遍存在水资源季节性亏缺问题，干旱胁迫造成柑橘生长不良和产量、品质下降。节水措施提高水分利用效率，适度干旱胁迫还可改变柑橘细胞代谢方向和强度，使其有益于人类的生产目标。节水措施包括供水和保水两个方面，供水方面使用节水灌溉技术，保水方面使用覆盖技术。另外，合理选择利用耐干旱胁迫的种质资源也是解决水资源缺乏的方向之一。

（一）基于供水技术的节水措施

柑橘园供水的节水措施主要是应用节水灌溉技术，包括滴灌、微喷、洞穴灌等方法及根区交替灌溉、水肥一体化。

1.滴灌

滴灌已经广泛应用于柑橘生产中，灌溉技术主要是通过主管、支管、毛细管上的滴头将加压及过滤后的水或水肥一体缓慢滴入植物根部土壤中，在重力和毛细作用下，水分逐渐向植物根部扩散，使植物根区土壤始终保持良好的含水状态。滴灌技术以液滴的形式渗入土壤，不会造成土壤板结，灌水区域近似圆锥体状，土壤表面作用面积小，减少了水分的蒸发，充分提高了水分利用率。果园滴灌也采用滴灌带，滴灌带有滴头内镶式和外装式，为了平衡管道压力，滴头采用压力补偿滴头，沿果树定植行铺设1～2条滴灌带，根据柑橘生长需要确定灌水时间和灌水强度。

2.微喷

微喷是在果树定植行布设管道，在管道上安装微喷头，一般每棵树前后各安装一个微喷头，微喷灌溉存在两个弱点，一是因为水被喷向空中再落下，存在一定的水分散失，降低了水利用效率，二是果园管理作业比如除草时很容易伤到连接微喷头的毛管，维护费用；较高，在生产上不建议使用。

3.穴灌或洞灌

穴灌或洞灌是果园灌溉的重要补充方式，具有特殊的灌溉效果。穴灌是指在树冠下方施肥区域挖若干个洞，直径大于20 cm，深度根据果树根系分布深度确定，一般柑橘要求不少于40 cm，结合施基肥，把基肥、杂草、作物秸秆等有机质先填入洞穴，然后用土填平，随着有机质腐烂及土壤沉降，会形成一个凹陷，待需要灌溉时向凹陷处灌水，因穴中有机质丰富，会有很好的保水作用，供柑橘吸收。洞灌是将直径18 cm PVC 塑料管裁成70 cm长的管，从两端向中10 cm起每隔10 cm围管壁钻一圈孔，孔径1 cm，每圈钻孔4个，共钻孔20个，两圈之上的孔相互错开呈三角分布。用掘洞锹在洞穴灌溉试验树的树冠滴水线下东西南北4个方向各掘1个直径22 cm，深60 cm的洞（若在掘洞时遇到岩石错开再掘），将钻好孔的塑料管一端用双层塑料膜包裹封闭，将封闭端垂直朝下放入洞中，有力下压，使封口的双层塑料膜与洞底土壤紧密接触，将底部管口封闭，以防重力水向管底垂直渗漏。地上留出高于地面10 cm的无孔管壁。最后用直径1.2～1.5 cm的石子填入塑料管外围的缝隙中，以免土壤从管壁上的孔进入洞穴形成淤积，便于洞穴灌溉水向土壤扩散（樊卫国 等，2013）。

在相同灌溉量下，洞穴灌溉对促进脐橙树冠新生器官的生长作用明显，使脐橙萌芽期、春梢抽生期和开花期提早30 d以上，春梢抽生数量、长度、直径和春梢叶片数及单叶面积明显增大，叶片寿命比地面灌溉和不灌溉的分别延长了1个月和6个月，对维持树冠叶片的健康及正常寿命和避免叶片提前脱落导致的养分损失具有明显的作用，并能提高脐橙叶片中氮、磷、钾、镁、铁、锰、锌、硼等营养元素的含量，使树体的营养状态得到明显改善。洞穴灌溉的平均单果质量比地面灌溉和对照分别增加了51.66 g和140.54 g，果实品质明显改善。洞穴灌溉的增产率分别比地面灌溉和对照提高67.84%和160.27%，36.44%和117.93%，28.06%和199.50%；水分利用效率比地面灌溉的分别提高67.96%、36.45%、28.05%。在喀斯特山地洞穴灌溉对柑橘增产和节水的作用明显（樊卫国 等，2013）。

4.根域交替灌溉

根域交替灌溉，使柑橘树根区的一侧干燥，另一侧灌溉，显著减少了任何时间点的湿润土壤体积，同时始终保持部分根区的充足供水。部分根区干燥，刺激减少柑橘水分利用的生理机制，改变气孔导度和环境蒸发条件之间的关系。采用这种灌溉策略，可以减少成熟脐橙树的水分利用，提高水分利用效率。该技术不会导致过度的小果脱落，作物产量不受影响。果实大小和果汁百分比都略有下降，而总可溶性固形物百分比（TSS）和果汁酸百分比则有所增加，果实品质得到提高。在应用部分根区交替灌溉时，供水的频率和强度要足够，以满足整个植株的用水需求，并且只应用于成熟健康的树木（Huttona et al.，2011）。

5.水肥一体化

水肥一体化是实现精准农业和智慧农业的基础支撑技术，该技术借助压力系统（或地形自然落差），将可溶性固体或液体肥料，按土壤养分含量和作物种类的需肥规律和特点，配兑成的肥液与灌溉水一起，通过可控管道系统供水、供肥，使水肥相融后，通过管道和滴头形成滴灌，均匀、定时、定量浸润作物根系发育生长区域，使主要根系土壤始终保持疏松和适宜的含水量；同时根据不同的作物的需肥特点，土壤环境和养分含量状况，作物不同生长期需水，需肥规律情况进行不同生育期的需求设计，把水分、养分定时定量，按比例直接提供给作物。具有省肥节水、省工省力、降低湿度、减轻病害、增产高效的显著效果，在果树生产中应用广泛。水肥一体化实现了肥水耦合效应，能显著改善柑橘树体营养水平，并能显著节约肥料施用量。安华明等（2008）试验结果显示，"30%的理论施氮量+60%的理论施磷量+30%的理论施钾量"就能达到柑橘树体对氮、磷、钾3种营养元素的需求，使树体中这3种营养水平达到叶片分析诊断适宜值范围。

（二）基于保水技术的节水措施

覆盖是田间保水的主要方法，覆盖可以显著提高新建园栽植成活率。柑橘园覆盖材料通常采用黑色塑料膜、黑白双色膜、防草布和生物材料等，可以防止或减少地表水分散失，改善和保持土壤结构，采用秸秆覆盖还可以提供有机质，改良土壤，从而促进柑橘生长。

薄膜覆盖还能控制水分，造成干旱胁迫，塑料膜尤其是黑白双色反光膜覆盖是提高柑橘品质的重要方法，在临近成熟期覆盖塑料膜能控制土壤水分，促进光合产物向可溶性固形物转化。

塑料膜覆盖要选择合适的材质，黄俊等在早熟温州蜜柑果实膨大着色期，研究了进口透气膜和银黑反光膜橘园覆盖，都显著提高早熟温州蜜柑果实可溶性固形物含量和提早果皮着色。进口透气膜覆盖橘园，不会使其土壤温度发生变化，适宜的覆盖时间为8月中旬。橘园在8月中旬覆盖银黑反光膜会导致橘园土壤温度非常显著地升高。9月初覆盖该膜则不会出现上述问题．随着覆盖时间的延长，土壤含水量呈逐渐显著减少的趋势（2010）。吴黎明等研究取得相似的结果，早熟温州蜜柑秋季地面覆盖反光膜的最佳时期在完熟采收（11月上旬）前30～40 d，覆膜结果显示，龟井、兴津和宫川等3个温州蜜柑品种的果实外观着色明显优于对照，果实内在品质有较大幅度的提高，糖度比对照提高0.7个百分点以上。

蔡宗启等（2021）采用反光膜、地膜和稻草覆盖度尾文旦柚果园地表，研究地表覆盖对植株春梢生长、产量和果实品质的影响。结果表明，3种覆盖材料处理均可增加春梢的长度和长度，以反光膜覆盖处理效果最好。3个覆盖处理与对照相比，株产增加1.40～13.10 kg，单果重增加47.03～88.89 g，可溶性固形物含量提高0.40%～1.30%，裂果率降低0.37%～3.23%。

（三）选择利用抗干旱胁迫的砧木资源

不同基因型应对干旱胁迫的能力存在明显差异。我国常用砧木的耐旱性差异为：枳=枳橙>香橙>红橘=枸头橙（钟景，2012）。而Shafqat等评估10个遗传多样性柑橘品种对水分亏缺、高温及其组合的反应表明，在高温和低土壤水分条件下，巴西酸橙（*Citrus aurantium* L.）和锐利酸橙（*C.aurantium* L.）维持光合作用、气孔导度、水势和水分含量的能力表现良好，而枳橙（*poncirus trifoliata×citrus sinensis*）对各种胁迫条件最为敏感。

（四）丛枝菌提高柑橘对干旱胁迫的耐受性

在盆栽条件下，丛枝菌根（AM）真菌云芝（*Glomus versiforme*）对柑橘（*Citrus tangerine*）生长、渗透调节和光合作用的影响不同。将7天龄的柑橘幼苗转移到含有云芝或非AMF的花盆中。97 d后，一半的幼苗受到水分胁迫，其余的幼苗充分浇水80 d。AM定殖显著刺激了植物生长和生物量，而与水分状况无关。AM幼苗叶片和根系的可溶性糖、叶片的可溶性淀粉、叶片和根系的总非结构性碳水化合物（NSC）以及叶片的Mg^{2+}含量均高于相应的非AM幼苗。AM幼苗叶片和根系中的K^+和Ca^{2+}水平高于非AM幼苗，但差异仅在水分胁迫条件下显著。此外，AM定殖增加了可溶性糖和NSC在根系中的分布比例。然而，AM幼苗的脯氨酸含量低于非AM幼苗。AM幼苗的叶水势（C）、蒸腾速率（E）、光合速率（Pn）、气孔导度（gs）、相对含水量（RWC）和叶温（Lt）均高于相应的非AM幼苗。本研究还表明AM定殖提高了非脯氨酸而是NSC、K^+、Ca^{2+}和Mg^{2+}的渗透调节，从而增强了耐旱性（Wu et al.,2006）。

（五）柑橘不同生长期灌溉时机和灌溉量的确定

大量研究结果显示，轻度干旱胁迫有利于柑橘生长控制和品质提高，柑橘园土壤相对含水量保持在65%左右是水分管理的最佳状态，不同的生长期应适当调整。充分灌溉促进营养生长，轻度亏水滴灌优质果实产量提高了18%，水分生产率提高了30%（Panigrahia et al.，2016）。比较柑橘生理、生长和结果指标及水分利用效率，结果显示柑橘果实膨大期、果实成熟期轻度亏水高肥处理是较适宜的滴灌水肥一体化管理模式（陈昱辛 等，2018；陈飞 等，2021；邓胜兴，2009；张规富 等，2012；杨琼，2018；李鸿平 等，2019）。周静 等（2009）综合柑橘果实生长及其产量构成因子，认为红壤相对含水量在75%时最利于柑橘果实生长及高产，该研究没有涉及柑橘品质的提升。但干旱胁迫不适用于柑橘越冬管理，充分灌水可以使树体恢复并保持良好的健康状态，增强抵御低温胁迫的能力，同时果园充足的水分也可以增加湿度，减轻降温程度。因此，在冬季低温到来前，需要灌足越冬水。

生产中应根据不同生育期做出适当调整，整个生育期水分管理呈现前高后低趋势，萌芽抽梢期65%土壤相对含水量，开花坐果期75%土壤相对含水量，果实细胞分裂期和夏梢生长期65%土壤相对含水量，果实膨大期75%土壤相对含水量，果实成熟前30～45 d 50%～60%土壤相对含水量，进入冬季恢复至75%。结合我国柑橘产区气候特点综合考虑，亟需灌溉期为：华中、西南产区7月下旬至9月上旬，华南产区5月底至9月中旬，其他季节雨量充沛则一般不需要灌溉。

四、葡萄水分高效利用调控技术

如何提高葡萄水分高效利用，在农艺方面主要有两个方面。第一是利用作物生理调控和现代育种技术从作物本身机能来提高产量和水分利用效率的生物节水技术。这是目前节水农业研究的一个热点，也是节水农业转型的关键性技术。在葡萄的应用上主要是筛选在水分胁迫下仍具有高同化率的基因型，换言之就是筛选具有高水分利用率的基因型。其次就是通过各种农艺管理措施，减少水分的无效消耗，尽可能促进水分向创造经济产量方向流动（Hatfield et al.，2019）。

（一）现代育种技术对水分高效利用的调控

筛选鉴定高水分利用率基因型，从本质上讲，就是从生物节水出发，朝着培育高水分利用率品种的方向努力（山仑，2012；Hatfield et al.，2019）。目前国内有关葡萄水分利用率基因研究的较少，抗旱相关基因的研究更多。在国外，有关葡萄水分高效利用基因的研究则更多一些。Tortosa等（2019）研究发现不同基因型的丹魄葡萄存在内在水分利用效率的遗传变异性，并且这种遗传变异性还会受环境因素影响。Buesa等（2021）以净光合速率和气孔导度相关性，以及碳同位素鉴别为指标，对13个基因型的歌海娜进行了水分利用率评价，发现不同水分状况下，不同基因型水分利用率存在显著差异。越来越多的基因学研究表明遗传因素与WUE高度相关，而这也说明通过育种学培育高WUE葡萄品种是可行之路（Medrano et al.，2018）。

（二）灌溉技术对水分高效利用的调控

节水灌溉是在提高灌溉技术、改良灌溉制度、改善灌溉管理，将灌溉工程、农艺耕作与作物生长有机结合为一体，最后实现节水高效生产（贾大林，2002）。近年来，节水灌溉理论研究开始逐步由传统的丰水高产型向节水优产型转变。人们的灌溉用水观念也发生了转变，由传统的充分灌溉转向非充分灌溉，或称有限灌溉或亏缺灌溉（马忠明，1998）。随着非充分灌溉理论研究的不断深入以及国内外研究的支撑，逐渐形成了农田高效用水调控理论，这套理论体系包括作物生长盈余调控理论、作物缺水补偿效应理论、作物控水调质理论和作物有限水量最优配置理论（康绍忠，2016）。产生了调控亏缺灌溉（RDI），固定部分根区灌溉（fixed partial root-zone irrigation，简称FPRI）、交替根区灌溉（alternate partial root-zone irrigation，简称APRI）和时空亏缺灌溉等新的一系列灌溉技术。这些灌溉理论及技术都为葡萄生产中水分的高效灌溉技术以及灌溉制度的制定奠定了坚实基础。

1.调控亏缺灌溉

调控亏缺灌溉（RDI）技术由澳大利亚一家持续农业研究所的科学家Chalmers等在研究桃树和梨树的过程中首次提出，其原理是在作物的某一或者某几个生长阶段施加合适的水分胁迫，控制植物营养生长和生殖生长的速率，调节光合产物的流向，影响作物体内化合物合成的进程，进而达到预先设定的目标（马福生，2005）。当作物在某一或某几个阶段处于适宜的水分胁迫范围内时，重新进行灌溉后可以产生生理上的补偿效应，所以采用调亏灌溉技术能够维持甚至提高产量（周磊，2011）。调亏灌溉自20世纪70年代中期被提出以后，迅速在果园灌溉中应用起来。其中在葡萄生产中应用较多（Acevedo et al.，2010；Santesteban et al.，2011）。进入21世纪后，大量研究表明，在果树需水的非敏感期主动施加一定的水分胁迫，的确可以提高果树的水分利用效率、平衡树体营养生长和生殖生长，从而达到提高果实产量和品质的目的。

（1）调亏灌溉在葡萄上的应用

由于作物在不同的生育期内对水分亏缺的敏感度不同，因此，确定合理水分亏缺的时期是调亏灌溉成功的关键之一（付凌，2006）。为了便于研究，以萌芽、开花、坐果、转色、收获五个时间点将葡萄生育期划分开；黄兴法等则依据浆果生长的"S"曲线将其划分为3个阶段，并指出在第一阶段的后期和第二阶段施加水分亏缺，既能控制植株的营养生长，也不会对果实生长产生影响（黄兴法，2001）。比较看来，前者的划分更精细，在实际应用中也较多。

1）萌芽到开花坐果期水分亏缺，对于冠层的生长以及产量的形成至关重要。在此时期环境温度不高，"源"器官未发育完成，叶绿素含量较低，防止灌溉的过度造成水源浪费，植株不能有效吸收，因此耗水量较少。张茜等研究认为在萌芽期适度亏水（灌水下限为田间持水量的55%～60%）是延后栽培葡萄产量最高的调亏模式（张茜，2012）。刘洪光研究表明，在克瑞森无核的萌芽期和抽穗期控制灌水下限为田间持水量的40%可发挥调亏后的补偿生长效应，使葡萄产量增加4.6%（刘洪光，2010）；张正红研究表明萌芽期调亏处理的蒸腾速率最小，水分利用效率最大（张正红，2014）。

2）在葡萄开花期普遍采用轻度干旱胁迫，以保证坐果率。开花坐果期耗水量不高，应当避免严重的水分胁迫，以防止落花落果（千品晶，2012）。因为单宁合成时间较早，此时期进行严重水分亏缺时会影响单宁含量，下一生产季的花芽分化也发生在这一时间，因此开花期水分胁迫严重可能导致坐果不佳，这两者均会导致减产（李华，2008）。

3）果实膨大期耗水量达到最高，为葡萄需水关键时期。果实生长主要为吸水膨大生长，水分在果实整个生长过程中非常重要，且该时期气温较高，蒸发较大，需要给予充足的水分（谢兆森，2021）。这时候非充分灌溉方式如调亏灌溉可用来控制果实大小以及果实风味。Santesteban等（2011）指出在开花到转色之间进行水分亏缺虽然影响了坐果数量，但葡萄品质得到了提高。Acevedo等（2010）发现在坐果后轻度水分胁迫能加果实中可溶性固形物和花青素。Buss等（2005）指出从坐果到转色进行水分亏缺可以节水30%，增加果实质量和收益。以上这些研究均集中在转色前进行水分亏缺，因为在这个时期，新梢生长较快，水分亏缺对营养生长的控制较为明显，有利于同化物的重新分配和维持产量。但是McCarthy等（2002）认为在坐果后马上进行调亏灌溉，则可能限制细胞分化和扩大。同样，Ojeda等（2001）研究也表明在开花期到转色期进行主动亏水能影响细胞的扩大。因为在细胞分化过程中，其对水分亏缺非常敏感，因此在该时期进行不适当的水分胁迫对浆果后续生长影响很大。但对于有些酿酒葡萄来说，较小的浆果含有更多的色素和多酚物质，因此在澳大利亚的葡萄园经常在坐果后立即实施水分亏缺（McCarthy et al.，2002）。

表 3-39　不同水分胁迫处理的葡萄横径和纵径膨大速率（蔺宝军，2019）

指标	处理	0716～0730	0731～0807	0808～0815	0816～0823	0824～0831	0901～0908	0908～0916
葡萄横径膨大速率/（mm/d）	CK	0.707a	0.318a	0.222a	0.209a	0.109a	0.115b	0.052bc
	PS	0.686b	0.322a	0.224a	0.211a	0.092b	0.148a	0.059a
	FS	0.682b	0.319a	0.229a	0.211a	0.101ab	0.149b	0.061a
	ES	0.712a	0.339a	0.224a	0.187b	0.07c	0.108b	0.047c
	CS	0.712a	0.313a	0.225a	0.205a	0.09b	0.121b	0.056ab
葡萄纵径膨大速率/（mm/d）	CK	0.886a	0.353a	0.243a	0.110a	0.110a	0.121ab	0.068b
	PS	0.782b	0.352a	0.247a	0.100ab	0.109a	0.117b	0.079a
	FS	0.801b	0.348a	0.237a	0.099ab	0.108a	0.132a	0.078a
	ES	0.891a	0.357a	0.211a	0.090b	0.100a	0.101c	0.063c
	CS	0.873a	0.352a	0.237a	0.108a	0.100a	0.125ab	0.078a

注：CK，全生育期控制田间持水量下限为75%；PS，新梢生长期干旱胁迫（田间持水量下限为55%，后同）；FS，开花期干旱胁迫；ES，果实膨大期干旱胁迫；CS，着色成熟期干旱胁迫

　　调亏灌溉能控制营养生长，减少作物的株间蒸发，合理枝条密度，控制果实大小、成熟期和果实品质，在中晚熟葡萄品种中效果更显著。但可以在采收后应用于早熟品种。因此，调亏灌溉多用于削弱过度树体徒长、最小化用水量和减少营养损耗（表3-39）。

　　（2）葡萄调亏灌溉适宜亏缺度的确定

　　除了合理地确定水分亏缺时期外，还需要确定适宜的水分亏缺程度。适当的水分亏缺程度能提高质量、产量和水分利用效率（蔡大鑫，2004）。但这个适当范围怎么确定，则没有确定的标准，因为不同环境条件（气候、土壤等）、不同葡萄品种及葡萄不同生长阶段其亏水度的适宜范围都不尽相同（蔡焕杰，2000）。

　　2.交替根区灌溉（APRI）

　　调亏灌溉（RDI）只从时间的角度上考虑了水分的调亏和水量的优化，没有从空间上考虑增强植物根系功能对于提高水分利用效率的作用，而在生产实践中，葡萄的整个根系是不可能全部处于均匀湿润或干燥状态的，这是由土壤理化性质的空间差异性和自然降水的时间差异性导致的。基于葡萄的全部或部分根系是暂时或长期地处于水分亏缺状态这一事实，在进行了大量研究之后，研究者们基于节水灌溉技术原理和作物感知缺水的根源信号理论提出了交替根区灌溉（APRI）——在作物某些生育期或全部生育期交替对部分根区进行正常灌溉，其余根区受到人为的水分胁迫的灌溉方式。

　　（1）根区交替滴灌对葡萄生长的影响

　　1）对于葡萄枝叶的影响

　　交替滴灌可提高叶片的光合作用速率。研究发现，交替滴灌各处理叶片叶绿素含量均

大于常规灌溉（钱卫鹏 等，2007）。分区交替滴灌技术可以使酿酒葡萄叶片气孔开度显著减小，能够降低叶片蒸腾速率和气孔导度。在新梢生长期根系分区交替滴灌处理可降低葡萄新梢长度，减少了整个生育期的修剪量，防止新梢过旺生长（陈丽楠 等，2020），这让有限的肥料养分和合成的干物质的分配更加合理高效。

2）对于葡萄品质的影响

研究表明，根区交替灌溉可显著提高VC含量，使果实酸度降低、可溶性固形物含量显著提高（杜太生 等，2007），显著提高了葡萄的品质和口感。局部根系干旱灌溉技术较调亏灌溉更能增加葡萄浆果表皮花青素和酚类物质的含量（Chaves et al.，2007；Spreer et al.，2009），这有利于促进葡萄成熟和着色。采用部分根区干燥技术后，葡萄的产量不受影响，且口感、颜色有所改善，葡萄的色度和芳香化合物浓度提高了30%（Kang et al.，2004；Sepaskhahah et al.，2010）。

3）对于水分利用率的影响

周青云等（2007）研究表明，在滴灌基础上发展起来的根系分区交替灌溉技术，较常规滴灌的用水量减少50%，水分利用效率提高33%左右。根区交替滴灌技术使作物部分根系区域交替干燥和湿润，达到不显著影响其水分状况而有效调控气孔运动，从而起到大量节水的目的，使单叶水平的水分利用效率和产量水平的水分利用效率均明显增加。研究表明，根区交替灌溉可显著降低气孔开度，降低无效蒸腾，提高水分利用效率（綦伟 等，2007）。根区交替滴灌在灌溉节水的基础上，还从生理的角度进一步提高了叶片的水分利用效率，对于我国西北缺水地区的水分高效利用调控技术的应用有着重要意义。

（三）外源褪黑素对水分高效利用的调控

褪黑素（N-乙酰基-5-甲氧基色胺，Melatonin，MT）是一种生理调节因子，最初由Lerner于1958年在牛的松果体中发现（Lerner et al.，1958）。起初研究人员认为动物体内才有褪黑素，后来在高等植物体内也检测到褪黑素的存在，相关植物褪黑素的研究也越来越多（Dubbles et al.，1995）。一般认为，褪黑素在植物中发挥两重作用，首先，褪黑素本身就是一种独特的抗氧化剂，能有效清除活性氧；其次，褪黑素还可以作为生理调节因子，维持组织内的氧化还原平衡（Wei et al.，2018）。植物在面对干旱胁迫时，会生成过量的活性氧及丙二醛等物质，在此过程中，植物正常的生理生化进程会受到干扰，光合作用、蒸腾作用、呼吸作用等生理活动受到抑制，最终影响到作物的产量及品质。由于褪黑素功能的两重性，因此褪黑素能够在植物抗旱上发挥重要作用。

在园艺作物上使用褪黑素的研究已经很多，有关褪黑素提高植物抗旱能力，增加作物产量，改善果实品质的研究也多见于文章中（Moustafa et al.，2020）。Meng等（2014）通过聚乙二醇（PEG）模拟干旱试验发现，在根部进行褪黑素预处理可以提高扦插繁育的葡萄幼苗的抗旱性。褪黑素的使用减轻了氧化损伤，维持了光系统效率的稳定，同时还减轻了缺水对叶片组织的伤害。Niu等（2019）通过灌根的方式对夏黑葡萄施加褪黑素，发现干旱胁迫下的夏黑葡萄丙二醛和相对电导率下降。Lin等（2019）也通过灌根的方式施加褪黑素，发现干旱胁迫下葡萄的保护酶活性上升，光合能力增强。（表3-40）

表3-40　褪黑素在干旱胁迫下的作用

常用名	学名	干旱处理	褪黑素处理		结果
			浓度	处理方式	
葡萄（Meng et al.，2014）	*Vitis vinifer*	10%PEG 6000（12 d）	50、100、200 nM	浸根预培养	光合能力增强，抗氧化能力增强
葡萄（Niu et al.，2019）	*V. vinifer*	控水（18 d）	100 μM	根施	相对电导率下降，MDA含量下降
葡萄（Lin et al.，2019）	*V. vinifer*	控水（18 d）	100 μM	根施	SOD酶活上升，光合效率上升

（四）保水肥对水分高效利用的调控

通过工艺手段将保水剂或者保水性材料和肥料相结合，就可以获得兼具保水和缓释功能的保水肥。高吸水性树脂作为一种功能型高分子材料，由于含有很强的亲水性基团，具有很强的保水能力，生产上常被用作保水材料。丙烯酸型高吸水型树脂属于合成聚合类的高吸水型聚合物，有研究表明通过使用这类保水剂能够有效提高作物产量及水分利用率。庄文化等（2008）在大田实验中使用丙烯酸型保水剂，证实了使用聚丙烯酸钠可以促进小麦叶片叶绿素含量积累，提高产量和WUE，促进小麦生长发育。实验结果显示，采用沟施5.5 m³/hm²的1/2000聚丙烯酸钠水溶液，能够使小麦较对照增产2.9%，WUE增加3.52 kg/（hm²·mm）；与肥料混合使用时，增产效果更加显著，可增产10.14%，WUE增加4.38 kg/（hm²·mm）。

表3-41　保水剂对小麦水分利用率的影响（庄文化，2008）

处理	WUE/kg·hm⁻²·mm⁻¹	总耗水量/mm	产量/kg·hm⁻²
CK	15.00b	250.00a	8625b
保水剂	18.52a	479.33b	8875b
保水剂+肥料	19.38a	165.30b	9500a

在葡萄生产中使用丙烯酸型保水肥也能起到同样的提高水分利用率，增加产量的作用。孔文翔（2022）通过使用丙烯酸型保水肥（12.5 kg/667 m²），与常规等效施肥相比，

使用保水肥后，干旱胁迫下的葡萄叶片光合能力有所提高，叶片相对含水量上升，受干旱胁迫影响减轻。同时，提高了葡萄在干旱胁迫下的水分利用率，减轻了干旱胁迫下的葡萄产量损失。

表 3-42　保水肥对葡萄水分利用效率的影响（孔文翔，2022）

处理	产量/kg·667m²	耗水量/mm	水分利用效率/kg·m³
充分供水	884.9a	464.13a	2.84a
水分亏缺	711.6b	428.05c	2.49c
水分亏缺+保水肥	841.1ab	437.13b	2.85a

（五）其他农艺措施对水分高效利用的调控

农田覆盖也是生产上常用的提高作物水分利用率的方法。农业耗水，大部分都是由地表蒸发散失的，通过覆盖物减少地表裸露面积就可以起到很好的蓄水保墒，提高WUE的效果（Huang et al.，2008）。覆盖物可以选择秸秆（陈松鹤 等，2022）、地布（陈白洁 等，2021）、塑料膜（刘萌 等，2021）等材料，也可选择行间生草，即生物覆盖，来达到覆盖保墒、减少无效蒸发的效果（赵柏霞 等，2022）。遮荫也能够减少土壤水分流失，从而提高水分利用率。

五、桃水分高效利用调控技术

科研人员一直在寻找灌溉农业中水分高效利用新技术，旨在改善灌溉管理，提高水分利用效率，在获得更多粮食的同时降低对环境的影响。基于植物的遥感技术在评估土壤—作物—大气连续体SPAC（叶和茎水势、液流、树干直径波动及气孔导度等）的实际水分状态方面具有一些潜在的优势，包括与植物功能更大的相关性，而不是基于土壤的措施等；然而，这些在实施上仍然存在一些困难，限制了商业运用技术的发展。目前，在桃栽培中的水分高效利用调控技术主要有如下几种：

（一）改善栽培技术和农艺管理措施

适当的栽培技术和农艺管理措施是在有限的供水条件下保障作物生长的关键技术。在农艺实践中，冠层管理是最常用的技术。前人研究提出了许多减少农业用水的策略，包括减少蒸发、改进灌溉方法和优化灌溉计划（Fereres and Soriano，2007；Geerts、Raes，2009）。雨养地区不使用补充灌溉，因此需要更有效的措施来最大化利用降雨，提高作物水分利用效率是雨养农业的重要组成部分（Medrano et al.，2015；Zou et al.，2013）。收集降雨、减少径流、增强土壤入渗和改善根系对土壤水分的利用都有助于提高水分利用效率（Anthony and Minas，2021）。

此外，覆膜也是提高水分利用率的重要措施。栽培生产上，放置在土壤表面以保护其免受太阳辐射或蒸发的任何物质，如小麦秸秆、稻草、塑料薄膜、草、木头或沙子都可以用作覆盖物（Yaghi et al.，2013）。在下雨期间，覆盖物有助于保持土壤凉爽并增强渗透（Khurshid et al.，2006）。大量研究表明，雨水收集和保存措施足以优化养分和水分的利用效率（Duan et al.，2006）。然而，为了有效地将覆膜技术应用于中国西北半干旱黄土地区的桃栽培，需要对桃水分利用特征有一个基本的了解（Li et al.，1989），在此基础上，前人在山坡桃园进行了为期两年的试验，以研究半干旱雨养环境中地膜和麦秸覆盖下的土壤含水量和土壤温度状态，并评估了覆盖处理对蒸发和水分利用效率的影响（Wang et al.，2015）。

（二）部分根区干燥和调亏灌溉

部分根区干燥提高水分利用效率的同时可能伴随着潜在产量的降低，但用水量显著减少，已被广泛运用于果树栽培。部分根区干燥技术使大约一半的根处于干旱状态，只浇灌剩余的根系，每2～3周更替交换一次（Ghafari et al.，2020）。研究发现从根到茎的信号通路，例如脱落酸的产生，促进了部分气孔关闭，而由于另一侧的根处于湿润状态，保持了植物良好的水分状态。调亏灌溉方法下，在生长季节以低于作物全蒸发量的水平供应水，以优化果实数量、果实大小和质量，并保持果树活力与潜在产量的平衡（De Lima et al.，2015）。调亏灌溉策略中，选择限制水分的生长阶段是至关重要的。研究表明，果实硬化阶段（果实发育第二阶段）是桃树上应用调亏灌溉的适当时期，因为除了节水之外，该阶段采用调亏灌溉也可以提高果实可溶性固形物含量，提升果实品质。此外，在该阶段进行调亏灌溉可减少成熟时的落果现象，并能减弱枝条生长。研究表明，在果实硬化阶段应用调亏灌溉不会影响最终产量（Intrigliolo et al.，2013）。然而，持续的调亏灌溉会影响果实发育的所有阶段，进一步影响果实大小和产量（Abouabdillah et al.，2022）。因此，部分根区干燥和调亏灌溉是提高桃水分利用率的重要调控技术，生产栽培过程中要根据实际情况合理利用。

（三）水分高效利用桃品种选育

水分高效利用桃品种的育种是解决桃抗旱的根本途径。在生长室、温室和田间试验中，Glenn等（2000）研究发现窄叶嵌合桃突变体的水分利用效率显著高于普通叶桃品种。与普通叶桃品种相比，窄叶桃品种具有更高的季节性水分利用效率，进一步从该窄叶桃群体中选择两个窄叶桃品种进行了深入研究，明确了窄叶表型在改善桃树水分利用效率方面具有重要意义。此外，前人通过利用模糊数学中求隶属函数综合评价了不同时期桃树叶片的蒸腾速率、叶片含水量和叶片水势等，并发现6个参试品种抗旱性从强到弱的顺序依次是渭南甜桃、庆丰、爱尔巴特、小暑、六合、秋白（宋建平 等，2015）。采用常规石蜡切片技术结合光学显微镜观察对干旱胁迫下不同地区的5个长柄扁桃品种的叶片解剖结构进行分析，探讨长柄扁桃抗旱的解剖结构特征，结果表明各地区长柄扁桃抗旱性从强到弱的顺序依次是陕西榆阳区、陕西神木、内蒙古固阳、内蒙古乌审旗、河北丰宁（郭改改 等，2013）。因此，抗旱桃品种选育是提高桃水分高效利用最有效的方法，未来的育种目标应更加注重水分高效利用桃品种的培育。

参考文献

[1] 安东升，严程明，陈炫，等，2021. 季节性干旱下农艺节水措施对甘蔗生长和产量的影响[J]. 热带作物学报 42（4）：991-999.

[2] 安华明，黄伟，樊卫国，等，2008. 肥水耦合对柑橘树体营养状况的影响[J]，山地农业生物学报27（1）：76-78.

[3] 白戈，2014. 大豆ABA受体基因GmPYLs和拟南芥DNA甲基化基因DTF1的功能研究[D]. 上海：上海交通大学.

[4] 毕华兴，2011. 晋西黄土区农林复合系统种间关系研究[C]//：晋西黄土区农林复合系统种间关系研究.

[5] 蔡大鑫，沈能展，崔振才，2004. 调亏灌溉对左物生理生态特征影响的研究进展[J]. 东北农业大学学报（02）：239-243.

[6] 蔡焕杰，康绍忠，张振华，等，2000. 作物调亏灌溉的适宜时间与调亏程度的研究[J]. 农业工程学报16（03）：24-27.

[7] 蔡志翔，许建兰，张斌斌，等，2013. 桃不同砧木类型对持续干旱的响应及其抗旱性评价[J]. 江苏农业学报29（04）：851-856.

[8] 蔡宗启，郑玉亮，2021. '度尾文旦柚'幼果期地表覆盖对春梢生长和果实发育的影响[J]. 东南园艺（2）：18-22.

[9] 曹雄军，卢晓鹏，熊江，等，2016. 枳NLP转录因子克隆及其在不同水分条件下的表达[J]. 中国农业科学49（2）：381-390

[10] 曹艳平，2007. 几种桃树砧木的抗旱和耐涝性研究[D]. 北京：中国农业大学.

[11] 曾辰，2010. 极端干旱区成龄葡萄生长特征与水分高效利用[D]. 杨凌：中国科学院研究生院.

[12] 曾译可，石莹，陈思怡，等. 地面覆膜提升椪柑果实品质的效果和可能机制探究【J/OL】.

园艺学报：1-12【2022-11-07】.

[13] 陈白洁，樊博，汪新川，2021，等.不同材质可降解无纺布覆盖种植对高寒人工草地土壤碳氮磷化学计量特征的影响.草地学报29（12）：2752-276.

[14] 陈飞，李鸿平，崔宁博，2021.滴灌水分亏缺对柑橘前期光合特性的影响[J].干旱地区农业研究39（3）：42-50.

[15] 陈景新，1979.燕山葡萄——一种兼备高糖与高抗性的野生资源[J].中国果树（01）：11-15.

[16] 陈丽楠，刘秀春，2020.根区交替灌溉下减施氮肥对葡萄 生长、产量及品质的影响[J].河南农业科学49（2）：123-129.

[17] 陈松鹤，向晓玲，雷芳，等，2022.秸秆覆盖配施氮肥条件下根际土真菌群落及其与小麦产量关系的研究.生态学报（21）：1-11.

[18] 陈昱辛，贾悦，崔宁博，等，2018.滴灌水肥一体化对柑橘叶片光合、产量及水分利用效率的影响[J].灌溉排水学报（S2）：50-58.

[19] 程建徽，梅军霞，郑婷.2015.不同砧木对欧亚种葡萄红亚历山大产量和品质的影响[J].核农学报29（8）：1607-1616.

[20] 程雪，孙爽，张方亮，等，2020.我国北方地区苹果干旱时空分布特征[J].应用气象学报（31）：11.

[21] 邓胜兴，2009.非充分灌溉条件下柑橘的抗性生理研究[D].重庆：西南大学

[22] 邓胜兴，曾明，罗光杰，等，2008.非充分灌溉下柑橘相关酶体系变化的研究[J].南方农业2（5）：27-29，43.

[23] 邓秀新，王力荣，李绍华，等，2019.果树育种40年回顾与展望[J].果树学报36（4）：514-520.

[24] 翟晨，2017.不同抗性砧木对'赤霞珠'葡萄植株生长发育及白藜芦醇含量的影响[D].石河子：石河子大学.

[25] 丁三姐，魏钦平，2006.徐凯.果树节水灌溉研究进展[J].北方园艺（4）：69-71.

[26] 杜太生，康绍忠，2005.滴灌条件下不同根区交替湿润对 葡萄生长和水分利用的影响[J].农业工程学报21（11）：43-48.

[27] 杜太生，康绍忠，闫博远，等，2007.干旱荒漠绿洲区葡萄根系分区交替灌溉试验研究[J].农业工程学报.23（11）：52-58.

[28] 杜学梅，杨廷桢，高敬东，等，2020.苹果砧木对嫁接品种影响的研究进展[J].西北农业学报29（4）：487-495.

[29] 樊卫国，李庆宏，吴素芳，2012.长期干旱环境对柑橘生长及养分吸收和相关生理的影响[J].中国生态农业学报20（11）：1484-1493.

[30] 樊卫国，马文涛，罗燕，等，2013.洞穴灌溉促进脐橙生长并提高果实品质[J].农业工程学报29（18）：90-97.

[31] 范伟国，杨洪强，2006.果树根构型及其与营养和激素的关系.果树学报23（4）：587–592.

[32] 房玉林，孙伟2013.调亏灌溉对酿酒葡萄生长及果实品质的影响[J].中国农业科学（13）：2730-2738.

[33] 房玉林，惠竹梅，陈洁，2006.水分胁迫对葡萄光合特性的影响[J].干旱地区农业研究（02）：135-138.

[34] 付凌，彭世彰，李道西，2006.作物调亏灌溉效应影响因素之研究进展[J].中国农学通报22（1）：380-383.

[35] 耿达立，2019. 苹果砧木根系抗旱基因的发掘与MdMYB88/124功能鉴定[D]. 西北农林科技大学.

[36] 耿杰，丁杰，段艳婷，等，2020. 桃接穗对欧李砧木根系生长习性的影响[J]. 河南科技大学学报（自然科学版）41（05）：82-87.

[37] 郭改改，封斌，麻保林，等. 不同区域长柄扁桃叶片解剖结构及其抗旱性分析[J]. 西北植物学报，2013，33（04）：720-728.

[38] 郭甜丽，2019. 苹果MhYTP1和MhYTP2对干旱胁迫下水分利用效率的调控功能研究[D]. 杨凌：西北农林科技大学.

[39] 李海燕，耿达立，牛春东，等，2018. 苹果砧木富平楸子和G935根系抗旱性评估[J]. 西北农林科技大学学报（自然科学版）46：118-124.

[40] 贺普超，2012. 中国葡萄属野生资源[M]. 北京：中国农业出版社.

[41] 贺世雄，2019. 不同砧穗组合柑橘生长差异及矮化机理研究[D]. 广州：华南农业大学.

[42] 黄俊，张弩，闵泽萍，2010. 不同地面覆盖材料对早熟温州蜜柑果实品质及橘园土壤温度和水分的影响效应研究[J]. 中国南方果树39：15-17.

[43] 黄兴法，李光永，曾德超，2001. 果树调亏灌溉技术的机理与实践[J]. 农业工程学报17（4）：30-33.

[44] 黄学春，李映龙，2013. 调亏灌溉对"蛇龙珠"葡萄果实生长发育和品质的影响[J]. 北方园艺（23）：23-26.

[45] 黄学旺，2021. 不同矮化砧木对'宫藤富士'的影响及其组合的抗旱性评价[D]. 北京：中国农业大学.

[46] 霍学喜，刘天军，刘军弟，等，2022. 2020年度中国苹果产业发展报告（精简版）[J]. 中国果菜（42）：6.

[47] 纪学伟，成自勇，2015. 调亏灌溉对荒漠绿洲区滴灌酿酒葡萄产量及品质的影响[J]. 干旱区资源与环境（04）：184-188.

[48] 贾大林，2002. 21世纪初期农业节水的目标和任务[J]. 节水灌溉（01）：9-10，46.

[49] 贾昊，2020. 高垄与覆膜栽培对灵武长枣根区土壤性状、枣树营养生长及果实品质的影响[D]. 银川：宁夏大学.

[50] 姜林，张翠玲，于福顺，等，2013. 我国桃砧木的应用现状与发展建议[J]. 山东农业科学45（07）：126-128.

[51] 蒋琦，2020. 苹果EPFL分泌蛋白基因对长期干旱胁迫的响应及MdEPF2的功能分析[D]. 西北农林科技大学.

[52] 焦梦妮，杨荣全，史淑晨，等2009. 山区苹果节水灌溉试验研究[J]. 节水灌溉：3.

[53] 金仲鑫，2017. 不同砧木对葡萄果实品质的影响及机理初探[D]. 泰安：山东农业大学.

[54] 康绍忠，张建华，1997. 控制性交替灌溉———一种新的农田节水调控思路[J]. 干旱地区农业研究15（1）：1-6.

[55] 康绍忠，霍再林，李万红，2016. 旱区农业高效用水及生态环境效应研究现状与展望[J]. 中国科学基金30（03）：208-212.

[56] 孔文翔，2022. 保水肥和外源褪黑素对葡萄果实产量品质和水分利用率的影响[D]. 杨凌：西北农林科技大学.

[57] 孔文翔，2022. 保水肥和外源褪黑素对葡萄果实产量品质和水分利用率的影响[D]. 杨凌：西

北农林科技大学.

[58] 李波，孙君，魏新光，等，2020. 滴灌下限对日光温室葡萄生长、产量及根系分布的影响[J]. 中国农业科学53（07）：1432-1443.

[59] 李波，孙君，魏新光，等，2020. 滴灌下限对日光温室葡萄生长、产量及根系分布的影响[J]. 中国农业科学53（07）：1432-1443.

[60] 李菲，颜培玲，潘学军，等，2015. 葡萄属植物抗旱相关基因研究进展[J]. 河北林业科技（4）：95-99.

[61] 李鸿平，陈昱辛，崔宁博，等，2019. 水分亏缺对柑橘果实生长、产量和水分利用效率的影响[J]. 节水灌溉（12）：6-11.

[62] 李鸿平，陈昱辛，崔宁博，等，2019. 水分亏缺对柑橘果实生长、产量和水分利用效率的影响[J]. 节水灌溉（12）：6-11.

[63] 李凯，商佳胤，2015. 调亏灌溉对玫瑰香葡萄与葡萄酒酚类物质的影响[J]. 华北农学报（S1）：500-506.

[64] 李磊，2017. 调亏灌溉对酿酒葡萄综合特性及葡萄酒质量的影响[D]. 银川：宁夏大学.

[65] 李林英，2008. 不同砧穗组合对桃生长、抗逆性及生理特性的影响[J]. 河南农业科学（03）：90-91.

[66] 李敏敏，袁军伟，刘长江，2016. 砧木对河北昌黎产区赤霞珠葡萄生长和果实品质的影响[J]. 应用生态学报. 27（1）：59-63.

[67] 李雅善，赵现华，2013. 葡萄调亏灌溉技术的研究现状与展望[J]. 干旱地区农业研究（01）：236-241.

[68] 李泽霞，成自勇，张苗，等，2015. 不同灌水上限对酿酒葡萄生长产量及品质的影响[J]. 灌溉排水学报34（6）：83-85.

[69] 李泽霞，成自勇，张苗，等，2015. 不同灌水上限对酿酒葡萄生长产量及品质的影响[J]. 灌溉排水学报34（6）：83-85.

[70] 蔺宝军，张芮，董博，等，2019. 不同生育期干旱胁迫对温室葡萄WUE、产量及品质的影响[J]. 灌溉排水学报38（12）：11-18.

[71] 刘洪光，何新林，王雅琴，等，2010. 调亏灌溉对滴灌葡萄生长与产量的影响[J]. 石河子大学学报（自然科学版）28（5）：610-613.

[72] 刘梦，2021. 不同葡萄品种生长表现及省力化栽培技术研究[D]. 杨凌：西北农林科技大学.

[73] 刘梦梦，2018. '砂糖橘'嫁接植株生长特性及果实品质研究[D]. 广州：华南农业大学.

[74] 刘上源，2020. 竖管灌溉葡萄耗水机理试验研究[D]. 西安：西安理工大学.

[75] 刘晓燕，李吉跃，翟洪波，等，2003. 从树木水力结构特征探讨植物耐旱性[J]. 北京林业大学学报（3）：48-54.

[76] 罗国涛，刘晓纳，张曼曼，等，2020. 柑橘砧木根系形态特征与植株耐旱性评价[J]. 果树学报37（9）：1314-1325

[77] 吕英民，张大鹏，2000. 果实发育过程中糖的积累[J]. 植物生理学通讯36（3）：258-265.

[78] 马福生，康绍忠，王密侠，2005. 果树调亏灌溉技术的研究现状与展望[J]. 干旱地区农业研究23（4）：225-228.

[79] 马焕普，刘志民，朱海旺，等，2006. 几种桃砧木的耐涝性及其解剖结构的观察比较[J]. 北京农学院学报21（2）：1-4.

[80] 马小卫，2009. 苹果属植物种间水分利用效率的差异及其机理研究[D]. 杨凌：西北农林科技大学.

[81] 梅正敏，罗世杏，伊华林，等，2014. 不同砧木嫁接对桂脐1号脐橙幼树生长及光合特性的影响[J]. 南方农业学报45（3）：434-441.

[82] 孟新，2019. 污染治理：水环境污染现状及其防治对策[J]. 区域治理（27）：56-58.

[83] 綦伟，翟衡，厉恩茂，等2007. 部分根区干旱对不同砧木嫁接葡萄光合作用的影响[J]. 园艺学报34（5）：1081-1086.

[84] 邱美娟，刘布春，刘园，等，2021. 中国北方苹果种植需水特征及降水适宜性. 应用气象学报[J]（32）：13.

[85] 邱文伟，张光伦，张嵩，2005. 柑橘等果实糖代谢及其生态调控研究进展[J]. 四川农业大学学报23（1）：114-119.

[86] 山仑，邓西平，张岁岐，2006. 生物节水研究现状及展望[J]. 中国科学基金20（2）：66-71.

[87] 尚轶，2010. 拟南芥ABA受体ABAR/CHLH调控的一个ABA信号通路[D]. 北京：清华大学.

[88] 沈碧薇，魏灵珠，2020. 不同砧木对'瑞都红玉'葡萄生长结果与果实品质的影响[J]. 果树学报37（3）：52-63.

[89] 沈甜，黄小晶，牛锐敏，等，2020. 不同灌水量对贺兰山东麓葡萄生长和品质的影响[J]. 灌溉排水学报39（10）：65-74.

[90] 宋建平，蓬红梅，2015. 桃不同品种抗旱性比较试验[J]. 黑龙江科技信息（33）：272.

[91] 宋凯，2011. 成年富士苹果树茎流特征及需水规律的研究[M]. 泰安：山东农业大学.

[92] 孙明德，武亨飞，田海青，等，2017. 覆膜隔沟交替灌溉对梨树生长、产量和果实品质的影响[J]. 中国果树（3）：28-32.

[93] 孙明德，武阳，刘军，等，2019. 不同生长阶段水分胁迫对梨树生长与果实产量的影响[J]. 园艺学报46（S1）：2498

[94] 孙习轩，2008. 我国北方苹果树的需水量与灌溉问题的探讨. 河北农业科技[J]（40）40.

[95] 覃艳，2016. 柑橘砧木的根系特征及对砂糖橘幼树生长的影响[D]. 广州：仲恺农业工程学院.

[96] 涂明星，2021. 葡萄转录因子VlbZIP30抗旱功能及其调控机理研究[D]. 杨凌：西北农林科技大学.

[97] 王朝祥，2004. 毛桃砧嫁接桃树，抗涝抗逆又丰产[J]. 烟台果树（04）：55.

[98] 王东，曹源倍，2021. 不同滴灌量对红寺堡区酿酒葡萄生长和品质的影响[J]. 中国农业科技导报（01）：154-161.

[99] 王华田，马履一，2002. 利用热扩式边材液流探针（TDP）测定树木整株蒸腾耗水量的研究[J]. 植物生态学报（26）：7.

[100] 王进鑫，张晓鹏，2000. 渭北旱塬红富士苹果需水量与限水灌溉效应研究[J]. 水土保持研究（7）：69-72.

[101] 王竞，李磊，王锐，2018. 不同生育期水分亏缺对酿酒葡萄光合特性、产量及品质的影响[J]. 江苏农业科学46（22）：149-152.

[102] 王留运，岳兵，1997. 果树滴灌需水规律试验研究[J]. 节水灌溉：7.

[103] 王楠，张静，于蕾，等，2019. 仁果类果树资源育种研究进展Ⅰ：苹果种质资源、品质发育及遗传育种研究进展[J]. 植物遗传资源学报20（4）：801-812.

[104] 王晓芳，2007. 不同葡萄砧穗组合根系构型及其生物学效应[D]. 泰安：山东农业大学

[105] 王跃进，杨亚州，张剑侠，等，2004. 中国葡萄属野生种及其种间F1代抗旱性鉴定初探[J]. 园艺学报（06）：711-714.

[106] 王智真，2015. 24-表油菜素内酯对葡萄幼苗缓解水分胁迫的生理效应[D]. 杨凌：西北农林科技大学.

[107] 尉亚妮，2008. 山西省苹果生产现状，存在问题及对策[J]. 山西果树：3.

[108] 魏灵珠，沈碧薇，2020. 砧木对'新雅'葡萄生长及果实品质的影响[J]. 果树学报37（9）：1346-1357.

[109] 魏清江，冯芳芳，马张正，等，2018. 干旱复水对柑橘幼苗叶片光合、叶绿素荧光和根系构型的影响[J]. 应用生态学报29（8）：2485-2492.

[110] 文小琴，舒英格，2017. 农业节水抗旱技术研究进展[J]. 天津农业科学23（1）：28-32.

[111] 吴黎明，蒋迎春，王志静，等，2009. 地面覆盖反光膜对温州蜜柑果实着色及品质的影响研究[J]. 中国南方果树38（6）：39-41.

[112] 吴伟民，王西成，2014. 砧木对夏黑葡萄营养生长、果实品质及矿质元素含量的影响[J]. 中外葡萄与葡萄酒（5）：14-17.

[113] 吴泳辰，2016. 分根区交替灌溉对酿酒葡萄水分利用特性及产量和品质的影响[D]. 兰州：甘肃农业大学.

[114] 武阳，王伟，赵智，等，2012. 调亏灌溉对香梨叶片光合速率及水分利用效率的影响[J]. 农业机械学报43（11）：80-86.

[115] 肖元松，2015. 增氧栽培对桃根系构型及植株生长的影响研究[D]. 山东农业大学.

[116] 谢兆森，费腾，尤佳玲，等2021，. 基于葡萄树体水分生理研究的几个关键性生产问题探讨[J]. 落叶果树53（06）：5-9，3.

[117] 徐斌，张芮，2015. 不同生育期调亏灌溉对设施延后栽培葡萄生长发育及品质的影响[J]. 灌溉排水学报（06）：86-89.

[118] 徐迪，张丹，孙东轩，等，2010. 滴灌条件下日光温室"艳红"桃需水规律研究[J]. 节水灌溉（07）：27-28，31

[119] 徐巧，2016. 黄土高原丘陵区干旱山地苹果树需水规律研究[D]. 杨凌：西北农林科技大学.

[120] 徐彦，钟翡，廖康，等，2010. 干旱胁迫下新源1号新疆野苹果抑制性差减文库的构建与初步分析[J]. 农业生物技术学报18（1）：149-155.

[121] 闫师杰，郭李维，2010. 高效液相色谱法同时测定鸭梨种子中3种内源激素[J]. 分析化学38（06）：843-847.

[122] 杨琼，2018. 纽荷尔脐橙水分胁迫监测预警生理生化机制研究[D]. 重庆：西南大学.

[123] 杨亚州，2003. 中国葡萄属野生种抗旱性鉴定与抗旱基因的RAPD标记[D]. 杨凌：西北农林科技大学.

[124] 由佳辉，褚佳瑶，2021. 基于光合特性的17个葡萄砧木品种抗性比较[J]. 中外葡萄与葡萄酒（06）：42-48.

[125] 袁园园，门洪文，2015. 不同砧木嫁接对'金手指'葡萄生长和一些生理特性的影响[J]. 西北农业学报24（8）：110-115.

[126] 张彪，2014. 不同砧穗组合对戈壁区酿酒葡萄生长和品质的影响[D]. 兰州：甘肃农业大学.

[127] 张付春，宋晓辉，2017. 砧木对赤霞珠9葡萄叶片质量和光合光效的影响研究[J]. 新疆农业科学54（7）：1223-1231.

[128] 张规富，谢深喜，2012. 柑橘对水分胁迫的反应特点及研究方向[J]. 天津农业科学18（6）：5-8.

[129] 张继波，薛晓萍，2019. 水分胁迫对扬花期冬小麦光合特性和干物质生产及产量的影响[J]. 干旱气象37（03）：447-453.

[130] 张芮，成自勇，王旺田，等，2014. 不同生育期水分胁迫对延后栽培葡萄产量与品质的影响[J]. 农业工程学报30（24）：105-113.

[131] 张芮，成自勇，杨阿利，等，2013. 小管出流不同亏水时期对延后栽培葡萄耗水及品质的影响[J]. 干旱地区农业研究31（02）：164-168.

[132] 张芮，王旺田，吴玉霞，等，2017. 水分胁迫度及时期对设施延迟栽培葡萄耗水和产量的影响[J]. 农业工程学报 33（01）：155-161.

[133] 张正红，成自勇，2014. 调亏灌溉对设施延后栽培葡萄光合速率与蒸腾速率的影响[J]. 灌溉排水学报（02）：130-133.

[134] 赵柏霞，闫建芳，潘凤荣，2022. 樱桃果园生草对土壤微生态的影响. 西南农业学报1-9.

[135] 赵风莉，2013. 葡萄原生质体瞬时转化体系建立和燕山葡萄VyPYLs基因功能研究[D]. 杨凌：西北农林科技大学.

[136] 赵文哲，刘晓，姜珊，等，2021. 干旱过程中'M9T337'苹果砧木苗光合特性及MdCP2与MdGLK1互作分析[J]. 植物生理学报57（6）：1337-1348.

[137] 赵晓莉，卢晓鹏，聂琼，等，2013. 水分胁迫对柑橘生理指标及JA合成相关酶基因表达的影响[J]. 江西农业大学学报35（3）：530-535.

[138] 赵旭阳，2011. 不同砧木渝津橙幼苗期表现与砧穗互作生理机制[D]. 重庆：西南大学.

[139] 赵志军，程福厚，2011. 果园地面节水灌溉新技术——分区交替灌溉 [J]. 果树实用技术与信息5-27.

[140] 郑秋玲，张超杰，2014. 不同砧木对'赤霞珠'葡萄生长及贮藏营养的影响[J]. 中国南方果树 43（6）：102-104.

[141] 中国农业百科全书·果树卷[M]，1993. 北京：中国农业出版社.

[142] 钟海霞，潘明启，2016. 7种砧木对克瑞森无核葡萄生长及产量品质的影响[J]. 新疆农业科学53（10）：1786-1793.

[143] 钟景，2012. 盆栽条件下五种柑橘砧木的抗旱性分析[D]. 武汉：华中农业大学.

[144] 钟韵，费良军，曾健，等，2019. 根域水分亏缺对涌泉灌苹果幼树产量品质和节水的影响[J]. 农业工程学报35：78-87.

[145] 周静，崔键，2009. 红壤水分条件对温州蜜柑果实生长与产量的影响[J]. 生态学杂志28（2）：261-264.

[146] 周开兵，郭文武，2005. 柑橘接穗对砧木生长及若干生理生化特性的影响[J]. 亚热带植物科学34（3）：11-14.

[147] 周磊，甘毅，欧晓彬，等，2011. 作物缺水补偿节水的分子生理机制研究进展[J]. 中国生态农业学报19（1）：217-225.

[148] 周琪，2021. GA3处理对葡萄果实水分及发育的调控机理研究[D]. 兰州：甘肃农业大学.

[149] 周青云，康绍忠，2007. 葡萄根系分区交替滴灌的土壤水分动态模拟[J]. 水利学报（10）：1245-1252.

[150] 周铁，潘斌，李菲菲，等，2022. 膨大期干旱对温州蜜柑品质形成的影响及复水后树体水

分吸收转运规律[J]. 园艺学报49（1）：11-22.

[151] ABE H, URAO T, ITO T, SEKI M, et al, 2003. Arabidopsis AtMYC2 (bHLH) and AtMYB2 (MYB) function as transcriptional activators in abscisic acid signaling[J]. Plant Cell, 15(1):63-78.

[152] ABOUABDILLAH, A., RADI, S., ASFERS, et al, 2022. Advancing knowledge about restricted irrigation strategies on commercial peach plantation under Mediterranean condition, E3S Web of Conferences, (04)002.

[153] ACEVEDO-OPAZO C, ORTEGA -FARIAS S, FUENTES S, 2010. Effects of grapevine (Vitis vinifera L.) water status on water consumption, vegetative growth and grape quality: An irrigation scheduling application to achieve regulated deficit irrigation[J]. Agricultural Water Management, (97): 956-964.

[154] ADESEMOYE AO, MAYORQUIN JS, PEACOCK BB, et al, 2017. Association of Neonectria macrodidyma with dry root rot of citrus in california[J]. Journal of Plant Pathology & Microbiology, 8(1):1-4.

[155] Agre, P, 2004. Aquaporin water channels (Nobel Lecture)[J]. Angew Chem Int Ed Engl, (43)4278-4290.

[156] AKERFELT, M., TROUILLET, D. MEZGER, et al, 2007. Heat shock factors at a crossroad between stress and develo Sakurai pment[J]. Ann N Y Acad Sci, 1113:15-27.

[157] ALATZAS A, THEOCHARIS S, MILIORDOS D, ET AL, 2021. The Effect of Water Deficit on Two Greek Vitis vinifera L. Cultivars: Physiology, Grape Composition and Gene Expression during Berry Development[J]. Plants, 10(9): 1947.

[158] ALATZAS A, THEOCHARIS S, MILIORDOS D, et al, 2021 . The Effect of Water Deficit on Two Greek Vitis vinifera L. Cultivars: Physiology, Grape Composition and Gene Expression during Berry Development[J]. Plants, 10(9): 1947.

[159] ALMOGUERA, C., ROJAS, A., DIAZ-MARTIN, et al, 2002. A seed-specific heat-shock transcription factor involved in developmental regulation during embryogenesis in sunflower. J Biol Chem[J], 277:43866-43872.

[160] AN X, LIANG Y, GAO D, ZHU S, et al, 2018. Response of health-promoting bioactive compounds and related enzyme activities of table grape (Vitis vinifera L.) to deficit irrigation in greenhouse[J]. The Journal of Horticultural Science and Biotechnology, 93(6): 573-584.

[161] ANTHONY, B.M., MINAS, I.S.2021. Optimizing Peach Tree Canopy Architecture for Efficient Light Use, Increased Productivity and Improved Fruit Quality. Agronomy, 11:1961.

[162] AZAD, A.K., SAWA, et al, 2004. Characterization of protein phosphatase 2A acting on phosphorylated plasma membrane aquaporin of tulip petals. Biosci Biotechnol Biochem[J], 68:1170-1174.

[163] BAI G, YANG D, ZHAO Y, et al., 2013 . Interactions between soybean ABA receptors and type 2C protein phosphatases[J]. Plant Molecular Biology, 83(6): 651-664.

[164] BALDONI, E., GENGA, A., COMINELLI, et al, 2015. Plant MYB transcription factors: their role in drought response mechanisms. International journal of molecular sciences, 16: 15811-15851.

[165] BANDURSKA H, STROINSKI A, 2005. The effect of salicylic acid on barley response to water deficit[J]. Acta Physiologiae Plantarum, 27：379-386.

[166] BARNABÁS, B., JÄGER, K. AND FEHÉR, 2010. The effect of drought and heat stress on reproductive processes in cereals[J]. Plant Cell & Environment, 31:11-38.

[167] BASCUNAN G L, FRANCK N, 2017.Rootstock effect on irrigated grapevine yield under arid climate conditions are explained by changes in traits related to light absorption of the scion[J]. Scientia Horticulturae, 218：284-292.

[168] BASSETT, C.L., WISNIEWSKI, et al, 2009. Comparative expression and transcript initiation of three peach dehydrin genes[J]. Planta, 230:107-118.

[169] BATES LS, WALDREN RP. Rapid Determination of Free Proline for Water-Stress Studies[J]. Plant & Soil.1973, 39(1)：205-207.

[170] BICA D, GAY A, MORANDO E, 2000. Effects of rootstock and Vitis vinifera genotype on photosynthetic parameters[J].Acta Hort, 526：373-379.

[171] BIELSA, B., HEWITT, S.2018, REYES-CHIN-WO, S.et al, . Identification of water use efficiency related genes in 'Garnem' almond-peach rootstock using time-course transcriptome analysis. PloS one, 13:493.

[172] BIELSA, B., SANZ, M.Á., et al Uncovering early response to drought by proteomic, physiological and biochemical changes in the almond× peach rootstock 'Garnem'. Functional Plant Biology 46:994-1008.

[173] BUSS P, DALTON M, OLDEN S, 2005. Precision management in viticulture :an overview of an Australian integrated approach[J]. FAO Land and Water Bulletin, 10: 51-57.

[174] CAI Y, YAN J, TU W, et al.2020 . Expression of Sucrose Transporters from Vitis vinifera Confer High Yield and Enhances Drought Resistance in Arabidopsis[J]. International Journal of Molecular Sciences, 21(7):2624.

[175] CASASSA, L. F, KELLER, M, 2015. Regulated deficit irrigation alters anthocyanins, tannins and sensory properties of cabernet sauvignon grapes and wines[J].Molecules (Basel, Switzerland), 20(5)：7820-7844.

[176] CASTELLARIN S, MATTHEWS M, GASPERO G, et al, 2007 . Water deficits accelerate ripening and induce changes in gene expression regulating flavonoid biosynthesis in grape berries. Planta, 227: 101-112.

[177] CHAVES M M, SANTOS T P, 2007. Deficit irrigation in grapevine improves water-use efficiency while controlling vi- gour and production quality[J].Annals of Applied Biology, 150(2)：237-252.

[178] CHAVES M M, SANTOS T P, SOUZA C R, 2007. Deficit irrigation in grapevine improves water-use efficiency while controlling vigour and production quality[J]. Annals of Applied Biology, 150(20): 237-252.

[179] CHEAH, B.H., K. NADARAJAH, M.D. DIVATE et al, 2015. Identification of four functionally important microRNA families with contrasting differential expression profiles between drought-tolerant and susceptible rice leaf at vegetative stage. BMC Genomics, 16:692.

[180] CHOI H, HONG J, HA J, et al, 2000.ABFs, a family of ABA-responsive element binding factors[J]. J Biol Chem, 275(3):1723-1730.

[181] CLAUDIA R D S, JOAOP M, TIAGO P D S, 2005. Control of stomatal aperture and carbon uptake by deficit irrigation in two grapevine cultivars[J]. Agriculture, Ecosystems and Environment, (106): 261-274.

[182] DAI Z, OLLAT N, GOMÈS E, et al, 2011. Ecophysiological, genetic, and molecular causes of

variation in grape berry weight and composition: a review[J]. American Journal of Enology and Viticulture, 62(4): 413-425.

[183] DAYER S, PRIETO JA, 2016. Leaf carbohydrate metabolism in Malbec grapevines: combined effects of regulated deficit irrigation and crop load[J].Australian Journal of Grape and Wine Research, 22(1): 115-123.

[184] DE LIMA, R.S.N., DE ASSIS, et al, 2015. Partial rootzone drying (PRD) and regulated deficit irrigation (RDI) effects on stomatal conductance, growth, photosynthetic capacity, and water-use efficiency of papaya. Scientia Horticulturae, 183:13-22.

[185] DEGU A, HOCHBERG U, WONG D, et al, 2019. Swift metabolite changes and leaf shedding are milestones in the acclimation process of grapevine under prolonged water stress. BMC plant biology, 19(1): 1-17.

[186] DES MARAIS D, MCKAY J, RICHARDS J, et al, 2012. Physiological genomics of response to soil drying in diverse Arabidopsis accessions[J]. Plant Cell, 24(3): 893-914.

[187] DIANA MATOS NEVES, LUCAS ARAGÃO DA HORA ALMEIDA, DAYSE DRIELLY SOUZA SANTANA-VIEIRA, et al, 2017.Recurrent water deficit causes epigenetic and hormonal changes in citrus plants[J]. Cientific Reports, (7): 13684

[188] DOSSA, K., DIOUF, D. AND CISSE, N, 2009 .Genome-Wide Investigation of Hsf Genes in Sesame Reveals Their Segmental Duplication Expansion and Their Active Role in Drought Stress Response[J]. Front Plant Sci, 7:1522.

[189] DOUGLAS E M, JACOBS J M, SUMNER D M, RAY R L, 2016. A comparison of models for estimating potential evapotranspiration for Florida land cover types[J].Journal of Hydrology, 373: 366-376.

[190] DUAN NB, BAI Y, SUN HH, et al, 2017. Genome re-sequencing reveals the history of apple and supports a two-stage model for fruit enlargement[J]. Nature Communication, 8(1): 249.

[191] DUAN, X., WU, P., BAI, X.et al, 2006. Micro-rainwater catchment and planting technique of ridge film mulching and furrow seeding of corn in dryland. J. Soil Water Conserv, 20:143-146.

[192] DUBBELS R, REITER R, KLENKE E, et al, 1995. Melatonin in edible plants identified by radioimmunoassay and by high performance liquid chromatography- mass spectrometry. Journal of pineal research, 18(1): 28-31.

[193] DUBROVINA A S, KISELEV K V, KHRISTENKO V S, et al, 2015.VaCPK20, a calcium-dependent protein kinase gene of wild grapevine Vitis amurensis Rupr., mediates cold and drought stress tolerance[J]. Journal of Plant Physiology, 185:1-12.

[194] FANG L, SU L, SUN X, et al, 2016. Expression of Vitis amurensis NAC26 in Arabidopsis enhances drought tolerance by modulating jasmonic acid synthesis[J]. Journal of Experimental Botany, 67(9): 2829-2845.

[195] FANG LC, SU LY, SUN XM, et al, 2016. Expression of Vitis amurensis NAC26 in Arabidopsis enhances drought tolerance by modulating jasmonic acid synthesis[J]. Journal of Experimental Botany, 67(9):2829-2845.

[196] FELIPE, A.J, 2009. 'Felinem', 'Garnem', and 'Monegro' almond × peach hybrid rootstocks. HortScience, 44:196-197.

[197] FERERES, E., SORIANO, M.A, 2007. Deficit irrigation for reducing agricultural water use. J

Exp Bot, 58:147-159.

[198] GARCÍA-SÁNCHEZ F, SYVERTSEN JP, GIMENO V, et al, 2007. Responses to flooding and drought stress by two citrus rootstock seedlings with different water-use efficiency[J]. Physiologia Plantarum, 130(4): 532-542.

[199] GEERTS, S., RAES, D., 2009. Deficit irrigation as an on-farm strategy to maximize crop water productivity in dry areas. Agricultural water management, 96:1275-1284.

[200] GENG, D., P. CHEN, X. SHEN, et al, 2018. MdMYB88 and MdMYB124 Enhance Drought Tolerance by Modulating Root Vessels and Cell Walls in Apple. Plant Physiology, 178:1296-1309.

[201] GENG, D., X. SHEN, Y. XIE, et al, 2020. Regulation of phenylpropanoid biosynthesis by MdMYB88 and MdMYB124 contributes to pathogen and drought resistance in apple. Horticulture Research, 7.

[202] GHAFARI, H., HASSANPOUR, H., JAFARI, M.et al, 2020. Physiological, biochemical and gene-expressional responses to water deficit in apple subjected to partial root-zone drying (PRD). Plant Physiology and Biochemistry, 148:333-346.

[203] GŁĄB T, SZEWCZYK W, 2015. The effect of traffic on turfgrass root morphological features[J]. Scientia Horticulturae, 197: 542-554.

[204] GLENN, D.M., SCORZA, R., BASSETT, C.0, 2006. Physiological and morphological traits associated with increased water use efficiency in the willow-leaf peach. HortScience, 35:1241-1243.

[205] GONÇALVES LP, ALVES TFO, MARTINS CPS, 2016. Rootstock-induced physiological and biochemical mechanisms of drought tolerance in sweet orange[J]. Acta Physiologiae Plantarum, 38:174.

[206] GONZALEZ-GUZMAN M, RODRIGUEZ L, LORENZO-ORTS L, et al, 2014. Tomato PYR/PYL/RCAR abscisic acid receptors show high expression in root, differential sensitivity to the abscisic acid agonist quinabactin, and the capability to enhance plant drought resistance[J]. Journal of experimental botany, 65: 4451-4464.

[207] GONZÁLEZ-MAS MC, JOSÉLLOSA M, QUIJANO A, et al, 2009 . Rootstock effects on leaf photosynthesis in 'Navelina' trees grown in calcareous soil[J].Hortscience, 44(2):280-283.

[208] GU S L, DAVID Z, 2000. Effect of partial root zone drying on vine water relations, vegetative growth, mineral nutrition, yield and fruit quality in fieldgrown mature sauvignon blanc grapevines[R]. Research Notes, California Agricultural Technology Institute, California State University, Fresno.

[209] GUENTHER, J.F., CHANMANIVONE, N., GALETOVIC, M.P., et al, 2003.Phosphorylation of soybean nodulin 26 on serine 262 enhances water permeability and is regulated developmentally and by osmotic signals[J]. Plant Cell, 15: 981-991.

[210] GUO J, YANG X, WESTON D, et al, 2011. Abscisic acid receptors: past, present and future[J]. J Integr Plant Biol, 53:469-479.

[211] GUPTA A, RICO-MEDINA A, CAO-DELGADO AI, 2020. The physiology of plant responses to drought[J]. Science, 368(6488): 266-269.

[212] GURURANI, M.A., J. VENKATESH AND L.S.P. TRAN, 2015. Regulation of Photosynthesis during Abiotic Stress-Induced Photoinhibition. Molecular Plant, 8:1304-1320.

[213] HALE C. R. AND BRIEN C. J., 2016 .lnfluence of Salt Creek rootstock on composition and quality of Shiraz grapes and wine[J].VITIS-Journal of Grapevine Research, 17(2): 139.

[214] HARDTKE, C.S., W. CKURSHUMOVA, D.P. VIDAURRE, et al, 2004. Overlapping and non-redundant functions of the Arabidopsis auxin response factors MONOPTEROS and NONPHOTOTROPIC HYPOCOTYL 4. Development, 131:1089-100.

[215] HATFIELD J, DOLD C, 2019. Water-use efficiency: advances and challenges in a changing climate. Frontiers in plant science, 10: 103.

[216] HODGE A, BERTA G, DOUSSAN C, et al, 2009. Plant root growth, architecture and function[J]. Plant and Soil, 321(1-2): 153-187.

[217] HU, Y., Y. LU, Y. ZHAO et al, 2019. Histone acetylation dynamics integrates metabolic activity to regulate plant response to stress. Frontiers in plant science, 10.

[218] HUANG L, ZHANG SL, SINGER SD. et al. 2016. Expression of the grape VqSTS21 gene in Arabidopsis confers resistance to osmotic stress and biotrophic pathogens but not botrytis cinerea[J]. Frontiers in Plant Science, 7:1379.

[219] HUANG X, WANG W, ZHANG Q, 2013 . A basic helix-loophelix transcription factor, PtrbHLH, of Poncirus trifoliata confers cold tolerance and modulates peroxidase-mediated scavenging of hydrogen peroxide. Plant Physiology, 162(2):1178-1194.

[220] HUANG Z, XU Z, BLUMFIELD T, et al, 2008. Effects of mulching on growth, foliar photosynthetic nitrogen and water use efficiency of hardwood plantations in subtropical Australia. Forest ecology and management, 255(8-9): 3447-3454.

[221] HWANG, S.M., KIM, et al., 2014. Functional characterization of Arabidopsis HsfA6a as a heat - shock transcription factor under high salinity and dehydration conditions. Plant[J], Cell & Environment, 37.

[222] INTRIGLIOLO, D.S., BONET, et al, 2013. Pomegranate trees performance under sustained and regulated deficit irrigation[J]. Irrigation Science, 31:959-970.

[223] ITO Y, KATSURA K, MARUYAMA K, et al, 2006 . Functional analysis of rice DREB1/CBF-type transcription factors involved in cold-responsive gene expression in transgenic rice[J]. Plant & Cell Physiology, 47(1):141-153.

[224] J.P. TANDONNET, COOKSON S J., 2010.Scion genotype controls biomass allocation and root development in grafted grapevine[J]. Australian Journal of Grape and Wine Research, 16(2).

[225] JAILLON O, AURY JM, NOEL B, et al, 2007. The grapevine genome sequence suggests ancestral hexaploidization in major angiosperm phyla[J]. Nature, 449(7161):463-475.

[226] JIA, X., K. MAO, P. WANG, et al, 2021. Overexpression of MdATG8i improves water use efficiency in transgenic apple by modulating photosynthesis, osmotic balance, and autophagic activity under moderate water deficit. Horticulture Research, 8.

[227] Jiang, L., D. Zhang, C. Liu, et al, 2022. MdGH3.6 is targeted by MdMYB94 and plays a negative role in apple water-deficit stress tolerance[J]. Plant, 109:1271-1289.

[228] JIANG, Q., J. YANG, Q. WANG, et al, 2019. Overexpression of MdEPF2 improves water use efficiency and reduces oxidative stress in tomato[J]. Environmental And Experimental Botany, 162:321-332.

[229] JIMENEZ S, FATTAHI M, BEDIS K, et al, 2020. interactional effects of climate change factors on the water status, photosynthetic rate, and metabolic regulation in peach[J]. Frontiers in Plant Science, 11: 43.

[230] JOHNSON, E.S, 2004. Protein modification by SUMO[J]. Annual Review of Biochemistry, 73:355-82.

[231] JONES-RHOADES, M.W. AND D.P. BARTEL, 2004. Computational identification of plant microRNAs and their targets, including a stress-induced miRNA[J]. Mol Cell, 14:787-99.

[232] JOVER S, MARTÍNEZ-ALCÁNTARA B, RODRÍGUEZ-GAMIR J, et al.2012. Influence of rootstocks on photosynthesis in Navel orange leaves: effects on growth, yield, and carbohydrate distribution[J]. Crop science, 52(2): 836-848.

[233] JU Y, XU G, YUE X, 2018. Effects of regulated deficit irrigation on amino acid profiles and their derived volatile compounds in Cabernet Sauvignon (Vitis vinifera L.) grapes and wines[J]. Molecules, 23(8): 1983.

[234] KANG S Z, ZHANG J, 2004. Controlled alternate partial root zone irrigation: its physiological consequences and impact on water use efficiency[J]. Journal of Experimental Botany, 21(407)：2437-2446.

[235] KE Q, WANG Z, 2015. Transgenic poplar expressing Arabidopsis YUCCA6 exhibits auxin-overproduction phenotypes and increased tolerance to abiotic stress[J]. Plant Physiology and Biochemistry, 94：19-27.

[236] KHURSHID, K., IQBAL, M., ARIF, et al, 2006. Effect of tillage and mulch on soil physical properties and growth of maize. International journal of agriculture and biology, 8: 593-596.

[237] KIM H, LEE K, HWANG H, et al, 2014. Overexpression of PYL5 in rice enhances drought tolerance, inhibits growth, and modulates gene expression[J]. Journal of experimental botany, 65: 453-464.

[238] KIM, J.M., T. SASAKI, et al, 2015. Chromatin changes in response to drought, salinity, heat, and cold stresses in plants. Frontiers in Plant Science, (6).

[239] KIRDA C, CETIN M, 2004. Yield response of greenhouse grown tomato to partial root drying and conventional deficit irrigation[J].Agricultural Water Management, 69：191-201.

[240] KLINGLER JP, BATELLI G, ZHU JK, 2010. ABA receptors: the START of a new paradigm in phytohormone signalling[J]. Journal of experimental botany, 61: 3199-3210.

[241] KOVALENKO, Y., TINDJAU, R, 2021. Regulated deficit irrigation strategies affect the terpene accumulation in Gewürztraminer (Vitis vinifera L.) grapes grown in the Okanagan Valley[J].Food chemistry, 341(Pt 2)：128172.

[242] KOWALCZYK, M. AND G. SANDBERG, 2001. Quantitative analysis of indole-3-acetic acid metabolites in Arabidopsis. Plant Physiol, 127:1845-53.

[243] KULKARNI, M., SOOLANAYAKANAHALLY, R., OGAWA, S.et al, 2017. Drought response in wheat: key genes and regulatory mechanisms controlling root system architecture and transpiration efficiency. Frontiers in chemistry 5:106.

[244] KUROMORI T, MIZOI J, UMEZAWA T, 2014. Drought Stress Signaling Network[M]. New York: Springer.

[245] LANG, S., LIU, X., XUE, H.et al, 2017. Functional characterization of BnHSFA4a as a heat shock transcription factor in controlling the re-establishment of desiccation tolerance in seeds[J]. Journal of Experimental Botany, 2361.

[246] LAWSON T, BLATT, MR, 2014. Stomatal size, speed, and responsiveness impact on photosynthesis and water use efficiency[J]. Plant Physiology, 164(4): 1556-1570.

[247] LE HENANFF G, PROFIZI C, COURTEAUX B, et al, 2013. Grapevine NAC1 transcription factor as a convergent node in developmental processes, abiotic stresses, and necrotrophic/biotrophic

pathogen tolerance[J]. Journal of Experimental Botany, 64(16): 4877-4893.

[248] LEE, H.K., CHO, S.K., SON, O.et al, 2009. Drought Stress-Induced Rma1H1, a RING Membrane-Anchor E3 Ubiquitin Ligase Homolog, Regulates Aquaporin Levels via Ubiquitination in Transgenic Arabidopsis Plants[J]. The Plant Cell, 21:622-641.

[249] LERNER A, CASE J, TAKAHASHI Y, et al, 1958 . Isolation of melatonin, the pineal gland factor that lightens melanocyte S1[J]. JAm Chem Soc, 80: 2587-2587.

[250] LI J, WANG N, XIN H, et al, 2013. Overexpression of VaCBF4, a transcription factor from Vitis amurensis, improves cold tolerance accompanying increased resistance to drought and salinity in Arabidopsis[J]. Plant Molecular Biology Reporter, 31: 1518-1528.

[251] LI M, GUO Z, JIA N, 2019. Evaluation of eight rootstocks on the growth and berry quality of 'Marselan' grapevines[J]. Scientia Horticulturae, 248：58-61.

[252] LI, M., LI, G., LIU, W., et al, 2019. Genome-wide analysis of the NF-Y gene family in peach (Prunus persica L.). BMC genomics, 20:1-15.

[253] LI, S.-H., HUGUET, J.-G., SCHOCH, P., et al, 1989. Response of peach tree growth and cropping to soil water deficit at various phenological stages of fruit development. Journal of Horticultural Science, 64:541-552.

[254] LI, X., S. ZHOU, Z. LIU, et al, 2022. Fine-tuning of SUMOylation modulates drought tolerance of apple. Plant Biotechnology Journal. n/a .

[255] LIAO R, WU W, HU Y, et al, 2019. Micro-irrigation strategies to improve water-use efficiency of cherry trees in Northern China[J]. Agricultural Water Management, 221：388-396.

[256] LIAO X, GUO X, WANG Q, et al, 2017. Overexpression of MsDREB6.2 results in cytokinin-deficient developmental phenotypes and enhances drought tolerance in transgenic apple plants[J]. The Plant Journal, 89(3)：510-526.

[257] LIN, J.S., C.C. KUO, I.C. YANG, et al, 2018. MicroRNA160 Modulates Plant Development and Heat Shock Protein Gene Expression to Mediate Heat Tolerance in Arabidopsis. Front Plant, 9:68.

[258] Liu C, Feng Z, Tang S, et al, 2019. Ridge covering high-yield cultivation techniques of Jinhong apple in cold region[J]. Asian Agricultural Research, 11(4)：80-83.

[259] LIU J, ZHAO F, GUO Y, et al, 2019.The ABA receptor-like gene VyPYL9 from drought-resistance wild grapevine confers drought tolerance and ABA hypersensitivity in Arabidopsis[J]. Plant Cell, Tissue and Organ Culture (PCTOC), 138(3): 543-558.

[260] LIU J, ZHAO F, GUO Y, et al, 2019. The ABA receptor-like gene VyPYL9 from drought-resistance wild grapevine confers drought tolerance and ABA hypersensitivity in Arabidopsis[J]. Plant Cell, Tissue and Organ Culture, 138(3): 543-558.

[261] LIU J, WANG X, 2013. Glucose-6-phosphate dehydrogenase plays a pivotal role in tolerance to drought stress in soybean roots[J]. Plant Cell Report, 32(3)415-29.

[262] LO SF, HO TD, 2017. Ectopic expression of specific GA2oxidase mutants promotes yield and stress tolerance in rice[J]. Plant Biotechnology Journal, 15：850-864.

[263] LUI G. SANTESTEBAN J, 2006. Water status, leaf area and fruit load influence on berry weight and sugar accumulation of cv. tempranillo under semiarid conditions[J]. Scientia Horticulturae, 109: 60-65.

[264] LYNCH JP, BROWN KM, 2001. Topsoil foraging-an architectural adaptation of plants to low

phosphorus availability[J]. Plant and Soil, 237(2): 225-237.

[265] MACROBBIE, E.A., 2006. Osmotic effects on vacuolar ion release in guard cells[J]. Proc Natl Acad Sci U S A, 103:1135-1140.

[266] MAGALHÃES FILHO, JR, AMARAL LR, MACHADO DFSP, et al, 2008. Water deficit, gas exchange and root growth in' Valencia' orange tree budded on two rootstocks[J]. Bragantia, 67(1): 75-82.

[267] MATTHEWS M, ISHII R, ANDERSON M, et al, 1990. Dependence of wine sensory attributes on vine water status[J]. Journal of the Science of Food and Agriculture, 51: 321-335.

[268] MAUREL, C, 1997. Aquaporins and water permeability of plant membranes. Annu Rev Plant Physiol Plant Mol Biol[J] .Annual Review of Plant Biology, 48, 399-429.

[269] MAUREL, C, 2007. Plant aquaporins: novel functions and regulation properties[J]. FEBS Lett, 581:2227-2236.

[270] MCCARTHY M G, LOVEYS B R, DRY P R, 2002. Deficit Irrigation Practices[R] . Water Reports Publication n.22.Rome:FAO, 79- 100.

[271] MEDRANO H, ESCALONA J, CIFRE J, et al, 2003. A ten-year study on the physiology of two Spanish grapevine cultivars under field conditions: effects of water availability from leaf photosynthesis to grape yield and quality[J]. Functional Plant Biology, 30: 607-619.

[272] MEDRANO H, TORTOSA I, MONTES E, et al, 2018. Genetic improvement of grapevine (Vitis vinifera L.) water use efficiency: Variability among varieties and clones. In Water Scarcity and Sustainable Agriculture in Semiarid Environment. Academic Press.

[273] MEDRANO, H., TOMÁS, M., MARTORELL, et al, 2015. Improving water use efficiency of vineyards in semi-arid regions. A review. Agronomy for Sustainable Development, 35:499-517.

[274] MELLOR, N., L.R. BAND, A. PĚNČÍK, ET AL. 2016. Dynamic regulation of auxin oxidase and conjugating enzymes AtDAO1 and GH3 modulates auxin homeostasis. Proc Natl Acad Sci U S A, 113:11022-7.

[275] MINGFEI ZHANG, YANFEI ZHU, HONGBIN YANG, et al, 2022. CsNIP5;1 acts as a multifunctional regulator to confer water loss tolerance in citrus fruit[J].Plant Science 316: 111150

[276] MIURA, K., J.B. JIN, J. LEE, ET AL. 2007. SIZ1-mediated sumoylation of ICE1 controls CBF3/DREB1A expression and freezing tolerance in Arabidopsis. The Plant Cell, 19:1403-14.

[277] MORISON J, BAKER N, MULLINEAUX P, et al. 2008. Improving water use in crop production. Philosophical Transactions of the Royal Society B: Biological Sciences, 363(1491): 639-658.

[278] MOUMENI, A., SATOH, K., KONDOH, H.ET AL, 2011. Comparative analysis of root transcriptome profiles of two pairs of drought-tolerant and susceptible rice near-isogenic lines under different drought stress. BMC Plant Biol[J], 11： 174.

[279] MYLES S, BOYKO AR, OWENS CL, et al, 2011. Genetic structure and domestication history of the grape[J]. Proc Natl Acad Sci U S A, 108: 3530-3535.

[280] NAKANO, T., SUZUKI, K., FUJIMURA, T. et al, 2006. Genome-wide analysis of the ERF gene family in Arabidopsis and rice[J]. Plant Physiol. 140, 411-432.

[281] NAWAZ M A, MUHAMMAD I, 2016. Grafting: A Technique to Modify Ion Accumulation in Horticultural Crops[J]. Frontiers in Plant Science, 7： 1457.

[282] NIR I, MOSHELION M, 2014. The Arabidopsis GIBBERELLIN METHYL TRANSFERASE1

suppresses gibberellin activity, reduces whole-plant transpiration and promotes drought tolerance in transgenic tomato[J]. Plant Cell & Environment, 37：113-123.

[283] NISHIZAWA-YOKOI, A., NOSAKA, R., HAYASHI, H., et al, 2011. HsfA1d and HsfA1e involved in the transcriptional regulation of HsfA2 function as key regulators for the Hsf signaling network in response to environmental stress[J]. Plant Cell Physiol, 52: 933-945.

[284] OJEDA H, DELOIRE A, CARBONNEAU A .2001. Influence of water deficits on grape berry growth[J] . Vitis, 40(3): 141-145.

[285] OLLAT N, CARDE J, GAUDILLÈRE J. 2002. Grape berry development: a review[J]. Œno One, 36(3): 109-131.

[286] OLMSTEAD M A, LANG NS, LANG GA. 2010. Carbohydrate profiles in the graft union of young sweet cherry trees grown on dwarfing and vigorous rootstocks[J]. Scientia Horticulturae, 124(1): 78-82.

[287] OSTIN, A., M. KOWALYCZK, R.P. BHALERAO, et al, 1998. Metabolism of indole-3-acetic acid in Arabidopsis. Plant Physiol. 118:285-96.

[288] P. PANIGRAHIA, A.K. SRIVASTAVA.2016. Effective management of irrigation water in citrus orchards under a water scarce hot sub-humid region[J]. Scientia Horticulturae, 210:6-13.

[289] PACO T A, CONCEICAO N, FERREIRA M I, 2004. Measurements and estimates of peach orchard evapotranspiration in mediterranean conditions. Acta Horticulturae [J], 664: 505-512.

[290] PARK, S.Y., P. FUNG,, et al. 2009. Abscisic Acid Inhibits Type 2C Protein Phosphatases via the PYR/PYL Family of START Proteins. Science, 324:1068-1071.

[291] PERRONE I, PAGLIARANI C, LOVISOLO C, et al. 2012. Recovery from water stress affects grape leaf petiole transcriptome[J]. Planta, 235: 1383-1396.

[292] QIANG-SHENG WU, REN-XUE XIA.2006.Arbuscular mycorrhizal fungi influence growth, osmotic adjustment and photosynthesis of citrus under well-watered and water stress conditions[J]. Journal of Plant Physiology, 163:417-425.

[293] QUIGLEY, F., ROSENBERG, J.M., SHACHAR-HILL, Y., et al, 2002 .From genome to function: the Arabidopsis aquaporins[J]. Genome Biol.3 RESEARCH0001.

[294] R. J. HUTTON, B.R. LOVEYS. A partial root zone drying irrigation strategy for citrus-Effects on water use efficiency and fruit characteristics[J]. Agricultural Water Management, 98 (2011) 1485–1496.

[295] RAMASWAMY, M., NARAYANAN, J., MANICKAVACHAGAM, G.et al, 2017. Genome wide analysis of NAC gene family 'sequences' in sugarcane and its comparative phylogenetic relationship with rice, sorghum, maize and Arabidopsis for prediction of stress associated NAC genes. Agri Gene, 3:1-11.

[296] Reighard Gl, 2001. Current Directions of Peach Rootstock Programsworldwide [J]. Acta Horticulturae, 592: 421-428.

[297] REWALD B, EPHRATH JE, RACHMILEVITCH S, 2011. A root is a root is a root? Water uptake rates of Citrus root orders[J]. Plant, Cell and Environment, 34(1): 33-42.

[298] RUAN, Y.L., Y. JIN, Y.J. YANG, et al, 2010 . Sugar Input, Metabolism, and Signaling Mediated by Invertase: Roles in Development, Yield Potential, and Response to Drought and Heat. Molecular Plant, 3:942-955.

[299] SAKUMA Y, MARUYAMA K, OSAKABE Y, et al, 2006 . Functional analysis of an Arabidopsis transcription factor, DREB2A, involved in drought-responsive gene expression[J]. Plant Cell, 18(5):1292-1309.

[300] SAKURAI, J., ISHIKAWA, F., YAMAGUCHI, T.et al, 2005. Identification of 33 rice aquaporin genes and analysis of their expression and function[J]. Plant Cell Physiol, 46: 1568-1577.

[301] SALON J, CHIRIVELLA C, CASTEL J., 2005. Response of cv.Bobal to timing of deficit irrigation in Requena, Spain: water relations, yield, and wine quality[J]. American Journal of Enology and Viticulture, 56: 1-8.

[302] SAMPAIO AHR, SILVA RO, BRITO RBF, et al, 2021. Sweet orange acclimatisation to water stress: a rootstock dependency[J]. Scientia Horticulturae, 276: 109727.

[303] SANTESTEBAN L G, MIRANDA C, ROYO J B, 2011. Regulated deficit irrigation eff ects on growth, yield, grape quality and individual anthocyanin composition in Vitis vinifera L.cv.'Tempranillo' [J]. Agri culture Water Management, 98:1171-1179.

[304] SATO N, HASEGAW A., 1995. A computer controlled irrigation system for muskmelon using diameter sensor[J]. Acta. Horticulture, 399: 161-163.

[305] SEPASKHAHAH A R, AHMADI S H., 2010 . A review on partial rootzone drying irrigation[J]. International Journal of Plant Production, 4(4): 241-258.

[306] SHELLIE K, KOVALESKI A, LONDO J., 2018. Water deficit severity during berry development alters timing of dormancy transitions in wine grape cultivar Malbec[J]. Scientia Horticulturae, 232: 226-230.

[307] SHEN, X., J. HE, Y. PING, et al, 2022. The positive feedback regulatory loop of miR160-Auxin Response Factor 17-HYPONASTIC LEAVES 1 mediates drought tolerance in apple trees. Plant Physiol, 188:1686-1708.

[308] SHINOZAKI K, YAMAGUCHI-SHINOZAKI K. 2007. Gene networks involved in drought stress response and tolerance[J]. Journal of Experimental Botany, 58(2): 221-227.

[309] SIDDIQUA M, NASSUTH A. 2011. Vitis CBF1 and Vitis CBF4 differ in their effect on Arabidopsis abiotic stress tolerance, development and gene expression[J]. Plant Cell and Environment, 34: 1345-1359.

[310] SIDDIQUA M, NASSUTH A. 2011. Vitis CBF1 and Vitis CBF4 differ in their effect on Arabidopsis abiotic stress tolerance, development and gene expression[J]. Plant, Cell & Environment, 34(8): 1345-1359.

[311] SIGNORELLI, S., L.P. TARKOWSKI, W. VAN DEN ENDE et al, 2019. Linking Autophagy to Abiotic and Biotic Stress Responses. Trends In Plant Science, 24:413-430.

[312] SINGH, V.K., M. JAIN AND R. GARG. 2014. Genome-wide analysis and expression profiling suggest diverse roles of GH3 genes during development and abiotic stress responses in legumes. Front Plant Sci, 5:789.

[313] SIRICHANDRA C, WASILEWSKA A, VLAD F, et al, 2009 . The guard cell as a single-cell model towards understanding drought tolerance and abscisic acid action[J].J Exp Bot, 60: 1439-1463.

[314] SMART, D. R., SCHWASS, E., 2006. Grapevine rooting patterns: a comprehensive analysis and a review[J].American journal of enology & viticulture, 57(1): 89-104.

[315] SONG X, LI Y, CAO X, QI Y. 2019. MicroRNAs and their regulatory roles in plant–environment interactions[J]. Annual Review of Plant Biology, 70: 489-525.

[316] SPREER W, ONGPRASERT S, 2009. Yield and fruit development in mango(Mangifera indica

L.cv.Chok Anan)under different irrigation regimes[J].Agricultural Water Management, 96(4)：574-584.

[317] STASWICK, P.E., B. SERBAN, et al, 2005. Characterization of an Arabidopsis enzyme family that conjugates amino acids to indole-3-acetic acid. Plant Cell, 17:616-27.

[318] SUN, Y.F., O. PRI-TAL, D. MICHAELIet al, 2020 . Evolution of Abscisic Acid Signaling Module and Its Perception. Frontiers In Plant Science, 11

[319] SUO G, XIE Y, ZHANG Y, LUO H. 2019. Long-term effects of different surface mulching techniques on soil water and fruit yield in an apple orchard on the Loess Plateau of China[J]. Scientia Horticulturae, 246：643-651.

[320] SZABADOS L, SAVOURE A. 2010. Proline: a multifunctional amino acid[J]. Trends in Plant Science, 15: 89-97.

[321] TERRY D B, KURTURAL S K, 2011. Achieving vine balance of syrah with mechanical canopy management and regulated deficit irrigation[J].American Journal of Enology and Viticulture, 62(3)：388A.

[322] TESTI, AND, F.J, VILLALOBOS, et al, 2004. Evapotranspiration of a young irrigated olive orchard in southern Spain[J]. Agricultural & Forest Meteorology .

[323] Tokatlidis IS, Dordas C, Papathanasiou F, et al, 2015. Improved plant yield efficiency is essential for maize rainfed production[J]. Agronomy Journal, 107(3): 1011-1018.

[324] TONG X, WU P, LIU X, et al, 2022. A global meta-analysis of fruit tree yield and water use efficiency under deficit irrigation[J]. Agricultural Water Management, 260: 107321.

[325] TORTOSA I, ESCALONA J, DOUTHE C, et al, 2019. The intra-cultivar variability on water use efficiency at different water status as a target selection in grapevine: Influence of ambient and genotype. Agricultural Water Management, 223: 105648.

[326] TU M, WANG X, FENG T, et al, 2016. Expression of a grape (Vitis vinifera) bZIP transcription factor, VlbZIP36, in Arabidopsis thaliana confers tolerance of drought stress during seed germination and seedling establishment[J]. Plant Science, 252: 311-323.

[327] TU M, WANG X, HUANG L, et al, 2016. Expression of a grape bZIP transcription factor, VqbZIP39, in transgenic Arabidopsis thaliana confers tolerance of multiple abiotic stresses[J]. Plant Cell, Tissue and Organ Culture (PCTOC), 125(3): 537-551.

[328] ULLAH A, MANGHWAR H, 2018. Phytohormones enhanced drought tolerance in plants: a coping strategy[J]. Environmental Science and Pollution Research, 25：33103-33118.

[329] ULRIKE, B., ALBIHLAL, W.S., TRACY, L., FRYER, et al, 2013 Arabidopsis HEAT SHOCK TRANSCRIPTION FACTORA1b overexpression enhances water productivity, resistance to drought, and infection[J]. Journal of Experimental Botany. 64, 3467-3481.

[330] VIÉGAS RA, SILVEIRA JAG. 1999. Ammonia assimilation and proline accumulation in young cashew plants during long-term exposure to NaCl-salinity[J]. Brazilian Journal of Plant Physiology, 11:153-159.

[331] WANG H, WANG C, ZHAO X, et al, 2015. Mulching increases water-use efficiency of peach production on the rainfed semiarid Loess Plateau of China[J]. Agricultural Water Management, 154：20-28.

[332] WANG L, WEI J, ZOU Y, et al, 2014. Molecular characteristics and biochemical functions of VpPR10s from Vitis pseudoreticulata associated with biotic and abiotic stresses[J]. International Journal of Molecular Sciences, 15(10): 19162-19182.

[333] WANG YT, FENG C, ZHAI ZF, et al, 2020. The apple microR171i-SCARECROW-LIKE

PROTEINS26.1 module enhances drought stress tolerance by integrating ascorbic acid metabolism[J]. Plant Physiology, 184(1)：194-211.

[334] WANG, H., WANG, C., ZHAO, X.et al, 2015. Mulching increases water-use efficiency of peach production on the rainfed semiarid Loess Plateau of China. Agricultural Water Management, 154:20-28.

[335] WAQAR SHAFQAT, MUHAMMAD JAFAR JASKANI, RIZWANA MAQBOOL, et al, 2021. Heat shock protein and aquaporin expression enhance water conserving behavior of citrus under water deficits and high temperature conditions[J].Environmental and Experimental Botany, 181:104270

[336] WASTERNACK C, 2007. Jasmonates: an update on biosynthesis, signal transduction and action in plant stress response, growth and development[J]. Annals of Botany, 100：681-697.

[337] WEI J, LI D, ZHANG J, et al, 2018. Phytomelatonin receptor PMTR 1-mediated signaling regulates stomatal closure in Arabidopsis thaliana[J]. Journal of pineal research, 65(2): 12500.

[338] WEI, T.L., Y. WANG, Z.Z. XIE, et al, 2019. Enhanced ROS scavenging and sugar accumulation contribute to drought tolerance of naturally occurring autotetraploids in Poncirus trifoliata. Plant Biotechnology Journal, 17:1394-1407.

[339] WEINER J, PETERSON F, VOLKMAN B, et al, 2010. Structural and functional insights into core ABA signaling[J]. Curr Opin Plant Biol, 13(5):495-502.

[340] WENTER A, ZANOTELLI D, MONTAGNANI L, et al, 2018. Effect of different timings and intensities of water stress on yield and berry composition of grapevine(cv. Sauvignon blanc)in a mountain environment[J]. Scientia Horticul -turae, 236: 137-145.

[341] XIAO H, SIDDIQUA M, BRAYBROOK S, et al, 2006. Three grape CBF/DREB1 genes respond to low temperature, drought and abscisic acid[J]. Plant, Cell & Environment, 29(7): 1410-1421.

[342] XIONG, L., SCHUMAKER, K.S. AND ZHU, J.K. 2002 Cell Signaling during Cold, Drought, and Salt Stress[J]. Plant Cell, 14:S165.

[343] YAGHI, T., ARSLAN, A., NAOUM, F., 2013. Cucumber (Cucumis sativus, L.) water use efficiency (WUE) under plastic mulch and drip irrigation. Agricultural water management 128, 149-157.

[344] Yamamoto, N., Takemori, Y., Sakurai, M., et al, 2009. Differential recognition of heat shock elements by members of the heat shock transcription factor family[J]. FEBS J, 276:1962-1974.

[345] YANG Y, ZHENG P, REN Y, et al, 2021. Apple MdSAT1 encodes a bHLHm1 transcription factor involved in salinity and drought responses. Planta, 253:46.

[346] YANG, B., HE, S., 2020. Transcriptomics integrated with metabolomics reveals the effect of regulated deficit irrigation on anthocyanin biosynthesis in Cabernet Sauvignon grape berries[J].Food chemistry, 314：126170.

[347] LIM CW, BAEK W, 2015. Function of ABA in Stomatal Defense against Biotic and Drought Stresses. International Journal of Molecular Sciences, 16(7)：15251-15270.

[348] YANG, J., M. WANG, S.S. ZHOU, et al, 2022. The ABA receptor gene MdPYL9 confers tolerance to drought stress in transgenic apple (Malus domestica). Environmental And Experimental Botany, 194.

[349] YORDANOV, I., VELIKOVA, V. AND TSONEV, T., 2000 .Plant Responses to Drought, Acclimation, and Stress Tolerance. Photosynthetica, 38:171-186.

[350] YOSHIDA T, MOGAMI J, 2014. ABA-dependent and ABA-independent signaling in response to osmotic stress in plants[J]. Current Opinion in Plant Biology, 21：133-139.

[351] YUAN HZ, ZHAO K, LEI H J, et al, 2013. Genome-wide analysis of the GH3 family in apple (Malus × domestica)[J]. BMC Genomics, 14(1)：297-311.

[352] YUAN Y, FANG L, KARUNGO S K, et al, 2016. Overexpression of VaPAT1, a GRAS transcription factor from Vitis amurensis, confers abiotic stress tolerance in Arabidopsis[J]. Plant Cell Reports, 35(3): 655-666.

[353] YUAN Y, FANG L, KARUNGO S K, et al, 2016. Overexpression of VaPAT1, a GRAS transcription factor from Vitis amurensis, confers abiotic stress tolerance in Arabidopsis[J]. Plant Cell Reports, 35: 655-666.

[354] ZAMBRANO C, ZOTARELLI L, MIGLIACCIO K, Beeson R, Morgan K, Chaparro J, Olmstead M. Irrigation Practices for Peaches in Florida. EDIS, 2018.

[355] ZHANG Y, TANG Q, PENG S, et al, 2012. water use efficiency and physiological response of rice cultivars under alternate wetting and drying conditions. The Entific World Jounal: 287907

[356] ZHAO D, WANG YT, FENG C, et al, 2020. Overexpression of MsGH3.5 inhibits shoot and root development through the auxin and cytokinin pathways in apple plants[J]. The Plant Journal, 103(1)：166-183.

[357] ZHAO K, SHEN XJ, YUAN HZ, et al, 2013. Isolation and characterization of dehydration-responsive element-Binding factor 2C (MsDREB2C) from Malus sieversii Roem[J]. Plant and Cell Physiology, 54(9)：1451-1430.

[358] ZHAO T, DAI A. 2015. The magnitude and causes of global drought changes in the twenty-first century under a low–moderate emissions scenario[J]. Journal of Climate, 28(11)：4490-4512.

[359] ZHU Z, SHI J, XU W, et al, 2013. Three ERF transcription factors from Chinese wild grapevine Vitis pseudoreticulata participate in different biotic and abiotic stress-responsive pathways[J]. Journal of Plant Physiology, 170(10): 923-933.

[360] ZHU, M., ZHANG, M., GAO, D.J.et al, 2020 .Rice OsHSFA3 Gene Improves Drought Tolerance by Modulating Polyamine Biosynthesis Depending on Abscisic Acid and ROS Levels. International Journal of Molecular Sciences[J]. 21, 1857.

[361] ZOU, X., CREMADES, R., GAO, Q.et al, 2013. Cost-effectiveness analysis of water-saving irrigation technologies based on climate change response: A case study of China. Agricultural water management, 129: 9-20.

第四章 果树养分高效利用的生理基础与调控研究进展

我国果树生产一直贯彻"上山下滩，不与粮棉争地"的发展原则，大部分果园立地条件差，土壤贫瘠，需要投入大量化肥来维持生产。但是，由于肥料使用不当，导致许多果园地力衰退，果品产量和质量下降，养分利用效率低，果园环境也受到严重威胁。肥料使用不当的根源主要在于对果树养分吸收、运转和同化规律及其调控机制尚不够清楚，支撑果树养分高效利用的理论和技术还需要深入研究。

第一节 果树根际微生物及土壤养分高效吸收调控技术

微生物是土壤生物活性的重要来源，也是土壤养分循环的主要推动者。土壤微生物能够通过分解有机物，促进养分释放和能量转移等，进而促进各种化学元素和营养物质从环境到生物，再从生物到环境的流动和循环，对果树生产也有明显影响。有些微生物能够通过分泌植物激素等改变根系形态，增强根系功能，促进果树生长发育，进而影响果实产量和品质；有些还能够增强果树对传病原体、干旱和盐碱等抵抗力，减轻环境胁迫对果树生产的损害。

根际是受根系活动直接影响的土壤微域，是植物与土壤进行物质交换的活跃平台。根际微生物指紧密附着于根系及处于根际土壤中的微生物，它们不仅参与土壤物质循环和肥力形成，还参与调节植物生长发育及植物对环境的适应等（Kong et al., 2017）。根际是地球上最复杂的生态系统之一，根际微生物则是根际微域环境中的最活跃因子之一，它通过影响根系生存环境和土壤养分有效性而影响果树养分吸收、生长发育和适应性等，甚至会影响果实产量和品质形成等果树的生产性能。

一、苹果根际微生物及土壤养分吸收调控

苹果在世界范围内被广泛种植，苹果产业是重要的农业产业之一，对于促进农民收入和农村经济发展以及改善人们生活等，具有十分重要的作用。土壤是苹果栽培的基础，根际微生物是土壤中的关键活性因子，改善根区土壤环境，优化微生物群落结构，有助于提高土壤养分的生物有效性，促进根系生长发育及其对养分的吸收，提高植株养分利用效率，从而能够减少果园化肥投入，促进果树产业提质增效和保护果园生态环境。

（一）根际微生物的作用

1.促进植物生长发育

根际微生物能够将土壤有机物转化成无机物，促进根系对氮、磷、钾等元素的吸收。根际微生物代谢活动产生的二氧化碳、有机酸等有助于难溶矿物质的溶解，增加植物对磷等矿质元素的吸收，还可以扩大根系吸收面积，促进养分吸收，提高果树光合效率，例如VA菌等。有些微生物还能分泌生长素、赤霉素和细胞分裂素等（Gaiero et al., 2013），通过激素调控根系生长发育，进而调控整个植株的生长发育。另外，氨氧化细菌能够促进根区土壤硝化作用，根际固氮菌还能提高根系多种酶的活性，芽孢杆菌能够将果树难以吸收的磷分解成可吸收状态，荧光假单胞菌（Pseudomonas fluorescens）还能分解一些难以降解的污染物，从而为植物提供良好的微生态环境（Cao et al., 2018；Ali et al., 2020）。

2.提高植物抗逆性

有些根际微生物可分泌抗生素，抑制植物病原微生物的繁殖，减少果树的土传病害，比如，枯草芽孢杆菌可以在根部形成生物膜及分泌抗菌化合物而抑制病原菌，热氏假单胞菌或荧光假单胞菌能够明显减轻重金属对植物的毒害作用。根际微生物中，有许多有益细菌与真菌，它们都可以提高植物的抗寒、抗盐、抗旱和抗病性，比如，细菌中的厚壁菌门类，它们通过产生内生孢子来抵抗脱水和极端环境（Yang et al., 2016；Mohamed et al., 2018）。

3.微生物肥料的菌源

根际微生物既包括通过养分竞争、拮抗作用和诱导系统抗性等机制来抑制土壤病原菌而促进植物生长的"益生菌"，也包括抑制植物生长甚至导致植株死亡的"有害菌"，其中根际"益生菌"是微生物肥料的主要菌源，比如，以芽孢杆菌类、木霉菌、青霉菌等。这些"益生菌"主要分离自根际土壤，将它们以肥料的形式施用于土壤，更容易定居在根

际或依附于根表，从而增强植物对土壤养分的吸收，提高抵抗病原菌的能力，进而维持土壤环境健康和土壤生产力，促进植株健壮和作物高产高效（Gopal et al.，2018；李俊等，2020）。

（二）苹果根区微生物群落组成及其多样性

1.苹果根区微生物组成及其影响因素

果树根区微生物种类繁多、数量庞大，其组成会因宿主变化而不同。同一株果树，在不同生长阶段，其根系分泌物的差异也会使根际微生物组成发生变化；即使同一生长时期，不同养分状态下的根际微生物组成也千差万别。

（1）苹果根际和根内微生物组成 苹果根区存在多种多样的细菌、真菌和古菌，其中优势细菌包括酸性菌门（*Acidobacteria*）、变形菌门（*Proteobacteria*）、浮霉菌门（*Planctomycetes*）、拟杆菌门（*Bacteroidetes*）、放线菌门（*Actinobacteria*）、芽单胞菌门（*Gemmatimonadetes*）、绿弯菌门（*Chloroflexi*）、疣微菌门（*Verrucomicrobia*）和硝化螺旋菌门（*Nitrospirae*）等，相对丰度合计达到95%以上（图4-1 a）；优势真菌主要包括子囊菌门（*Ascomycota*）、接合菌门（*Zygomycota*）担子菌门（*Basidiomycota*）和壶菌门（*Chytridiomycota*）等（图4-1 b）；优势古菌主要为泉古菌门（*Crenarchaeota*）、广古菌门（*Euryarchaeota*）和*Parvarchaeota*（图4-1 c）。

苹果非根际、根际和根表土中，相同的细菌OTU（*Operational Taxonomic Units*，分类操作单元）占大部分，主要属于产酸杆菌、变形菌、拟杆菌、放线菌、芽单胞菌、绿弯菌、硝化螺旋菌、疣微菌、硬壁菌等，它们构成了根区细菌的"核心微生物组"（*Core Microbiome*），对苹果根区微生物组组装和根系生长发育起作用。非根际、根际和根表土壤也存在一些各自特有的OUT，其中非根际土壤特有OTU最多，其次是根表土，根际土特有OTU相对少一些（图4-1 a）。

在苹果非根际、根际和根表土中，相同的真菌OTU数目占各自总OTU数目的48.9%～59.5%，主要是伞菌、壶菌、座囊菌、散囊菌、*Incertae_sedis*、*Leotiomycetes*、微球黑粉菌、*Monoblepharidomycetes*、盘菌、粪壳菌和银耳菌等。非根际、根际和根表土也有许多各自特有真菌OTU，其中根表土自身特有的真菌OTU最多，它们主要属于*Caloplaca*、*Lentinus*、*Petriella*、*Phomopsis*、*Thanatephorus*和*Xylogone*（图4-1 b）。

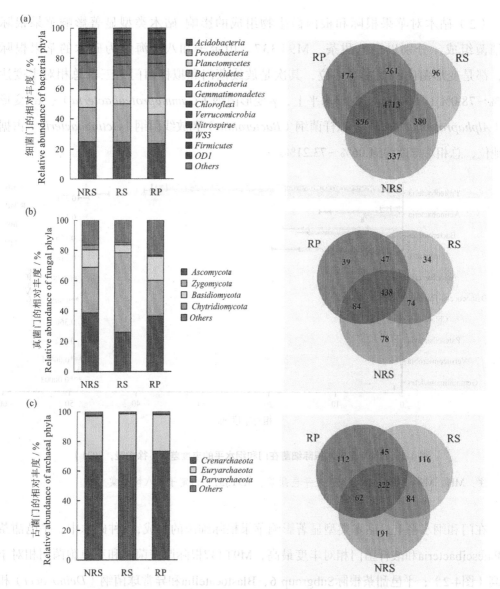

图 4-1　苹果根区优势细菌（a）、真菌（b）和古菌（c）相对丰度及其OTU数维恩图（曹辉，2019）

注：NRS，非根际土；RS，根际土；RP，根表土

　　苹果根区非根际、根际和根表土壤中相同古菌OTU数目占各自总OTU的65.0%～72.0%，它们大多属于泉古菌和广古菌。在非根际、根际和根表土中，非根际土特有古菌最多（主要为*Methanomassiliicoccus*、*Candidatus Solibacter*和*Rhodococcus*等属），根际土特有古菌最少（主要为ArcF12等属），根表土特有OTU主要属于*Flavisolibacter*、*Halococcus*和*Methanosphaera*等属（图4-1 c）。

（2）砧木对苹果根际和根内微生物组成的影响 砧木类型显著影响苹果根际土壤细菌组成。分别以平邑甜茶、M9T337、山定子和八棱海棠为砧木的苹果根际土壤，都是变形菌门占据主导地位，其次是放线菌门和拟杆菌门，三者总相对丰度达到55.%～78.0%（图4-2）；在纲水平上，γ-变形菌纲（*Gammaproteobacteria*）、α-变形菌纲（*Alphaproteobacteria*）、拟杆菌纲（*Bacteroidia*）和放线菌纲（*Actinobacteria*）占据主导地位，总相对丰度为54.06%～73.21%。

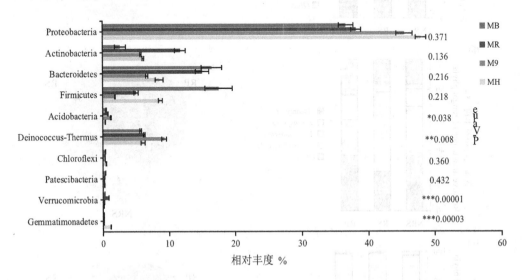

图 4-2 四种苹果砧木根际细菌在门和纲水平的丰度差异（徐龙晓，2021）

注：MH、M9、MB、MR分别代表平邑甜茶、M9T337、山定子和八棱海棠

在门和纲水平上，砧木类型显著影响苹果根际细菌的组成，4种砧木中，平邑甜茶根际Patescibacteria和酸杆菌门相对丰度最高，M9T337根际厚壁菌门和芽单胞菌门相对丰度最高（图4-2）；平邑甜茶根际Subgroup 6、Blastocatellia和异常球菌纲（*Deinococci*）相对丰度最高（徐龙晓，2021）。

苹果根际与根外（非根际）土壤及根系内生细菌群落组成存在明显差异和关联性，变形菌门、放线菌门、疣微菌门、α-变形菌纲、放线菌纲、Blastocatellia和Subgroup 6的丰度在根际土壤中最高，显著高于根外土壤和根系内生菌的丰度。从根外土壤到根际土壤再到根系内生环境，拟杆菌门、γ-变形菌纲和异常球菌纲（*Deinococci*）丰度逐渐增加，最终在根系内显著富集，绿弯菌门（*Chloroflexi*）、酸杆菌门（*Acidobacteria*）、厌氧绳菌纲（*Anaerolineae*）和δ-变形菌纲（*Deltaproteobacteria*）丰度则由外向内逐渐减少，最终在根系内显著耗竭，显示出根外土壤细菌群落在根系影响下不仅被根际环境所被筛选、组装和富集，还被根系内生环境进一步选择和重组（徐龙晓，2021）。

2.苹果根际微生物群落结构多样性

微生物群落结构是评价土壤生态系统可持续性的生物学指标之一（Bach et al.，2010），通常以群落的功能多样性、结构多样性和遗传多样性反映。苹果根区土壤微生物功能多样性受土壤质地和砧木影响，根际和非根际土壤微生物群落的碳源利用能力均是黏壤土>壤土>沙壤土；根际微生物群落对酚酸和羧酸类碳源的利用能力显著高于非根际；八棱海棠根际微生物群落对羧酸类碳源的利用能力在沙壤土中最高、在黏壤土中最低，平邑甜茶根际微生物群落正相反。沙壤土中的根际微生物主要利用氨基酸类，其次是碳水化合物和羧酸类；壤土中的微生物主要利用碳水化合物，其次是多聚物类和氨基酸类；黏壤土中的主要利用多聚物类，其次是氨基酸类和碳水化合物。主成分分析显示土壤质地使根际微生物群落类型分离，而两种砧木的根际微生物群落在同一质地土壤下聚集在一起，即苹果根际微生物群落碳源利用类型更易受到土壤质地影响，而砧木差异所带来的影响较小（徐龙晓 等，2020）。

苹果根区土壤不同位置的细菌、真菌和古菌群落结构各具特色。细菌丰富度（ACE和Chao）在苹果非根际、根际和根表土之间没有显著性差异，而根际和根表土细菌多样性指数（Shannon）显著低于非根际土。苹果根际真菌的Chao、ACE和Shannon指数、根表土中Chao指数都显著低于非根际土壤，说明根际土中的真菌多样性低于非根际土，土壤真菌丰富度从非根际到根际再到根表逐渐降低。在苹果非根际、根际和根表土之间，古菌的丰富度和多样性没有显著性差异（Cao et al.，2021）。

根区微生物丰富度指数（Chao1、Observed ASVs）在4种不同砧木（平邑甜茶、M9 T337、八棱海棠和山定子）之间没有显著差异，除平邑甜茶砧木外，其他三种砧木间的微生物多样性指数（Shannon、Simpson）也没有明显差异，这说明根区微生境（根外、根际和根系内生环境）的差异对细菌群落的影响大于砧木类型或基因型间的差异（徐龙晓，2021）。

（三）苹果根区土壤微生物影响因素

根际微生物群落组成、丰度和时空动态会影响植物生长发育，认识影响根际微生物群落的因素，对于通过重塑根际微生物群落来提高植物生产力有重要意义。总体来看，根际微生物群落结构主要受植株基因型、土壤和外界环境等影响。

1.苹果砧木类型和基因型

虽然微生物群落结构在根外、根际和根内之间的差异大于在不同砧木之间的差异，但根际微生物群落结构也明显受接穗品种和砧木类型等遗传因素影响。据报道，嘎拉苹果转入MdSOS2L1基因后，其根际酸杆菌门、子囊菌门（*Ascomycota*）和壶菌门（*Chytridiomycota*）丰度提高，而蓝藻（*Cyanobacteria*）、放线菌门和球囊菌门（*Glomeromycota*）降低（王晓娜 等，2018）。碳源利用能力是微生物功能多样性的反映，徐龙晓（2020）发现平邑甜茶、M9T337、八棱海棠、山定子4种苹果砧木的根际微生物对不同碳源的利用存在显著差异，其中M9T337根际微生物对碳水化合物、羧酸类和多聚物类的利用能力显著大于其他砧木，平邑甜茶根际微生物对酚酸类碳源的利用能力最高，八棱海棠的利用能力最低，山定子的对胺类碳源的利用能力最高。

2.土壤耕作与肥水管理

土壤理化性状和成分等都对根际微生物群落结构和组成有明显影响。有研究表明，苹果根际土壤细菌群落的差异性与土壤有机碳、全钾、pH和NH_4^+-N有关，土壤pH、全氮和NO_3^--N含量是引起苹果根区真菌属差异的重要影响因子（曹辉，2019）；不同质地的苹果根土壤细菌拷贝数、微生物群落代谢活性以及功能多样性指数，均是黏壤土>壤土>沙壤土（徐龙晓 等，2020）；滴灌可提高土壤微生物的固氮和反硝化潜力（Morugán-Coronado et al, 2019）；蚯蚓引入土壤明显提高蚯蚓洞穴内土壤微生物丰富指数以及微生物对氨基酸、羧酸、聚合物和杂类化合物的利用（Lipiec et al.，2016）。

耕作和施肥等都能显著改变根际微生物群落结构。据报道，间作豆科牧草白三叶与小冠花的果园土壤微生物对糖类、氨基酸类、多聚物类的利用代谢能力显著提高（杜毅飞 等，2015）。间作毛苕子、白三叶草、黑麦草、姬岩垂草和叉歧繁缕，均提高苹果根区土壤细菌和放线菌数量，其中毛苕子和白三叶草还降低真菌数量，而黑麦草和叉歧繁缕增加真菌数量（李萍，2018）。地面覆盖同样显著影响土壤微生物群落结构，其中，稻草苫覆盖可以显著提高褐土果园土壤微生物丰富度，提高潮土果园土壤微生物多样性和丰富度，增加果园土壤微生物对碳源的利用能力和微生物群落功能多样性（Cao et al.，2021）。

苹果废枝改性处理后施于土壤，明显提高土壤保水性，增加根区土壤微生物数量，提高细菌与放线菌相对于真菌的比例（冯丰，2018）。土壤钻孔回填土和钻孔后分别插入玉米秸或苹果枝，提高土壤氧气含量和苹果根系活力，也有效提高土壤细菌和放线菌门的相对丰度，钻孔插玉米秸的效果更显著（卢蕾，2019）。果园土壤细菌丰富度、多样性和相对丰度均随土壤深度的增加而降低，施用生物有机肥可以改变果园土壤微生物群落和土壤生产力（Wang et al.，2016）。

施用堆肥有利于再植果树生长，原因之一是改善了果园土壤细菌群落结构，增加了土壤有益细菌群（Liang et al.，2018）。过氧化钙具有补钙增氧作用，施于根区明显提高苹果根际土壤放线菌门的相对丰度和细菌多样性，增加变形菌门、拟杆菌门的丰度，降低真菌中子囊菌门的相对丰度（张佳琳，2022）。壳聚糖富含碳源，能够定向调控土壤细菌群落结构（Sato *et al.*，2010），施于苹果根区能够降低根际真菌数量，提高细菌丰富度和多样性，增加放线菌、氨化细菌和自生固氮细菌数量（钱琛，2022）。

3.生物炭对苹果根际微生物群落的影响

生物炭是生物质在低氧或无氧条件下热解形成的惰性富碳材料，孔隙较多，孔隙直径一般小于30 μm，可作为细菌的栖息地（0.3～3.0 μm），但难以适应真菌（2～80 μm）定殖和生长（Warnock et al.，2007；Li et al.，2019）。在生物炭存在下，细菌可以在真菌无法进入的小孔隙中吸收养分和水，并通过养分竞争使真菌处于不利条件下（Quilliam et al.，2013）。生物炭中含有可溶性物质和顽固性碳，可溶性物质可作为微生物活动的优先碳源，是改变细菌群落的关键因素，顽固性碳则会改变真菌群落（Li et al.，2019）。

由于生物炭的存在破坏了厌氧环境，提高了土壤pH，不利于古菌存活，或不能有效地为古菌提供良好的生存条件。同时，根区施用炭化苹果枝后，非根际、根际和根表土壤微生物α-多样性及其与土壤环境的关系均发生了改变（Cao et al.，2021）。生物炭中可改良土壤环境，提高土壤养分有效性，促进根系生长（Prendergast-Miller et al.，2014）；根系在不同状态下会产生不同的分泌物，而根系分泌物是微生物代谢的营养物质和能量，生物炭也可由此影响根际微生物（Yu et al.，2018）。

炭化苹果枝是以废弃苹果枝条制备一种生物炭，富含尺度在微纳米量级的微小孔隙和沟壑（图4-3）。苹果园施用炭化苹果枝显著改变苹果根区土壤细菌和真菌的丰富度和多样性，但菌群变化因施用量不同而不同，其中，施用0.5%～4%的炭化苹果枝降低土壤细菌多样性，增加真菌多样性；1%的炭化苹果枝提高土壤细菌丰富度，但降低其中的变形菌门与酸杆菌门的相对丰度，还降低真菌中的担子菌门相对丰度等（曹辉 等，2016；Cao et al.，2021）。

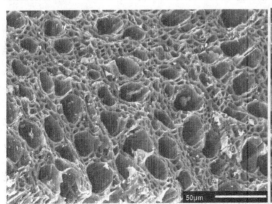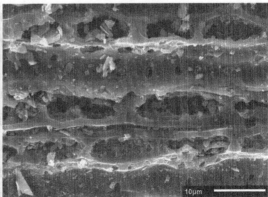

图4-3　炭化苹果枝横（左）纵（右）切面径电镜扫描图（曹辉 等，2016）

炭化苹果枝可以通过改变土壤pH、有机碳、氮磷钾含量等而改变苹果根区土壤细菌、真菌和古菌群落的组成（Cao et al.，2021）。生物炭属于惰性碳，可能无法直接影响土壤微生物群落（Wang et al.，2017），但它具有较高的比表面积和孔隙体积，可作为微生物的栖息地，保护微生物免受其他生物侵害（Quilliam et al.，2013），还可通过改变土壤pH、有机碳和养分含量和水分状态等而间接影响微生物群落组成（Basso et al.，2013；Cao et al.，2021）。

（四）影响果园土壤养分有效性的因素

土壤养分有效性指土壤中的养分能够被根系直接吸收的可能性。土壤是各种养分的贮存库，但绝大部分养分处于非溶性状态并且远离根系，不能被植物直接吸收。提高土壤养分有效性，除了使根系靠近分外，主要是通过改善根区土壤环境，促进土壤养分释放和转化，使更多养分变为水溶性、交换性或易活化的状态。苹果根区土壤环境明显受砧木、耕作、施肥、灌溉及调节物质等因素影响，这些因素都会影响土壤养分有效性以及根系对养分的吸收利用。

1.微生物和蚯蚓对苹果园土壤养分有效性的影响

微生物和蚯蚓都是土壤环境中的活性因素。土壤微生物通过影响物质循环和养分周转而影响土壤养分有效性，但不同微生物发挥的作用针对性不同，其中，细菌在土壤物质转化过程中起着主要作用，对提高养分有效性和利用率的作用更突出；放线菌能同化无机氮，可以把植物残体转化为土壤有机组分；真菌能使枯落物中的蛋白质转化形成可溶性氮、氨基酸和铵盐等，它们对提高土壤养分有效性也起积极作用（申为宝、杨洪强，2008）。

根际微生物种群丰度与土壤速效磷和碱解氮均有一定相关性，其中，以平邑甜茶为砧木的富士苹果幼树根际变形菌门的细菌与土壤速效磷含量显著正相关，以八棱海棠为砧木的富士苹果根际绿弯菌门的细菌与土壤碱解氮含量显著正相关（钱琛，2022）。土壤微生物活性与磷酸酶、脱氢酶、纤维素酶、蛋白酶以及脲酶等联系密切（Sun et al.，2001），而土壤酶活性的提高可以提高多种土壤养分的有效性，比如，碱性磷酸酶能够提高土壤速效磷含量。*phoD*是编码碱性磷酸酶的基因，缺磷显著提高水稻根际编码*phoD*的微生物丰度，促进有机磷矿化，进而缓解磷限制（Wei et al.，2019）。

果树根系主要吸收可溶性无机盐等小分子养分，土壤有机养分比如以植酸及植酸盐存在有机磷需要分解转化为无机磷酸根后才能被根系吸收。植酸酶是一种能够将植酸磷水解为肌醇与磷酸（盐），植酸酶除极少量来自植物根系外，主要由土壤微生物分泌产生，提高土壤微生物活性和种群丰度，有助于向土壤释放植酸酶，进而能够促进有机磷转化无机磷，直接施用外源植酸酶也有类似效果。杨萍萍等（2013）报道，土壤施入植酸酶制剂显著提高了平邑甜茶根区土壤植酸酶和磷酸酶活性以及土壤速效磷含量，也增加了土壤微生物数量和平邑甜茶根系活力，促进了叶片光合作用和植株生长。

蚯蚓是土壤中最常见的杂食性环节动物，它通过自身体运动和代谢活动等影响土壤的物理、化学和生物学性质，进而影响土壤养分的循环和转化。蚯蚓活动能够提高土壤通透性，促进土壤颗粒团聚化，提高土壤养分的有效性和养分周转率，降低土壤有机物的C/N比，促进有机氮、磷、钾等养分转化为植物可利用态。蚯蚓活动还提高土壤微生物活性，通过微生物促进有机物分解和提高土壤养分有效性（申为宝、杨洪强，2008）。向果园土壤引入蚯蚓，能够显著提高土壤微生物量氮和微生物量碳以及土壤脲酶、酸性磷酸酶和碱性磷酸酶活性，使土壤养分有效性明显增强（申为宝 等，2009）。

2.果园耕作对苹果根区土壤养分有效性的影响

果园耕作包括清耕、生草、覆盖和免耕等，果园长期生草可以提高土壤有机质含量和养分有效性，但效果会因草种而有明显差别。间作毛苕子白三叶草黑麦草和姬岩垂草均能够提高苹果根区土壤碱解氮、速效磷、速效钾、交换性钙镁、有效铁、有效铜和有效锰等多种养分含量，毛苕子可提高土壤有效锌含量，而白三叶草黑麦草和姬岩垂草均降低土壤有效锌含量（李萍，2018）。苹果园地面覆草能够提高根区土壤碱解氮、速效磷和速效钾含量，自然生草果园根区土壤有机质含量明显高于清耕和地面覆盖的果园，根区土壤钙的有效性也高于覆草和清耕（李昊，2021）。

地面覆盖对土壤温度和湿度变化有稳定作用，对土壤速效养分含量也有明显影响，但不同覆盖方式在不同季节会有明显差异，其中，春季覆盖稻草苫、农用地毯、园艺地布和透明塑料膜，均能提高苹果园土壤氮、磷、钾的有效性，稳定土壤硝酸盐代谢，其中，稻草苫的作用更突出，并且随着处理年限增长，地面覆盖的稳定作用也更明显（张瑞雪 等，2016；Huang et al.，2020）。但对于不同种类的土壤，覆盖效果会有一定差异，对于潮土果园，稻草苫覆盖会显著提高土壤碱解氮、有效磷和速效钾含量，在褐土果园则只提高有效磷含量，对土壤碱解氮和速效钾含量的影响不显著（Cao et al.，2021）。

3.生物刺激剂和水杨酸对土壤养分有效性的影响

腐植酸是一种生物刺激剂，分子内含有多种活性官能团，在土壤中能够与铵离子结合而提高氮的有效性；腐植酸可与磷酸根离子形成螯合物，还可将土壤中的磷酸根离子代换出来从而提高磷的有效性；腐植酸也能与钾离子结合成生物有效性更高腐植酸钾，对土壤固定钾素也有活化作用（周爽 等，2015）。

壳聚糖（chitosan）又称脱乙酰几丁质和可溶性甲壳素等，也是一种生物刺激素。将壳聚糖施用于土壤，能够有效改善土壤团粒结构，提高土壤蔗糖酶、土壤蛋白酶、硝酸还原酶、脲酶和酸性磷酸酶等的活性，促进养分离子的活化和释放，进而提高土壤碱解氮、速效磷、速效钾等速效养分的含量（曹琪 等，2021）。

水杨酸对植物光合蒸腾、抗病性以及离子吸收与运输都一定有调节作用。盐碱胁迫降低土壤养分有效性，但根部施用适量水杨酸可明显提高含盐土壤苹果根区脲酶、硝酸还原酶和碱性磷酸酶等活性，也相应提高土壤碱解氮、速效磷和速效钾含量（孟姝婷，2021）。

1.4.4 砧木和有机物料对土壤养分有效性的影响

根系通过生长和代谢影响根际环境，进而影响根际养分有效性。分别以中砧1号、SH40、M9、M26和八棱海棠为砧木的8年生富士苹果树，它们根际土壤有机质、碱解氮、速效磷和速效钾含量，以M26为砧木的最高、SH40的最低；对于根际水溶态钙、交换态钙、酸溶态钙和有机结合态钙含量，也是以M26为砧木的最高，而以SH40为砧木的根际水溶钙含量最低，以八棱海棠为砧木的根际交换态钙和有机结合态钙含量最低，即砧木对土壤养分有效性和钙的化学形态有显著调节作用，M26对根际土壤钙有效性的作用最大（李昊，2021）。

施用有机物料不仅增加土壤中有机质含量，还能提高土壤养分有效性。发酵果木屑是废弃果树枝干粉碎后经过腐熟发酵制成的一种有机物质，根部施用发酵果木屑腐显著提高土壤、碱解氮、有效磷和有效钾含量（牟立同 等，2020）。在苹果根区土壤打孔，将玉米秸秆、发酵果木屑、果树枝或生物炭施入孔中，显著促进土壤硝化和反硝化作用，提高苹果根区土壤铵态氮和硝态氮含量，孔中插入玉米秸秆和发酵果木屑的效果更显著（黄萍 等，2018）。

（五）果园土壤养分有效性及养分吸收调控技术

土壤是果树栽培的基础，根系是果树立地之本，果树对土壤养分的吸收利用主要受土壤环境和果树根系两个方面的影响。适宜的土壤环境不仅有利于提高土壤养分的化学有效性，也有利于根系生长发育，增加根系数量，扩展根系分布范围，提高土壤养分的空间有效性，同时还能增强根系代谢活动，提高根系对养分的吸收能力。因此，在砧木和接穗一定的情况下，可以通过改善根系环境和促进根系发育而增强果树对养分的高效吸收，也可以应用增效剂等直接促进果树对养分的吸收与利用。

1.树冠下地面非农膜覆盖

果园土壤极易受自然和人为因素影响，其湿度和温度等非常不稳定，不利于根系生长和养分吸收。为提高早春地温和保持土壤水分，通常在地面覆盖塑料薄膜（农膜），但农膜覆盖会使夏季地温过高，也有碍土壤通气，长期覆盖还会破坏土壤结构，引起农膜残留污染等。果园地面盖稻草苫、农用地毯、园艺地布等非农膜材料则能够克服农膜弊端，还能减少水土流失，改善土壤结构，保温保湿，稳定土壤环境，促进微生物活动和养分转化，增强根系对养分的吸收利用，提高苹果产量和品质，其中稻草苫覆盖的综合效果更好，操作也非常方便，甚至可以减轻冻害（范伟国 等，2017；Huang et al.，2020）。此外，稻草来自水田，与旱生果树共同的病虫害非常少，还会产生枯草芽孢杆菌等有益微生物，具有一定的抑菌和抑草效果。

非农膜覆盖材料主要包括稻草苫、农用地毯、植物堆肥、食用菌废料、碎木块及园艺地布等。稻草苫利用稻草编结而成，农用地毯由废旧棉麻等纺织纤维制成，宽度0.8～1.2 m；植物堆肥是以粉碎的树枝、秸秆、木屑、秸秆等有机物料为主要原料堆腐发酵而成；食用菌废料是栽培食用菌后的培养料，使用前须剔除包裹菌棒的塑料袋并打碎。

一般在春天地温回升后覆盖。可直接将稻草苫或农用地毯顺树行覆盖在树冠下（图4-4），稻草苫1～2年后需加盖一次，农用地毯可3～5年更换一次。植物堆肥、食用菌废料和碎木块等在土壤适墒松土耙平后覆盖冠下，第一次覆盖厚度至少5 cm，以后每年补充覆盖1～2 cm。稻草苫腐烂后不要清除，上面继续覆盖即可；植物堆肥和食用菌废料覆盖厚度要均匀一致。要注意覆盖不能紧贴树干，要距离树干基部5～10 cm，以防根颈因积水而发霉受害；黏土地或低洼易积水果园不适宜这种覆盖（杨洪强 等，2018）。

图4-4　苹果树冠下地面覆盖稻草苫（左）和农用地毯（右）（杨洪强 等，2018）

2.土壤钻孔、孔施有机物及通气灌溉

"气"是土壤肥力四大要素之一，在土壤深层，温度和湿度比较稳定，养分也比较丰富，但透气性差，氧气含量不足，严重限制根系生长及其对深层土壤养分的吸收利用。在根区土壤钻孔，能够增加土壤孔洞，促进气体交换，提高土壤氧含量；氧气含量提高不仅利于根系生长发育，提高根系根活力，还能改善微生物群落结构，增强土壤养分有效性和根系吸收能力，提高苹果产量和品质（纪拓，2018；卢蕾，2019）。

具体实施时，根据树体大小，在树盘内距树干50～100 cm，每隔50～100 cm钻直径

10～20 cm、深40～60 cm的"深窄孔"，在孔内插入2～4根秸秆（如玉米秸秆、谷秸、蒿草秆、高粱秆、棉麻秆、芦苇等）或树枝，并保持插入的秸秆和树枝高出地面3～5 cm通气，然后向孔内填满有机肥或发酵果木屑等有机物料（杨洪强 等，2017）。追肥时将肥料撒在孔上浇水冲下，或用施肥枪将肥料注入孔内，或与滴灌相结合，将滴头插入孔内或放在孔口，通过肥水一体化进行浇灌和追肥（图4-5）。

图4-5　果园土壤钻孔通气与滴灌施肥协同实施（杨洪强等，2018）

该技术尤其适宜通气不良的黏土地果园，在秋季实施效果最好；钻孔位置和数量根据树体大小和环境情况掌握；孔内填满有机物料后，孔口不要再覆土（杨洪强 等，2017、2018）。

苹果根系主要沿土壤各相的"交界面"生长，存在"界面效应"（杨洪强、束怀瑞，2017）；钻孔显著增加土壤"交界面"，增强"界面效应"，使根系在孔周边大量生长。气体通过小孔扩散的速率与小孔的周长成正比，在总的孔口面积相同的情况下，土壤钻小孔可增加孔总周长，提高土壤气体扩散速率，能够使氧气更快地向土壤深层扩散。在孔内插秸秆或树枝，填施入炭化和发酵果木屑及其他有机物料，可更长时间地维持孔内疏松通气状态，提高土壤养分有效性，增强根系吸收功能和叶片光合作用（纪拓，2018；黄萍 等，2018）。因此，提倡在树盘"钻小孔、多钻孔、钻深孔"，孔内插入秸秆并填满有机物料和菌肥，以产生更多的"交界面"，提高土壤深层通气效果和有效性养分含量，促进根系向土壤深层生长，扩大吸收空间，增强果树对土壤养分的吸收利用（杨洪强 等，2017、2018）。

水分会占据土壤孔隙，灌溉与透气性常存在矛盾，将土壤钻孔、插秸秆和灌溉结合在一起（图4-5），实施通气灌溉，可以解决土壤水气矛盾，促进根系生长，提高根系活力及其对土壤养分的吸收能力。宋书婷（2021）试验表明，通气灌溉明显苹果提高根区土壤中性磷酸酶和脲酶活性，提高土壤碱解氮、速效磷、速效钾等养分含量。

3.施用发酵或炭化果树废枝

果园土壤质量下降，养分有效性变差，主要在于土壤有机质不足，有机质的本质是有机碳，而修剪下的果树枝条富含有机碳，将果树废枝制成生物炭（炭化苹果枝）和发酵果木屑，按照1%～2%（w/w）的用量施于土壤，可提高土壤有机碳含量，减少氮氧化物释放，改善微生物群落，提高土壤有效养分含量，增强根系活力，提高叶片净光合速率和氮素吸收利用效率（宁留芳 等，2016；Cao et al.，2019）。

（1）果树废枝炭化后应用：将废弃枝条在300～500 ℃下低氧热解，成品具有独特微空隙，施用后明显提高保水保肥能力，改善微生物群落结构，促进根系吸收，提高养分吸收利用效率。应用方法是秋季在根系分布区钻孔或挖穴，按每亩100～150 kg炭化果树枝（生物炭）、300～400 kg商品有机肥（或2～4方腐熟动物粪便）、30～35 kg氮磷钾（氮磷钾比例15∶12∶18或相近组成）与园土共混，填满孔穴，使孔内穴内炭化果树枝含量在2%～4%，每2～3年集中施用一次。炭化果树枝与有机肥和化肥配施才有更好生产效果，实施时要与肥料配施（杨洪强 等，2018）。

（2）果树废枝发酵后应用：将废枝粉碎后与动物粪便、发酵菌剂及其他废弃有机物堆腐成发酵果木屑，施于根区明显促进苹果根系发育，提高产量和品质。可于秋季在树盘内钻出深而窄的施肥孔（直径15 cm、深40～50 cm），将发酵果木屑直接或掺入适量化肥填满施肥孔（孔口不覆土）；也可按照常规挖沟或挖穴施肥的方法施用，可每隔1～2年施用1次；还可在春天地温回升后进行地面覆盖使用。此外，用施肥枪将化肥注射入孔穴内发酵果木屑等基质中，在不影响苹果产量和品质的前提下，可使化肥用量减少三分之一（杨洪强 等，2018）。

（3）果树废枝配合菌肥应用：在立春到惊蛰期间，将果树废枝直插树盘边缘的施肥穴底，再将粉碎废枝与动物粪便、风化煤、尿素和EM菌液等微生物肥料混合填入穴内，灌水、覆土、踏实，最后覆盖塑料薄膜，使果树枝条发酵腐熟；利用发酵热量提高早春地温，使根系提早生长。当春末地温回升后发酵恰好结束，腐熟枝条变为有机肥，提高了土壤肥力和苹果产量与品质（杨洪强 等，2017）。

4.施用养分增效剂和植物生长物质

养分增效剂可以提高土壤养分有效性，增强根系的吸收功能，植物生长物质也会通过调节植株生理功能而增强果树对养分的吸收利用。据试验，根部施用适量壳聚糖、水杨酸和黄腐酸以及叶面喷施适量黄腐酸与水杨酸，均能提高平邑甜茶根系活力及对磷、钾、钙、铁的吸收速率，其中分别根施200～400 mg/L壳聚糖、50～75 mg/L水杨酸和200～400 mg/L黄腐酸，分别喷施400 mg/L黄腐酸与100 mg/L水杨酸均有显著效果（曹琪，2021）。根部施用100 mg/L和300 mg/L壳聚糖明显提高根系对铵态氮和硝态氮的吸收速率，植株氮素利用效率也相应增加（钱琛，2022）。

在盐碱环境下，根部施用和叶面喷施适量水杨酸，均明显提高苹果根系对氮、磷、钾、钙、锌和镁等养分离子的吸收速率（孟姝婷，2021）。独脚金类似物GR24能够促进平邑甜茶主根生长，抑制侧根发生，提高根系活力和生物量，也能够提高根系对氮、磷、钾、钙、镁、锌和铁的吸收速率（贾竣淇，2022）。复硝酚钠和胺鲜酯分别与硝酸钙共施于根区，能够提高土壤硝酸还原酶和脲酶活性，增强苹果根系活力及氮吸收同化能力，提高根系氮含量和植株氮肥利用效率（许阿飞，2022）。

5. 果园土壤"水肥气热"一体化调控

现有施肥、灌溉、水肥一体化、地面覆盖等技术一般只能解决某1～2个方面的问题，而在果树根区集成应用土壤钻孔通气、孔中插入秸秆并施入有机物料和微生物肥料、地面稻草苫覆盖以及果园渗灌或滴灌等技术，可以实现果园对土壤"水、肥、气、热"的一体化调控，解决土壤水、肥、气、热的矛盾，增强根系功能，促进养分高效吸收利用，提高产量和品质。

一体化调控技术要点（图4-6）是在树盘土壤中打通气施肥孔，在施肥孔中插入秸秆或树枝并高出地面3～5 cm通气，将配方肥、有机肥和微生物肥料等混土填满通气施肥孔，也可同时在孔中插入渗灌灌水器，然后将滴灌头放在通气施肥孔口或灌水器处，最后覆盖稻草苫；追肥时将肥料撒在孔口浇水，或通过渗灌或滴灌追肥（杨洪强 等，2011、2017）；也可以结合地下穴灌方法（毕润霞 等，2013），将养分和水分一起灌入根系集中分布区。

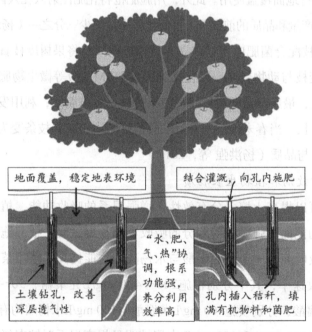

图4-6 土壤钻孔通气、施肥、覆盖与滴灌结合应用

（六）苹果根际微生物与养分吸收总结与展望

果树立根于土壤，土壤是果树优质高效生产的基础和保障。根际是果树根系与土壤的连接区，是根系与土壤相互的特殊微生态系统，微生物是这一微生态系统中主要活性因子，它既受根系和土壤条件的影响，也参与根系环境的构成以及根和土壤相互作用，促进土壤物质转化和养分释放等。苹果根际微生物组成、丰富度和多样性明显受砧木类型和土壤质地等根系环境因素影响，改善根系环境不仅可以促进根系生长发育，扩大根系对养分吸收和利用的空间，也可改善根际微生物群落结构，提高土壤养分的化学有效性，进而促进植株生长发育和养分高效利用，为优质高效生产奠定基础。

"水、肥、气、热、生"是构成土壤肥力的重要因素，这些因素的保障和协调性是植株生长发育和高效生产的重要条件。水和热指土壤的湿度和温度，肥指土壤养分的丰富度和供给能力，气指土壤的透气性和气体组成，生指土壤生物尤其是微生物，这些因素构成了根系环境，共同影响土壤养分的有效性以及根系对养分的吸收利用。地面覆盖可以保证地面适宜和稳定的温湿度，土壤钻孔有助于改善土壤透气性，施用发酵或炭化果树废枝等能够改善养分供给，通过苹果树冠下地面非农膜覆盖、土壤钻孔、孔中施有机物及通气灌溉、施用发酵或炭化果树废枝，实施果园土壤"水肥气热"一体化调控等，结合施用养分增效剂、微生物肥料和植物生长物质等，可以改善根系环境，优化根区土壤条件，促进根系发育从而促进果树养分高效吸收。

根际微生物、根系发育和根系养分吸收的相互关系是果树养分高效利用重要依据，未来需要增强根际有益微生物研究力度，利用多组学分析研究根系发育和根际微生物互作关系，解开有益微生物与根系发育相互作用的复杂网络关系，并进行更多的原位实验来验证果树根际微生物对土壤养分高效吸收的有效性作用。还需要加强果树根系环境和果园废弃物资源化研究，充分发挥根际微生物群组的作用，并针对果树立地条件和果园环境的多样性和复杂性，多项技术协调和集成应用，建立良好的根际微生态系统，协调根区土壤"水、肥、气、热、生"关系，促进根系发育，增强根系功能，进而促进果树对土壤养分的高效吸收利用。

二、柑橘根际微生物及其对养分吸收和抗病性的影响

柑橘是世界上栽培广、经济价值高、发展速度快的大宗水果，在国际水果贸易中也占有重要地位。土壤养分是柑橘生产的重要保障，合理施肥可以改善柑橘根区养分供应，实现柑橘优质高效生产。但是，目前生产中，普遍重视无机肥、轻视有机肥，大量元素投入

过量，微量元素应用不足等，导致土壤质量下降，根际微生态失衡，病害加剧，严重影响柑橘产量与品质提升。

根际是连接土壤与根系的生态微区，根际微生物群落可以通过影响土壤养分及根系生长发育而影响柑橘生长和生产，揭示柑橘根际微生物群落及其功能，对于重塑根际微生物群结构，促进柑橘生长和柑橘生产可持续发展非常重要。

（一）柑橘根际微生物研究方法

1.用于测序分析的微生物取样方法

微生物组高通量测序分析技术可以在不分离微生物的情况下，直接研究微生物群落结构和功能。测序需先采集土样提取微生物DNA；采样工具、采样袋或其他物品等均需无菌。通常以柑橘树为原点，在距离每棵树约1 m处的4个坐标轴方位采集样本（图4-7），先去除样点表层土、石块、肥料、杂草等，选取合适深度（10~30 cm）收集富含细根（直径1 mm左右）的土块，装入无菌袋，置于冰上带回实验室提取根际土和根表土。

a

b

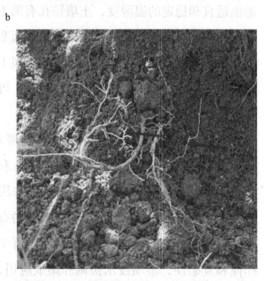

1 m

图4-7　柑橘根部样品采样位点（a）及样品采集部位（b）示意图（张云增，2021）

根际土是指附着在根部约1 mm厚的土壤，轻轻抖动细根去除表面结合松散的土壤、石子和土块后，用软毛刷刷取细根表面的土壤即得。之后，将去除根际土壤的细根置于含预冷PBS的50 mL离心管中，通过超声波震荡收集；超声波震荡后的土壤悬液经低温离心，所得沉淀即是根表土（张云增、何兴华，2021）。

2.柑橘根际微生物分离培养

根际微生物可直接用无菌水分离；内生菌需要将根系洗净后表面消毒，切取横断面薄片放入无菌水中，再进行涂布培养和分离纯化（罗永兰，2006）。常用培养基是马铃薯、牛肉膏蛋白胨、LB或放线菌培养基等；如果鉴定溶磷菌，则需在PVK、NBRIP、NBRIY培养基上培养，然后挑选有溶磷圈的分离纯化（刘洁雯，2020）。Blacutt等（2020）提出了一种柑橘根际土壤微生物高通量培养和分类鉴定的方法（图4-8），一般利用大豆胰蛋白胨培养基与根际土壤混匀，连续稀释后加入到96孔板孵育，获得单菌株后用两步条码法分离鉴定菌株（Zhang et al., 2021）。

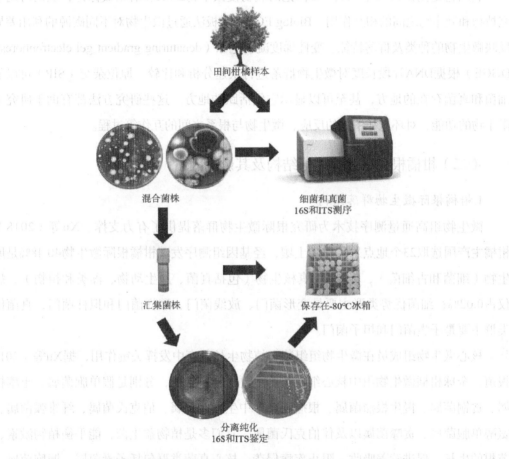

图4-8　柑橘根际土壤高通量培养和分离鉴定（Blacutt et al, 2020）

丛枝菌根（AM）一般用玉米作基质进行诱导培养，冬季则用三叶草，因为这两种植物的生长周期和AM的繁殖周期相当；培养四个月后就可以分离真菌孢子，或者将含根系的土壤一起作为菌种接种剂侵染柑橘根系。一般采用湿筛和蔗糖梯度离心法分离丛枝菌根真菌（*Arbuscular mycorthizal* fungi, AMF）孢子（刘平，2010；Wang et al., 2011），即将土壤和水混合、搅拌、过筛、离心，取上清液镜检计数，并通过染色鉴定。AMF侵染柑橘可采用二层接种法，培养五个月后检测侵染率（刘平，2010）。

3.微生物定量及微生物-植物互作研究方法

利用人工合成的质粒，对样本中细菌和真菌reads数量标准化，可以计算土壤样品中细菌的绝对丰度。例如，将pUFR034-GFP质粒转入从柑橘根际分离出来的两种伯克霍尔德菌株内，通过GFP和16S rRNA的保守引物分别对柑橘根际定殖的两种伯克霍尔德菌和总的细菌进行定量，从而判断其定殖情况（Zhang et al.，2017）。

利用稳定同位素^{13}C、^{15}N、^{18}O标记的底物使微生物DNA和磷脂被标记，从而可用于探究植物和微生物之间的相互作用。Biolog ECO微平板法通过微生物对不同碳源的利用差异来反映微生物的种类及群落特征。变性梯度凝胶电泳（denaturing gradient gel electrophoresis，DGGE）根据DNA片段长度对微生物群落进行快速分析和比较。原位杂交（SIP）可以显示细菌和真菌存在的地方，甚至可以显示它们活跃的地方。这些研究方法都有助于研究土壤微生物的功能、对环境和植物的反应、微生物与根系之间的互作等过程。

（二）柑橘根际微生物群落结构及其影响因素

1.柑橘根际微生物群落结构

微生物组高通量测序技术为研究根际微生物群落提供了有力支撑。Xu等（2018）从柑橘主产国选取23个地点采集根际土壤，经基因组测序发现柑橘根际微生物40.48%是原核生物（细菌和古细菌），0.17%为真核生物（包括真菌、原生动物、藻类和植物），病毒仅占0.02%；细菌优势类群主要是变形菌门、放线菌门、酸杆菌门和拟杆菌门，真菌优势类群主要是子囊菌门和担子菌门。

核心微生物组成员在微生物组组装和植物生长发育中发挥关键作用，据Xu等（2018）报道，全球柑橘微生物组中核心细菌类群主要包括11个属，分别是假单胞菌属、土壤杆菌属、贪铜菌属、慢生根瘤菌属、根瘤菌属、中生根瘤菌属、伯克氏菌属、纤维弧菌属、鞘氨醇单胞菌属、贪噬菌属以及伴伯克氏菌属，它们多是植物益生菌，能平衡植物激素、调节根的生长、促进营养吸收、阻止疾病侵袭。核心真菌类群包括子囊菌属、镰胞菌属、被毛孢属、外瓶霉属和炭疽菌属，其中镰胞菌属和被毛孢属是非致病真菌，可以预防线虫和真菌侵染，外瓶霉属和炭疽菌属能通过调节植物激素产生和磷的吸收来促进植物生长。

基于宏基因组数据的功能特征分析（Xu et al.，2018）表明，柑橘根际微生物的核心功能特征包括植物-微生物互作、微生物-微生物互作和微生物营养获取通路，例如，细菌分泌系统、鞭毛组装、细菌趋化性、细菌毒素、细菌运动、双组分系统和生物膜形成等代谢通路。次级功能特征涉及遗传信息处理和新陈代谢通路，例如，碳水化合物代谢、氨基酸生物合成、能量代谢和核酸生物合成代谢通路。一些柑橘根际还富含营养获取、生长素平衡和病原抑制相关的功能基因，这类功能基因可以促进植物生长或保护植物，例如，负责磷酸盐溶解的*pqqB*、*appA*，负责磷酸盐转运的*phnCEF*，负责硝酸盐/亚硝酸盐转运的*nrtABC*，参与水杨酸合成的*ics*和*irp9*，与水杨酸降解相关的*nagG*和*nagH*，这些通路都可能是影响根际微生物组组装的重要因素。

根系分泌氨基酸、肽、尿素、寡糖和单糖等，可以充当信号分子和食物，用于从非根际土壤中选择性募集微生物，从而调控微生物群落结构。在根际、根表和根系内定殖的微生物群落是从大量非根际土壤接种物中逐渐富集的；根表微生物组紧贴植物根系，更容易受到宿主的选择，从而能够反映宿主的微生物的偏好和适应策略。Zhang等（2017）在柑橘中研究发现，从根际到根表富集的微生物主要是变形菌，如，慢生根瘤菌和伯克霍尔德菌，而放线菌、酸杆菌和古细菌在这一过程中则逐渐变少。

2.柑橘根际微生物群落结构的影响因素

植物类型和土壤类型是土壤微生物群落结构形成和变化两个主要驱动因素。柑橘根际微生物群落按照一定规律组装，并受品种、砧木类型、发育阶段、健康或疾病等影响，其多样性还受土壤养分含量、耕作方式、施肥、季节、气候等多种非生物因素影响。

不同品种的柑橘，其根内和根际微生物也存在差异。不同属的柑橘内生菌在温州蜜柑、甜橙、文旦柚及其不同器官中出现的频次不同（罗永兰 等，2006）；柑橘不同品种之间AMF的定殖效率也有很大差异。土壤施肥方式和耕作类型也显著影响柑橘根际微生物群落，例如，施用有机肥和无机肥柑橘果园的优势类群为假单胞菌、黄杆菌属、分枝杆菌、罗丹杆菌等，但是仅施无机肥的果园优势类群为门球菌、红杆菌（吴倩，2017）。施用甲壳素和硒均提高土壤克雷伯菌属、假单胞菌属、无色杆菌属、酵母菌属、拉氏菌属、醋杆菌属、固氮菌属、芽孢杆菌属、固氮菌属、根瘤菌属、诺卡氏菌属和链霉菌属的相对丰度（Tang et al.，2014）。在三峡库区秭归县，采用土壤免耕和生草的纽荷尔脐橙根际AMF孢子密度高于清耕的（Wang et al.，2011）。在浙江台州柑橘园施用生物炭显著提高土壤细菌丰富度、均匀度和多样性，降低真菌的均匀度，显著富集有益细菌和促进养分循环的腐生真菌（Zhang et al.，2021）。

黄龙病（HLB）通过改变柑橘宿主的代谢从而间接影响柑橘微生物组。HLB感染后，柑橘根际伯克霍尔德菌属、红杆菌属、鞘氨醇杆菌属和鞘氨醇单胞菌属等多个细菌属的相对丰度降低，与碳、氮和磷吸收的关键功能基因也相应减少（Trivedi et al，2010，2012）。与健康树相比，HLB病树根际微生物组中，植物源性养分获取（如蔗糖利用相关功能基因*sacA*、*sacB*和*sacC*）以及植物-微生物和微生物-微生物互作（如分泌系统、细菌运动和趋化性）相关微生物功能基因相对丰度和表达活性降低（Zhang et al，2017）。

（三）根际微生物对柑橘养分吸收和抗病性影响

丛枝菌根真菌、植物根际促生菌（PGPR）和固氮根瘤菌是研究和利用比较广泛的有益微生物，添加到土壤中，可以提高土壤肥力并抑制一系列土壤传播的植物病虫害，还可以提高养分利用率，促进柑橘生长，提高果实产量，改善果实品质等。

1.柑橘养分含量与微生物类群的相关性

柑橘根际存在丰富的细菌、真菌、线虫等微生物资源。Wu、Srivastava（2012）曾从印度酸性和中性碱性土壤上的柑橘根际分离出大量具有良好固氮或溶磷作用微生物，例如，枯草芽孢杆菌、球形芽孢杆菌、嗜铬固氮菌、巴西固氮菌、哈茨木霉等。在我国湖南柑橘园根际土壤，也鉴定到20个不同属水平的溶磷微生物，它们可能通过分泌质子或者有机酸来活化无机磷（刘洁雯 等，2020）。

柑橘叶片养分含量与微生物类群存在密切相关性。Zhou等（2021）研究表明，赣南脐橙根际和叶际微生物*Cellvibrio*、*Gilvimarinus*和*Sphingobacterium*与叶片Mg、Fe和Mn含量呈显著正相关，*Acidibacter*与叶片B含量呈正相关等（图4-9）。湖南橘园产区土壤细菌和真菌类群都与土壤营养及树体营养有较强相关性，其中细菌*Georgfuchsia*与土壤有效铜相关性最强，真菌*Colletotrichum*与土壤速效钾相关性最强，细菌*Janthino bacterium*和真菌*Volutella*、*Cladosporium*与树体全锰含量相关性最强（吴倩，2017）。

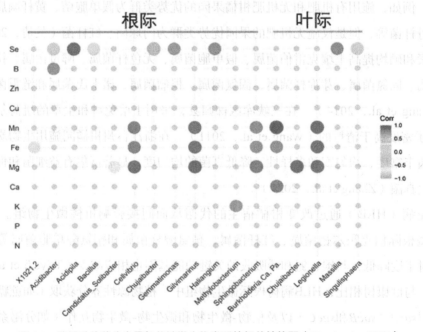

图4-9　脐橙叶片养分含量与关键微生物类群的相关性热图（Zhou et al.，2021）

2.根际微生物对柑橘养分吸收和果实品质的影响

甲壳素是一种壤调理剂，甲壳素联合中微量元素配施，能够通过改变土壤微生物群落结构以及土壤氮循环功能基因丰度，影响氮肥在土壤中的形态转化，进而促进氮素吸收，减低氮素淋溶，提高植株氮肥利用效率（Zhan et al.，2021）。将从柑橘根际土壤里分离出来的多粘芽孢杆菌（*Bacillus polymyxa*）、褐球固氮菌（*Azotobacter chroococcum*）、蕈状芽孢杆菌（*Bacillus mycoides*）、荧光假单胞菌和哈茨木霉（*Trichoderma harzianum*）富集培养，并混合制成复合菌群（microbial consortium，MC），接种到柑橘苗圃，可以显著改变土壤和微生物生物量养分含量，提高氮、磷、铁、锰、锌等元素生物有效性以及微生物生物量碳、氮和磷也含量（Wu、Srivastava，2012）。

从枝菌根对柑橘养分吸收有明显调控作用，其养分吸收的效果比细菌更好。柑橘根系能与菌根真菌形成共生体，柑橘为真菌提供碳素能源，真菌协助柑橘从土壤中吸收所需元素，还可以增加柑橘的抗逆性。据研究发现，接种AMF可以促进枳和卡里佐枳橙对铁、氮、磷的吸收，尤其是在高pH值条件下，可有效缓解枳实生苗的缺铁症状，增强柑橘对高pH胁迫耐受性（王明元 等，2009；刘平，2010）。接种AMF的红江橙和接种根瘤菌的白三叶草间作，可以通过AMF和根瘤菌的互作促进柑橘根际固氮菌、氨化细菌等有益微生物的繁殖，增强土壤固氮酶、脲酶活性，并诱导固氮酶（*nif-H/D/K*）相关基因的表达，提高柑橘根系活力以及柑橘全氮、全磷和全碳积累量（曹石超，2020）。

柑橘果实产量和品质与微生物类群有很强的相关性，吴倩（2017）在湖南橘园调查发现，土壤细菌*Edaphobacter*与果实蔗糖、*Janthino bacterium* 与单果重以及真菌*Volutella*和*Cladosporium*与单果重和出汁率等品质指标均显著相关。施用蓝藻（Blue green algae）的柑橘产量和品质均高于施用化肥的（Wu、Srivastava，2012）。施用枯草芽孢杆菌液态肥可提高土壤磷和钾的有效释放，促进柑橘根系对土壤养分的吸收利用，维持果实成熟期叶片磷和钾的含量，促进果实膨大，提高单果质量，从而提高果实固酸比和出汁率，使柑橘风味更浓（刘文欢 等，2022）。

3.根际微生物对柑橘抗病性的影响

柑橘病害的发生与微生物群落结构密不可分。柑橘根际恶臭假单胞菌（*Pseudomonas putida* 06909）和荧光假单胞菌（*Pseudomonas fluoriscens* 09906）可以通过调节菌丝定殖和铜绿假单胞菌铁载体的产生来抑制疫霉菌繁殖，从而具有预防柑橘根腐病的作用（Wu、Srivastava，2012）。在柑橘根际发现的两种伯克霍尔德氏菌菌株，可以抑制多种柑橘病原体的生长，还可以通过诱导柑橘的系统抗性（Riera et al.，2017）。细胞弧菌是柑橘核心根际微生物组成员，它可能通过对抗真菌病原体以及产生生长素等而使柑橘宿主受益

（Zhang et al.，2017）。

在相似的环境条件下，相同基因型的柑橘抗病和感病性因根际微生物群落组成有所不同。合理施肥可以在柑橘根际富集抗病微生物与核心微生物，提高代谢相关微生物功能基因的丰富度，使微生物群落处于较为健康的稳定状态，从而增强柑橘对病原菌的抵抗能力（Zhou et al.，2021）。

（四）柑橘根际微生物与养分吸收总结与展望

施用微生物及促进根系与微生物的积极互作，对于促进柑橘生长发育及提高植株适应性的有重要作用，开发和应用微生物接种剂比施用农药和化肥对环境的影响和破坏也更小。深入研究柑橘微生物群落结构和功能及其与根系的互作关系，可为开发特定功能的微生物群落提供理论支撑，而参照原生微生物群落的结构设计复合菌群，与有机肥或无机肥配施，有助于改善柑橘根际土壤条件，提高土壤肥力和柑橘对养分的吸收利用效率。但是，目前柑橘根际微生物群落及其与根系的互作关系和机理等研究还处于起步阶段。

柑橘根际微生物研究可以参考微生物组学的相关技术和理论，比如，借用微生物组学的数据分析和可视化技术筛选决定微生物组结构和功能变化的关键微生物，利用微生物高通量分离培养、筛选鉴定和接种验证，寻找一些促进柑橘生长发育和提高抗病的特殊类群。人工构建合成群落，有助于深入研究植物对微生物群落的调控作用以及微生物群落对植物生长发育的影响。一般而言，合成群落中的微生物结成一体，功能互补，具有更强的竞争力和环境适应性，能够更有效地物质循环和能量流动。构建合成微生物群落需要考虑：良好的根际定殖能力，较高的适应性和竞争力，易于大量繁殖，对环境安全，作用范围广，优良可靠的有效性，与其他根际微生物相容，并能耐受其他非生物胁迫等。

此外，基因编辑技术为操纵宿主基因或者微生物功能基因提供了可能。对宿主基因的编辑改造，可以改变其根系分泌物组成，招募特殊微生物类群，促进养分固定和产生抗生素等；或者对微生物进行编辑改造，应用进化的微生物接种剂靶向抑制病原菌而不影响其中的有益微生物（Gardner et al.，2020）。

三、葡萄园土壤微生物与葡萄养分高效利用调控

葡萄种植业是果树产业的重要组成部分，土壤是葡萄生长和生产的基础，良好的土壤条件能够保障葡萄对于水分和养分的需求，有助于葡萄达到稳产高产的状态（Mitra et al.，2018）。微生物是土壤生物活性的重要贡献者，它推动着土壤物质转化和能量流动，参与土壤有机质的矿化和累积，在土壤养分有效性、养分循环和作物生长等方面均发

挥着重要作用（Coats et al., 2014），而土壤养分有效性、含量和状态是制定施肥方案保障葡萄优质丰产的重要依据（Zhao et al., 2019）。土壤是一个连续的时空变异体，微生物是非常活跃的变异因素，明确葡萄园土壤微生物和养分变异特征，对于葡萄园土壤养分管理和精确施肥有重要参考。

（一）葡萄园土壤微生物特征

土壤微生物生物量是衡量土壤物质代谢旺盛程度的重要指标，也是表征土壤微生物活性的指标和土壤活性养分的储存库（郭鹏飞 等，2020）。土壤类型、耕作方式、季节变化、降雨因素、植被类型、土地利用方式均会影响土壤微生物生物量碳、氮和磷的含量（Fisk et al., 2015），它们与土壤微生物种群数量及其生态功能息息相关，也与土壤养分显著相关，其中细菌数量与土壤有机质、全氮和碱解氮含量、全磷和速效磷含量均呈现显著相关（李超 等，2019）。

根际微生物对土壤养分及植物生长都有明显影响，其数量和群落不仅能影响土壤生物活性，还可增强根际环境的稳定性，并在与根系的互作中改变自身的组成和分布（胡禧熙 等，2009；夏文旭 等，2021）。地域、品种、年份和气候等明显影响葡萄园土壤微生物状况（Bokulich et al., 2014），据任艳华等（2021）对山东省12个酿酒葡萄种植园的调查，葡萄园土壤微生物量碳、微生物量氮、微生物量磷的含量具有表层聚集特性，即随着土层深度的增加而降低，但该特征在不同种植园间存在较大差异，尤其土壤微生物量磷，表层土壤微生物量磷含量远远高于中层和底层土壤，但土微生物量氮差异较小，且主要集中在表层和中层土壤；高通量测序显示，不同地区葡萄园土壤微生物组成结构和优势菌群也各不相同，比如，在所调查的12个酿酒葡萄园中，枣庄种植园的土壤微生物物种丰富度最高，其中酸杆菌门丰度最高，而其他样点的变形菌门丰度最高。

（二）葡萄园土壤养分的变异性

不同品种的葡萄都有其特定养分需求和土壤适应性，比如，霞多丽在钙丰富的土壤生长较好，而赤霞珠在大多数土壤中均可较好生长。我国不同地区的土壤养分含量等特性存在很大差异，比如，陕西山地酿酒葡萄园土壤有机质和氮、磷、钾含量较低（侍朋宝 等，2009），山东大泽山地区土壤有机质含量低，钾含量高，微量元素含量变异大（刘昌岭 等，2004），山西曲沃葡萄园土壤有机质、速效磷和速效钾含量适中，但是碱解氮含量较缺乏（于费，2015），吐鲁番地区的葡萄园土壤全氮、有机质、速效氮含量中等，速效磷、速效钾含量中等偏上（王则玉 等，2014），等等。

据任艳华等（2021）调查，山东省12个酿酒葡萄种植园土壤以弱碱性、中性和弱酸性为主，均是适宜种植酿酒葡萄的土壤；土壤养分含量因地理位置和土层深度不同而有较大差异，同一区域的土壤有机质和主要养分含量随着土层深度的增加呈下降趋势；不同葡萄园土壤有机质和主要养分含量差异较大，土壤肥力等级普遍偏低。为提升土壤质量，12个葡萄种植园应根据各自养分含量特征，有针对性地制定土壤管理方案和改良措施。

（三）土壤养分对葡萄产量与品质的影响

土壤营养元素的丰富程度和含量对葡萄产量和品质具有明显的影响，高产葡萄园土壤碱解氮、有效磷、速效钾、水溶性钙和水溶性镁等的含量是低产葡萄园的两倍以上（王小龙等，2019）。

氮素含量与葡萄枝叶生长和产量形成关系密切，土壤供氮不足显著抑制葡萄的生长发育，增施氮肥能够促使枝叶繁茂，光合效能增强，并能加速枝叶生长和促使果实膨大，对促进花芽分化和提高产量与品质也起到积极作用（Nasto et al.，2014）。土壤有效磷能够促进幼嫩枝叶和新根形成与生长，促进花芽分化以及花器官和果实的发育，并促进授粉受精和种子成熟，增加产量，还能提高根系吸收能力，促进根系生长和发育，增强作物抗寒和抗旱性（Maltais-Landry et al.，2014）。葡萄是喜钾植物，适当施用钾肥能够促使根系生长，增强植株抗寒抗旱能力，促进果实成熟和枝条充实，提高浆果含糖量，改善风味和色泽。在果实膨大期，施用钾肥能够促进葡萄快速膨大和成熟，同时能增加果皮硬度，提高耐贮性和品质；钾素还能提高葡萄耐受非生物胁迫和抗病虫害的能力（佟鑫等，2021）。

（四）葡萄养分高效利用调控技术

1.施用根际促生菌

现已发现20多个种属的细菌对植物具有促生和生防潜能，其中假单胞菌属（*Pseudomonas*）的细菌种类最多，其次为芽孢杆菌属（*Bacillus*）。这些生活在土壤或附生于根系、对植物生长、养分吸收和抗逆性有促进作用的有益微生物，被称为植物根际促生菌（Plant growth promoting rhizobacteria，PGPR）。PGPR可以产生促进植物生长的有益物质，能够提高土壤养分含量，也能使某些矿质元素从难以被吸收利用的状态转变为容易被吸收利用的状态，如，固氮菌、解磷菌等。固氮菌能够将分子态的氮气转化为氨，增加土壤氮含量，供植物生长之需。接种固氮菌对宿主植物生长有积极作用，有研究表明，在温室条件下给水稻幼苗接种固氮菌*Pseudomonas stutzeri* A15，显著促进水稻生长，效果比施用化学氮肥还明显（尚立国，2018）。植物根际解磷菌（phosphate-solubilizing microorganism，PSB）能将土壤中固定态的磷转化为有效态磷，Hamdali 等人（2008）分离出8株具有解磷效果的放线菌，其中6个菌株能够以小麦根系分泌物作为唯一营养源，并有效地从磷矿石中释放可溶性磷酸盐，进而增加植株生物量。

2.多种养分协同施用

根系对不同养分的吸收及不同养分对植物的作用，即存在拮抗也存在促进作用，施用含有多种养分的复合肥料的效果通常优于施用单一肥料。但是，由于不同营养元素在土壤中固定情况以及被根系吸收的速率等不同，会使复合肥料中的不同养分难以植物同步吸收，从而不能使各种元素很好地发挥作用。如果在使用复合肥料之前补充磷肥，然后再添加尿素，可以延长根系氮磷元素吸收利用的同步期，促进植株对肥料的早期吸收，延长氮磷高效同化的持续时间，从而使肥料中的不同养分能够长期被高效吸收和利用。笔者在巨峰葡萄自根苗施肥试验中发现，葡萄对磷酸氢二铵中氮和磷的吸收、同化和代谢不同步，对复合肥中氮和磷元素吸收效率也不一样，在施用磷酸氢二铵之前先施入磷酸盐，施用磷酸氢二铵之后再添加尿素，可延长N/P协同效应处于最大化的持续时间，进而提高养分利用效率，其中在施用磷酸二氢铵前7天施入磷酸盐，并在施用磷酸二氢铵9天后再添加尿素，能够有效提高磷酸二氢铵复合肥的利用效率。

（五）葡萄园土壤微生物与养分总结与展望

葡萄根际微生物是葡萄根际微生态系统的重要组成部分，伴随着根际微生物群落的消长变化及代谢作用，推动葡萄根际微生态环境的变化，而根际环境的变化又反作用于葡萄根际微生物群落的消长，从而促进整个根际生态系统的不断演变，这种相互作用影响着葡萄树体的营养生长和果实发育，深入揭示土壤微生物和葡萄树体生长和果实发育之间的关系，对于促进葡萄生产有重要意义。目前葡萄根际微生物研究主要集中在筛选和分离优良菌种，缺乏植株根际微生物群落、土壤肥力、植株生长及果实品质相关联的研究，而加强这方面的研究，可为改善土壤微生物群落结构，改进葡萄栽培技术和提升葡萄果实品质提供重要参考。

化肥施用率高、养分利用率低，不仅导致经济损失还污染环境，根据作物的养分需求规律和肥料被土壤的固氮情况，控制肥料中的养分释放，可以延长肥料效应期，提高养分利用效率（Naz、Sulaiman, 2016），而将单一氮磷元素肥料和复合肥料在不同时间配合施用，可以协调养分供给和吸收的关系，充分发挥氮磷元素的协同作用，提高葡萄对养分吸收利用效率。

enroorganism。PSII脱荧下降叶[不]□，50别国伟江茜自色选择。Randall S A（200 亠文
基用在在对能强发�在接为合名，其C C市积极减多少2了吻多该数的副 一得宏一

第二节　果树氮素养分高效利用机理及其调控技术

氮素是植物必需的大量元素与核心元素，对果树生长发育、果实产量和品质形成影响显著，合理施用氮肥对果树产业健康发展十分重要。但是，在相当长的一段时间内，由于片面追求产量而导致氮肥施用过量现象比较普遍。氮肥过量施用会降低果实品质，引发多种病害，还会降低氮素利用效率，威胁果品质量安全以及果园环境和果树产业安全，严重制约果树生产可持续发展。近年来，随着人们环保意识的增强，以及绿色优质果品需求量的增加，氮与果实品质的关系以及氮素高效利用等问题已成为人们关注的重点。

一、苹果氮素养分高效利用及其调控技术

（一）氮素吸收代谢概述

吸收和代谢是植物氮素营养的主要内容，能被根系吸收的氮素主要无机氮，即硝态氮和铵态氮。在通气良好的土壤中，苹果根系主要吸收硝态氮。硝态氮在硝酸盐转运蛋白（Nitrate transport, NRT）作用下进入根系细胞后，一部分在细胞质中转化或储存在细胞液泡中，另一部分经过木质部运输到地上部代谢转化。

细胞质中的硝酸盐在硝酸还原酶（Nitrate reductase, NR）的催化下被还原为亚硝酸盐，亚硝酸盐进入质体或叶绿体，然后在亚硝酸还原酶（Nitrite reductase, NiR）的作用下转化为NH_4^+；NH_4^+在谷氨酰胺合成酶（Glutamine synthetase, GS）的作用下与谷氨酸结合生成谷氨酰胺，谷氨酰胺在谷氨酸合成酶（Glutamate synthetase, GOGAT）作用下又与α-酮戊二酸结合形成两个谷氨酸，该反应需2个还原型铁氧还蛋白作为电子供体（图4-10）。硝酸还原酶是硝酸盐同化过程的限速酶，活性受硝酸盐浓度调节。硝酸盐和铵盐同化形成的谷氨酸可进一步通过转氨作用、氨基酸交换作用等一系列反应形成其他氨基酸，进而形成核酸、蛋白质和叶绿素等多种含氮化合物（Lillo et al., 2004）。

除了主要吸收硝态氮外，苹果根系也可以吸收部分铵态氮。铵离子在非选择性阳离子通道、水通道或铵转运蛋白介导下，跨质膜进入根细胞，大部分在根中经GS和GOGAT途径被同化形成氨基酸。

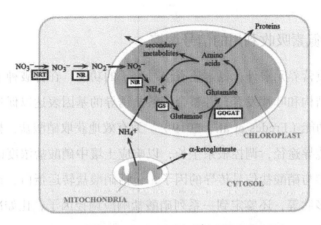

图 4-10　植物细胞中氮素吸收代谢过程（Masclaux-Daubresse et al., 2010）

NRT：硝酸盐转运蛋白；NR:硝酸还原酶；NiR:亚硝酸还原酶；GS：谷氨酰胺合成酶；GOGAT：谷氨酸合成酶；α-ketoglutarate：α-酮戊二酸；Glutamine：谷氨酰胺；Glutamate：谷氨酸；Amino acids：氨基酸；secondary metabolites：次生代谢；proteins：蛋白；Mitochondria：线粒体；Cytosol：细胞质；Chloroplast：叶绿体

（二）苹果硝酸盐转运相关蛋白

为了适应环境硝酸盐浓度的变化，植物进化出硝酸盐的低亲和转运系统和高亲和转运系统，分别对应着低亲和性转运蛋白（NRT1）和高亲和性转运蛋白（NRT2）（Wang et al., 2012）。低亲和性硝态氮转运蛋白NRT1属于寡聚蛋白家族（Peptide transporter family, PTR），也被命名为NPF（nitrate transporter 1/peptide transporter family）。不同的硝酸盐转运蛋白定位在不同的组织和器官中，它们响应不同的氮素环境，通过调控氮素的吸收、转运与储存等，进而调控氮素的吸收利用（Wang et al., 2012）。

通过对NPF基因家族生物信息学与全基因组分析，目前已从苹果基因组中分别鉴定到77和74个NPF家族成员（Wang et al., 2018；Tahir et al., 2021），它们的蛋白分子量在29.9～76.6 KDa之间，等电点在5.26～9.62之间，分属于8个亚家族（I-VⅢ），均含有一个保守的跨膜结构域。这些NPF成员的基因外显子数目在2～7之间，其中多个基因（*MdNPF2.6*、*MdNPF3.1*、*MdNPF5.1*、*MdNPF5.9*等）的表达受到低浓度氮素诱导，部分基因（*MdNPF3.1*、*MdNPF6.5*等）表达同时受到低氮和高氮诱导（Wang et al., 2018a）。

为了验证NPF家族成员在氮素吸收利用过程中的作用，前人研究中克隆了*MdNPF6.5*和*MdNRT2.1*基因，并分别转化了苹果愈伤和烟草。将*MdNPF6.5*在愈伤组织中过量表达后，明显促进了低氮诱导的愈伤组织的生长量（Wang et al., 2018）；将*MdNRT2.1*在烟草中异位表达后，显著促进叶片和根系发育，也明显提高氮素吸收利用效率（Tahir et al., 2021）。

（三）苹果氮素吸收利用的信号调控

除了作为矿质营养元素外，氮素还有信号分子的功能，在打破种子休眠、改变开花时间、调节根系结构和叶片发育，并整合硝酸盐诱导的基因表达以促进植物生长发育等方面均发挥重要功能（Fredes et al.，2019）。为有效地获取硝酸盐，植物会整合局部和系统硝酸盐信号传导途径，调控根系生长，以响应土壤中硝酸盐浓度的不均匀。目前，已经鉴定了许多参与硝酸盐信号传导的因子，包括硝酸盐转运蛋白、钙信号、激酶、转录因子以及各种多肽等，还鉴定到一系列硝酸盐响应调控因子，比如NLP7、TGA1/4、LBD37/38/39、SPL9、ANR1和TCP20等（Wang et al.，2018）。

在苹果中，目前也克隆并鉴定到部分和氮素吸收利用相关的转录因子，包括 *MdMYB88/MdMYB124*（张德辉，2020）、*MdMYB1*（刘鑫，2017；Liu et al.，2022）、*MdNLP7*（Zhang et al.，2021d；Feng et al.，2022）及*MdABI5*（刘亚静，2021；Liu et al.，2021）等，下面逐一介绍。

1.MdABI5调控ABA介导的氮素吸收利用

ABA不仅调节植物生长发育，还与氮素吸收利用存在相互作用。

（1）外源ABA抑制硝酸盐从根到地上部的转运 为了探究ABA对硝酸盐吸收转运的调控，将长势相同的嘎拉苹果生根苗分别在高氮（5 mM KNO$_3$）和低氮（0.1 mM KNO$_3$）条件下培养，并用不同浓度ABA处理50 d，植株总体鲜重和硝酸盐含量均降低，而硝酸盐含量地下/地上（R/S）比增加，表明外源ABA会抑制硝酸盐从根到地上部的转运。对ABA处理的苹果苗进行转录组分析，共筛选到583个发生显著差异表达的基因，其中与硝酸盐吸收转运相关的*MdNPF4.5*、*MdNRT2.4*、*MdNRT1.5*、*MdNPF6.2*、*MdNPF4.4*、*MdNPF4.3*等基因表达显著下降，而*MdNPF5.4*表达显著上调，说明ABA可能通过调控硝酸盐转运相关基因的表达，进而调控氮素的吸收与分配。

（2）*MdNRT1.5*调节硝酸盐吸收利用 前人报道*NRT1.5*调节硝酸盐从根到地上部转运，推测*MdNRT1.5*也可能参与到ABA介导的硝酸盐转运。因此，将苹果*MdNRT1.5*克隆并遗传转化拟南芥，获得三个独立的转基因株系。用低氮（0.1 mM KNO$_3$）和高氮（5 mM KNO$_3$）分别处理野生型和转基因拟南芥，高氮处理14 d后，野生型和转基因拟南芥硝酸盐根/冠（R/S）比以及地上部/总硝酸盐比均没有明显变化；而在低氮处理下，转基因拟南芥硝酸盐R/S比明显低于野生型，地上部/总硝酸盐比明显高于野生型，这表明苹果硝酸盐转运蛋白MdNRT1.5能够促进硝酸盐从根到地上部的转运。

（3）*MdNRT1.5*启动子中ABRE顺式作用元件参与ABA响应 转录组分析显示ABA能

够抑制*MdNRT1.5*表达，表达分析也表明*MdNRT1.5*的表达在ABA处理3 h后显著降低。*MdNRT1.5*启动子上含有一个ABA响应元件ABRE顺式作用元件（CACGTA），将其克隆并构建pMdNRT1.5::GUS载体，获得转基因愈伤，ABA处理降低该转基因愈伤组织的GUS活性，表明*MdNRT1.5*能够响应ABA。将*MdNRT1.5*启动子上的ABRE核心元件突变后再构建pMdNRT1.5::GUS（m）载体，转入苹果愈伤组织，此时用ABA处理该愈伤组织，其GUS活性不再变化，说明*MdNRT1.5*启动子上的ABRE顺式元件对于*MdNRT1.5*响应ABA至关重要。

（4）MdABI5结合*MdNRT1.5*的启动子并抑制其基因表达 苹果*MdABI5*基因表达能够显著被硝酸盐诱导，为验证MdABI5是否结合*MdNRT1.5*启动子，将35S::MYC-MdABI5转入苹果愈伤组织，ChIP-PCR试验显示MdABI5能够结合*MdNRT1.5*启动子；进一步通过EMSA试验表明MdABI5能够直接结合*MdNRT1.5*基因启动子。随后经酵母单杂试验验证，结果显示MdABI5能够直接结合*MdNRT1.5*启动子的AREB作用元件。

表达分析显示*MdABI5*转基因愈伤中的*MdNRT1.5*表达量降低，ABA处理会使其表达量进一步降低，表明MdABI5抑制*MdNRT1.5*的表达。为了进一步验证这个结果，获得了35S::MdABI5+pMdNRT1.5::GUS双转愈伤，GUS染色和活性分析显示35S::MdABI5+pMdNRT1.5::GUS双转愈伤比pMdNRT1.5::GUS单转愈伤呈现更低的GUS活性。ABA处理后这些愈伤中GUS活性更低，然而35S::MdABI5+pMdNRT1.5::GUS双转愈伤比pMdNRT1.5::GUS单转愈伤呈现更低的GUS活性。这些结果表明MdABI5通过直接结合*MdNRT1.5*启动子并抑制其基因的表达。同时，研究发现MdABI5还能够调控*MdNRT2.4*等基因的表达，进而调控氮素的吸收利用，综合以上研究，得到如下调控模型（图4-11）。

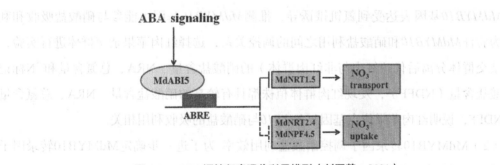

图 4-11 ABA调控氮素吸收利用模型（刘亚静，2021）

ABA signaling：ABA信号；NO$_3^-$ transport：氮转运；NO$_3^-$ uptake：氮摄取

2.MdMYB10调控苹果氮素利用的机理

在苹果中，*MdMYB1*、*MdMYB10*和*MdMYBA*互为等位基因。*MdMYB10*基因的启动子存在多个*MdMYB10*蛋白结合的重复序列，导致*MdMYB10*基因的表达增强，从而影响红肉苹果的色泽（Espley et al.，2009）；*MdMYB10*基因表达受硝酸盐调控，同时，红肉苹果品种具有较高的氮素利用效率（刘鑫，2017），基于此开展了如下研究。

（1）红肉苹果资源调控氮素利用效率 分析比较45个红肉苹果品种和84个非红肉苹果品种硝酸盐的利用率、硝酸盐含量、NRA和总氮含量，发现红肉苹果品种硝酸盐吸收利用相关生理指标均明显高于非红肉苹果品种，包括硝酸盐含量、硝酸还原酶活性和总氮含量，证明红肉苹果品种具有较高的硝酸盐利用效率（图4-11）。

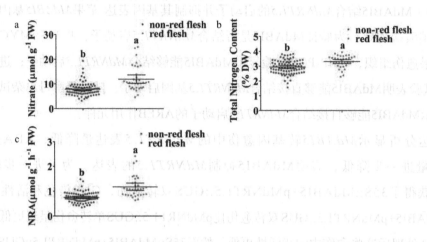

图4-11　红肉杂交群体后代硝酸盐、总氮及NRA活性（Liu et al.，2022）

Nitrate：硝酸盐；Total Nitrogen Content：总氮含量；NRA：硝酸还原酶活性；red flesh：红肉；non-red flesh：非红肉

*MdMYB10*基因表达受到氮饥饿诱导，推测*MdMYB10*基因可能参与硝酸盐吸收和利用。为验证*MdMYB10*和硝酸盐利用之间的调控关系，选择红肉苹果杂交群体进行实验，检测杂交群体分离后代（红肉与非红肉群体）的硝酸盐含量、NRA、总氮含量和^{15}N标记的硝酸盐含量（NDFF），发现红肉群体植株都具有较高的硝酸盐含量、NRA、总氮含量以及NDFF，说明红肉苹果位点基因*MdMYB10*与硝酸盐的吸收利用相关。

（2）MdMYB10转录因子调控硝酸盐利用效率 为了进一步确定MdMYB10转录因子对硝酸盐利用效率的作用，获得了MdMYB10-GFP（过表达*MdMYB10*）、MdMYB10-Anti（抑制表达*MdMYB10*）转基因和pRI-GFP（对照）愈伤组织，用低浓度硝酸盐（LN，0.5 mM）和正常浓度硝酸盐（HN，5 mM）分别处理。LN处理下，硝酸盐含量、NRA、总氮含量和^{15}N吸收速率在过表达苹果愈伤组织中提高，而在抑制表达愈伤组织中没有明显变化，在HN处理下，转基因愈伤组织硝酸盐利用率没有显著变化，表明MdMYB10蛋白可在LN条件下调节硝酸盐的吸收和利用。从红肉苹果杂交分离后代中选择红叶和绿叶幼苗，

LN处理后，红肉苹果*MdNRT2s*家族基因表达上调，*MdNRT1s*家族基因的表达大部分受到抑制，MdMYB10-GFP转基因愈伤组织中*MdNRT2s*表达上调，*MdNRT1s*表达下调，而在HN处理条件下，相关基因表达差异不显著，这些表明MdMYB10转录因子通过硝酸盐所依赖的途径诱导*MdNRT2s*基因表达。

（3）MdMYB10转录因子结合*MdNRT2.4-1*启动子并激活其表达　启动子顺式作用元件分析显示*MdNRT2.4-1*基因的启动子上含有MYB结合位点（MBS），经ChIP-PCR和EMSA试验表明MdMYB10-GFP融合蛋白能显著富集到*MdNRT2.4-1*启动子上，MdMYB10也能特异结合到*MdNRT2.4-1*基因启动子MBS-1顺式作用元件上；而且，酵母单杂试验表明含有pGAD-MdMYB10+pAbAi-pMdNRT2.4-1（MBS-1）的酵母在-U/-L+50 mg/L AbA筛选培养基上能够正常生长，而在含有pGAD+pAbAi-pMdNRT2.4-1（MBS-1）的酵母中不能正常生长，说明MdMYB10转录因子能够直接结合到*MdNRT2.4-1*基因的启动子上。同时，MdMYB10-GFP+pMdNRT2.4-1::GUS共转愈伤组织的GUS活性和GUS蛋白积累在LN处理下提高，表明MdMYB10转录因子可通过硝酸盐依赖的途径转录激活*MdNRT2.4-1*基因表达。

（4）MdMYB10转录因子部分通过*MdNRT2.4-1*调节硝酸盐利用效率　为检测MdMYB10转录因子是否通过*MdMYB2.4-1*基因调控硝酸盐的利用效率，用35S::MdNRT2.4-1+TRV2表达载体瞬时侵染MdMYB10-GFP、MdMYB10-Anti以及pRI-GFP转基因愈伤组织，检测它们的硝酸盐含量和总氮含量。发现35S::MdNRT2.4-1+TRV2转基因愈伤组织中硝酸盐的含量和总氮含量在LN条件下降低，而在HN的条件下没有明显的差异，这表明MdMYB10转录因子对硝酸盐的吸收和利用部分依赖*MdNRT2.4-1*基因。

（5）红肉苹果调控硝酸盐从老叶到新叶的再分配　拟南芥*AtNRT2.4*基因参与氮饥饿条件下硝酸盐在叶片中的重分配过程（Kiba et al., 2012）。鉴于红肉苹果有早衰的表型，推测MdMYB10转录因子可能通过*MdNRT2.4-1*调节硝酸盐在叶片中的重分配，即从老叶到新叶的转运。为了检验这个假设，对红肉杂交群体分离后代中的红肉群体植株和非红肉群体植株的枝条进行离体试验，用不同浓度硝酸盐浸泡离体枝条，只有*MdNRT2.4s*的表达模式和*MdMYB10*的表达模式相一致。红肉杂交群体分离后代中，红肉群体植株硝酸盐利用率比非红肉群体植株高；同时，无论是红肉群体还是非红肉群体，植株上部叶片硝酸盐含量、NRA和总氮含量都高于下部叶片，且红肉群体的新叶/老叶比值高于非红肉群体，以上结果表明红肉苹果可能通过*MdNRT2.4-1*提高硝酸盐从老叶到新叶的再分配过程。

根据以上结果，得到一个MdMYB10调控氮素吸收利用的模型图（图4-13），即：*MdMYB10*基因表达被低氮诱导后作用于*MdNRT2.4-1*启动子，*MdNRT2.4-1*表达激活，氮素吸收与再分配被相应促进；此外，MdMYB10还能够通过间接途径调控*MdNIA2*等基因表达，进而促进氮素同化和利用，最终提高红肉苹果对氮素的吸收利用效率。

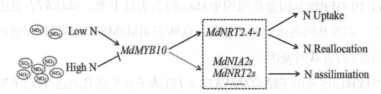

图4-13　MdMYB10调控氮素利用的模型图（刘鑫，2017）

N uptake：氮摄取；N Reallocation：氮重分配；N-assimilation：氮同化

3.MdNLP7对根系发育与氮素吸收的调控

前人报道*NLP7*基因响应硝酸盐信号，正调控NO$_3^-$初级反应，并促进下游NO$_3^-$相关基因表达；NLP7能够直接绑定到硝酸盐转运相关基因的启动子上促进其表达（Marchive et al.，2013）。在此介绍苹果MdNLP7在根系发育与氮素吸收利用中的功能（Zhang et al.，2021；Feng et al.，2022）。

（1）氮素调控苹果根系发育　低浓度硝酸盐对根系生长有促进作用，而高浓度硝酸盐抑制根系生长，浓度越高抑制越明显。在低氮（1 mM, LN）和高氮（20 mM, HN）下分别用生长素、生长素合成抑制剂（TIBA）或运输抑制剂（NPA）处理发现，TIBA和NPA处理抑制了LN对根系生长的促进作用，而生长素处理则缓解了HN对根系生长的抑制（图4-14），表明生长素确实参与到硝态氮对根系生长的调控。

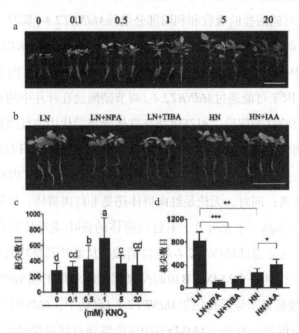

图4-14　硝酸盐和生长素处理对根系生长发育的调控（Zhang et al.，2021）

（2）氮素调控生长素相关基因表达 生长素在根系发育过程中发挥关键作用，通过检测*TARs*、*PINs*和*YUCs*家族基因的表达水平（以*NIR1*为阳性对照），发现这些基因的转录水平在硝酸盐处理下大多数都有所提高，其中*MdTAR2*对硝酸盐响应程度最为明显，暗示硝酸盐可能通过*TAR2*调控生长素介导的侧根发育。

（3）MdNLP7通过*TAR2*介导生长素合成调控侧根发育 苹果MdNLP7-GFP/*nlp7-1*在低氮条件下显著恢复*nlp7-1*侧根发育表型，而在高氮条件下仅部分恢复，说明NLP7参与硝酸盐介导的侧根发育。转MdNLP7-OX拟南芥侧根数量和密度均高于*tar2*突变体，但MdNLP7-OX/*tar2*株系与*tar2*突变体在低氮和高氮条件下都相似，表明TAR2作用于NLP7的下游，介导硝酸盐调控的侧根发育，而NLP7可能通过依赖*TAR2*的方式调控硝酸盐诱导的LR发育。

（4）MdNLP7调控氮素吸收利用 对上述获得的拟南芥MdNLP7-OX和*nlp7*突变体进行表型分析与相关生理指标检测表明，过表达*MdNLP7*明显促进生物量积累，提高植株总氮含量，而*nlp7*突变体则明显降低生物量及植株总氮含量，表明NLP7对氮素的吸收利用起正调控作用。

根据以上结果，得到一个氮素通过MdNLP7调控侧根发育的模型图（图4-15），即：在氮饥饿条件下，*MdNLP7*表达被抑制，进而负调控*TAR2*基因表达和侧根发育；在低氮条件下，*MdNLP7*表达被激活而诱导*TAR2*转录及侧根发育；在高氮条件下，细胞分裂素合成增加，负调控MdNLP7介导的侧根发育及氮素吸收利用。

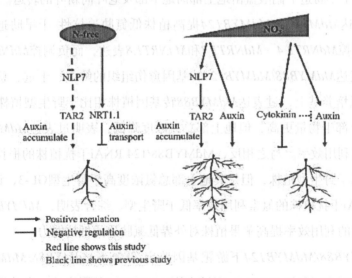

图4-15 MdNLP7调控氮素介导的侧根发育的模型图（Zhang et al., 2021）

Auxin accumulate：生长素积累；Auxin transport：生长素转运；Positive regulation：正调控；Negative regulation：负调控；Red line shows this study：红线表示本研究发现；Black line shows previous study：黑线表示之前研究发现

4. *MdMYB88/MdMYB124*调控干旱胁迫介导的氮素吸收和转运

干旱胁迫会导致植物体内活性氧的积累，引起生理生态的紊乱，甚至会导致植株的死亡。通常情况下，干旱胁迫过程中往往伴随营养胁迫，研究表明干旱胁迫显著抑制硝酸盐的吸收利用，同时抑制硝酸还原酶活性（Meng et al.，2016）。在苹果中，干旱胁迫减缓氮代谢进程，抑制幼苗生物量的积累、叶绿素含量、光合作用及营养元素的吸收，并抑制氮素吸收转运相关基因的表达（Wang et al.，2019）。在苹果中，筛选到干旱胁迫响应的*MdMYB88/MdMYB124*基因，参与到干旱胁迫介导的氮素吸收利用过程（Zhang et al.，2021）。

（1）*MdMYB88/MdMYB124*影响硝酸盐的吸收和转运 在模拟干旱胁迫下（10% PEG6000），过表达*MdMYB88*的转基因GL-3苹果株系硝酸盐的吸收速率高于野生型植株，而*MdMYB88/MdMYB124* RNAi干扰株系硝酸盐吸收速率显著低于对照，表明干旱下*MdMYB88/MdMYB124*可促进植株体内硝酸盐的吸收。*MdMYB88/MdMYB124* RNAi干扰植株根部NO_3^-浓度显著低于野生型，而*MdMYB88*过表达转基因植株根部NO_3^-浓度显著高于野生型。*MdMYB88/MdMYB124* RNAi干扰植株根部与地上部NO_3^-浓度比值低于野生型，而*MdMYB88*过表达转基因植株根部与地上部NO_3^-浓度显著高于野生型；*MdMYB88/MdMYB124* RNAi干扰植株老叶与新叶NO_3^-浓度比值相比于野生型升高，而*MdMYB88*过表达转基因植株老叶与新叶NO_3^-浓度较野生型降低，这些结果表明苹果*MdMYB88/MdMYB124*促进干旱胁迫下硝酸盐由地上部向地下部及老叶向新叶的转运。

（2）过表达*MdMYB88/MdMYB124*提高植株低氮胁迫抗性 干旱胁迫下*MdMYB88/MdMYB124*正调控*MdNRT2.4*、*MdNRT1.7*和*MdNRT1.8*表达，而负调控*MdNRT1.5*表达。低氮胁迫下，过表达*MdMYB88/MdMYB124*转基因愈伤组织的鲜重、干重、总氮含量均高于野生型。在低氮培养基上，过表达*MdMYB88*转基因植株相比于野生型植株根长更长，新叶数更多，地上部生物量更高，但地上部总氮浓度降低，表明过表达*MdMYB88*转基因植株有较高的氮素利用效率。与之相反，MdMYB88/124 RNAi干扰植株的根长、新叶数、地上部干重显著低于野生型植株，但是其地上部总氮浓度高于野生型GL-3，说明*MdMYB88/MdMYB124* RNAi干扰植株的氮素利用效率低于野生型。综合表明，*MdMYB88/MdMYB124*可通过提高氮素的利用效率提高苹果植株对外界低氮胁迫的抵抗能力。

（3）*MdMYB88/MdMYB124*下游靶基因鉴定 低氮下*MdMYB88/MdMYB124*正调控*MdNRT2.4*、*MdNRT1.7*和*MdNRT1.8*，而负调控*MdNRT1.5*基因表达；启动子分析发现它们的启动子上含有MYB转录因子结合位点。ChIP-PCR检测显示，MdMYB88/MdMYB124蛋白可结合*MdNRT2.4*、*MdNRT1.7*和*MdNRT1.8*的启动子；EMSA试验表明MdMYB88/MdMYB124蛋白能够与*MdNRT2.4*、*MdNRT1.7*和*MdNRT1.8*的启动互作。以上结果说明

MdMYB88/MdMYB124可直接结合*MdNRT2.4*、*MdNRT1.7*和*MdNRT1.8*启动子并激活其基因表达，但不能结合*MdNRT1.5*基因启动子。

（4）苹果MdBT2作用于MdMYB88/MdMYB124-MdNRTs上游　MdBT2负调控低氮下的氮素利用，*MdMYB88/MdMYB124*正调控低氮下的氮素利用；过表达*MdMYB88/MdMYB124*转基因愈伤在低氮胁迫下具有较高的总氮含量和氮素利用效率，而过表达MdBT2转基因愈伤则出现相反的结果；MdMYB88-OE/MdBT2-OE和MdMYB124-OE/MdBT2-OE的总氮含量和氮素利用效率均高于过表达MdBT2转基因愈伤，但低于MdMYB88/MdMYB124-OE转基因愈伤。这些结果表明MdBT2作用于MdMYB88/MdMYB124上游调控*MdNRTs*基因的表达，并进一步调控氮素的利用效率。

综上可见，在正常硝酸盐条件下，MdBT2可与MdMYB88/MdMYB124相互作用并通过26S蛋白酶体途径将其降解；在低硝酸盐浓度下，MdBT2被抑制，同时*MdMYB88/MdMYB124*被激活并调控下游靶基因*MdNRTs*，进而促进硝酸盐的吸收、利用和再分配；MdMYB88/MdMYB124对MdNRTs的协同调控导致了苹果根系和幼叶中硝酸盐积累的增加，从而提高了氮素胁迫下硝酸盐的利用效率（图4-16）。

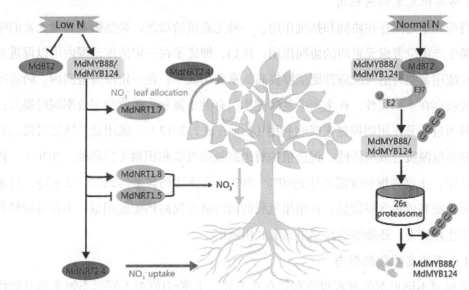

图4-16　苹果MdBT2-MdMYB88/MdMYB124-MdNRTs调控氮素利用模型（张德辉，2020）

NO_3^- leaf allocation：氮在叶中分配；NO_3^- uptake：氮吸收；26S proteasome：26S蛋白酶体

（四）苹果氮素高效吸收利用调控技术

在栽培生产中，可以通过多种栽培管理途径，提高或改善苹果对氮素的吸收利用，其中，砧穗组合、施肥深度、矿质元素、氮素形态等对氮素吸收利用均有重要调控作用。

1.选择适宜砧木和砧穗组合

在栽培实践中，优良苹果品种需要嫁接在特定砧木上，适宜的砧木及砧穗组合不仅影响苹果产量和品质，也明显影响氮素利用效率。比如，在一年生平邑甜茶、八棱海棠、楸子、新疆野苹果、东北山荆子5种砧木中，楸子^{15}N利用率最高，东北山荆子的最低（王海宁 等，2012）；烟富3/八棱海棠砧穗组合的氮素利用效率比烟富3/M7和烟富3/M26/八棱海棠的高（陈倩 等，2017）；此外，中间砧（SH28、SH38、CG24）的矮化性与氮素利用效率存在一定负相关性（李晶 等，2015），这些均可作为选择氮素高效利用砧木和砧穗组合的参考。

2.采用合理施肥深度和施肥频次

土壤养分需要通过根系吸收，根系在土壤中有适宜的分布层次，施肥深度必然影响根系对氮素的吸收。比如，通过^{15}N标记尿素施于根系丰富的土壤中层（地面下20 cm），苹果各器官Ndff值显著高于施于深层（地表下40 cm）或土壤表面。此外，同量^{15}N标记尿素分次施入土壤时，苹果植株氮素利用率明显高于一次性施入。因此，提倡在根系集中分布区施肥，同时注意多次施肥，以提高氮素利用（李红波，2010）。

3.与其他元素协同施用

营养元素之间存在协同和拮抗作用，一种元素供给缺乏，必然影响其他元素的吸收，在苹果生产中应考虑元素间的协同作用。比如，钾离子在一定浓度范围内可以促进氮素吸收，在施用氮肥时适当配施钾肥能够提高氮素利用效率；在一定浓度范围内，磷素吸收与氮素吸收存在正相关性，在生产中氮磷配施，有助于氮和磷吸收利用效率同时提高；钙离子能够通过信号作用调控氮素吸收利用（Liu et al.，2017），施用适量钙肥可提高硝酸还原酶和谷氨酰胺合成酶活性，促进植株对硝态氮的吸收和积累（付璐璐，2020）。优质苹果生产中，土壤钙饱和度需要达到60%～80%、交换性钙含量达到0.5～2 g/kg，目前大部分果园土壤有效钙含量较低，在施用氮肥的同时适当提高钙肥施用量，不仅可减轻苦痘病等果实生理病害，还能够提高苹果氮素利用效率。

4.选用适宜的氮肥形态

果树对不同形态的氮素吸收利用存在差异，土壤pH值对不同形态氮素的有效性也存在明显影响。^{15}N同位素标记研究结果显示，平邑甜茶氮素利用率在土壤施用NO_3-N时最高，施用酰胺氮CO（NH_2）$_2$-N时最低，施用NH_4^+-N时居中。在土壤pH＜6.5时，施用CO（NH_2）$_2$-N的植株生物量最高，施用NO_3-N的最低，施用NH_4^+-N的最高，在pH＞6.5时则表现相反，说明土壤pH显著影响植株对不同形态氮素的吸收征调、分配和利用，酸化土壤适宜施用酰胺态氮肥（文炤，2016），为提高氮素利用效率，要根据土壤pH选用适宜氮素形态。

（五）苹果氮素高效利用总结与展望

氮素是植物生长发育必需的大量元素，对苹果产量和品质形成起关键作用。近几十年我国苹果产量的增加主要依赖于氮肥的大量投入，这不仅提高了种植成本还导致了严重的环境污染问题。今后在果园养分管理中，要兼顾生产、氮素利用效率和环境安全等，以使苹果产业能够可持续发展。

氮代谢与激素信号转导通路密切相关。氮素能够通过调控生长素合成和运输而调节生长素所介导的侧根生长（Zhang et al., 2019; Zhang et al., 2021）。改变水稻植物体内的生长素含量，可影响生长素响应因子对下游氮代谢相关基因的调控作用，最终影响植物氮代谢（Zhang et al., 2021）；脱落酸可通过影响氮素在苹果地上地下部的重分配调控氮素的吸收利用（Liu et al., 2021）；赤霉素信号广泛参与调控水稻氮肥响应与氮素利用过程（Li et al., 2018）。

在苹果生产中，将常规栽培管理与生长调节剂结合应用，形成果树化控栽培技术体系，会有助于果树氮素吸收与合理分配，进而能够促进氮肥高效利用。另外，通过遗传改良的手段，培育氮肥高效利用的砧木和品种，也是提高氮肥利用的有效手段（图4-17）。

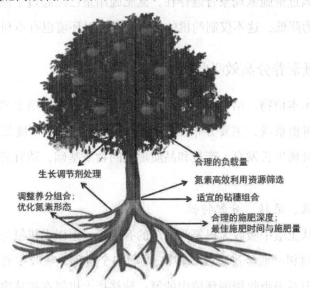

图 4-17 提高苹果氮素高效利用的技术途径

目前已经筛选到*MdMYB10*、*MdMYB88*等调控氮素吸收利用的遗传位点或调控基因（Zhang et al., 2021; Liu et al., 2022），为创新氮肥高效吸收利用的种质材料提供了基因资源，也为实现苹果高产、优质和减肥增效的协同发展提供了重要参考。

二、桃树氮素养分高效吸收利用机理及其调控技术

（一）桃树氮素营养概述

我国桃园多数分布于山地、丘陵地和沙滩地，普遍存在土层薄、有机质含量低、养分不均衡、透气性差和保水保肥能力低等问题，生产中对氮素等化肥有很强的依赖性。但目前桃园氮肥管理方面存在如重视氮素化肥、轻视有机肥，施氮方式方法不合理，氮素投入过量等问题，降低了氮肥吸收利用率与农学效率，还导致果实风味不良，品质下降。李贵美（2011）对山东桃主产区86个桃园施肥情况调研显示，桃园氮素年投入量高达1044 kg/hm²，有78%的样本氮素投入处于盈余状态；在河北、北京和江苏几个重要桃产区，也有存在氮肥投入过量问题（郭超仪，2019）。

施用氮肥能促进桃树生长，提高桃果产量，但氮肥过量施用影响桃果实品质，引发生理病害。李付国等（2006）研究发现，随着施氮量的增加，桃果实可溶性固形物含量降低，可滴定酸含量显著升高，叶片中钾、镁、铁元素浓度显著降低。在过去几十年，果农片面追求产量，桃园过量施氮现象普遍存在，氮肥施用量已经超过了桃树对氮肥的实际需求量，氮素偏生产力降低，这不仅制约桃的优质丰产，对环境也有不利的影响。

（二）桃树氮素养分高效吸收利用规律

桃树是多年生木本植物，结果早，寿命短，较耐瘠薄，喜沙壤土和壤土，适宜生长的pH为4.5～7.5。桃树根系浅，主要分布在40 cm的土层内，根系密度较低，营养吸收面积较小。氮素营养是桃树生长发育、产量和品质形成的物质基础，适宜的氮素水平是果实丰产优质的必要条件。

1.桃树氮素吸收、运转、分配特性

桃树根系可以从土壤中吸收无机氮与简单的有机氮，但以无机氮为主，如硝态氮与铵态氮。无机氮进入桃树一般经过吸收、转移和同化3个过程，吸收主要指根系通过大气固氮、菌根共生以及根系来吸收周围环境中的氮；转移指无机氮在树体内的迁移和分配；同化是树体将无机氮转换成有机氮的过程。根系吸收的无机氮合成简单的有机氮化合物（氨基酸、酰胺），然后向地上部运送，其中谷氨酸、天门冬氨基酸、精氨酸、谷氨酰胺和天门冬酰胺，是向上运送和转运的主要形态。被同化的氮素可通过木质部或韧皮部向上运输，其中通过木质部的运输量更大。

氮素在树体内的运转和分配，基本上随生长中心的转移而转移，春季主要供给新生器

官（新梢、叶和根）的生长，夏季主要供给根系第二次生长与枝干的加粗生长，而以叶内和果实积累较多。氮素营养向上运输与地上部活动和气温有很大关系，随着地上部生长停止、芽进入休眠以及气温下降，由根部向上运输的氮下降，贮存于根内的氮素比例增加。

对于成年桃树，主要在新梢生长期吸收氮素，早春和晚秋尤其是叶片脱落以后，氮素吸收量非常低。在落叶前一个月，桃树叶片内50%～57%的蛋白质降解为氨基酸，经木质部回流至树干和根部皮层内，以重新组成蛋白质形式的贮藏养分（Tasliabvini et al.，2000）。初春，萌芽、开花等生长所需氮素养分，主要依靠树体的贮藏（Tagliavini et al.，2002）；在生长季的前25～30 d，桃树器官所需氮素养分全部来自树体贮藏，并持续至化后约75 d（Rufat、DeJong，2001）。Munoz等（1993）施用^{15}N标记的KNO$_3$肥料研究结果表明，在开花和坐果期，生长所需氮素的7%来自肥料，其余来自老器官中贮藏的氮素。

2.桃树不同器官氮素含量变化

桃树各器官氮素含量因树龄和品种的不同而有差异。对幼龄桃树而言，一年当中，随着物候期的变化，幼龄桃树各器官对氮素的吸收呈现一定的规律性（表 4-1）。从定植到新梢旺长期，叶片氮素持续增加，树体氮素主要用于枝叶形态构造；在落叶期，氮素随叶片脱落而流失。随生育期的发展，幼龄桃树新梢氮素含量呈现降低趋势，枝条氮素含量为先升高后下降，主干氮含量整体变化不大（在3.7～7.5g/kg），根系氮素含量呈现先降低后增加的趋势。幼龄桃树主要进行营养生长，在生长季，氮素主要分布在叶片、新梢和枝条，主干和根系氮素到休眠期才有增加趋势。

新梢、枝条、主干和根系氮累积量随生育期的延长而增加，虽然生育期内个别器官氮含量呈降低趋势，但因生物量不断增加，氮素累积量也都呈现增加趋势，桃树氮吸收高峰一般在6～8月份。新生器官（叶片、根系）分配到的氮素高于贮藏器官（枝条、主干）。

表 4-1　桃树不同器官氮含量在生长季的动态变化（李贵美，2011）

单位：（g/kg）

器官	采样日期（月/日）			
	4/20	6/20	8/20	10/20
叶片	—	27.4a	36.1a	—
新梢	—	21.1b	19.2c	9.3a
枝条	5.7b	14.9c	16.6d	2.0b
主干	3.7b	6.1d	5.0e	7.5c
根系	21.2a	11.5c	11.6b	18.6a

（三）桃树氮素养分高效吸收利用调控技术

1.合理的土壤管理

桃园立地条件及土壤保肥保水能力对氮素吸收利用效率影响较大，良好的土壤质量是桃树氮素高效的基础。通过桃园生草、培肥地力和有机物料覆盖等科学的土壤管理措施，可优化土壤理化性状，为根系生长创造良好的土壤环境，对氮素高效吸收利用至关重要。

在土壤管理制度方面，大多数国外的桃园都采用生草制，很少清耕。国外的桃园常采用行间自然生草和人工种草相结合的方式，欧洲行间生草多选用三叶草和黑麦草等；日本的许多果园普遍种植红三叶、苜蓿，此外还有白三叶、草木樨、禾本科绿草等。当草生长到30 cm左右时留2～5 cm刈割。割草时，先保留周边1 m不割，给昆虫（天敌）保留一定的生活空间，当内部区域的草长出后，再将周边杂草割除，割下的草直接覆盖在树盘周围。在桃园种植绿肥能保障桃树最大氮需求期的氮素供应，有利于减少施用氮肥供应和提高氮素吸收利用效率。

果园生草可保持土壤结构和微生物环境坏，减少水土流失，培肥地力，还可以促进果实着色，改善果实品质，同时可以招引有益昆虫和鸟类。有研究发现，桃园种植黑麦草可显著提高土壤总有机碳、微生物量碳和水溶性有机碳含量（王耀锋 等，2014）。据郭新送等（2021）报道，桃园生草还田对土壤养分的积累具有正效应，以生草刈割配施有机物料腐熟剂还田效果明显，其不仅增加了土壤无机态氮和有机态氮含量，减少了氮素损失。

近年来采用覆盖制的果园呈现增加趋势，行内采用稻草或树皮等有机物料覆盖，可起到保温、调温、保水、增肥和提高果实品质的作用。秸秆和生草覆盖后不仅向土壤提供了营养物质，还改善了土壤的水分、热量和通气状况，调节了土壤酸碱度，促进了微生物活动，加速了土壤有机质的矿化作用，促进了土壤养分的释放，覆盖豆科植物还能使土壤氮含量升高（Steenwerth、Belina，2008）。

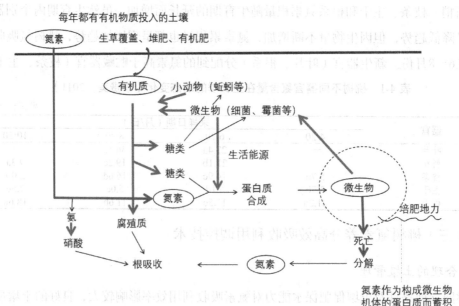

图 4-18　投入有机物质提高土壤氮素有效性（仿伴野洁 等，2021）

生草覆盖、施用堆肥、农家肥和各类有机肥料等，能够提高土壤有机质含量，优化土壤结构，增强土壤氮素有效性，促进根系对氮的吸收（图4-18）。常用有机肥料如堆肥、厩肥、棉籽粉、羽毛、血粉等含有大量的不溶成分，肥效迟，为确保其足量降解，使果树适时获得营养，一般应在早春提前施用或秋季施用。当果树营养不足时，应用可溶性的有机肥料如鱼乳状液、可溶性的鱼粉或水溶性的血粉等进行叶面喷施。向土壤中施用微生物菌群EM（Effective Microorganisms）及其发酵产品，也能够改善土壤理化性状，培肥地力，增加土壤微生物数量和种类，增加土壤的供氮能力，促进根系对氮素的吸收，提高氮素利用效率。

2.科学确定施氮量

适宜的施氮量可提高果实总可溶性固形物、蔗糖、7-癸内酯含量，高量施氮阻碍了果肉中多糖醛酸苷的早期降解，导致了低分子量多糖醛酸苷的累积，可能引起果肉质地变差，影响桃的商品价值（Jia et al., 2006）。适量氮肥能够通过增加根内维管系统的数量来提高桃树根系吸收能力，吸收根的数量和寿命增加，可以延续到生长季节结束（Baldi et al., 2006）。

针对生产中，施氮量高，施氮盲目性较大的问题，通过营养诊断的方法确定施氮量，是提高氮素效率的关键技术之一。树相诊断是判断桃树氮素需求状况的简单方法，在生长季，桃树新梢基部叶片呈浅绿色，是树体明显缺氮的征兆，但当树体轻度缺氮时，仅靠辨别叶色很难做出判断。

由于氮素和根系在土壤空间分布上的差异以及对土壤氮素的矿化过程研究不透彻，要想准确得到某一特定土壤的供氮能力非常困难。桃当年的生长结果状况并不完全取决于土壤氮的有效性，树体贮藏氮的水平比土壤供氮能力对新生器官的生长更为重要，因此，Jones、Amdri（1998）指出对多年生作物来讲，进行植株分析诊断比土壤分析诊断更有效。

叶分析是诊断植株是否缺氮和确定施肥量的重要依据。桃叶分析标准值一般分为五级，即缺乏、低量、适宜、高量、过量，如果叶分析值处在高量或过量范围，就应降低施氮或不施用氮肥。但具体应用过程要复杂得多，首先叶分析标准值在不同地区可能是不同的，其次来自不同果园相同的叶分析结果并不意味着这些果园应采用同一施肥方案。桃树的结果数量、生长势、修剪措施以及土壤管理制度都会影响叶分析的结果。在解释叶分析的结果时一定要考虑生长势等因素，如果植株生长势强，即使叶分析值低于适宜范围，也不一定要增加施氮量；这对于控制氮素施用量，提高氮效率具有重要参考价值。

3.采用合理的施肥措施

施肥时期、施肥次数以及施肥方式均会影响氮素的吸收利用效率。秋施基肥比春施有很多优点，秋季土温还较高，利于肥料分解，又是桃树根系第3次生长高峰期，吸收根数量多，且伤根容易愈合，肥料施用后很快就被根系吸收利用，从而提高秋季叶片的光合效能，制造更多的有机物贮藏于树体内，对来年桃树生长及开花结果十分有利。秋施基肥时间一般在9月下旬至10月中旬，肥料种类以有机肥为主，配合部分化肥（全年化肥用量的1/3），可用条沟法施入；所施有机肥要腐熟好，应和表土混匀后再回填施用。

氮肥施用次数和时期应根据桃品种差异和生长结实情况灵活掌握。中早熟品种在硬核期和养分回流期施入，施用量分别占全年总施氮量的40%和60%；中晚熟品种于花芽生理分化期、果实膨大期前和养分回流期次施入，施用量分配比例为40%、20%和40%，养分回流期可与有机肥混合施用。氮素施用频率与产量的关系因施用方法、品种或地区的不同会有不同的效果（Johnson et al.，2001）。结合灌溉进行施肥可提高氮肥吸收利用效率，可按照桃生长各个阶段对氮素的需求、土壤和气候等条件，准确地将溶解在水中的氮素施在根系附近，使根系直接吸收利用。

将低分子量有机氮化合物和尿素等配合施用可提高氮素吸收利用效率，例如，将γ－聚谷氨酸施于桃根区，可提高桃树氮素吸收利用率，降低氮素损失率，促进桃实生苗生长（鲍聪聪 等，2020）。桃对甘氨酸中氮素的吸收利用效率高于尿素中的氮素，Li等（2021）用甘氨酸部分替代尿素，提高了氮素吸收利用效率，改善了果实品质。此外，王国栋等（2018，2019）研究表明，纳米碳和尿素配合喷施叶片能够促进新梢叶片对氮素的吸收利用，有效提高叶片光合效率及新梢局部氮素利用率；尿素配施纳米碳还可改善土壤理化性状，降低氮素损失率，显著提高植株氮素利用率。

另外，施用袋控缓释肥也可促进桃树氮肥吸收利用。袋控缓释肥是在纸塑复合材料上扎上微孔做成控释袋，装入肥料，通过调节控释袋微孔数目来控制养分释放的一种缓释肥料，施用后可以提高土壤酶活性和桃树氮素吸收利用率（张守仕 等，2008；蒋晓梅 等，2015），稳定桃园土壤养分状况，有利于果实发育后期养分供应；还能提高细根密度，延长根系寿命，改善果实品质，减少化肥施用量，降低土壤养分淋溶、氨挥发和温室气体排放（Xiao et al.，2019）。袋控缓释肥配施黄腐酸钾能够更好地满足桃根系对肥料的需求，显著提高氮肥利用率，促进桃幼树根系及地上部的生长（张亚飞 等，2017）。

4.利用氮素高效砧木

不同砧木对氮素的吸收利用效率不同，氮素高效砧木可提高树体对氮素的吸收利用，减少氮素损失。桃砧木山农1号（暂定名）和桃砧木山农2号（暂定名）氮素利用率都高于毛桃实生苗，嫁接瑞蟠21桃后，瑞蟠21/山农1号的氮素利用率高于瑞蟠21/毛桃（表4-2）。

根系是吸收氮素的主要器官，发达的根系是氮素高效吸收的生物学基础之一。山农1号及其嫁接苗瑞蟠21/山农1号有较大的根系表面积和较高的根系活力（廉敏，2021），可以扩大根系与土壤的接触面积，增加根系氮素吸收能力，因而可以提高桃苗氮素利用效率。

表4-2　三种桃砧木及其嫁接苗氮素利用率、土壤氮素残留率及损失率（廉敏，2021）

砧木与砧穗组合	氮素利用率（%）	氮素残留率（%）	氮素损失率（%）
毛桃	28.46±1.65b	53.31±0.36a	18.24±1.29a
山农1号	35.16±0.71a	46.79±0.59b	18.05±1.33a
山农2号	36.14±0.42a	47.54±1.32b	16.32±1.19a
瑞蟠21/毛桃	5.40±0.19b	59.38±0.81a	35.22±0.90a
瑞蟠21/山农1号	9.84±0.31a	56.29±1.15b	33.87±0.97b
瑞蟠21/山农2号	2.98±0.11c	59.23±6.74a	37.79±6.79a

（四）桃树氮素高效利用总结和展望

氮素是桃树生长发育所必需的大量营养元素之一，对桃树器官建成与功能行使、生理代谢以及产量品质的形成均有影响。在氮素养分管理中，可以通过土壤培肥、营养诊断、合理施氮、采用配方控缓释肥以及选用氮高效砧木资源等技术和途径，以提高桃树氮素利用效率，节约肥料资源，保护生态环境，进而促进桃树优质高效生产。

近年来，随着人们产品质量意识、食品安全意识与环境保护意识的日益增强，在桃树氮素管理中，应以桃优质高效、产业可持续发展为目标，采用科学的氮素管理技术，并通过科学的土壤管理制度和配套栽培措施，协调桃树生长和结果对氮素的需求。同时，在充分认识桃树氮素养分高效吸收利用规律的基础上，重点研发与推广生态可持续型、资源高效利用型以及省工型易推广应用的氮肥管理技术及新产品和新模式，并应加强新技术、新产品的宣传和示范，以实现桃园氮素高效吸收利用和优质丰产。

第三节　果树磷素养分高效吸收利用及其调控技术

磷是核酸、ATP、磷脂等重要物质的组成成分，参与植物的遗传发育、能量代谢、氨基酸代谢等众多生理生化过程，而土壤中的磷极易被固定和难移动（Hinsinger，2001），导致土壤有效磷浓度较低，从而难以被植物吸收利用。当磷素缺乏时，植株表现为新陈代谢迟缓、叶片缺绿、枝条分枝少等症状，甚至造成落果落花、果品质量降低等问题。

一、苹果对低磷的响应及磷高效利用调控

我国是世界上最大的苹果生产国，2020年苹果种植面积191.2万吨、产量4050.1万吨，分别占世界苹果总面积和总产量的41.4%和46.9%（FAO，2020）。施用化学磷肥是维持苹果生产常用措施之一，施磷肥能够有效促进生长发育，提高苹果产量和果实品质，而磷不足会限制果树生长，降低果实硬度和可溶性固形物含量，不利于苹果产量和品质形成（图4-19）。目前，我国苹果主产区很多果园土壤有效磷不足，磷肥利用率不高，而且我国磷肥矿产资源非常有限，因此，需要揭示苹果磷素高效利用的生理基础和分子机制，并研发相应技术以提高苹果对磷的吸收利用效率。

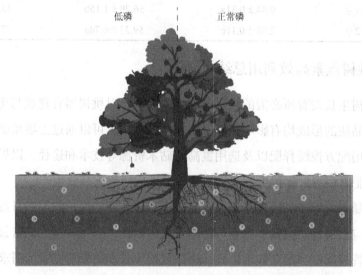

低磷　　　　　正常磷

图4-19　磷肥施用量对苹果生长发育和果实品质的影响示意图

虚线左侧表示低磷处理；虚线右侧表示正常磷处理

（一）苹果响应有限磷供给的生理基础

植物能够从形态和生理等多方面对有限磷供给做出响应。在磷供给有限时，作物根系形态结构、根系分泌物释放以及矿质元素的协同吸收等都会发生变化（表4-3），苹果对低磷的反应在这些方面也有体现（图4-20）。

表4-3　不同作物对有限磷的特征性响应

	物种	有限磷条件的特征	参考文献
根系形态变化	拟南芥	初生根停长； 根毛、侧根数量和长度增加	Zhou et al.，2008
	白羽扇豆	促发簇根	Noguchi et al.，2015
	水稻	初生根伸长； 根毛、侧根数量和长度增加	Zhou et al.，2008

	物种	有限磷条件的特征	参考文献
根系形态变化	宜昌橙	根尖数增加； 根长度、体积、直径增大	樊卫国和罗燕，2015
	刺梨	根冠比增加； 侧根密度和根毛长度、密度提高	官纪元和樊卫国，2019
	苹果	吸收根总面积和长度增加； 根毛数量增多	季萌萌等，2014 Chai et al.，2020
根系分泌物	大豆	苹果酸、草酸、酒石酸及柠檬酸分泌量增加	张振海等，2011
	玉米	苹果酸和柠檬酸分泌增加	Gaume et al.，2001
	番茄	质子分泌增加	Neumann et al.,1999
	玉米	分泌糖类和氨基酸促进微生物定殖	张宝贵等，1998
矿质元素吸收	水稻	锌元素吸收增加，提高生长素浓度，促进根系发育	郭再华等，2005
光合作用	小麦	反应中心活性、电子传递效率等均受到抑制	王菲等，2010

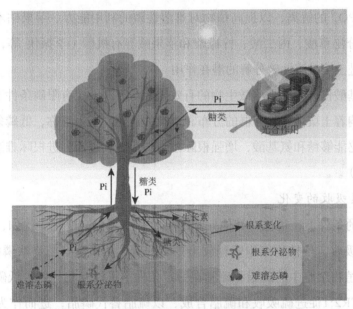

图4-20 苹果碳水化合物分配对有限磷供给的响应

（图中糖类指从光合器官向下部转运的蔗糖和山梨醇等碳水化合物，Pi指无机磷酸盐）

2.根系形态结构变化

在磷缺乏状态下，侧根长度、数量和直径均显著提高，根毛长度和密度也提高，从而能够增加根系和土壤的接触面积，提高植物对磷的获取能力。八棱海棠、富平楸子、新疆野苹果等五种苹果砧木，它们的根系总表面积在低磷胁迫下均显著提高（季萌萌等，2014）；在低磷胁迫下，刺梨地上部向地下部分配的资源也有所增加，其根冠比显著提高

（官纪元、樊卫国，2019）。

根毛可以有效增大根系表面积，促进作物对土壤中有限养分的吸收。苹果砧木八棱海棠×M9杂交后代中，磷高效株系的根毛数量显著高于磷低效株系，从而使其对磷素的吸收效率更高（Chai et al.，2020）。

2.根系分泌物的改变

植物还可以通过释放根系分泌物来提高土壤有效磷含量。酸性磷酸酶与有机磷的分解和再利用密切相关，低磷胁迫能促进根系细胞向外分泌磷酸酶，促进有机磷活化，从而提高土壤有效磷含量；低磷胁迫还会促进植物体内酸性磷酸酶的合成，从而实现对植株自身有机磷的再利用。

低磷胁迫还可以诱导植物根系分泌质子。比如，白羽扇豆、鹰嘴豆和番茄的根系在缺磷条件下分泌的质子显著增加，生长介质中的pH急剧下降（Neumann et al.，1999），而pH降低有利于PO_4^{3-}的解离，以提高植物对难溶性磷的利用能力。苹果砧木八棱海棠根系在低磷胁迫下分泌草酸、丙二酸、柠檬酸和苹果酸等有机酸（李振侠 等，2007），这些有机酸具有促进土壤难溶性磷分解的潜在作用。

糖类和氨基酸作为根际土壤微生物的有效碳源与氮源，在有限磷条件下，其分泌物的种类和数量影响着土壤微生物种群的分布和对磷的活化。有报道称，低磷条件下，玉米和苏丹草根系分泌能够糖和氨基酸，增强根际微生物活性，进而促进根际难溶磷的活化（张宝贵 等，1998）。

3.矿质元素吸收的变化

在磷有限的条件下，植株对其他元素的吸收和积累也会变化。比如，低磷胁迫会促进植物对硼的吸收，使植物细胞壁释放出更多的磷，从而缓解植物缺磷症状（Wang et al.，2018）。植物细胞中的磷脂和硫脂在一定条件下可以互相替代，低磷条件下通过硫转运蛋白SULTR2;1促进硫吸收和硫脂合成，以硫脂替代磷脂，进而作为一种代偿途径应对低磷胁迫（Hsieh et al.，2009）。另外，低磷胁迫可以增加植株对锌的吸收，通过锌增加生长素含量，从而上调相关基因表达，促进根系生长发育，提高植株对磷的吸收（郭再华 等，2005），苹果砧木磷高效株系的根系比磷低效株系更发达，其锌含量也显著高于磷低效株系，说明在苹果砧木中可能存在磷、锌元素拮抗作用而导致的磷高效机制。

4.光合作用的反应

在磷有限的条件下，根系对磷获取的减少降低了叶片中的磷含量，不利于叶片中叶绿素合成及光能捕获。当叶肉细胞中磷缺乏时，定位于叶绿体膜的磷酸丙糖转移蛋白（TPT）活性的降低抑制了光合产物磷酸丙糖（TP）与磷的反向交换，不利于TP由叶绿体向胞质的输出，而更多地以淀粉的形式贮存在叶绿体中（司丽珍、储成才，2003）。同时，低磷环境下，叶片光合电子传递速率及光化学活性下降低（袁继存 等，2017），不利于类囊体膜上光合磷酸化的进行及ATP的合成，进一步限制卡尔文循环，降低叶片光合作用。以叶绿体输出的TP为前体在胞质中合成的山梨醇和蔗糖是苹果光合作用的主要产物（Teo et al.，2006），被运输至非光合库器官为其提供碳和能量。

在低磷条件下，更多的光合产物被转移至根系导致根冠比增加，进而提高根系对磷的吸收。此外，光合作用形成的糖还可以作为响应低磷的信号分子通过韧皮部运输至根系，这个过程促进了IAA的向下运输，并增加了根系对IAA的敏感性，进而通过调节根系构型和促进磷吸收等方式参与对低磷胁迫的响应（Chiou et al.，2011）。

（二）苹果响应有限磷供给的分子机制

1.根系发育对有限磷供给的响应机制

对苹果砧木磷效率极端群体株系进行BSA-seq和RNA-seq，结合SNP位点变异和差异表达基因，发现根系构型、磷酸转运蛋白、有机酸分泌和酸性磷酸酶等相关的基因均参与植物对有限磷供给的响应（图4-21、图4-22）。

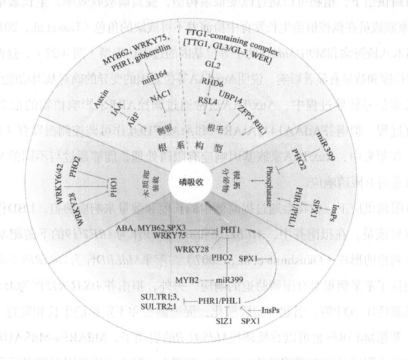

图4-21　有限磷条件下植物磷吸收的分子调控网络图

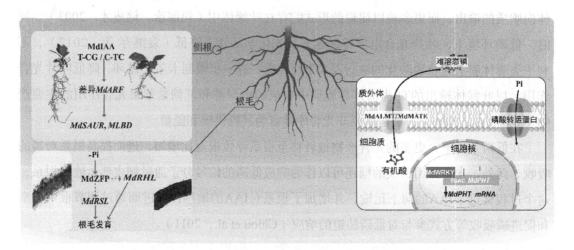

图 4-22　苹果根系响应有限磷供给的分子调控机制

在磷供给有限时，根毛的大量产生提高了根对矿质元素的吸收能力。有研究报道，在缺磷条件下，锌指蛋白ZFP5一方面与RHL1和RSL4结合来调节根毛发育；另一方面ZFP5与乙烯和钾信号通路相互作用来控制根毛的发育（Huang et al., 2020）。在苹果砧木响应有限磷供给的候选基因中也发现了一个ZFP5参与根毛响应有限磷供给（图4-22）。

有限磷供给下，植物可以通过改变根系构型，提高磷吸收效率。生长素早期响应基因Aux/IAA家族成员在调控根系生长发育中扮演着不可或缺的角色（Luo et al., 2018）。通过对比苹果砧木八棱海棠和M9中MdIAA两个等位基因的过表达表型（图4-22），这两个等位基因对根系的长度和数量有显著影响，说明Aux/IAA等位基因的变异的确对基因功能产生了影响。

生长素信号转导过程中，Aux/IAA通常通过调控ARF来影响植物的根系发育及其他生长发育过程。拟南芥AtIAA14与AtARF7和AtARF19互作可调控侧根发育（Kong et al., 2020）。在苹果中，Aux/IAA家族基因响应有限磷处理，能够通过与不同的ARF结合而调控苹果根系对有限磷响应。

在有限磷供应下，植物会通过提高侧根的长度和数量来响应胁迫。LBD作为调控侧根发育的重要成员，在拟南芥中，AtLBD16和AtLBD29作为ARF7/19的下游靶基因，共同调控拟南芥侧根的形成（Okushima et al., 2007）。苹果MdLBD作为MdARFs下游靶基因，可能参与调控了苹果侧根对有限磷胁迫的响应。另外，拟南芥AtSAUR15作为AtARF下游靶基因，可以激活H^+-ATP酶，引起细胞膜酸化，促进侧根和不定根的生长和发育（Yin et al., 2020）。苹果MdARFs也可以直接调控MdSAUR的启动子，MdARFs-MdSAUR也是苹果砧木根系响应有限磷的潜在调控模块。因此，苹果Aux/IAA家族基因调控根系发育在响应有限磷供给中起着重要作用（图4-22）。

2.磷吸收转运对有限磷供给的响应机制

WRKY转录因子参与了植物体内的多种胁迫应答反应。PHT1作为一类高亲和磷转运蛋白，在植物根中显著高表达，通常受WRKY及多种转录因子调控，在植物根系对土壤有效磷的吸收过程中起着至关重要的作用。在苹果中对14个*MdPHT1*基因在不同组织中的表达情况进行了探究（表4-4）。

WRKY转录因子在磷素高效利用方面的探究大多集中在模式植物上，比如拟南芥*AtWRKY45*被认为是维持磷稳态的重要因子，可以通过结合W-box元件来调控磷转运基因*AtPHT1*的表达（Wang et al.，2014）。在苹果砧木中*MdWRKY*可以通过直接特异性结合*MdPHT1;7*的启动子上W-box元件的TGAC核心序列响应有限磷胁迫（图4-22）。因此，*WRKY-PHT1*调控模块在植物有限磷胁迫响应中充当了直接调控磷吸收的角色。

表4-4 不同物种*PHT1*家族对有限磷供给的响应情况

	MDP	表达组织	对有限磷供给的响应	参考文献
MdPHT1;1	MDP0000926667	枝梢	上调	
	MDP0000197466		上调	
MdPHT1;2	MDP0000717558	根	上调	
MdPHT1;4	MDP0000301845	花、根	下调	
MdPHT1;6	MDP0000935883	根	下调	Sun et al.，2017；Sun et al.，2018
MdPHT1;7	MDP0000261121	根	上调	
MdPHT1;8	MDP0000508371	根、茎	下调	
MdPHT1;9	MDP0000560198	根、枝梢	下调	
MdPHT1;11	MDP0000137073	枝梢、根	上调	
MdPHT1;12	MDP0000075043	根、花、幼果	上调	
AtPHT1;1	AT5G43350	根	上调	Shin et al.，2004
AtPHT1;4	AT2G38940	根	上调	
HvPHT1;1	AF543197	根	上调	Petra et al.，2004
CsPHT1	Cs9g10540	根	上调	孔佑涵 等，2017
MaPHT1;7	Ma04_g09790	根	上调	麻荣慧 等，2021

3.根系有机酸分泌对有限磷供给的响应机制

在有限磷供给下，苹果砧木根系分泌的有机酸主要是柠檬酸和苹果酸。根系苹果酸分泌由ALMT通道蛋白介导，质膜上的MdALMT6在苹果响应有限磷供给时发挥作用（图4-22），如果其基因CDS区存在碱基缺失，导致翻译提前终止，会影响MdALMT6蛋白结构，也会影响苹果酸分泌。另外，拟南芥*AtALMT1*介导的根系苹果酸分泌也参与根系对缺磷的响应（Maruyama et al.，2019）。

（三）苹果磷素高效利用调控技术

磷肥形态与土壤性状不匹配、过度依赖高浓度水溶性磷肥、忽视磷吸收利用高效品种的选育及其与微生物的互作，是导致我国农业生产中磷肥过量施用、利用率低的主要原因（冯固，2021），在苹果栽培中也存在类似问题，需要针对这些问题，研发和推广相应的磷素高效利用调控技术。

1.选用苹果磷高效砧木

土壤养分需要通过根系吸收，选用磷高效砧木是提高苹果磷利用效率的有效技术之一。磷效率是柑橘（罗燕、樊卫国，2014）、葡萄（马振强，2014）和苹果（季萌萌 等，2014）等果树常用磷高效筛选指标，其计算公式如下：

相对磷效率（%）=有限磷供给条件下干物质积累量/正常磷条件下干物质积累量×100

植株磷累积量（mg/plant）=磷浓度（mg/g）×植株干物质重（g/plant）

植株磷利用效率（g/mg）=植株干物质重（g）/吸磷量（mg）

总结苹果磷高效砧木筛选与评价相关研究发现，在土培条件下，富平楸子的磷吸收和磷利用效率均较高，且其根系活力高、根系发达，是苹果磷高效砧木的优良种质；在沙培条件下八棱海棠的磷吸收效率更高，根系也较发达。同时，在磷有限的水培条件下，八棱海棠和M9分别为磷高效和磷低效砧木，其杂交后代群体具有磷高效超亲现象，存在一些磷素高效利用的潜在砧木资源（表4-5）。

表4-5 不同苹果砧木在有限磷条件下的磷效率汇总表

砧木类型	培养方式	干重（g）	根冠比	吸收根长度（cm）	吸收根表面积（cm²）	磷吸收效率（mg/plant）	磷利用效率（g/mg）	参考文献
八棱海棠		2.14 ± 0.04	0.55 ± 0.01	758 ± 16.16	55.04 ± 0.48	2.06 ± 0.08	1.04 ± 0.03	
平邑甜茶		3.47 ± 0.03	0.69 ± 0.01	1355 ± 22.89	102.91 ± 2.34	3.28 ± 0.04	1.33 ± 0.02	季萌萌
东北山定子	土培	2.69 ± 0.02	0.87 ± 0.02	1056 ± 20.65	89.55 ± 0.46	2.89 ± 0.13	0.82 ± 0.01	等，2014
富平楸子		5.07 ± 0.03	0.43 ± 0.01	1553 ± 31.45	124.29 ± 1.79	4.39 ± 0.06	1.15 ± 0.02	
新疆野苹果		2.77 ± 0.12	0.58 ± 0.01	964 ± 18.22	73.47 ± 0.65	2.60 ± 0.04	0.96 ± 0.01	
平邑甜茶		3.20 ± 0.06	—	827.21 ± 23.80	175.51 ± 28.49	20.65 ± 0.38	0.15 ± 0.00	
八棱海棠		3.15 ± 0.06	—	853.24 ± 49.60	177.95 ± 6.23	23.15 ± 1.02	0.14 ± 0.00	丰艳广，
富平楸子	沙培	2.74 ± 0.09	—	845.97 ± 28.00	170.94 ± 24.92	14.81 ± 0.13	0.19 ± 0.01	2017
新疆野苹果		2.66 ± 0.08	—	811.41 ± 46.56	162.47 ± 17.25	20.79 ± 0.22	0.13 ± 0.01	
东北山定子		2.02 ± 0.06	—	753.29 ± 27.75	145.50 ± 5.43	14.84 ± 0.06	0.14 ± 0.01	
M26	土培	—	—	2985.89	188.40	36.47	—	车美美 等，2019

2.施用生物炭和解磷微生物

生物炭具有多孔隙结构及吸附特性，施用生物炭等能够改善土壤理化环境，减少土壤磷的流失，促进土壤难溶性磷的溶解，提高土壤有效磷含量。Mukherjee等（2020）研究发现，施用生物炭可以调动土壤储备磷，改变磷酸酶活性，减少土壤中磷的固定。闫丽娟等（2014）将苹果枝条生物炭施用到土壤，促进了平邑甜茶根系发育，提高了叶片叶绿素含量，进而促进了也光合作用和树体生长。

微生物是土壤养分循环的主要推动者，施用解磷微生物是提高苹果磷利用效率的途径之一（李伟、王金亭，2018）。在土壤养分匮乏的生长环境中，植物通过促进微生物定殖以扩大根系范围来提高对营养物质的吸收。从20世纪初解磷微生物的发现开始，解磷微生物对难溶态磷溶解、有机磷矿化以及对植物生长发育的作用等一直受到高度重视，并在不同作物上研究了不同种类的解磷微生物的解磷及促生效果（表4-6）。但解磷微生物施入土壤后，由于环境条件的改变以及原有微生物的竞争，导致其定殖成活率较低；土壤环境菌类复杂、温湿度波动幅度较大等，也往往使解磷菌的成功定殖成为一大瓶颈问题。

表 4-6　解磷微生物的解磷能力及对不同作物生长发育的影响

作物	菌株	作用	参考文献
苹果	假单胞菌BA-8	溶磷量=26.4±1.9 mg P/mL/d	Aslantaş et al., 2007
	芽孢杆菌M-3	溶磷量=38.3±0.8 mg P/mL/d	
	伯克霍尔德菌OSU-7	溶磷量=13.7±1.2 mg P/mL/d	
胡桃	荧光假单胞菌	溶磷量=228.89 mg/L	Yu et al., 2011
	巨大芽孢杆菌	溶磷量=96.73 mg/L	
	蜡样芽孢杆菌	溶磷量=91.9 mg/L	
	根癌农杆菌	溶磷量=81.4 mg/L	
草莓	假单胞菌BA-8，芽孢杆菌OSU-142	显著提高了果实产量、营养元素含量并促进生长	Esitken et al., 2010
茶	荧光假单胞菌	氮素利用效率增加7%；氮含量增加52%；磷含量增加67%；钾含量增加18%	Thomas et al., 2010
	哈茨木霉	氮素利用效率增加22%；氮含量增加44%；磷含量增加50%；钾含量增加16%	
	巴西固氮螺菌	氮素利用效率增加13%；氮含量增加65%；磷含量增加25%；钾含量增加14%	
西兰花	绿色木霉	提高了叶绿素含量；氮含量735%；磷含量210%；干物质147%	Tanwar et al., 2013
	荧光假单胞菌	提高了叶绿素含量；氮含量235%；磷含量163%；干物质65%	
甘蔗	巨大芽孢杆菌	磷肥需求量降低25%	Sundara et al., 2002

解磷微生物和生物炭之间存在积极的相互作用。生物炭的多孔隙结构和较大比表面积可以吸附微生物并为其提供营养物质和稳定的微环境，使有益微生物更容易在土壤中繁殖。研究发现，生物炭与解磷微生物均具有促进植株生长，提高植物生物量积累的作用（Wu et al., 2019），将解磷微生物（*Bacillus megaterium, Pseudomonas fluorescens*和*Trichoderma viride*）与生物炭配施可以有效提高土壤有效磷含量（图4-23）。同时，配施处理后土壤的其他理化性状也得到了改善，土壤水分含量以及速效钾含量等都有显著提高。

图4-23 生物炭与解磷微生物共同调控树体磷吸收利用模式图。

PSMs为解磷微生物（本文主要指芽孢杆菌属和假单胞菌属）

将炭化苹果枝配施解磷菌施于苹果，显著提高了枝条生长量、叶绿素含量及树体贮藏养分。通过运用Illumina高通量测序分析根际细菌多样性，发现解磷菌配施生物炭增加了苹果根际中有益菌属的种类，如*Olivibacter*属、*Aestuariicella*属、*Subsaxibacter*属、*Mucilaginibacter*属、*Pseudopedobacter*属和*Timonella*属等。同时，部分有益菌属丰度也显著提高，如*Pseudomonas*属、*Deviosa*属、*Microbacterium*属和*Enterobacter*属等。可见，生物炭与解磷菌配施具有调控苹果磷素高效利用的优势，生物炭与解磷菌配施，有助于促进解磷菌在土壤定殖，使解磷菌能够充分发挥作用，从而提高土壤速效磷含量。

二、柑橘磷素养分高效吸收利用机理及其调控技术

（一）柑橘磷营养概述

柑橘属多年生木本果树，在抽梢、开花、结果、衰退等不同时期，植株对磷的吸收和分配特点不一样，不同品种之间的叶片含量有很大差异。据报道，温州蜜柑叶片磷含量在0.10%~0.14%（张影，2014），福建琯溪蜜柚叶片磷含量在0.18%～0.65%（詹婷 等，2021）。柑橘缺磷主要发生在花芽和果实形成时期，表现为生长减缓，枝条细弱，光合作用下降，叶片缺少光泽，呈暗绿色，老叶上出现枯斑以致早落，新梢叶片稀疏、小、窄，果皮厚且粗糙，果肉品质降低等状况。

柑橘果实是矿质养分积累和消耗的主要器官之一，果肉磷含量一般高于果皮，比如，江西赣南脐橙果实磷含量在0.14%左右，果皮含量在0.07%左右（周应杰，2021）。南丰

蜜橘果实可溶性固形物与果肉磷含量之间呈极显著负指数函数关系，当果实磷含量小于0.13%时，果实固酸比（可溶性固形物与酸含量比）随磷含量增加而降低，大于0.13%时则呈上升趋势（郑苍松，2015）。施用磷肥明显影响柑橘果实品质，朱宗瑛等人（2018）在一定钾肥施用水平下，增施磷肥有效提高了脐橙果实中可溶性固形物和VC的含量。

磷素可能通过影响果实蔗糖合成酶活性而影响果实糖代谢和累积，还可能通过降低柠檬酸合成酶和磷酸烯醇丙酮酸羧化酶活性而抑制柠檬酸合成，进而减少柠檬酸在果实的积累（Wu et al.，2021）。合理施用磷肥能够增加椪柑果实可溶性固形物、可溶性糖、还原糖、糖酸比及VC含量，降低可滴定酸含量，提高纽荷尔脐橙果实果糖、葡萄糖、蔗糖含量，但降低柠檬酸含量（武松伟 等，2021）。

合理施用磷肥，满足柑橘对磷素的需求，可提高果实产量，也能改善果实品质。然而一些柑橘产地存在由于盲目发展和过量施肥问题，这不仅降低VC含量，增加果皮厚度（程湘东 等，1994），降低果实品质，还增加种植成本，降低果园保水保肥能力，在灌溉不当和强降雨时很容易加速土壤磷的流失，造成水体富营养化（雷靖 等，2019）。因此，迫切需要摸清磷素吸收利用规律和机理，降低土壤磷的流失，提高柑橘对磷肥的利用效率。

（二）柑橘磷素吸收利用的分子生理基础

1.磷转运蛋白

土壤磷包括有机磷和无机磷，无机磷分为水溶态磷、吸附态磷以及矿物态磷等，其中矿物态磷所占比例最大，因其与土壤中的铝、铁等化合物结合形成Al-P，Fe-P等难溶性磷，而使得植物难以吸收利用；有机磷包括植酸类、磷酸等，可经过矿化作用分解为能被植物直接吸收的有效态磷（Lynch et al，2019）。

土壤磷被植物吸收进入根系细胞，需要借助转运载体。PHTI是介导磷酸根离子从胞外进入胞内的主要载体，一般定位于根表皮细胞的质膜上，在进化上具有一定保守性。目前已在枳壳中发现7个可能负责磷素转运的*PHTI*基因，并将其命名为*PtaPT1*，*PtaPT2*，*PtaPT3*，*PtaPT4*，*PtaPT5*，*PtaPT6*和*PtaPT7*，并且除了*PtaPT6*外，其他六个基因在低磷胁迫下的相对表达量都会提高，接种AMF会诱导*PtaPT4*和*PtaPT5*的表达，但抑制其余基因表达（舒波，2013）。孔佑涵等（2017）从柑橘基因组序列信息中也发现了7个可能负责甜橙磷素转运的*PHTI*基因，其中Cs3g27660编码产物与AtPHT1;8或AtPHT1;9的蛋白序列相似性最高；而Cs9g10540、Cs5g29860、Cs9g10530与AtPHT1;1或AtPHTl;4的蛋白序列相似性最高，三者均能定位在细胞的质膜上，且受低磷胁迫诱导表达，Cs5g29860在根部表达明显高于在地上部，认为Cs9g10540、Cs9g10530、Cs5g29860可能为柑橘中的类AtPHT1;1或AtPHT1;4基因。

2.根系形态与根系分泌物

土壤中含有大量磷，多数作物都只能获得其中一小部分，但也有植物物种或品种会通过改变根系形态而获取更多磷。土壤表层沉积物通常会阻止磷向下渗漏，表层土壤磷的生物有效性通常也较高。植物可以通过改变主根的生长角度，增大侧根和根毛密度，提高根在表层土壤的分布，有利于促进根系对表层土壤磷的吸收（Lynch et al, 2019）。据樊卫国和罗燕（2015）报道，在低磷胁迫下，柑橘砧木侧根增粗、二级侧根数量及密度和根冠比的增大，根系对磷的获取能力也相应增强。

植物还可以通过改变根系分泌物而影响磷的形态，进而增强根系对磷的吸收。例如，根系会向根际释放有机阴离子、磷酸酶和植酸酶，降低土壤pH值，促进难溶态无机磷溶解或者有机磷矿化，从而为植物根系提供更多的有效磷（Lynch et al, 2019）。柑橘根际土壤有机酸总量、草酸、丙二酸含量会随着施磷水平的降低而增加，低磷条件下柑橘砧木磷酸酶活性增强，即低磷条件会促进柑橘砧木根系分泌有机酸，提高土壤磷的有效性，但不同柑橘品种根际有机酸种类、含量和变化均有明显差异，其中，低磷条件下宜昌橙总有机酸总量明显高于白檬檬、酸橙和枳（罗燕、樊卫国，2014）。丛枝菌根真菌也会将菌丝分泌物释放到土壤中，招募有益微生物定殖在菌丝际（Zhang et al., 2021），进而提高土壤的有效性。

3.根际微生物及其磷循环相关基因

微生物在土壤磷循环过程中起重要作用，其中，溶磷微生物能够将难溶性磷转化为植物可吸收形式的有效磷。溶磷微生物中的溶磷细菌主要包括假单胞菌、芽孢杆菌、根瘤菌、伯克霍尔德菌等，溶磷真菌主要包括曲霉、青霉、AMF真菌等（Zhu, 2018），它们能够通过多种方式调节植物获取土壤磷的能力。比如，微生物可以分泌生长素直接促进根系发育，从而增强根系对磷的吸收能力。其次，一些细菌通过释放有机阴离子和酶使磷溶解或矿化（Divjot, 2021），菌根真菌还会释放果糖，刺激溶磷菌使植酸盐矿化（Zhang et al, 2018），从而使土壤磷更容易被根系吸收。

丛枝菌根真菌促进植物磷吸收的效果显著。松丽（2006）发现接种AMF地表球囊霉（*Glomus versiforme*）、珠状巨孢囊霉（*Gigaspora margarita*）和两者的混合菌株都促进了红橘对磷的吸收，尤其在低磷土壤中效果更明显，每株苗对磷的吸收分别比对照增加了38%、17.87%和79.06%。对于粗柠檬，接种地表球囊霉（*Glomus versiforme*）、珠状巨孢囊霉（*Gigaspora margarita*）和两者的混合菌株效果都比较好，低磷土壤中整株对磷的吸收能力分别是未接种的2.13倍、2.15倍和2.34倍。

AMF与根系共生能增大根系吸收表面积，扩大在土壤中的吸收范围，克服柑橘根毛较少的不足；AMF含有对无机磷酸盐亲和力较高的磷转运蛋白，而且从AMF分离鉴定的磷转运蛋白GvPT、GiPT与GmPT的Km值和Vmax值共生植株的更高，在土壤中有更强的磷转运能力；AMF菌丝无隔膜，使磷在菌丝体内部的运输更快速，菌丝体内磷能够随原生质环流向根内运输，运输速率一般可达20 mm/h（舒波，2013）。与AMF共生还能够促进根系释放有机酸、葡聚酶、球囊霉素等，改变土壤理化性质，从而进一步活化土壤。刘春艳（2017）发现AMF能刺激枳侧根数增多和酸性磷酸酶分泌，在0.1 mmol/L和1 mmol/L磷水平下，接种AMF后，枳地上部、地下部干重和叶片磷含量都增加，一级侧根和二级侧根数也增加，但在1mmol/L磷水平下接种AMF，枳主根变短，这些变化可能与磷转运蛋白基因的表达相关。

在土壤微生物中，参与磷循环的功能基因大致可分为无机磷溶解、有机磷矿化、磷转运蛋白和磷调控基因等四大类，它们的表达产物，如葡萄糖脱氢酶（Gcd）、无机焦磷酸酶（ppa）和胞外多磷酸酶（ppx）等会促进有机酸释放，有助于难溶性无机磷的溶解，碱性磷酸酶（phoA 和 phoD）、C-P裂解酶（phnFGHIJKLMNOP）、磷酸酶（phnX）和植酸酶（appA）等能够促进有机磷矿化，高亲和力磷酸盐转运系统pstSCAB可协助细菌转运无机磷，UgpABCE 负责有机磷的转运，phoR、phoB、phoR（phoU）参与磷信号传导和调节等（Bergkemper et al.，2016）。

有些微生物还具有固定磷的功能，据研究，在供应磷溶液的循环柱中，土壤灭菌（无微生物）后，浸出溶液中的磷浓度增加，暗示微生物对土壤中磷具有固定作用（Dodd et al.，2014）。磷酸盐转运蛋白可以增强微生物对有效磷的竞争，并将所吸收的磷固定在土壤中。基因簇 pstSCAB 和pit（多磷酸激酶）与磷酸盐代谢有关，它们有助于微生物对所吸收磷的固定（Rodríguez et al.，2006）。土壤微生物所含有机磷可能占土壤总磷2%~10%，可以充当磷库（Roberts，2012），微生物也可以形成生物膜黏附在土壤团聚体上，通过控制磷的固定和活化来减少磷的流失。

4.自噬与植物养分高效利用

在土壤磷水平较低时，植物内部磷的重新利用，对于植物生长发育是十分重要的。植物能够通过将磷从老叶分配到新叶、用不含磷的脂质代替磷脂，或者降解细胞质膜与核酸等方式为细胞生命活动提供磷源，细胞自噬在这些过程中起到了关键的作用。

自噬是真核生物细胞内普遍存在的大分子降解过程，该过程是在自噬相关基因（Autophagy-related genes，ATGs）的调控下，自噬体将细胞质中一些多余或受损的细胞器、蛋白质等物质送入液泡中进行降解，促进这些物质的循环利用，进而维持细胞的稳态平衡，并帮助生物体适应外界胁迫（Liu、Bassham，2012）。据报道，低磷抑制拟南芥根系发育（图4-24），自噬参与拟南芥、苹果、水稻等植物中对氮、碳、磷等元素的缺乏反应（Abel，2017）。通过自噬体GFP-ATG8标记，我们观察到缺磷柑橘愈伤组织自噬活性与自噬体的数量显著上升（图4-25），暗示自噬也参与柑橘缺磷反应及对磷的再利用。

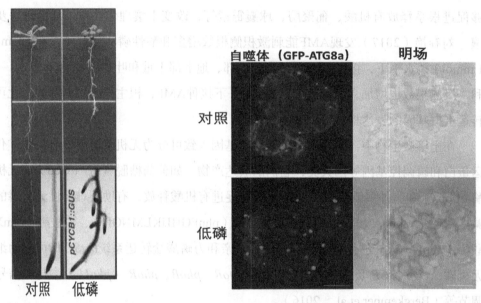

图4-24　低磷抑制拟南芥根系发育（Abel，2017）　　图4-25　柑橘愈伤细胞自噬体在缺磷胁迫下上升

（三）柑橘磷素高效吸收利用调控技术

1.柑橘园间作绿肥

我国柑橘园大多建立在丘陵山地上，易发生水土和氮磷等养分流失，绿肥种植可以延长柑橘园地面植被覆盖期，减少土壤的磷流失；同时，绿肥作物发达的根系能够降低土壤磷的迁移速率，有助于提高柑橘对磷肥的利用。栾好安（2015）在三峡库区橘园发现种植鼠茅草使土壤磷养分流失量减少50.0%，种植光叶苕子并配施当地2/3推荐施肥量还可以改善果实品质。套种三叶草、黑麦草和苕子可使柑橘园总磷流失分别减少52.8%、33.3%和42.3%（李太魁 等，2018），刘瑞（2021）的试验也表明，间作黑麦草、光叶苕子和二月兰均显著减少柑橘园年均地表径流总磷和磷肥流失量。

间作豆科绿肥可提高磷在土壤剖面中的迁移速度，促使土壤深层磷更快地迁移到表层，其中，磷富集绿肥紫云英Xinzi-1在磷缺乏状态下可通过编码 Pi 转运蛋白和酸性磷酸酶，增强植株对土壤磷的吸收，促进磷在体内积累（Zhou et al.，2006）。绿肥还田分解后，还可给土壤提供磷和腐殖酸等（Zhang et al.，2022），而腐植酸可以提高土壤有效磷浓度，促进磷在土壤中迁移。陈敏（2021）试验表明，在肥料减施条件下种植光叶苕子或黑麦草或两者混播，均可提高柑橘园土壤速效磷含量，增加果实磷的养分携出量，还显著降低土壤容重，提高土壤含水量和孔隙度，从而有利于减少土壤氮磷等养分的流失。绿肥作物在农业生态系统中发挥的作用，尤其是豆科绿肥具有明显的固氮解磷作用。筛选富磷绿肥品种，间作高效豆类绿肥，是以实现氮磷高效循环利用的重要途径之一。

2.地面秸秆覆盖

秸秆覆盖是一种环境友好型土壤管理方式。农作物秸秆富含氮、磷等营养元素，秸秆中的磷经分解进入土壤后，可以促进土壤磷向有效态转化及土壤表层有效磷的释放，提高作物对磷的利用率，长期秸秆覆盖还可减少无机肥料的施用量（Gupta et al.，2007）。秸秆在柑橘园可全秆覆盖、粉碎覆盖和留茬覆盖等，相对于粉碎覆盖和留茬覆盖，全秆覆盖时的秸秆分解较慢，可延缓氮的净释放，提高表层土壤速效磷和速效钾含量。

秸秆覆盖对土壤磷素的调控受到秸秆种类、覆盖方式、覆盖量、覆盖时间和磷肥施用情况等多种因素的影响。柑橘园覆盖稻草显著降低地表径流量、泥沙浓度和土壤侵蚀率（Keesstra et al.，2019）以及径流中颗粒磷的损失（Liu et al.，2012）。三峡库区脐橙园经过8年稻草覆盖，提高了土壤质量，对控制土壤氮磷养分流失也有较好作用（Li et al.，2020）。南方红壤柑橘园长期秸秆覆盖对土壤磷素活化及相关酶呈正向调控作用（胡燕芳、章明奎，2021）。水稻秸秆、小麦秸秆和油菜秸秆覆盖均不同程度提高柑橘园土壤速效磷含量，生草覆盖和地布覆盖也显著提高速效磷含量（陈沁，2019）。

3.土壤施用生物炭

生物炭具有丰富的表面位点和高比表面积，对磷具有很强的吸附性，施于土壤能够延长磷在土壤中的保留时间，抑制土壤磷的淋溶。生物炭对土壤磷素的影响表现在以下几个方面：

①提高土壤 pH 值和阳离子交换量（CEC）。磷能够与酸性土壤中的铁铝的氧化物/氢氧化物以及碱性土壤中的钙镁结合，降低磷在土壤中的溶解度，而生物炭含有的碱性物质可以与土壤中K^+、Ca^{2+}、Na^+和Mg^{2+}发生反应，并降低可交换 H^+和Al^{3+}的浓度，增加土壤溶液的pH值，从而减少磷的吸附，提高有效磷的浓度。Mukherjee等，（2020）使用水稻秸秆生物炭增加了土壤速效磷的含量，减少了磷在土壤中的固定，并提高了磷酸酶活性。

②提高土壤团聚体稳定性。生物炭可以显著改变土壤结构和孔径分布，其表面褶皱增加了对土壤颗粒的吸附，有助于促进土壤团聚体形成，提高土壤抵抗水流侵蚀的能力，减

少土壤磷流失。

③提高土壤持水量。土壤中的生物炭颗粒表面被氧化后，亲水基团逐渐增加，使生物炭的亲水性增强，最终表现出较强的土壤持水量，这意味着生物炭能够通过降低水分迁移来提高土壤维持养分的能力。Zhou等（2018）发现生物炭显著增加了表层土壤中的总磷和有效磷含量，并极大降低了磷的浸出。

④影响土壤真菌和解磷细菌群落结构和丰度。生物炭为微生物提供适宜的生存条件，强化了微生物与根系间的交互作用，进而影响土壤磷循环。柑橘施用3%的花生壳生物炭后，AMF分子多样性显著增加，土壤中速效磷含量约提高了3倍，果实VC和化渣性也显著提升（郭昌勋，2016）。南丰蜜橘施生物炭后，土壤pH和有效磷含量提高，叶片氮、磷、钾含量以及果实VC、可溶性糖和可溶性固形物含量也同时增加（苏受婷，2018），Zhang等（2021）在田间也观察到类似现象。

4.土壤施用堆肥

成熟堆肥富含腐植酸、营养元素和大量促进氮转化与磷钾溶解的真菌和细菌，施于土壤能够改善土壤结构，促进磷钾养分活化，提高植物对养分的吸收利用。此外，堆肥过程中补充营养元素和接种微生物能够形成稳定有机物，改善土壤平衡；堆肥中的一些促生菌寄生/共生在植物根部，通过分泌物促进无机磷酸盐溶解和植物磷吸收（Óscar et al.，2017）。

堆肥中的腐殖质具有丰富的高分子量官能团，可以改善土壤结构，增加阳离子交换量，提高土壤pH缓冲能力，刺激微生物群落和酶活性。腐殖质可作为黏合剂促进土壤团聚体形成，提高土壤团聚体稳定性，减少土壤中颗粒磷的流失（Khaled、Fawy，2011）；腐殖质表面的官能团还可以通过影响土壤表面磷吸附位点，防止与金属元素结合成难溶性磷，降低磷酸钙的形成速率，或者通过络合作用形成稳定化合物来提高磷的利用率，使磷离子保持可交换状态以供作物吸收（Seyedbagheri，2010）。Li等（2019）发现适量添加腐植酸能提高土壤溶磷微生物和磷酸酶活性，使土壤速效磷和总磷含量逐年增加。在果园施用堆肥，能够显著增加土壤有机质、全氮、速效磷、速效钾含量，促进树体健壮生长，提高果实品质（孙辉，2015）。

5.土壤施用甲壳素和硒等

甲壳素是一种土壤调理剂，可以改善土壤理化性状，增强微生物活动，促进植物对磷等养分吸收，减少土壤养分浸出。在柑橘园土壤施用甲壳素、硒、钙和镁可以提高蜜柚对磷素的利用效率（图4-26）硒和甲壳素合用可使蜜柚叶片磷浓度下增加33.3%、使土壤磷的浸出降低29.11%，钙镁合用使叶片磷浓度增加30.17%、使土壤磷浸出减少31.26%。甲壳素和硒合用之所以能够促进蜜柚对磷的吸收和减少果园土壤磷的浸出，可能与微生物群落结构和相关功能基因有关。据Tang等（2022）报道，甲壳素和硒联合处理后，蜜柚根际微生物种类更加丰富，微生物数量以及溶磷菌的相对丰度也发生了变化。

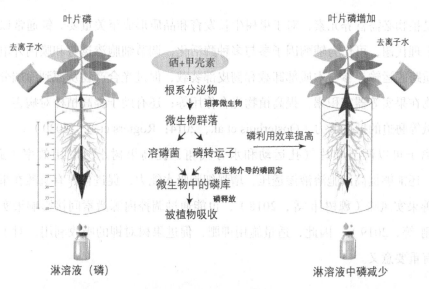

图4-26 甲壳素和硒提高琯溪蜜柚对磷素的利用效率的机制（Tang et al., 2022）

此外，柑橘品种和砧木不同，对磷的吸收效率也不同。吴娟娟（2020）对比枳、枳橙、酸橙和酸橘四个砧木的磷营养效率发现，高磷条件下酸橙和枳橙植株总磷量高于酸橘和枳，低磷条件下枳总磷含量低于枳橙、酸橙和酸橘；酸橘根部磷量与冠部磷量比值均明显高于枳、枳橙和酸橙，酸橙和枳橙的磷吸收能力强于枳和酸橘，这说明选择适宜的砧木和品种也可以促进柑橘对磷的高效利用。

（四）柑橘磷高效利用总结与展望

柑橘磷营养研究主要集中在磷肥对柑橘生长及果实产量品质的影响，对柑橘磷高效利用及调控机理的研究还有待加强。我国柑橘砧木资源丰富，筛选磷高效砧木资源或创制磷高效砧木（如多倍体），并解析磷高效机制，对调控柑橘对磷高效吸收和利用将有帮助。"根际生命共同体"理念（申建波 等，2021）对解析磷高效机制有重要借鉴意义，今后可重点探讨柑橘磷高效的根际互作过程及其机制，研究柑橘根际分泌物中的次生代谢物（如类黄酮）在招募特异性微生物用以活化难溶性磷的功能、柑橘养分吸收与菌根共生的关系，揭示根系分泌物、细菌和真菌在根际的互作过程及机制；同时探讨柑橘磷高效的砧穗互作过程及机制，解析砧木感知土壤磷匮乏并诱导砧穗物质传递的信号网络及调控机制，阐明接穗的分泌物质调控磷活化、吸收和利用的机制值等。

第四节　果树钾素养分高效吸收利用及其调控研究进展

钾是植物必需营养元素，对于果树生长发育和品质形成至关重要。钾通常以K⁺形式参与植物生理代谢，可作为辅酶因子参与多种酶活化，调节细胞渗透势和膜内外电荷平衡，影响物质跨膜运输，参与木质部卸载和韧皮部装载，促进光合产物从源到库端分配，加速光合产物在果实等器官积累，提高植物光合作用等；还有助于提高植株对病害、低温、干旱、盐碱等胁迫的抵抗能力（Oosterhuis et al.，2014；Rogiers et al.，2020）。

钾离子可以调节叶片气孔运动和水分代谢，提高果树水分利用效率（武晓 等，2016），还能够提高细胞溶液渗透压，增强细胞吸水能力，促进糖、有机酸在果肉细胞积累，改善果实风味（魏树伟 等，2018），也能通过调控内源激素间接影响果实品质形成（郭志刚 等，2019），因此，适量施用钾肥，促进果树对钾的吸收利用，对于提升果实品质具有重要意义。

一、柑橘钾素高效吸收及其调控技术

柑橘对钾需求量较大，钾素供应不足会减缓柑橘树体生长，成年橙树叶片钾含量小于0.4%时，树体以及叶片发育就会受到抑制（武松伟 等，2021）。钾素可以促进柑橘果实增大，提高果汁VC含量，增强果实耐贮性和抗病性等。缺钾抑制光合同化物向果实转运，果小皮薄，味酸，易落果和裂果；钾过量可能导致柑橘"粗皮大果"，化渣性变差，可溶性固形物含量低，果实成熟期延迟。我国柑橘主产区土壤钾元素缺乏和过量的现象并存，其中叶片钾营养缺乏和过量的比例分别为43.32%和19.90%，在生产中亟需"因土补肥"（武松伟等，2022），通过合理施钾促进柑橘果实糖积累，提高果实产量和品质。

（一）影响柑橘钾素吸收的因素

1.柑橘砧木与钾吸收

植物体内的钾主要来自根部钾转运体从土壤中的摄入，柑橘由砧木和接穗组合而成，必须通过砧木从土壤吸收养分，因此，柑橘矿质养分状况主要由砧木决定。不同砧木的根系形态存在显著差异，红橘和香橙的主根和侧根的根毛密度和根毛长度均高于枳，但枳的侧根数和侧根长度则高于红橘和香橙（曹秀 等，2017）。根系形态不同对钾的吸收情况也不一样，比如，枳橙实生苗根部干重显著高于枳，其钾含量也显著高于枳（孔佑涵 等，2017）；资阳香橙总根长、侧根数和侧根密度大于枳雀，受缺钾胁迫影响小，而枳雀对钾胁迫较为敏感，易出现缺钾症状，而且资阳香橙钾净吸收效率明显高于枳雀和枳（曹秀 等，2017；沈鑫健，2021）。对于伏令夏橙的砧木，枳砧对紫色土壤中钾离子的吸收能力强于红橘和香橙（李学柱 等，1991；沈鑫健，2021），枳砧对赤红壤的钾离子吸收能力强于椪柑砧和福橘砧（庄伊美 等，1993）。对于栽培紫色土壤中柠檬，以卡里佐枳橙和香橙为砧木的接穗叶片钾含量高于以枳为砧木的（洪林 等，2012）。

2.柑橘钾转运蛋白与钾吸收

参与植物钾离子吸收的蛋白家族主要包括KUP/HAK/KT高亲和转运蛋白家族、HKT/TRK共转运蛋白家族、Shaker、TPK、Kir-like钾离子通道家族和Na（K）-H反向转运蛋白家族。KUP/HAK/KT家族是植物体内高亲和K^+转运家族中最大、成员最多的家族，KUP蛋白主要存在于细胞质膜和液泡膜，控制植物钾素在该区域的吸收和转运（Rodriguez-Navarro and Rubio，2006）。KUP/HAK/KT和Shaker家族对于K^+吸收和长距离转运有着重要作用，高亲和力的钾离子的摄取是主动的，由共转运蛋白家族如H^+-K^+共转运体介导，而低亲和力的钾离子摄取则是被动的，由离子通道介导（Maathuis and Sanders, 1994）。

钾离子通道蛋白Shaker家族基因*AKT1*和*KAT1*首先发现于拟南芥中（Lagarde et al., 1996），甜橙*CsKT1*与拟南芥*AKT1*同源性很高，*CsKT1*编码产物能够弥补钾吸收缺陷酵母的钾吸收能力，是甜橙中的类*AtAKT1*钾通道蛋白（吴娟娟 等，2019）。*AKT1*能够被CBL1/9-CIPK23复合体通过磷酸化正向调控（Xu et al., 2006），拟南芥*CIPK23*能与甜橙*CsKT1*蛋白C端互作，拟南芥CBL1蛋白能与甜橙*CsCIPK7*蛋白互作，暗示甜橙*CsKT1*功能能够被CsCBL-CsCIPK蛋白复合体所调控（孔佑涵 等，2017；吴娟娟 等，2019）。

3.柑橘根际微生物与钾吸收

土壤中的钾大部分被束缚在土壤矿物质中，解钾菌（Potassium-solubilizing bacteria，KSB）能将矿物钾转化为速效钾而供植物直接利用，提高植物对钾的吸收利用率（Sharma et al., 2016）。据报道，解钾菌能够提高番茄对钾素和其他养分的吸收，提高西红柿对钾肥的利用率（林启美 等，2002）；施加解钾菌TK5、TK37、TK57和TK89菌液的烟草，其叶片含钾量均显著增加，说明解钾菌可促进烟草植物根系对钾的吸收，提高烟叶含钾量（曹媛媛 等，2019）。Basak等（2010）的研究发现接种解钾菌后，高粱的生物累积量和养分吸收均显著提高。但目前对于柑橘解钾根际微生物的发掘及应用的研究较少。

丛枝菌根真菌能够与根系形成共生体而促进植物从土壤中吸收养分。柑橘根毛较少，对丛枝菌根依赖性较高，接种AMF能够促进柑橘生长发育，提高养分利用能力（Wu、Xia，2006）。AMF能够感染柑橘根系的伸长区和成熟区、根冠区和分生组织区，进而在柑橘根系定植（Wu、Xia，2006）。根外菌丝可以延伸到植物根际的耗尽区之外，吸收和运输营养元素到定植的皮层细胞内的丛枝结构中，最后释放到质外体中（Grace et al.，2009；Abbaspour et al.，2012）。

枸橘接种AMF后，叶片和根系钾含量均显著增加（Wu、Zou，2009）。在干旱或非干旱条件下，红橘根系接种AMF均能够显著提高叶片钾含量（吴强盛、邹英宁，2009）。AMF也会通过调节钾转运相关蛋白基因而促进钾的吸收，番茄中鉴定一个菌根特异性钾转运蛋白SlHAK10（Solanum lycopersicum High-activity K Transpoter 10），过表达后能够促进植株钾含量（Liu et al.，2019）。柑橘根际共生功能菌及其作用机制对提高柑橘养分利用效率和提质增产具有重要的价值，但目前对于柑橘与菌根共生机制及其调控营养吸收利用的机制仍然知之甚少。

（二）柑橘钾素高效吸收调控技术

1.绿肥种植

种植绿肥是果园生草的一种形式，而且绿肥作物与主作物间套轮作、翻压还田，能改善土壤理化性质，促进主作物生长。果园间作绿肥是"以园养园，用养结合"的重要措施（曹卫东 等，2017）。种植绿肥能够提高土壤速效钾含量，有利于植物吸收利用。脐橙园间作南选山黧豆、光叶紫花苕、白三叶3种绿肥后，土壤速效钾含量均提高，且以山黧豆效果更明显（梁琴 等，2021）。

在肥料减施的条件下，种植光叶苕子或黑麦草或两者混播均可提高土壤速效钾含量，光叶苕子和黑麦草按6∶4混播效果更好（表4-7）；种植绿肥也可改善脐橙果实品质，提高果实钾携出量（陈敏，2021），还能够减少土壤养分流失，比如，种植百喜草能使脐橙果园土壤径流钾含量减少92.6%（王学雄等，2015）。种植绿肥能够有效维持"土壤—植物根系—微生物"稳定，提高土壤肥力，促进根系与微生物互作及养分吸收，近而能够提高柑橘对钾的高效吸收与利用。

表4-7 肥料减施配种绿肥对脐橙园土壤速效钾含量的影响（陈敏，2021）

绿肥类型	速效钾（mg/kg）			
	5月	7月	9月	11月
对照	245.21ab	319.92a	336.03b	207.67b
光叶苕子	230.38ab	349.295a	407.09a	264.15a
光叶苕子与黑黑麦草8∶2混播	242.48ab	365.96a	408.82a	240.01ab
光叶苕子与黑黑麦草6∶4混播	260.91a	381.30a	446.65a	275.45a
黑麦草	212.80b	376.23a	406.07a	266.68a

3.秸秆覆盖

果园地面覆盖材料有塑料地膜、地布、作物秸秆和生草等，覆盖地膜和地布能提高土壤速效钾含量，但宫川温州蜜柑橘园覆盖地膜后，土壤速效钾含量随着铺膜天数的增加而逐渐降低（王浩 等，2017）。长期覆盖秸秆降低土壤容重，增加土壤保水能力和水稳定性团聚体数量，增加土壤有机质和速效钾的含量（胡燕芳 等，2021）。生草覆盖后，显著提高椪柑叶片全钾含量（任群 等，2009）。陈沁（2019）研究表明，水稻和小麦秸秆覆盖明显提高土壤速效钾含量（表4-8）和果实钾含量，并且效果优于地膜覆盖。

表4-8　地面覆盖对椪柑园土壤速效钾含量的影响（mg/kg）

覆盖类型	0～20cm	20-40cm
习惯施肥	90.00±9.45b	70.67±2.91b
75%养分量专用肥	93.33±9.33ab	71.33±3.71b
25%养分量+稻草覆盖	94.00±3.46ab	79.33±1.76ab
37.5%养分量+稻草覆盖	112.67±5.46a	93.33±4.37a
50%养分量+稻草覆盖	114.67±7.69a	94.00±3.46a
7.5%养分量+油菜秆覆盖	108.67±7.51ab	88.13±6.55ab
生草覆盖	104.00±4.16ab	92.67±9.26ab
地膜覆盖	104.67±5.46ab	86.67±9.61ab
60%养分量专用肥配合50%养分量稻草覆盖	103.33±2.40ab	84.00±6.93ab

表4-9　生物炭和石灰对柑橘园土壤速效钾含量的影响

土壤改良处理	速效钾（mg/kg）					
	第一年			第二年		
	三月	六月	十月	三月	六月	十月
对照	261.5d	247.5d	273.8d	261.3d	217.7d	176.5d
1.2g石灰/kg土	257.1d	245.8d	257.7d	254.2d	198.9d	147.5d
2.4g石灰/kg土	253.6d	245.8d	279.2d	268.5d	211.5d	158.3d
3.6g石灰/kg土	264.1d	238.0d	252.4d	245.2d	205.2d	155.3d
1%的生物炭	333.7c	439.9c	381.0c	402.4c	257.2c	251.3c
2%的生物炭	419.1b	503.5b	509.5b	513.1b	366.4b	338.3b
4%的生物炭	584.5a	729.0a	668.5a	732.7a	494.3a	460.0a

4.土壤改良

土壤质量下降严重阻碍柑橘产量和品质提升，有机肥富含有机质，养分全面，肥效持久，具有改良土壤的显著效果。温明霞等（2019）在本地早蜜橘园施用有机肥，促进了土壤有机养分矿化，使难溶性养分释放出来，明显增加土壤速效钾含量，提高树体和叶片钾含量。我国南方柑橘园土壤一般为酸性，盐基离子易流失，不利于柑橘根系生长。Wu等（2020）施用石灰和生物炭改良酸性土壤，不仅增加土壤速效钾（表4-9）和柑橘钾含量，还提高果实可溶性固形物含量，降低可滴定酸含量，其中生物炭效果更好。

5.合理施钾肥

钾有"品质元素"之称，合理施用钾肥能够提高柑橘、苹果、梨等的果实产量和品质。据报道，柑橘果实膨大期，果肉总糖与蔗糖含量快速积累与其钾含量上升一致（肖

家欣 等2005），适量施钾显著提高脐橙产量，增加果实果糖、葡萄糖、蔗糖和柠檬酸含量，改善果实风味（朱宗瑛 等，2018）。

根系形态、钾吸收相关蛋白和根际微生物等对柑橘钾高效吸收有重要影响，合理施用钾肥、地面覆盖和种植绿肥等措施都能够促进钾高效吸收利用，但关于钾高效吸收机理和调控技术研究远不能满足柑橘产业需求。未来需要鉴定调控钾吸收的关键功能基因，并解析其调控钾吸收的机制，充分利用我国丰富的砧木资源，筛选钾高效吸收利用品种，发掘活化土壤难溶钾的微生物，探讨柑橘根系钾吸收对菌根的依赖关系，解析根系与菌根互作促进柑橘钾吸收的机制等。

二、葡萄钾素养分高效吸收机理及其调控技术

葡萄是一种典型的"喜钾"果树，每亩葡萄每年大约从土壤吸收6～8 kg钾元素。钾是葡萄正常生长发育的重要基础，对果实品质的贡献高于其他元素。我国葡萄园土壤钾含量差异很大，缺钾现象普遍，一些果园还存在钾肥施用过量问题，因此，为保障葡萄园钾肥的合理施用，需要摸清钾肥吸收利用机理，并研发相应调控技术。

（一）葡萄钾素营养概述

1.我国葡萄园钾元素的分布状况

葡萄有"钾质作物"之称，葡萄园土壤钾含量对果实品质形成非常重要。我国葡萄栽培范围广，立地条件多种多样，各地土壤钾状态千差万别，比如，云南葡萄园土壤养分区域不平衡现象较突出（赵学通 等，2014），贵州40多个葡萄园全钾含量较低（王玉倩 等，2019），辽宁91个葡萄园中，有31.8%的果园土壤有效性钾含量处于缺乏状态（包红静 等，2021），河北省宣化、昌黎产区有效性钾含量较高，怀来产区钾含量严重不足（尹兴 2014）。全国23个省葡萄园土壤有效性钾含量平均为214.7 mg·kg^{-1}（中等水平），72.1%的葡萄园土壤有效性钾含量处于缺乏或中等水平（李宝鑫 等，2020）。由此可见，我国葡萄产地土壤钾含量差异较大，缺钾现象比较普遍。

2.钾元素对葡萄生长和果实品质的影响

钾元素有利于促进果实膨大，提高葡萄产量，还可以增加果实内含物含量，促进酚类物质前体的合成，提高果实酚类含量，改善果实内在品质等（Zareei et al.，2018；Karimi R、Zareei S，2020）。施用硫酸钾能够提高鲜食葡萄品种（夏黑、红地球）及酿酒品种（梅鹿辄、赤霞珠）叶片光合能力，增加果实可溶性固形物含量和果肉糖含量，改善果实品质，降低葡萄鲜食品种果实酸含量，促进红地球和赤霞珠转色。广泛靶向代谢组技术分

析显示，土壤施用硫酸钾可上调葡萄果实中大部分黄酮类物质及矢车菊素和牵牛花素等6种酰化衍生物。施钾有利于增加葡萄果实花青素的酰化衍生物含量，进而增强花色苷的稳定性；施钾肥对黄烷醇影响较小，但能够使许多黄酮醇糖苷结合物上调，这有利于提升黄酮醇的辅色作用。此外，还发现夏黑葡萄成熟期钾浓度与果实葡萄糖、果糖含量呈极显著正相关关系，而与苹果酸、酒石酸、草酸含量呈显著负相关关系，表明增施钾肥有利于夏黑葡萄果实"增塘降酸"，提高果实品质。

3.葡萄缺钾表现

葡萄缺钾时会引起碳水化合物和氮代谢紊乱，蛋白质合成受阻，植株矮小、抗病力下降、长势减弱，枝蔓木质部不发达，新梢生长缓慢纤细，枝蔓脆弱，节间较长，生长前期叶色浅，沿幼叶边缘出现坏死斑点，后逐渐发展成黄褐色斑块（Rustioni et al., 2018）。生长中期新梢基部老叶脉间失绿，结果多的植株和靠近果穗的叶片变成紫褐色或暗褐色，特别是外围见光多的叶片变褐症状较为明显，叶缘干枯，向上或向下卷曲，叶面不平，叶缘呈烧焦状，提早脱落（图4-27）。果穗少而小，果实着色不良，色泽不均匀，成熟期不一致，成熟前易落果，甜度降低，酸度增加。一般沙质土壤、有机肥施用少、钾肥施用不足、多雨或排水不良的果园易缺钾。

图 4-27 葡萄叶片和果实缺钾症状

（二）葡萄钾素高效吸收利用特性

1.葡萄的需钾规律

以往普遍认为葡萄追施钾肥应集中在转色期（贺普超、罗国光，1994），近些年也有人认为葡萄果实发育前期也需要大量钾元素，比如，马文娟等（2013）和裴帅（2017）认为葡萄钾元素累积量最多的时期在膨果期，史祥宾等（2021）认为红地球果实第二次膨大期对钾的需要量最高，其次为果实第一次膨大期，而王海波等（2020）认为葡萄果实第一次膨大期、萌芽期至始花期需钾量都很多。通常认为葡萄采收后需要大量养分，而史祥宾等（2021）在辽宁试验发现葡萄采收期至落叶期钾需求较少，只占全年吸收量的7.04%（图4-28），原因可能在于试验地葡萄采收期至落叶期时间间隔较短，入秋后气温下降，根系养分吸收减弱。

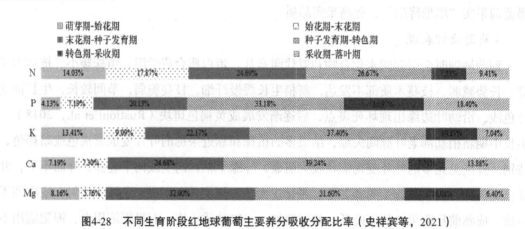

图4-28　不同生育阶段红地球葡萄主要养分吸收分配比率（史祥宾等，2021）

葡萄钾素年需求量受品种、嫁接砧木、气候差异、土壤质量、产量、管理水平等许多因素影响，通过不同试验所获得的葡萄氮磷钾肥需求量结果并不一致，但许多研究者（王海波 等，2020；史祥宾 等，2021）认为葡萄钾需求量大于氮和磷，或与氮相近，氮：磷：钾需求量比例约为10：（3.4~6.6）：（7.9~15.5）

2.葡萄对钾离子的吸收机制

高等植物中存在低亲和力和高亲和力K^+吸收系统，前者在外部高K^+浓度下起作用，后者在低K^+浓度下起作用，它们主要由钾离子通道和钾转运体控制。葡萄果实钾离子通道主要属于KUP/KT/HAK基因家族，编码钾离子运输载体的VvKUP 1 和VvKUP 2基因主要在果实、花和种子中表达，在果皮中的表达量更高；葡萄果实中还存在Shaker 家族钾离子通道，其基因在钾离子浓度较低的组织中表达，果实转色前（钾离子浓度较低）编码钾离子通道的基因就属于Shaker家族（Pratelli et al.，2002）。

许多植物高亲和性钾转运体基因表达受低钾条件诱导，过表达高亲和性钾转运体基因*AtKUP1*可以促进拟南芥根系在低钾条件下生长（王毅 等，2009）。王壮伟等（2018）从葡萄中克隆并鉴定了 4个KEA 家族基因（*VvKEA1-VvKEA4*），它们主要在葡萄果实、叶片和种子表达，其中VvKEA3 是葡萄果实中重要的 K^+/H^+ 逆向转运体，其基因幼果中表达水平最高；*VvKEA1*在缺钾处理下表达增强。在适宜组织（如根组织中）适时高表达高亲和性钾转运体和钾通道基因，会有助于葡萄在低钾条件下吸收较多的钾离子。

与大部分钾转运体不同，大多数植物钾离子通道基因不受诱导表达，即使将这些基因在植株体内过表达，也很难提高植株的钾吸收效率。但施卫明等（2002）发现拟南芥钾离子通道基因AKT1和KAT1转入水稻后，水稻钾吸收速率和对钾的累积能力都明显增强。因此，在葡萄中表达异源钾离子通道基因，也可能会改善葡萄钾营养性状。

3.葡萄对钾离子的转运和分配

葡萄体内的钾易流动，再分配速度快，再利用能力也很强。随着植株生长，钾通常向代谢最旺盛的部位转移；根系吸收的钾转运到叶片中的越多，越有利于葡萄生长发育。某些钾高效葡萄品种能将体内的钾优先分配到功能叶，并且具有较强的向产量器官转运钾的能力，即高转运效率。钾素积累在叶片中促进了光合作用，形成更多光合产物，从而能够获得较高产量。

当从土壤中吸收的钾不够维持根系和新梢生长时，各器官中贮藏的钾会被重新转运到根系和新梢，以满足其生理需求。Williams等（1991）研究表明，在葡萄浆果生长初期，当基质中有效钾含量不足时，果实钾会通过木质部回流到植株，以满足植株生长所需；随着浆果迅速膨大，果实对钾的需求增加，尤其是从转色期至成熟期，果实钾含量增加更明显，而其他各器官中的钾含量逐渐降低，说明钾能够被从其他器官再转运到果实；但在葡萄植株钾含量充足或较高的情况下，一般不会发生钾的再转运。

4.品种和砧木影响葡萄钾素利用率

植物营养性状基因型差异可以通过养分效率来区分，不同生态型或不同品种及品系的葡萄钾含量和钾营养效率不同（Oddo et al.，2020），梅鹿辄葡萄钾含量高于许多品种（Fallahi et al.，2005）。根系是吸收水分和养分的主要器官，根系性状是衡量植物对土壤钾的吸收利用能力的参数之一，宋伟等（2016）发现无核早红和威代尔葡萄根系总量较大，蛇龙珠、巨早和藤稔根量较少，这必然会使它们的钾吸收能力存在明显差异。

砧木是影响树体养分吸收的重要因子，在大量和中量元素中，钾含量受葡萄砧木影响最大小（Kodur et al.，2011）。黄冰（2008）研究发现SO4砧木和贝达砧木叶片钾含量高于DE砧木，而嫁接在这三种砧木上的巨峰叶片含钾量变化也表现出相同的趋势。韩真（2011）认为7种葡萄砧木钾吸收效率依次为140Ru＞Beta＞101-14M＞3309C＞5BB＞110R＞SO4，以Beta、101-14M为砧木的赤霞珠植株钾含量和积累量高于以5BB、SO4为砧木的植株。

（三）影响葡萄钾素高效吸收利用的因素

1.钾肥类型和施肥方式

（1）肥料类型 目前在农业生产中常用钾肥有硫酸钾肥（K_2SO_4）、氯化钾肥（KCl）、草木灰肥（K_2CO_3）和磷酸二氢钾肥（KH_2PO_4）等。硫酸钾水溶性好，作底肥或追肥都适宜，在葡萄生产中施用最多；但是如果长期使用，可能会恶化土壤理化性状，降低葡萄根系活性，而且硫酸钾价格也较贵；但硫酸钾在酸性土壤上施用或与碱性肥料混施，会更好地发挥肥效。

氯化钾成本较低，但人们普遍认为葡萄不适合施用氯化钾，不过李青军等（2010）认为葡萄施用氯化钾后，土壤和叶片氯离子含量极少，对葡萄增产效果优于硫酸钾。草木灰是一种碱性肥料，可以用来改良酸性土壤；草木灰溶于水后将液体澄清喷施葡萄叶片，有利于枝叶生长和果实膨大。磷酸二氢钾肥是含盐指数最低的一种化学肥料，但是价格较高，常溶于水后浸种或用于叶面喷施以及作为无土栽培的营养液。

缓控释肥是一种特殊的肥料类型，它能够缓慢或者控制释放养分速率以适应作物的需求，进而减少肥料的损失和浪费，提高养分利用率。张拥兵等（2021）研究表明，施缓控释肥等肥料后，果实品质由高到低排序为半量缓控释肥>半量发酵有机肥>全量发酵有机肥>半量普通化肥>全量复混缓控释肥>全量普通化肥。

（2）施肥方式　葡萄施肥可以分为土壤施肥和根外追肥，其中土壤施肥又可分为基肥和追肥。基肥施用对于葡萄生产起着至关重要的作用，以在秋季果实采收后立即施用为宜，也可在落叶至封冻前及春季解冻至发芽前施入，但是如果在落叶后和春季施用基肥，肥效发挥作用时间晚，对葡萄早春生长作用很小。

Zhang等（2016）从基因表达水平描述了葡萄开花期和浆果发育期的营养需求，开花期葡萄需要较多的磷营养，第一次浆果膨大期需要较多的氮素，种核硬化期需要较少的养分，第二次浆果膨大期和结实期需要较多的磷和钾营养。赵婷等（2020）试验发现在赤霞珠葡萄转色末期喷施3 g/L磷酸二氢钾，比在转色前1～2周喷施，更有利于提高果皮花色苷和黄酮醇含量。我们在膨果期（花生粒大小时）和转色初期，分别向夏黑和红地球葡萄喷施一次4 g/L或8 g/L的硫酸钾，发现综合效果排序均为转色初期喷施8 g/L K_2SO_4>转色初期喷施4 g/L K_2SO_4>膨果期喷施4 g/L K_2SO_4>膨果期喷施8 g/L K_2SO_4>不喷施，即转色初期喷施硫酸钾效果好于膨果期喷施，这可能是由于钾元素在转色期喷施比膨果期可以更多地向果实运输，从而有利于果实转色和糖分积累。

2.钾素与其他元素的关系

一种植物吸收某种元素时，会阻碍或增强植株对其他元素的吸收，韩真（2011）发现不同砧木的霞多丽各器官钾含量和积累量都随着钙浓度的增加而降低。Cabanne等（2003）发现在富钙营养液培养的葡萄的钾含量比均衡营养液培养低了30%。适量钾和镁配施明显促进葡萄生长，改善葡萄品质，增强钾肥的增产效果（张漱茗 等，1998），张成（2016）的试验也表明1份K_2SO_4与2份MgSO4混合喷施叶片对葡萄茎叶生长和果实品质的促进效果好于

K_2SO_4、KCl、K_2CO_3单独喷施。合理配施，对于葡萄钾肥高效利用非常重要。

3.负载量与钾素高效利用的关系

负载量调控钾在果实积累主要是通过源库间钾离子平衡实现。控制负载量就是合理调整生殖生长与营养生长之间的关系，使之向着有利于钾积累的方向进行。负载量过大，单位果实钾积累量就少；负载降低，植株生长势增大，钾离子积累增加；负载量过小，会促进枝梢生长，降低库对钾的竞争力，也不利于钾的积累。据报道，白比诺葡萄随着负载量的增加，叶片氮磷钾含量减小（吴显峰 等，1993）。砾质沙土和灌淤土上赤霞珠葡萄叶片和叶柄中氮、磷、钾含量均随单株负载量的增加而减少（施明 等，2016）。调控负载量最常用的方法是疏花疏果，在果实转色时疏果的酿酒葡萄品种Verdejo，成熟后果实钾含量增加（Vicente et al.，2015）。

4.叶幕管理与钾素高效利用的关系

叶幕管理主要是通过控制枝梢的生长量和生长密度，选择合适的叶果比，来创造果实生长的适宜微环境（Candar et al.，2019）。通过对赤霞珠、长相思去叶，结合疏枝或疏果处理发现，成熟果实中钾含量低于对照（Jogaiah et al.，2013），这是由于叶幕密度降低，遮阴程度低，光合作用提高，果实生长发育加快，果实变大，单位果实的钾浓度降低。疏叶提高赤霞珠、希拉葡萄叶柄钾素水平（Ramos et al.，2017）。此外，不同架式对葡萄钾素吸收和积累也有影响，许泽华等（2018）发现倾斜"厂"字形"V"形叶幕对钾的吸收要多于倾斜"厂"字形篱壁叶幕和直立龙干。

5.灌溉与钾素高效利用的关系

合理灌溉可促进土壤黏粒中钾的释放，增强钾在土壤中的移动性，提高根系代谢活力和钾离子吸收能力，促进钾在果实积累（Brillante et al.，2018）。设施栽培下葡萄园土壤不能及时得到降水补充，传统灌溉方式使设施土壤干湿交替频繁，会加剧土壤钾元素的固定，降低土壤钾的有效性。赵丰云等（2017）试验表明，在干旱区加气灌溉可以改变葡萄园土壤pH值，显著提高土壤速效钾和土壤速效磷含量，促进土壤有机质分解，并增加解磷钾相关菌落的数量；王渌等（2019）发现灌溉磁化咸水能够显著提高夏黑葡萄土壤速效钾含量。

（四）葡萄钾素高效吸收利用调控技术

1.合理施用钾肥

优质高产葡萄园的土壤养分应保持在一个充足而不过量的水平（丰富水平），此时葡萄园推荐施肥量应等于一定目标产量下葡萄果实和植株养分带走量。若土壤养分测定值低于丰富水平，则推荐施肥量除了用于满足葡萄果实和植株生长所需外，还应提高一定的施肥量以培肥土壤，使葡萄园土壤养分含量达到丰富水平。如果土壤养分测定值已在丰富水平以上，应降低施肥水平，以避免土壤养分过量造成的环境风险（李宝鑫 等，2020）。我国葡萄栽培以鲜食品种为主，鲜食和酿酒葡萄的产量水平在各地区差异很大，各产区应结合本地区土壤环境水平、葡萄植株营养水平及目标产量来确定施肥方案。

基肥以有机肥料为主，还需要添加部分氮磷钾复合肥，可以隔年施用一次或隔行轮换施用，有条件的可以每年施用。基肥应以腐熟鸡粪、鸭粪等有机肥料为主，搭配适量氮磷钾复合肥料；在黏性较大的土壤施用时，适当提高钾肥比例（张建平，2019）。一般在花前、果实膨大期、果实转色期和果实采收后追肥，其中花前钾肥追施量可以少些，果实膨大期施钾量要增多，此期追施钾肥有助于葡萄果实膨大；葡萄转色初期追钾肥能够促进果实转色；采果后应注意氮磷钾搭配施用，以促进根系生长和恢复树势。叶面喷施钾肥最好在营养最大效率期喷施，同时，应尽量提高喷施浓度，增加次数，这样能更充足地为植株补充钾元素。

缓控释钾肥能提高养分利用率，有良好应用前景。此外，钙和镁对钾具有拮抗作用，但钾和镁两种元素之间又存在着某种增效作用，如果钾和镁配合施用且用量适宜，能明显促进葡萄生长，改善葡萄果实品质。

2.叶幕管理和负载量调节

（1）抹芽 当葡萄芽长到1 cm左右时进行第一次抹芽。先将主蔓基部40～50 cm以下无用的芽抹去；再将结果母枝上发育不良的基节芽以及双芽和三芽中的瘦弱芽抹去，保留粗大而扁的花芽。第二次抹芽在芽长到2～3 cm，能看清有无花序时进行，此期将结果母枝前端无花序及基部位置不当瘦弱芽抹掉，保留结果母枝前端有花序的芽作为结果枝以及基部位置好的芽做预备枝（或称营养枝）。

（2）定枝 定枝是对架面留枝密度的调整，决定植株新梢的分布、果枝比和产量。如在单篱架的单、双层水平型树形的留枝量一般每平方米架面上留新梢12～15个；棚架龙干型或自由扇型树形每平方米架面上留新梢10～14个。在新梢长到10～15 cm，能够看清花序大小时进行定枝。选留有花序的中庸健壮的新梢，抹去过密的发育枝，使新梢分布合理，长势均衡。定枝时，结果枝留在结果母枝的前部，营养枝留在结果母枝的基部，用来培养成翌年的结果母枝。生产上按果枝比进行定枝。一般果穗大的品种结果枝与营养枝之比为2∶1，果穗小或坐果率偏低的品种为3（～4）∶1为宜。

（3）疏花序 按粗壮果枝留1～2个花序，中庸枝留1个花序，细弱枝不留的原则进行。对于花序较大、坐果率较高的品种，其结果枝与营养枝之比为2∶1左右；而花序较小、坐果率较低的品种，其结果枝与营养枝之比为3（～4）∶1。负载量应根据树龄、树体长势情况确定，如棚架行株距为5 m×0.6 m，初结果树，长势较好的单株产量控制在

2 kg左右，长势较弱的不留果；第三年长势好的株产控制在5~7 kg；盛果期长势较好的树控制在10 kg左右，长势较弱的在5～7 kg。每667 m²产量控制在1500～1800 kg为宜。土壤肥沃，肥水充足，树体健壮，管理水平较高的，每667 m²产量控制在2000 kg左右，以保证浆果的品质；土壤瘠薄，肥水较少，树势偏弱，负载量应控制在1200 kg左右，以便恢复树势，保证品质。酿酒品种，一般每667 m²产量不要超过1500 kg。

（4）花序整形　花序整形一般同疏剪花序同时进行。通过花序整形提高坐果率，使果穗紧凑、穗形美观，以提高浆果的外观和品质。对果穗较大，副穗明显的品种，如红地球、巨峰等应及早剪掉副穗，并掐去全穗长的1/4或1/5的穗尖，使全穗长保持在15 cm左右。对特大果穗要疏掉上部2~3个支穗，使果穗紧凑。

（5）疏果　疏果粒就是疏掉果穗中的畸形果、小果、病虫果以及密挤的果粒。第一次疏果粒在自然落果后进行，第二次疏果在果粒黄豆粒大小时进行。疏果粒的标准，自然果粒平均重在6 g以下的品种，每穗留51~60粒为宜；平均粒重在6~7 g的品种，每穗留45~50粒；平均粒重在8～10 g的品种，每穗留41~45粒；平均粒重大于11 g以上的品种，每穗留35~40粒（力世敏，2019）。

3.合理灌溉

葡萄的耐旱性较强，只要有充足均匀的降水，一般不需要灌溉。但由于葡萄生长期降水量分布不匀，多集中在葡萄生长中、后期，而生长前期干旱少雨，因此，应适时进行灌溉。目前葡萄生产采用最普遍的灌溉方式是沟灌，即通过管道将水引入葡萄定植沟内。根据葡萄生长和季节降雨规律，可在葡萄上架后、开花前、追施催果肥后、在下架埋土防寒前进行灌溉。

钾对葡萄产量与品质有重要作用，在钾肥资源有限的条件下，必须节约资源，提高钾素利用效率。今后需要结合分子生物学技术深入探讨葡萄钾离子转运通道与载体的类型和作用机制、钾在果实各组织中的作用以及钾高效利用品种在不同栽培环境条件下的表现等。

第五节　果树钙素养分高效吸收利用及其调控技术

钙是果树生长发育必需营养元素之一，可作为第二信使参与信号转导，调节基因表达和蛋白质的功能，还参与维持与调节膜渗透性以及细胞壁成分交联和结构强化等（Chan et al., 2017；Kudla et al., 2018）。健康植物钙含量一般为0.1%~5%，含量过高会导致细胞壁变硬、变脆（Cybulska et al.，2011），过低会造成果树根系生长受阻，变短变粗，不仅影响养分吸收还限制树体生长，还会引起苹果果实苦痘病和水心病，梨黑斑病和黑心病，桃果顶软化，橙、荔枝、龙眼和芒果裂果等多种生理病害，最终导致减产和品质下降。钙在土壤中易被固定，在植物体内难以移动，研究钙的吸收及转运问题，对果树生长发育和品质形成尤为重要。

一、细胞钙形态与果实缺钙症

（一）钙在细胞中的存在形式

钙是细胞壁和细胞膜的重要组成成分，参与细胞壁的构建以及质膜外表面膜磷脂和蛋白质排列，维持细胞壁和细胞膜的结构与功能，也是调节胞内离子环境的重要离子（Thor，2019）。钙在植物细胞中以可溶性和不溶性两种形式存在。可溶性钙包括游离钙和松弛结合钙等，其中，游离钙可作为第二信使调节多种生理活动；细胞壁、液泡、内质网、叶绿体和线粒体等细胞器是细胞"钙库"，可以向细胞质释放游离钙，该过程受Ca^{2+}-ATPase的调节，在细胞信号转导中起重要作用（Kudla et al.，2018）。可溶性钙可以在细胞不同部位之间运输，也可转换为其他形式的钙。

不溶性钙包括果胶钙、草酸钙和磷酸钙等，果胶钙主要位于细胞壁中，对维持细胞壁的完整性具有重要作用；草酸钙和磷酸钙主要积累在液泡中，在细胞质积累过多会造成细胞伤害。钙组分在果实不同部位和不同发育阶段会发生变化，一般果皮草酸钙含量相对较高，果肉中相对较低；幼果中果胶钙和草酸钙含量相对较高，膨大期果实中果胶钙含量显著增加（肖家欣，彭抒昂，2006）。

（二）缺钙影响果实品质

缺钙会使糖分代谢异常，导致苹果苦痘病等多种生理病害，降低果实品质和采后贮藏性能。糖含量是水果食用品质的一个重要决定因素，缺钙会造成果肉细胞糖含量代谢紊乱，异常淀粉质体积累（Qiu et al.，2021）。蔗糖转运蛋白SWEET和WRKY转录因子参与采后果实糖的积累，在梨果实中，WRKY转录因子PuWRKY31可以通过与PuSWEET15结合来加速蔗糖的合成（Li et al.，2020）。在苹果果实中，缺钙使可溶性固形物和蔗糖含量异常增加，并诱导WRKYs与蔗糖代谢相关酶编码基因（*SWEETs*、*SS*、*SPS*）的表达；瞬时过表达*MdWRKY75*不仅提高果实蔗糖含量，还增强了*MdSWEET1*的表达（Sun et al.，2022）。

苦痘病是苹果缺钙的直接表现。缺钙处理的苹果果皮表面在贮藏期间易出现苦痘（图4-29），果皮超氧阴离子、丙二醛（MDA）、总酚、类黄酮含量较高，但多酚氧化酶（PPO）活性、钙、H_2S生成量、花青素、可溶性蛋白质含量和过氧化物酶（POD）活性降低，其中钙含量、活性氧和H_2S生成量是导致缺钙苹果果皮出现表征的主要因素。此外，转录组和RT-qPCR分析表明，四种钙调素样蛋白CMLs表达与转录因子ERF2/17、bHLH2和H_2S生成相关基因的表达呈显著正相关，而苹果瞬时表达分析和双荧光素酶报告系统试验显示ERF2和bHLH2对CMLs的转录共激活作用（Sun et al., 2021）。这些发现表明，缺钙苹果采后品质劣变过程中Ca^{2+}与内源H_2S之间可能存在潜在相互作用，但其具体机理还需进一步阐述。

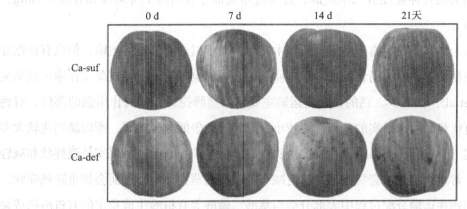

图4-29　缺钙导致苹果果皮表面出现苦痘的表型（Sun et al., 2021）

Ca-suf: 表示钙正常条件下；Ca-def:表示缺钙条件下

二、果树钙素吸收和运输特点

（一）植株水平的钙素吸收

植物在整株水平上吸收钙素的过程包括土壤钙离子向根表迁移、根细胞对钙的吸收、钙离子横向穿过根系皮层和内皮层并进入木质部，然后钙离子在蒸腾拉力或根压的作用下，运输到地上部并向叶片和果实等各器官运转分配。钙从土壤进入木质部属于根系吸收阶段，从木质部进入到地上部各器官，属于钙的运输和分配阶段。

通常认为植物对钙素吸收主要依靠蒸腾流，是一个被动过程，但这主要针对钙素在木质部的运输过程。在根系吸收阶段，不论离体根还是连体根，当外界钙浓度较低时，根系钙吸收规律均符合米氏（Michelis-Menten）酶动力学模型；而且，呼吸抑制剂明显抑制根系对钙的吸收，在外界钙浓度较低时，抑制更显著，表明根系吸收钙需要呼吸作用提高能量；此外，在外界钙浓度较低的情况下，根系钙吸收明显受Ca^{2+}-ATP酶活性影响，而Ca^{2+}-ATP酶活性需要能量维持。因此，苹果根系钙吸收并不是简单的被动过程，从整株水平看，果树对钙的吸收既有被动过程，也有主动过程（杨洪强 等，2003；李佳 等，2004）。

果树根系从土壤中吸收钙离子主要依赖未栓化的幼根和少部分木质根。钙离子在从根表皮进入木质部的过程中，需要穿越内皮层和木质部薄壁细胞组织；内皮层细胞的凯氏带阻挡了钙离子沿质外体途径向内侧的移动，部分钙离子由此通过离子通道流进内皮层细胞而转入共质体途径，在共质体穿过胞间连丝到达木质部薄壁细胞，由木质部薄壁细胞进入木质部（维管质外体）可能需要Ca^{2+}-ATP酶驱动；还有一些钙离子由内皮层细胞运出，沿内皮层内侧的质外体途径进入木质部，并通过木质部导管向地上部运输和分配（Yang、Jie，2005）。

一般认为钙离子长距离运输主要依赖木质部，而难以通过韧皮部运输，但也有证据显示，荔枝花梗韧皮部中的钙含量远高于木质部，表明钙也可能通过韧皮部途径输送到果实中（Song et al.，2018）。钙的长距离运输主要借助蒸腾拉力，蒸腾作用强的部位，对钙的竞争具有优势，由于果实的蒸腾作用较小，对钙的竞争能力也较弱，所以缺钙症状大多体现在果实上（White、Broadley，2003）；而在实际生产中，为改善果实外观性状和减轻农药污染，常对果实进行套袋处理，这更减小了果实的蒸腾作用，进而会加重缺钙症状。植株吸收的钙在运输分配过程中大部分会与草酸、磷酸等有机酸生成稳定的有机酸钙或果胶钙，难以在组织间进行再分配（王红，2013），这是果实易缺钙的重要原因之一。

（二）钙转运蛋白参与钙离子吸收和积累

钙转运蛋白参与果实对钙的吸收和积累。外源ABA（Abscisic acid）处理能降低苹果自抑制型Ca^{2+}-ATPase（*MdACA8*）、钙反转运体（*MdCAX*）和钙依赖性蛋白激酶（*MdCDPK*）基因的表达量，增加果实质外体钙和总钙的含量（Falchi et al.，2017）。吲哚乙酸（Indole-3-acetic acid，IAA）和萘乙酸（N-Acetyl Aspartate，NAA）均可提高苹果果肉质膜钙泵Ca^{2+}-ATPase活性，促进Ca^{2+}吸收（周卫 等，1999），吲哚丁酸（Indole-3-butyric acid，IBA）主要通过蛋白磷酸化过程激活根系Ca^{2+}-ATPase，进而促进平邑甜茶对钙的吸收和转运（Yang et al.，2004；Li et al.，2006）。胞内钙转运蛋白基因表达量的高低决定了胞质Ca^{2+}转运能力，钙通道和液泡Ca^{2+}/H^+交换蛋白参与果实中钙吸收和分配。荔枝双孔通道*LcTPC1*和自抑制型Ca^{2+}-ATPase（*LcACA4*）基因随着果实发育表达量上调，果皮中钙含量也逐渐增加（宋雯佩，2018）。

钙抑制剂处理影响钙转运相关基因的表达。向低钾胁迫的烟草营养液中加入EGTA

或LaCl₃能显著降低烟草根系环核苷酸门控通道*NtCNGC1*和*NtCNGC11*的表达量（代晓燕 等，2022）。CaCl₂处理能提高盐胁迫条件下番茄植株钙泵Ca²⁺-ATPase酶活，而加入Ca²⁺抑制剂（EGTA、LaCl₃）或CaM拮抗剂（W7）均能显著降低钙泵Ca²⁺-ATPase酶活（王妮，2021）。我们研究发现，果面喷施EBR，能逆转EGTA、LaCl₃、2-APB和BAPTA-AM等钙抑制剂对苹果钙转运相关蛋白基因（环核苷酸门控通道*MdCNGC1*和*MdCNGC2*、双孔通道*MdTPC1*、钙反转运体*MdCAX5*和*MdCAX11*基因、自抑制型Ca²⁺-ATPase基因*MdACA8*和*MdACA10*以及内质网型Ca²⁺-ATPase 基因*MdECA1*）表达的抑制作用。

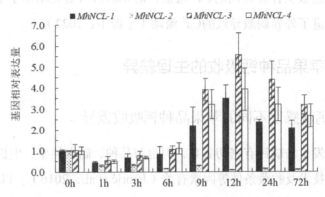

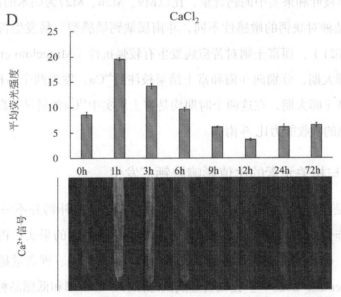

图4-30　平邑甜茶*MhNCLs*基因表达与根系Ca²⁺浓度存在一定关系（宁源生，2022）

Ca²⁺/阳离子反向转运蛋白（CaCAs）基因超家族成员Na⁺/Ca²⁺交换蛋白（Na⁺/Ca²⁺ exchange，NCXs）参与了Ca²⁺转运（Khananshvili，2020）。植物中NCLs具有相似功能，主要在质膜或液泡膜上负责将Ca²⁺转运进胞内钙库液泡中（Mishra et al.，2021）。苹果砧木平邑甜茶基因组中至少存在4个*MhNCL*基因。通过RT-qPCR与根系Ca^{2+}荧光染色发现，在胁迫（盐害、低温和模拟干旱）和激素（ABA和IAA）处理下，4个*MhNCL*基因的表达水平与根系Ca^{2+}浓度变化存在一定关系（图4-30），即*MhNCL*参与Ca^{2+}的转运，外界不良条件下促使细胞外排Ca^{2+}，正常状态下促使Ca^{2+}吸收，推测*MhNCL*很有可能是根系细胞内Ca^{2+}浓度升降（震荡）变化的重要原因之一。进一步在平邑甜茶根系中瞬时过表达*MhNCL-1*发现，未做处理和$CaCl_2$处理后的平邑甜茶根尖均存在内向的Ca^{2+}通量，NaCl处理后的平邑甜茶根尖存在外向的Ca^{2+}通量，而*MhNCL-1*显著增加了平邑甜茶根系Ca^{2+}通量，*MhNCL-1*促进了外界刺激导致的Ca^{2+}流动（宁源生，2022）。

三、不同苹果品种钙吸收的生理差异

（一）缺钙敏感性不同的苹果品种钙吸收差异

苹果苦痘病发生与缺钙有密切关系，但也与品种、砧木类型、生长状况、土壤质地、肥水条件、栽培技术及贮藏条件等因素有关（Jemrić et al., 2016）。以B9为砧木的BC-2富士新梢叶、短果枝叶和果实中的钙含量，比以M9、M26、M27为砧木的高（Chun et al., 2002）。不同品种对缺钙的敏感性不同，斗南属缺钙敏感型、易发生苦痘病的苹果品种（孙鲁阳等，2021），而富士则对苦痘病发生有较强抗性（Miqueloto et al., 2014）。在幼果期和果实膨大期，分别向斗南和富士结果枝注射[44]Ca，发现两个品种在幼果期对[44]Ca的吸收效率均高于膨大期，在这两个时期均是富士果实中[44]Ca含量显著高于斗南，说明富士苹果果实对钙的吸收能力比斗南高。

（二）钙与相关元素的比值影响缺钙症发生

外源补钙是预防苹果苦痘病发生的重要措施，但单纯补钙并不一定能够克服苦痘病，缺钙症并非仅由缺钙引发。与健康果实相比，患苦痘病的果实，钙与硼的含量都较低，而氮、钾、磷和镁含量情况相反；果实钙含量越低，镁、钾含量越高，苦痘病越严重（Bonomelli et al., 2020）。比较苦痘病高感品种卡塔琳娜和低感品种富士发现，在果实生长发育过程中，卡塔琳娜果实与富士相比钙含量较低，而钾含量较高，钾/钙、（钾+镁）/钙、（钾+镁+氮）/钙的比值较高（Miqueloto et al., 2014）。检测分析表明，富士苹果果皮钙相对含量显著高于斗南，而氮/钙、钾/钙、镁/钙、硼/钙和（钾+镁）/钙均显著低于斗南，果面施钙可以显著提高果肉中钙的相对含量，显著降低氮/钙、钾/钙和（钾+镁）/钙比，能一定程度上抑制苹果苦痘病发生（靖吉越，2022）。

（三）缺钙敏感性不同的品种钙吸收相关基因的表达差异

斗南和富士对缺钙的敏感性不同，在花后30 d、37 d和44 d，分别向两品种的幼果喷施0.5%的$CaCl_2$，在最后一次处理后的第7 d和40 d提取果肉RNA，进行转录组学分析，结果显示，斗南和富士差异表达基因（DEGs）（差异倍数大于1.5；FDR<0.05）在处理第7 d分别为134个和91个，在处理第40 d分别为47个和231个。GO功能注释和KEGG代谢途径富集分析表明，处理第7 d，斗南特有DEGs富集在水解酶、转录因子和抗氧化酶活性功能，富士特有DEGs被显著富集在金属离子结合和阳离子结合功能的基因中；处理40 d，斗南特有DEGs主要包括碳水化合物代谢、水解酶活性、钙离子结合和诱导细胞程序性死亡的基因，而富士特有DEGs主要富集在金属离子转运、通道传导控制ATP酶活性、蛋白质跨膜转运体活性等功能基因上。富士特异表达的差异基因主要富集在金属离子转运、阴离子通道活性和氯离子通道活性等功能，这可能是富士比斗南具有较高的钙等金属离子吸收和转运能力的重要原因。

四、丛枝菌根真菌和油菜素内酯对苹果钙吸收的调节作用

（一）丛枝菌根真菌对苹果钙素吸收及相关基因表达的影响

丛枝真菌（Arbuscular mycorrhizal fungi，AMF）可与地球上80%的陆生植物建立共生关系（Zubek et al.，2016），它能够通过与根系共生从植物中获取所需碳源，还可以通过菌丝网络为植物提供养分（Bagyaraj et al.，2015）。磷、钙、锌、铜等离子在土壤中移动性较差，当根系周围养分被耗尽时，便无法再获取更多养分。AMF与植物根系共生后，形成强大的菌根网络，纤细的菌丝体不断延伸到细小的土壤空隙，可以接触到更多土壤，从而使植物根系能够吸收移动性差的元素（Gorzelak et al.，2015），并将宿主根系表面吸收能力提高10倍左右（Javaid，2009）。此外，AMF能够促进植物根系释放根际分泌物，活化根际土壤难溶性养分，进而提高植物对矿物质元素的吸收。

AMF可以成功侵染苹果苗，不同AMF对苹果苗根系侵染率不同，外源添加钙能促进AMF的定殖率，而低钙条件下相反，可能与低钙破坏了菌丝结构有关（Jarstfer et al.，1998）。苹果根系接种AMF促进苹果生长，主要在于AMF与根系形成共生菌根后能够直接促进根系对养分的吸收，同时还能够通过改变根系形态和生理代谢，进而间接影响根系对养分的吸收（Cavagnaro et al.，2008）。

在苹果根系接种AMF并施用Ca（NO_3）$_2$或$CaCl_2$，可以显著提高土壤有效性钙含量，

降低酸溶态、有机结合态和残渣态钙含量（图 4-31）。接种AMF，根系能够释放出富含能量的分泌物（Johansson et al.，2004），刺激根际土壤有机物的分解，提高根际有机质含量和根际养分的可利用性（Bird et al.，2011）。

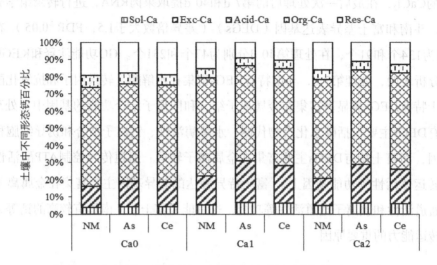

图 4-31　接种AMF对苹果苗根际土壤钙形态的影响（闫梦瑶，2022）

Sol-Ca：水溶性钙；Exc-Ca：交换态钙；Acid-Ca：酸溶态钙；Org-Ca：有机结合态钙；Res-Ca：残渣态钙；Ca0：未施加外源钙；Ca1：添加5 mM Ca（NO$_3$）$_2$；Ca2：添加5 mM CaCl$_2$；NM：未接种；*As*：接种细凹无梗囊霉菌；*Ce*：接种幼套球囊霉菌

土壤施用Ca（NO$_3$）$_2$或CaCl$_2$钙肥，均能增加苹果幼苗钙含量和根系钙吸收量，接种AMF会增强所施钙肥的效果。苹果苗根系和地上部分钙含量与根际土壤有效态钙（水溶态钙和交换态钙）含量呈显著正相关。丛枝真菌菌丝和孢子能够分泌一种蛋白质——球囊霉素，在土壤中可以定量为球囊霉素相关土壤蛋白（GRSP），在菌丝凋亡后被释放到根际土壤中时，EE-GRSP（易提取球囊霉素蛋白）和T-GRSP（总球囊霉素蛋白）浓度与土壤有机质含量、微生物数量和土壤酶活性呈显著正相关（Wu et al.，2015）。苹果根系接种AMF显著提高GRSP浓度、微生物数量和土壤酶活性，使根际土壤中有机质浓度增加。此外，AMF促使植物根系释放有机酸等，根际土壤pH降低，影响根系有机质含量和微生物数量，进而间接影响土壤钙组分。苹果根系接种AMF，一方面通过影响土壤理化性质、养分循环和微生物群落来影响养分有效性，另一方面根外菌丝的存在扩大了根系对矿物质元素的获取机会（Luo et al.，2019），因此，AMF与钙肥联合施用是促进苹果苗吸收积累钙的有效途径之一。

已有研究表明，当向土壤中施加外源钙肥时，AMF与植物共生提高了植物组织中钙含量（da Rocha et al.，1995）。对施用钙肥和AMF处理的苹果根系进行转录组分析，筛选出74菌根促进苹果苗钙吸收利用的相关差异表达基因，其中包括27个生长素合成途径相关基因、17个有机酸代谢相关基因、9个磷酸盐转运相关基因、8个钙转运蛋白相关基因和13个钙信号转导相关基因。外施钙时接种AMF促进苹果苗钙素吸收，原因可能在于AMF降低根际土壤pH，增加有效态钙含量，同时促进根系生长，扩大根系与土壤的接触面积，提高钙肥利用效率。此外，AMF联合外源钙还可能通过调节与Ca^{2+}转运蛋白、Ca^{2+}通道、Ca^{2+}信号和磷酸盐转运蛋白相关基因的表达水平，促进植物钙的吸收与利用。

（二）油菜素内酯对苹果钙积累和维管束发育的影响

2,4-表油菜素内酯（2,4-Epibrassinolide，EBR）是生理效应非常广泛的调节剂，在果园喷施1.0 mg·L^{-1} EBR+1.0 g·L^{-1} $CaCl_2$显著提高苹果果实钙含量和品质。由于锶（Sr）与钙属于同一主族，两者具有相似的化学特性，且在土壤和植物组织中含量较低，以Sr为示踪元素可以间接反映钙的吸收分配（Rosen et al.，2006）。叶面喷施EBR时分别土施和叶面喷施$SrCl_2$，分析苹果树Sr^+转运和分配表明，叶面喷施EBR不仅能促进苹果根系吸收土壤Sr并向地上部转运和积累，而且能促进Sr向枝条、叶片、新梢和果实中分配和积累。

果实维管束发育与钙积累关系密切（Morandi et al.，2010）。藤木1号苹果维管束和共质体通导性弱可能是导致果实钙浓度较低的原因（宋雯佩，2018）。在果实发育过程中，通过对苦痘病抗性不同的苹果品种果实维管束的调查发现，易发生苦痘病的品种果实维管束断裂出现较早，且果实的钙积累量也更低（Drazeta et al.，2004）。猕猴桃随着果实膨大，维管束功能急剧下降（Morandi et al.，2010）。青枣在果实膨大期可观察到维管束主要集中分布于周缘和果心中央，到着色期枣果周缘维管束功能几乎丧失（郝燕燕等，2013）。我们在苹果上研究发现，烟富10号果实从膨大期开始，维管束开始出现断裂，到成熟期果实维管束几乎观察不到；1.0mg·L^{-1} EBR+1.0 g·L^{-1} $CaCl_2$混合处理可以显著延缓果实发育过程中维管束断裂，提高果实维管束的数量，维持维管束的运输功能，提高果实钙含量，果实维管束数量与钙含量成显著正相关关系（图4-32）。

在活体条件下，从苹果果梗引入四种不同钙抑制剂EGTA、$LaCl_3$、2-APB和BAPTA-AM，然后在果面喷施EBR和$CaCl_2$，用焦锑酸钾沉淀法观察钙在亚细胞水平上的分布，发现果实喷施EBR可以逆转EGTA、$LaCl_3$、2-APB、BAPTA-AM对胞外钙、钙离子通道、钙泵和胞内钙的抑制作用，恢复胞外钙、离子通道、钙泵和胞内钙的正常功能，促进亚细胞水平上钙的重新分布。EBR处理还增加果实细胞间隙钙颗粒密度，推测EBR能将细胞壁中的钙转移到细胞间隙，或者促进果面外源钙向细胞间隙转移。

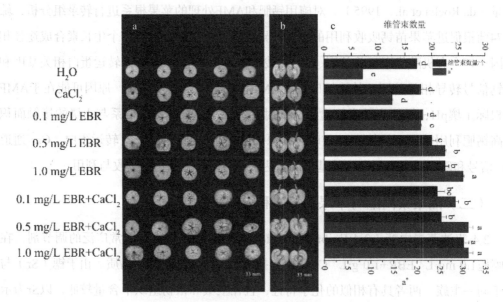

图4-32　油菜素内酯对苹果幼果维管束发育的影响（谭迪，2022）

注：幼果期不同浓度EBR及与CaCl₂混合处理果实横切图（a）、纵切图（b）、维管束数量及染色强度（c）。a*代表维管束染色强度。横切图从左向右依次为果实果梗端到花萼端。不同小写字母表示处理间差异达5%显著水平

五、果树钙素养分吸收利用调控技术

（一）改善果树根区环境

不利的土壤因素，如盐碱、干旱、透气性差等导致根系活力降低，使根系对钙及其他矿物质元素吸收减少（查仁明、许雪峰，2001；乌凤章 等，2017），进而抑制植株生长和果实正常生长发育（樊卫国 等，2012）。酸性土壤中氢离子浓度较高，利于难溶性钙元素溶解，有效钙含量升高。土壤腐殖质是重要的胶结物质，具有强大的吸附力，能吸收和保持大量可溶性养分和水分。土壤条件对钙素形态和根系吸收有显著影响，其中土壤质地对根系钙吸收影响明显，栽植在沙壤土和沙土上的果树，其果实钙含量显著高于栽植黏土上的（Bonomelli et al.，2019），改善根区土壤环境将有利于促进钙的吸收。

传统清耕、覆草和自然生草是目前果园常用的几种土壤管理方式，相较于清耕，覆草和自然生草可大幅改善根区土壤环境。经调查，传统清耕、覆草和自然生草的苹果根际土壤水溶态钙含量没有显著性差异，覆草和自然生草比清耕的苹果根际土壤交换态钙含量分别高24.82%和42.76%，酸溶态钙含量分别高64.99%和87.10%，有机结合态钙分别高

20.87%和31.69%；根系钙含量呈现自然生草>覆草>清耕（李昊，2021），自然生草更能促进苹果根系钙吸收。

向土壤施入有机酸，在降低根区土壤pH值的同时可促进固定钙的溶解和活化。比如，在平邑甜茶根区施入10 mg·kg^{-1}、50 mg·kg^{-1}、100 mg·kg^{-1}柠檬酸，明显降低根区土壤pH值，提高根系钙含量，土壤中交换态钙、酸溶态钙和有机结合态钙含量随着施入外源柠檬酸含量增加而增加（李昊，2021）。

（二）选用适宜果树砧木和品种

钙在土壤中以残渣态、交换态、酸溶态、水溶态和有机结合态等多种形态存在，苹果根区主要是难以被根系直接吸收的残渣态钙，水溶态钙在根际土壤全钙量中占比很低，能被果树吸收利用的有效钙较少。但是，选用不同的苹果砧木会在一定程度上改变土壤钙的有效性。在中砧1号、八棱海棠、M26、M9和SH40五种常用苹果砧木根际的土壤中，全钙含量表现为SH40>中砧1号>M9>M26>八棱海棠，根际土壤水溶态钙、交换态钙和酸溶态钙等有效钙含量均以M26最高；用这五种砧木分别嫁接的苹果树根系钙含量也是以M26最高，其次是M9，八棱海棠最低（李昊，2021），因此，采用M26作为砧木应可增加土壤钙素的生物有效性，从而促进根系钙吸收。不同中间砧也会造成钙积累差异，以5种不同砧木做的中间砧富士苹果树，它们的果实钙积累量，从多到少依次为T337> M26>SH40>Pajam2>M9（张艳珍 等，2021）。

此外，果树对钙的吸收能力也与树种和品种有关，检测荔枝、葡萄、柑橘、枇杷、苹果、梨、红枣各龙眼各1～3个品种的果实钙含量，发现梨果类（枇杷、苹果和梨）果实对钙的吸收率最高，其次是印度枣、荔枝、龙眼和柑橘，而葡萄浆果对的吸收率最低（Song et al.，2018）。因此，建园时选用适宜树种和品种，也是促进果树钙吸收利用的途径之一。

（三）合理施用钙肥

目前生产中常用钙肥主要有无机钙（如硝酸钙、氯化钙）、有机酸类螯合钙（如腐殖酸钙、氨基酸钙、柠檬酸钙）和有机糖醇类螯合钙（如糖醇螯合钙）等。不同种类钙肥的补钙效果存在一定差异，例如，对于改善巨峰葡萄果实品质，喷施硝酸钙和糖醇钙的效果好于氯化钙及高聚合钙，其中硝酸钙显著提高巨峰葡萄可溶性固形物、总糖、果柄拉力等，糖醇钙对提高巨峰葡萄鲜食品质的效果要好于硝酸钙等（曹慕明 等，2010；刘鑫铭 等，2021）。在苹果根区施用氧化钙和过氧化钙，均可增加白色新根数量，显著增加根际土壤细菌和真菌多样性，提高根区土壤有效钙、镁、氮、磷、钾等含量，增加根系钙含量，其中过氧化钙的作用更显著；而且，在缺钙果园施用过氧化钙，可显著提高苹果叶片光合性能、果实硬度和可溶性糖含量，效果也好于施用氧化钙（纪拓，2018；张佳琳，2022）。过氧化钙遇水产生氧气，可向根区提供了一定量的氧气，这可能是过氧化钙效果好于氧化钙的重要原因。

钙肥施用时期对果树生长和果实品质的影响也存在差异，王宝亮等（2019）以藤稔葡萄为试材，发现转色期施钙对葡萄单粒质量、可溶性固形物含量和硬度均具有显著性影响，萌芽期施用低水平钙肥有利于醛类香气含量的增加，而转色期施用低水平钙肥有利于酯类和萜烯类香气含量的增加；相较于盛花期，在盛花后20天喷施氯化钙可增加南果梨单果重、横纵径和总钙含量，并减少石细胞积累（张伟 等，2022）。

在实际生产中，果树施钙主要包括叶片喷施、根施、树干注射、采后补钙等方式。向苹果叶片喷施外源钙，可提升果实果形指数和果实硬度，增加VC、可溶性固形物含量（袁嘉玮，2021）；在缺钙果园施用氧化钙和过氧化钙，能够提升苹果果树生长性能，改善果实品质（张佳琳，2022）。在黄金梨幼果期，向树体喷施硝酸钙和氨基酸钙，均有利于延缓采后果实衰老、提升贮藏性能（周君 等，2018）；结合叶面和果穗喷施，向葡萄根际灌施1500倍糖醇钙肥，明显提升巨峰葡萄鲜果品质，它比单独喷施或灌施的效果都好（刘鑫铭 等，2021）。

（四）合理使用植物生长调节剂

植物生长调节剂对根系钙吸收和转运有一定促进作用，其中，施用IBA等生长素能够促进苹果根系生长发育，增强根系吸收功能，也能激活根系Ca^{2+}-ATPase，改变Ca^{2+}-ATPase在细胞中的定位分布，进而促进根系对钙离子的吸收和转运（Yang et al, 2004）。植物生长调节剂也促进果实钙的转运和积累（周卫 等，2000；姚棋 等，2021）。用20mg·L^{-1} IAA或20 mg·L^{-1} GA_3处理苹果，能显著提高果皮钙含量（刘剑锋，2004），用20mg·L^{-1} NAA+0.5%$CaCl_2$混合处理苹果，也能显著提高果实钙含量（张新生 等，2005）。对库尔勒香梨进行IAA、NAA、GA_3单独处理，或分别与$CaCl_2$混合处理，均可以提高商业化采收期的果实钙含量（张峰 等，2015）。IAA）和NAA不仅促进Ca^{2+}通过共质体和质外体途径进入幼果外，还可能促进Ca^{2+}跨质膜外流以及在不同钙库中积累。

赤霉素促进细胞壁钙调蛋白（CaM）吸收Ca^{2+}或者促进质外体空间的Ca^{2+}进行交换吸附，进而促进Ca^{2+}向幼果组织分配和积累。此外，外源ABA可改善叶片和果实之间的竞争，促进更多的Ca^{2+}向果实分配和积累（Falchi et al.，2017）。EBR能够通过改善植物光合性能，促进光合产物向果实分配，提高果实品质以及植物抗性（李蒙 等，2015），如用20 mmol·L^{-1} CaCl$_2$和0.1 μmol·L^{-1} EBR复合处理显著提高番茄果实品质和钙含量（姚棋 等，2021）。

六、果树钙素养分高效利用总结和展望

钙是果树最难补的养分之一，缺钙影响果树树体生长，导致系列病害，造成减产，果实品质下降，严重影响经济价值。通过根区不同钙形态含量分析，土壤中的残渣态过高，供根系吸收利用的有效钙含量过低，是目前果园土壤面临的主要问题。苹果果实钙与其他矿质元素如氮、钾、镁的相对含量是影响苦痘病发生的关键因素。通过外源补钙增加了钙吸收，同时减少了对N和K的吸收，降低了氮/钙、钾/钙和（钾+镁）/钙比，能够缓解苦痘病的发生。

缺钙敏感型品种斗南与耐缺钙品种富士苹果对钙等离子的转运能力存在差异，不同砧木对钙离子的吸收能力也存在差异，合理选用砧木和品种，有助于改善果树对钙的吸收和利用。根系与土壤及微生物存在互作，栽植适宜砧木，接种AMF，或者向土壤中添加有机酸，能够增加土壤钙的溶解性，提升根际土壤中水溶态和交换态钙的含量，从而有利于根系对钙的吸收。利用生长调节剂促进维管束发育，促使钙离子向果实运输和重新分布，也有望达到提高果实中钙含量的目的。田间管理方面，要减少传统清耕方式，多采用自然生草、覆草等管理措施改善根区环境，同时在根区施用过氧化钙等具有增氧特性的钙肥，结合传统叶面喷肥等多重方法，从根区和地上部全面补钙，促进钙吸收、运转和分配的技术综合应用。

另外，利用分子生物学手段，通过提高根部钙吸收的关键基因，以此提高根系对钙的高效吸收，通过解析苦痘病和水心病的发生机制，在果实贮藏阶段削弱缺钙引起的病害发生也有助于降低采后发病造成的经济损失。但是其中还尚有多个未阐明的问题，如不同砧木根域钙形态改变的生理分子基础是什么？如何有针对性的高效选出适宜砧木？不同管理措施又是如何改变土壤钙形态的？要想从根源上解决缺钙问题，这些疑问仍亟待解决。

第六节 果树铁素养分高效吸收机理及其调控技术

铁是植物必需的微量元素之一，是叶绿素合成、光合作用、呼吸作用及蛋白质合成等众多基础代谢过程的重要参与者。植物中的铁大部分存在于叶绿体中，参与叶绿素的合

成。缺铁会导致叶绿体结构被破坏，新叶叶绿素合成受阻、光合作用减弱，严重时出现新叶黄化、生长发育受阻、植株早衰等现象，在石灰性或碱性土壤中植物缺铁黄化表现得较为严重（李培根 等，2020）。

人类所需铁的来源主要是食物，若长期食用铁含量不足的食物，会引起缺铁性贫血，影响人体健康（Wu et al.，2020），提高植物铁含量和耐缺铁能力，是植物科学中的重要研究课题。在开展苹果属植物铁素营养研究的基础上，本部分结合前人研究成果，重点论述近期果树铁素营养高效吸收利用的研究进展，并介绍相应调控技术。

一、果树铁营养概述

（一）铁的功能与果树铁吸收策略

铁在植物生长发育、光合作用和呼吸作用等方面均发挥重要作用。铁不仅参与光合作用中的氧化还原系统，还影响光合磷酸化和二氧化碳的还原过程，是光合作用必不可少的元素。同时，铁也是呼吸作用相关酶的重要组成部分，如细胞色素氧化酶、抗氰氧化酶、过氧化物酶和过氧化氢酶等都含有铁卟啉，在氧化还原反应和电子传递过程中起到关键作用（Lall et al.，1998）。固氮酶中也含有铁元素，铁也参与生物固氮过程（Shah et al.，1972）。

虽然地壳中铁元素含量很高，但因土壤偏碱性、氧化作用以及干旱等因素导致铁的溶解度很低，难以达到植物直接吸收利用水平，很容易造成植物缺铁。缺铁对光系统 II 有较大影响，会使叶片净光合能力显著下降，希尔反应活性降低，而光饱和点及光补偿点上升，阻碍同化产物合成；也会降低叶片总呼吸强度，影响有机酸代谢以及维生素和蔗糖的合成（Sharma et al.，2007）。缺铁黄化是一种铁元素缺乏引起的生理性病害，在盐碱土或钙质土壤较为常见。叶片缺铁黄化会导致果树生物量和结果量大幅下降，树势衰弱，品质降低等（于绍夫 等，1983），严重影响果树生产。

为了适应缺铁环境，植物进化出了铁吸收和转运的调控策略，该策略分为机理 I 和机理 II，双子叶和非禾本科单子叶植物采用机理 I，禾本科植物采用机理 II（Marschner et al.，1986）。苹果、梨和桃等果树对铁的吸收策略属于机理 I，在土壤有效铁不足时，根部质膜上的质子泵会最先分泌 H^+ 以酸化根际周围的土壤环境，降低土壤的pH值，增加铁的溶解度，使铁离子从土壤中溶解释放出来；接着，质膜上的三价铁离子还原酶（FRO_2）活性增强，将土壤中游离的 Fe^{3+} 还原成 Fe^{2+}；最后，质膜上的转运蛋白，如铁离子转运蛋白（IRT1），将被还原的亚铁离子转运到细胞内（Robinson et al.，1999）。吸收后的亚铁离子随后被其他转运蛋白输送到需要的地方，如叶绿体、线粒体和过氧化氢酶等，参与多种生命活动。

（二）果树缺铁黄叶病的产生原因

果树缺铁黄化症，也称为黄化病、白叶病、缺铁失绿症、黄叶病，在盐碱土或钙质土壤的果区更为常见。铁元素参与植物的呼吸作用和光合作用，是果树叶片中叶绿素合成的重要元素。没有铁元素的参与，果树叶片就不能合成绿色的叶绿体，新长出的嫩叶就会表现出"黄色"甚至"黄白化"现象，影响果树的生长发育、降低果品产量及品质（曹晓艳 等，2014）。

缺铁黄叶病的主要症状是叶片黄化，出现在幼叶和新叶上。开始叶肉先变黄，而叶脉两侧仍保持绿色，叶面呈绿色网纹状失绿。随病情的发展，叶片失绿程度加重，整叶变为白色，叶缘枯焦，引起落叶。缺铁严重时，新梢顶端枯死，出现枯梢现象，影响树木正常生长发育，引起树体早衰、抵抗不良环境能力减弱、易遭受冻害，引起其他病害发生。影响黄化病发生的因素主要有以下几个：

1.砧木和品种

不同的砧木和品种对环境有着不同的适应性，缺铁黄化病的发生与果树品种及其砧木有着重要的关系。在苹果属植物中，不同种质的耐缺铁能力有很大的差异，实生砧木山定子对缺铁胁迫十分敏感，最易发生缺铁性黄化病，属于铁低效基因型砧木（林冰冰 等，2016）；八棱海棠、垂丝海棠、烟台沙果、湖北海棠、莱芜茶果、西府海棠等黄叶病发病较轻；而小金海棠、新疆野苹果对缺铁抗性强（张凌云 等，2002）。小金海棠是我国学者筛选出的铁高效基因型苹果砧木。

不同苹果栽培品种受缺铁胁迫后黄叶病发病程度也不同。根据相关研究，在干旱的石灰质土壤和碱性土生长的金冠、嘎啦、红玉及红肉苹果发病较重，富士系、元帅系、国光、美国八号等发病较轻（于绍夫 等，1984；周厚基 等，1988）。

2.土壤酸碱性

土壤中铁的有效性受土壤酸碱度的影响很大。在酸性土壤中，铁的溶解度较高，易于被植物吸收和利用，植物一般不会缺铁。但随着土壤pH值的增加，有效铁含量会大幅降低，在碱性或盐碱重土壤中，可溶性亚铁离子被转化为不能被根系吸收利用的铁离子盐，植物易发生缺铁性黄化病。徐孙霞（2022）研究表明，随着土壤pH值升高，土壤有效铁（Fe^{2+}）含量逐渐降低，直接影响苹果叶片黄化病的发生情况和严重程度；当pH值为8时，苹果新叶会出现黄化现象；当pH值为9时，会导致严重的缺铁黄化病症状（图4-33）。可见，高pH值引起的土壤有效铁含量低是碱性土壤诱发植物缺铁黄化症的重要原因。

图4-33　土壤不同pH值下红星苹果叶片黄化情况（徐孙霞，2022）

3.土壤有机质含量

土壤有机质是植物矿质营养和有机营养的源泉，直接影响着土壤的耐肥性、缓冲性和通气状况。土壤有机质含量低，不利于树体对养分的吸收，会造成植物失绿黄化。土壤有机质在土壤微生物的作用下不断进行矿化和腐殖化过程，产生腐殖酸和多元有机酸，能够增加铁的有效性并提高土壤微生物活力，并增加氧气消耗量（金崇伟等，2005）；同时，土壤有机质使难溶性铁转化成可溶性的铁，提高苹果利用铁的效率。

4.根部病害与栽培管理

果树根部病害（如根腐病、根瘤病、根结线虫病等）的发生，干扰并破坏了根系吸收、利用土壤矿质营养元素的能力，会引发生理性缺素症，造成果树叶片黄化。

栽培管理措施不当也会影响果树根系对铁元素的吸收和利用。浇水过量、过勤，降雨量大、果园排水不畅等会造成土壤含水量过大。含水量高的土壤通透性差，二氧化碳水平较高，导致苹果根系进行无氧呼吸，使毛细根大量死亡，诱发或加重缺铁黄化病的发生。浇灌用水的pH值越高、浇水频率越大，越易引发黄化病。有大小年现象苹果树，大年时的缺铁黄化发病株率会提高。

二、果树缺铁响应及铁吸收机理研究进展

（一）果树铁调控相关基因研究进展

随着分子生物学的迅速发展，许多铁吸收和转运相关的基因被发掘和鉴定。在拟南芥中，*AtFRO2*编码铁还原酶蛋白，将三价铁离子还原成亚铁离子；*AtIRT1*和*AtIRT2*专门负

责Fe^{2+}转运（Robinson et al., 1999；Vert et al., 2002）。水稻转录因子*IDEF1*和*IDEF2*分别特异性结合缺铁反应作用元件（IDE1、IDE2）参与缺铁响应的过程（Kobayashi et al., 2007；Ogo et al., 2008）。拟南芥根部*AtFIT*受缺铁诱导表达，与bHLHL38、bHLH39蛋白互作，形成异源二聚体调控下游*FRO2*和*IRT1*的表达（Wu et al., 2019）。其他结构基因如YSL、NAS及PYE等，转录因子如bHLH、MYB、AP2等，也参与铁的吸收和转运调控（Shen et al., 2008；Weber et al., 2009）。

在缺铁胁迫条件下，苹果属植物小金海棠毛细根增加，根系分泌物增加，根系H^+-ATPase活性升高，对铁离子的亲和力和吸收能力增强。*MxNramp1*调控液泡铁离子转运以应对植物低铁胁迫（查情 2014）；乙烯响应因子MxERF72与MxERF4、MxIRO2及MxFIT与其他蛋白互作，负调控铁离子的吸收（Zhang et al., 2020）；*NAS1*（Nicotianamine Synthase 1）受缺铁诱导并参与植株体内铁的重分配（Sun et al., 2018）；长链非编码RNA，MSTRG.85814.11可作为*SAUR32*的转录增强子响应缺铁胁迫（Sun et al., 2020）。

苹果转录因子MdbHLH104与MdbHLH38、MdbHLH39和MdPYE相互作用形成异源二聚体，正向调节*MdAHA8*的表达，从而增强H^+-ATPase的活性并促进根部对铁的摄取（Zhao et al., 2016）；MdBT1/2蛋白与MdCUL3相互作用形成 MdBTs-MdCUL3 复合物，调节MdbHLH104蛋白的稳定性，以维持铁在植物体内的稳态（Qiang et al., 2016）。外源ABA通过促进苹果根系发育并调节根部及枝条中的铁分布来缓解铁缺乏症（Zhang et al., 2020）；施用低量硝酸盐能够降低根际pH值并促进根系铁吸收，缓解苹果的缺铁黄叶病（Sun et al., 2021）。

（二）果树缺铁相关miRNA研究进展

miRNA（microRNA）是一类来自真核生物、长度为20～24 nt的内源性非编码小分子RNA，通过mRNA裂解翻译抑制，在转录后水平调控基因表达，是植物生长发育、胁迫响应和生理生化反应的重要调节因子。与编码基因类似，miRNA在特定环境或发育条件下会受到多层次的表达调控，以确保植物正常生长发育。

1.miRNA在大量元素代谢中的作用

miRNA在植物养分代谢中发挥关键作用，通过调控矿质营养吸收和转运基因的表达来维持养分稳态。在拟南芥中，氮素缺乏时会强烈下调miR169的表达，而其靶向的*NFYA*（Nuclear Factor Y, subunit A）家族成员的积累量显著增加；拟南芥中过表达miR169a降低了植株的氮积累量，增加了其对缺氮胁迫的敏感性（Zhao et al., 2011）。miR399是第一个被鉴定为植物磷（Pi）调控相关的miRNA，是Pi吸收的正调控因子（Hsieh et al.,

2009），在过表达miR399的转基因拟南芥中，植株顶部芽中积累了5-6倍正常水平的Pi，并表现出了磷中毒的症状。miR395是一种保守的miRNA，靶向高等植物中的低亲和力硫酸盐转运蛋白（*AST68*）和ATP硫酸化酶（*APS1*、*APS3* 和 *APS4*）。在硫元素缺乏时，拟南芥miR395被硫氧还蛋白产生的氧化还原信号强烈诱导，参与硫元素的调控（Jagadeeswaran et al.，2014）。

2.miRNA在微量元素代谢中的作用

铁、锰、铜、锌等微量元素是植物多种蛋白和关键代谢酶的辅助因子，在植物光合作用、呼吸作用和电子传递等生命过程中发挥重要作用。miRNA在植物微量元素的摄取、运输和分配中也具有重要的调控作用。

铁是铁硫蛋白、铁氧还蛋白以及含铁抗氧化酶等的重要辅助因子。miRNA参与铁稳态的调控在动物中已有报道，如miR-485-3p靶向铁蛋白调控细胞内的铁平衡，但在植物中相关研究的较少（Sangokoya et al.，2013）。在拟南芥中，缺铁响应的miR397a，miR398a和miR398b/c靶向铜蛋白，参与铜稳态的调控，暗示响应缺铁的miRNAs很可能与铜的稳态有着一定的联系（Waters et al.，2012）。对拟南芥miR169b/c、miR172c、miR394a等24个miRNA的启动子进行了缺铁响应作用元件分析，发现它们包含IDE1/IDE2基序，说明这些miRNA可能对缺铁胁迫作出响应（Kong et al.，2010）。从小金海棠中克隆出缺铁胁迫相关的miR394a，其在缺铁处理1天时就被诱导表达，但其作用机制还未知（于昌江 等，2012）。

miR398是一种保守的miRNA，参与植物体内铜调控。miR398在铜缺乏下被诱导表达，通过靶向铜/锌超氧化物歧化酶*CSD1*、*CSD2*以及超氧化物歧化酶铜分子伴侣（*CCS1*）来调控植物体内Cu的运输和分配（Beauclair et al.，2010）。利用高通量Solexa测序，发现油菜根系21个保守miRNA家族的101个成员响应缺锌，其中有miR158b、miR160a/b/c、miR169g和miR394a/b等15个miRNA发生差异表达（Shi et al.，2013）。高粱缺锌后miR166、miR171、miR172、miR398、miR399和miR319上调表达，靶向多种转运蛋白基因参与锌的稳态（Li et al.，2013）。其他金属胁迫（如锰、铝、镉、汞）改变miRNA表达也有报道，可能通过调控各种胁迫相关基因在植物的适应性机制中发挥作用。

3.苹果根系miR175响应缺铁胁迫的功能研究

本课题组以我国特有的耐缺铁苹果种质资源——小金海棠和不耐缺铁的山定子为材料，发掘了苹果砧木根系响应缺铁胁迫的关键miRNA，鉴定出苹果属特异的miR175，分析了*MIR175*启动子在缺铁条件下的活性，验证了miR175对目标基因*MxBT4*的调控机制，进一步揭示了miR175和*MxBT4*在苹果铁元素调控中的功能。主要研究进展如下：

（1）苹果根系响应缺铁胁迫miRNA的发掘　利用miRNA高通量测序及生物信息学技术，发现小金海棠和山定子在缺铁处理后，分别有93和146个miRNA发生差异表达。为了探寻苹果砧木缺铁响应过程中的关键miRNA，从小金海棠中筛选出16个在山定子不表达的miRNA，其中12个在缺铁条件下表达差异显著，而miR175明显受缺铁诱导上调表达。

（2）小金海棠Mx-miR175缺铁胁迫响应机理　IDE1和IDE2（Iron Deficiency-responsive Element 1/2）基序是植物缺铁早期应答和铁相关基因表达的调控元件。*IDEF1*转录因子通过识别缺铁响应顺式元件IDE1中CATGC序列来调节水稻对缺铁的响应（Kobayashi et al.，2009）；NAC转录因子*IDEF2*主要识别并结合IDE2中CA（A/C）G（T/C）（T/C/A）（T/C/A）核心结合位点调节下游基因转录（Ogo et al.，2008）。小金海棠*MIR175*的启动子存在2个IDE2核心结合位点，但没有IDE1结合位点，其转录可能受到*IDEF2*调节。*FIT*（FER-LIKE FE DEFICIENCY-INDUCED TRANSCRIPTION FACTOR）是铁调控通路的核心基因，属于bHLH转录因子家族，可识别启动子区域中E-box基序以调控基因转录（Yang et al.，2013）。小金海棠*MIR175*启动子中存在8个E-box基序（5'-CANNTG-3'[N:A/G/C/T]），暗示*MxMIR175*转录可能也受到*FIT*等调控。

为了证实miR175对缺铁响应是由*MIR175*基因的转录激活所引起的，我们对其启动子进行了功能分析。利用农杆菌介导的瞬时转化方法，将*pMIR175::GUS*、阳性对照*35SCaMV::GUS*（pBI121）和不包含35SCaMV启动子的阴性对照（pBI101）转化到王林苹果愈伤组织，然后将其置于正常供铁（50 µM EDTA-Fe）和缺铁（0 µM EDTA-Fe）条件下（图4-34 a）。培养2天后，组织化学染色和GUS活性定量检测结果表明，缺铁的培养基的*pMIR175::GUS*愈伤组织中GUS表达水平显著高于正常供铁条件下（图 4-34 b）。因此，*MIR175*的转录活性受到缺铁的诱导。

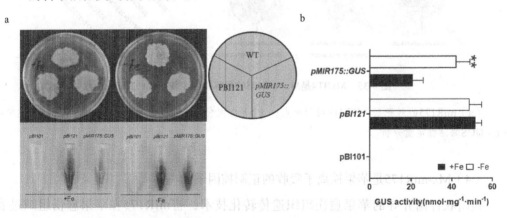

图4-34　缺铁胁迫增强MIR175的启动子活性（陈京瑞，2022）

（a）瞬时转化王林苹果愈伤组织及GUS染色，（b）GUS酶活性分析

（3）MxBT4是Mx-miR175的目标基因

通过生物信息学方法预测miR175靶向BT4（BTB/POZ and TAZ domain-containing protein 4）；对潜在的目标基因*MxBT4*进行RNA连接酶介导的5' cDNA末端快速扩增（5' RLM-RACE）分析，经纯化、克隆和测序鉴定表明*MxBT4*剪切发生在miR175第10-11个碱基之间（图4-35a），证实*MxBT4*是miR175的目标基因，miR175能够通过直接剪切的方式调控*MxBT4*的表达。

利用农杆菌介导的烟草瞬时转化技术，进一步证实miR175在植物体内对*MxBT4*的调控作用。将几种载体以不同组合的方式注射到烟草叶片中（图4-35b），培养两天后进行组织化学染色和GUS酶活性分析。结果表明，注射*35SCaMV::MxBT4-GUS*的烟草叶片中GUS基因的表达被外源miR175通过碱基互补配对方式所抑制（图4-35b），GUS酶活性的降低（图4-35c）。烟草共转化实验进一步证明了生物信息学预测和5' RLM-RACE的结果，证实了*MxBT4*是miR175的目标基因，miR175通过直接剪切目标mRNA的方式调控*MxBT4*的表达。

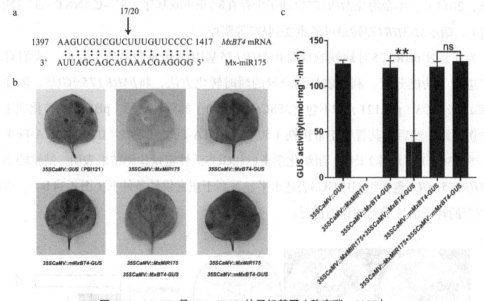

图4-35 MxBT4是Mx-miR175的目标基因（陈京瑞，2022）

（a）miR175的对靶基因BT4的切割位点；（b）组织化学染色法检测烟草叶片中GUS的表达情况；（c）GUS酶活性定量分析

（4）Mx-miR175是苹果铁离子吸收的正调控因子

利用农杆菌介导的苹果愈伤组织遗传转化技术，将miR175在苹果愈伤组织过表达（OE-*MIR175*）。对转基因愈伤组织进行缺铁处理分析其铁还原酶活性，发现过表达miR175能够正向调控愈伤组织对缺铁胁迫的耐受性（图4-36）。

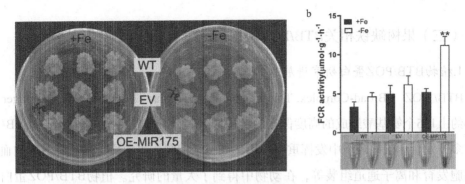

图 4-36　过表达miR175增强了苹果愈伤组织耐缺铁性（陈京瑞，2022）

（a）愈伤组织表型；（b）铁氧化还原酶（FCR）活性的定性和定量分析

为了探究miR175对苹果铁吸收作用，在STTM175序列两端加入三个不匹配碱基的miR175目的序列，用48bp的Spacer序列连接（图 4-37 a）；STTM175序列能竞争性结合内源miR175且不被裂解，使目标基因不能被miR175介导剪切，从而抑制miR175积累和对目标基因的调控。将STTM175转入王林苹果愈伤组织并稳定表达，分析缺铁下转基因愈伤组织的铁还原酶活性、铁元素含量及铁响应相关基因表达，发现抑制miR175降低了愈伤组织对铁的还原和吸收能力，增强了愈伤组织对缺铁胁迫的敏感性（图 4-37 b），表明miR175正调控苹果铁吸收。

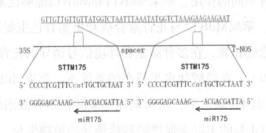

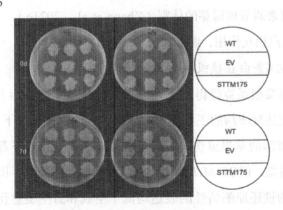

图 4-37　抑制miR175的表达降低了苹果愈伤组织耐缺铁性（陈京瑞，2022）

（a）STTM17结构图；（b）愈伤组织表型

（三）果树缺铁相关BTB/POZ蛋白研究进展

1.植物BTB/POZ蛋白研究进展

BTB/ POZ（Broad-Complex, Tramtrack and Bric a brac / Poxvirus and zinc finger）蛋白一类约由115个氨基酸组成的高度保守的结构域蛋白，最早在果蝇中被发现。BTB/ POZ蛋白在多种发育和疾病环境中发挥重要作用，如转录抑制、蛋白质泛素化降解、白血病、淋巴细胞发育和离子通道组装等，在动物中得到了大量的研究。植物BTB/POZ蛋白也广泛参与多种生命过程，包括生长发育、营养元素调控、非生物胁迫。拟南芥和水稻中分别有80和149个含有BTB结构域的蛋白（Gingerich et al., 2007）。BTB/POZ蛋白中大多数与CUL3相互作用，以形成CRL3复合体对目标蛋白进行修饰和调控。BTB/POZ家族蛋白含有特定的DNA结构域，能够调控其他基因的表达；同时，BTB结构域能和其他结构域进行结合，从而扩大了BTB蛋白的数量（Chaharbakhshi et al., 2016）。

2.果树BTB/POZ-TAZ的研究进展

随着分子生物学的发展，果树BTB/POZ-TAZ家族蛋白的功能被逐渐揭示。在蔷薇科果树中，苹果存在5个BTB-TAZ蛋白，在果实着色、铁离子调控、硝酸盐响应、叶片衰老和干旱响应等方面发挥不同的作用。苹果MdBT1和MdBT2能够泛素化降解MdbHLH104,负调控苹果对铁的吸收。苹果MdBT2与花青素合成和果实着色主要调节因子MdMYB1相互作用，介导调控花青素的积累，在多种激素和环境信号诱导的花青素生物合成中起负调控作用（An et al., 2020）。在硝酸盐水平较高的条件下，苹果MdBT2泛素化bHLH转录因子，降低苹果酸相关基因转录水平，从而调控苹果酸积累和液泡酸化。MdBT2也能通过降低DELLA蛋白MdRGL3a的丰度来促进硝酸盐诱导的植物生长。在桃树中，PpBT3通过与PpDAM5相互作用来调节桃树芽的休眠（Zhang et al., 2021e）。由此可见，BTB/POZ-TAZ蛋白能与多种蛋白相互作用，参与果树的多种生命过程。

3.苹果BTB-TAZ 4蛋白在铁吸收利用的功能分析

本课题从小金海棠根系克隆得到了*MxBT4*（BTB/POZ-TAZ 4）基因，并通过转基因技术获得了稳定过表达*MxBT4*的王林苹果愈伤组织。在缺铁条件下，野生型（WT）、空载（EV）和OE-*MxBT4*的苹果愈伤组织的生长较正常供铁条件下都受到了一定的抑制，出现了生长停滞的现象，但OE-*MxBT4*愈伤组织受到的影响最大（图4-38）。同时，过表达*MxBT4*愈伤组织的铁还原酶活性的表达均低于空载和野生型愈伤组织。因此，过表达*MxBT4*降低了苹果愈伤组织的耐缺铁能力，*MxBT4*是苹果铁离子吸收的负调控因子。

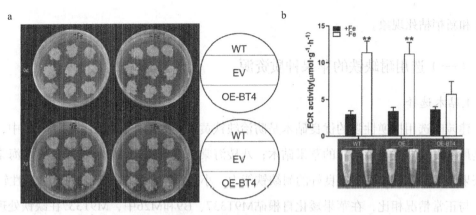

图4-38　过表达MxBT4降低了苹果愈伤组织耐缺铁性（陈京瑞，2022）

（a）表型分析；（b）铁氧化还原酶活性定性和定量

同时，分别构建了BD-MxBT4、AD-MxMYB11和AD-MxbHLH74载体，利用酵母双杂交实验进行互作分析。发现BD-MxBT4分别和AD-MxMYB11、AD-MxbHLH74共转化的酵母均可以在四缺平板-Trp-Leu-His-Ade上生长，并且在加入X-α-gal的四缺平板上变蓝，说明MxBT4能分别与MxMYB11或MxbHLH74蛋白相互作用（图4-39）。因此，推测MdBT4通过结合MxMYB11和MxbHLH74影响下游基因的表达，从而负向调控苹果对铁元素的吸收和利用。

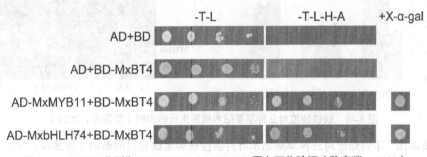

图4-39　MxBT4分别和MxMYB11、MxbHLH74蛋白互作验证（陈京瑞，2022）

三、果树叶片缺铁黄化病的防治措施

为了及时、准确、高效防治果树缺铁黄化病，按照果树叶片黄化病的发生程度，将缺铁黄化病划分为6个等级（Lin et al.，1997），对黄化病的不同时期进行精准判断，可以做到提前预防、及时治疗，达到省工、省时、高效防治目的。

0级：不黄化，完全没有黄化；1级：叶片淡绿色；2级：树体个别大枝轻微至少量叶片中等程度失绿；3级：中度失绿。全树50片叶以上中等程度失绿；4级：重度失绿。全树多数叶片黄化，叶肉叶脉呈黄白色，部分或大部分叶片出现坏死斑或叶缘枯焦，发生程度较重；5级：严重失绿。全树黄化，叶片黄化程度严重，大量出现坏死斑、叶缘枯焦，有落叶和新梢枯死现象。

（一）选用耐缺铁的苹果种质资源

1.砧木选择

建园时选用抗逆性强的优良砧木是防治缺铁黄叶病的基础。在苹果种质资源中，山定子是最易发生缺铁性黄叶病的苹果砧木；八棱海棠、垂丝海棠、烟台沙果、湖北海棠、莱芜茶果、西府海棠等砧木有良好的耐缺铁能力；小金海棠、新疆野苹果对缺铁抗性较强。

与正常情况相比，在苹果矮化自根砧M9T337、B9和M26中，M9T337在缺铁处理下的根尖数增加，根更发达（图4-40），活性铁和全铁含量更高（表4-10），并且根系铁还原酶活性、抗氧化酶活性和脯氨酸等的含量也较高，对缺铁胁迫有良好的抗性。

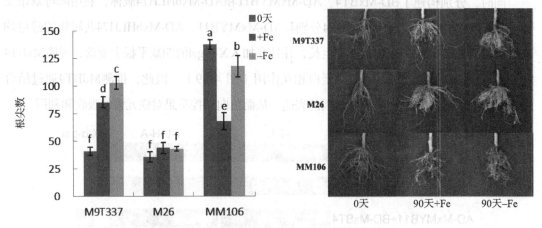

图 4-40 缺铁胁迫对三种苹果砧木根系生长的影响（姜露萍，2021）

表 4-10 不同处理对三种苹果砧木叶片活性铁和全铁含量的影响（姜露萍，2021）

砧木	处理	活性铁含量（μg/g）	全铁含量（μg/g）
M9T337	富铁	28.24 ± 1.02e	180.05 ± 5.55e
	缺铁	22.97 ± 0.46c	154.62 ± 2.80.c
M26	富铁	20.22 ± 0.44b	172.16 ± 2.49d
	缺铁	14.19 ± 1.29a	131.50 ± 1.04a
MM106	富铁	26.46 ± 1.10d	178.27 ± 1.72e
	缺铁	21.61 ± 0.30bc	138.54 ± 3.03b

2.栽培品种选择

不同苹果品种对缺铁胁迫也表现出不同的耐受性性。姜露萍（2021）以M9T337为砧木分别嫁接烟富3号、弘前富士和红星三个苹果品种。缺铁胁迫处理后，从表型上看，三个苹果品种叶片在缺铁处理第50天时都出现了黄化现象，而红星的黄化程度与对照相比是最严重的（图4-41）。

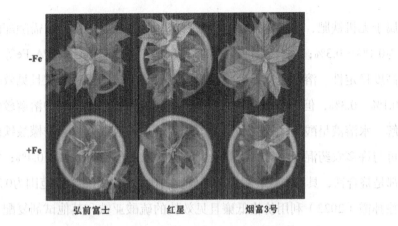

图 4-41　缺铁处理下不同苹果品种叶片黄化情况（姜露萍，2021）

　　缺铁胁迫下各苹果品种黄化指数与对照都存在显著差异。在铁胁迫条件下，红星的黄化指数最高，其次为烟富3号，弘前富士叶片的黄化指数最低，且显著低于红星。红星在缺铁处理下叶片黄化程度最高，抗缺铁胁迫的能力较差，对缺铁敏感，其次为烟富3号，弘前富士表现出较强的抗缺铁能力。

　　在叶片的活性铁含量方面，弘前富士叶片内活性铁含量最高，烟富3号次之，红星活性铁含量最低（表 4-11）。缺铁胁迫对苹果叶片的全铁含量也有较大影响，表现出于与活性铁含量相似的规律。缺铁胁迫下弘前富士全铁含量最高，其次为烟富3号，红星最低。

表 4-11　不同处理对三种苹果品种叶片活性铁和全铁含量的影响（姜露萍，2021）

品种	处理	活性铁含量（μg/g）	全铁含量（μg/g）
弘前富士	富铁	19.67±0.19e	173.64±5.93e
	缺铁	16.94±0.39d	105.33±3.41d
红星	富铁	12.64±0.86b	72.08±1.75b
	缺铁	9.72±0.2a	64.73±3.02a
烟福3号	富铁	14.26±0.82a	94.40±3.04c
	缺铁	11.74±0.35b	75.53±2.32b

（二）补施铁肥方式

1.叶面喷施铁肥

　　叶面喷施是用喷雾器将铁肥喷施在苹果发病叶片表面且利于叶片直接吸收利用的补铁方式，具有吸收率高、见效快、成本低等优点。市场上的铁肥种类很多，常用的有硫酸亚铁、螯合铁肥、柠檬酸铁肥、氨基酸铁肥、黄腐酸铁等。此方法适用于1-3级黄化病的快速治疗，及时矫正防治病情恶化（于绍夫 等，1983）。

　　果树生产用铁肥主要有硫酸亚铁、螯合铁和柠檬酸铁等（贾红霞 等，2021）。硫酸亚铁属于无机铁肥，不稳定，在空气中易被氧化成三铁态的铁，需随配随用，施用的浓度范围为0.1%～0.3%；螯合铁主要有EDTA-Fe、EDDHA-Fe、DTPA-Fe等，属于有机铁肥，具有高度稳定性、溶解迅速、活性强等特点，利于植物迅速吸收且见效快，施用的浓度范围为0.1%～0.3%，但其价格较硫酸亚铁昂贵；柠檬酸铁在冷水中溶解较慢，但在热水中很易溶解，水溶液呈酸性，受光和热的影响逐渐还原成亚铁盐，柠檬酸铁的成本低于螯合铁类，可与许多农药混用，对作物安全，施用的浓度范围为0.3%～0.4%；氨基酸铁和黄腐酸铁也都是螯合铁，具有高效、稳定、见效快的优点，施用的浓度范围为0.2%～0.3%。

徐孙霞（2022）利用价格低廉且见效快的硫酸亚铁和其他试剂复配，采用外源叶面喷施补铁的方式，对红星缺铁黄化幼苗进行处理，分析相关生理生化指标和铁肥实际应用效果，以筛选出最优的铁肥复配组合。叶面喷施不同复配的铁肥，缺铁黄化叶片均出现了不同程度的复绿现象（图4-42）。同时，叶绿素含量、光系统Ⅱ（PSⅡ）最大光化学量子效率Fv/Fm值和实际光化学量子效率（ΦPSⅡ）在喷施几种铁肥后均有不同程度的提升，其中，喷施0.3% FeSO4+0.1%碧护可湿粉剂的提高幅度最大，对缺铁黄化叶片具有较好的复绿效果（徐孙霞，2022）。

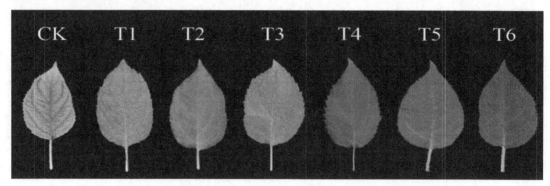

图4-42　苹果黄化叶片喷施不同复配铁肥后的叶色变化（徐孙霞，2022）

注：CK（清水），T1（0.3% FeSO4），T2（0.3% FeSO4+0.3%柠檬酸铁），T3（0.3% FeSO4+0.3%尿素），T4（0.3% FeSO4+0.3% SNP），T5（0.3% FeSO4+0.5%乙氧基改性聚三硅氧烷），T6（0.3% FeSO4+0.1%碧护可湿粉剂）

上述试验显示喷施0.3% FeSO$_4$+0.1%碧护可湿粉剂的黄化叶片复绿效果最好，在此基础上，进一步设计了四个浓度FeSO$_4$+碧护可湿粉剂复配铁肥：0.3% FeSO$_4$+0.05%碧护可湿粉剂（X1）、0.3% FeSO$_4$+0.1%碧护可湿粉剂（X2）、0.3% FeSO$_4$+0.15%碧护可湿粉剂（X3）、0.3% FeSO$_4$+0.2%碧护可湿粉剂（X4），以清水处理为对照（CK）。系统地分析相关生理生化指标，验证铁肥实际应用效果，以筛选出最适宜的碧护复配铁肥浓度。

在喷施了不同浓度FeSO$_4$+碧护可湿粉剂复配铁肥后，各组之间的叶片叶绿素a/b和叶绿素总含量呈现出先增加后降低的趋势，其中0.3% $FeSO_4$+0.15%碧护可湿粉剂组合的复绿效果较好，但随着浓度的进一步提高，会出现轻微药害，一定程度上影响复绿效果（徐孙霞，2022）。不同浓度复合铁肥对叶片酶活性的也有一定提升效果。从表4-12可以看出，过氧化物酶（POD）活性随着铁肥浓度的增加表现出先增加后降低的趋势，且在X3处理（0.3% $FeSO_4$+0.15%碧护可湿粉剂）达到峰值，X3处理增幅为228.57%。超氧化物歧化酶（SOD）活性值依次为X3>X2>X1>X4>CK，铁肥处理比对照分别提高了97.99%、125.63%、170.24%、69.35%，X3处理增加最多。过氧化氢酶（CAT）活性与超氧化物歧化酶（SOD）活性变化趋势类似。

表 4-12　硫酸亚铁与不同浓度碧护复配对叶片酶活性的影响（徐孙霞，2022）

处理	POD/（U·g^{-1}FW）	SOD/（U·g^{-1}FW）	CAT/（U·g^{-1}FW）
CK	16.64±4.12c	69.60±2.62e	65.54±10.36c
X1	40.42±8.24b	137.80±11.83c	149.16±6.78b
X2	47.55±4.12ab	157.03±9.65b	174.02±14.11a
X3	54.69±8.24a	188.08±2.69a	187.58±10.36a
X4	40.42±4.12b	117.86±14.50d	140.12±14.11b

叶面喷施硫酸亚铁和碧护混合剂后，叶片叶绿素含量、铁含量以及酶活性等都明显增加，4个处理浓度表现出不同程度的效果，以X3处理的试验效果更为显著。因此，使用0.3% $FeSO_4$和0.15%碧护可湿粉剂复配剂防治苹果叶片缺铁黄化病，具有效果好、快、经济等特点，适宜在苹果等果树生产中推广使用。

2.土壤施铁肥

土壤铁是苹果吸收和利用铁的根本来源，但因土壤的酸碱变化、洪涝积水等因素，会使土壤铁转化为无效铁，使根系难以吸收，引起果树叶片黄化病，向土壤施用适量铁肥是解决这一问题的重要措施之一。

可每年直接向缺铁土壤施入以硫酸亚铁为主的铁肥，以保障土壤可溶性铁含量在正常水平（20μM）。条件好的果园可以加部分螯合态的铁肥，增加根系土壤的铁含量和有效性，比如将$FeSO_4$、乙二胺四乙酸（EDTA）、羟基乙叉二膦酸（HEDP）和脲醛树脂按一定比例和工序制成的新型铁肥，施入根区土壤，明显提高平邑甜茶幼苗新叶活性铁和全铁含量（黄伟男，2020）。

也可采用土壤浇灌发酵有机液肥加铁肥的溶液。有机肥含有大量的益生菌，能够改变土壤的菌落结构，分泌有机酸来调节土壤的酸碱度，增加土壤铁的有效性；同时，也能增加土壤的透气性，为根系的呼吸作用和生长提供良好的条件。当黄化病在2~4级时，可以采用此方法，条件好的果园可以叶面喷施适量的铁肥。

3.其他补充铁肥的方式

除了叶面喷施和土壤施用铁肥，还可以通过果树根部输液和枝干注射或输液（苏律 等，2016）等方式补充铁肥。根部输液法是将果树的侧根浸泡在盛有适宜浓度的硫酸亚铁的容器中，1～2 d后可以有效缓解缺铁黄化病。树干注射是用树干注射器将0.05%～0.1%的硫酸亚铁溶液注射到树干的木质部，提高树体内铁含量的方法；而树干输液法也是将富含硫酸亚铁和其他元素的溶液，用类似给病人输液的方式给果树"输液"。当黄化病在3～4级时，可以采用此方法，给树体补充大量的铁，省工省时，见效快。但树干注射对铁肥浓度和类型要求也比较高，在输液的时候，要多观察树体是否出现中毒的现象，及时停止。输液完成后，可以用石蜡或者稀泥土堵住针孔，防治其他病害的感染。

除树干注射液体铁肥，还可将特制固体铁肥埋放在树干中，依靠树液溶解，缓慢释放养分，并依靠蒸腾流将养分输送到枝叶。该固体铁肥是以硫酸亚铁、碳酸氢铵、铁粉、氨基酸和柠檬酸为原料制成的柱状或颗粒复合铁肥，施用时在枝干处下倾钻孔，然后将该复合铁肥塞入孔内，注水、封口后即完成。这种铁肥施用简单、安全，能够温和地供应养分并较长期地保持铁肥的有效性（杨洪强 等，2020）。

（三）土壤改良和pH值调控

果树缺铁黄化产生的主要原因就是土壤问题，包括盐碱化、透气性差等。因此，可以通过改良土壤，改善土壤结构，调节土壤酸碱度，增加土壤有机质含量等途径，提高土壤中可溶性铁的含量，防治果树缺铁黄化。

土壤结构改良，可以通过施用腐殖酸类、纤维素类和沼渣等天然土壤改良剂，或者人工土壤改良剂，来促进土壤团粒的形成，改良土壤结构，提高土壤肥力，防治水土流失。通过增加土壤有机质，可以提升土壤铁的含量和有效性。因此，可以增施腐熟的粪肥、堆肥、厩肥等有机肥料，以增加土壤有机质，改善土壤板结及肥力差问题，提升土壤铁的有效性和持久性。

对于盐碱土壤，首先要降低土壤pH值至适宜果树生长的范围。可以在果树冠层内浇灌硫酸亚铁或矾肥水，能够快速降低果树根系土壤的pH值。同时，合理利用作物秸秆也能改良土壤酸碱度和果树黄化问题。作物秸秆含有丰富的纤维素和木质素，经过腐解过程能形成大量的腐殖质，进而酸化土壤，提升土壤铁的溶解度。果园生草，即在果园中种植白三叶草、毛叶苕子等绿肥植物，可以增加土壤有机质，提高果树对铁、钙、锌、硼等元素的有效利用率。

四、果树铁高效利用总结与展望

铁是植物叶绿素合成中不可替代的辅助因子，也是果树进行光合作用和呼吸作用重要的参与者。影响植物对铁元素吸收和转运的因素很多，植物自身的因素包括基因型、根系状态、对缺铁胁迫的抗性程度等，外部因素包括土壤环境、栽培管理措施等。土壤环境包括土壤酸碱度、透气程度、有机质含量和微生物群落等对植物铁吸收的影响很大。在酸性土壤中，铁的溶解性较好，易于植物吸收和利用，一般不会出现缺铁现象。但在碱性或盐碱重的土壤中，随着pH值的增加，有效铁会大量降低，可溶性的亚铁离子被转化为不能被植物吸收利用的铁离子盐，易发生缺铁性黄化病。

针对缺铁黄叶病问题，我国研究人员做了众多的防治试验，包括叶面喷施不同的铁肥、土壤施用无机铁肥和枝干注射或输液铁肥等。我们课题组通过利用价格低廉且见效快的硫酸亚铁和其他试剂复配，采用外源叶面喷施补铁的方式，对红星缺铁黄化幼苗进行处理，发现0.3% $FeSO_4$+0.15%%碧护可湿性粉剂能够快速高效使黄化叶片复绿，并且经济便利，适合在苹果生产中推广使用。

面对诸多影响铁吸收的土壤因素，苹果等果树进化出了适应环境变化且复杂的铁调控机制。双子叶植物双子叶和非禾本科单子叶植物的机理 I 铁吸收策略，几乎是所有果树的基础应对方案，而不同果树之间可能也存在着不同的铁调控通路。

以我国特有的优良苹果种质资源耐缺铁胁迫的小金海棠和不耐缺铁胁迫的山定子为试材，利用miRNA高通量测序技术发掘苹果砧木根系响应缺铁胁迫的关键miRNA，鉴定出参与响应缺铁胁迫的miR175，并对其启动子活性、靶基因调控和耐缺铁性分析，建立了小金海棠miR175-*MxBT4*介导的铁素调控作用模型（图 4-43）。

图 4-43模型所示，当根尖细胞感受缺铁信号时，*FIT*及*IDEF2*等转录因子会结合到miR175的启动子上，增强其转录活性，进而使其表达量升高；经过一系列加工产生的miR175会特异性的靶向裂解*MxBT4*的mRNA，抑制其翻译；MxBT4蛋白的减少也会影响MxMYB11和MxbHLH74下游转录因子，进而促进了*FRO2*和*IRT1*的表达以及铁Ⅲ还原酶活性的增强，使苹果植株获得了较强的缺铁耐受性。

果树在不断演化的过程中，已经进化出了适应环境养分变化的信号传递和应对机制。随着科学技术的快速发展，未来对果树与铁素养分相互作用关系的研究会不断深入，也会发现众多新的铁代谢生理和分子调控网络，使我们更加了解果树应对铁素胁迫的生理和分子变化。通过将科研成果应用到果树生产中，开发出减少肥料施用的新技术和新方法，是实现果树产业可持续发展的重要途径。

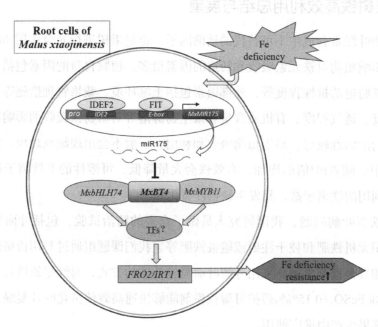

图4-43　小金海棠miR175-MxBT4介导的铁元素调控作用模型（陈京瑞，2022）

参考文献

[1] 伴野潔著，秦嗣军译，2021.果树园艺学基础[M].北京：中国农业出版社.

[2] 包红静，邢月华，刘艳，2021.辽南葡萄主产区土壤养分特征研究[J].土壤通报.52（5）：1149-1155.

[3] 鲍聪聪，肖元松，彭福田，2020. 施 γ－聚谷氨酸对桃树生长发育和15N吸收利用及损失的影响[J].水土保持学报34（3）：207-211.

[4] 毕润霞，杨洪强，杨萍萍，等，2013，地下穴灌 对苹果冠下土壤 水分分布及叶片水分利用效率的影响[J].中国农业科学46（17）：3625-3658

[5] 曹秀，夏仁学，张德健，等，2017.沙培枳、红橘和香橙的根毛形态及根系生长状况分析[J].中国南方果树46（1）：1-4.

[6] 曹辉，2019.炭化苹果枝对苹果根区土壤微生物及氮素转化的调控作用[D].泰安：山东农业大学.

[7] 曹辉，李燕歌，周春然，等，2016.炭化苹果枝对苹果根区土壤细菌和真菌多样性的影响[J].中国农业科学49（17）：3413-3424

[8] 曹慧，孙辉，杨浩，等，2003.土壤酶活性及其对土壤质量的指示研究进展[J]. 应用与环境生物学报2003（01）：105-109.

[9] 曹慕明，李智理，刘金标，等，2010.冬巨峰葡萄喷施不同钙质肥料效果分析[J]. 热带作物学

报31（1）：14-18.

[10] 曹琪，2021.三种外源调节物质对苹果根系生长及养分吸收功 能的影响[D].泰安：山东农业大学.

[11] 曹琪，孟姝婷，桑金盛，等，2021.壳聚糖对苹果幼树根区土壤养分活化及其养分吸收的影响[J].山东农业科学53（4）：78-83.

[12] 曹石超，2020. 根瘤菌与丛枝菌根真菌互作对红江橙营养吸收及生理效应的影响[D]. 重庆：西南大学.

[13] 曹卫东，包兴国，徐昌旭，等，2017. 中国绿肥科研60年回顾与未来展望[J]. 植物营养与肥料学报23（6）：1450-1461.

[14] 曹晓艳，谭博，苏玉芳，等，2014.果树黄化病研究进展[J].北方果树（2）：1-3

[15] 曹媛媛，张丽娜，郭婷婷，等，2019. 根际解钾菌对烟草生长及钾素吸收的影响[J].安徽农业大学学报46（1）：141-145.

[16] 查倩，2014.小金海棠耐低铁机制及其早期信号响应的研究[D].北京：中国农业大学.

[17] 查仁明，许雪峰，2001.NaCl胁迫对苹果属植物矿质营养吸收的影响[J].中国果树（04）：14-17.

[18] 车美美，袁依馨，赵一童，等，2019. 局部供磷条件下苹果幼苗根系形态的适应性变化及其对磷素的吸收[J]. 中国果树5：16-19.

[19] 陈京瑞，2022.苹果根系miR175响应缺铁胁迫的功能研究[D]. 南京：南京农业大学.

[20] 陈敏，2021.专用肥及其配合有机肥、绿肥对伦晚脐橙的作用[D]. 武汉：华中农业大学.

[21] 陈倩，丁宁，朱占玲，等，2017. 供氮水平对不同砧穗组合苹果叶片衰老及13C、15N分配利用的影响[J]. 应用生态学报28（7）：2239-2246.

[22] 陈沁，2019. 不同覆盖模式对土壤活性碳及柑橘产量品质、养分含量的影响[D]. 武汉：华中农业大学.

[23] 程湘东，黄秋林，成映波，等，1994. 红壤幼年温州蜜柑园平衡施肥研究[J]. 中国南方果树23（2）：20-23.

[24] 代晓燕，徐高强，石秋环，等，2022. 钙信号抑制剂加剧低钾胁迫对烟草幼苗光合特性及钾吸收的影响[J]. 植物营养与肥料学报28（01）：138-149.

[25] 杜毅飞，方凯凯，王志康，等，2015. 生草果园土壤微生物群落的碳源利用特征[J]. 环境科学36（11）：4260-4267.

[26] 樊卫国，罗燕，2015. 不同磷水平下4种柑橘砧木的生长状况、根系形态和生理特性[J]. 中国农业科学48（3）：534-545.

[27] 樊卫国，李庆宏，吴素芳，2012. 长期干旱环境对柑橘生长及养分吸收和相关生理的影响[J]. 中国生态农业学报20（11）：1484-1493.

[28] 范伟国，杨洪强，王利，2017. 苹果园稻草苫覆盖技术省工增效保温防冻[J]. 山西果树（4）：61.

[29] 丰艳广，2017.磷水平和苹果砧木类型对氮、磷吸收利用的影响[D]. 泰安：山东农业大学.

[30] 冯丰，2018. 改性苹果废枝及其与肥料配用对苹果根区土壤及植株生长发育的影响[D]. 泰安：山东农业大学.

[31] 冯固，2021. 提高我国土壤-作物体系磷肥高效利用的途径[J]. 磷肥与复肥36（2）：1.

[32] 付璐璐，2020.外源钙离子对苹果氮吸收及利用的影响[D]. 泰安：山东农业大学.

[33] 官纪元，樊卫国，2019. 不同磷水平下刺梨实生苗生长及根系形态特征与内源激素含量的

关系[J]. 林业科学55（4）：51-61.

[34] 郭昌勋，2016. 生物炭对枳幼苗生长和南丰蜜橘果实品质的影响[D]. 武汉：华中农业大学.

[35] 郭超仪，2019. 中国桃主产区施肥现状及氮肥优化研究[D]. 重庆：西南大学.

[36] 郭鹏飞，葛新伟，王锐，等，2020. 有机肥对酿酒葡萄土壤微生物酶活性及产量的影响[J]. 干旱地区农业研究38（3）：145-154.

[37] 郭新送，张娟，巩有才，等，2021. 生草不同条件还田对桃园土壤微生物、酶活性及养分供应的影响[J]. 水土保持学报35（04）：307-312.

[38] 郭再华，贺立源，徐才国，2005. 磷水平对不同磷效率水稻生长及磷、锌养分吸收的影响[J]. 中国水稻科学19（4）：355-360.

[39] 郭志刚，李文芳，等，2019. 钾肥施用对元帅苹果果实内源激素含量及酸代谢的影响[J]. 农业工程学报，2019，35（10）：281-290

[40] 韩真，2011. 葡萄砧木钾吸收动力学及不同土壤类型供钾能力研究[D]. 泰安：山东农业大学.

[41] 韩振海，王永章，孙文彬，1995. 铁高效及低效苹果基因型的铁离子吸收动力学研究[J]. 园艺学报（04）：313-317

[42] 郝燕燕，赵丽琴，张鹏飞，等，2013. 枣离体果实水分吸收与质外体运输的研究[J]. 园艺学报40（03）：433-440.

[43] 何兴华，杨预展，袁志林，2021. 野外树木根系取样及根际土收集操作规程[J]. Bio-Protocol，2003655.

[44] 贺普超，罗国光，1994. 葡萄学[M]. 北京：中国农业出版社.

[45] 洪林，文泽富，程昌凤，等，2012. 砧木对柠檬幼树生长及叶片矿质元素积累的影响[J]. 西南农业学报25（05）：1827-1833.

[46] 胡禧熙，郭修武，李坤，等，2009. 不同连作葡萄园土壤微生物动态变化研究[J]. 中外葡萄与葡萄酒5（3）：22-24.

[47] 胡燕芳，章明奎，2021. 长期地表秸秆覆盖对果园土壤理化性状及有机碳积累的影响[J]. 农学学报11（7）：37-43.

[48] 黄冰，2008. 砧木对巨峰葡萄钾肥吸收和生长影响的初步研究[D]. 扬州：扬州大学.

[49] 黄萍，纪拓，岳松青，等，2018. 垂直孔施有机物对土壤硝酸盐代谢及苹果叶片光合作用的影响[J]，55（5）：1276-1285

[50] 黄伟男，2020. 平邑甜茶黄化幼苗铁吸收积累调控及新型铁肥的应用效果[D]. 泰安：山东农业大学

[51] 纪拓，2018. 果园土壤CO_2和O_2浓度变化及苹果根区增氧的生物学效应[D]. 泰安：山东农业大学.

[52] 季萌萌，许海港，彭玲，等. 2014. 低磷胁迫下五种苹果砧木的磷吸收与利用特性[J]. 植物营养与肥料学报20（4）：974-980.

[53] 贾红霞，刘风珍，张秀荣，等，2021. 不同类型铁肥改善花生缺铁效果研究[J]. 花生学报50（02）：38-43，63.

[54] 贾竣淇，2022. 外源独脚金内酯对苹果根系生长发育和养分吸收的影响[D]. 泰安：山东农业大学.

[55] 姜露萍，2021. 苹果矮化砧木和品种耐缺铁性评价及相关生理指标分析[D]. 南京：南京农业大学.

[56] 蒋晓梅，彭福田，张江红，等，2015. 肥料袋控缓释对桃树土壤酶活性及植株生长的影响[J]. 水土保持学报29（2）：279-284.

[57] 金崇伟，俞雪辉，郑绍建，2005. 微生物在植物铁营养中的潜在作用[J]. 植物营养与肥料学报（05）：688-695

[58] 靖吉越，2022. 富士和斗南苹果果实钙吸收、转运差异机制的研究[D]. 南京：南京农业大学.

[59] 孔佑涵，苑平，李先信，等，2017. 甜橙 PHT1 基因的克隆与表达分析[J].分子植物育种，15（12）：4854-4860.

[60] 孔佑涵，苑平，李先信，等，2017. 枳、枳橙和甜橙实生苗的钾利用效率比较[J]. 热带作物学报38（3）：472-477.

[61] 孔佑涵，苑平，张文，等，2017. 甜橙中类AtCIPK23基因的克隆与表达分析[J]. 分子植物育种15（10）：3900-3906.

[62] 雷靖，梁珊珊，谭启玲，等，2019. 我国柑橘氮磷钾肥用量及减施潜力[J]. 植物营养与肥料学报25（9）：1504-1513.

[63] 李宝鑫，杨俐苹，卢艳丽，等，2020. 我国葡萄主产区的土壤养分丰缺状况[J]. 中国农业科学53（17）：3553-3566.

[64] 李超，王晓玲，刘思，等，2019. 贺兰山东麓葡萄园自然生草对土壤养分酶活性及微生物的影响[J]. 西南农业学报32（3）：559-565.

[65] 李付国，孟月华，贾小红，等，2006. 供氮水平对"八月脆"桃产量、品质和叶片养分含量的影响[J]. 植物营养与肥料学报12（6）：918-921.

[66] 李贵美，2011. 山东桃园土样土壤养分状况评价与需肥特性研究[D].泰安：山东农业大学.

[67] 李昊，2021. 苹果根区土壤钙形态及其对根系生长发育的影响[D].泰安：山东农业大学.

[68] 李红波，2010. 苹果不同品种和施肥方式的15N吸收利用特性研究[D].泰安：山东农业大学.

[69] 李华，鄀明泉，苏小雨，等，2014. 拟南芥中缺铁反应性microRNAs的鉴定[J]. 中国生物化学与分子生物学报30（03）：291-297.

[70] 李佳，杨洪强，闫滨，等，2004. 吲哚丁酸通过蛋白磷酸化激活湖北海棠根系Ca2+-ATP酶[J]. 植物生理与分子生物学学报30（4）：449-454.

[71] 李晶，姜远茂，魏靖，等，2015. 不同氮水平下不同中间砧苹果幼树的生长及氮吸收、利用、分配特性[J]. 植物营养与肥料学报21（4）：1088-1094.

[72] 李俊，姜昕，马鸣超，2020. 新形势下微生物肥料产业运行状况及发展方向[J]. 植物营养与肥料学报26（12）：2108-2114.

[73] 李蒙，束胜，郭世荣，等，2015. 24-表油菜素内酯对樱桃番茄光合特性和果实品质的影响[J]. 西北植物学报35（01）：138-145.

[74] 李培根，张玉婷，陈佳毅，等，2020. 植物缺铁性黄化病的防治技术应用研究的文献综述[J]. 农业装备技术46（03）：22-26

[75] 李萍，2018. 不同草类及活体草根对苹果根系及根区土壤环境的影响[D]. 泰安：山东农业大学.

[76] 李青军，胡伟，张炎，等，2010. 几种钾肥在新疆葡萄上的应用效果研究[J]. 新疆农业科学47（11）：2162-2166.

[77] 李松丽，2006. AM 真菌对柑橘吸收磷，氮的促进作用的研究[D]. 武汉：华中农业大学.

[78] 李太魁，张香凝，寇长林，等，2018. 丹江口库区坡耕地柑橘园套种绿肥对氮磷径流流失

的影响[J].水土保持研究25（2）：94-98.

[79] 李伟，王金亭，2018.枯草芽孢杆菌与解磷细菌对苹果园土壤特性及果实品质的影响[J].江苏农业科学46（3）：5.

[80] 李学柱，罗泽明，邓烈，1991.不同砧木伏令夏橙矿质营养和紫色土pH的关系[J].西南农业大学学报13（1）：70-75.

[81] 李振侠，徐继忠，高仪，等，2007.苹果砧木SH40和八棱海棠缺铁胁迫下根系有机酸分泌的差异[J].园艺学报34（2）：279-282.

[82] 力世敏，2019.江苏省葡萄种植户高质量栽培技术采纳行为研究[D].南京：南京农业大学.

[83] 廉敏，2021.三种桃砧木氮素吸收利用研究[D].泰安：山东农业大学.

[84] 梁琴，蒋进，周泽弘，等，2021，四川丘陵柑橘园种植豆科绿肥的环境和增产提质效应[J].中国土壤与肥料（06）：143-148.

[85] 梁盛年，2006.硅酸盐菌剂在玉米生产中的应用[J].玉米科学14（02）：75-77

[86] 林冰冰，韩振海，王忆，等，2016.苹果实生砧木种质资源耐缺铁和耐盐碱性评价[J].中国农业大学学报21（01）：48-58

[87] 林启美，饶正华，孙众鑫，等，2002.硅酸盐细菌的筛选及其对番茄营养的影响[J].中国农业科学35（1）：59-62.

[88] 刘春艳，吴强盛，邹英宁，2017.AM真菌对枳吸收磷和分泌磷酸酶的影响[J].菌物学报36（7）：942-949.

[89] 刘剑锋，2004.梨果实钙的吸收、运转机制及影响因素研究[D].武汉：华中农业大学

[90] 刘洁雯，冯曾威，朱红惠，等，2020.柑橘园土壤中解磷细菌多样性及其功能潜力分析[J].生物资源42（5）：568-575.

[91] 刘平，2010.接种AM菌根菌对柑橘铁素吸收效应的影响研究[D].重庆：西南大学.

[92] 刘瑞，2021.绿肥覆盖对紫色土坡耕地柑橘园水土保持及氮磷养分流失的影响[D].重庆：西南大学.

[93] 刘文欢，邱芳颖，王娅，等，2022.枯草芽孢杆菌液态肥对柑橘养分吸收和果实品质的影响.园艺学报49（3）：509-518.

[94] 刘鑫，2017.苹果红肉位点基因MdMYB10调控硝酸盐吸收和分配的机理研究[D].泰安：山东农业大学.

[95] 刘鑫铭，陈婷，雷龑，2021.不同钙肥及其施用方式对巨峰葡萄果实品质的影响[J].福建农业学报36（11）：1295-1301.

[96] 刘亚静，2021.苹果ABA响应蛋白MdABI5调控硝酸盐的转运和抗旱性的机理研究[D].泰安：山东农业大学.

[97] 卢蕾，2019.土壤容重和根区增氧对苹果根区土壤环境及平邑甜茶幼苗根系的影响[D].泰安：山东农业大学.

[98] 栾好安，2015.三峡库区橘园绿肥的生态效应及其对柑橘产量和品质的影响[D].武汉：华中农业大学.

[99] 罗燕，樊卫国，2014.不同施磷水平下4种柑橘砧木的根际土壤有机酸，微生物及酶活性[J].中国农业科学47（5）：955-967.

[100] 罗永兰，张志元，喻珺，2006.柑橘内生细菌的分离与鉴定[J].湖北农业科学45（6）：773-775.

[101] 麻荣慧，田娜，王斌，等，2021. 香蕉磷酸盐转运蛋白1（PHT1）基因家族的鉴定及表达 [J]. 应用与环境生物学报1-16.

[102] 马文娟，同延安，王百祥，等，2013. 葡萄树主要生长期内钾素的吸收与累积规律[J]. 西北农林科技大学学报（自然科学版）41（9）：127-132.

[103] 马振强，2014. 葡萄磷高效基因型砧木筛选及提高磷肥利用率的方法研究[D]. 泰安：山东农业大学.

[104] 孟姝婷，2021. 外源水杨酸对盐碱条件下苹果根系生长和养分吸收的影响[D]. 泰安：山东农业大学.

[105] 牟立同，荀咪，曹辉，等，2020. 果木屑腐熟物对平邑甜茶幼苗生长和土壤养分及酶活性的影响[J]. 山东农业大学学报（自然科学版）51（6）：1027-1031.

[106] 宁留芳，杨洪强，曹辉，等，2016. 发酵果树枝碎屑对苹果幼树根系特征及叶片光合蒸腾的影响，园艺学报43（10）：1989-1994

[107] 宁源生，2022. 平邑甜茶NCL基因对根系钙离子吸收和积累的调控[D]. 泰安：山东农业大学.

[108] 裴帅，2017. 两种酿酒葡萄不同器官干物质和营养元素积累规律研究[D]. 银川：宁夏大学.

[109] 钱琛，2022. 壳聚糖对苹果幼树根际微生物及氮素吸收的影响[D]. 泰安：山东农业大学.

[110] 任群，肖家欣，陈世林，等，2009. 生草栽培对柑橘叶片矿质营养含量及果实品质的影响[J]. 中国农学通报25（24）：407-409.

[111] 任艳华，王超萍，房经贵，等，2021. 山东省不同酿酒葡萄种植园土壤质量现状分析[J]. 山东农业科学53（7）：82-89

[112] 尚立国，2018. 施氏假单胞菌固氮生物膜形成的网络调控机制[D]. 北京：中国农业科学院.

[113] 申建波，白洋，韦中，等，2021. 根际生命共同体：协调资源、环境和粮食安全的学术思路与交叉创新[J]. 土壤学报58（04）：805-813.

[114] 申为宝，杨洪强，2008. 蚯蚓和微生物对土壤养分和重金属的影响[J]. 中国农业科学41（3）：760-765

[115] 申为宝，杨洪强，乔海涛等，2009. 蚯蚓对苹果园土壤生物学特性及幼树生长的影响[J]. 园艺学报（10）6：1405-1410

[116] 沈鑫健. 2021. 氯化钾对脐橙园树体和土壤的影响及不同柑橘砧木对钾的吸收差异研究[D]. 重庆：西南大学.

[117] 施明，王佳，康超，等，2016. 不同单株负载量对赤霞珠葡萄生长及果实品质的影响[J]. 经济林研究34（02）：56-61.

[118] 施卫明，王校常，严蔚东，等，2002. 外源钾通道基因在水稻中的表达及其钾吸收特征研究[J]. 作物学报（03）：374-378.

[119] 史祥宾，王孝娣，王宝亮，等，2021. '红地球'葡萄氮、磷、钾、钙、镁的年需求特性研究[J]. 园艺学报48（11）：2146-2160.

[120] 侍朋宝，陈海菊，张振文，2019. 山地酿酒葡萄园土壤理化性质分析[J]. 土壤41（3）：495-499.

[121] 舒波，2013. 丛枝菌根真菌促进枳（Poncirus trifoliata L. Raf）磷吸收效应及其机理研究[D]. 武汉：华中农业大学.

[122] 司丽珍，储成才，2003. 植物蔗糖合成的分子机制[J]. 中国生物工程杂志23（1）：11-16.

[123] 宋书婷，2021. 通气灌溉对苹果根区环境及根系发育和养分吸收的影响[D]. 泰安：山东农

业大学.

[124] 宋伟，刘光春，翟衡，等，2016. 5个葡萄品种根系构型比较[J]. 落叶果树48（5）：25-27.

[125] 宋雯佩，2018. 果实摄取钙的规律、途径及调控机理的研究[D]. 广州：华南农业大学园艺学院.

[126] 苏律，宋俊霞，胡同乐，等，2016. 铁肥不同施用方式对苹果缺铁黄化病的矫正效果[J]. 江苏农业科学44（01）：188-189.

[127] 苏受婷，2018. 稻壳生物炭施用对南丰蜜橘园土壤改良效果和果实品质的影响[D].南昌：江西农业大学.

[128] 孙辉，2015. 废弃物堆肥化基质地面覆盖对果园土壤及果树生长的影响[D].泰安：山东农业大学.

[129] 孙鲁阳，高仁生，秦嗣军，等，2021. 苹果苦痘病的发生与综合防治研究进展[J]. 北方果树（01）：1-3.

[130] 孙永明，叶川，王学雄，等，2014. 赣南脐橙果园水土流失现状调查分析[J]. 水土保持研究21（2）：67-71.

[131] 谭迪，2022. 2,4-表油菜素内酯促进苹果果实钙吸收的机制研究[D]. 南京：南京农业大学.

[132] 佟鑫，马振朝，张子涛，等，2021. 河北省赤霞珠葡萄土壤养分情况与叶片营养诊断分析[J]. 江苏农业科学49（13）：146-151.

[133] 王宝亮，冀晓昊，刘凤之，等，2019. 土施钙肥对藤稔葡萄果实品质的影响[J]. 中国南方果树，48（6）：120-124，130.

[134] 王菲，曹翠玲，2010. 磷水平对不同磷效率小麦叶绿素荧光参数的影响[J]. 植物营养与肥料学报，16（3）：758-762.

[135] 王国栋，肖元松，彭福田，等，2018.尿素配施不同用量纳米碳对桃幼树生长及氮素吸收利用的影响[J]. 中国农业科学51（24）：4700-4709.

[136] 王国栋，肖元松，彭福田，等，2019. 局部涂抹纳米碳与尿素溶液对桃树梢叶生长及氮素吸收、分配的影响[J].水土保持学报33（1）：294-300.

[137] 王海波，史祥宾，王孝娣，等，2020. 设施葡萄植株不同生育阶段矿质营养需求特性研究[J]. 园艺学报47（11）：2121-2131.

[138] 王海宁，葛顺峰，姜远茂，等，2012. 苹果砧木生长及吸收利用硝态氮和铵态氮特性比较[J]. 园艺学报，39（2）：343-348.

[139] 王浩，王磊，王杰，等，2017. 透湿性反光膜覆盖对柑橘树体微环境、新梢生长及果实发育的影响[J]. 果树学报34（08）：996-1006.

[140] 王红，2013. 喷钙对梨生长、品质及生理缺钙病害影响的研究[D]. 南京：南京农业大学.

[141] 王渌，郭建曜，毕思圣，等2019. 磁化咸水灌溉对葡萄生长和土壤矿质养分的影响[J]. 果树学报36（12）：1683-1692.

[142] 王明元，夏仁学，2009. 不同pH值下丛枝菌根真菌对枳生长及铁吸收的影响[J]. 微生物学报，49（10）：1374-1379.

[143] 王妮，2021. 外源Ca2+/CaM参与NO调控盐胁迫下番茄幼苗生理特性的研究[D]. 兰州：甘肃农业大学.

[144] 王小龙，刘凤之，史祥宾，等.不同有机肥对葡萄根系生长和土壤养分状况的影响[J]. 华北农学报34（5）：177-184.

[145] 王晓娜，王小非，安建平，等，2018. 转MdSOS2L1基因苹果植株根际微生物多样性的研究[J].园艺学报45（02）：333-340.

[146] 王学雄，谷战英，黄齐. 2015. 赣南脐橙园水土流失面源污染的初步研究[J]. 中南林业科技大学学报35（5）：74-89.

[147] 王耀锋，邵玲玲，刘玉学，等，2014. 桃园生草对土壤有机碳及活性碳库组分的影响[J]. 生态学报34（20）：6002-6010.

[148] 王毅，武维华，2009. 植物钾营养高效分子遗传机制[J]. 植物学报，44（1）：27-36.

[149] 王玉倩，张文娥，潘学军，2019. 贵州山地葡萄园土壤和树体养分状况及其评价[J]. 西北林学院学报34（01）：144-149.

[150] 王则玉，马雪琴，蒲胜海，等，2014. 吐鲁番市葡萄果园土壤养分分布特征[J]. 新疆农业科学51（3）：492-496.

[151] 王壮伟，王庆莲，夏瑾，等，2018. 葡萄KEA家族基因的克隆、鉴定及表达分析[J]. 中国农业科学51（23）：4522-4534.

[152] 魏树伟，王少敏，董肖昌，等，2018. 不同类型钾肥对'新梨7号'果实风味品质的影响. 果树学报35（S1）：101-108

[153] 温明霞，徐建军，王允镔，等，2019. 有机肥对柑橘园生产效应的影响[J]. 浙江柑橘36（03）：12-15.

[154] 文焴，2016.不同形态氮素对平邑甜茶生长及15N吸收、利用和损失影响的研究[D]. 泰安：山东农业大学.

[155] 乌凤章，朱心慰，胡锐锋，等，2017. NaCl胁迫对2个蓝莓品种幼苗生长及离子吸收、运输和分配的影响[J]. 林业科学53（10）：40-49.

[156] 吴娟娟，苑平，李先信，等，2020.4种柑橘砧木的磷营养利用效率分析[J]. 分子植物育种18（13）：4450-4456.

[157] 吴娟娟，苑平，李卫东，等，2019.甜橙CsKT1的钾转运功能鉴定及其互作蛋白分析[J]. 园艺学报46（2）：215-226.

[158] 吴倩，2017. 湖南省橘园营养状况与微生物群落研究[D]. 长沙：湖南农业大学.

[159] 吴强盛，邹英宁，2009.水分胁迫下Glomus versiforme对柑橘叶片矿质营养元素含量的影响[J]. 江西农业大学学报31（1）：58-62.

[160] 吴显峰，班俊，1993. 葡萄不同负载量对生长期叶片营养元素含量的影响[J]. 葡萄栽培与酿酒，（01）：10-13.

[161] 武松伟，梁珊珊，谭启玲，等，2021. 柑橘营养特性与"以果定肥"[J]. 华中农业大学学报40（1）：12-21。

[162] 武松伟，梁珊珊，胡承孝，等，2022. 我国柑橘园"因土补肥"与化肥减施增效生态分区[J]. 华中农业大学学报41（2）：9-19.

[163] 武晓，申长卫，丁易飞，伍从成，等，2016. 黄冠梨果实和叶片钾素积累特征及其对施钾的响应[J]. 植物营养与肥料学报22（05）：1425-1432

[164] 夏文旭，2021.酿酒葡萄根际土壤肥力与微生物多样性及生理活性研究[D]. 兰州：兰州理工大学.

[165] 肖家欣，彭抒昂，2006.柑橘果实发育中果胶酸钙，草酸钙和果胶动态的研究[J]. 植物营养与肥料学报12（002）：254-259.

[166] 肖家欣，彭抒昂，何华平. 2005. 柑橘果实发育成熟中果肉游离糖、肌肌醇及钾含量的变化. 中国农学通报21（6）：255-258，279.

[167] 徐龙晓，2021. 不同砧木和土壤质地下苹果根际细菌群落组成和功能多样性[D]. 山东泰安：山东农业大学.

[168] 徐龙晓，荀咪，宋建飞，等，2020.土壤质地和砧木对苹果根际微生物功能多样性及其碳源利用的影响[J]. 园艺学报47（08）：1530-1540.

[169] 徐孙霞， 2022.土壤pH值对苹果缺铁黄化的影响及其防治方法研究[D]. 南京：南京农业大学.

[170] 许阿飞，2022.复硝酚钠和胺鲜酯对苹果根系和氮素吸收同化的调控作用[D]. 泰安：山东农业大学.

[171] 许泽华，牛锐敏，沈甜，等，2018.不同架型对玉泉营"美乐"葡萄营养生长及品质的影响[J]. 北方园艺（24）：27-34.

[172] 闫丽娟， 杨洪强， 苏倩， 等，2014. 施用炭化苹果枝粉末对平邑甜茶生长及根系构型的影响[J]. 园艺学报41（7）：1436-1442.

[173] 闫梦瑶，2022. 基于人工神经网络预测苹果果实品质及丛枝真菌对苹果钙素吸收利用机制的研究[D]. 南京：南京农业大学.

[174] 杨洪强，纪拓，李萍，等，2020. 一种果树和林木枝干专用复合铁肥及其施用方法[P]. 中国：ZL 201710317729.5

[175] 杨洪强，接玉玲，冉昆，等，2011．一种防堵塞的果园渗灌方法 [P]．中国：ZL 200910229886.6

[176] 杨洪强，鲁淼，王玉柱，等，2018.果树优质高效生产新技术[M].北京：中国农业科学技术出版社.

[177] 杨洪强，宁留芳，曹辉，2017. 果树枝条土壤利用方法[P]. 中国：ZL201510117635.4

[178] 杨洪强，束怀瑞，2007. 苹果根系研究[M]. 北京：科学出版社.

[179] 杨洪强，杨致瑷，范伟国. 2017. 果园土壤通气施肥方法[P]. 中国：ZL201510116238.5

[180] 杨洪强，张连忠，戚金亮，等，2003.苹果砧木根系钙素吸收动力学研究[J]. 园艺学报30（03）：253-257.

[181] 杨萍萍，杨洪强，毕润霞，等，2013.外源植酸酶对土壤磷酸酶、微生物及平邑甜茶幼苗生长的影响[J]. 山东农业科学45（10）：81-85

[182] 姚棋，韩天云，梁祎，等，2021.外源钙和EBR处理对番茄果实品质特性的影响[J].中国瓜菜34（10）：74-79.

[183] 尹兴，2014.河北葡萄主产区土壤养分特征及有机肥量化研究[D].保定：河北农业大学.

[184] 于昌江，孙瑞，王忆，等， 2012.小金海棠缺铁胁迫相关miR394a的克隆与表达分析[J].中国农学通报 28（28）：158-162.

[185] 于费 2015. 山西省曲沃县里村镇葡萄园土壤养分状况分析[J].园艺与种苗15（5）：39-40，60.

[186] 于绍夫，曲复宁，1984.苹果缺铁黄叶病五省一市考察报告[J].山西果树（03）：41-45.

[187] 于绍夫，曲复宁，滕世杨，等，1983．苹果缺铁黄叶病防治的初步研究[J]．山西果树（04）：35-39.

[188] 袁继存， 赵德英，徐锴，等， 2017.不同供磷水平对富士苹果光合及叶绿素荧光特性的影

响[J].中国南方果树46（6）：112-114.

[189] 袁嘉玮，2021.外源钙对富士苹果生理特征的影响[D].银川：宁夏大学.

[190] 詹婷，胡承孝，庄木来，等，2021.平和县琯溪蜜柚主产区果园营养状况及调控建议[J].农学学报11（10）：83-89.

[191] 张宝贵，李贵桐，1998.土壤生物在土壤磷有效化中的作用[J].土壤学报35（1）：105-109.

[192] 张成，2016.利用基因信息预测葡萄需肥规律并评价钾肥喷施效果[D].南京：南京农业大学.

[193] 张德辉，2020.苹果转录因子MdMYB88、MdMYB124和MdMYB3在干旱和低氮胁迫中的功能机理研究[D].杨凌：西北农林科技大学.

[194] 张峰，李世强，李疆，等，2015.生长调节剂及与CaCl2混合处理对库尔勒香梨果实钙含量的影响[J].新疆农业科学52（5）：858-861.

[195] 张佳琳，2022.补钙增氧对苹果根际微生物和养分吸收及大树生产性能的影响[D].山东泰安：山东农业大学.

[196] 张建平，2019.不同肥水管理对'10-7'设施葡萄生长结果的影响[D].秦皇岛：河北科技师范学院.

[197] 张凌云，翟衡，张宪法，等，2002.苹果砧木铁高效基因型筛选[J].中国农业科学35（1）：68-71

[198] 张瑞雪，杨洪强，徐颖，等，2016.不同覆盖材料对夏秋苹果根区土壤硝酸盐代谢的影响[J].应用生态学报27（8）：2452-2458

[199] 张守仕，彭福田，姜远茂，等，2008.肥料袋控缓释对桃氮素利用率及生长和结果的影响[J].植物营养与肥料学报14（2）：379-386.

[200] 张漱茗，闫华，刘施辉，等，1998.钾及钾镁肥配合对酿酒葡萄产量、品质的效应[J].葡萄栽培与酿酒（02）：9-11.

[201] 张伟，刘畅，杜国栋，等，2022.喷施钙肥对梨果实品质和石细胞代谢的影响[J].中国果树（1）：34-39.

[202] 张新生，周卫，陈湖，2005.不同钙处理对苹果贮藏品质的影响[J].河北果树（01）：15-16.

[203] 张亚飞，罗静静，彭福田，等，2017.黄腐酸钾与化肥控释袋促进桃树生长及氮肥吸收利用[J].植物营养与肥料学报23（4）：998-1005.

[204] 张艳珍，2021.施氮和中间砧对富士苹果钙吸收及果实品质影响的研究[D].北京：中国农业科学院.

[205] 张影，2014.湖北宜昌柑橘园微肥施用及酸性土壤改良效果研究[D].武汉：华中农业大学.

[206] 张拥兵，黄军保，李卓，等，2021.限根栽培下不同施肥方式对葡萄果实品质的影响[J].山西农业科学49（9）：1110-1113.

[207] 张云增，徐进，王年，2021.柑橘根际和根表微生物组样品的收集及核酸提取方法[J].Bio-protocol：e2003680-e2003680.

[208] 张振海，陈琰，韩胜芳，等，2011.低磷胁迫对大豆根系生长特性及分泌H+和有机酸的影响[J].中国油料学报33（2）：135-140.

[209] 赵丰云，杨湘，董明明，等，2017.加气灌溉改善干旱区葡萄根际土壤化学特性及细菌群落结构[J].农业工程学报33（22）：119-126.

[210] 赵婷，赵亚蒙，王雨婷，等，2020.磷酸二氢钾对酿酒葡萄'赤霞珠'果实类黄酮物质的影响[J].西北林学院学报35（1）：118-123.

[211] 赵学通，包立，史静，等，2014. 云南宾川葡萄园土壤肥力特征与评价[J]. 中国农学通报 30（22）：232-237.

[212] 郑苍松，2015. 南丰蜜橘果实品质与土壤-树体营养的关系及其调控[D]. 武汉：华中农业大学.

[213] 周厚基，仝月澳，1988.苹果树缺铁失绿研究的进展——Ⅱ.铁逆境对树体形态及生理生化作用的影响[J].中国农业科学21（4）：46-50.

[214] 周君，肖伟，陈修德，等，2018. 幼果期喷钙对'黄金梨'采后果实贮藏性能的影响[J]. 植物生理学报54（6）：1038-1044.

[215] 周爽，其力莫格，谭钧，等，2015. 腐植酸提高土壤氮磷钾养分利用效率的机制[J].（2）：1-8

[216] 周卫，汪洪，赵林萍，等，1999. 苹果（Malus pumila）幼果钙素吸收特性与激素调控[J]. 中国农业科学32（3）：54-60.

[217] 周卫，张新生，何萍，等，2000. 钙延缓苹果果实后熟衰老作用的机理[J].中国农业科学33（6），73-79.

[218] 周应杰，2021.营养调控对赣南脐橙生长及黄龙病防控的影响机制[D].武汉：华中农业大学.

[219] 朱宗瑛，李明，张长明，等，2018.纽荷尔脐橙高产优质的磷钾最佳配比研究[J].植物营养与肥料学报24（04）：1105-1112.

[220] 庄伊美，王仁现，谢志南，等，1993. 砧木对碰柑生长结果及叶片矿质成分的影响[J]. 园艺学报20（3）：209-215.

[221] ABBASPOUR H, SAEIDI-SAR S, AFSHARI H, et al., 2012. Tolerance of mycorrhiza infected pistachio (Pistacia vera L.) seedling to drought stress under glasshouse conditions[J]. Plant Physiolology, 169: 704-709.

[222] ABEL S, 2017. Phosphate Scouting by Root Tips[J]. Current Opinion in Plant Biology, 39:168-177.

[223] ALI MA, AJAZ MM, RIZWAN M, et al., 2020. Effect of biochar and phosphate solubilizing bacteria on growth and phosphorus uptake by maize in an Aridisol[J]. Arabian Journal of Geosciences, 13(9): 333.

[224] AN JP, WANG XF, HAO YJ, 2020. BTB/TAZ protein MdBT2 integrates multiple hormonal and environmental signals to regulate anthocyanin biosynthesis in apple [J]. Journal of Integrative Plant Biology, 62: 1643-1646.

[225] ASLANTAŞ R, AKMAKAI R, AHIN F, 2007. Effect of plant growth promoting rhizobacteria on young apple tree growth and fruit yield under orchard conditions[J]. Scientia Horticulturae, 111 (4): 371-377.

[226] BACH LH, GRYTNES JA, HALVORSEN R, et al., 2010. Tree influence on soil microbial community structure[J]. Soil Biology and Biochemistry, 42: 1934-1943.

[227] BAGYARAJ D, SHARMA M P, MAITI D, 2015. Phosphorus nutrition of crops through arbuscular mycorrhizal fungi[J]. Current Science, 108(7): 1288-1293.

[228] BALDI E, TOSELLI M, MARCOLINI G, et al, 2006. Effect of mineral and organic fertilization on soil chemical, biological and physical fertility in a commercial peach orchard[J]. Acta Horticulturae. 721：55-62.

[229] BASAK BB, BISWAS DR, 2010. Co-inoculation of potassium solubilizing and nitrogen fixing bacteria on solubilization of waste mica and their effect on growth promotion and nutrient acquisition by a

forage crop[J]. Biology and Fertility of Soil, 6(46)：641-648.

[230] BASSO AS, MIGUEZ FE, LAIRD DA, et al., 2013. Assessing potential of biochar for increasing water holding capacity of sandy soils[J]. GCB Bioenergy, 5: 132-143.

[231] BEAUCLAIR L, YU A, BOUCHE N, 2010. microRNA-directed cleavage and translational repression of the copper chaperone for superoxide dismutase mRNA in Arabidopsis [J]. Plant Journal, 62: 454-462.

[232] BERGKEMPER F, SCHÖLER A, ENGEL M, et al., 2016. Phosphorus depletion in forest soils shapes bacterial communities towards phosphorus recycling systems[J]. Environmental Microbiology, 18(6): 1988-2000.

[233] BIRD J A, HERMAN D J, FIRESTONE M K, 2011．Rhizosphere priming of soil organic matter by bacterial groups in a grassland soil[J]．Soil Biology and Biochemistry, 43 (04)：718-725.

[234] BLACUTT A, GINNAN N, DANG T, et al., 2020. An in vitro pipeline for screening and selection of citrus-associated microbiota with potential anti-"Candidatus Liberibacter asiaticus" properties[J]. Applied and environmental microbiology, 86(8): e02883-19.

[235] BOKULICH NA, THORNGATE JH, RICHARDSON PM, et al. 2014. Microbial biogeography of wine grapes is conditioned by cultivar, vintage, and climate[J]. Proceedings of the National Academy of Sciences of the United States of America, 111(1): E139-E148.

[236] Bonomelli C, Gil P M, Schaffer B, 2019. Effect of soil type on calcium absorption and partitioning in young avocado (Persea americana Mill.) trees[J]. Agronomy Journal, 9(12)：837.

[237] BONOMELLI C, MOGOLLÓN-LANCHEROS M R, FREITAS S, et al, 2020. Nutritional relationships in bitter pit-affected fruit and the feasibility of Vis-NIR models to determine calcium concentration in 'Fuji' apples[J]. Agronomy, 10(10)：1476.

[238] BRILLANTE L, MARTÍNEZ-LÜSCHER J, KURTURAL S K, 2018. Applied water and mechanical canopy management affect berry and wine phenolic and aroma composition of grapevine (Vitis vinifera L., cv. Syrah) in Central California[J]. Scientia Horticulturae, 227: 261-271.

[239] CABANNE C, DONÈCHE B, 2003. Calcium accumulation and redistribution during the development of grape berry[J]. Vitis -Geilweilerhof, 42(01): 19-22.

[240] Candar S, Korkutal I, Bahar E, 2019. Effect of canopy microclimate on Merlot (Vitis vinifera L.) grape composition[J]. Applied Ecology and Environmental Research, 17(06): 15431-15446.

[241] CAO H, FENG F, XUN M, et al., 2018. Effect of carbonized apple wood on nitrogen-transforming microorganisms and nitrogen oxides in soil of apple tree root zone[J]. European Journal of Soil Science, 69, 545-554.

[242] CAO H, JIA M, XUN M, et al., 2021. Nitrogen transformation and microbial community structure varied in apple rhizosphere and rhizoplane soils under biochar amendment[J]. Journal of Soils and Sediments, 21: 853-868.

[243] CAO H, JIA MF, SONG JF, et al., 2021a. Rice-straw mat mulching improves the soil integrated fertility index of apple orchards on cinnamon soil and fluvo-aquic soil. Scientia Horticulturae, 278: 109837

[244] CAO H, NING L F, XUN M, et al., 2019. Biochar can increase nitrogen use efficiency of Malus hupehensis by modulating nitrate reduction of soil and root. Applied Soil Ecology, 135: 25-32

[245] CAVAGNARO T R, LANGLEY A J, JACKSON L E, et al, 2008. Growth, nutrition, and soil

respiration of a mycorrhiza-defective tomato mutant and its mycorrhizal wild-type progenitor[J]. Functional Plant Biology, 35(3)：228-235.

[246] CHAHARBAKHSHI E, JEMC JC, 2016. Broad-complex, tramtrack, and bric-a-brac (BTB) proteins: Critical regulators of development[J]. Genesis, 54: 505-518.

[247] CHAI X, XIE L, WANG X, et al., 2020. Apple rootstocks with different phosphorus efficiency exhibit alterations in rhizosphere bacterial structure[J]. Journal of Applied Microbiology, 128(5): 1460-1471.

[248] CHAN SY, CHOO WS, YOUNG DJ, et al, 2017. Pectin as a rheology modifier: Origin, structure, commercial production and rheology[J]. Carbohydrate Polymers, 161：118-139.

[249] CHIOU TJ, LIN SI, 2011. Signaling network in sensing phosphate availability in plants[J]. Annual review of plant biology, 62: 185-206.

[250] CHUN I J, FALLAHI E, COLT W M, et al, 2002. Effects of rootstocks and microsprinkler fertigation on mineral concentrations, yield, and fruit color of 'BC-2 Fuji' apple[J]. Journal- American Pomological Society, 56 (1): 4-13.

[251] COATS VC, PELLETREAU KN, RUMPHO ME. 2014. Amplicon pyrosequencing reveals the soil microbial diversity associated with invasive Japanese barberry (Berberis thunbergii DC.) [J]. Molecular Ecology, 23(6): 1318-1332.

[252] CYBULSKA J, ZDUNEK A, KONSTANKIEWICZ K, 2011. Calcium effect on mechanical properties of model cell walls and apple tissue[J]. Journal of Food Engineering, 102(3)：217-223.

[253] DA ROCHA M R D, CORREA G D C, OLIVEIRA E D, 1995. Effect of vesicular-arbuscular mycorrhizal infection and phosphorus fertilization on 'Cleopatra' mandarin root-stock[J]. Pesquisa Agropecuaria Brasileira, 30(10)：1253-1258.

[254] DODD R J, MCDOWELL R W, CONDRON L M, 2014. Manipulation of fertiliser regimes in phosphorus enriched soils can reduce phosphorus loss to leachate through an increase in pasture and microbial biomass production[J]. Agriculture, ecosystems & environment, 185: 65-76.

[255] DRAZETA L, LANG A, HALL A J, et al, 2004. Causes and effects of changes in xylem functionality in apple fruit[J]. Annals of Botany, 93(03)：275-282.

[256] ESITKEN A., YILDIZ HE, ERCISLI S, et al., 2010. Effects of plant growth promoting bacteria (PGPB) on yield, growth and nutrient contents of organically grown strawberry[J]. Scientia Horticulturae, 124: 62-66.

[257] ESPLEY RV, BRENDOLISE C, CHAGNE D, et al., 2009. Multiple repeats of a promoter segment causes transcription factor autoregulation in red apples[J]. The Plant Cell, 21(1): 168-183.

[258] Falchi R, D'Agostin E, Mattiello A, et al, 2017. ABA regulation of calcium-related genes and bitter pit in apple[J]. Postharvest Biology and Technology, 132：1-6.

[259] Fallahi E, Shafii B, Stark J C, et al., 2005. Influence of wine grape cultivars on growth and leaf blade and petiole mineral nutrients[J]. HortTechnology, 15(04): 825-830.

[260] FAOSTAT. 2020. Available at http://faostat.fao.org (2020).

[261] FENG ZQ, LI T, WANG X, et al., 2022. Identification and characterization of apple MdNLP7 transcription factor in the nitrate response[J]. Plant Science, 316, 111158.

[262] FREDES I, MORENO S, DÍAZ FP, et al., 2019. Nitrate signaling and the control of Arabidopsis growth and development[J]. Current Opinion in Plant Biology, 47: 112-118.

[263] GAIERO JR, MCCALL CA, THOMPSON KA, et al., 2013. Inside the root microbiome: bacterial root endophytes and plant growth promotion[J]. American Journal of Botany, 100(9): 1738–1750.

[264] GARDNER C L, DA SILVA D R, PAGLIAI F A, et al, 2020. Assessment of unconventional antimicrobial compounds for the control of 'Candidatus Liberibacter asiaticus', the causative agent of citrus greening disease[J]. Scientific reports, 10(1): 1-15.

[265] GAUME A, MÄCHLER F, DE LEÓN C, et al., 2001. Low-P tolerance by maize (Zea mays L.) genotypes: significance of root growth, and organic acids and acid phosphatase root exudation[J]. Plant Soil, 228 (2) 253-264.

[266] GINGERICH D J, HANADA K, SHIU S-H, et al. 2007. Large-scale, lineage-specific expansion of a bric-a-brac/tramtrack/broad complex ubiquitin-ligase gene family in rice [J]. Plant Cell, 19: 2329-2348.

[267] GOPAL S, YI PH, LEE SE, et al., 2018. Hairy vetchcompost and chemical fertilizer management effects on red pepper yield, guality, and soil microbial population[J]. Horticulture, Environment, and Biotechnology, 59(5): 607-614.

[268] GORZELAK M A, ASAY A K, PICKLES B J, et al, 2015. Using ideas from behavioural ecology to understand plants inter-plant communication through mycorrhizal networks mediates complex adaptive behaviour in plant communities[J]. AOB Plants, 7: plv050

[269] GRACE EJ, SMITH FA, SMITH SE, 2009. Deciphering the arbuscular mycorrhizal pathway of P uptake in non-responsive plant species[M]. In: Azcón-Aguilar C, Barea JM, Gianinazzi S, et al., (Eds.), Mycorrhizas-Functional Processes and Ecological Impact. Springer-Verlag, Berlin, Heidelberg, pp：89-106.

[270] GUPTA R, LADHA J, SINGH J, et al, 2007. Yield and phosphorus transformations in a rice-wheat system with crop residue and phosphorus management[J]. Soil Science Society of America Journal, 71: 1500-1507.

[271] HAMDALI H, HAFIDI M, VIROLLE MJ, et al. 2008. Rock phosphate-solubilizing Actinomycetes: screening for plant growth-promoting activities[J]. World Journal of Microbiology & Biotechnology, 24 (11): 2565-2575.

[272] HINSINGER P, 2001. Bioavailability of soil inorganic P in the rizosphere as affected by root-induced chemical changes: a review. Plant and Soil, 237: 173-195.

[273] HSIEH LC, LIN SI, SHIH AC, et al., 2009. Uncovering small RNA-mediated responses to phosphate deficiency in Arabidopsis by deep sequencing[J]. Plant Physiology, 151(4): 2120-2132.

[274] HUANG L, JIANG Q, WU J, et al., 2020b. Zinc finger protein 5 (ZFP5) associates with ethylene signaling to regulate the phosphate and potassium deficiency-induced root hair development in Arabidopsis[J]. Plant Molecular Biology, 102: 143-158.

[275] HUANG P, XUN M, YUE SQ, et al., 2020. Effect of rice straw mat and other mulching on apple root architecture and soil environment in root-zone. Acta Horticulturae, 1281：163-170

[276] JACOBY R, PEUKERT M, SUCCURRO A, et al, 2017. The role of soil microorganisms in plant mineral nutrition-current knowledge and future directions[J]. Frontiers in plant science, 8: 1617.

[277] JAGADEESWARAN G, LI Y-F, SUNKAR R, 2014. Redox signaling mediates the expression of a sulfate-deprivation-inducible microRNA395 in Arabidopsis[J]. Plant Journal, 77: 85-96.

[278] JARSTFER A G, FARMER-KOPPENOL P, SYLVIA D M, 1998. Tissue magnesium and calcium affect arbuscular mycorrhiza development and fungal reproduction[J]. Mycorrhiza, 7(5)：237-242.

[279] JAVAID A, 2009. Arbuscular mycorrhizal mediated nutrition in plants[J]. Journal of Plant Nutrition, 32 (10)：1595-1618.

[280] JEMRIĆ, FRUK T, FRUK I, et al, 2016. Bitter pit in apples: pre- and postharvest factors: A review[J]. Spanish Journal of Agricultural Research, 14 (4): 15.

[281] JIA HJ, MIZUGUCHI K, HIRANO K, et al, 2006. Effect of fertilizer application level on pectin composition of Hakuho peach (Prunus persica Batsch) during maturation[J]. HortScience, 41 (7): 1571-1575.

[282] JOGAIAH S, OULKAR DP, VIJAPURE AN, et al., 2017. Influence of canopy management practices on fruit composition of wine grape cultivars grown in semi-arid tropical region of India[J]. African Journal of Agricultural Research, 4(03): 158-168.

[283] JOHANSSON JF, PAUL LR, FINLAY RD, 2004. Microbial interactions in the mycorrhizosphere and their significance for sustainable agriculture[J]. FEMS Microbiology Ecology, 48(1): 1-13.

[284] JOHNSON RS, AMDRIS H, 2001. Combining low biuret urea with foliar zinc sulfate sprays to fertilize peach and nectarine trees in the fall[J]. Acta Horticulture, 564 :321-327.

[285] JONES JB. 1998. Plant Nutrition Manual. Washington, D. C.: CRC Press:149.

[286] KARIMI R, ZAREEI S, 2020. Interaction effect of gibberellic acid and potassium sulfate on soluble sugars and dry matter, resveratrol content and antioxidant capacity of grape berries[J]. Iranian Journal of Horticultural Science, 51(03): 551-567.

[287] KEESSTRA S D, RODRIGO-COMINO J, NOVARA A, et al, 2019. Straw mulch as a sustainable solution to decrease runoff and erosion in glyphosate-treated clementine plantations in Eastern Spain. An assessment using rainfall simulation experiments[J]. CATENA, 174: 95-103.

[288] KHALED H, FAWY H A, 2011. Effect of different levels of humic acids on the nutrient content, plant growth, and soil properties under conditions of salinity[J]. Soil and Water Research, 6: 21-29.

[289] KHANANSHVILI D, 2020. Basic and editing mechanisms underlying ion transport and regulation in NCX variants[J]. Cell Calcium, 85(11): 102131.

[290] KIBA T, FERIABOURRELLIER AB, LAFOUGE F, et al., 2012. The Arabidopsis nitrate transporter NRT2.4 plays a double role in roots and shoots of nitrogen-starved plants[J]. Plant Cell, 2012, 24(1): 245-58

[291] KOBAYASHI T, ITAI R N, OGO Y, et al. 2009. The rice transcription factor IDEF1 is essential for the early response to iron deficiency, and induces vegetative expression of late embryogenesis abundant genes [J]. Plant Journal, 60: 948-961.

[292] KOBAYASHI T, OGO Y, ITAI R N, et al. 2007. The transcription factor IDEF1 regulates the response to and tolerance of iron deficiency in plants [J]. Proceedings of the National Academy of Sciences of the United States of America, 104: 19150-19155.

[293] KODUR S, TISDALL J M, TANG C, et al., 2011. Uptake, transport, accumulation and retranslocation of potassium in grapevine rootstocks (Vitis) [J]. VITIS-Journal of Grapevine Research, 500(04): 145-149.

[294] KONG W W, YANG Z M, 2010. Identification of iron-deficiency responsive microRNA genes and cis-elements in Arabidopsis [J]. Plant Physiology and Biochemistry, 48: 153-159.

[295] KONG X, ZHANG C, ZHENG H, et al., 2020. Antagonistic interaction between auxin and SA

signaling pathways regulates bacterial infection through lateral root in Arabidopsis[J]. Cell Reports, 32(8): 108060.

[296] KONG Z, GLICK BR, 2017. The role of plant growth-promoting bacteria in metal phytoremediation[J]. Advances in Microbial Physiology, 71: 97-132.

[297] KUDLA J, BECKER D, GRILL E, et al, 2018. Advances and current challenges in calcium signaling[J]. New Phytologist, 218(2): 414-431.

[298] LAGARDE D, BASSET M, LEPETIT M, et al., 1996. Tissue-specific expression of arabidopsis AKT1 gene is consistent with a role in K+ nutrition[J]. Plant Journal, 9: 195-203.

[299] LALL N, NIKOLOVA R V, BOSA A, 1998. Changes in isozyme patterns of superoxide dismutase, peroxidase and catalase in the leaves of Impatiens flanaganiae in response to Fe, Mn, Zn and Cu deficiencies [J]. Phyton-International Journal of Experimental Botany, 63: 147-153.

[300] LI H Y, ZHU NY, WANG S C, et al, 2020. Dual benefits of long-term ecological agricultural engineering: Mitigation of nutrient losses and improvement of soil quality[J]. Science of the Total Environment, 721: 137848.

[301] LI J, YANG HQ, YAN TL, et al, 2006, Effect of indole butyric acid on the transportation of stored calcium in Malus hupehensis Rhed. seedling[J]. Agricultural Sciences in China, 5(11)：834-838.

[302] LI S, TIAN Y, WU K, et al., 2018. Modulating plant growth–metabolism coordination for sustainable agriculture[J]. Nature, 560(7720): 595-600.

[303] LI X, GUO W, LI J, et al, 2020. Histone acetylation at the promoter for the transcription factor PuWRKY31 affects sucrose accumulation in pear fruit[J]. Plant Physiology, 182(4): 2035-2046.

[304] LI Y, YANG Y, SHEN F, et al., 2019. Partitioning biochar properties to elucidate their contributions to bacterial and fungal community composition of purple soil[J]. Science of the Total Environment, 648: 1333-1341.

[305] LI Y, ZHANG Y, SHI D, et al. 2013. Spatial-temporal analysis of zinc homeostasis reveals the response mechanisms to acute zinc deficiency in Sorghum bicolor [J]. New Phytologist, 200: 1102-1115.

[306] LI YY, LV Y, LIAN M, et al, 2021. Effects of combined glycine and urea fertilizer application on the photosynthesis, sucrose metabolism, and fruit development of peach[J].Scientia Horticulturae 289:110504.

[307] LIANG B, MA C, FAN L, et al., 2018. Soil amendment alters soil physicochemical properties and bacterial community structure of a replanted apple orchard[J]. Microbiological Research, 216: 1–11.

[308] LILLO C, MEYER C, LEA US, et al., 2004. Mechanism and importance of post-translational regulation of nitrate reductase[J]. Journal of Experimental Botany, 55(401): 1275-1282.

[309] LIN S, CIANZIO S, SHOEMAKER R, 1997. Mapping genetic loci for iron deficiency chlorosis in soybean [J]. Molecular Breeding, 3: 219-229.

[310] LIPIEC J, FRĄC M, BRZEZIŃSKA M, et al., 2016. Linking microbial enzymatic activities and functional diversity of soil around earthworm burrows and casts[J]. Frontiers in Microbiology, 7: 1361.

[311] LIU J, LIU J, LIU J, et al., 2019. The potassium transporter SlHAK10 is involved in mycorrhizal potassium uptake[J]. Plant physiology, 180(1): 465-479.

[312] LIU KH, NIU Y, KONISHI M, et al., 2017. Discovery of nitrate-CPK-NLP signalling in central nutrient-growth networks[J]. Nature, 545(7654): 311-316.

[313] LIU X, LIU HF, LI HL, et al., 2022. MdMYB10 affects nitrogen uptake and reallocation by regulating the nitrate transporter MdNRT2. 4-1 in red-fleshed apple[J]. Horticulture Research, 9.

[314] LIU Y, TY, WAN, KY et al, 2012. Runoff and nutrient losses in citrus orchards on sloping land subjected to different surface mulching practices in the Danjiangkou Reservoir area of China[J]. Agricultural Water Management, 110: 34-40.

[315] LIU YJ, GAO N, MA QJ, et al., 2021. The MdABI5 transcription factor interacts with the MdNRT1.5/MdNPF7.3 promoter to fine-tune nitrate transport from roots to shoots in apple[J]. Horticulture Research, 8.

[316] LUO J, ZHOU JJ, ZHANG JZ, 2018. Aux/IAA Gene Family in Plants: Molecular Structure, Regulation, and Function[J]. International Journal of Molecular Sciences, 19(1): 259.

[317] LUO W, LI J, MA X, et al, 2019. Effect of arbuscular mycorrhizal fungi on uptake of selenate, selenite, and selenomethionine by roots of winter wheat[J]. Plant and Soil , 438(1)：71-83.

[318] LYNCH J P, 2019. Root phenotypes for improved nutrient capture: an underexploited opportunity for global agriculture[J]. New phytologist, 223(2): 548-564.

[319] MAATHUIS FJM, SANDERS D, 1994. Mechanism of high-affinity potassium uptake in roots of Arabidopsis-Thaliana[J]. The Proceedings of the National Academy of Sciences, 91: 9272-9276.

[320] MALTAIS-LANDRY G, SCOW K, BRENNAN E. 2014. Soil phosphorus mobilization in the rhizosphere of cover crops has little effect on phosphorus cycling in California agricultural soils[J]. Soil Biology and Biochemistry, 78: 255-262.

[321] MARCHIVE C, ROUDIER F, CASTAINGS L, et al., 2013. Nuclear retention of the transcription factor NLP7 orchestrates the early response to nitrate in plants[J]. Nature Communications, 4(1): 1-9.

[322] MARSCHNER H, ROMHELD V, KISSEL M, 1986. Different strategies in higher plants in mobilization and uptake of iron [J]. Journal of Plant Nutrition, 9: 695-713.

[323] MARUYAMA H, SASAKI T, YAMAMOTO Y, et al., 2019. AtALMT3 is involved in malate efflux induced by phosphorus deficiency in Arabidopsis thaliana root hairs[J]. Plant and Cell Physiology, 60(1): 107-115.

[324] MASCLAUX-DAUBRESSE C, DANIEL-VEDELE F, DECHORGNAT J, et al., 2010. Nitrogen uptake, assimilation and remobilization in plants: challenges for sustainable and productive agriculture[J]. Annals Bot-London: mcq028.

[325] MENG S, ZHANG C, SU L, et al., 2016. Nitrogen uptake and metabolism of Populus simonii in response to PEG-induced drought stress[J]. Environmental and Experimental Botany, 123: 78-87.

[326] MIQUELOTO A, AMARANTE C, STEFFENS C A, et al, 2014. Relationship between xylem functionality, calcium content and the incidence of bitter pit in apple fruit[J]. Scientia Horticulturae, 165：319-323.

[327] MISHRA S, LHAMO S, CHOWDHARY AA, et al, 2021. The Na+/Ca2+ exchanger-like proteins from plants: an overview[M]//. Santosh Kumar Upadhyay. Calcium Transport Elements in Plants. Academic Press. 143-155.

[328] MITRA S, IRSHAD M, DEBNATH B, et al. 2018. Effect of vineyard soil variability on chlorophyll fluorescence, yield and quality of table grape as influenced by soil moisture, grown under double cropping system in protected condition[J]. Peerj, 6: e5592.

[329] MOHAMED EAH, FARAG AG, YOUSSEF SA, 2018. Phosphate solublization by Bacillus subitilis and Serraia marcescens isolated from tomato plant rhizosphere[J]. Journal of Environmental Protection, 9: 266-277.

[330] MORANDI B, MANFRINI L, LOSCIALE P, et al, 2010. Changes in vascular and transpiration flows affect the seasonal and daily growth of kiwifruit (Actinidia deliciosa) berry[J]. Annals of Botany, 105(06)：913-923.

[331] MORUGÁN-CORONADO A, GARCÍA-ORENES F, MCMILLAN M, et al., 2019. The effect of moisture on soil microbial properties and nitrogen cyclers in Mediterranean sweet orange orchards under organic and inorganic fertilization[J]. Science of the Total Environment, 655: 158–167.

[332] MUKHERJEE S, MAVI M S, SINGH J, et al, 2020. Rice-residue biochar influences phosphorus availability in soil with contrasting P status[J]. Archives of Agronomy and Soil Science, 66: 778-791.

[333] MUNOZ N, GUERRI J, LEGAZ F, 1993. Seasonal uptake of N-15-nitrate and distribution of absorbed nitrogen in peach - trees [J]. Plant and Soil, 2: 263-269.

[334] NASTO MK, ALVAREZ-CLARE S, LEKBERG Y, et al. 2014. Interactions among nitrogen fixation and soil phosphorus acquisition strategies in lowland tropical rain forests[J]. Ecology Letters, 17(10): 1282-1289.

[335] NAZ MY, SULAIMAN SA. 2016. Slow release coating remedy for nitrogen loss from conventional urea: a review[J]. Journal of controlled release : official journal of the Controlled Release Society, 225: 109-120.

[336] NEUMANN G, RÖMHELD V, 1999. Root excretion of carboxylic acids and protons in phosphorus-deficient plants[J]. Plant and Soil, 211(1): 121-130.

[337] NOGUCHI S, NOGUCHI K, TERASHIMA I, 2015. Comparison of the response to phosphorus deficiency in two lupin species, Lupinus albus and L. angustifolius, with contrasting root morphology[J]. Plant, Cell and Environment, 38, 399-410.

[338] ODDO E, ABBATE L, INZERILLO S, et al., 2020. Water relations of two Sicilian grapevine cultivars in response to potassium availability and drought stress[J] Plant Physiology and Biochemistry, 148: 282-290.

[339] OGO Y, KOBAYASHI T, ITAI R N, et al. 2008. A novel NAC transcription factor, IDEF2, that recognizes the iron deficiency-responsive element 2 regulates the genes involved in iron homeostasis in plants [J]. Journal of Biological Chemistry, 283: 13407-13417.

[340] OKUSHIMA Y, FUKAKI H, ONODA M, et al., 2007. ARF7 and ARF19 regulate lateral root formation via direct activation of LBD/ASL genes in Arabidopsis[J]. The Plant Cell, 19(1): 118-130.

[341] OOSTERHUIS D M, LOKA D A, KAWAKAMI E M, et al., 2014. The physiology of potassium in crop production[J]. Advances in agronomy, 126: 203-233.

[342] ÓSCAR J, SÁNCHEZ D A, OSPINA S M, 2017. Compost supplementation with nutrients and in composting process[J]. Waste Management, 69:136-153.

[343] PETRA HD, SCHÜNMANN AE, RICHARDSON CE, et al., 2004. Promoter analysis of the Barley Pht1;1 phosphate transporter gene identifies regions controlling root expression and responsiveness to phosphate deprivation[J]. Plant Physiology, 136(4): 4205-4214.

[344] PRATELLI R, LACOMBE B, TORREGROSA L, et al., 2002. A grapevine gene encoding a

guard cell K+ channel displays developmental regulation in the grapevine berry[J]. Plant Physiology, 128(02): 564-577.

[345] PRENDERGAST-MILLER MT, DUVALL M, SOHI SP, 2014. Biochar-root interactions are mediated by biochar nutrient content and impacts on soil nutrient availability[J]. European of Journal Soil Science, 65: 173-185.

[346] QIANG Z, 2016. Ubiquitination-Related MdBT Scaffold Proteins Target a bHLH Transcription Factor for Iron Homeostasis [J]. Plant physiology, 172(3): 1973-1988.

[347] QIU L, HU S, WANG Y, et al, 2021. Accumulation of abnormal amyloplasts in pulp cells induces bitter pit in Malus domestica[J]. Frontiers in Plant Science, 12：738726.

[348] QUILLIAM RS, GLANVILLE HC, WADE SC, et al., 2013 Life in the 'charosphere' – does biochar in agricultural soil provide a significant habitat for microorganisms[J]? Soil Biology and Biochemistry, 65: 287-293.

[349] RAMOS M C, ROMERO M P, 2017. Potassium uptake and redistribution in Cabernet Sauvignon and Syrah grape tissues and its relationship with grape quality parameters[J]. Journal of the Science of Food and Agriculture, 97(10): 3268-3277.

[350] RIERA N, HANDIQUE U, ZHANG Y, et al, 2017. Characterization of antimicrobial-producing beneficial bacteria isolated from huanglongbing escape citrus trees[J]. Frontiers in microbiology, 8: 2415.

[351] ROBERTS W M, STUTTER M I, HAYGARTH P M, 2012. Phosphorus retention and remobilization in vegetated buffer strips: a review[J]. Journal of environmental quality, 41(2): 389-399.

[352] ROBINSON NJ, PROCTER CM, CONNOLLY EL, et al. 1999. A ferric-chelate reductase for iron uptake from soils [J]. Nature, 397: 694-697.

[353] RODRÍGUEZ H, FRAGA R, GONZALEZ T, et al, 2006. Genetics of phosphate solubilization and its potential applications for improving plant growth-promoting bacteria[J]. Plant and soil, 287(1): 15-21.

[354] RODRIGUEZ-NAVARRO A, RUBIO F, 2006. High-affinity potassium and sodium transport systems in plants[J]. Journal of Experimental Botany, 57：1149-1160.

[355] ROGIERS SY, COETZEE ZA, WALKER RR, et al., 2017. Potassium in the grape (Vitis vinifera L.) berry: transport and function[J]. Frontiers in Plant Science, 8: 1629.

[356] ROGIERS SY, GREER DH, MORONI FJ, et al., 2020. Potassium and magnesium mediate the light and CO2 photosynthetic responses of grapevines[J]. Biology, 9(07): 144.

[357] ROSEN C J, BIERMAN P M, TELIAS A, et al, 2006. Foliar- and fruit-applied strontium as a tracer for calcium transport in apple trees[J]. Hortscience, 41(1)：220-224.

[358] RUFAT J, DEJONG T M, 2001. Estimating seasonal nitrogen dynamics in peach trees in response to nitrogen availability[J]. Tree Physiology, 15: 1133-1140.

[359] RUSTIONI L, GROSSI D, BRANCADORO L, et al., 2018. Iron, magnesium, nitrogen and potassium deficiency symptom discrimination by reflectance spectroscopy in grapevine leaves[J]. Scientia Horticulturae, 241: 152-159.

[360] SANGOKOYA C, DOSS J F, CHI J T, 2013. Iron-Responsive miR-485-3p regulates cellular iron homeostasis by targeting ferroportin [J]. Plos Genetics, 9(4): e1003408

[361] SATO K, AZAMA Y, NOGAWA M, et al., 2010. Analysis of a change in bacterial community in different environments with addition of chitin or chitosan [J]. Journal of Bioscience and Bioengineering,

109(5): 472-478.

[362] SEYEDBAGHERI M M, 2010. Influence of humic products on soil health and potato production[J]. Potato Research, 53: 341-349.

[363] SHAH V K, DAVIS L C, BRILL W J, 1972. Nitrogenase. I. Repression and derepression of the iron-molybdenum and iron proteins of nitrogenase in Azotobacter vinelandii [J]. Biochimica et biophysica acta, 256: 498-511.

[364] SHARMA A, SHANKHDHAR D, SHANKHDHAR SC, 2016. Potassium-solubilizing microorganisms: Mechanism and their role in potassium solubilization and uptake[M]. Meena V S, Maurya B R, Verma J P, et al. Potassium solubilizing microorganisms for sustainable agriculture. India: Springer, 203-219.

[365] SHARMA S, 2007. Adaptation of photosynthesis under iron deficiency in maize [J]. Journal of Plant Physiology, 164: 1261-1267.

[366] SHEN J, XU X F, LI T Z, et al., 2008. An MYB transcription factor from Malus xiaojinensis has a potential role in iron nutrition [J]. Journal of Integrative Plant Biology, 50(10): 1300-1306.

[367] SHI DQ, ZHANG Y, MA JH, et al., 2013. Identification of Zinc Deficiency-Responsive MicroRNAs in Brassica juncea Roots by Small RNA Sequencing [J]. Journal of Integrative Agriculture , 12: 2036-2044.

[368] SHIN H, SHIN HS, DEWBRE GR, et al., 2004. Phosphate transport in Arabidopsis: Pht1; 1 and Pht1; 4 play a major role in phosphate acquisition from both low - and high - phosphate environments[J]. The Plant Journal, 39(4): 629-642.

[369] SONG W, YI J, KURNIADINATA OF, et al, 2018. Linking fruit ca uptake capacity to fruit growth and pedicel anatomy, a cross-species study[J]. Frontiers in Plant Science, 9: 575.

[370] STEENWERTH K, BELINA KM, 2008. Cover crops and cultivation: impacts on soil N dynamics and microbiological function in a Mediterranean vineyard agroecosystem[J]. Applied Soil Ecology, 40: 370-380.

[371] SUN C, YUAN M, ZHAI L, et al., 2018. Iron deficiency stress can induce MxNAS1 protein expression to facilitate iron redistribution in Malus xiaojinensis [J]. Plant Biol (Stuttg) , 20: 29-38.

[372] SUN C, ZHANG W, QU H, et al, 2022. Comparative physiological and transcriptomic analysis reveal MdWRKY75 associated with sucrose accumulation in postharvest 'Honeycrisp' apples with bitter pit[J]. BMC Plant Biology, 22(01): 71.

[373] SUN HY, ZHANG WW, QU HY, et al, 2021. Transcriptomics reveals the ERF2-bHLH2-CML5 module responses to H2S and ROS in postharvest calcium deficiency Apples[J]. International journal of molecular sciences, 22(23): 13013.

[374] SUN T, LI M, SHAO Y et al., 2017. Comprehensive genomic identification and expression analysis of the phosphate transporter (PHT) gene family in apple[J]. Frontiers in Plant Science, 8: 426.

[375] SUN T, PEI T, ZHANG Z, et al., 2018. Activated expression of PHT genes contributes to osmotic stress resistance under low phosphorus levels in Malus[J]. Journal of the American Society for Horticultural Science, 143(6): 436-445.

[376] SUN W J, ZHANG J C, JI X L, et al. 2021. Low nitrate alleviates iron deficiency by regulating iron homeostasis in apple [J]. Plant Cell and Environment, 44: 1869-1884.

[377] SUN XS, FENG HS, WAN SB, et al., 2001. Changes of main mi crobial strains and enzymes activities inpeanut continuous cropping soil and their in teractions[J]. Acta AgronSin, 27(5)：617-621.

[378] SUN Y, HAO P, LV X, et al. 2020. A long non-coding apple RNA, MSTRG.85814.11, acts as a transcriptional enhancer of SAUR32 and contributes to the Fe-deficiency response [J]. Plant Journal, 103: 53-67.

[379] SUNDARA B, NATARAJAN V, HARI K, 2002. Influence of phosphorus solubilizing bacteria on the changes in soil available phosphorus and sugarcane and sugar yields[J]. Field Crops Research, 77: 43-49.

[380] TAGLIAVINI M, MARANGONI B, 2002. Major nutritional issues in deciduous fruit orchards of northern Italy[J]. Horttechnology, 12(1): 26-31.

[381] TAGLIAVINI M, ZAVALLONI C, ROMBOLA AD, et al., 2000. Mineral nutrient partitioning to fruits of deciduous trees[J]. Acta Horticulturae. 512: 131-140.

[382] TAHIR M. M, WANG H, AHMAD B, et al., 2021. Identification and characterization of NRT gene family reveals their critical response to nitrate regulation during adventitious root formation and development in apple rootstock[J]. Scientia Horticulturae, 275: 109642.

[383] TANG Y, ZHAN T, FAN G, 2022, et al. Selenium combined with chitin reduced phosphorus leaching in soil with pomelo by driving soil phosphorus cycle via microbial community[J]. Journal of Environmental Chemical Engineering, 10(1): 107060.

[384] TANWAR A, AGGARWAL A, KAUSHISH S, et al., 2013. Interactive effect of AM fungi with Trichoderma viride and Pseudomonas fluorescens on growth and yield of broccoli[J]. Plant Protection Science, 49(3): 137-145.

[385] TEO G, SUZIKI Y, URATSU S, et al., 2006. Silencing leaf sorbitol synthesis alters long-distance partitioning and apple fruit quality[J]. Proceedings of the National Academy of Sciences of the United States of America, 103(49): 18842-18847.

[386] THOMAS J, AJAY D, KUMAR RR, et al., 2010. Influence of beneficial microorganisms during in vivo acclimatization of in vitro-derived tea (Camellia sinensis) plants[J]. Plant Cell Tissue Organ Cult, 101: 365-370.

[387] THOR K, 2019. Calcium-nutrient and messenger[J]. Frontiers in Plant Science, 10: 440.

[388] TRIVEDI P, DUAN Y, WANG N, 2010. Huanglongbing, a systemic disease, restructures the bacterial community associated with citrus roots[J]. Applied and environmental microbiology, 76(11): 3427-3436.

[389] TRIVEDI P, HE Z, VAN NOSTRAND J D, et al, 2012. Huanglongbing alters the structure and functional diversity of microbial communities associated with citrus rhizosphere[J]. The ISME journal, 6(2): 363-383.

[390] VERT G, GROTZ N, DEDALDECHAMP F, et al. 2002. IRT1, an Arabidopsis transporter essential for iron uptake from the soil and for plant growth [J]. Plant Cell, 14: 1223-1233.

[391] VICENTE A, YUSTE J, 2015. Cluster thinning in cv. Verdejo rainfed grown: Physiologic, agronomic and qualitative effects, in the DO Rueda (Spain) [C]. BIO Web of Conferences, EDP Sciences.

[392] WANG H, XU Q, KONG YH, et al., 2014. Arabidopsis WRKY45 transcription factor activates PHOSPHATE TRANSPORTER1;1 expression in response to phosphate starvation[J]. Plant Physiology,

164 (4): 2020-2029.

[393] WANG L, LI J, YANG F, et al., 2016a. Application of bioorganic fertilizer significantly increased apple yields and shaped bacterial community structure in orchard soil[J]. Microbial Ecology, 73: 404–416.

[394] WANG N, CHANG ZZ, XUE XM, et al., 2017. Biochar decreases nitrogen oxide and enhances methane emissions via altering microbial community composition of anaerobic paddy soil[J]. Science of the Total Environment, 581-582: 689-696.

[395] WANG P, LIU J H, XIA R X, et al, 2011. Arbuscular mycorrhizal development, glomalin - related soil protein (GRSP) content, and rhizospheric phosphatase activitiy in citrus orchards under different types of soil management[J]. Journal of Plant Nutrition and Soil Science, 174(1): 65-72.

[396] WANG Q, LIU C, HUANG D, et al., 2019. High-efficient utilization and uptake of N contribute to higher NUE of 'Qinguan' apple under drought and N-deficient conditions compared with 'Honeycrisp' [J]. Tree Physiology, 39(11): 1880-1895.

[397] WANG Q, LIU, C, DONG Q, et al., 2018. Genome-wide identification and analysis of apple NITRATE TRANSPORTER 1/PEPTIDE TRANSPORTER family (NPF) genes reveals MdNPF6.5 confers high capacity for nitrogen uptake under low-nitrogen conditions[J]. International Journal of Molecular Sciences, 19(9): 2761.

[398] WANG S, YU F, TANG J, et al., 2018. Boron promotes phosphate remobilization in Arabidopsis thaliana and Brassica oleracea under phosphate deficiency[J]. Plant and Soil, 431 (1-2): 191-202.

[399] WANG YY, HSU PK, & TSAY YF. 2012. Uptake, allocation and signaling of nitrate[J]. Trends in Plant Science, 17(8): 458-467.

[400] WANG YY, CHENG YH, CHEN KE, et al., 2018. Nitrate transport, signaling, and use efficiency[J]. Annual Review of Plant Biology, 69: 85-122.

[401] WARNOCK DD, LEHMANN J, KUYPER TW, et al., 2007. Mycorrhizal responses to biochar in soil-concepts and mechanisms[J]. Plant and Soil, 300: 9-20.

[402] WATERS B M, MCINTURF S A, STEIN R J, 2012. Rosette iron deficiency transcript and microRNA profiling reveals links between copper and iron homeostasis in Arabidopsis thaliana [J]. Journal of Experimental Botany, 63: 5903-5918.

[403] WEBER H, HELLMANN H. 2009. Arabidopsis thaliana BTB/POZ-MATH proteins interact with members of the ERF/AP2 transcription factor family [J]. Febs Journal, 276(22): 6624-6635.

[404] WEI X, HU Y, RAZAVI BS, et al., 2019. Rare taxa of alkaline phosphomonoesterase-harboring microorganisms mediate soil phosphorus mineralization[J]. Soil Biology and Biochemistry, 131: 62-70.

[405] WHITE PJ, BROADLEY MR, 2003. Calcium in Plants[J]. Annals of Botany, 92 (04)：487-511.

[406] WILLIAMS L E, BISCAY P J, 1991. Partitioning of dry weight, nitrogen, and potassium in Cabernet Sauvignon grapevines from anthesis until harvest[J]. American Journal of Enology and Viticulture, 42(02): 113-117.

[407] WU B, WANG Z, ZHAO Y, et al., 2019. The performance of biochar-microbe multiple biochemical material on bioremediation and soil micro-ecology in the cadmium aged soil[J]. Science of The Total Environment, 686: 719-728.

[408] WU H L, LING H Q, 2019. FIT-Binding Proteins and Their Functions in the Regulation of Fe Homeostasis [J]. Frontiers in Plant Science, 10：844.

[409] WU Q S, SRIVASTAVA A K, 2012. Rhizosphere microbial communities: Isolation, characterization, and value addition for substrate development[M]//Advances in citrus nutrition. Springer, Dordrecht: 169-194.

[410] WU Q S, LI Y, ZOU Y N, et al, 2015. Arbuscular mycorrhiza mediates glomalin-related soil protein production and soil enzyme activities in the rhizosphere of trifoliate orange grown under different P levels[J]. Mycorrhiza, 25(2): 121-130.

[411] WU QS, XIA RX, 2006. Arbuscular mycorrhizal fungi influence growth, osmotic adjustment and photosynthesis of citrus under well-watered and water stress conditions[J]. Plant Physiology, 163: 417-425.

[412] WU QS, ZOU YN, 2009. Mycorrhizal influence on nutrient uptake of citrus exposed to drought stress[J]. The Philippine Agricultural Scientist, 92: 33-38.

[413] WU S, LI M, ZHANG C, et al, 2021. Effects of phosphorus on fruit soluble sugar and citric acid accumulations in citrus[J]. Plant Physiology and Biochemistry, 160: 73-81.

[414] WU SW, ZHANG Y, TAN QL, et al. 2020. Biochar is superior to lime in improving acidic soil properties and fruit quality of Satsuma mandarin[J]. Science of the Total Environment, 714: 136722.

[415] WU W, YANG Y, SUN N, et al. 2020. Food protein-derived iron-chelating peptides: The binding mode and promotive effects of iron bioavailability [J]. Food Research International, 131.

[416] XIAO YS, PENG FT, ZHANG YF, et al, 2019. Effect of bag-controlled release fertilizer on nitrogen loss, greenhouse gas emissions, and nitrogen applied amount in peach production[J]. Journal of Cleaner Production, 234: 258-274.

[417] XU J, ZHANG Y, ZHANG P, et al, 2018. The structure and function of the global citrus rhizosphere microbiome[J]. Nature communications, 9(1): 1-10.

[418] XU J, LI HD, CHEN LQ, et al., 2006. A protein kinase, interacting with two calcineurin B-like proteins, regulates K+ transporter AKT1 in Arabidopsis. Cell, 125: 1347-1360.

[419] YANG HQ, JIE YL, 2005. Uptake and transport of calcium in plant[J]. Jounral of Plant Physiology and Molecular Biology, 31(3): 227-234.

[420] YANG HQ, JIE YL, ZHANG LZ, et al, 2004. The effect of IBA on the Ca2+ absorption and Ca2+-ATPase activity and their ultracytochemical localization in apple roots[J]. Acta Horticulturae, 636: 211-219

[421] YANG J L, CHEN W W, CHEN L Q, et al. 2013. The 14-3-3 protein GENERAL REGULATORY FACTOR11 (GRF11) acts downstream of nitric oxide to regulate iron acquisition in Arabidopsis thaliana [J]. New Phytologist, 197: 815-824.

[422] YANG J, MA LA, JIANG HC, et al., 2016. Salinity shapes microbial diversity and community structure in surface sediments of the Qinghai Tibetan Lakes[J]. Scientific Reports, 6: 25078.

[423] YIN H, LI M, LV M, et al., 2020. SAUR15 promotes lateral and adventitious root development via activating H+-ATPases and auxin biosynthesis[J]. Plant physiology, 184(2): 837-851.

[424] YU L, YU M, LU X, et al., 2018. Combined application of biochar and nitrogen fertilizer benefits nitrogen retention in the rhizosphere of soybean by increasing microbial biomass but not altering microbial community structure[J]. Science of the Total Environment, 640-641: 1221-1230.

[425] YU X, LIU X, ZHU TH, et al., 2011. Isolation and characterization of phosphate-solubilizing bacteria from walnut and their effect on growth and phosphorus mobilization[J]. Biology and Fertility of

Soils, 47: 437-446.

[426] ZAREEI E, JAVADI T, ARYAL R, 2018. Biochemical composition and antioxidant activity affected by spraying potassium sulfate in black grape (Vitis vinifera L. cv. Rasha)[J]. Journal of the Science of Food and Agriculture, 98(15): 5632-5638.

[427] ZHAN T, HU C, KONG Q, et al, 2021. Chitin combined with selenium reduced nitrogen loss in soil and improved nitrogen uptake efficiency in Guanxi pomelo orchard[J]. Science of The Total Environment, 799: 149414.

[428] ZHANG C, JIA H, ZENG J, et al., 2016. Fertilization of grapevine based on gene expression[J]. The plant genome, 9(03): e2015-e2019.

[429] ZHANG G, LIU W, FENG Y, et al. 2020a. Ethylene response factors MbERF4 and MbERF72 suppress iron uptake in woody apple plants by modulating rhizosphere pH [J]. Plant Cell Physiol, 61: 699-711.

[430] ZHANG J, LIU Y X, GUO X, et al, 2021a. High-throughput cultivation and identification of bacteria from the plant root microbiota[J]. Nature Protocols, 16(2): 988-1012.

[431] ZHANG JC, WANG XF, WANG XN, et al. 2020b. Abscisic acid alleviates iron deficiency by regulating iron distribution in roots and shoots of apple [J]. Scientia Horticulturae, 262.

[432] ZHANG L, FENG G, DECLERCK S, 2018. Signal beyond nutrient, fructose, exuded by an arbuscular mycorrhizal fungus triggers phytate mineralization by a phosphate solubilizing bacterium[J]. The ISME Journal, 12(10): 2339-2351.

[433] ZHANG L, ZHOU J, GEORGE T S, et al, 2021. Arbuscular mycorrhizal fungi conducting the hyphosphere bacterial orchestra[J]. Trends in Plant Science, 27(4): 402-411.

[434] ZHANG S, ZHU L, SHEN C, et al., 2021. Natural allelic variation in a modulator of auxin homeostasis improves grain yield and nitrogen use efficiency in rice[J]. The Plant Cell, 33(3): 566-580.

[435] ZHANG TT, KANG H, FU LL, et al., 2021. NIN-like protein 7 promotes nitrate-mediated lateral root development by activating transcription of TRYPTOPHAN AMINOTRANSFERASE RELATED 2[J]. Plant Science, 303, 110771.

[436] ZHANG X, CUI Y, YU M, et al., 2019. Phosphorylation-mediated dynamics of nitrate transceptor NRT1.1 regulate auxin flux and nitrate signaling in lateral root growth[J]. Plant Physiology, 181(2): 480-498.

[437] ZHANG X, SHEN H, WEN B, et al. 2021. BTB-TAZ Domain Protein PpBT3 modulates peach bud endodormancy by interacting with PpDAM5 [J]. Plant Science, 310: 110956.

[438] ZHANG Y, XU J, RIERA N, et al, 2017. Huanglongbing impairs the rhizosphere-to-rhizoplane enrichment process of the citrus root-associated microbiome[J]. Microbiome, 5(1): 1-17

[439] ZHANG Y, XU J, WANG E, et al, 2020. Mechanisms underlying the rhizosphere-to-rhizoplane enrichment of cell vibrio unveiled by genome-centric metagenomics and metatranscriptomics[J]. Microorganisms, 8(4): 583.

[440] ZHANG YB, WANG L, GUO ZH, et al, 2022. Revealing the underlying molecular basis of phosphorus recycling in the green manure crop Astragalus sinicus[J]. Journal of Cleaner Production, 341: 130924.

[441] ZHAO M, DING H, ZHU JK, et al. 2011. Involvement of miR169 in the nitrogen-starvation responses in Arabidopsis [J]. New Phytologist, 190: 906-915.

[442] ZHAO Q, REN Y R, WANG Q J, et al. 2016. Overexpression of MdbHLH104 gene enhances the tolerance to iron deficiency in apple [J]. Plant Biotechnol Joural, 14: 1633-1645.

[443] ZHAO Z, CHU CB, ZHOU DP, et al. 2019. Soil nutrient status and the relation with planting area, planting age and grape varieties in urban vineyards in Shanghai[J]. Heliyon, 5(8): e02362.

[444] ZHOU J, JIAO F, WU Z, et al., 2008. OsPHR2 is involved in phosphate-starvation signaling and excessive phosphate accumulation in shoots of plants[J]. Plant Physiology, 146(4): 1673-86.

[445] ZHOU K, SUI Y, XU X, et al, 2018. The effects of biochar addition on phosphorus transfer and water utilization efficiency in a vegetable field in Northeast China[J]. Agricultural Water Management, 210: 324-329.

[446] ZHOU W J, WANG K R, ZHANG Y Z, et al, 2006. Phosphorus Transfer and Distribution in a Soybean-Citrus Intercropping System[J]. Pedosphere, 16: 435-443.

[447] ZHOU Y, TANG Y, HU C, et al, 2021. Soil applied Ca, Mg and B altered Phyllosphere and Rhizosphere bacterial microbiome and reduced Huanglongbing incidence in Gannan Navel Orange[J]. Science of The Total Environment, 791: 148046.

[448] ZUBEK S, MAJEWSKA M L, BŁASZKOWSKI J, et al, 2016. Invasive plants affect arbuscular mycorrhizal fungi abundance and species richness as well as the performance of native plants grown in invaded soils[J]. Biology and Fertility of Soils, 52(6): 879-893.

第五章 果树省力化栽培生理基础和调控机制

第一节 果树枝梢发生和树体调控的生理基础

一、果树树体发育生理基础

果树树体的形成受本身遗传调控，也受环境条件和人为栽培措施影响。

树体枝干系统及所形成的树形，决定于枝芽特性，芽抽枝，枝生芽，两者关系极为密切。以地上芽分枝生长和更新的木本果树，自1年生苗或前一季节所形成的芽上抽发成枝离心生长。由于枝梢中上部芽较饱满并具有顶端优势，且由根系供应的养分优先向枝梢顶端输送，所以枝梢上部抽生的枝条旺盛，多垂直向上生长成为主干的延长枝，几个侧芽斜生为主枝。次年春季又由主干上的芽抽生延长枝和第2层主枝；第1层主枝的先端芽，抽生主枝延长枝和若干长势不等的侧生枝。在一定年龄时期内逐年都以一定的分枝方式抽枝。主枝上较粗壮的侧生枝，随枝龄增长，发展为次一级的骨干枝。而枝条中下部芽所抽生的枝条相对较短、较细弱，停止生长亦早，易成花或衰老枯落。因此从整个树体来看，树冠是由几个生长势强与其母枝夹角小的斜生枝形成的强势枝形成的骨干，和一些长势弱、较开张的枝条充斥其间，一组组地交互排列，使骨干枝的分布形成明显或不甚明显的成层现象。层间距的大小、层内分枝的多少、秃裸程度决定于树种和品种特性、植株年龄、层次在树冠上的位置、生长条件以及栽培技术。

随树龄的增长，中心干和主枝延长枝的优势转弱（顶芽成花、自枯或枝条弯曲），树冠上部变得圆钝，而后宽广。此时树木表现出壮龄期的冠形，直到该树在该地条件下达到最大的高度和冠幅，随后即转入衰老更新阶段。

因此，影响树形形成的因素可以从以下几个方面进行分析。

（一）植物顶端优势

1.植物顶端优势的概念

植物的顶端优势指顶芽优先生长同时对侧芽萌发和侧枝生长的抑制作用，是木本植物的一个共同特性。有人把这种生长现象称为"极性"（Goldsmith首次提出的化学渗透极性假说）。严格地说，顶端优势和极性是有区别的。顶端优势，主要是指着生的垂直高度讲的，凡是垂直位置高的，一般都具有较强的生长势。而极性主要是指器官的着生部位讲的，不管其垂直位置高或低，只要是生长在顶端的枝、芽，一般都具有较强的生长势。

顶端优势现象普遍存在于植物界，但不同的植物差异很大，其调控的机理也不全相同。松柏科植物主梢生长快，侧枝生长慢，形成塔形树冠。向日葵、烟草等作物的侧芽可终生潜伏，只有在顶端受损伤后才萌发生长，这些都是顶端优势强的表现。而许多灌木型植物顶端优势就很弱。同一植物在不同生育期，其顶端优势也有变化。如稻、麦在分蘖期顶端优势弱，分蘖节上可多次分枝；大部分树木在幼龄阶段顶端优势明显，树冠呈圆锥形，成龄后顶端优势变弱，树冠变为圆形或平顶。

2.植物顶端优势形成的原因

关于植物顶端优势形成的原因，目前有三种理论解释了在茎尖中合成的生长素抑制侧芽的生长，抑制植物分枝的方式。其中一种为生长素运输渠化理论（Domagalska et al 2011），该理论模型认为：生长素的极性运输和芽产生的生长素向外输出到主茎是侧芽生长的必要条件，在芽被完全抑制的部位，主茎中生长素运输流被认为是饱和的，因此就限制了饱和处腋芽产生的生长素的外流，腋芽萌发就被抑制处于休眠状态。其次普遍受认可的观点为第二信使理论，即主张生长素是通过第二信使来调控侧芽的生长发育，目前的研究发现细胞分裂素和独脚金内酯是主要的第二信使。近年来有学者提出了间接理论，描述为生长素通过抑制蔗糖进入侧芽从而抑制侧芽的生长。迄今为止，这三种理论都能在一定程度上解释顶端优势，但仍然都有不完善之处。

3.参与顶端优势调控的因素

（1）植物激素

1）生长素

80多年前，Thimann和Skoog以蚕豆为试验材料，证实了生长素参与植物的顶端优势。后来的研究发现，生长素并非直接抑制腋芽生长，因为若把同位素标记的生长素施加到去顶植株茎尖时，在腋芽中检测不到放射性标记的生长素，说明在该过程中可能存在第二信使（Prasad et al.，1993）。最近试验发现，豌豆中茎的生长素的消耗和芽中生长素的输出对于引发芽生长不是必需的，但对于持续的芽生长是重要的，此外，生长素的运输对于建立分枝间竞争很重要（Barbier et al., 2015）。

2）细胞分裂素

许多研究结果表明，细胞分裂素可能就是生长素控制腋芽生长的第二信使之一。长期以来，细胞分裂素被认为是芽生长的促进剂。当细胞分裂素外源供应给腋芽时，可促进腋芽生长。Tanaka等利用豌豆进行的研究发现：豌豆去顶之前检测不到异戊烯基转移酶基因（IPT）表达，而去顶后该基因就表达，并伴随细胞分裂素在茎节处积累，说明生长素通过抑制细胞分裂素合成的关键酶IPT的表达来抑制豌豆茎节处细胞分裂素的合成，最终表现为生长素的顶端优势效应（Tanaka et al., 2006）。另有研究发现，生长素还可调控细胞分裂素氧化酶（CKX）的水平来控制内源细胞分裂素水平，诱导CKX基因的表达从而抑制腋芽生长，形成顶端优势。此外，研究证实细胞分裂素在芽生长控制中对生长素和独脚金内酯起拮抗作用（Müller et al., 2015），因为独脚金内酯和细胞分裂素分支调节通路汇聚在至少一个共同目标上。

3）独角金内酯

研究发现，独脚金内酯合成缺陷突变体以及信号传递突变体均为多枝表型，而外施独脚金内酯后可抑制分枝的形成（Rameau et al., 2015），说明独脚金内酯作为一种新型植物激素，也参与植物顶端优势的调控。研究认为，独脚金内酯是通过抑制生长素输出载体PIN蛋白在细胞基部的积累而抑制生长素的极性运输（Crawford et al., 2010）来调控顶端优势的；此外，独脚金内酯的生物合成受生长素诱导，它也可能作为生长素的第二信使直接进入腋芽，抑制腋芽的伸长（Brewer et al., 2009）。

在生长素抑制腋芽生长的过程中，需要借助独脚金内酯才能发挥作用，这一结论的实验依据是：在独脚金内酯缺陷突变体中，外源生长素不能抑制去顶植物分枝的形成；而如果将独脚金内酯缺陷突变体接穗嫁接到野生型砧木上，再施加生长素则可完全抑制去顶植物的分枝（Arite et al., 2007）。

由此可知，生长素、细胞分裂素和独脚金内酯可以协同调控植物分枝：独脚金内酯在根部合成，通过木质部向上运输，抑制生长素的运输，从而降低腋芽输出生长素的能力；生长素自上向下运输，抑制细胞分裂素合成，促进独脚金内酯的合成，抑制腋芽生长；细胞分裂素自下向上运输，阻止生长素诱导的独脚金内酯的生物合成，进而促进腋芽生长发育（王玫 等，2014）。

4）油菜素内酯（BR）

近期有研究表明糖是顶端优势的最初调节者，油菜素内酯（BR）和细胞分裂素

（CTKs）在生长素的下游起控制芽生长的作用。此研究发现，番茄中BR是解除顶端优势的关键信号，细胞分裂素信号传递来自生长素、内酯和糖的信息以促进BR产生，激活BZR1转录因子以抑制芽生长的抑制剂BRANCHED1的表达。上述研究说明，激素和代谢途径都影响BR信号转导从而控制顶端优势（Xia et al.，2021）。

此外，越来越多实验表明影响侧芽与侧枝的形成是多种激素综合作用的结果，如ABA，GA、乙烯在影响侧芽的形成方面均有报道。

（2）糖类

最近的研究发现，除了植物激素以外，糖类也参与顶端优势调控。Mason等的研究认为（Mason et al.，2014），蔗糖也可以作为信号分子调控腋芽发育。豌豆去顶后大约2.5 h后腋芽开始生长，去顶的结果是直接导致糖类对腋芽的供给增加，进而诱导腋芽生长。而且，用蔗糖直接饲喂完整的豌豆植株休眠芽可促进芽的伸长，证实了糖类对腋芽生长的重要性。主茎作为较强的库器官，获取蔗糖的能力大于腋芽。因此Mason等认为，顶端优势是由生长顶端较强的库活力（sink activity）调控的，因为它限制了糖类向腋芽的供给。

蔗糖作为介导顶端优势的信号分子，还在于它是植物韧皮部长距离运输的主要糖类，运输速率很高。外源蔗糖处理完整豌豆植株能够诱导腋芽伸长，而通过脱叶等方式使糖耗尽后能够强烈地抑制去顶植物腋芽的发生。许多研究结果均表明植物分枝和糖类的获得有很高的相关性。腋芽生长的启动也和蔗糖运输以及代谢相关基因的表达有关（Baebier et al 2019）。

（3）糖类与植物激素互作调控顶端优势

既然蔗糖参与顶端优势调控，那么蔗糖与生长素、细胞分裂素以及独脚内酯有何关系呢？

研究发现，在腋芽生长早期，蔗糖以剂量依赖的方式促进生长素从芽运出，表明蔗糖是通过增强生长素的向外输出来促进芽生长的。最近的研究也表明，豌豆去顶之后，生长素从腋芽运出的量迅速增加（Chabikwa et al.，2019）。然而，蔗糖处理抑制生长素在腋芽中的外运，并没有影响芽生长的起始，表明蔗糖调控生长素外运可能在腋芽生长后期才起作用。

在玫瑰的离体研究中发现，蔗糖能够显著诱导细胞分裂素合成，说明细胞分裂素可以介导蔗糖的调控作用。然而，在生长介质中以细胞分裂素代替蔗糖却不足以诱导腋芽生长，表明蔗糖还可以通过不依赖细胞分裂素的途径发挥作用（Barbier et al.，2015）。在拟南芥中证实蔗糖含量高时，分枝不需要细胞分裂素介导，只有在缺乏蔗糖供给的情况下才会需要细胞分裂素（Müller et al.，2015）。Girault等的研究表明，光照可调控腋芽的糖类供给，但是单纯的糖类供给并不能恢复由黑暗或低光强导致的弱分枝表型，提示了在光照下糖类向腋芽供给过程中细胞分裂素扮演了重要的角色（Kebrom et al.，2010）。

此实验中还发现，供给蔗糖能强烈抑制玫瑰中*MAX2*基因的表达（王玫 等，2014）。*MAX2*基因编码一种F-box蛋白，参与独脚金内酯生物合成和信号转导过程。这提示蔗糖可能通过影响独脚金内酯信号途径调控腋芽的生长。

4.果树顶端优势在生产上的应用

在果树幼龄阶段，需要幼树快速生长，有利于提早结果，能较早地获得经济效益。在整形修剪上可以利用枝条生长的顶端优势，促进枝条生长。首先枝条顶芽要留饱满芽，很多果树枝条顶芽比较大且饱满则不需要短截，也有些果树其发育枝枝条顶端没有饱满芽，如苹果树枝条在上中部才有饱满芽，则应将发育枝修剪到上中部，有利于顶端的饱满芽萌发和生长。对于刚定植的幼树，主干上生长的主枝比较直立，为了使幼树加速生长，这些主枝先可不必开张角度，直立的枝条顶端生长优势强，生长旺盛。到生长3年后再用拉枝、顶枝等方法进行开张角度，加速利用空间和使发育枝逐步转化成结果枝。

当果树结果进入下降期，结果部位上移和外移，为了更新枝条，可利用树膛内的徒长枝，使徒长枝生长的高度超过原有主枝，徒长枝获得顶端优势，使生长势加强，原主枝衰弱。由于徒长枝靠近主干枝，从徒长枝上形成的结果枝克服了结果部位上移和外移的缺点，使结果部位靠近骨干枝，而后可将前端的主枝锯掉，进行更新修剪，这也是利用顶端优势的方法。

（二）芽的异质性

1.芽的特点和分类

芽是幼态未伸展的枝、花或花序，包括茎尖分生组织及其外围的附属物，可发育形成枝或花。发育成枝的芽称为枝芽，发育成花或花序的芽称为花芽。根据芽的位置、性质、结构和生理状态，可以将芽分为不同的类型。

根据芽在茎上着生的部位，可以分为顶芽、腋芽（侧芽）、副芽和不定芽。顶芽发生在茎端，包括主枝和侧枝上的顶端分生组织。腋芽起源于腋芽原基，腋芽原基发生在叶原基的叶腋处，腋芽展开后发育为侧枝，通常一个叶腋仅着生一个腋芽，此外所着生的芽统称为副芽，例如桃树有并生的两个副芽，副芽的生长可以增加茎的分支。不定芽是在通常不形成芽的部位（叶片、根、茎节间或愈伤组织）生出的芽。

依据不同的分类方式，芽有不同的名称。根据发育成的器官，芽可分为枝芽、花芽和混合芽。枝芽发育成枝和叶，花芽发育成花或花序，混合芽可同时发育成枝、叶、花或花序。根据生理活动状态，芽又可分为活动芽和休眠芽（又叫潜伏芽、隐芽）。荔枝的休眠芽寿命可达40年，而桃的休眠芽寿命仅3～5年。根据芽鳞的结构，芽又分为裸芽和被芽。

2.芽的异质性定义

芽的异质性是指，由于在枝上着生的位置不同，芽的饱满程度、萌芽力及其抽枝后的生长势存在显著差异的特性（夏征农 等，2008）。果树枝条上的芽在生长过程中，由于气候和营养条件的不同而使芽的质量（个体大小、充实程度、花芽、叶芽）表现出差异。芽的异质性与萌芽力、成枝力及新梢的生长势等息息相关，而这些是果树栽培的生理基础，影响果树整形修剪等关键栽培措施，是果树栽培的关键问题。

3.芽的异质性形成原因

芽的质量直接关系到芽发育后形成新梢的长势，饱满芽容易长成壮枝，次饱满芽形成的枝较弱，瘪芽则很难继续发育。营养因素是形成芽异质性的关键决定因素。影响芽质量的因素主要是有机营养，有机营养主要来自贮藏营养和当年营养。不同营养成分的数量和比例，影响芽的数量与质量。而重要营养成分向芽的分配和运输是提高芽质量的关键。另外，温度（15～25 ℃最佳）、水分、矿质营养等都影响芽的质量。

内源激素是调控芽发育的重要因素，生长素（Indole-3-acetic acid, IAA）、赤霉素（Gibberellins, GA）、细胞分裂素（Cytokinin, CTK）三种激素有利于提高芽的质量，而脱落酸（Abscisic acid, ABA）和乙烯（Ethylene, ET）不利于提高芽的质量。

4.芽的异质性形成过程

腋芽质量主要由该节叶片的大小和提高养分能力决定，一般新梢中部的芽和中短枝的顶芽，由于其形成和发育时外界条件适宜、营养丰富，芽饱满充实、质量好，具有萌发早和萌发势强的潜力（朱士农 等，2013），而枝条基部和先端芽的质量较差。

在新生枝条生长发育过程中，基部的芽形成于春季早期，该阶段叶片小、气温低、发育时间短、营养不良、质量差，芽小且不饱满，一般翌年甚至多年后不能萌发，通常发育成休眠芽；中部节位的芽形成时，气温适宜，各节位上的叶片生长良好，光合作用增强，营养积累增加，芽渐次充实饱满，所以中部节位的芽质量最高；之后气温过高，叶片变小，芽发育的时间也减少，芽的质量又渐次变差。顶芽则依据枝条类型的差异，长枝一般形成叶芽，中短枝形成花芽。秋梢的顶芽发育时间短，往往不能充分发育而成秕芽；春秋梢交接部位，由于高温、干旱造成的生长缓慢，形成具有轮痕的盲节，则无法形成芽（图5-1）（龙兴桂 等，2018）。柑橘、板栗、柿、杏、猕猴桃的新梢有自枯（自剪）现象，最先端较为饱满的腋芽形成顶芽，称为假顶芽（黄贤国，2008）。

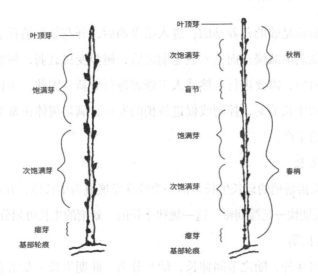

图 5-1　芽的异质性示意图

5.芽的异质性的主要应用

芽的异质性与果树的顶端优势、层性等有密切关系，整形修剪时，利用芽的异质性，能控制芽萌发、长梢。同时，通过修剪也可以影响改善芽的质量。芽的异质性是果树树形建造、营养和生殖生长调控、无性繁殖的关键问题。

在果树树形建造中，可以根据芽的异质性对果树进行整形修剪来调节树体的生长和结果。着生在枝条中上节位和短截修剪后剪口附近的饱满芽，能够发育成壮枝。在生产中，在壮芽处短截可以更新复壮结果枝组的结果能力。在一年生枝的盲节、枝条基部的潜伏芽处短截，或在弱枝、弱芽处回缩，或摘心并留下一些发育弱的侧芽可以缓和枝条的生长势或促发中短枝的形成。

在果树的生殖和营养生长调控中，通过修剪调控芽的异质性非常关键。夏季修剪时，摘心可以通过延缓枝梢的生长强度，从而提高芽的质量或控制花芽分化，例如在葡萄的夏季修剪中，摘心可使花芽形成的部位降低，避免结果部位的上移。回缩、短截等修剪手法可以促使潜伏芽萌发成枝，起更新作用。剪口落在盲节处，可促使下部较多弱芽萌发而形成中、短枝条，从而缓和树势，促进生殖生长。此外，芽的异质性也是果树无性繁殖的关键问题，通常选用中上部节位饱满的芽作为接穗进行嫁接。

（三）枝梢生长节奏

四季更迭、周而复始，果树枝梢生长的动态和节奏随着天气和发育状况悄然发生变化。春季温度升高，新梢的加长生长快，树体的扩大就快；反之，如果新梢的加长生长慢，生长的次数少，树冠的扩大就慢。处于幼年生长阶段的果树，枝梢的加长生长比较快，树冠扩大，形成足够的营养基础；进入结果期后，开花结果消耗了相当一部分养分，树冠扩大的速度就渐渐减缓；而进入衰老期之后，树势变得衰弱，枝梢的加长生长不再是养分分配的主体对象，需要进行自然或人工修剪进行更新。因此，果树生产过程中也需要利用或调节树体的生长节奏，控制或促进枝梢的发育，满足树体正常生长发育的需求，才能获得持续稳定的丰产。

1.枝的加长生长

枝的加长生长指新梢的延长生长。由一个叶芽发展成为生长枝，并不是匀速的，而是按"萌芽期慢—伸长期快—延缓期慢"这一规律生长的。新梢的生长可划分为以下3个时期。

（1）开始生长期

叶芽幼叶伸出芽外，随之节间伸长，幼叶分离。此期生长主要依靠树体贮藏营养。新梢开始生长慢，节间较短，所展之叶，为前期形成的芽内幼叶原始体发育而成，其叶面积小，叶形与以后长成的差别较大，叶脉较稀疏，光合能力弱，寿命较短，易枯黄；其叶腋内形成的芽也多是发育较差的瘪芽。

（2）旺盛生长期

通常从开始生长期后随着温度升高，叶片的增加很快就进入旺盛生长期。所形成的节间逐渐变长，所形成的叶，具有该树种或品种的代表性；叶面积较大，寿命长，含叶绿素多，有很高的同化能力。此期叶腋所形成的芽也较饱满；有些树种在这一段枝上还能形成腋花芽。此期的生长由利用贮藏营养转为利用当年的同化营养为主，故春梢生长势强弱与贮藏营养水平和此期肥、水条件有关。此期对水分要求严格，如水供应不足，则会出现提早停止生长的现象，通常认为这一时期是果树"需水临界期"。

（3）缓慢与停止生长期

枝梢生长至一定时期后，由于外界环境如温度、湿度、光周期的变化，芽内部抑制物质积累，顶端分生组织内细胞分裂变慢或停止，细胞增大也逐渐停止。此时新梢生长量变小，节间缩短，有些树种叶变小，寿命较短。新梢自基部而向先端逐渐木质化，最后形成顶芽或顶端自枯而停长。枝条停长的早晚，因树种、品种、部位及环境条件而异，与进入休眠早晚相同。具早熟性芽的树种，在生长季节长的地区，一年可以有2～4次的生长。北方树种停长早于南方树种。同树同品种停长早晚，因树龄、生长状况、枝芽所处部位而不同。幼年树结束生长晚，成年树结束停长早；短果枝或花束状果枝结束生长早，而树冠外围枝比内膛枝停长晚，徒长枝结束最晚。土壤养分缺乏、透气不良、干旱均能使枝条提早1～2个月结束生长。氮肥多，灌水足或夏季降水过多均能延迟生长时期。在栽培中应根据果树生长阶段合理调节光、温、肥、水，以控制新梢的生长时期和生长量，从而培育适宜的树形、树姿。

2.枝的加粗生长

树干及各级枝的加粗生长都是形成层细胞分裂、分化、增大的结果。在新梢伸长生长的同时，也进行加粗生长，但加粗生长高峰稍晚于加长生长，停止也较晚。新梢加粗生长是由下而上渐进发生的。形成层活动的时期、强度，依枝生长周期、树龄、生理状况、部位及外界温度、水分等条件而异。大多数果树的形成层活动稍晚于萌芽。春季萌芽开始时，在最接近萌芽处的母枝形成层活动最早，开始微弱增粗。此后随着新梢的不断生长，形成层的活动也持续进行。新梢生长越旺盛，则形成层活动也越强烈，且时间也越长。秋季由于叶片积累大量光合产物，因而枝干明显加粗。级次越低的骨干枝，加粗的高峰越晚，加粗量越大。每发一次枝，树就增粗一次。因此，有些一年多次发枝的树木，一圈年轮，并不是一年内生长的真正年轮。幼树形成层活动停止较晚，而老树较早。同一树上新梢形成层活动开始和结束均较老枝早。大枝和主干的形成层活动，自上而下逐渐停止，而以根颈结束最晚。健康树较受病虫害的树活动时期要长。

3.分枝的形成

分枝是植物树形形成的基础，也是树体组成的重要成分，不仅承担着支撑作用，还是根系向叶片运输水分、矿物质养分的通道，也是叶片制造的光合产物向花果、树干和根系远距离运输的渠道。分枝形成决定了叶片着生的方位、与其他叶片之间的距离，因此，分枝也影响了果树整体的光合效能。

枝梢的顶端生长由顶端分生组织（shoot apical meristem，SAM）调控，茎的伸长由居间分生组织调控，而分枝由腋芽分生组织（axillary meristems，AMs）发生（图 5-2）（Wang et al.，2018）。

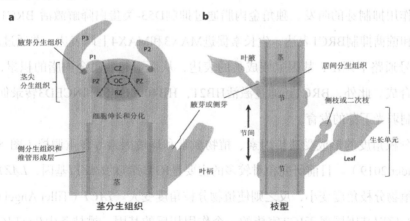

图 5-2　枝梢分生组织与茎的形态（Wang et al.，2018）

（a）茎尖分生组织，P1，P2和 P3 为叶原基；CZ，中央区；OC，组织中心；PZ，周缘区；RZ，肋区。（b）枝干形态由生长单元（phytomer）和侧枝组成植物分枝受多种因素的调控。过去一直认为顶端优势通过生长素的分布影响植物株型。切除茎尖后可以打破植物的顶端优势，但生长素处理并不足以恢复顶端优势对下部芽萌发的抑制作用。近年来的研究认为，芽的萌发与茎中生长素的消耗无关，而是与糖向芽的快速移动有关（Mason et al，2014）。如图5-3所示，生长素和独脚金内酯抑制植物分枝，而糖和细胞分裂素促进植物分枝的产生。生长素对植物分枝的抑制作用部分是由独脚金内酯介导的。蔗糖能够拮抗独脚金内酯对分枝的抑制作用（Patil et al.，2022）。

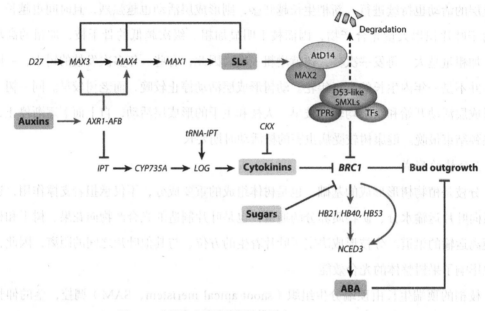

图 5-3 分枝发生的遗传调控模型（Wang et al 2018）

尖箭头表示正调控，平箭头表示负调控，黑色箭头表示遗传调控途径。BRC1 起信号整合因子作用抑制芽的萌发。独角金内脂通过抑制D53-类蛋白降解激活 BRC1 表达，细胞分裂素和蔗糖抑制BRC1表达，生长素促进MAX3和MAX4上调表达，并通过AXR1-AFB介导的信号通路下调IPT 基因家族成员的表达，从而引起独角金内脂的积累，抑制细胞分裂素的合成。此外，BRC1还通过激活HB21，HB40，HB53和NCED3转录促进ABA 积累，来抑制弱光下芽的发育。

植物分枝角度的形成受遗传因素、植物激素和环境因素等多重调控（图 5-4）（Hill and Hollender 2019）。目前研究相对较多的主要是IGT家族的*LAZY1*基因，*LAZY1*基因上调表达导致植物分枝角度变小，反之则使植物分枝角度变大。*TAC1*（Tiller Angel Control 1）基因是和*LAZY1*基因同属于IGT家族的一个作用相反的基因，桃枝条中*PpeTAC1*的表达能够调节侧生器官的方向以对光下游光合作用信号的响应（Dardick et al 2013）。

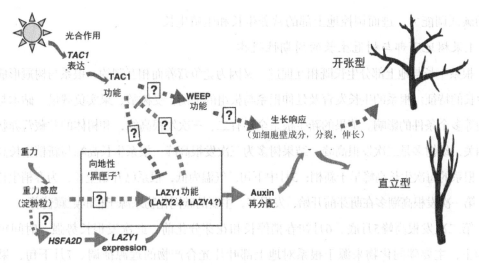

图5-4　TAC1和LAZY1调控分枝角度的假想模型（Hill and Hollender 2019）

　　实线代表已知的直接关系，虚线代表间接作用，问号代表未知成员或假想的途径。LAZY2和LAZY4可能与LAZY1在功能上有一定的冗余

4.分枝的发生次数

　　新梢上当年形成的芽当年就能萌发成枝，这一特性叫芽的早熟性。这些果树一年内能多次分枝，形成二次、三次或四次枝，如柑橘、桃、葡萄和枣等果树。而另一类当年新梢上形成的芽，当年不萌发，待到第二年才萌发，这一特性叫芽的晚熟性，如核桃、柿、板栗和部分苹果、梨的品种。具有一年多次发枝的果树，往往树冠扩大较快，投产较早，在整形修剪中可以加以利用、提早形成树形、提早投产，但是也容易产生冗余生长、树形紊乱，需要进行人工调节。

（四）地下部生长与树冠生长的平衡

　　果树一般是砧穗组合体，地下部砧木与地上部树冠在整个生长发育过程中，既有精细的分工又有密切的联系，既相互协调又相互制约，形成统一的有机整体。地下部作为植物体重要组成部分，是植物吸收水分和矿质元素的主要器官，还是植物体内多种激素、有机酸和氨基酸合成的重要场所，同时地上部为地下部提供光合产物以确保根系功能的正常运行（Gartner，1995）。地下部与地上部之间的相互调控能够满足远端器官的即时需求，以优化其资源供应，同时避免资源的过度分配。

　　根冠比（root-shoot ratio, R/S）通常用于表示地下部分和地上部分之间的生物量分配，基于根冠比研究，提出了根域限制等果树根系管理技术。通过调控根系空间，限制果树根系的碳征调能力，进而调控地上部的营养生长和生殖生长。

1.果树地下部与树冠生长的周期性规律

根系生长与地上部分生长既相互促进，又因为竞争营养而相互制约，根系与树冠形成互补性生长的特征。根系的生长发育及延伸根系与根组的平衡，受树龄、果实负载量、砧木与接穗类型等多个条件的影响。苹果的新生根系全年有二、三次发根高峰，和树体的贮藏营养状况密切相关，幼树多是二次发根高峰，结果树多为三次发根高峰。根系生长高峰与新梢生长高峰交替；根系的每次生长高峰早于新梢；3月中下旬，气温尚低，根系已开始生长，为春梢生长打基础。第一次发根高潮多在萌芽前开始，发根多，主要的碳同化物来源于根的贮藏营养。

第二次发根高峰5月底、6月初春梢停长和花芽分化前，此次发根长势强、时间短，细根为主，主要碳同化物来源于根系对地上部叶片光合产物的远源征调。7月下旬，果实迅速膨大，秋梢开始生长，消耗营养大，根系又停长。进入9月，果实膨大减缓，秋梢逐渐停长，根系进入第三次生长高峰；第三次发根高峰发根时间长，发根量大，并受到果实负载量的影响，碳同化物主要来源于叶片光合作用。

2.果树树体类型与根系生长的营养来源

在生产实践中，由于特定的土壤与气候因素，以及技术原因，常见有丰稳树、大小年树、旺长树、小老树及饥饿树等五种类型。丰稳树生长发育健康、结构组成合理、地上地下和发生过程稳定，对外界环境干预抵抗性强，适应性强，贮藏营养水平高，对技术管理等反应稳定，年周期增长率稳定，根系环境和根系结构优良，表现丰产优质。发育过程完整培养成型要三至五年，而破坏也要三至五年。大小年树年均产量不稳定，大年花果过量，严重降低贮藏营养，限制花芽形成，激素水平显著紊乱，光合产物分配不均，大年限制根系发生，小年根系生产过量，冗余消耗严重，两年均生长节奏及结构成分差异大。旺长树多发生在幼树及生长结果期，枝条直立、营养枝比例大、秋梢长，春梢质量差，冗余消耗大，贮藏水平低，对化学反应敏感，干扰生产较大，成花困难。小老树树体年龄大而表现衰老，生长量小多无秋梢，对施肥修剪技术反应不敏感，不易刺激生长，枝条和根系更新不发达，当前在我国土壤有机质水平低的地方矮砧果树发生较多。饥饿树不同于小老树，多发生在沙地、营养元素缺乏的地方，它的特点是对技术反应十分敏感，见水见肥即长，因此土壤肥水环境匮乏区域表现饥饿状态，其根系反应敏感而量少。

植株的营养贮藏和合理分配是其地下部与树冠协调的关键。营养的生产与贮藏，主要在光合制造产物的控制，以及冗余消耗的限制，可通过技术使其合理分配和增产。营养分配包括水平分配和垂直分配，垂直分配有整体性特征，直立枝条回运距离远；水平分配则有局部性放射式特点。根系是植株与土壤环境接触的直接器官，保持均衡营养的流动与根压、蒸腾拉力、渗透流、回运时的昼夜温及大气湿度有关，需保持营养物质合理的梯度差和矿质有机载体。各类树体贮藏营养技术有植株结构调整、新梢直立、开张角度、控制秋梢过量和调整外运类型。

不同树体调控的技术层面，旺长树应补充根系碳素营养，减少根系对地上部分光合碳同化物的冗余征调，以控制根系旺盛生长。小老树则可以断根施加氮肥，大量诱导生长根的发生，加强地下部对光合碳同化物的征调能力，实现根冠比分配的增加。饥饿树以局部改良增加有机质，同时配合断根水氮诱导，形成根组，增加根系对养分的吸收、转运。大小年树，根据当年的花量和果量，水氮诱导及有机质诱导并配合适当的果量调整，增加树体贮藏营养及对环境的适应性阈值。

3.果树根冠比及其影响因素

果树根冠比是指果树地下部分与地上部分的鲜重或干重的比值，它的大小反映了植物地下部分与地上部分的相关性。果树地上部与地下部生长发育相互依赖又相互制约，在形态上表现出有一定的比例关系。根冠比能反映出果树地上、地下部生长发育情况，高则根系机能活性强，低则弱。不同的果树品种、生物学年龄、栽培管理技术等有不同的根冠比。果树幼苗期根系与枝叶的生长速度几乎相同，根冠比基本在1左右，表现为幼苗出土初期，根系生长占优势。第二次生长开始，子叶的养分已消耗殆尽，生长所需的养分主要靠枝叶光合产物供给。由于地上部分光合能力增强，枝叶生长加速，其生长总量逐渐超过地下部，根冠比相应减小。在自然生长条件下，根冠比在1∶1.5左右。但在限根栽培或者矮化砧木条件下，地上部生长特别旺盛，其生长量常超过根系生长量的2~3倍。随着树龄增加，地上部与根系之间，仍保持一定的比例关系。

土壤中常有一定的可用水，所以根系相对不易缺水。而地上部分则依靠根系供给水分，又因枝叶大量蒸腾，所以地上部水分容易亏缺。因而土壤水分不足对地上部分的影响比对根系的影响更大，使根冠比增大。反之，若土壤水分过多，氧气含量减少，则不利于根系的活动与生长，使根冠比减少。在一定范围内，光强提高则光合产物增多，这对根与冠的生长都有利。但在强光下，空气中相对湿度下降，植株地上部蒸腾增加，组织中水势下降，茎叶的生长易受到抑制，因而使根冠比增大；光照不足时，向下输送的光合产物减少，影响根部生长，而对地上部分的生长相对影响较小，所以根冠比降低。

不同营养元素或不同的营养水平，对根冠比的影响有所不同。氮素少时，首先满足根的生长，运到冠部的氮素就少，使根冠比增大；氮素充足时，大部分氮素与光合产物用于枝叶生长，供应根部的数量相对较少，根冠比降低。磷、钾肥有调节碳水化合物转化和运输的作用，可促进光合产物向根和贮藏器官的转移，通常能增加根冠比。通常根部的活动与生长所需要的温度比地上部分低些，故在气温低的秋末至早春，植物地上部分的生长处于停滞期时，根系仍有生长，根冠比因而加大；但当气温升高，地上部分生长加快时，根冠比就下降。移栽中耕引起部分断根，降低了根冠比，并暂时抑制了地上部分的生长。但由于断根后地上部分对根系的供应相对增加，土壤又疏松通气，这样为根系生长创造了良好的条件，促进了侧根与新根的生长，因此，其后效应是增加根冠比。苗木移栽时也有暂时伤根，以后又促进发根的类似情况。

修剪与整枝去除了部分枝叶和芽，当时效应是增加了根冠比。然而其后效应是减少根冠比。这是因为修剪和整枝刺激了侧芽和侧枝的生长，使大部分光合产物或贮藏物用于新梢生长，削弱了对根系的供应。另一方面，因地上部分减少，留下的叶与芽从根系得到的水分和矿质（特别是氮素）的供应相应地增加，因此地上部分生长要优于地下部分的生长。三碘苯甲酸、整形素、矮壮素、缩节胺等生长抑制剂或生长延缓剂对茎的顶端或亚顶端分生组织的细胞分裂和伸长有抑制作用，使节间变短，可增大植物的根冠比。GA、油菜素内酯等生长促进剂，能促进树冠的生长，降低根冠比。

4.地下部与树冠的物质交换

水分、矿质营养以及光合产物等由于在空间及时间上的不均匀分布，对植物的生长发育造成了一定的影响。植物通过地下部与地上部远端相互调控来感知资源变化，以优化植物生长及生物量分配。

在植物体内，地下部压力与蒸腾流量作为正压力，迫使水分沿木质部向地上部方向流动。植物的生长发育、生产力受地下部水分供应的控制，其改变可能会引起地上部蛋白质组发生重大变化（Milner et al.，2014），而蒸腾作用、CO_2和O_2的气体交换主要通过地上部叶表皮保卫细胞形成的气孔孔径来调节（Hetherington、Woodward，2003）。水沿具有阻力（R）的水力回路在根、茎和冠层水平上的水流运动称为土壤—植物—大气连续体（soil-plant-at-mosphere continuum, SPAC）（Suku et al.，2014）。水力传导率（Lpr）量化了植物地下部到地上部水分运输的效率，给定一个水势梯度（$\Delta\Psi$），水流量增减（Jv）反映出水力沿着液压回路传导的变化（Lo）。在这个模型中，植物根据地上部对水分的需求，来调整地下部的水分供应，以满足蒸腾和固碳作用；除此之外，植物还必须确保当地上部受到损害时，过量的水分不会被地下部吸收。目前越来越多的研究表明水通道蛋白（aquaporin, AQP）参与调控地下部水力传导过程，进而对地上部植株耐受性、导水率以及恢复能力进行调节（Chaumont、Tyerman，2014）。

蔗糖是高等植物的主要光合产物，通过韧皮部向地下部长距离转运，促进根系细胞生长及资源储存。地下部对碳源的需求量随生长环境发生改变而变化，光合产物重新分配，形成新的库源平衡，该过程受膜糖转运蛋白特异性活性的调控。蔗糖在质子动力驱动下通过蔗糖转运蛋白进入筛管伴胞复合体（Lalonde et al.，2004）。伴胞中*SUT*基因的过量表达，增加干旱胁迫下碳在根系的分配，保持根系活性（Braun et al.，2014；Durand et al.，2016）。质子泵焦磷酸酶定位于筛管伴胞复合体的质膜上，维持韧皮部功能所需的焦磷酸稳态，并影响生物量积累、韧皮部装载以及长距离运输等过程（Khadilkar et al.，2016）。

5.地下部与树冠的信号交流

各种信号分子将有关环境和内源变化的信息传递给远距离组织，确保植物能够整合植物整体反应，优化生长发育，实现生物平衡。环境信号通过改变激素浓度来调节植物对生长条件的反应，从而调控地上部与地下部之间的同化物分配（Hartig、Beck，2006）。ABA在植物响应干旱胁迫的地下部与地上部远端相互调控信号通路中发挥着重要作用（Jiang、Hartung，2008）。植株处于水分胁迫时，地下部ABA含量增加，通过木质部运输至地上部，调节气孔关闭，参与调节水分胁迫（Schachtman、Goodger，2008）。地上部pH梯度则对ABA信号强度的调控起作用（Li et al.，2011）。此外，地上部生成的ABA在水分充足的条件下可向下输送，影响地下部ABA水平（McAdam et al.，2016）。

除ABA外，其他激素也在此信号通路中起重要作用。涉及地下部—地上部信息交流基因（Root-to-Shoot responsive, RtS）与茉莉酸（jasmonic acid, JA）、乙烯（ethylene, ET）的生成有关（Hasegawa et al.，2011）。此外，ET前体1-氨基环丙烷-1-羧酸酯（1-aminocy-clopropane-1-carboxylate, ACC）、赤霉素（gibberellin, GA）能够调节气孔导度，参与干旱胁迫下的信号传递（Bailey-Serres、Voesenek，2008）。内源性GA水平还对R/S造成一定的影响（Tanimoto，2012）。地下部独脚金内酯（strigolactone, SL）的合成减少可提高植物干旱抗性（Visentin et al.，2016）。地下部JA、地上部JA以及ABA的相互调节可提高生物胁迫抗性（Fragoso et al.，2014；Meldau et al.，2015）。地下部细胞分裂素（cytokinin, CTK）的合成改变了地上部的激素和离子状态（Ghanem et al.，2011；Ko et al.，2014）。Isopentenyl transferase 3（IPT3）参与CLE-ROOT SIGNAL 1-HYPERNODULATION ABERRANT ROOT FORMATION 1（CLE-RS1/2-HAR1）信号激活地上部CTK的产生，进而抑制地下部根瘤的发育（Sasaki et al.，2014）。地上部CONSTITUTIVE PHOTOMORPHOGENIC 1（COP1）通过控制生长素（auxin, IAA）流出载体基因PIN-FORMED1（PIN1）的转录来调控地上部-地下部IAA转运（Sasaki et al.，2014）。

植物激素还能够有效调控水分及矿质营养的运输。水杨酸（salicylic acid, SA）通过减少砷（As）从地下部至地上部的运输来控制其毒性（Singh et al.，2015）；ET正调节phosphate transporters 2（PT2）的表达，促进细胞壁上磷（P）的增溶及其向地上部的转运（Zhu et al.，2016）。IAA参与地上部—地下部铁（Fe）胁迫的生理响应（Bacaicoa et al.，2011）。此外，ABA能够促进地下部Fe的再利用以及地下部-地上部转运来缓解缺铁现象（Lei et al.，2014）。植物激素还与水通道蛋白的调节有关。在拟南芥中，外源施加IAA可以抑制水通道蛋白的活性和根系、细胞的导水率（Peret et al.，2012）。ABA通过水通道蛋白提高根系导水率，满足蒸腾需求。

6.地下部生长与树冠生长的功能平衡调控模型

因此，植物地下部与地上部生长发育和功能是相互平衡、协调的组织。根系与树冠（枝条和叶片）是功能互补型营养器官，根系与树冠具有征调对方营养的功能，其生物量的发生，存在着上下互补生长的特征。营养物质的调控中，碳氮平衡最为关键，碳氮物质交流是地下部与树冠生长的关键，上下顶端优势的极性生长及碳氮的征调能力，决定着两部分器官的分配。激素调控着植株地下部与地上部的生长与抗性平衡，促生类激素（包括肽激素）和逆境信号通路调控着根系与树冠复杂的分子调控网络，根系较树冠具有更为敏感的激素、环境等响应特征。

二、果树树体调控的主要途径

（一）短枝型品种

1.短枝型品种特征

短枝型品种主要由普通型品种通过芽变选种、实生选种、杂交育种、突变诱导等途径选育而来。1921年，美国首先发现了苹果短枝型品种，但直至1953年，短枝型苹果品种新红星的发现才使短枝型品种得到重视。短枝型品种主要呈现出树冠矮小、树形紧凑、枝条短粗且长枝少的特征。短枝型品种的结果枝组密度较大，以中、短果枝结果为主，结果早，产量高，适合密植。

短枝型品种主要表现出以下几个优点。首先，短枝型品种叶片多且厚，叶绿素含量高，光合作用较强，单位面积上产量增加。其次，短枝型品种结果早，2年左右即可开始结果。另外，短枝型品种成枝力低，枝条直立且紧凑，这使得枝条各部位受光比较均匀，果实着色较普通型品种好。最后，短枝型品种适合密植，可实现机械化、集约化栽培，有效降低管理成本。

但是，短枝型品种的短枝性状不稳定，在多次嫁接和修剪后，部分短枝型品种有复原现象，即短枝型性状减弱或消失。短枝型品种的内源赤霉素含量较低，当外源施用赤霉素，可使其恢复到普通型品种的特征。

短枝型品种还易发生大小年现象、部分品种易感染病毒、树冠骨架不牢固等缺点。

2.短枝型品种的形成机制

树体的生长受到遗传因素和环境因素的影响，是一个极其复杂的生物过程。研究发现，激素是果树矮化的关键。赤霉素（Gibberellin，GA）、生长素（Indole-3-aceticacid，IAA）、油菜素甾醇（Brassinosteroids，BR）等植物激素的代谢、运输和信号转导都可能影响果树矮化。矮化果树中GA、IAA、BR等激素的代谢、运输和信号转导往往存在缺陷。

3.主要短枝型品种

目前，主要的短枝型果树有苹果、梨、李、杏等。

短枝型苹果品种占比最高，截止至2015年，全世界共培育出大约204个短枝型苹果品种（系）。按所属品种群分类，从多到少依次为元帅品种群（85个）、富士品种群（36个）、旭品种群（31个）、金冠品种群（26个）、秦川和澳洲青苹品种群（各6个）、青香蕉和嘎拉品种群（各5个）、印度和布瑞本品种群（各4个）、国光品种群（3个）、醇露品种群（1个）等。其中，栽培应用较多的苹果、梨、李和杏品种见表 5-1（张朝红 等，2015；贾敬贤 等，1999；张玉星 等，2003；蒋锦标 等，2012；张克俊 等，2000）。

表 5-1　主要短枝型苹果、梨、李和杏品种

树种	品种	树种	品种	树种	品种	树种	品种
苹果	新红星	梨	鸭梨	李	奥本琥珀	杏	骆驼黄杏
	瓦里短枝		苹果梨		黑琥珀		早橙杏
	首红		慈梨		莫尔特尼		铁八达
	岱红		早酥梨		长李15号		沙金红1号
	超红		锦丰梨		长李84号		张公园
	烟红		巴梨		长李109号		仰韶黄杏
	银红		二十世纪梨		大头李		晚熟李光杏
	艳红		京白梨		七月香		红袍杏
	烟富6号		茌梨		帅李		金香
	成纪1号		雪花梨		跃进李		红玉杏
	礼泉短富		秋白梨		玉皇李		二转子
	宫崎短富		库尔勒香梨		龙园蜜李		华县大接杏
	青森短富		苍溪梨		艾奴拉		兰州大接杏
	惠民短富		黄花梨		美国大李		美国李杏
	金矮生						
	矮金冠						

4.短枝型品种的树体调控技术

短枝型品种的树形特征和建造较普通型品种果树有很大差异，下面以苹果和鸭梨为例，介绍短枝型品种的树体调控技术。

（1）短枝型苹果的树体调控技术

短枝型苹果主要采用小冠疏层形、细长纺锤形和自由纺锤形等树形（表 5-2），可以依据栽植密度具体选择适合树形。

表 5-2　短枝型苹果主要树形

树形	干高/cm	树高/m	冠幅/m
小冠疏层形	50～60	3	3～4
细长纺锤形	60～70	2.5～3	1.5
自由纺锤形	40～50	3	2.5～3

不同树形的建造方式不同，但至少需要5年左右。

小冠疏层形（图 5-5 a）全树主枝5～7个，分为3层。第1层主枝3个，无侧枝或各有1～2个侧枝；第2、3层主枝1～2个，均不培养侧枝。1～3年生幼树，以扩大树冠、增加枝量为主，主要采取短截延长枝、缓放临时枝、拉枝的修剪手法。4～10年生初结果树，要继续扩大树冠至完成整形，全树主枝数固定到5～7个，树高达2.5～3.0 m时，"落头"开心，促使短枝成花，完成结果部位由临时枝向结果枝组的过渡。10年生以上的盛果期树，要控制树冠外围旺长，维持树势中庸生长，通过回缩、疏枝等修剪手法更新内膛结果枝组。

细长纺锤形（图 5-5 b）中干上均匀分布15～20个生长势相近、小而水平的主枝，其上无侧枝，只配枝组。下部主枝长，上部主枝短，树冠呈细长纺锤形。1～3年生幼树，中央领导枝和主枝均短截，缓和枝势，促花结果。当中央领导枝生长过旺时，及时用第二个长势较弱的枝条换头，以控制上强。主枝通过拉枝至水平，基角过小或生长过旺的主枝，可从基部疏除。4～5年生初结果树，中央领导枝仍短截，适当疏除树冠上部生长过旺的主枝，控制上强。维持树冠中下部主枝的开张角度，并利用结果枝组的带头枝向外延伸。6～7年生及其以后的盛果期树，及时疏除枝轴粗度超过主干轴粗度1/3的结果枝组和过密的结果植组，并配合重回缩，控制树冠体积。

自由纺锤形（图 5-5 c）中干直立生长，其上分布着10～12个向四周伸展的小主枝。下层主枝长1～2 m，开张角度70°～90°。主枝上配备中、小型结果枝组。全树紧凑、丰满，通风透光好。第1年，选择2～3个长势强、角度适宜的枝条，作为主枝。其余分枝，以开张角度70°～80°均匀拉向四方。冬剪时，中央领导枝留50 cm短截，主枝延长枝缓放不截。第2～5年，中央领导枝每年留50 cm短截，逐年选留2个主枝。相邻主枝层间，保持40～50 cm距离。其余枝条从基部疏除。及时疏除竞争枝、内向枝、密生枝和强旺直立枝。5年可完成整形，达到适宜树高时，"落头"开心。盛果期结果树，要及时对延伸过长、过大的主枝回缩，特别要短留树冠上部的分枝，及时更新、复壮结果枝组，稳定树势和产量（张克俊等，2000）。

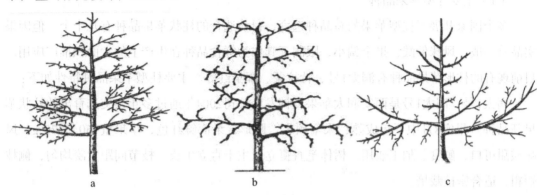

图 5-5　短枝型苹果三种树形

a：小冠疏层形；b：细长纺锤形；c：自由纺锤形

（2）短枝型鸭梨的树体调控技术

大、中冠幅宜采用主干疏层形，小冠幅宜采用单层高位开心形。由于成枝力低，在整形期定干后和中截延长枝头后，要在剪口下第三、四芽上方刻芽，促发主侧枝或长放枝组（小冠形）。幼树期先短截以促进多发壮长枝，然后再缓放，从而达到先增长枝再增短枝的目的。盛果前期对缓放2～3年的枝组结果后再回缩，对生长弱的中小枝组，适当疏除弱枝、弱芽，进行复壮。盛果后期注意利用徒长枝进行更新。

（二）柱型品种

1.柱型苹果品种

柱型苹果是一种特殊的矮生突变类型，其节间非常短、侧生分枝少，呈直立单干形，是苹果实行矮化密植栽培的重要资源（Lapins，1976；朱元娣 等，2007）。柱型苹果最早发现于McIntosh的一个突变体，后来命名为 Wijcik McIntosh（Lapins，1976）。柱型苹果被认为是苹果超高密度栽培、集约化生产的最理想的树形。常规的大冠苹果品种，乔化园每亩栽植60棵树，矮化园120棵树，而柱型苹果品种每亩可定植1000棵树，是常规品种乔化园的16倍，是常规品种矮化园的8～9倍，且修剪量是常规苹果树形的千分之一。4～6年成龄树单株平均年产量15～18 kg，单位亩产可达1.35～1.55万千克，集约化栽种的特点显著，比常规苹果品种节约土地4～6倍，而且盛果期产量是常规苹果品种的6～8倍，亩经济效益是常规品种的6～10倍（Tian et al.，2005；Kenis、Keulemans，2007）。柱状苹果的应用推广，将会使苹果种植业发生革命性的变化，高度集约化栽培模式，不仅大大节约了有限的土地资源，而且给农民带来前所未有的亩产量。

（1）主要柱型苹果品种

多个国家开展了柱型苹果的新品种选育，目前选育的柱状苹果品种有几十个。但因果实品质一般，风味偏酸，果个偏小，限制了其作为鲜食品种在生产上的大面积推广应用。目前现有的柱形苹果品种有润太1号、特拉蒙、福早红等。主要柱型苹果品种特性如下：

润太1号：润太1号是西安润太苹果良种发展公司2004年通过多年杂交选育出的柱状苹果新品种。果实8月中下旬成熟，果个硕大，圆形，果面鲜红色，单果重160～270 g，风味酸甜可口，鲜食、加工兼用。树体笔直挺立，主干直立生长，枝节间距紧凑均匀，侧枝短粗，适合密植栽培。

特拉蒙：单果重220～280 g，果实短圆锥形或扁圆形，果面全部深红色，果肉黄白，肉质松脆，汁多，微酸富有香味，品质中上，可溶性固形物含量9%～11%，耐贮藏，抗病性强。

福早红：1995年杂交，亲本为特拉蒙×新红星。树体紧凑型，树势中庸。在烟台地区果实8月中旬成熟，圆锥形，平均单果重225.5 g，大小整齐。果实底色黄绿色。果面着浓红色。果面光洁，蜡质厚。果肉白，肉质松脆。果实去皮硬度9.4 kg/cm²，可溶性固形物含量12.0%，含糖量11.3%，可滴定酸0.15%。汁液中多，味甜，香气浓郁，品质优。

福丽：1995年杂交，母体为特拉蒙，父本为富士。树体普通型，树势较强，抗病性强。在烟台地区果实9月下旬成熟，近圆形，果形端正，平均单果重236.4 g。果实底色黄绿，果面着鲜浓红色。果面光洁，富有光泽，蜡质厚。果肉黄白色，肉质致密。果实去皮硬度11.1 kg/cm²，可溶性固形物含量12.2%，含糖量11.5%，可滴定酸0.20%，汁液中多，味甜，风味浓，清香，品质优。

福星：1995年杂交，亲本为特拉蒙×新红星。树体普通型，树势较强，抗病性强。在烟台地区果实9月下旬成熟，圆锥形，果实大小整齐，平均单果重208.9 g，果实底色黄绿.果面着鲜浓红色。果面光洁，蜡质中等。果肉黄白色，肉质致密。果实去皮硬度8.7 kg/cm²，可溶性固形物含量14.2%，含糖量12.1%，可滴定酸 0.19%。汁液中多，味甜，香气浓郁，品质优。

福艳：1995年杂交，母本为特拉蒙，父本为富士。树体紧凑型，树势较强，抗病性强。在烟台地区果实10月初成熟，近圆形，果实大小整齐，果形端正，平均单果重249.9 g。果实底色黄绿，果面着鲜红色。果面光洁，富有光泽，蜡质中等。果肉黄白色，肉质细、松脆。果实去皮硬度7.0 kg/cm²，可溶性固形物含量14.3%，含糖量12.6%，可滴定酸0.21%。汁液多，味甜，风味浓，品质优。

福瑞：1995年杂交，亲本为特拉蒙×富士。树体普通型，树势较强，抗病性强。在烟台地区果实10月上旬成熟，近圆形，果形端正，平均单果重218.7 g。果实底色黄绿，果面着鲜红色，果面光洁，富有光泽，蜡质中等。果肉黄白色，肉质松脆。果实去皮硬度8.7Kg/cm²，可溶性固形物含量15.6%，含糖量13.4%，可滴定酸0.13%。汁液多，味甜，风味浓，品质优。

（2）柱型苹果形成机理

关于柱状苹果独特的生长特性是许多学者研究的重点之一，从分子水平上揭示柱型苹果独特生长特性是当前研究的一个重点。从1970年开始，美国、日本、新西兰、加拿大等多个国家开展了对苹果柱型基因（*Co*）遗传规律和分子标记研究（Lapins，1976；Moriya et al.，2009；Bai et al.，2012）。Conner (1997) 用集群分类法（bulked segregant analysis，BSA）首次找到一个与*Co*连锁RAPD 标记 OA111000。白团辉等（2019）在前期*Co*精细定位的基础上，对定位区间的基因进行筛选，为阐明柱状苹果形成的分子机制和选育柱状苹果新品种奠定基础。根据最新的苹果基因组以及与柱状相关的转录组信息，对*Co*精细定位区间27.66～29.05 Mb的基因进行注释分类，选择目标基因，查找其CDS序列，利用实时荧光定量PCR分析预测基因在不同组织器官中的表达特征，筛选出差异基因并将其作为候选基因。在苹果第10号染色体27.66～29.05 Mb区域内包含67个基因。根据RNA-seq分析，柱状和普通型苹果基因相对表达差异倍数在1倍以上的有25个基因，其中13个基因在柱状苹果中上调表达，12个基因在柱状苹果中下调表达。

2.柱型桃品种

柱型桃是桃资源中的一类特异种质，也被称为塔型桃、帚型桃。与普通型桃相比，柱型桃树体高大，树冠窄高，干性极强，因其具有直立生长、分枝角度小、侧枝数量少等特点受到育种工作者青睐（Scorza et al.，1999），但由于其多为观赏类型，采用常规育种手段将柱型性状引入栽培桃类型存在育种周期长等困难。

（1）主要柱型桃品种

现有的柱型桃资源主要有帚型山桃、照手粉、照手姬、照手红、照手白、科林斯粉、科林斯玫瑰、Crimson Rocket、New Jersey Pillar、Italian Pillar等（胡东燕、张佐双，2010；Dardick et al.，2013）。

柱型桃（Pillar）最初被称为broomy（*br*）（Yamazaki et al.，1987），通过构建普通型与柱型桃杂交群体对杂种后代树形测定发现，桃柱型性状由一对不完全显性基因控制，普通型（*BrBr*）对柱型（*brbr*）为显性，直立型（*Brbr*）为柱型与普通型的中间类型（Scorza et al.，1999；Tworkoski、Scorza，2001；王力荣 2017）。与普通型桃相比，柱型桃表现出侧枝短、主干直径小、同期枝数减少、最初分枝角小等特点（Tworkoski、

Scorza，2001；Tworkoski et al.，2006）；此外，柱型桃树冠中生长素/细胞分裂素比率显著高于普通型桃（Tworkoski et al.，2006）。上述研究表明柱型桃分枝角度形成受遗传因素、植物激素和环境因素等多重调控。

（2）柱型桃形成机理

早期研究将桃柱型*br*位点定位在第2连锁群（Sosinski et al.，2000；Dirlewanger et al.，2004；Sajer et al.，2012）。Dardick等（2013）以Crimson Rocket（柱型）和True Gold（普通型）杂交后，选株自交获得一个250株的F$_2$分离群体，构建混池利用简化基因组测序技术（SLAF-seq）进行性状定位，发现柱型混池有一个长片段插入，定位于基因Ppa010082第3个外显子区域，由于该长片段插入导致Ppa010082基因编码提前终止，该基因在柱型桃不表达且在直立型桃表达量下降；该基因与单子叶植物水稻*TAC1*基因的氨基酸序列相似率为23%，故将其命名为PpeTAC1。进一步的研究发现Italian Pillar中*PpeTAC1*基因3号外显子也存在此长片段插入，而New Jersey Pillar并未检测到长片段插入发生，而是检测到5个SNP位点，其中3号和4号内含子各有2个SNP，1个SNP位于3'-UTR，而靠近3号外显子的1个SNP（G/A）位于3号内含子可变剪切位点前11 bp的位置。

河南农业大学桃生物学与种质创新团队自2017年开始陆续从中国农业科学院郑州果树研究所等地引进洒红龙柱、照手红等柱型桃资源14份。先后以普通型桃黄水蜜、秋蜜红、大久保等为母本，以柱型桃照手红、洒红龙柱和18号为父本，构建杂交群体8个。通过对一年生普通型桃大久保和柱型桃洒红龙柱整个生长期内枝条分枝角度和*PpeTAC1*基因的相对表达量进行测定，结果表明：在整个生长时期，开张形桃大久保的基角、腰角和向地性角的角度均比柱形桃洒红龙柱大，大久保桃枝条的分枝角度整体呈现增加的趋势，而洒红龙柱桃枝条的分枝角度则呈现逐渐减小的趋势；大久保桃分枝连接处*PpeTAC1*基因持续高表达，而洒红龙柱桃分枝连接处*PpeTAC1*基因表达量均很低（刘蒙蒙，2018）。

基于普通型桃大久保和14份柱型桃基因组重测序数据比对分析，发现大久保和14份柱型桃*PpeTAC1*基因变异差异较大，可分为6种类型：Ⅰ类包含大久保，*PpeTAC1*与参考基因组一致；Ⅱ类包含洒红龙柱等，其启动子区域ATG上游504 bp处有11 bp碱基缺失；Ⅲ包含帚形山桃，在第三个内含子处有一段1005 bp片段的缺失（包含第四个外显子）；Ⅳ类包含18号，其在第3号外显子上有3个导致氨基酸变化的非同义突变SNP位点；Ⅴ类包含塔型桃，其基因区域没有变异位点，启动子处11 bp缺失变异表现为杂合位点；Ⅵ类包含Crimson Rocket，与已报道*PpeTAC1*变异类型一致，在第三外显子内有长片段插入（Dardick et al.，2013）。

（三）垂枝型变异

枝条下垂生长现象是植物的一个常见变异，如垂枝榆、垂枝桑等。在蔷薇科植物中垂枝现象更为普遍，如垂枝桃、垂枝樱桃、垂枝梅等。

垂枝类型因其独特的观赏价值更多的是应用于园林绿化中，而一些垂枝型的果树类型或品种大部分由于果实品质一般，无法直接应用于生产产生经济价值。分枝角度是果树树体结构的一个重要因素。对垂枝性状形成的遗传、生理和分子机制的研究，有助于解析垂枝性状形成的原因和通过分子育种手段对现有主栽果树品种树形进行改良，创制优异新种质，对提高果树产量和果实品质、减少劳动力投入、增强市场竞争力均具有重要意义。

1.主要果树垂枝型变异类型与形态学特征

垂枝桃为桃的一个变种，其小枝拱形下垂，树冠伞形，花开时节，宛如花帘一泻而下，具有极高的观赏价值。根据花型和花色，垂枝型桃品种群可分为两大类：第一类小枝下垂，花单瓣或复瓣，叶绿色；第二类小枝下垂，花复瓣，叶紫色（胡双燕、张佐双，2010）。目前现有的垂枝桃品种如表 5-3 所示。

表 5-3　垂枝桃品种及特点

分类		品种	特点
小枝下垂，单瓣或复瓣，叶绿色	花单瓣	白垂枝（Shiroshidare）	果实有毛
		白色荣光（White Glory）	果实无毛
		单粉垂枝（Danfen Chuizhi）	花粉色
		赤垂枝（Akashidare）	花红色
		源平垂枝（Genpeishidare）	白粉跳枝
		幸垂枝（Sachi-shidare）	白色与粉色条纹，无纯色花
	花复瓣	绿萼垂枝（LÜ E Chuizhi）	花瓣在25瓣之内
		残雪垂枝（Zansetsushidare）	花瓣28～42瓣
		红雨垂枝（Hongyu Chuizhi）	梅花型，花瓣在15枚之内
		相模垂枝（Sagamishidare）	梅花型，花瓣在18～30
		鸳鸯垂枝（Yuanyang Chizhi）	花复色，白色与粉色跳枝
		黛玉垂枝（Daiyu Chuizhi）	整株淡粉色花色均匀，几乎无跳枝现象
		五宝垂枝（Wubao Chuizhi）	花以淡粉为主，有粉色跳枝
		羽衣垂枝（Hagoromo-shidare）	花粉红色为主，偶有淡粉跳枝
小枝下垂，花复瓣，叶紫色		粉花紫叶垂枝（Pink Cascade）	花粉色
		红花紫叶垂枝（Crimson Cascade）	花红色

比利时垂枝为苹果属海棠中的一个垂枝类型，其树体主干较低，枝条出现下垂特性，枝条的节间较短，矮化特性较为明显。（卢艳芬 等，2017）。Weeping willow-leafed Pear （https://naturewalk.yale.edu/trees/pyrus-salicifolia）、Silver Frost（*Pyrus salicifolia*, https://www.missouribotanicalgarden.org/）是两个欧洲垂枝型梨，其枝条下垂，花白色。

2.向重力性与垂枝型变异的关系

由于植物的固着性，在相对复杂多变的环境条件下，植物逐渐演化出了感知环境因子变化并对自身器官生长方向做出有效调整的能力。植物根据环境因子的刺激而发生定向运动的特性称为向性（tropism）。植物的向性包括向光性、向水性等。地球上所有物体受到重力作用，植物能感受重力调节生长方向，这种特性称为向重力性（gravitropism）。植物的新梢通常向上生长，与地心引力相反。然而，垂枝型枝条则向下生长，与地心引力方向相同。将垂枝型桃进行平放生长时，其枝条表现为向下生长，而不表现为向上的弯曲，说明其对重力响应不敏感（Hollender et al., 2018）。

植物中最早证明感受重力的最主要部位为根冠。经过一步的深入研究，将重力信号感受部位定位于根冠的柱状细胞（Sato et al., 2015）。而植物的地上器官感受重力的部位定位于下胚轴和茎的内皮层细胞，这些细胞内的淀粉体被认为是重力的感受器（Fukaki et al., 1998; Zheng et al., 2001）。植物感受重力作用后，淀粉粒移动进行重力信号的传导，通过细胞骨架，激活相关离子通道。钙离子和1、4、5-三磷酸肌醇（InsP3）为目前已知的重力信号传导第二信使，通过上述信号分子将重力信号传递给下游重要的生长调节物质植物激素，从而介导植物的向重力性反应（Heilmann et al., 2001）。

3.植物激素与垂枝型变异的关系

植物激素对植物的株（树）型建成具有重要的调控作用，如生长素、独脚金内酯、油菜素内脂、赤霉素等。生长素对植物顶端优势具有重要调控作用，生长素不仅在植物细胞分化、分裂和伸长过程中具有重要作用，同时也参与植物器官的发育、成熟和衰老（Jose et al., 1996）。生长素通过调控分生组织细胞的分裂、延长进而调控植株的形态（Gallavotti et al., 2013）。由于生长素和光的影响，水稻散生突变体呈现分蘖松散和平卧生长的现象，同时突变体的重力反应削弱（李培金 等，2003），生长素的梯度分布直接影响植物的分枝角度（Li et al., 2007）。生长素对分枝的调控作用是非直接的，可能是通过第二信使独脚金内酯和细胞分裂素发挥作用（Cheng et al., 2013）。独脚金内酯对植株叶芽萌发和分枝角度发挥重要的调控作用，外源独脚金内酯处理桃苗能显著抑制分枝形成（Li et al., 2008）。细胞分裂素（CK）能促进细胞分裂，对植物顶端分生组织活动及基因表达具有重要作用，进而影响植物分枝（Kurakawa et al., 2007; Schaller et al., 2015）。油菜素内脂（BR）对植物株高、分枝数尤其是分枝角度具有重要调控作用。BR可促进分枝近轴侧细胞的伸长生长，进而使分枝角度变大（Umehara et al., 2008）。BR合成或信号转导基因功能缺失均呈现分枝角度变小等表型（Fujioka et al.，2003）。对直枝桃和垂枝桃枝条不同节位内源赤霉素含量测定结果显示，赤霉素在直枝型桃中呈基部至梢部递增的趋势，而垂枝型桃枝中枝条下侧内源赤霉素含量低于背侧，导致枝条下垂生长，外源GA₃处理垂枝型桃，能使其呈直立生长（沈向 等，2008）。综上，激素的合成和分布可能是引起垂枝表型的一个原因。

4.垂枝性状的分子机制研究

桃开张型/垂枝型由一对等位基因控制，开张型对垂枝型为显性，垂枝性状受一个隐性单基因（*pl*）控制（Bassi et al.，1994；王力荣 等，2017）。Dirlewanger等（1994）获得一个与垂枝性状遗传距离11.4 cM和17.2 cM的RAPD标记。李亚蒙（2006）发现CPPCT029引物克隆带型与垂枝基因*pl*共分离。鲁振华等（2018）研究开发了垂枝性状紧密关联的2个SNP标记和1个INDEL标记。

最近研究结果表明*WEEP*基因5'端1.8 Kb的缺失是导致桃垂枝表型出现的原因（Hollender et al.，2018）。WEEP是植物特有的一种蛋白，在维管束植物中具有较高的保守性，氨基酸序列相似性达90%或更高。WEEP可能是通过对重力的识别或响应以改变枝条生长方向。但垂枝桃对重力刺激没有响应，将垂枝桃平放（垂直于重力方向），枝条仍然向下伸长。运用RNA干扰（RNAi）技术将李中*WEEP*基因沉默后发现其枝条生长方向向下。此外，在垂枝桃中，许多与细胞壁和细胞架构相关的基因差异表达，推测枝条方向的改变可能是通过细胞壁合成或细胞结构伸长来实现的。

苹果中利用直立形和垂枝形的杂交后代，进行BSA-Seq测序分析，发现共有四个关联区域与垂枝性状相关，其中最主要的基因位点，Weeping（W）位于13号染色体上；此外在10号染色体（W2）、16号染色体（W3）和5号染色体（W4）也发现关联位点（Dougherty et al.，2018）。

利用直立形和垂枝形梅花杂交的F₁代进行混池转录组测序，鉴定到与垂枝性状相关的5个QTL位点。其中Pm024074基因编码区第66位碱基在直立形中为T，而垂枝形中为C，进一步发现垂枝形梅启动子区域具有470 bp插入，使得其基因表达显著提高。推测可能是Pm024074基因突变和启动子变异，引起基因表达量显著上升，表现出垂枝的表型（Zhuo et al.，2021）。

（四）果树多倍体矮化

多倍体是指体细胞中含有三个或三个以上染色体组的个体，在生物界中广泛存在。植物多倍体可以分为同源多倍体和异源多倍体。同源多倍体的染色体组来自同一物种，一般由染色体直接加倍形成；异源多倍体的染色体组来自不同物种，往往由不同物种杂交后加倍或细胞融合实现。多倍体化推动了植物的进化，据统计，几乎所有的被子植物在其进化过程中都至少经历了一次多倍化过程。

1.多倍化可影响果树的生长活力

多倍体化可影响植物的生长活力。研究表明，多倍体在营养生长上具有显著的优势（Wu et al.，2021）。植物多倍体普遍比二倍体拥有更大的营养器官，但往往限于三倍体、四倍体等倍性较低的植株，倍性上升到一定程度，营养器官反而会变小。如麻风树四倍体相较于二倍体叶片和花器官都有明显增大，而八倍体的叶片和花器官却比二倍体小（Niu et al.，2016）。多倍体化引起植物营养器官增大的原因主要是由于细胞体积增加导致的，而非细胞数的增加（Li et al.，2012）。多倍体化促进植物细胞增大广泛存在多个物种，但其内部的分子机理仍然不清楚。同源多倍体的生长活力往往会下降，相较于二倍体表现出植株发育迟缓、矮化等性状。柑橘中，四倍体与二倍体相比根系短粗、植株矮小（谢善鹏 等，2021）。

2.果树多倍体解剖结构变化与树体矮化

在果树多倍体矮化研究中，矮化的多倍体往往在解剖结构上具有一定的共性，如细胞变大、气孔变大、密度变低、枝皮率变低等。果树枝枝皮率越大，木质部所占比例越大，更有利于无机养分与水分运输，树体营养生长更旺盛，树体越乔化；而叶片气孔密度越小，砧木生长势越弱，越趋于矮化。因此，枝皮率和叶片气孔密度可以作为鉴定果树多倍体矮化的重要解剖学指标之一。秋水仙碱诱导的同源四倍体苹果植株表现为植株矮化，观察发现同源四倍体的幼茎薄壁细胞垂直长度比二倍体短（Ma et al.，2016）。华中农业大学通过对早实枳、香橙、红橘3种柑橘砧木同源四倍体及其二倍体植株形态及解剖结构观察发现，与二倍体相比，3个同源四倍体在株高、节间数、节间长等方面显著小于其对应二倍体，四倍体显著较二倍体矮化，表现出一致的矮化表型。对早实枳、香橙二倍体及其对应四倍体实生幼苗的茎进行震荡切片观察，发现四倍体相对于二倍体枝皮率上升，木质部比率下降，薄壁组织细胞变大；四倍体气孔密度下降，体积增大。

3.果树多倍体激素水平变化与树体矮化

植物激素与果树矮化关系密切，目前关于果树矮化，涉及的激素主要包括：脱落酸（ABA）、赤霉素（GAs）、生长素（IAA）、油菜素内酯（BR）等。如转录因子*MdWRKY9*在苹果所有矮化砧木中均高度表达，研究表明，*MdWRKY9*主要通过直接抑制BR的合成限速酶*MdDWF4*的转录，导致BR合成减少，造成苹果砧木的矮化（Zheng et al.，2018）。桃GA关键受体*GID1c*的一个单核苷酸突变，使GA信号通路部分中断，导致了桃矮化品种FHSXT的出现（Cheng et al.，2019）。植物激素含量与植物矮化程度有直接或间接的关系，但其相互间存在着复杂的调控关系（Aloni et al.，2010）。因此，依靠单一植物激素并不能很好地反映植株矮化特性，一般认为生长类激素含量与抑制生长类激素含量的比值要比单一激素含量对树体生长影响更能反映植物的生长势。

植物多倍化过程可改变植物体内激素水平含量的变化，进而影响植株发育和导致矮化。如苹果中研究发现，基因组加倍可导致miR390的积累和*MdTAS3*的表达上调，从而抑制*MdARF3*的表达，最终使IAA和BR信号转导途径的部分中断，造成同源四倍体苹果植株矮化（Ma et al.，2016）。上述结果表明，果树多倍体植株体内激素含量水平是造成果树多倍体矮化的重要原因。华中农业大学利用外源GA、IAA、BR分别处理早实枳二倍体及其四倍体幼苗，发现GA、BR均能促进四倍体生长，能在一定程度上缓解四倍体矮化性状。

4.果树多倍体作砧木可提高接穗的适应性

多倍体不仅可以自身矮化，作为砧木可以诱导接穗产生许多优良性状，如提高接穗抗性、致使接穗矮化等。以Rangpur lime四倍体作砧木比以二倍体砧木的植株根系合成了更多的ABA，通过长距离运输调节气孔关闭，从而降低了蒸腾导致的水分损失，提高了接穗的耐旱性（Allario et al.，2013）。低温胁迫下，以同源四倍体枳橙作砧木的克里曼丁橘，其净光合效率、气孔导度、叶绿素荧光、淀粉水平降低的幅度均比二倍体作砧木的植株小，丙二醛含量和电解质渗漏也处于较低水平，过氧化氢酶、抗坏血酸过氧化物酶以及脱氧抗坏血酸还原酶的比活度较高，表明枳橙同源四倍体作砧木可增强接穗品种的抗寒能力（Oustric et al.，2017）。此外，研究还发现，柑橘四倍体砧木还能将重金属Cr阻隔在砧木根部，减少Cr向接穗的运输，提高了接穗对Cr的耐受能力（Balal et al.，2017）。上述研究表明四倍体植株作砧木具有很大的利用前景，四倍体植株是重要的砧木种质资源，作为未来果树生产的新型砧木极具潜力。

5.果树多倍体基因表达变化与树体矮化

多倍组复制增加了基因表达调控的复杂程度，可影响基因的表达。通过对多倍化植株的转录组分析发现，异源多倍体与二倍体相比，基因表达发生了较大改变，而这些变化的部分原因可能是由于异源多倍体染色体组来自不同物种，另一部分原因是不同染色体组相互作用引起的（Comai et al.，2000）。而同源多倍体染色体组来自同一物种，同源多倍体相较于二倍体大多没有显著的转录组改变（Tan et al.，2015）。在果树同源多倍体中，一些基因的表达变化具有一定的共性，研究发现，参与激素信号转导和应激反应的基因往往在不同的同源多倍体中上调，如苹果同源四倍体相较于二倍体差异基因主要涉及IAA和BR

途径，可能是导致同源四倍体苹果矮化的直接原因（Ma et al., 2016）。华中农业大学对红橘、早实枳、香橙二倍体及其同源四倍体根尖转录组分析发现，二倍体与四倍体中鉴定到的差异表达基因比例很小，对这些差异基因功能富集分析，发现差异基因主要富集到植物激素信号传导、玉米素生物合成、油菜素内脂合成通路的相关基因。

（五）矮化砧木

随着栽培技术的发展，矮化密植栽培已成为果树栽培的发展趋势。矮化密植栽培具有早果、丰产、省工省力和果品优质等诸多优点。目前，嫁接矮化砧木或选育矮生品种是实现果树矮化密植栽培的主要方式。但是，由于果树栽培品种的多样性和技术的限制，矮生品种的选育远远不能满足现代果树栽培的需求。因此，矮化砧木的选育和应用仍是实现果树矮化密植栽培的重要手段。

迄今为止，果树的矮化砧木选育取得了一些成就，但还远不能满足所有果树的矮砧集约化栽培需求。其中桃和梨等的矮化砧木选育还比较滞后，尚没有选育出能在生产应用上与苹果属砧木相比的矮化砧，这严重制约了果树生产的长远健康发展。本节结合国内外研究进展，简述了果树砧木矮化的生理及分子机制。

1.砧木致矮的形态学研究

矮化砧木能够影响接穗生长发育过程中的多种生理特征，其中树体矮小紧凑是评价砧木矮化效应最直接的指标和生理变化。研究表明，嫁接在M9和M26等苹果矮化砧木上的接穗植株变矮，直径和冠幅减小（Tworkoski、Fazio, 2015；Hayat et al., 2020）。榅桲A、榅桲C、Fox系列、OHF系列和BP系列等矮化砧木能够实现梨的矮砧栽培，嫁接在这些砧木上的西洋梨栽培品种均表现出结果早、树体矮小、产量高、果实品质好等特点（Campbell, 2003；Webster, 2002）。桃上以 Hikawahakuho 作基砧，Akatsuki 作矮化中间砧，能显著降低树高（Hossain et al., 2005）。柑橘上以枳作为砧木也表现出很好的矮化效应（石健泉 等, 1998）。

2.砧木致矮的解剖结构观察

（1）木质部导管和韧皮部筛管

关于砧木的致矮机理，国内外学者进行了大量研究，也得出了一些结果。其中，砧木引起的根、茎的解剖结构变化被认为与树体的生长势相关。木质部导管是植物体内水分和无机盐运输的主要通道，木质部及其导管的生理形态已成为评价和筛选果树矮化砧木的重要指标。解剖结构显示，苹果和桃矮化砧的导管密度与嫁接树的生长势、树干茎围以及树冠呈一定相关性（Tombesi et al., 2010）。罗静等（2013）对嫁接同一苹果品种的矮化苗的研究结果显示，无论是M9还是M26，其中间砧的管腔直径、管腔面积与管腔总面积占木质部的比例，均显著小于同植株上的接穗和基砧。Bauerle等（2011）关于苹果砧木的木质部导管结构的研究认为，导管密度可有效反映树体的生长情况，导管密度越小，中间砧影响植株的生长势越弱，树体矮化越明显。在梨上，对15种矮生型和普通型梨砧木的一年生枝条进行解剖观察，结果表明矮生型梨木质部导管分子长度与直径显著小于普通型梨。另外，与普通型梨相比，矮生型梨的木质部导管更小，密度更低（Chen et al.，2015）。此外，通过对三种柑橘砧木及其嫁接苗矮化性状相关参数的研究表明，木质部占比越高，接穗生长势越强，导管横截面积、导管密度，茎干导管总面积与木质部横截面积比值等，均与嫁接苗生长势呈正相关（董翠翠，2017）。

作为植物体内运输的另一条主要通路，韧皮部筛管主要负责有机物的运输，例如糖、蛋白质和激素等。与木质部导管的研究相比，韧皮部筛管与砧木致矮的研究还相对较少。以不同矮化性的M系苹果砧木植株为试材，与乔化砧木相比，M系矮化砧木1年生枝木质部发达，韧皮部生长较弱，因此M系苹果矮化砧木的致矮关键部位可能是韧皮部（李春燕 等，2019）。Saeed等（2010）探索了柑橘不同砧木的生长活力与叶、茎和根的解剖特征之间的关系，发现与矮化砧木飞龙枳相比，乔化砧木粗柠檬在茎和根中具有比例较大的木质部导管元素，韧皮部百分比却比较低。

（2）叶片解剖结构

叶片是植物进行光合作用合成有机物的主要器官，果树的矮化砧木能够影响叶片的形态和生理反应。关于苹果叶片解剖结构的研究表明，叶片及其上下表皮的厚度与生长势无相关性，而叶片栅栏组织与海绵组织厚度的比值随砧木矮化程度的增加而增大，乔化砧栅栏组织厚度显著小于矮化砧（侯玉珏，2012；杨廷桢 等，2015；Soumelidou et al.，1994；赵同生 等，2010）。叶片气孔密度与苹果树体的生长势呈正比，即气孔密度越大，生长势越强，气孔密度越小，生长势越弱（杨传友 等，1998；Li et al.，2012）。另外的研究表明M9和M26矮化中间砧苹果苗的气孔密度和气孔长宽比明显小于乔化苗（陶晓雯，2014）。此外，Chen等（2015）研究显示，矮生型和普通型梨成熟叶片的解剖结构与苹果矮化性状相似，矮生型叶片的栅栏组织厚度明显高于普通型。榅桲嫁接红茄梨导致叶片栅栏组织比例增大，气孔减少（王兆龙，2020）。因此，叶片的形态也可以作为矮化砧木筛选的指标之一。

3.水分和矿物质运输与砧木致矮的关系

（1）水势

诸多关于果树矮砧与乔砧水势测定的研究表明，低水势是树体矮化的一个标志。根系导水率可以通过改变地上部分的供水来影响地上部分的生长；然而，其在砧木诱导活力中的作用仍存在争议（Gregory et al.，2013）。罗静等（2013）研究表明，嫁接乔砧的富士叶片和枝条的水势均显著高于嫁接矮砧的富士叶片和枝条。Atkinson等（2003）研究也表明砧木或中间砧致矮的生理机制是通过限制接穗中的水势来实现的。Basile等人（2003）报道，水分状况可能会显著影响桃树砧木诱导的矮化效应。他们研究了不同砧木对早熟品种Flavorcrest的影响，发现茎水势（ϕ茎）和茎延伸生长存在显著相关。Solari等（2006）和Tombesi等（2010）均解释了矮化砧木与水力传导之间的关系，发现矮化砧的根茎限制了对地上部分的供水。矮化砧木的导水率降低可能是因为矮化砧木的水阻力较大，吸水能力有限所致。Martínez-Alcántara等（2013）还证明，在高蒸发需求时期，叶水势较低，水力传导率降低，导致嫁接到矮化砧木上的植物气孔传导率降低。Zhou等（2020）研究了不同活力矮化砧木组合（乔化、半矮化和矮化）嫁接红富士接穗品种的效果，结果表明与乔化砧木相比，矮化砧木（M9和B9）接穗生长的减少与栅栏/海绵薄壁组织比率低以及气孔密度有关，同时，较低的导水率导致气孔关闭，并减少了水分供应。

（2）矿物质运输

通过根系的吸收和运输来获取养分和水分是植物生长调节所必需的。研究表明叶片的矿质含量与根茎的矿质吸收能力有关（Kviklys et al.，2017）。Al-Hinai和Roper（2004）报道，砧木和接穗之间相互作用导致矿质营养物质向接穗的运输和吸收存在差异。Aguirre等（2001）研究表明矮化砧木引起的低矿物质吸收率可能是Delicious苹果中矿物质缺乏的原因之一。Zarrouk等（2005）报道，不同的桃树砧木显著影响矿物质的浓度。此外，Sotiropoulos（2008）还研究了5种苹果砧木对叶片矿物质含量的影响，结果表明，M7和MM106砧木叶片中的氮和钾浓度显著低于乔化砧木。不同砧木对钾的吸收效率和积累量不同；尤其是在缺钾的情况下，这些差异变得更明显（Chag et al.，2014）。Mestre等（2015）也发现，当油桃叶片嫁接到李砧木上时，矿质养分浓度表现出显著差异。水力传导通过根和茎向叶片提供矿物质营养的能力与砧木的解剖结构有关（Atkinson et al.，1999）。

4.接穗的光合特性及同化物分配

（1）光合特性

各种研究表明，砧木能够直接影响气体交换特性（Fallahi et al.，2002；Basile、DeJong，2018）。果树矮化砧显著影响叶片的光合特性。但矮化砧木与增加叶片光合作用之间的相关性，仍然缺乏共识。Baugher等（1994）证明了矮化砧木对接穗叶片光合作用具有负面影响。其他研究报告也称嫁接到矮化砧木上的苹果树，其光合速率较低（Fallahi et al., 2001）。在另一项研究中，Zhou等（2020）证明有限的光合能力和叶面积是矮砧嫁接苹果树冠层光合同化减少的重要原因。此外，Hayat等（2020）发现与活力更强的砧木（M26、Chistock-1和Baleng）相比，嫁接到矮化砧木M9上的红富士的净光合速率显著下降。使用矮化能力更强的中间砧木会导致光合作用和根冠比降低（Zhou et al., 2021）。这些研究结果表明，光合作用在调节植物生长中起着显著作用，矮化砧通过光合作用影响接穗生长。

（2）同化物分配

碳分配不平衡能够影响树体生长和发育。Foster等（2017）研究发现，苹果矮化砧木M9在根和茎中积累了大量淀粉，但葡萄糖和果糖的水平相对于乔化砧木非常低。许多研究已经阐明了糖作为营养素在树体生长发育过程中的重要性，其作为可感知营养状态并相应地协调生长和发育信号分子的作用（Dobrenel et al., 2013；Lastdrager et al., 2014）。Mendel和Cohen（1967）研究报道柑橘根中较高的淀粉浓度与接穗生长的减少有关。根据这些观察结果，认为矮化砧木引起了糖酵解和细胞代谢方面的改变，以牺牲根系和接穗的生长为代价持有过剩的淀粉储备。

5.植物激素与砧木致矮的研究

植物激素在营养生长和生殖生长中起着重要作用，被认为是植物生长所必需的物质（Li et al., 2012；隗晓雯，2014；王兆龙，2020）。激素作为信号分子能诱导组织分化，并通过调控基因表达来控制砧木介导的接穗活力（段元杰 等，2018；Webster et al., 2002）。

（1）赤霉素

赤霉素（GA）在植物生长中起着关键作用，大量证据表明GA代谢的紊乱对接穗矮化至关重要。在苹果中，Van Hooijdonk等（2011）观察到嫁接在M9砧木上的Royal Gala的木质部汁液中GA_{19}的浓度是乔化砧木的两倍。Bulley等（2005）研究结果表明*GA3ox*和*GA20ox*基因的下调表达降低了新梢内GA的水平，从而导致矮化表型。GA2ox可以将活性赤霉素转化为非活性赤霉素，研究表明*GA2ox*基因的过度表达也会产生矮秆植物（Schomburg et al., 2003）。

（2）生长素

吲哚-3-乙酸（IAA）是一种植物生长激素，直接参与多种生物学机制，如细胞伸长、组织模式和胚胎发生（Sauer et al., 2013）。Song等（2016）研究表明，与嫁接在矮化砧木（富士\M9）相比，嫁接在乔化砧木（富士\MM111）上苹果的IAA水平显著增加。此外，生长素合成基因*MdYUCCA10A*在矮化砧木叶片和根系中的表达水平明显低于乔化砧木。Soumelidou等（1994）调查了不同砧木的生长素运输能力，发现矮化砧木M9的生长素（IAA）运输能力低于乔化砧木。Li等（2012）认为当苹果接穗嫁接到矮化砧木上时，生长素转运体基因$PIN1$的表达显著降低，导致根中IAA供应不足，呈现矮化表型。

（3）细胞分裂素

与生长素不同，细胞分裂素（CKs）在根中合成并运输到地上部分从而调节包括新梢的生长等一系列发育进程（Aloni et al., 2010）。与嫁接到生长旺盛的砧木相比，嫁接到矮化砧木上的树木含有更低水平的细胞分裂素（Li et al., 2012）。Kamboj等（1999）证明矮化砧木通过减少细胞分裂素含量导致接穗矮化。最近的研究表明，细胞分裂素的生物合成对于苹果树芽的起始和生长素的转移是必要的。在苹果中，由于缺乏CK合成，腋芽中$MdPIN1$表达下调，IAA的输出受到限制（Tan et al., 2018）。在苹果中，$MdIPT5b$基因被认为在刺激M9砧木的矮化特性方面起着关键作用（Feng et al., 2017）。

（4）脱落酸

脱落酸（ABA）可以调节植物发育和生长的各个方面，如叶片脱落、气孔关闭和根系生长抑制，还能够诱导高等植物的矮化。Jindal等（1974）比较了金冠美味和Cortland苹果矮化突变体和正常型突变体的芽中的ABA含量，发现矮化突变体中的ABA水平最高。Noda等（2000）报告称，在矮化砧木上生长的柑橘树，其新梢中的ABA浓度比乔化砧木高，因此较高的ABA水平被认为是导致植物生长减少的原因之一。Tworkoski等（2007）发现在矮化砧木M9生长的苹果植株的茎中ABA浓度高于嫁接乔化砧木的植株。

6.砧木致矮的分子机制研究

Pilcher等（2008）首次报道并命名了苹果砧木的矮化基因$Dw1$。Foster等（2015）以干截面积作为主要筛选指标，利用BSA（混合分组分析）方法，在苹果砧木M9和非矮秆Robusta5的杂交后代中确定了$Dw1$和$Dw2$两个矮化位点，分别定位在LG5和LG11上。通过对几个矮化和半矮化苹果砧木的筛选，表明大多数苹果矮化砧木具有相似的遗传源，同时发现了一个和根皮率连锁、可能与致矮特性紧密相关的与$Dw1$和$Dw2$相关的标记等位基因-$Dw3$（Harrison et al., 2016）。赤霉素相关基因$DkGA2ox1$可能在柿子矮化砧木致矮过程中起关键作用，研究结果表明该基因mRNA可以从砧木上移到接穗，引起接穗中赤霉素含量下降，从而引起矮化（Shen et al., 2019）。MdABCG28可能是矮化相关的细胞分裂素转运蛋白，其在蔷薇科植物矮化中发挥一定作用（Feng et al., 2019）。在苹果中，形成层和木质部细胞高表达基因$MdPIN1b$，其变异能够降低砧木和接穗中的生长素含量（Gan et al., 2018）。

（六）果树树体的人工调控

树体的冗余生长会导致树冠郁闭，严重影响通风透光，导致果实产量和品质降低；同时过多的营养生长使管理难度增加，病虫害发生增多，进而增加修剪和虫害防治成本。如何有效地调控果树树体是果园管理过程中最重要的目标之一。

1.植物生长调节剂调控果树树体

植物激素（Phytohormone）也称植物内源激素，是指植物体内产生的一些微量且能调节（促进、抑制）自身生理过程的有机化合物。植物生长调节剂是一类模拟内源激素的结构或能影响内源激素合成与代谢的人工合成化学物质，在果树栽培中常用来促进种子萌发、扦插生根、促进坐果、调节果实成熟期等，也常用于促进或抑制营养生长，从而调控果树的枝梢生长和树体结构。

（1）生长素类

生产中应用较多的生长素是吲哚乙酸（IAA）、吲哚丁酸（IBA）和萘乙酸（NAA）。这类物质的生理作用是使细胞伸长，促进形成层活动，影响顶端优势和防止衰老。在果树栽培中主要用来促进生根，防止落果和疏花疏果，以及在组培育苗中促进外植体产生不定根和不定芽。喷萘乙酸可有效防止苹果采前落果，对于采前落果严重的品种，如元帅、红玉、津轻、北斗等，于采收前30 d前后，喷两次20～40 mg/L的萘乙酸，两次间隔15～20 d，可有效防止采前落果（赵万华，2001）。

（2）赤霉素类

赤霉素是一类同分异构化合物，广泛存在于植物体内。现已辨明的此类激素有70余种，较早用于果树的是赤霉酸（GA₃）。赤霉素能使果树新梢节间伸长，促进新梢生长，打破休眠，促进苹果、山楂、枣、柑橘坐果，能使核果类果树单性结实，使玫瑰香葡萄形成正常大小的无籽果实。在枣树生产中，普遍使用赤霉素提高坐果率，特别是金丝小枣，必须喷赤霉素才能保证坐果。

（3）细胞分裂素

细胞分裂素是刺激细胞分裂的激素，植物的根尖是合成细胞分裂素的主要部位。自然界存在最多的细胞分裂素是玉米素，人工合成的主要是嘌呤类化合物及苯脲类化合物，如6-苄基氨基嘌呤、二苯脲、氯吡苯脲等。其用于果树可促进细胞分裂和非分化组织分化，防止衰老，诱使休眠芽生长和单性结实，促进坐果。

（4）乙烯发生剂

能刺激产生乙烯的一类化合物被称为乙烯发生剂，常用的就是乙烯利，商业产品为

40%的乙烯利水剂。乙烯的主要作用是抑制新梢生长，促进花芽分化，疏花疏果，催熟果实等。果树栽培中用来促使幼树快速形成花芽，控制新梢生长，催落采收等。

（5）生长抑制剂

生长抑制剂的主要作用是延缓和阻碍果树的生长，其进入植物体后，通过阻止生长素前体的合成而起作用。生产中应用最多的是多效唑。6月下旬对国光苹果树喷施1000 mg/kg的多效唑，明显抑制秋梢生长，新梢净生长量为对照的8.3%（李丽等，1991）。在幼龄桃树新梢旺长期喷2次1000 mg/L的多效唑，两次间隔15天，导致新梢粗壮，花芽饱满，可不再进行夏季修剪。

应用多效唑控制果树新梢旺长：多效唑是一种赤霉素的抑制剂，主要影响植物中GA含量的变化。在合成GA的过程中，贝壳杉烯氧化酶催化贝壳杉烯的三步氧化反应得到贝壳杉烯酸，而多效唑会抑制贝壳杉烯氧化酶的活性，从而使合成赤霉素的通路受阻（Dalziel，1984）。在桃（Allan et al.，1993）、李（Olivier et al.，1990）、杏（Koukourikou-Petridou et al.，1996）、葡萄（Christov et al.，1995）和芒果（Nartvaranant et al.，1999）等许多果树中的应用表明，它均能有效地控制树体大小，并提高幼树的坐果率。

早在1983年就有关于甜樱桃和李子上施用多效唑的报道，初夏季节在甜樱桃和李子上施用多效唑已经成为抑制枝条生长的重要手段（Quinlan、Webster，1982）。Pant和Kumar（2004）的研究表明，苹果品种Red Delicious施用不同浓度的多效唑和矮壮素（250 ppm、500ppm、1000ppm和5000ppm）导致枝条的延伸生长和叶面积同时下降。Gupta和Bist（2005）注意到，在梨高密度种植园中，土施一定量的多效唑能有效控制梨的过度生长和旺盛生长，并导致梨茎尖缩短。Sharma和Joolka（2011）观察发现施用多效唑对杏树的枝条生长和株高生长均有抑制作用。Ashraf（2015）等对苹果品种Red Delicious分别施用750ppm多效唑和进行夏季剪枝处理后发现，与夏剪相比，施用多效唑对树体的营养生长、树高、树干直径、一年生枝生长量和叶面积等指标都明显降低。

应用PBO控制果树新梢旺长：PBO是由多效唑、细胞分裂素和生长素类物质，混加多种微量元素配成的果树化学促控剂。英文字母P代表多效唑，B代表细胞分裂素（BA），O代表生长素衍生物（ORE）。PBO的主要作用是抑制新梢生长，控制落花落果，促进花芽形成，提高坐果率和改善果实品质等。其可用于苹果、桃、葡萄、枣和甜樱桃等。汪景彦等（2021）研究表明在红富士苹果花前1周喷施200倍液，能提高坐果率和防止低温冻害；花后30 d喷可促进花芽形成，促使树体生长健壮；7~8月喷1次则使果实增大，味甜色艳。大棚栽培的桃，花前喷100倍液，幼果期和果实膨大期喷150倍液，可使桃果增大、早熟。其他果树可采取如下喷施方法：露地栽培的桃花前不喷，7～8月连喷两次100倍液；葡萄可在5、6和7月喷80倍液；冬枣在开花前1周喷500倍液，开花期间喷两次清水，在果实膨大期喷350倍液，在采收前30 d喷350倍液；甜樱桃先于萌芽前10 d每株土施4～6 g，再于果实着色前10 d喷1次250倍液然后在6月中旬喷150～200倍液。需要注意的是：无论何种果树，PBO必须在树体健壮和肥水管理水平高的前提下应用，弱树和实行环剥的树不能用PBO，否则会严重削弱树势，以致出现毁园的后果。

氨基酸对树体生长量的影响：Li等（2018）研究发现，采用10 g/L的氨基酸溶液喷施桃树幼苗，可以抑制桃苗的生长。根据生长高度、叶片和根系等综合指标，不同处理对桃实生苗高度增长量由小到大的排序为：多效唑（Pcba）＜缬氨酸（Val）＜苯丙氨酸（Phe）＜脯氨酸（Pro）＜丙氨酸（D-Ala）＜对照（Control）＜丝氨酸（Ser）＜异亮氨酸（Ile）＜亮氨酸（Leu）。苯丙氨酸、缬氨酸、脯氨酸和多效唑对桃实生苗生长均有显著抑制作用，其生长量分别减少了18.5%、25.1%、13.0%和85.9%，除多效唑外，以缬氨酸抑制效果最好；亮氨酸和异亮氨酸均有显著促进作用，其生长量分别增加了38.4%和23.0%；丝氨酸和丙氨酸虽有抑制或促进作用，但与对照差异不显著。综上所述，就生长抑制效果而言，缬氨酸为最佳氨基酸，且缬氨酸使节间长度显著缩短的同时没有降低粗度。

2.整形修剪调控果树树体

整形修剪是指以树种的生物学特性、栽培环境为依据，采取修剪的方式，使合理的树形与树体结构有效创造出来，使营养物质的运输与分配得到有效调节，并使树体健壮得到有效维持，使结果能力提升，进一步促进果实品质改善的一种技术方法（周冬菊2021）。整形修剪技术分为冬季修剪和夏季修剪两类，果树休眠期是指果树秋季落叶到第2年春季发芽之间的时间段，在果树休眠期进行的整形修剪，也称为冬季修剪；除了果树休眠期的冬季修剪之外，果树生长期整形修剪也是果树整形修剪的一个关键环节，生长期修剪也称为夏季修剪。具体的修剪方式如下：

短截：主要应用于一年生的果树枝条，其应用方法就是先把枝条截掉一部分，剩余部分继续生长。短截技术的生物原理主要是通过枝条修剪，对枝条局部造成再生刺激，使被修剪的枝条继续萌发新梢，同时促进次年果树生长和结果。回缩：主要适用于两种情况，一是控制长势过旺的果树树冠，二是用于果树多年生枝换头。应用回缩技术不仅可以改变果树枝条的抽枝部位，还能控制果树枝条的生长方向，从而促进果树多年生枝的枝叶更替。疏枝：是一种常见的果树冬季修剪方法，主要应用于疏除受到病虫危害的枝条、不结果的徒长枝条、树冠内部萌生的弱枝以及干枯的老树枝条。另一方面也能防止树形紊乱、避免徒长枝吸收过多养分。拉枝：通过拉扯、固定等手法调整果树枝条的生长角度和生长方向，主要适用于果树树冠顶部的枝条。果树拉枝对于调整树体结构、缓和树势、改善光照条件、促进花芽分化等具有重要作用。撑枝：撑枝技术与拉枝技术非常相似，目的也是调整果树枝条的生长角度和方向，不同之处在于撑枝技术需要在果树的外围架杆。拿枝：果树在生长期会萌发出很多当年不结果的新枝，这些新枝通常长势旺盛，而且直立向上生长，不仅吸收过多的养分，影响其他结果枝的正常生长，还会影响果树光照和通风条件，使果树无法进行充分的光合作用。应用拿枝技术可解决上述问题，具体实施方法是用手握住果树新枝，反复弯折枝条，直到肉眼可见枝条组织发生损伤以及枝条的角度呈水平状态或者轻微下垂为止。扭梢：扭梢主要是对徒长枝实施人工扭曲。当果树处于夏季生长期时，除了结果枝之外，很多新生的半木质化徒长枝也会长势过旺，不仅会形成密集的交叉枝和重叠枝，还会严重影响结果枝的光照条件和养分吸收。摘心：在果树夏季生长期，由于光照和水分供给充足，果树的枝条顶梢会萌发出很多嫩芽，如果不及时处理，这些嫩芽就会盲目生长，形成与果树结果枝争夺养分的徒长枝。摘心技术俗称"打顶"，就是剪掉果树枝条顶梢萌发出的嫩尖。

3.灌溉调控果树树体

水是果树生长的重要因子，水分过多或不足，都会影响当年的果实产量与品质，甚至还会影响果树的寿命，缩短结果年限。根据果树的生长特点和生理需水量，给予合理适当的灌溉，既能够一定程度上控制果树的冗余生长，优化光合产物在果树树体内的分配，同时在不影响果树果实的产量和品质的前提下，实现果树栽培中高效、稳产、节水等目标（艾米热古丽·阿布都热西提，2006）。

通过滴灌等现代方法进行灌溉，可以显著提高植物的生长和活力（Sivanapan，1994），高密度种植果园中滴灌和砧木对桃树树干直径的影响，发现树干直径随着灌溉率的增加而增加。Bryla等（2003）比较了沟渠、微喷射、地表滴灌和地下滴灌对Crimson Lady桃营养生长的影响，研究表明：通过地表和地下滴灌方法灌溉，比其他方法灌溉的树木高度显著增加，而且滴灌可以节约50%以上的灌溉用水。Romero等（2004年）确定了在地下滴灌条件下，调亏灌溉对成熟杏树营养生长的影响，经过4年的研究，发现在调亏灌溉的树木中，营养体（树干和树枝生长、冠层体积和修剪重量）的生长显著减少，这可能是由于水分胁迫对生长过程的影响。Verma和Chandel（2017）发现，与对照（漫灌）相比，滴灌处理的桃树在树高（14.68%）、树体积（21.83%）、树干周长（11.70%）和最大年梢生长（98.30 cm）方面都显著增加。Cui等（2009）研究了枣树不同生长阶段调亏灌溉对早熟营养生长、果实发育和水分利用效率的影响，处理包括在芽萌发至叶片期、开花至坐果期、果实生长期和果实成熟期的严重、中度和低水分亏缺处理。与完全灌溉相比，适当的水分亏缺期和亏缺程度可以显著减少灌溉水量，抑制生长冗余，优化枣树营养生长与生殖生长的关系，维持或略微提高果实产量，从而显著提高水分利用效率。

通过多种果树作物中滴灌和调亏灌溉的研究，可以发现虽然滴灌是一种增产节水的灌溉方式，但方式不当容易导致果树营养生长过旺。调亏灌溉对于果树作物而言是一种好的灌溉方式，适当的水分亏缺期和亏缺程度既可以节水，还能抑制果树的生长冗余，并且不降低果实品质。

第二节　主要果树省力化栽培调控技术研究进展

一、苹果省力化栽培调控技术研究进展

苹果（*Malus×domestica* Borkh.）是我国主要栽培的果树树种之一。据统计，截止到2020年，我国苹果的栽培面积超186万公顷，年产量约4000万吨，均位居世界第一。大力发展苹果产业，对于提高农民收入、调整产业结构具有重要意义。

目前，我国苹果产业面临着诸多挑战，例如立地条件差、温带大陆性气候特征等自然条件，栽培制度落后、标准化程度低，乔化果园郁闭，劳动力紧张及用工价格不断上涨。因此，省力化栽培是今后我国苹果产业发展的主要趋势。

发展苹果的省力化栽培就要求我国苹果产业向生产机械化、集约化、规模化的方向迈进。通过果园土壤局部优化，构建高效的根系结构，同时结合优化的"水肥一体化"等技术体系，减少水分和化肥施用，实现省力化栽培。同时通过对矮化树形的调控，为果树的机械化省力栽培奠定基础。

（一）构建高效根系实现苹果省力化栽培

果园土壤管理是苹果省力化栽培管理的核心。严禁耕地"非农化、非粮化"政策，坚定了我国苹果产业继续走"果树上山下滩，不与粮棉争地"的道路，贫瘠的土壤环境严重制约着我国苹果产业发展。新中国成立初期，我国苹果栽培采用梯田栽培、撩壕栽培；七八十年代，"穴贮肥水"模式推动了我国干旱地区苹果产量的提升；2000年以后，"三层节水""穴贮滴灌""水肥气生一体化"等土壤管理技术，并取得了良好效果（王丽琴、束怀瑞，2003；束怀瑞，2015；束怀瑞，2018；王金政 等，2019；束怀瑞，2021）。

1.果树根系构型与根系寿命

植株正常发育与果树高产优质不仅需要理想株形，也需要理想根系构型。根系构型指根系的结构及其空间造型，塑造理想根系构型，对于促进水分和养分吸收具有重要意义（范伟国、杨洪强，2006）。幼苗根系构型是成年树根系构型建造的基础，根据侧根的有无及在主根上的分布特点，实生幼苗根构型可分为无侧根、侧根集中分布在主根上部、侧根集中分布在主根中部、侧根集中分布在主根下部、侧根集中分布在主根两端、侧根在主根上均匀分布等类型（范伟国，2006）。苹果幼树根系构型至少可以分为5个类型，即浅层多分枝根型、均匀分枝根型、深远探索根型、分层营养根型及线性团状根型（杨洪强和韩小娇，2007）。

根系从发生到死亡所经历的时间为根系的寿命。直径小于2 mm的细根的生长、衰老、死亡、脱落和再生长过程称为细根周转，该过程要消耗大量的碳并释放出养分（Tingey et al.，2003；Eissenstat et al.，1997）。细根寿命越短，根系周转越快，对碳的消耗就越大。因此，细根周转对于植株的生长发育，生态系统的养分循环，碳循环具有重要影响。虽然细根所占根系总生物量的比例较小，但它在根系周转中过程中发挥重要的作用，而细根的周转是由细根的寿命决定的。植物树体内光合产物的分配、根序、细根直径大小和分枝方式、出生季节、根际微生物、土壤温度、土层厚度、土壤动物以及果树砧木等均会对细根寿命产生影响（Burton et al.，2000；Farrar、Jones，2000；López et al.，2001；Majdi et al.，2001；Pregitzer et al.，2002；Wells、Eissenstat，2001；Yao et al.，2009）。土壤表层的根系寿命比深层土壤的根系寿命短（Hendrick and Pregitzer，1992），矮化自根砧苹果树细根的年周转率高于乔砧苹果树（罗飞雄 等，2014）。

2.果树根系的激素调控

激素控制新根形成的起始，而营养物质的供应为新根的生长提供代谢底物和能量。用IBA、NAA、2,4-D处理苹果幼树的根系，可促进新根大量发生。在IBA处理后，苹果内源IAA的含量明显升高。酚类物质通过改变生长素氧化酶和过氧化物酶的活性而影响IAA含量和根系生长。内源脱落酸可以抑制新根的生长，但低浓度的ABA可以促进根系生长。在轻度干旱胁迫条件下，伴随着ABA浓度的升高，生长根延长生长加快，吸收根的数量增加，而且ABA合成抑制剂明显抑制根系生长（杨洪强 等，2000）。在苹果春季萌芽前进行剪除地上部或全部抹芽后，地下根在短时间内正常生长，1个月后新根大量死亡，表明初始生根是依靠贮藏的活性物质代谢的结果，但新根的继续生长依赖于地上部供应能源物质。另外，碳素物质对吸收根的发生和活性影响较大，而生长根的发生与延长对IAA的依赖性更大（姚胜蕊 等，2000）。

3.苹果根系的环境调控

因介质与环境的多样性，根系也表现出多样性的生态表现型。有机物料能起到改变根系结构的作用，特别是羊粪，可以诱导吸收根大量形成细胞分裂素，对促进根组形成和大量吸收根周期性发生具有重要作用（杨洪强 等，2000；束怀瑞，2002）。羊粪可以改善沙土和黏壤土中平邑甜茶侧根少且细的状况，使其表现出侧根多、主根和侧根粗长的现象。当土壤颗粒较大时，幼树根侧根多而长；在土壤颗粒较小时，侧根少而短（范伟国和杨洪强，2009）。砖面能够促进根系加长和数目的增多，木面促进根系次生结构发育（韩甜甜 等，2012）。此外，土壤紧实度增加会降低根系长度、侧根数量以及延长根和黄褐色须根的质量和根系活力等（生利霞 等，2009）。不同类型的栽培容器也能够改变苹果根系的生长发育，例如，生长在深窄盆中的幼苗主根粗，侧根多且短，毛细根丰富；生长在等高等径盆中的幼苗根主根细短、一级侧根少且粗长；生长在浅宽盆中的幼苗根冠增大，二级侧根粗长等（范伟国、杨洪强，2009）。因此，栽培生产中，适当提高土壤有机质含量及通气状况，能够促进苹果生长根的侧生，产生更多的吸收根。

水氮能有效诱导根系再生，不同介质条件下，水氮诱导的根系差异显著（侯立群 等，2001）。蛭石栽培下，水氮以诱导细根为主，新生生长根细弱；有机质栽培下，水氮诱导的生长根和吸收根数量均明显增加，生长根粗长（黄萍 等，2018）。土壤盆栽下，水氮能够诱导大量生长根产生，围绕盆壁，形成"界面效应"。河沙栽培下，水氮诱导的生长根延长，少分支。对平邑甜茶盆栽的根系进行差异诱导，当中心区域为生物炭肥与有机肥的改良介质时，外侧无根系外沿诱导效应，根系集中在介质中层和上层；当中心区域为土壤时，外沿介质区域产生大量细根，根系集中在介质中层，土壤区域经水氮诱导后可以产生大量长根（白健 等，2016；董星晨，2014；范伟国 等，2001；张世忠 等，2021）。因此，环境差异可导致明显的根系构型差异，通过生物炭肥、有机肥和化肥的不同肥料效果，可实现对平邑甜茶根系的差异诱导，故断根水氮诱导更新，基质诱导养根壮树。

4.苹果园土壤局部管理技术

目前，我国苹果主产区土壤表层管理措施主要以清耕和间作为主，随着对苹果果实质量要求的提高，加之劳动力成本提高，果园土壤管理制度也逐渐向多样化的果园表层覆盖模式发展。世界果业发达国家果园均实施行间种草，这既满足了机械化的运行，又维持果园较高的有机质含量、提高果园蓄水能力，保障树体的水肥养分需求。国内水肥条件充足的地方实行果园种草，不但能增加土壤有机质含量，提高土壤肥力，减少土壤水分蒸发，而且有利于改良土壤、省工省劳。在水肥条件差的地方可进行果园覆膜，不但能增温、保墒、保肥，而且能抑制杂草生长，减少病虫害发生，省工省钱。表层土壤的覆盖，能够有效保护表层土壤，在实际生产中，可根据地区特点，在果园表层覆盖自然生草、锯末、农作物秸秆以及园艺地布等。

生长冗余是植物的固有特性之一，是植物适应环境波动的一种生态对策，但在人工栽培优异的环境条件下作物固有的冗余则变成了一种巨大的浪费和负担。发达的根系是苹果栽培所必需，但并非多多益善。吸收根合成物运输中心为春梢下部功能叶，这种分配中心特点提高了被供给功能叶的质量，抑制旺梢中心对同化物的征调能力，而起到平衡分配、抑制旺长、减少冗余的效果。在苹果实生苗分根栽培实验中，对1/2根系供应高氮营养的植株的总干重、地上部生长量显著高于全根低氮处理，与全株高氮处理接近，所以50%的根系处于高营养区已可基本满足地上部生长的需要。苹果根区土壤有机质含量在1.5%～2%的条件下，根系最佳营养空间阈值是20%～50%，幼树所需空间大于成年树，不同氮素水平处理结果显示，高氮处理则以50%营养空间的生物效应最大；苹果根系在富有有机肥、氮肥区迅速增殖，出现补偿生长效应，但随富肥区容积的增大，这种效应减弱。因此，适宜营养空间放大，可以加强植株的营养生长（王丽琴、束怀瑞，2003）。

吸收根的生长需要稳定的有机质培养环境，因此，栽培中应稳定局部环境，将有限的肥水用于改良土壤的局部环境，培养部分根系，控制生长冗余。"保护利用表层，优化中层，通透下层"的原则，改变了传统的清耕休闲和深翻深施肥的土壤管理制度，对黏壤土管理制度进行了重大改革。地膜覆盖穴贮肥水技术、滴灌灌溉、隔行交替灌溉、沟状轮替施肥等均应用了优化局部土壤的原理。其中"地膜覆盖、穴贮肥水技术"利用约10%土壤优化区域的根系吸收肥水，满足树体活跃代谢的需要。同时，针对根系的年周期发生习性，结合根系和营养研究的成果与生产相结合，"以土为主，养根壮树""以氮促碳，看碳施氮""以秋施为主提高贮藏营养，春季因树区别对待，夏季不断线"的施肥原则，平衡了营养生长和生殖生长，克服了大小年现象，实现了苹果的早产丰产和连年稳产。在冲积平原土、盐碱涝洼地实行"沟肥埋草，起垄排水"管理技术，将水分、盐分从行间沟排走，植株种于垄上并在底部铺垫隔层，防止水盐上返，取得了良好的效果。

山东农业大学果树栽培研究课题组提出"表层保护，局部优化，中层微补，下层贮水"节水节肥养根壮树的土壤管理体系，简称"局部改良，三层管理"。采用中、下层根的稳定调节效应，中层渗灌补充水肥，同时地面覆盖防止蒸发消耗，保证表层土壤的理化、生物特性。

5.苹果园水肥一体化技术

水肥一体化是通过施肥装置和灌水器，均匀、定时、定量地将肥水混合液输送至作物根系附近，实现水和肥的一体化利用与管理的一项农业技术，极大地提高了水肥利用效率[60]。

目前在果园，采用的灌溉形式主要是滴灌和微喷。由于我国果园土壤相对瘠薄，有机质含量低，水分和无机营养进入根系吸收有效范围比重低，造成了水分和肥料的浪费，同时也造成了果园土壤的盐渍化。

山东农业大学将滴灌结合"穴贮肥水"，实现了垂直灌溉，提出了"水肥气生"一体化模式。表层自然生草或者农作物秸秆进行绿色覆盖，有效的保护土壤表层温度的稳定；中层单侧开沟局部优化，并且实行行间交替开沟，每个施肥沟维持3～5年时间；将漫灌、滴灌等水平灌溉形式改为垂直灌溉，滴灌口处打孔，利用生物炭基肥和有机肥的水分快速渗透的特点，保证水分的快速垂直渗透；同时，结合微生物肥，有效改善土壤环境的微生态。根据果园土壤的具体情况及树体的类型，简化或调整技术措施，保证水分快速高效进入根系环境，同时还要利用生物炭基肥的通气性，保证根系环境的透气性，维持根系呼吸。局部改良的无机营养、有机肥及微生物肥结合后，改善20%左右的根系环境的微生态水平。目标是尽量消除灌溉、施肥等技术措施中的水分、营养等的负面作用（张世忠 等，2021）。

（二）通过调控树形促进苹果省力化栽培

实现果园机械化生产是苹果省力化栽培的又一关键举措。机械化对苹果树体大小和树形要求更高。干旱胁迫和盐胁迫是我国苹果主产区面临的主要非生物胁迫，会导致树势过早衰退，严重缩短了丰产年限（张德 等，2021；程平 等，2022）。选育耐受干旱和盐碱胁迫的致矮苹果砧木和矮化品种适地种植，对于我国进行大规模矮化密植，实现苹果园的机械化管理，具有十分重要的意义。

树体生长发育是一个极其复杂的生物过程，是内在遗传因素和多重环境因素互作的结果。苹果树体的矮化受到多重因素的影响，研究表明，激素是调控苹果矮化的关键。目前，国内、外的正向遗传学的研究，找到了多个苹果矮化的QTL（Quantitative Trait Locus）位点，但是都未分离到矮化基因（Foster et al.，2015）。反向遗传学表明，*MdWRKY11*通过促进赤霉素（Gibberellin，GA）的生物合成负调控苹果矮化。苹果四倍体中，油菜素内酯（Brassinolide，BR）信号转导的受阻，也可能是引起苹果矮化的关键因素。这说明植物激素和苹果的倍性都可能对苹果的矮化产生影响，但系统的矮化机制至今未完全被揭示。矮化的树体配备适宜的树形，将有力推动机械化进程，目前，"柱状"树形被认为是苹果省力化栽培最理想的树形。

1.赤霉素、脱落酸和褪黑素调控苹果矮化的研究进展

（1）赤霉素调控苹果矮化的研究进展

赤霉素是由赤霉菌产生的一种重要的植物生长促进物质，是五大植物激素之一，其

主要作用是影响植物的株高调控。GA在苹果中主要影响细胞壁伸展，也可以调节居间分生组织细胞的分裂来促进器官生长。内源GA含量与苹果矮化程度显著相关，与普通型品种相比，矮化品种中GA的总量降低了41.7%～43.2%。研究发现，矮化苹果的矮化表型可由GA合成基因*MpGA20ox1*的缺陷造成不能产生足量的活性GA所导致（Bulley et al.，2005）。此外，调控GA的运输、活性和信号转导组分的缺陷，同样也会导致植株矮化（黄桃鹏 等，2015；宋杨 等，2013；李春燕 等，2017）。

调控GA合成酶的转录因子，在苹果矮化中也发挥重要作用。目前，已知NAC、AP2等转录因子，直接调节GA生物合成控制植株高度（Magome et al.，2004；Chen et al.，2005）。OsNAC2和OsWRKY71可以分别通过抑制GA的生物合成和阻断GA信号的传递进而影响水稻株高。但是WRKY能否通过直接控制GA生物合成途径中关键基因的表达来调节苹果树高尚不清楚。

WRKY转录因子被广泛报道参与植物的发育调控，利用qPCR的方法，检测了在6个短枝型苹果品种和6个普通型苹果品种，WRKY家族基因的表达情况，从而分离关键的调控苹果株高的WRKY转录因子。*MdWRKY11*的表达与苹果品种的株高呈正相关（图 5-6），表明MdWRKY11可能在苹果树株高的控制中发挥作用。

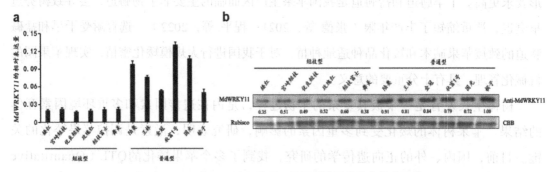

图 5-6　MdWRKY11在短枝型、普通型苹果品种中的表达量

a：普通型苹果品种中*MdWRKY11*的转录水平显著高于短枝型苹果品种；b：普通型苹果品种中MdWRKY11的蛋白水平显著高于短枝型苹果品种

以Gala为背景，通过农杆菌介导的方法获得了超表达和RNA干扰*MdWRKY11*的转基因植株，发现超表达*MdWRKY11*的转基因植株高度、节间距、细胞长度显著高于对照植株，而RNAi *MdWRKY11*的转基因植株高度、节间距、细胞长度显著低于对照植株（图 5-7）。表明MdWRKY11主要通过控制表皮细胞的伸长，调控苹果株高。

超表达*MdWRKY11*的转基因苹果植株的GA含量显著高于对照，使用PAC（GA抑制剂），可以降低转基因植株的高度；而在RNA干扰的转基因苹果中，施用外源GA，能够逆转矮化的表型（图5-8）。

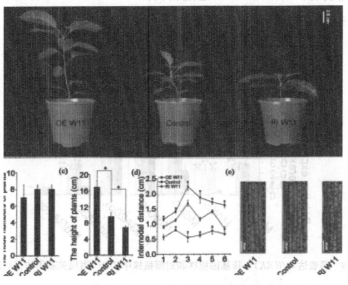

图5-7 MdWRKY11正调控苹果株高

（a）：超表达/RNA干扰MdWRKY11的转基因植株的株高表型；（b）：超表达/RNA干扰MdWRKY11的转基因植株的茎节数统计结果；（c）：超表达/RNA干扰MdWRKY11基因对植株高度影响的统计结果；（d）：超表达/RNA干扰MdWRKY11转基因植株和对照植株的节间距统计结果；（e）：超表达/RNA干扰MdWRKY11转基因植株和对照植株茎纵切片

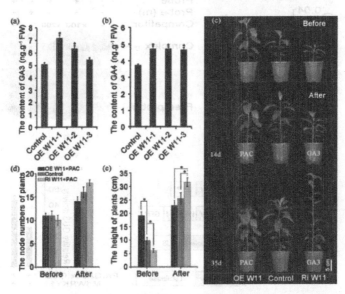

图5-8 MdWRKY11主要通过正调控赤霉素含量来调控苹果株高

（a）和（b）：超表达MdWRKY11转基因植株和对照植株中GA_3（a）和GA_4（b）的含量；（c）：GA和GA抑制剂PAC处理后转基因植株的表型。（d）：处理前后转基因植株和对照植株的节数；（e）：GA、PAC（GA抑制剂）处理前后转基因植株和对照植株的高度进一步研究表明，MdWRKY11通过正调控*MdCPS*、*MdKS*、*MdKO*、*MdKAO*、*MdGA20ox*的表达，促进植株中GA的合成（图5-9）。

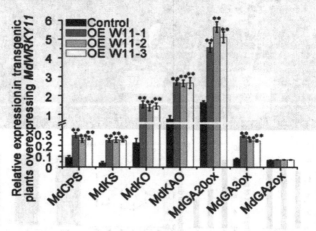

图 5-9　超表达*MdWRKY11*转基因植株和对照植株中GA$_3$代谢相关基因的相对表达量

深入研究发现，MdWRKY11可以特异性地结合下游基因*MdGA3ox*的启动子，并可以直接激活*MdGA3ox*的表达（图 5-10和图 5-11），并且普通型苹果品种中*MdGA3ox*的转录水平显著高于短枝型苹果品种（图 5-12）。

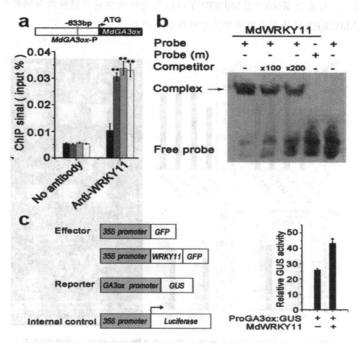

图 5-10　MdWRKY11可以在体内和体外直接结合*MdGA3ox*的启动子，促进*MdGA3ox*基因的表达

a：ChIP-qPCR检测表明MdWRKY11富集在MdGA3ox启动子上的特异W-box位置；b：EMSA结果表明WRKY11在体外，特异地结合在MdGA3ox启动子上；c：瞬时超表达MdWRKY11的愈伤体系表明MdWRKY11在体内促进*MdGA3ox*基因的表达

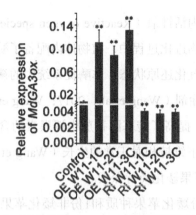

图 5-11 *MdGA3ox*在对照愈伤及MdWRKY11转基因苹果愈伤中的转录水平检测

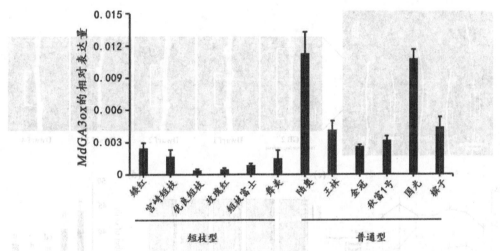

图 5-12 *MdGA3ox*在短枝型、普通型苹果品种中的转录水平检测

（2）干旱胁迫下褪黑素和脱落酸调控苹果矮化

除了赤霉素等激素对苹果株高性状有直接调控作用之外，环境条件在调控苹果株高性状中也发挥重要作用。在不同环境和栽培条件下，相同的矮化基因型表现出不同的表型。我国矮化苹果主产区土壤盐渍化、气候干旱，受非生物胁迫严重，以及砧木选择不当，树体过于矮化，导致树势过早衰退，造成减产，严重缩短了丰产年限，这严重限制了苹果矮化密植在我国的发展。耐受干旱胁迫的矮化苹果，是西北苹果主产区推广矮化密植栽培模式的关键。

脱落酸是响应干旱胁迫的关键植物激素，其可通过负调控光合作用抑制植物生长（Yang et al.，2020），MdNAC1抑制ABA的合成和促进ABA的降解也会抑制植物生长（Yu et al.，2020；Jia et al.，2018），维持干旱胁迫下的生长。

干旱胁迫会造成植物体内活性氧（Reactive oxygen species，ROS）的爆发，从而对植株造成次级氧化胁迫。在植物进化过程中，植物体内配备了酶促系统和非酶促系统以清除过量的ROS，进而维持体内氧化还原状态。非酶促系统中的褪黑素是一种脂溶性和水溶性活性分子，是强大的ROS清除剂（Wang et al.，2017；Wang et al.，2014）。在番茄中超表达绵羊的MT合成酶基因后，提高了转基因番茄中褪黑素的含量，同时转基因植株表现出矮化性状，并且在干旱胁迫下维持相对正常的生长（Wang et al.，2014）。干旱胁迫下，ABA和MT是否参与引起的苹果矮化尚待探索。

以新疆半干旱地区的4份矮化苹果种质和1份非矮化苹果种质为试材，对一年生枝的节间距和皮层薄壁细胞的细胞数进行了观察，发现矮化种质的节间距显著短于非矮化种质（图5-13）。

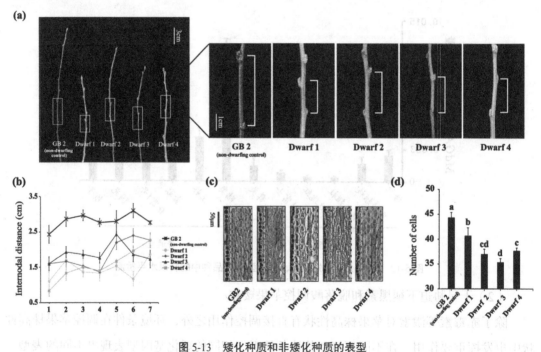

图5-13 矮化种质和非矮化种质的表型

（a）和（b）：矮化苹果种质和非矮化苹果种质的一年生枝长度（a）及节间距（b）；（c）和（d）：矮化苹果种质和非矮化苹果种质的一年生枝节间纵向石蜡切片及节间细胞数统计

深入研究发现，长期的干旱环境会促进矮化种质中的ABA合成基因*MdAAO3*和MT合成基因（*MdASMT1*和*MdSNAT5*）的表达，抑制ABA降解基因*MdCYP707A*和ZR合成基因*MdIPT5*的表达，进而提高MT和ABA水平，降低ZR水平，造成苹果矮化（图5-14）。

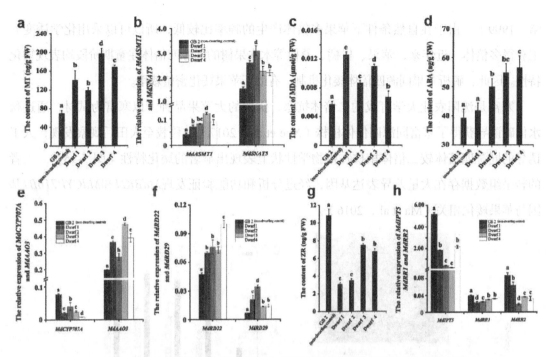

图 5-14　矮化和非矮化苹果种质中的激素水平及其代谢酶基因、标记基因的表达水平

a～c：4种矮化苹果种质一年生枝的MT和MDA水平高于非矮化苹果种质；d～f：4种矮化苹果种质一年生枝ABA水平高于非矮化苹果种质；g～h：4种矮化苹果种质一年生枝的ZR水平低于非矮化苹果种质

综合上述研究，在生产过程中，生产者可以通过在新梢旺盛生长期施用GA抑制剂或者外源褪黑素从而实现苹果树体矮化，进而达到苹果矮化密植栽培的目的。但是，由于苹果树形需要的塑形时间，GA抑制剂和外源褪黑素的使用会增加生产成本。而通过分子育种手段定向抑制苹果中GA的生物合成、信号转导途径或定向提高MT的生物合成或抑制其降解，以及通过常规育种手段选育GA含量低或MT含量高的砧木或接穗品种，这都可达到苹果矮化的目的，这对苹果省力化栽培具有重要意义。

2.多倍体苹果矮化研究进展

除了激素外，由于基因剂量效应，苹果染色体的倍性也可能会影响其矮化性状。多倍化是植物形成多倍体的过程，是植物进化变异的自然现象，也是促进植物进化的重要力量（Comai，2005）。果树多倍体品种一般具有生长旺盛、果实大、产量高和抗逆性强等特点（景士西，2007），且能够利用无性繁殖的方式保持其优良性状。因此，果树多倍体育种是创造果树新品种的重要途径之一。

目前栽培的苹果主要是二倍体品种，少量的三倍体品种主要有乔纳金、陆奥、北斗等，而在金冠、红玉、元帅、嘎拉等品种中均出现过四倍体类型，但栽培中应用较少（沈德绪，1999）。由于在自然条件下苹果多倍体产生的频率比较低，所以可以采用化学诱变人工获得多倍体。近年来，苹果、柑橘、桑树等木本果树的同源四倍体在童期阶段均表现矮化特性。因此，解析苹果同源四倍体矮化机制，有助于苹果矮化密植栽培。

寒富是沈阳农业大学育成的二倍体抗寒、优质的大苹果品种。以寒富为试材，通过秋水仙碱诱导获得了寒富同源四倍体植株（Xue et al.，2017）。移栽至大田后观察发现，人工诱导的同源四倍体较二倍体植株在生物学性状上表现出显著的矮化特性（图 5-15）。二者的转录组数据存在大量差异表达基因，经过分析和功能验证发现*MdBKI1*和*MdCYP716B1*基因与苹果矮化相关（Ma et al.，2016）。

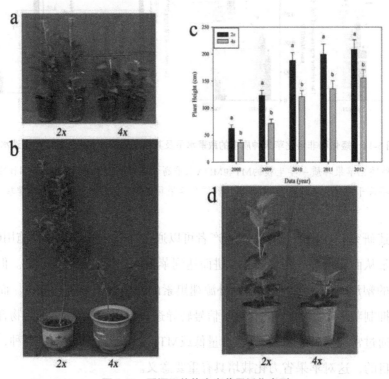

图 5-15　同源四倍体寒富苹果矮化表型

a：组织培养自根苗下地6个月；b：组织培养自根苗下地12个月；c：组织培养自根苗下地5年的植株高度；d：组织培养自根苗田间生长5年植株，茎尖组织培养再下地5个月

（1）多倍体苹果高*MdBKI1*表达通过阻断BR信号正调控苹果矮化

油菜素内酯是一种在植物体内含量极低但却起着极其重要作用的内源激素，具有促进细胞伸长和促使细胞分裂的双重功能。BR通过植物中的油菜素内酯信号通路发挥作用，BR信号首先被细胞膜上的BRI1受体识别，之后将信号传向细胞内部转导。*BKI1*（BRI1 Kinase inbitor 1）是BRI1的抑制因子，阻断BR的信号转导通路。BKI1定位于细胞质膜上，

C末端含有20个氨基酸，与BRI1的激酶区互作。关于*BKI1*基因功能的报道极少，仅在拟南芥中发现*BKI1*过量表达具有矮化植株的功能。

寒富苹果中*MdBKI1*的表达水平显著低于矮化的同源四倍体材料。以寒富为苹果遗传转化的材料，通过农杆菌介导的方法获得了超表达和RNA干扰的苹果*MdBKI1*的转基因植株，并对其株高进行观察，结果表明：超表达*MdBKI1*的转基因苹果株高显著低于寒富植株，而RNA干扰的转基因植株株高显著高于寒富植株（图5-16）。油菜素内酯虽然在植物体内含量较低，但它在调节植物的生长发育过程中起着不可替代的作用。超表达*MdBKI1*的转基因苹果植株的BR含量显著低于对照植株，而RNA干扰*MdBKI1*的转基因苹果植株的BR含量显著高于对照植株（图5-17）。因此推测同源四倍体矮化与四倍体中*MdBKI1*表达水平降低有关。

图5-16　寒富苹果及*MdBKI1*转基因植株幼苗株高的差异

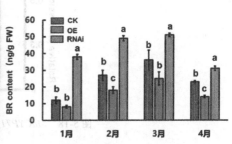

图5-17　寒富苹果及*MdBKI1*转基因组培苗下地不同时间BR含量分析

（2）多倍体苹果高*MdCYP716B1*表达可能通过影响GA合成负调控苹果矮化

细胞色素P450s（Cytochrome P450s，CYP450s）是一个古老且广泛存在于生物界的超基因家族，其中包含1000多个家族与2000多亚家族。细胞色素P450家族主要分为：CYP51、CYP71-CYP99、CYP701-CYP736和其他亚家族成员（Nelson and Werck-Reichhart，2011）。大量CYPs蛋白参与植物激素合成和信号转导、次生代谢物和防御化合物等的生物合成和分解代谢等途径。在ABA降解过程中CYP707A参与8'-脱落酸羟基化反应（Mizutani and Todoroki，2005；Vincken et al.，2007）。此外，AtCYP79B2参与催化IAA的合成反应通路（Kenneth 2001）。CYP735A参与细胞分裂素的合成（Takei et al.，2004）。CYP714A通过环氧作用使赤霉素失去活性（Zhang et al.，2011）。CYP90B等可以参与油菜素内酯的生物合成（Fujita et al.，2006）。拟南芥 CYP711A1(MAX1)参与了新型植物激素独脚金内酯的合成（Booker et al.，2005）。

寒富苹果中*MdCYP716B1*的表达水平显著高于矮化的同源四倍体材料（图5-18）。

以GL-3为苹果遗传转化的材料，通过农杆菌介导的方法获得了超表达和RNA干扰*MdCYP716B1*的转基因植株，并对其株高进行观察，结果表明，超表达*MdCYP716B1*的转基因苹果株高显著高于GL-3植株，而RNA干扰的转基因植株株高显著低于GL-3植株（图5-19）。超表达*MdCYP716B1*的转基因与对照植株的转录组测序数据和显示，超表达*MdCYP716B1*的植株中GA的合成关键基因*MdKS*、*MdKO*、*MdGA20ox*、*MdGA3ox*的表达均显著上调表达（图5-20），说明同源四倍体矮化与*MdCYP716B1*表达水平降低有关。同时推测，*MdCYP716B1*可能参与调控GA的合成来调控苹果株高。

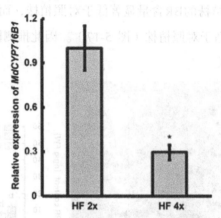

图5-18 *MdCYP716B1*在寒富和寒富四倍体中的表达量

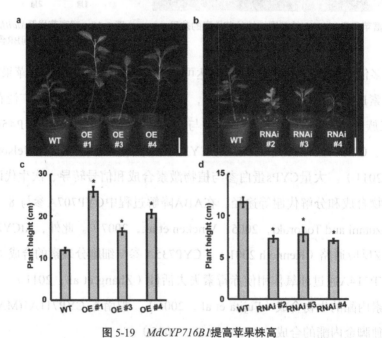

图5-19 *MdCYP716B1*提高苹果株高

a：超表达*MdCYP716B1*的转基因植株；b：RNA干扰*MdCYP716B1*的转基因植株；c：超表达*MdCYP716B1*的转基因植株的高度；d：RNA干扰*MdCYP716B1*的转基因植株的高度

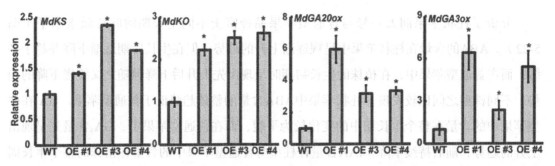

图 5-20　超表达*MdCYP716B1*转基因植株和对照植株中GA3合成相关基因的相对表达量

综合上述研究，苹果同源多倍体的矮化可能与BR的信号转导途径和GA的生物合成途径相关。

3.柱状树形研究进展

柱状苹果被认为是苹果超高密度栽培、省力化生产的最理想的株型。柱状苹果是一种特殊的矮生突变类型，其节间非常短、侧生分枝少，呈直立单干形，是苹果实行矮化密植栽培的重要资源（Lapins 1976；梁美霞 等，2017）。

（1）柱状与普通型苹果生长特性及内源激素比较分析

柱状苹果和普通型苹果的茎粗、冠径、节间长度的测量以及枝类组数的统计分析（图5-21）。柱型苹果的茎粗显著高于普通型苹果，是普通型苹果的1.19倍；普通型苹果树体冠径显著高于柱型苹果，约是柱型苹果的1.99倍。对于一年生枝，在普通型苹果中，短枝约占54.8%的比例，而在柱型苹果中短枝的数量约占78.8%，是普通型苹果的1.44倍，普通型苹果的长枝和超长枝的比例显著高于柱型苹果。柱型苹果的节间长度显著小于普通型，并且从表型上就可以很直观的看出两者之间的差异。

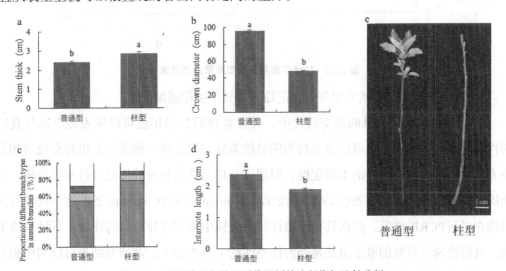

图 5-21　柱状苹果与普通型苹果树体生长指标比较分析

　　分析了柱状苹果润太一号与普通型苹果品种富士不同生长期的叶片激素水平（图5-22）。ABA的含量在柱状苹果中呈现逐渐上升的趋势，但在生长后期逐渐下降并趋于平缓；而在普通型苹果中，在植株的生长初期时呈现出先上升后下降但随之又缓慢下降的趋势。不同株型之间比较发现，柱状苹果中ABA含量的整体趋势低于普通型苹果。GA_3在柱型苹果中的含量在整个生长期中的变化较为平缓，而在普通型苹果中，GA_3含量先呈现出上升的趋势，随后持续下降。IAA含量在柱型与普通型苹果中的含量在植株的整个生长周期中变化起伏较大，都呈现出先上升再下降，随后再上升，之后再下降的趋势。

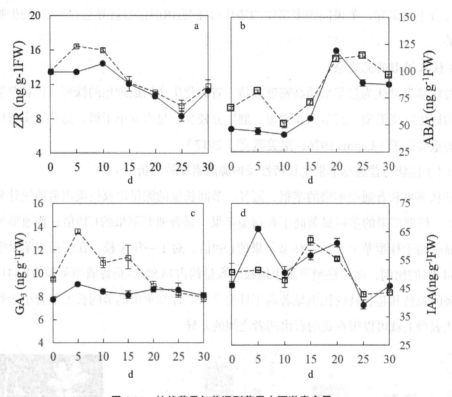

图 5-22　柱状苹果与普通型苹果内源激素含量

　　（2）省力化树形柱状苹果分子标记筛选及分子标记辅助选育

　　在柱状与普通型苹果的杂交后代中，种子播种后2～3年就可以从表型上区分其后代的性状类型，其在表型上可以看出较为明显的差异，但是在一些部位上仍存在较为相似的地方，故而容易造成判断的不确定性，但通过与柱型性状相关的标记进行鉴定分析，可以明确地将两者区分开来。29f1-JWI1r标记以及Normal上游与Columnar下游这一柱状特异性引物在进行PCR扩增后，仅在具有柱型性状的植株中出现特异的目的片段，其结果简单直观，可以快速且有效的鉴定出其是否为柱型性状（图5-23）。此研究结果可以利用相关分子标记辅助选择柱状苹果。

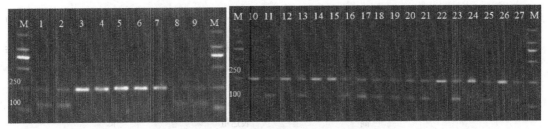

图 5-23　SSR标记在杂交群体和自然群体中的验证

左：苹果品种中的扩增结果，1～9分别为润太一号、舞佳、富士、九月奇迹、华硕、福布拉斯、蜜脆、舞姿和舞美'；右：杂交群体中的扩增结果，10-27为润太一号与蜜脆的杂交后代

（3）省力化树形柱状苹果*Co*基因的筛选与候选基因分析

关于柱状苹果独特的生长特性是许多学者研究的重点之一，从分子水平上揭示柱型苹果独特生长特性是当前研究的一个重点。从1970年开始，美国、日本、新西兰、加拿大等多个国家开展了对苹果柱型基因（*Co*）遗传规律和分子标记研究（Lapins，1976；Moriya et al.，2009；Bai et al.，2012）。美国康奈尔大学的用集群分类法（bulked segregant analysis，BSA）首次找到一个与*Co*连锁RAPD标记OA111000。现有研究将*Co*基因界定在两个稳定的SSR标记（COL和CH02a10）之间，覆盖基因组长度为54.6cM，标记间平均距离为4.55cM（Tian et al.，2005）。其中多数标记集中在SSR标记CH03d11和RAPD标记P459之间，这一区域覆盖基因组长度为22.3cM，平均距离为2.23cM。在SSR标记CH03d11和COL之间，覆盖基因组长度为35.8cM，标记间平均距离为3.25cM。随后几年，学者将*Co*定位在两个SSR CH03d11和Hi01a03之间，进一步去缩短了基因和标记的距离（Moriya et al.，2009）。

以柱状苹果舞佳和润太，普通型苹果富士和华硕的芽、茎尖和叶片为试材，根据最新的苹果基因组以及与柱状相关的转录组信息，对*Co*精细定位区间27.66～29.05 Mb的基因进行注释分类，选择目标基因，查找其CDS序列，利用实时荧光定量PCR分析预测基因在不同组织器官中的表达特征，筛选出差异基因并将其作为候选基因。在苹果第10号染色体27.66～29.05 Mb区域内包含67个基因。根据RNA-seq分析，柱状和普通型苹果基因相对表达差异倍数在1倍以上的有25个基因，其中13个基因在柱状苹果中上调表达，12个基因在柱状苹果中下调表达（图5-24）。

在预测的14个基因中，发现4个基因在柱状和普通型苹果的主枝茎尖或侧枝茎尖中相对表达存在显著差异。其中，MD10G1184100和MD10G1185600在两个柱状苹果主枝茎尖中的相对表达量均显著高于两个普通型苹果。MD10G1185400和MD10G1190500在两个柱状苹果侧枝茎尖的表达量显著高于两个普通型苹果，而MD10G1184100在两个柱状苹果中的表达量显著低于普通型苹果。在柱状和普通型苹果茎尖中筛选到4个表达显著差异的基因，可作为*Co*候选基因，为该基因的克隆和功能验证及苹果树形型定向遗传改良奠定了基础。

	高			表达量			低
MD10G1188100	0	0	0	0	0	2	0
MD10G1184100	0	3	2	0	1	0	0
MD10G1191100	0	0	1	0	0	9	3
MD10G1192300	0	0	0	0	0	0	0
MD10G1188300	0	0	0	0	0	1	0
MD10G1184800	0	0	0	0	3	0	0
MD10G1185600	0	0	0	0	0	0	0
MD10G1194000	1	0	0	0	0	0	0
MD10G1185400	1	0	1	0	0	0	0
MD10G1190500	2	3	3	1	1	0	4
MD10G1190700	3	5	3	2	3	5	3
MD10G1186400	4	0	0	0	0	1	2
MD10G1190100	6	15	9	2	20	0	1
MD10G1192200	7	2	10	10	5	35	20
MD10G1189000	10	5	8	7	9	4	15
MD10G1193400	16	3	7	14	18	11	18
MD10G1194100	36	6	13	16	114	5	10
MD10G1188000	42	21	25	20	30	54	20
MD10G1187000	57	0	11	0	204	4	8
MD10G1192900	128	268	39	32	60	13	118
MD10G1192100	277	374	252	142	57	55	112
	叶	顶梢	茎	腋芽	根	果实	花

图 5-24 定位区间初步筛选基因组织表达

二、柑橘省力化栽培调控技术研究进展

（一）柑橘顶芽自剪和新梢伸长调控机制研究

1.新梢自剪及其生物学意义

植物在越冬之后，便开始进行叶和花芽的萌发过程，很多植物的新梢发育到一定的阶段后会发生一种特殊的生理过程，其最明显的特征就是顶端停止生长、发黄、枯萎直至脱落，顶端优势解除，之后植物便开始进行花芽发育、开花等过程，这种现象被称为顶端"自剪"（self-pruning）或"顶芽自枯"（shoot tip abandon）。这种现象在番茄、棉花、石榴、柿树、猕猴桃等植物中也有类似的表现（Si et al.，2018；Elitzur et al.，2009；Zhang et al.，2014）。

柑橘属于多年生木本植物，在一年的生长周期中枝梢可进行多次生长，它们主要集中在春、夏、秋季中进行，不同季节的生长的新梢可称之为春梢、夏梢和秋梢（Li et al.，2010）。新梢在生长、伸长、展叶到一定程度后，便会发生顶芽脱落的现象，几乎在所有的柑橘品种中都普遍存在这种现象，在前期研究中被称为顶芽"自我修剪"过程（Zhang et al.，2014）。柑橘自剪实质上是自身顶端生长点主动脱落的一个生理过程（Li et al.，2010），虽然这种生理过程在多种植物都有被报道，但迄今为止，没有一篇详细的报道对这种现象的合理性以及在进化、分子调控机制等方面做出合理解释（Foster et al.，2007）。

2.柑橘枝梢发育调控研究进展

（1）柑橘春梢自剪的形态观察

前期华中农业大学胡春根课题组以甜橙为材料对柑橘新梢顶端发育进行了研究（Zhang et al.，2014），表型观察发现甜橙枝梢在生长季结束进入休眠阶段，芽的形态和大小没有明显的发育上的变化。在再次进入生长季节，整个芽苞首先不同程度的扩大，然后又缩小，在春天时顶芽在近轴面生长较远轴面快。开花期过后，枝条经历了快速生长期，连续的叶和茎继续生长和成熟。在早期的生长阶段，有三到四对叶片时茎的顶端和叶原基停止生长。茎的顶芽约4~7 mm时维持2~3周，大小不变。顶端生长到最大长度时，顶芽由绿色变为黄色，然后又逐渐变为褐色并死亡。顶芽维持黄色约2~3 d，顶芽的小叶开始脱落。虽然颜色差异明显，但在离层却没有明显的分界线。随后离层形成，在顶端的基部有明显的褐色区域，正好在侧芽的正上方。甜橙的春梢自剪从顶端脱落到形成一个可见的离层约两周时间，皱缩且弯曲的顶端有时可维持数月，渐渐地脱落掉。

（2）自剪过程中细胞形态的观察

石蜡切片和透射电镜显示顶芽细胞在自剪前没有明显的细胞分解或凋亡现象（Zhang et al.，2014）。等到芽尖变黄之后，细胞质的染色程度低于生长旺盛的区域。染色强度的变化反映细胞质化学或物理特性上的改变，这是首次用化学组织染色标记发育模式改变的研究。下面的腋芽顶端被认为是假顶芽，细胞质比自剪前更加密集。在自剪过程中，枝条完全生长，顶尖小叶开始脱落，顶尖细胞开始液泡化，细胞核也开始浓缩。这些变化表明衰老模式正在进行，且髓和皮质中的坏死区域更加明显，但是在脱落的离层区还没有形成。2~3 d后离层形成。在后期，顶端包括所有叶原基在内完全坏死，茎的髓和皮质中的细胞出现分离。脱落的位点通常在远轴端的第六、七或八片叶上。在这个阶段没有明显的离层形成。只有当顶尖脱落之后，才能看到一个清晰的离层。

（3）新梢自剪过程中顶端分生组织的细胞发生了细胞程序性死亡

基于细胞学证据，推测细胞凋亡可能在自剪过程中充当重要的角色，所以采用TUNEL技术检测了细胞核是否发生了降解（Zhang et al.，2014），结果证实了顶端细胞核DNA的降解。顶端迅速生长时并未有DNA片段化的迹象。如果植物的细胞发生凋亡现象，植物细胞会在结构和形态特性上表现一系列的形态特征。透射电镜分析自剪过程中的离区的顶端部分的细胞的结果显示，在自剪前，大量的空泡围绕在细胞核周边以及细胞器。当自剪开始的时候，细胞出现不同程度的降解以及随后发生的断裂的变化。离区细胞死亡，细胞质发生颗粒化（Zhang et al.，2014）。除此之外，自剪开始时，顶端细胞DNA通过琼脂糖胶电泳也是部分降解的。ROS与细胞凋亡关系密切，采用NBT和DAB化学组织染色检测自剪过程中顶芽中的活性氧的含量。两种染色的结果是一致的，自剪前，顶芽中没有或很少的染色；自剪开始时，离区被染上颜色。离层形成7 d后比自剪后3 d后染色更深，表明顶芽在自剪过程中积累高含量的活性氧。在可见的离层形成后ROS的含量逐渐下降。这些结果表明，活性氧的逐步积累诱导了细胞的凋亡（Zhang et al.，2014）。

（4）自剪过程中顶芽基因表达变化

为了鉴定柑橘自剪过程中的差异表达基因，对自剪前、自剪中、自剪后三个阶段进行了柑橘基因芯片分析。根据$P \leqslant 0.001$和变化倍数大于四倍为标准，自剪中与自剪前相比较共鉴定出154个差异表达的基因，其中30个是上调的，124个是下调的。此外，自剪后与自剪前相比较有1306个差异表达基因，其中837个上调，469个下调。整个自剪过程中共鉴定到1378个基因为自剪相关的候选基因；82个基因在三个时期都呈现了差异表达，可能为自剪响应的典型基因。为了鉴定这些差异表达基因参与的生物途径，在NCBI数据库里面对这些基因进行同源搜索，发现1229个基因与报道的已知蛋白有同源性，其他149个基因没有同源基因。很多与激素合成和信号转导途径相关的基因在该途径中起促进作用例如生长素、赤霉素、脱落酸和乙烯等（Zhang et al.，2014）。

（5）柑橘自剪前期的激素变化及*CsKN1*表达和功能分析

模式植物的研究已经表明，*KNOX*（*KNOTTED1-like homeobox genes*）基因家族具有相似的保守homeodomain结构域（Scofield、Murray，2006），在植物的顶端发育过程中具有关键调控功能（Hake et al.，2004）。在上述差异基因中存在一个KNAT1/BP同源基因（*CsKN*）。进一步说，柑橘在自剪发生后，其顶芽的脱落可能和植物激素密切相关，很多研究报道表明，生长素和乙烯在植物生长发育过程和器官脱落过程具有重要作用（Ma et al.，2015；Wang et al.，2021），结合前期的研究，植物激素可能参与了这一过程（Zhang et al.，2014）。因此研究推测，柑橘顶端自剪过程可能与生长素和乙烯相关，CsKN1在这个过程中可能充当重要的角色。

基于前期研究基础，对甜橙的新梢自剪前的几个关键阶段的生长素和乙烯含量进行了检测分析。结果表明，随着自剪的开始，新梢顶端中的生长素含量逐渐降低，而乙烯含量逐渐上升，进一步对柑橘新梢顶端进行的乙烯和生长素处理结果表明，生长素可以延迟顶端发生自剪，而乙烯则相反。另外，实时定量实验表明，随着自剪的开始，*CsKN1*的表达量逐渐下降，而生长素对*CsKN1*具有显著的诱导作用，乙烯则相反。此外，*CsKN1*主要在茎和顶端中表达。综上结果推测，生长素可以维持柑橘顶端生长过程，并能促进*CsKN1*的表达；而乙烯则可以抑制顶端生长，促进脱落，促进顶端自剪。因此，本研究希望进一步对*CsKN1*展开功能研究，解析柑橘新梢顶端发生自剪的诱因及具体的分子调控机制（Zeng et al., 2021）。

为了探究柑橘*CsKN1*基因的功能，本研究构建了*CsKN1*基因的pBI121超表达载体和VIGS病毒干涉载体，对柠檬进行了转化研究。与对照相比，超表达植株的生长发育过程受到抑制，主要表现在植株矮化、叶片皱缩卷曲和植株生长发育滞后，但其顶端分生组织生长发育正常，乙烯含量下降，生长素含量升高（图 5-25 a、b），而在VIGS干涉的植株中，其顶端生长受到抑制甚至顶端缺失，乙烯含量升高，生长素含量下降（图 5-25 c、d）。转录组研究结果表明，*CsKN1*超表达植株和对照相比，共有1668个差异表达基因，并且多个编码生长素和乙烯响应蛋白的基因呈差异表达，这些结果进一步表明，*CsKN1*可能受植物生长素诱导，而受乙烯抑制，对柑橘的顶端发育具有维持作用，抑制自剪的发生（Zeng et al., 2021）。

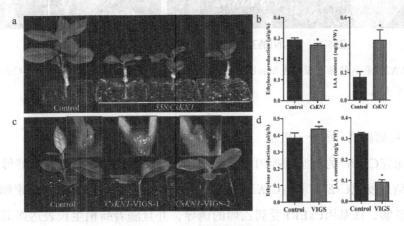

图 5-25　*CsKN1*基因的功能鉴定

a：柑橘超表达转基因苗的表型及鉴定；b：柑橘转基因苗顶端中乙烯和生长素含量检测；c：柑橘VIGS干涉植株表型分析；d：VIGS干涉植株中生长素和乙烯含量的测定

（6）CsKN1与CsKN2相互作用并共同调节甜橙顶端分生组织的发育

为了探究*CsKN1*的互作蛋白，本研究构建了CsKN1-pGBKT7载体，并将其作为诱饵进行酵母双杂交筛库实验，结果发现另一个KNOX家族成员*CsKN2*能与*CsKN1*发生互作，

BiFC和Pull-down实验也证实了这两个蛋白可以发生互作。实时定量和*CsKN2*启动子的GUS染色研究表明，*CsKN2*主要在顶芽和腋芽分生组织中表达。为了对*CsKN2*基因进行功能分析，本研究对*CsKN2*进行了柑橘和烟草的转化，和对照相比，转基因植物具有多个顶端分生点，顶芽生长旺盛（图5-26），这说明*CsKN2*对植物顶端生长发育具有显著的促进作用（Zeng et al.，2021）。

图 5-26　CsKN1的互作蛋白CsKN2在柑橘和烟草中的功能分析

a：*CsKN2*超表达转基因柑橘表型；b：*CsKN2*超表达转基因幼年期烟草表型；c：*CsKN2*超表达转基因成年期烟草表型。

（7）柑橘新梢自剪分子机制

为了探究*CsKN1*的上游调控因子，对*CsKN1*启动子核心序列进行了酵母单杂交文库的筛选。结果发现*CsERF*能与*CsKN1*启动子序列结合，并且通过双荧光素酶和EMSA实验进一步证实，该基因CsERF受到乙烯的诱导，并且随着新梢生长表达逐渐增强。所以我们推测柑橘新梢顶端的自剪是由各种调控因子和植物激素等因素共同调控的结果，本研究结果阐明了柑橘新梢在萌发后，CsKN1蛋白能和CsKN2蛋白结合形成复合物协同促进新梢顶端的生长发育。随着新梢生长的进行，顶端组织中的生长素逐渐降低，乙烯含量则逐渐升高，从而诱导转录因子*CsERF*的表达，*CsERF*表达量升高抑制了*CsKN1*基因的表达，最终导致CsKN1-CsKN2复合物含量下降，顶端生长停滞，促进自剪发生脱落（Zeng et al.，2021）。

（二）柑橘省力化树形调控技术

柑橘是我国南方最重要的果树，随着我国社会经济的快速发展和人们生活水平的提高，柑橘市场需求量也稳步提升，已成为我国南方多数柑橘产区果农脱贫致富、乡村振兴的重要产业。但随着农村劳动力的大规模转移、劳动力日益老龄化和劳动成本的翌日增高，柑橘生产面临着严峻的考验。面对上述情况，开展省力化栽培，降低柑橘栽培过程中的生产能耗，已成为柑橘生产的必然趋势。目前，柑橘省力化栽培主要是通过采用省力化树形，消减操作项目和应用果园机械以降低劳动强度等途径实现。其中，采用省力化树形是实现柑橘省力化栽培的关键。

1.种类品种树形差异

柑橘矮化品种（或矮砧嫁接品种）一般表现为早结丰产、易管理，生产成本低，利用矮化的品种或砧木，实行矮化密植栽培，是未来柑橘省力化栽培的必然趋势。柑橘多数栽培品种为乔化和半乔化树种，因此实现矮化栽培的重要途径之一是选用适宜的矮化砧木。

柑橘不同砧木资源其矮化效应不同。自然条件下，柑橘不同科、属及近缘种植物具有不同的生长势水平，不同砧木致矮效果不同。我国柑橘科研工作者，通过对现有资源大量深入的比较试验，筛选出枳、早实枳、宜昌橙等一些优良的矮化和半矮化砧木。除对现有资源进行调查，柑橘育种家还通过育种途径创制了一些柑橘矮化或半矮化砧木，如飞龙枳具有比枳更强的矮化特性，作为砧木能提高接穗品种果实的可溶性固形物含量。

四倍体树形紧凑、节间短，是极具潜力的柑橘矮化资源。与柑橘二倍体相比，四倍体植株不仅表现出果实变大、适应性增强，还表现出一定的矮化性状，是优良的矮化资源。因此，从20世纪80年代开始，国内外柑橘育种家通过原生质体融合、实生发掘等育种手段，创制和发掘了大量的柑橘四倍体新种质。如周锐等（2021）利用柑橘多胚品种的珠心细胞在自然条件下能自然加倍的特点，研发了一种基于"观根辨叶看油胞"的高效快捷发掘同源四倍体的方法（图5-27），利用该方法，目前已经从无酸甜橙、红江橙、贡柑、年橘、新会柑、滑皮金柑、常山胡柚、温岭高橙、新会橙、衢州香橙、酸橙和橘血橙杂种12个接穗和砧木品种中筛选获得柑橘四倍体120余株（周锐 等，2021；谢善鹏 等，2022）。与传统方法相比，该方法不仅初选准确率高，且可将发掘四倍体的时间（从种子催芽到获得四倍体植株）缩短至40 d内，大大提高了柑橘四倍体的育种效率（周锐 等，2021）。这些新发掘的四倍体资源为我国柑橘四倍体矮化砧木育种奠定了宝贵的材料基础，有望在未来培育出可供商业化生产应用的四倍体矮化砧木新品种。

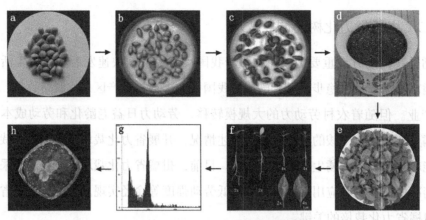

图 5-27　多胚性柑橘同源四倍体的发掘流程

　　a：搜集种子；b：种子催芽；c：催芽7～10天；d：实生播种；e：播种后30天；f：形态初选；g：流式细胞仪倍性鉴定；h：移栽四倍体植株

　　2.砧穗互作促进矮化

　　砧穗互作可以直接影响接穗品种的生长发育，利用矮化砧木是实现果树矮化密植的主要方式。砧木和接穗的嫁接亲和性可以影响接穗的生长发育。研究表明，嫁接口维管系统连接不良会阻碍矿质元素和细胞分裂素向接穗运输，导致树体矮化（王中英，1998）。砧木吸收矿质营养的能力、体内的激素水平对接穗生长也有一定影响。如柑橘矮化砧木中往往可积累较高的ABA，进而可影响木质部的发育和对水分、无机营养的运输能力；也有报道称果树韧皮部内IAA水平与树体矮化程度呈显著负相关（Hooijdonk et al.，2010）。植物体内往往单一激素并不能很好反映植株矮化特性，一般认为生长类激素含量与抑制生长类激素含量的比值要比单一激素含量对树体生长影响更能反映植物的生长势（Aloni et al.，2010）。此外，近年来研究发现，嫁接的果树中存在一些能够通过韧皮部长距离运输的蛋白或RNA等物质对嫁接树生长发育起着重要作用，而这些蛋白质或RNA主要通过参与砧木和接穗的营养代谢、激素和信号传导等众多生物学过程，进而调控嫁接体生长发育（Xu et al.，2010；Zhang et al.，2013）。植物砧穗互作相关研究目前已有很大进展，但果树中长距离传递的信号分子以及嫁接变异相关分子机制仍未清晰，需要进一步加强研究。

　　3.多倍体矮化机制研究

　　多倍体在植物中广泛存在，植物多倍化会导致植株出现一些特异的形态性状，同源多倍体的生长活力往往会下降，相较于二倍体表现出植株发育迟缓、矮化（Ma et al.，2016）。目前，关于果树多倍体矮化研究，主要集中在多倍体解剖结构、激素代谢和基因表达等几个方面，但其矮化机理研究还不够深入，仍需进一步加强研究。

（1）与二倍体相比，四倍体柑橘植株明显矮化，且对接穗的致矮效果明显。对资阳香橙、红橘、枳和早实枳的同源四倍体及其二倍体亲本叶片、株高等形态特征进行调查，发现基因组加倍对4组材料的影响相似，所有四倍体均表现出植物矮化、叶片增大增厚、气孔增大、气孔密度降低等特征（图 5-28、图 5-29）（Tan et al., 2015、2017）。以枳、红橘的四倍体及其二倍体为砧木，嫁接纽荷尔脐橙、鸡尾葡萄柚和早红脐橙，发现与二倍体作砧木相比，四倍体为砧木对接穗品种的致矮效果明显。

图 5-28 资阳香橙同源四倍体及其二倍体亲本株高（a）和叶片形态（b）比较

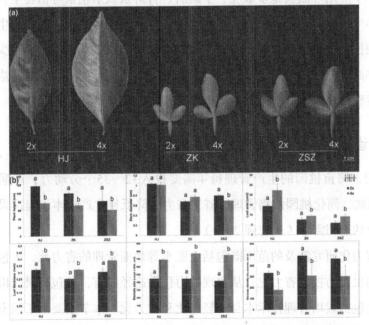

图 5-29 红橘、枳和早实枳同源四倍体及其二倍体亲本株高和叶片等形态特征比较

（a）：3组4x和2x叶形态比较；（b）：3组4x和2x株高、茎粗、叶面积、叶厚度、气孔大小和密度比较

（2）资阳香橙四倍体与二倍体相比，基因表达变化的基因数量有限。为研究基因组加倍对资阳香橙基因表达的影响，利用RNA-seq比较分析4x和2x叶片基因表达差异。分析发现，在4x和2x中共检测到24073个基因，只有212个基因（0.8%的总检测基因）在两者之间差异表达。其中96个基因在4x中上调表达，116个基因下调表达。对于上调表达的基因，差异倍数在1.4倍和12.5倍之间；对下调表达的基因，差异倍数在1.4倍和13.4倍之间。以上结果表明，基因组加倍对资阳香橙叶片基因表达的影响程度较小。为鉴定差异基因可能涉及的生物学代谢途径，将差异基因比对到KEGG中标准代谢途径。总共40个差异基因比对到46个KEGG代谢途径，最大的3个类别分别为代谢途径、次生代谢物合成和植物信号转导途径（Tan et al., 2015、2017）。

2.2.4 柑橘树形的人工调控

柑橘省力化树形培养，除了选用适宜的矮化砧木实现矮化密植栽培以外，还可以通过人工调控的方式，如人工修剪、使用植物生长调节剂等措施来控制树体大小，实现省力化栽培。如柑橘实际栽培当中采用省力化的小冠树形或单干树形；或通过改传统的精细修剪为"大枝修剪"，对小枝不进行修剪，操作简便易行，且大枝修剪后可有效降低树高，树冠开张，田间操作较为方便，省工省力。应用植物生长调节剂也可以达到控制树冠大小的目的，如生产中应用叶面喷施多效唑、丁酰肼、青鲜素或杀梢素等植物生长调节剂可显著抑制柑橘营养生长，特别是抑制夏梢生长，使树体节间缩短，树体矮化。生产上应用植物生长调节剂调控树体大小，可以解决农村劳动力缺乏和用工难的问题，减少生产成本和劳力投入，效率高。但使用植物生长调节剂时，一定要把握不同药物的喷施浓度、施用时间和次数等注意事项，避免产生药害和产生果品安全问题。

三、桃省力化栽培调控技术研究进展

研究表明，每亩桃园的生产管理每年需要投入32～35个劳动力，占据生产总成本的57%左右。因此，简化桃园栽培管理，省工省力，降低桃生产成本，提高果园综合效益，是中国桃产业的迫切需求（王志强2020）。

桃树的省力化研究涉及的范围既包括土肥水等地面管理的省力化，也包括整形修剪、花果管理和病虫害防控的省力化；从实现省力化的途径而言，既包括果园机械化、自动化和信息化，也包括栽培管理技术本身的轻简化和省力化。本节主要基于国家重点研发计划的研究成果，着重介绍桃省力化栽培调控技术研究进展。

（一）基于省力化栽培的桃树势调控

桃树营养生长旺盛，萌芽率高，成枝力强，枝条生长发育快，新梢生长量大，造成了大量的冗余生长，修剪不及时易导致树体郁闭，树冠内光照减弱，光合性能降低，花芽分化不良。每年枝条生长量的75%以上都要通过夏剪和冬剪除去，既消耗了大量光合产物，造成了营养生长浪费，加剧了果实和新梢对光合产物的竞争，又催升了夏剪、冬剪和病虫防控等生产管理成本。因此，调控桃树生长势，协调营养生长和生殖生长的关系，减少冗余生长，是实现桃树优质丰产和栽培省力化的重要方面。

1.水分调控

水是保证果树生长和结果的必需因子。在桃树生长发育的非敏感期，合理调节水分供应，不仅可以减少新梢冗余生长，而且有利于花芽分化和果实品质的提升。我国北方桃区，特别是西北干旱桃区，水资源短缺，合理调节桃树生长周期的水分供应，根据桃树年生长发育规律，调余补缺，实现"雨养"尤为重要。

黄河流域及华北桃区进入7月以后，雨热同季，促使新梢快速生长，夏剪不及时极易导致树冠郁闭，是形成营养生长冗余的关键时期，而且水分过多是导致此间成熟果实品质下降的主要原因。研究表明，桃园地表覆盖（图5-30），雨水顺行间排出，可有效降低土壤水分含量，减少新梢旺长，提高果实品质（图5-31）。

图 5-30 桃园覆膜控水

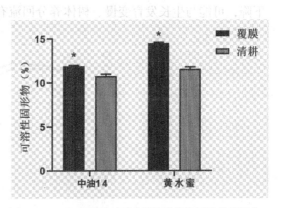

图 5-31 两种处理对两个桃品种果实可溶性固形物含量的影响

2.氮素调控

氮素是维持桃树生长发育的重要元素，氮素供应的充足与否与树体的营养生长、形态建成、花芽分化和产量形成等密切相关；桃树是对氮素十分敏感的植物，树体（或叶片）氮素水平的高低，可影响和调节营养生长和生殖生长的关系，研究表明，随着氮素水平提高，树体组成成分中蛋白质和氨基酸成分比例增加，碳水化合物成分比例下降，促进细胞分裂和新梢生长。氮素作为重要信号可调节代谢酶的活性，提高PEPC（磷酸烯醇式丙酮酸羧化酶）活性，促进草酰乙酸、苹果酸和柠檬酸的生成（因为氨基酸的合成需要有机酸作底物），降低糖/酸比，使果实的风味品质下降。幼树需要更多的氮素供应，以便尽快形成丰产树冠；进入盛果期后，应适当降低氮素供应，以耗定补，维持树体氮素平衡即可，以促进碳水化合物更多的运向果实，提高果实品质和耐贮运性。

通过对豫北地区桃园生长季叶片氮磷钾含量持续测定，结果表明：叶片氮水平在整个生长季为2.49～3.23%，磷水平在整个生长季为0.17～0.22%，钾水平在整个生长季为1.82～2.12%（表5-4）。

表 5-4　豫北桃园生长季叶片氮磷钾含量

	4月20日		5月20日		6月20日		7月20日		8月20日		9月20日	
	平均	分布	平均	分布	平均	分布	平均	分布	平均	分布	平均	分布
氮	2.87	2.76～3.17	3.21	2.91～3.44	3.23	2.95～3.51	2.96	2.74～3.41	2.67	2.51～3.17	2.49	2.21～2.87
磷	0.21	0.11～0.28	0.22	0.12～0.28	0.22	0.12～0.29	0.19	0.11～0.27	0.18	0.10～0.27	0.17	0.09～0.24
钾	1.97	1.27～2.43	2.12	1.34～2.54	2.14	1.38～2.70	1.95	1.28～2.52	1.87	1.26～2.40	1.82	1.24～2.35

注：以上数据单位均为含量百分数（%）

桃园生长季叶片氮磷钾含量动态变化趋于一致，均表现为前高后低，7月份之后逐渐下降，可能与生长发育变慢、树体养分回流有关（图5-32）。

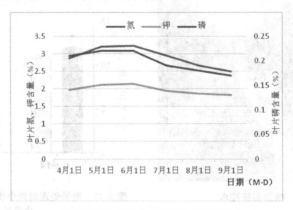

图 5-32　桃树不同生长发育时期叶片氮磷钾含量（%）

以品质为指标来看，优质果早期（5月20日）叶片氮含量（3.07%）稍低于其他级别，而叶片磷钾含量趋势不明显，也可能与土壤中磷钾较丰富，树体不缺乏有关。到7月20日，叶片氮含量稍有下降，但总体趋势与5月份表现接近（表5-5）。

优质桃园的氮水平稍低于其他桃园，因此，为提升果实品质，需要适当控制氮肥供应量。品质的提升可能与低氮条件下，营养生长稍弱，新梢与果实在库竞争方面更有利于果实发育，同时也抑制了新梢的生长，有利于减少修剪，实现省力化。

表 5-5　以品质和产量为目标的叶片氮磷钾水平分析

取样时间	目标	等级	氮(%)		磷(%)		钾(%)	
			均值	变幅	均值	变幅	均值	变幅
5月20日	可溶性固形物 SSC (%)	1 (14.10-15.58)	3.07	2.92-3.18	0.24	0.15-0.27	2.01	1.37-2.54
		2 (12.62-14.09)	3.16	2.91-3.31	0.23	0.16-0.28	1.94	1.34-2.39
		3 (11.13-12.61)	3.32	3.10-3.44	0.21	0.12-0.26	2.07	1.37-2.45
		4 (9.64-11.12)	3.29	3.04-3.36	0.19	0.13-0.24	1.86	1.42-2.51
	产量 (kg/667m²)	1 (2867-3617)	3.16	2.91-3.35	0.22	0.14-0.28	1.92	1.38-2.54
		2 (2117-2866)	3.23	2.97-3.28	0.25	0.12-0.25	1.85	1.34-2.36
		3 (1366-2116)	3.25	3.02-3.41	0.21	0.16-0.26	1.92	1.41-2.47
		4 (614-1365)	3.19	2.98-3.44	0.19	0.15-0.28	2.02	1.37-2.51
7月20日	可溶性固形物 SSC (%)	1 (14.10-15.58)	2.91	2.74-3.21	0.19	0.12-0.25	1.95	1.31-2.52
		2 (12.62-14.09)	2.89	2.78-3.28	0.21	0.14-0.27	1.76	1.29-2.50
		3 (11.13-12.61)	3.14	2.81-3.41	0.20	0.13-0.24	1.76	1.28-2.46
		4 (9.64-11.12)	3.10	2.84-3.39	0.18	0.13-0.25	1.83	1.30-2.49
	产量 (kg/667m²)	1 (2867-3617)	2.84	2.74-3.37	0.21	0.13-0.26	1.95	1.34-2.50
		2 (2117-2866)	2.93	2.81-3.40	0.19	0.16-0.27	1.59	1.32-2.52
		3 (1366-2116)	3.11	2.85-3.41	0.20	0.11-0.25	1.75	1.28-2.48
		4 (614-1365)	3.04	2.78-3.32	0.19	0.14-0.24	1.84	1.31-2.41

生产上，桃树施肥存在较大的盲目性，多是凭"经验"施肥或凭感觉施肥，或者是不顾树体营养状况和生长势，机械地套用传统教科书推荐的施肥时间和施肥量给桃园施肥。就氮素而言，正确的施肥量是既能够满足营养生长、花芽分化和果实发育对氮素的需求，又不至于树体中过高的氮素水平刺激新梢徒长，导致树冠郁闭，群体光合效率下降，增加修剪用工。

叶片营养诊断是果树科学施肥的理论依据和有效方法。通过叶片营养诊断，可为桃制定经济合理的施肥方案，可以因树、因地制宜，及时适量地满足桃树营养生长和果实品质发育所需的营养元素，减少肥料的浪费（范志懿 等，2020）。

基于上述研究，总结出桃园施肥原则：在果实生长发育的前期，要充分保证氮磷元素的供应，促进新梢的生长、树冠叶幕的快速扩大、幼果的细胞分裂和发育，此间叶片氮、磷、钾含量可分别保证在2.8%～3.0％、0.2%～0.3%和>1.2%；进入生长的中后期，树冠形成之后，要合理控制土壤和树体内氮和磷的水平，促进光合产物向果实运输，保证果实增大和品质提升对碳水化合物的需求，此间桃树叶片氮、磷、钾含量可分别控制在2.0%～2.4%、0.1%～0.2%和>1.3%，既可有效控制树势，防止新梢徒长增加夏剪用工，又能保证果实品质。

3.化学调控

多效唑在我国桃生产中应用十分普遍，主要用于控制营养生长，促进花芽分化和坐果，同时，也具有减少新梢生长量，防止树冠郁闭，减少夏季修剪用工的作用。目前生产上经常可以看到，一方面过量施用氮肥，频繁灌溉，另一方面又大量使用多效唑控制新梢旺长，其结果是，虽然果实增大，产量提高，但品质明显下降。而且多效唑是人工合成的具有低毒性的化学物质，其大量、无节制的使用必然污染环境，并带来食品安全问题。中国和世界很多国家一样，已经制定和实施了严格的多效唑限量标准，有些国家如美国、瑞典等已明令禁止了多效唑的使用，因此，急需研究和寻找替代多效唑的绿色安全的生长调节物质或技术措施。

近年来，生产上开始尝试用高浓度的氨基酸肥料来控制桃树新梢旺长。进一步的研究表明，叶面喷施10 mg·L^{-1}苯丙氨酸（Phe）、缬氨酸（Val）和脯氨酸（Pro）均可抑制桃实生苗地上部生长，其中以Val抑制效果最佳（图5-33）（Li et al.，2020）。

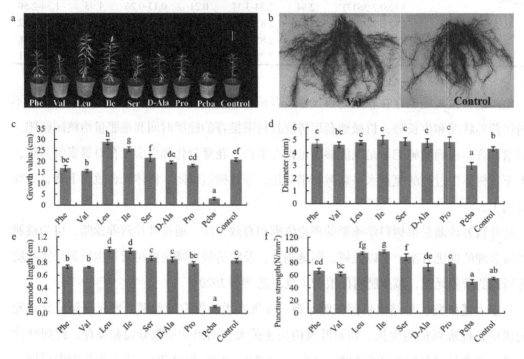

图5-33 不同氨基酸对毛桃实生苗主枝生长量的影响

数据表示三个独立样本的平均值±标准差

田间试验结果表明，高浓度Val（10～40 mg·L^{-1}）可显著降低新梢生长量，缩短节间长度，且对新梢粗度、叶片无显著影响，还可提高单果重，改善果实品质（表5-6）。

表 5-6　氨基酸处理对桃果实品质的影响

处理	可溶性固形物	可溶性糖	可滴定酸	糖酸比	维生素C	硬度
Val	12.10±0.29a	75.06±1.86b	1.12±0.05c	66.97±2.60a	0.61±0.05bc	13.55±1.04a
PP333	11.75±0.20a	66.79±0.84a	0.96±0.05a	69.66±3.32a	0.58±004ab	1.23±1.89a
对照	11.62±0.18a	65.34±2.54a	1.06±0.04b	62.06±4.95a	0.55±0.01a	20.18±1.60b

综上，缬氨酸（或缬氨酸、苯丙氨酸、脯氨酸混合物）可作为桃树营养生长的新型调节物质使用，低浓度时可促进桃树的生长发育，高浓度（10～40 mg·L^{-1}）使用时，可以显著降低新梢生长量，缩短新梢长度，控制冗余生长，减少夏季修剪次数和修剪量，对新梢粗度和叶片无显著影响，而且还可以增加单果重，改善果实品质。同时，氨基酸植物天然营养物质，无毒副作用，也没有果品质量安全之虞。但是，高浓度氨基酸对桃树营养生长的抑制作用要弱于多效唑，因此，在实际使用过程中，宜在新梢生长早期使用，并根据实际需要叶面喷施2～4次。

（二）不同整形方式评价与省力化树形构建

桃树枝条生长量大，易出现树冠郁闭、树体下部及内膛见光少，同时，桃树又是一个特别喜光的树种，栽培管理不当极易导致花芽分化不良、产量和果实品质降低。因此，整形修剪是桃树栽培管理十分重要的农艺措施，技术性较强，用工量较多，约占桃园管理总用工量的1/4～1/3，是桃省力化栽培必须关注的重要方面。

传统上，我国桃园主要采用稀植大冠、自然开心整形、"枝枝动"精细修剪的管理模式，这种整形修剪方式冠内光照好、果实品质高，但这种模式技术要求较高、修剪用工量大、成形慢、投产相对较晚。20世纪90年代以后，开始出现小冠密植模式，株行距一般3 m×4 m，3主枝或4主枝小冠整形，这种模式成形快，产量高，一度风行全国各主产区，占比达到80%以上，但是，这种模式投产后树冠易郁闭，果实品质较差，且果园劳作环境差，不宜机械化。近10年来，随着城市化发展、农业劳动力供给和果树从业人员结构变化等新情况的出现，各地开始探讨不同的栽植和整形修剪模式，出现了主干形、两主枝自然开心形、多主无侧形、"Y"字形、"V"字形等不同模式（刘丽 等，2020）。因此，有必要依据桃树生长和结果特性，从树冠结构、透光率、叶面积指数、产量、品质、技术难度、用工量等方面对其进行系统评价，以构建优质、高效、简约、省工的整形修剪模式。

1.不同树形透光率比较

树形的枝干构成及树体内部枝叶量及分布直接影响了桃树各部位的光照强度。通过比较改良主干形、"Y"字形、三主枝形和开心形等4种不同树形树冠内光照强度的差异，

4种树形透光率自高到低依次为改良主干型>三主枝形>开心形>"Y"字形。研究结果发现，"Y"树形桃树上、中和下部的透光率值相对其他几种树形较低，上、中和下基本一致为5.1%左右（图5-34 a）。改良主干型桃树的透光率最好，上部透光率值为26.62%，中部透光率值为17.95%，下部透光率值为9.03%（图5-34 b）。"Y"形桃树是生产中最为广泛采用的树形之一，两主干上着生结果枝。开心形是最为传统的树形，在生产上有一定的栽培面积，由于其树冠结构大而低，不利于果园作业。该树形透光率值依次为7.11%、6.20%和3.85%（图5-34 c）。作为在"Y"形基础上发展起来的树形，三主枝形桃树是南方常见的栽植方式之一。研究发现三主枝形桃树透光率值自上而下逐渐减小，但减小幅度不大，透光率值依次为7.17%、6.59%和5.56%（图5-34 d）。

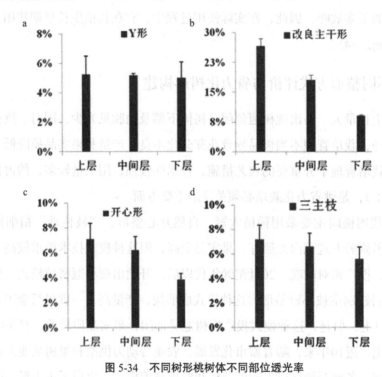

图5-34　不同树形桃树体不同部位透光率

a：改良主干形；b："Y"字形；c：三主枝形；d：开心形

2.不同树形叶面积指数比较

叶面积指数是单位土地面积上叶面积的总数，是研究植物冠层结构的重要指标，在一定程度上反映了植物对光能的利用率。测定改良主干型、"Y"形、三主枝形和开心形等4种不同树形的叶面积指数发现，叶面积指数从大到小依次为"Y"形>改良主干形>三主枝形>开心形。其中"Y"形桃叶面积指数最大为2.23、改良主干形叶面积指数次之为1.21、开心形叶面积指数最小为0.79（图5-35）。

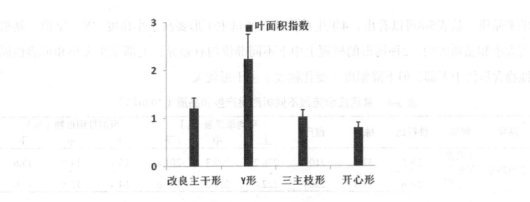

图 5-35 同树形叶面积指数

3.不同树形冬季修剪用工量评价

从单株结果枝数、修剪量、修剪用时、每亩用工量等几个方面，比较分析了自然开心形和四种半直立多主无侧高光效树形的用工情况（王志强 等，2015）。通过比较可以发现，单株结果枝总量：自然开心形>四主枝>主干形>三主枝>二主枝；单株修剪重量：自然开心形>三主枝≈四主枝>二主枝>主干形；冬季单株修剪用时：自然开心形>四主枝>三主枝>主干形>二主枝（表5-7）。

综合来看，自然开心形的单株结果枝总量、修剪重量、修剪用时都多于其他四种半直立多主无侧树形。同时，自然开心形每亩株数最少。从每亩用工来看，自然开心形每亩用工最少，低于半直立多主无侧高光效树形，主要原因是该树形每亩株数最少，远远少于主干形和二主枝形。同时，该树形树体高度在4 m以上，修剪过程用梯困难，费时费力。这表明自然开心形不适合果园生产。半直立多主无侧高光效树形中四主枝结果枝总量最高，主干形单株修剪量最少，二主枝单株用时最少。仅从人工修剪用工角度来看，自然开心形、二主枝形和三主枝形每亩都需要2个工左右，最省工，主干形最费工，如果结合整形修剪的难易程度、机械化便利程度，半直立二主无侧高光效树形最优，每亩用工2个左右。

表 5-7 五种树形冬季修剪情况统计表

不同树形	自然开心形	半直立多主无侧高光效树形			
		主干形	二主枝	三主枝	四主枝
结果枝总量（根）	321.17	194.5	164.17	185.83	243.17
修剪重量（kg）	9.81	3.30	3.68	4.10	4.03
修剪用时（分）	26.08	7.75	7.02	13.59	18.54
每亩株数（株）	34	185	139	67	67
每亩用工（个）	1.8	3.0	2.0	1.9	2.6

4.不同树形果实品质比较

基于上述结果，主干形及"Y"形具有一定优势。因此进一步评估了上述两种树形的果实品质。从表5-8可以看出，4年生单位面积产量主干形要高于小角度"Y"字形。就果实大小和品质方面，2种树形的树冠上中下不同部位均有差异，上部果实大小和可溶性固性物含量优于下部，但下降幅度（变化幅度）主干形较大。

表 5-8　盐店庄示范园不同树形桃产量和品质（2020年）

品种	树形	株行距	株产	亩产	平均单果重（g）			可溶性固形物（%）		
					上	中	下	上	中	下
中油20号	小角度Y字形	2×5	32.2	2104	236.2	229.3	201.8	15.1	14.9	13.6
	主干形	2×6	17.8	2264	222.6	210.2	179.6	14.3	12.8	11.0

分析桃果在树冠上中下三层的分布发现（表 5-9），主干形桃果有43%分布于下层，有30.5%分布于中层，有26.4%分布上层；"Y"字形桃果有32.1%分布于下层，有37.7%分布于中层，有30.1%分布上层。从果实可溶性固性物含量看（图 5-36），"Y"字形果实优于主干形果实，尤其是两种树形的下部果实达到显著性差异。而从单果重看，"Y"字形上部单果重显著低于主干形，下部显著高于主干形。这可能与果实在树体上中下三层的分布不同有关。

表 5-9　"Y"字形和主干形树体不同部位的果实个数

树形	下部	中部	上部	总计
"Y"字形	81	95	76	252
	32.1%	37.7%	30.1%	100%
主干形	93	66	57	216
	43%	30.5%	26.4%	100%

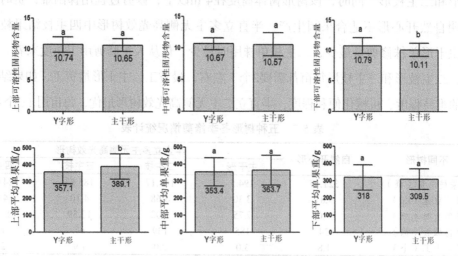

图 5-36　"Y"字形和主干形树体不同部位的果实品质

综上，每种树形各有其特点，生产上应因地制宜，根据实际情况选择使用。主干形结构简单，成形快，投产早，适合光照充足和干旱少雨的西北、华北等桃区采用，但栽培管理上要注重夏季修剪，防止上强成"伞"；两主枝"Y"字形树冠结构相对简单，光照均匀，树冠上中下部果实品质变化梯度小，方便果园机械化操作，适合平地和缓坡地桃园采用；开心形是我国各地采用较多的整形方式，有利于缓和树势，表层光照强，果实品质好，但技术相对复杂，不方便果园机械化管理，适合丘陵和山地桃园采用。无论采用何种树形，都要尽可能减少分枝级次，用结果枝组代替侧枝，简化树冠结构，减少整形和修剪用工。

（三）桃省力化栽培调控技术模式集成

桃园的生产管理是一项系统性工作，包括建园、土肥水管理、整形修剪、病虫害、花果管理等诸多环节。桃树省力化栽培就是要将桃园管理由密集劳动和精耕细作，向省力化和简单化方向转变，降低劳动强度，减少劳动力投入。实现省力化的途径除了栽培调控技术本身之外，果园管理的机械化、自动化、信息化等也是重要途径，而且桃栽培管理省力化要以优质、丰产、高效和绿色安全为前提。因此，必须对各种单项的省力化栽培调控技术及配套技术进行系统集成，形成模式，才能在产业中实际应用，达到省力化和优质高效的目的。

在国家重点研发计划的支持下，通过多年的研究实践，围绕桃"高效、优质、省力"的总目标，系统集成多项单一技术，构建了桃树"高优省"栽培技术模式，主要包括：建园、土肥水管理、整形修剪和花果管理等四个环节。

1.建园

平地建园选择交通方便、与当地干线公路相通、土层深厚、沙质壤土和水源方便的地区，避开低洼地；山地建园应选在阳坡光照充足地段，坡度以不超过20°为宜。实施水肥一体化管理的园区，根据作业小区的布置安排灌溉的机井、泵房、主管道、毛细管道和出水口等设备；地势低洼，雨季容易积水的园地要挖排水沟，确保排水通畅。

采用宽行定植，方便果园管理机械化。行距4.5～5.0 m（"Y"字形）或3.0～4.0 m（主干形），株距1.2～1.5 m，南北行向为宜。采用机械化整地，挖深60 cm、宽80～100 cm的定植沟，每亩施有机肥2000～3000 kg，混合均匀后回填并耙平，浇透水；或将有机肥均匀撒施后，机械深翻混匀。以在落叶后至土壤封冻前栽植为佳。

2.土肥水管理

树干两侧各覆盖50～80 cm防草膜或防草布。行间采用自然生草或人工种草，桃园生草推荐使用紫花苜蓿和毛叶苕子，可实现桃园的良好覆盖，提高果园土层土壤有效态中微量元素含量，并能够降低或减轻苹小卷叶蛾、桃蚜和梨小食心虫的发生。从省力化栽培角度考虑，优先推荐使用毛叶苕子。

一般推荐桃树叶片氮、磷、钾含量分别为2.4%～2.8%、0.1%～0.3%和>1.2%，既可有效控制树势，又能保证果实品质。

3.树体管理

树体管理包括整形修剪和树势调控。

（1）整形修剪

在西北、华北等桃区可采用改良主干形，在平地和缓坡地建园推荐两主枝Y字形，这两种树形便于果园管理机械化。

改良主干形整形修剪：幼树期以整形为主，栽后及时定干，干高50～60 cm；及时扶干，确保中央领导干向上生长；对竞争枝进行摘心、扭伤或重短截控制；疏除低位粗壮大枝，干支比维持在1：0.3（～0.5）；随着树龄增长，将干高逐年提至80～90 cm处。成年树宜采用长枝修剪法进行修剪。树高达3.5m时落头，疏剪顶部强旺枝，留当年新形成的中、长果枝长放不短截，计其结果后自然下垂；以后每年都按此进行更新结果枝。

Y形整形修剪：定植当年以整形为主，栽后及时定干，干高40～50 cm，留2个主枝，分别朝向行间，通过拉或撑，使各主枝呈半直立状态，与垂枝方向夹角为20°～30°；保持每个主枝的顶端生长优势，及时处理（剪除、扭伤或重短截）影响主枝延长生长的枝条。7月中旬后，喷缬氨酸，控制枝条旺长，促生花芽；冬剪时，采用长枝修剪法，只疏除不适宜结果的粗旺枝、过密枝、病虫枝。第2年生长季夏剪，只疏除不适宜下年结果的粗旺枝、过密枝、病虫枝；冬剪时留当年新形成的结果枝。以后每年都按此进行更新结果枝。

（2）树势调控

以水肥调控为主，化学调控为辅。水调控的原则是在桃树生长需水非敏感期，适度控水，控制新梢旺长；在降水较多或果实成熟期多雨的地区，可地面覆膜控水。控肥的原则是根据桃树生长势，将新梢生长量控制在有限范围内，一年生新梢平均长度50cm为宜；氮肥宜在谢花后30天内使用，之后要慎用氮肥，防止诱发新梢徒长，导致树冠郁闭，降低果实品质。

化学调控要以绿色安全为前提，可采用氨基酸肥料控制枝梢冗余生长。推荐在叶面喷施高浓度缬氨酸（10～40 mg·L⁻¹），可显著降低新梢生长量，缩短节间长度，且对新梢粗度、叶片无显著影响，还可提高单果重，改善果实品质。

4.花果管理

（1）保花保果

加强桃园的综合管理，增加树体贮藏营养，保证花芽饱满。花期气温低时对自花不稔的品种进行人工辅助授粉；早春灌水，推迟花期，预防晚霜。在桃树盛花期叶面喷施0.3%硼砂。生长期适当控制树势，防止营养生长与生殖生长失衡，减少生理落果。

（2）疏花疏果

一般是疏晚开的花、弱枝上的花、长果枝上的朝上花；在容易出现倒春寒、大风、干热风的地区不宜疏花，可早疏果。在落花后15天，果实黄豆大小时开始。此时主要疏除畸形幼果，如双柱头果、蚜虫危害果、无叶片果枝上的果，以及长中果枝上的并生果（一个节位上有两个果）；第二次疏果在果实硬核期进行，疏除畸形果、病虫果、朝上果和树冠内膛弱枝上的小果。根据果枝长度确定留果量，花束状果枝或短果枝留1个果，中果枝留2～3个果，长果枝留3～5个果。

四、梨省力化栽培调控技术研究进展

（一）矮化砧榅桲对树体及果实品质的影响

1.矮化砧榅桲具有良好的矮化效应

榅桲是欧美各国使用最早、最广泛的梨异属矮化砧木（张鲜鲜 等，2009），其与东方梨嫁接亲和性较差。项目组以云南榅桲作为基砧，哈代为中间砧嫁接2-49、阿巴特、红星、早酥、红早酥和9712。通过砧穗的干周测定，发现中间砧和基砧的比值在0.84～1.06之间，接穗和中间砧的比值在0.65～0.75之间（表5-10），表明以云南榅桲和哈代作为砧穗的基砧和中间砧，嫁接中国梨或西洋梨，树体均表现良好的亲和性，与前人研究结果一致（姜敏 等，1987）。

表 5-10 云南榅桲砧穗组合对梨树嫁接亲和性的影响

砧穗组合	干周/cm			中间砧/基砧	接穗/中间砧
	基砧	中间砧	接穗		
榅桲+哈代+2-49	27.00 ± 1.41	22.50 ± 0.71	17.00 ± 1.41	0.84	0.75
榅桲+哈代+阿巴特	34.00 ± 6.93	28.33 ± 3.79	21.00 ± 4.00	0.85	0.74
榅桲+哈代+红星	32.00 ± 4.24	30.75 ± 3.18	22.25 ± 2.47	0.96	0.72
榅桲+哈代+红早酥	16.33 ± 1.53	17.33 ± 1.15	11.33 ± 1.53	1.06	0.65
榅桲+哈代+9712	27.33 ± 4.93	25.33 ± 2.08	18.33 ± 1.53	0.94	0.72
榅桲+哈代+早酥	28.67 ± 3.21	24.33 ± 1.15	16.67 ± 0.58	0.86	0.69

砧穗树体的树高、冠径以及枝类组成等是判定砧木优劣的重要指标。项目组发现与嫁接在杜梨上的2-49、阿巴特相比，嫁接在云南榅桲（中间砧为哈代）上的2-49、阿巴特树高有显著的降低，分别减低了40%和37%（表 5-11）。梨主要以短果枝结果为主，有研究

表明矮化砧的矮化效应越强，一年生枝短枝比例越高（Costes，2010）。虽然榅桲+哈代+2-49/阿巴特和杜梨+青矮+2-49/阿巴特的一年生枝都以短枝为主，但是榅桲+哈代+2-49/阿巴特一年生枝短枝率显著高于杜梨+ 2-49/阿巴特。这些数据表明云南榅桲能显著抑制接穗的营养生长，提高接穗短枝比例，具有良好的致矮效应。

表 5-11 云南榅桲砧穗组合对梨树树体生长势的影响

砧穗组合	树高/m	冠径/m	一年生枝			
			总枝量	短枝/%	中枝/%	长枝/%
榅桲+哈代+2-49	2.97 ± 0.32	0.88 ± 0.36	86 ± 33.61	66.41	30.12	3.47
榅桲+哈代+阿巴特	3.77 ± 0.40	2.13 ± 0.37	321 ± 40.50	64.45	19.85	15.70
杜梨+2-49	5.01 ± 0.73	1.95 ± 0.39	192 ± 11.53	55.38	32.99	11.63
杜梨+阿巴特	6.00 ± 0.05	2.60 ± 0.34	388 ± 5.66	59.26	28.87	11.87

注：一年生枝：长枝>30 cm，中枝15～30 cm，短枝<15 cm。

2.云南榅桲砧穗组合对接穗产量和果实品质的影响

接穗的产量和果实品质是衡量砧穗组合是否适用于生产的关键。本研究发现，与乔化砧杜梨相比，六年生云南榅桲+哈代砧穗组合能显著提高接穗2-49阿巴特的产量（表5-12），并且显著增加了早酥、玉露香、砀山酥梨的单果重及可溶性固形物含量极大的，提高了接穗的果实品质（表5-13）。

表 5-12 云南榅桲砧穗组合对梨树产量的影响

砧穗组合	产量 kg/667m²
杜梨+2-49	446.43
杜梨+阿巴特	1693.87
云南榅桲+哈代+2-49	2332.04
云南榅桲+哈代+阿巴特	5308.46

表 5-13 云南榅桲砧穗组合对果实品质影响

砧穗组合	单果重/g	果形指数	果柄长度/mm	果柄粗度/mm	果肉硬度/（kg/cm²）	可溶性固形物/%	可滴定酸/%	石细胞含量/（g/100g）
矮化早酥	400.2533±15.68179a	0.9902 ± 0.0179b	32.7633 ± 1.08575a	2.9133 ± 0.20003a	6.2844 ± 0.2861a	13.5333 ± 018012a	0.0567 ± 0 00422a	0.0489 ± 0 0144a
乔化早酥	206.4933 ± 18.85372b	1.0835 ± 0.00985a	35.9567 ± 0.90889a	3.1167 ± 0.19471a	5.8266 ± 0.6036a	12.8667 ± 0.14981b	0.0517 ± 0.00543a	0.0468 ± 0.01616a
矮化玉露香	282.1167±7.05858a	0.9424 ± 0.0278a	35.1633 ± 2.01117a	2.8900 ± 0.16258a	7.2334 ± 0.21988a	13.7333 ± 0.1251a	0.0883 ± 0.00401a	0.3493 ±006527a
乔化玉露香	270.6000±9.30791a	0.9061 ± 0.01514a	34.47 ± 0.96033a	2.9033 ± 02162a	6.8288 ± 0.18066a	12.8000 ± 0.08944b	0.0917 ± 0.00792a	0.3528 ± 0.0924a
矮化酥梨	500.5390±22.95337a	1.0130 ± 0.03201a	33.0690 ± 3 64581a	37550 ± 0.21881a	6.5053 ± 0.14596a	14.5800 ± 0.18646a	0.1374 ± 0.0077738	0.7061 ± 0.04206a
乔化酥梨	402.4393 ± 10.80762b	0.9827 ± 0.01148a	30.5747 ± 1.44582a	2.8300 ± 0.12729b	6.1200 ± 0.12125a	10.6867 ± 0.13559b	0.08034 ± 0.002336	0.3911 ± 0.02235b

3.云南榅桲矮化砧显著促进同化物向果实的运输并提高早酥果实的糖含量

光合作用能为植物的生长和果实的发育提供能量和碳源，因此光合作用对于果实品质的形成至关重要。分别对嫁接在榅桲和杜梨上的早酥梨叶片进行了光合相关指标测定，发现无论是净光合速率还是叶绿素含量在两者间都没有显著差异（图 5-37 a、b、c、d）。前人研究表明，在苹果中，嫁接在M9和SH40矮化砧木上的接穗与嫁接在BC标准砧木上的相比，更多的光合产物被运输到果实中（An et al.，2017）。推测云南榅桲可能通过促进同化物向果实的运输提高果实内的糖含量。利用^{13}C饲喂实验对该推测进一步验证，结果表明，在以云南榅桲为砧木的早酥果实中^{13}C含量显著高于以杜梨为砧木的早酥（图 5-37 e）。

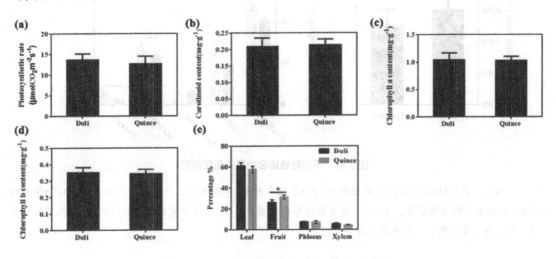

图 5-37　叶片光合相关指标测定及^{13}C饲喂试验

（a）：嫁接在云南榅桲和杜梨上的早酥叶片的净光合速率；（b～d）：类胡萝卜素、叶绿素a、叶绿素b含量；（e）：C饲喂实验中每个组织中^{13}C的百分比

本研究以杜梨砧木为对照，对以云南榅桲为砧木的早酥梨果实品质进行测定。结果显示，矮化砧木云南榅桲显著促进了早酥果实单果重和可溶性固形物的提高，对果实的可滴定酸含量没有显著影响（图 5-38 a、b、c、d）。果实可溶性固形物的提高主要取决于果实内糖含量的增加为了进一步探究是那种糖组分的提高导致了可溶性固形物的显著提高，本研究对果实糖含量进行了精细测定，测定结果显示嫁接在榅桲上的早酥果糖、葡萄糖、山梨醇、蔗糖均显著提高（图 5-38 e）。这表明云南榅桲矮化砧能显著提高早酥果实的糖含量。

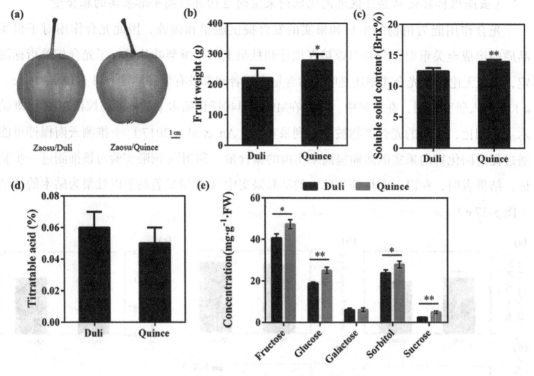

图 5-38 不同砧穗组合的果实品质测定

（a）：花后110 d采收的云南榅桲+哈代+早酥和杜梨+早酥果实；（b）：云南榅桲+哈代+早酥和杜梨+早酥果实的果实重量；（c）：可溶性固形物含量；（d）：可滴定酸含量；（e）：成熟果实中果糖、葡萄糖、半乳糖、山梨醇和蔗糖的含量。

4.云南榅桲矮化砧对接穗成花的影响

本研究发现6年生云南榅桲+哈代+阿巴特砧穗组合产量显著提高，果实数量是影响梨产量的关键因素，而梨接穗的成花能力很大程度上影响了梨的果实数量，通过成花率统计课题组发现榅桲能显著提高接穗成花率（图 5-39 a, b）。梨不同类型枝条停止生长后，枝条顶端开始孕育芽，一般来说短果枝更易形成花芽，推测云南榅桲能显著抑制新梢生长，增加短枝比，因此更易形成花芽。花芽生理分化期是花芽分化的关键时期，激素是植物控制成花的关键因素(Amasino，2010；D'Aloia et al.，2011)，本研究对处于花芽生理分化中期的新梢顶芽进行激素测定。结果显示云南榅桲能显著提高阿巴特顶芽内TZ、ABA的含量，显著降低IAA含量，而对顶芽内的GA_3含量没有影响（图 5-39 c~f）。在油棕榈中，高浓度的激动素和低浓度的NAA会增加花的数量，反之使用高浓度的NAA时花数目减少（Eeuwens et al.，2002）。因此推测云南榅桲矮化砧通过增加细胞分裂素/生长素的比例及ABA含量促进接穗成花。

图 5-39　云南榅桲嫁接阿巴特的开花情况及激素测定

（a）：云南榅桲、杜梨嫁接阿巴特开花照片；（b）：成花率统计；新梢顶芽内（c）GA$_3$、（d）TZ、（e）IAA、（f）ABA含量

小结：以云南榅桲为基砧，哈代为中间砧嫁接东方梨和西洋梨品种都有较好的亲和性，并且云南榅桲矮化砧能显著抑制接穗的营养生长，提高接穗短枝比例，增强接穗光合能力，促进接穗成花，增加接穗产量，显著提高接穗果实品质。

（二）云南榅桲矮化砧促进接穗矮化的机理研究

1.云南榅桲显著抑制接穗新梢生长

为了探究云南榅桲导致接穗矮化的机理，本研究以云南榅桲/哈代/早酥和杜梨/早酥为材料。于生长发育前期（3月31日）、生长发育中期（4月12日）、生长发育后期（4月24日）的测定早酥梨新梢生长情况，结果表明嫁接在云南榅桲上的早酥新梢的生长受到了显著抑制（图 5-40 a、b）。酶活测定结果显示无论在新梢生长的前期、中期还是后期，嫁接在榅桲上早酥新梢中POD酶的活性都显著高于嫁接在杜梨上的早酥新梢（图 5-40 c）。利用气质联用仪对新梢的激素含量进行测定，结果显示矮化砧云南榅桲能显著降低接穗新梢IAA和TZ的含量，显著提高ABA含量（图 5-40 d~f）。IAA、CTK、ABA都与植物生长发育密切相关（Song et al.2016；Feng et al.，2017；Yadava and Dayton，1972），因此，云南榅桲可能通过降低接穗内IAA和TZ的含量，提高ABA的含量从而导致接穗矮化。

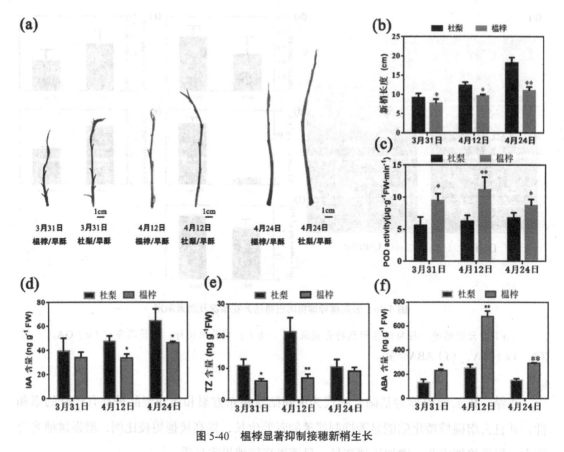

图 5-40　榅桲显著抑制接穗新梢生长

（a）：不同时期嫁接在榅桲和杜梨上的早酥新梢；（b）：新梢长度测量结果；（c）POD酶活测定结果；（d）IAA、（e）TZ、（f）ABA含量测定结果

2.云南榅桲致矮关键基因的筛选

结合树体发育指标及激素测定结果等生理数据，挑选处于生长发育中期（4月12日）的早酥新梢顶端进行了转录组测序。转录组结果分析表明，共有265个基因在榅桲/早酥 vs杜梨/早酥中发生差异表达，其中有161个基因上调表达，104个基因下调表达（图 5-41 a）。项目组从其中筛选出三个基因—PbATHB7、PbHOX22、及PbNAC83作为候选基因并进行了qRT-PCR验证，结果显示在榅桲/早酥的新梢顶端这三个候选基因的表达量均显著上调（图 5-41 b、c、d）。为了验证PbATHB7、PbHOX22、及PbNAC83响应哪种激素，本研究使用ABA、NAA、GA$_3$、CPPU、PAC、氟啶酮（fluridone）处理早酥梨组培苗，于处理后12 h取样进行PbATHB7、PbHOX22、及PbNAC83的qRT-PCR检测。结果显示，PbATHB7、PbHOX22仅响应ABA，ABA处理能使其表达量显著提高（图 5-41 f）。PbNAC83响应生长素、赤霉素及细胞分裂素，NAA、GA$_3$、CPPU均可以显著下调其表达

（图 5-41 g）。以上结果与激素测定结果相符，表明PbATHB7、PbHOX22、及PbNAC83可能是榅桲导致接穗矮化的关键基因。

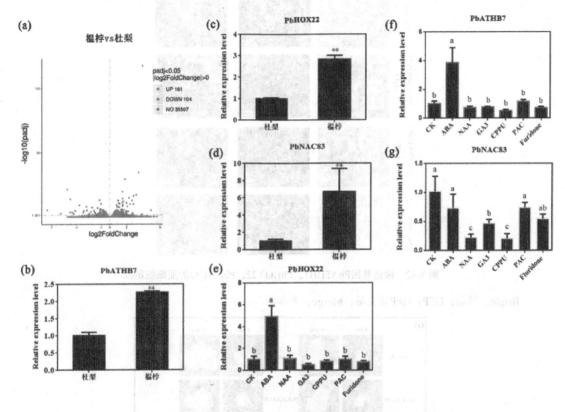

图 5-41 榅桲/早酥及杜梨/早酥新梢转录组测定及关键基因的筛选

（a）：转录组测序差异基因散点图；（b～d）：PbATHB7、PbHOX22、PbNAC83定量验证；（e～g）：PbHOX22、PbATHB7、PbNAC83激素响应试验。

3.候选基因致矮功能验证

亚细胞定位实验结果显示PbATHB7、PbHOX22都定位于细胞核中，PbNAC83在细胞核和细胞膜上都有定位（图 5-42）。为验证候选基因是否能影响树体的生长发育，本研究首先获得了PbATHB7及PbNAC83的过表达梨转基因愈伤组织，定量PCR结果显示PbATHB7及PbNAC83的表达在转基因愈伤组织中显著上调（图 5-43 a）。与野生型相比，PbATHB7-OE和PbNAC83-OE转基因愈伤生长受到了显著抑制（图 5-43 a）。此外，还获得了PbATHB7、PbHOX22及PbNAC83过表达烟草以及PbATHB7-OE、PbNAC83-OE、PbNAC83-RNAi转基因杜梨，转基因烟草与野生型相比呈现出矮化表型，转基因杜梨生长缓慢尚未移栽无法观察表型（图 5-43 b、c）。

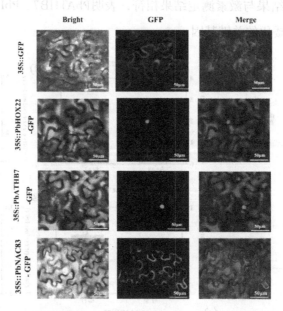

图 5-42　候选基因PbATHB7、PbHOX22、PbNAC83的亚细胞定位

Bright：明场；GFP：GFP荧光场；Merge：叠加场

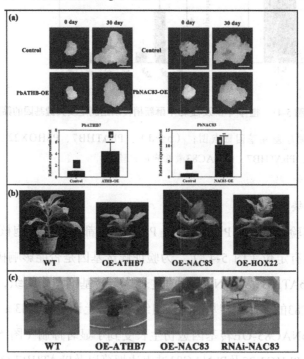

图 5-43　候选基因转基因功能验证

（a）：过表达PbATHB7、PbNAC83转基因梨愈伤组织；（b）：野生型、过表达PbATHB7、PbNAC83、PbHOX22转基因烟草；（c）：野生型、过表达PbATHB7、过表达/沉默PbNAC83转基因杜梨

4.候选致矮基因致矮的机理解析

通过进一步分析转录组数据，筛选出三个与生长发育相关的基因—PbWOX4、PbWAT1、PbWAT-related，它们的表达量在榅桲/早酥的新梢顶端中显著下降（图 5-44 a～c）。WOX基因在维持形成层细胞活性、影响嫁接伤口的愈合有重要作用（Hirakawa et al.，2010；Hannah et al.，2021）；而拟南芥中WAT1的缺失能够导致矮化表型（Ranocha et al.，2010）。通过酵母单杂试验，发现PbATHB7、PbHOX22及PbNAC83都能与PbWOX4、PbWAT1、PbWAT-related的启动子结合，双分子荧光素试验进一步证明PbATHB7、PbHOX22及PbNAC83通过抑制PbWOX4、PbWAT1、PbWAT-related的启动子活性抑制其表达（图 5-44 d～g）。本研究还获得了稳定过表达的杜梨根系转基因，定量PCR结果显示三个候选基因 PbATHB7、PbHOX22及PbNAC83的表达显著上调后，PbWOX4、PbWAT1、PbWAT-related的表达收到不同程度的抑制，这与酵母单杂和双荧光素酶试验的结果一致（图 5-45），推测PbATHB7、PbHOX22及PbNAC83可能通过下调PbWOX4、PbWAT1、PbWAT-related的表达导致接穗矮化。

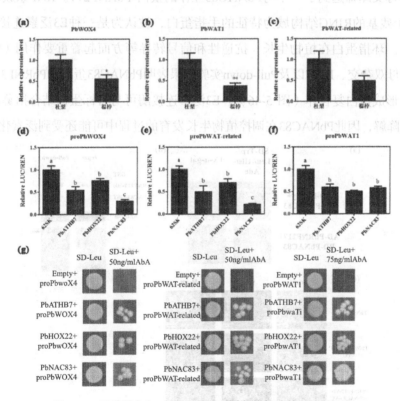

图 5-44　酵母单杂交、双荧光素酶试验探究候选基因致矮机理

（a～c）：PbWOX4、PbWAT1、PbWAT-related的定量PCR结果；（d～f）：双荧光素酶验证候选基因与靶基因启动子的调控；（g）：酵母单杂交试验验证候选基因与靶基因启动子的结合

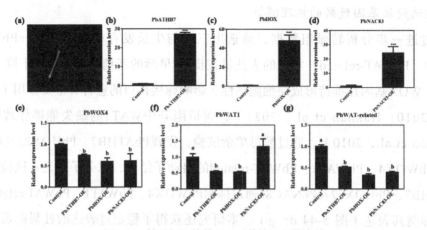

图 5-45　杜梨根系转基因及下游基因定量检测

（a）：杜梨根系转基因GFP荧光；（b～g）：转基因根系PbATHB7、PbHOX22、PbNAC83、
PbWOX4、PbWAT1、PbWAT-related定量检测结果

通过酵母文库筛选到了一个与PbNAC83互作的蛋白-PbRNF217。RNF家族基因是一类
包含40-60个残基的RING结构域为特征的手指蛋白，被认为是一种E3泛素连接酶（Sun et
al.，2019）。环指蛋白在植物生长、抗逆性和信号转导等方面起着重要作用（Sun et al.，
2019）。酵母双杂交、BiFC以及Pull-down实验结果表明PbNAC83蛋白和PbRNF217蛋白可以
相互作用，形成蛋白复合体（图 5-46）。E3泛素连接酶可与目标蛋白结合招募泛素使目标
蛋白泛素化降解，因此PbNAC83在调控植物生长发育的过程中可能还受到泛素化修饰。

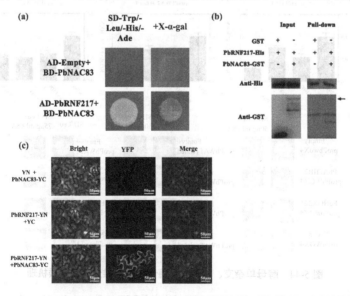

图 5-46　酵母双杂交、BiFC、Pull-down实验验证蛋白相互作用

（a）：酵母双杂交；（b）：Pull-down实验；（c）：BiFC实验验证PbNAC83与PbRNF217互作

小结：云南榅椁矮化砧能通过降低接穗内IAA、TZ含量，提高ABA含量抑制新梢生长。在此过程中，PbATHB7、PbHOX22、PbNAC83通过抑制PbWOX4、PbWAT1、PbWAT-related的表达限制枝条的生长。并且，PbNAC83可与E3泛素连接酶PbRNF217互作表明在调控植物生长发育的过程中可能还受到泛素化修饰。

（三）PbXND1调控梨矮化的机理研究

1.PbXND1的筛选及表达模式分析

研究发现红早酥的矮化杂种幼苗表现出明显的生长迟缓，间苯三酚染色观察和木质部大小测量表明矮化杂种幼苗木质部发育异常（图 5-47 a～c）。进一步对木质部合成相关基因进行了定量检测，最终筛选出一个木质部发育的负调控因子PbXND1在矮生后代中表达显著上调（图 5-47 d）。在拟南芥中，XND1通过调控次生壁合成和程序性细胞死亡来影响管状元件的生长（Zhao et al.，2008）。本研究发现PbXND1在叶片中表达量最高，其次是茎，在根中最低，其表达随着植物组织成熟和木质化而增加，启动子GUS实验显示PbXND1主要在维管组织中表达（图 5-47 e、f）。因此，PbXND1的高表达可能导致矮化杂种幼苗木质部的发育异常。

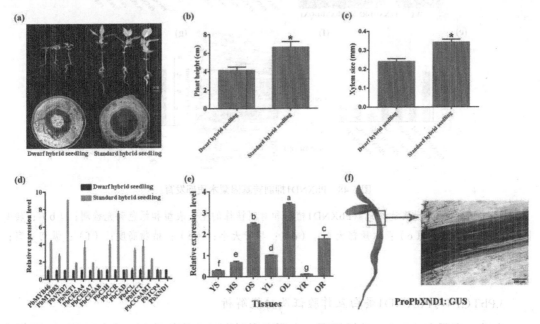

图 5-47 PbXND1与木质部发育密切相关

（a）：红早酥后代及茎横切间苯三酚染色；（b）：植株高度；（c）：杂交后代矮杆苗和标准苗的木质部大小；（d）：木质部相关基因的表达；（e）：PbXND1和PbTCP4在不同组织及发育阶段的表达；（f）梨维管组织中PbXND1启动子活性

2.PbXND1引起梨矮化的功能分析

随后，本研究通过转基因技术获得了过表达/沉默PbXND1杜梨转基因植株（图5-48 a、h）。通过石蜡切片观察发现PbXND1的高表达破坏了梨茎维管分生组织的活性，抑制木质部和导管发育，减少了梨的高度和细胞长度，而沉默PbXND1显著增加了木质部的大小，但减少了导管的大小和梨的高度（图5-48 b~g）。这些结果表明PbXND1过表达能够引起梨的矮化表型。

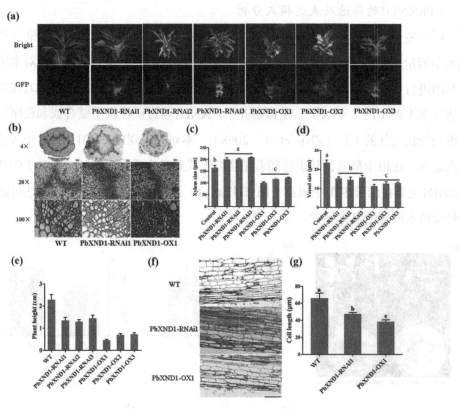

图5-48　PbXND1抑制转基因梨木质部发育

（a）：1月龄梨过表达和沉默PbXND1植株和对照植株的生长表型和绿色荧光检测；（b）：转基因梨茎横截面观察；（c）：木质部大小；（d）：导管大小；（e）：植物高度；（f）：纵切观察；（g）：细胞长度

3.PbTCP4与PbXND1蛋白互作验证及功能解析

为进一步研究PbXND1致矮机理，本研究通过酵母文库筛选到一个与PbXND1互作的蛋白PbTCP4。在拟南芥上，TCP4被证明促进了木质部和导管发育（Sun et al., 2017）。通过Y2H和双分子荧光互补实验（BIFC）验证了PbTCP4与PbXND1存在蛋白互作关系（图5-49 a、b）。进一步获得了PbTCP4过表达/沉默杜梨转基因根系，通过石蜡切片观察发现PbTCP4促进了根中木质部和导管发育（图 5-49 c～g）。随后对转基因梨木质部发育相关基因进行了定量分析，发现PbTCP4促进了基因的表达（图 5-49 h）。因此，PbTCP4可能是梨木质部发育的正调控因子，这与拟南芥中报道一致。

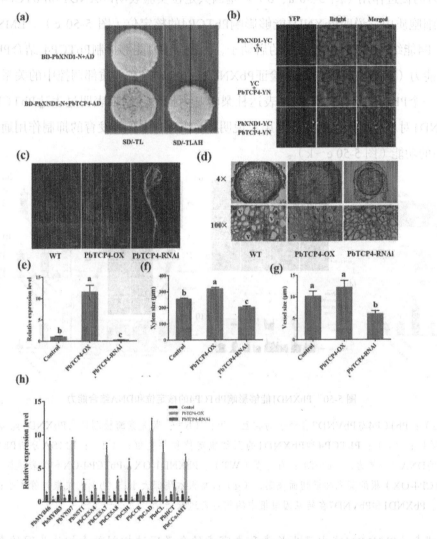

图 5-49　PbXND1和PbTCP4蛋白互作

（a）：酵母双杂；（b）：双分子荧光互补（BIFC）；（c）：两个月龄梨PbTCP4过表达和沉默根系；（d）：梨根横截面；（e）：PbTCP4在转基因梨根中的相对表达；（f）：木质部大小；（g）：根的导管大小；（h）：PbTCP4促进次级壁相关转录因子和功能基因的表达

4.PbXND1能够影响PbTCP4的核定位和DNA结合能力

VND7属于NAC转录因子家族，VND7的过表达可诱导原生木质部导管的异位分化，研究表明TCP4可以直接结合VND7的启动子并促进其表达（Sun et al., 2017）。本研究发现过表达PbTCP4后，PbVND7的表达水平提高。通过酵母单杂、双荧光素酶实验证明PbTCP4能够直接结合PbVND7的启动子并促进其表达，而PbXND1能够抑制PbTCP4对PbVND7的促进作用（图5-50 a、b）。基因共定位实验表明PbXND1和PbTCP4定位于细胞核和细胞质中，说明PbXND1能够影响PbTCP4的核定位（图5-50 c）。EMSA实验证明PbTCP4能结合并激活PbVND7的启动子，但PbXND1能够抑制PbTCP4 结合PbVND7启动子的能力（图5-50 d）。为了验证PbXND1和PbTCP4在木质部调控中的关系，本研究构建了一个PbXND1和PbTCP4共表达杜梨转基因根系，结果表明过表达PbTCP4能够恢复PbXND1对木质部发育的抑制作用，说明PbXND1对木质部发育的抑制作用通过抑制了PbTCP4的功能（图5-50 e～k）。

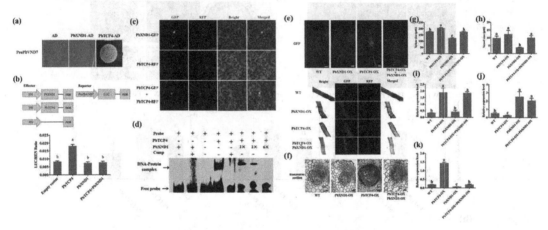

图5-50　PbXND1能够影响PbTCP4的核定位和DNA结合能力

（a）：PbTCP4与PbVND7启动子的相互作用；（b）：荧光素酶检测证实PbXND1能抑制PbTCP4的转录活性；（c）：PbTCP4和PbXND1的亚细胞定位和共定位；（d）：EMSA分析PbXND1影响PbTCP4的DNA结合能力；（e～f）：野生型（WT）、PbXND1-OX、PbTCP4-OX和共表达根（PbXND1-OX+PbTCP4-OX）根的荧光和横切面观察；（g）：梨根木质部大小；（h）：梨根导管大小；（i-k）：PbTCP4、PbXND1和PbVND7在转基因梨根中的相对表达量

5.过表达PbXND1减少了生长素和赤霉素的含量通过抑制激素相关基因的表达

为进一步研究PbXND1抑制梨生长的机理，对转基因植物中的生长素和赤霉素含量进行了测定，激素测定结果表明过表达PbXND1减少了生长素和赤霉素的含量（图 5-51 a）。已有大量的研究表明生长素和赤霉素在植物的生长中起着重要作用，如茎的伸长和根系发育（Bai et al., 2020；Ohtaka et al., 2020）。因此，PbXND1通过减少了生长素和赤霉素的含量降低了转基因梨的高度。

本研究对生长素和赤霉素代谢途径中相关基因的转录水平进行了分析，结果表明PbXND1下调了生长素转运（PbPIN1a，PbPIN1b和PbPIN4），信号转导（PbARF5，PbARF6

和PbARF8）和生长素合成相关基因（PbYUCCA6和PbYUCCA8）的表达，同时下调了赤霉素合成相关基因的表达（PbGA20ox1，PbGA20ox2，PbGA3ox1和PbGA3ox3）（图 5-51 b）。激素代谢相关基因的表达。基因表达趋势与激素测定结果一致，进一步证明PbXND1通过减少了生长素和赤霉素的含量降低了转基因烟草和梨的高度。

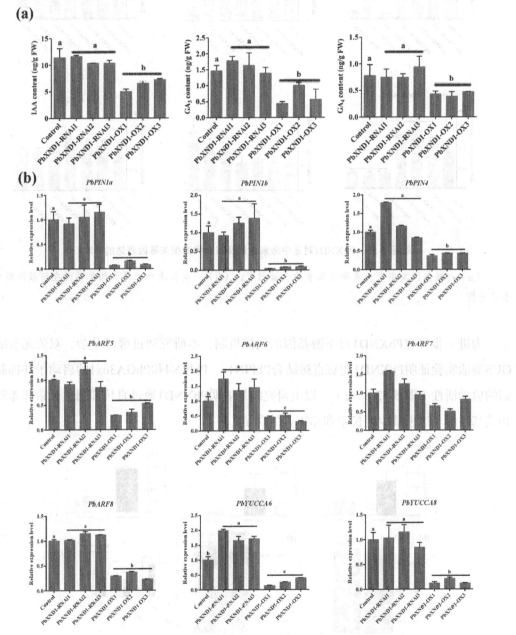

图 5-51　PbXND1对茎中激素含量及激素代谢相关基因表达的影响

（a）：转基因梨中生长素和赤霉素的含量测定；（b）：生长素和赤霉素相关基因在转基因梨中的表达分析

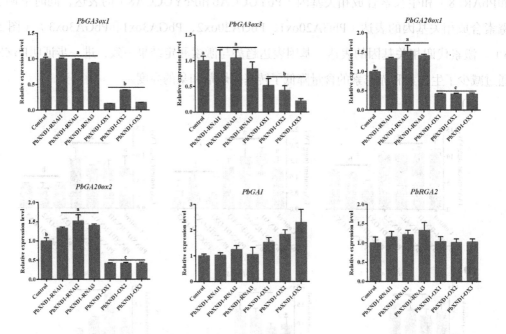

续图 5-51 PbXND1对茎中激素含量及激素代谢相关基因表达的影响

（a）：转基因梨中生长素和赤霉素的含量测定；（b）：生长素和赤霉素相关基因在转基因梨中的表达分析

为进一步研究PbXND1对下游基因的调控机制，本研究通过酵母单杂、双荧光素酶和GUS酶活实验证明PbXND1能够直接结合PbPIN1a，PbPIN4和PbGA3ox1的启动子并抑制它们的启动活性（图 5-52 a～c）。以上研究结果表明PbXND1通过直接抑制生长素和赤霉素相关基因的表达来减少生长素和赤霉素的含量。

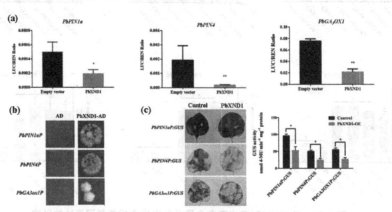

图 5-52 PbXND1对下游激素相关基因的调控

（a）：双荧光素酶验证；（b）：酵母单杂验证；（c）GUS酶活分析

6.PbXND1导致嫁接矮化

基于以上的研究结果，推测PbXND1可能具有嫁接致矮的功能。为了进一步了解PbXND1嫁接后是否具有抑制接穗生长的功能，本研究以转基因烟草为砧木进行了烟草嫁接实验。研究结果表明PbXND1能够引起嫁接的矮化，减少接穗的生长（图5-53 a～d）。

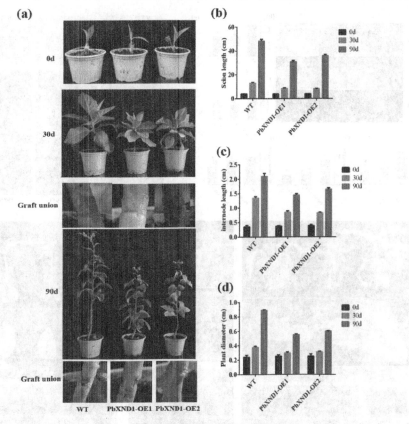

图 5-53　PbXND1转基因烟草嫁接致矮研究

（a）：转基因烟草表型观察；（b）：烟草植株高度统计；（c）：烟草植株节间长度统计；（d）：烟草植株根长统计；（e）：烟草植株茎纵切观察；（f）：烟草植株细胞长度统计

7.PbXND1影响了导水率和接穗的激素的含量

为研究PbXND1嫁接致矮的生理机制，首先对接穗的解剖结构进行了观察。结果表明过表达PbXND1导致接穗的木质部发育受阻，木质部和导管大小减少（图5-54 a～c）。此外还发现接穗中生长素和赤霉素的含量也显著降低（图5-55 d～f）。目前，矮化砧木引起的木质部发育受阻和植物激素变化被认为是致矮的重要原因（Tombesi et al.，2010；Chen et al.，2020）。这些研究结果表明PbXND1通过抑制接穗的木质部发育和减少接穗的生长素和赤霉素的含量导致接穗矮化。

通过切片观察和红墨水吸水实验发现PbXND1能够抑制嫁接后的愈合，进而降低嫁接后植株的导水率（图 5-54 g、h）。导水率和砧穗的嫁接愈合是影响砧木致矮的重要因素，低的导水率和嫁接愈合的形态也是评价砧木致矮的重要指标（Chen et al.，2020）。研究结果表明PbXND1通过降低导水率和抑制嫁接后的愈合导致接穗矮化。

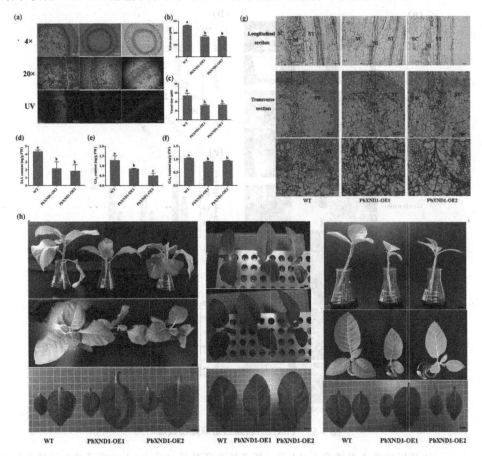

图 5-54 PbXND1转基因烟草木质部及激素含量测定分析

（a）：接穗横切观察；（b）：木质部大小；（c）：导管大小；（d-f）：接穗茎中生长素（IAA）和赤霉素（GA_3和GA_4）的含量测定；（g）：嫁接口的解剖结构观察（h）：PbXND1转基因苗和嫁接后的导水率分析

小结：PbXND1和PbTCP4拮抗调控了梨木质部的发育，PbXND1与PbTCP4蛋白互作并抑制了PbTCP4功能，从而抑制了梨木质部的发育。另外，PbXND1通过生长素和赤霉素途径调控了植株的高度。本项目进一步的研究表明，过表达PbXND1的转基因烟草作为砧木后，接穗中生长素和赤霉素的含量减少，木质部和导管的发育受到抑制，进而导致接穗的矮化。

参考文献

[1] 王玫，陈洪伟，王红利，等，2014.独脚金内酯调控植物分枝的研究进展[J].园艺学报41（09）：1924-34.

[2] 夏征农，刘大钧，2008.《大辞海 农业科学卷》.上海：上海辞书出版社

[3] 朱士农，张爱慧.园艺作物栽培总论[M].上海交通大学出版社：

[4] 龙兴桂，冯殿齐，苑兆和，等.中国现代果树栽培（上册）[M].中国农业出版社：

[5] 黄贤国.果树栽培[M].浙江科学技术出版社：8-9

[6] 张朝红，2015.短枝型苹果研究进展[J].北方园艺（18）：206-210.

[7] 贾敬贤，1999.梨树高产栽培[M].北京：金盾出版社.

[8] 张玉星，2003.果树栽培学各论（北方本）[M].第三版.北京：中国农业出版社.

[9] 蒋锦标，2012.李、杏优质高效生产技术[M].北京：化学工业出版社.

[10] 张克俊，2000.果树整形修剪技术问答[M].北京：中国农业出版社.

[11] 白团辉，李莉，郑先波，等，2019.柱状苹果Co基因的筛选与候选基因分析[J].中国农业科学52（23）：4350-4363.

[12] 朱元娣，孙凌霞，李春雨，等，2007.利用c DNA2AFLP技术研究苹果柱型与非柱型cDNA的差异表达[J].园艺学报34（2）：283-288.

[13] 胡东燕，张双佐，2010.观赏桃[M].北京：中国农业出版社.

[14] 刘蒙蒙.PpeTAC1基因的克隆与功能分析[D].郑州：河南农业大学图书馆，2018

[15] 王力荣，王蛟，朱更瑞，等，2017.桃若干重要特异性状的遗传倾向分析[J].果树学报44（2）：223-232.

[16] 张秀英，陈忠国，1991.北京市桃花品种调查与分类初探[J].园艺学报，18（1）：67-74

[17] 张秀英，戴思兰，史历延，1997.桃花品种资源多样性的研究[J].中国园林13（2）：17-19

[18] 胡丁猛，许景伟，囤兴建，等.观赏桃新品种'美慧'[J].园艺学报45（S2）：2819-2820

[19] 沈向，李亚蒙，康鸾，等，2008.园艺学报35（3）：395-402.

[20] 李培金，曾大力，刘新仿，等，2003.水稻散生突变体的遗传和基因定位研究[J].科学通报，48（21）：2271-2274.

[21] 卢艳芬，卜芊芬，郝素晓，等.5种苹果树植物GAI基因的克隆及生物信息学分析[J].北京农学院学报，2017，32（1）：1-6

[22] 罗静，王飞，韩明玉，等，2013.2种苹果中间砧致矮的解剖结构机理研究[J].西北农林科技大学学报（自然科学版），41（6）：124-132.

[23] 董翠翠.三种柑橘砧木及其嫁接苗矮化性状相关参数研究.西南大学.

[24] 李春燕，杨廷桢，王新平，等.苹果砧木枝条主要输导组织解剖特征与矮化性的关系.西北农林科技大学学报：自然科学版，2019，47（10）：7.

[25] 侯玉珏.矮化'富士'苹果叶片形态特征与部分生理指标研究.杨凌：西北农林科技大学，2012.

[26] 杨廷桢，高敬东，王骞，等.不同中间砧嫁接苹果品种叶片和枝条解剖结构与矮化性关系的研究，中国农学通报，2015，31（13）：95-99.36

[27] 赵同生，陈东玫，赵永波，等.苹果矮化砧木叶片解剖结构研究.河北农业科学，2010，14

（10）：22-23.

[28] 杨传友，史金玉，杜欣阁等.苹果叶片气孔的研究.山东农业大学学报，1998，29（1）：8-14.

[29] 隗晓雯，2014. 苹果砧木矮化性评价指标的研究及应用. 河北农业大学.

[30] 王兆龙.榅桲CC矮化砧对红茄梨生理性状和矿质元素的影响.烟台大学.

[31] 段元杰，杨玉皎，孟富宣，等，2018.果树嫁接亲和性的早期鉴定研究进展.江西农业学报，30（9）：6.

[32] 艾米热古丽·阿布都热西提，2006.果树需水规律与节水灌溉技术[J].新疆农业科技（06）：24.

[33] 李丽，张艳茹，常立民，1991.多效唑对国光苹果生长和结果的影响[J].河北果树（01）：26-29.

[34] 汪景彦，刘永国，康国栋，等，2021. 国光PBO套餐对烟富8号生长和成花的影响[J].果农之友.（07）：1-2.

[35] 赵万华，2001.萘乙酸防止苹果采前落果试验研究[J].西北园艺：果树（4）：13-13.

[36] 周冬菊，2021.果树整形修剪技术[J].现代农业科技（14）：87-88.

[37] 束怀瑞，2015.山东省果业的现状、问题及发展建议[J]. 落叶果树47（01）：1

[38] 束怀瑞，陈修德，2018.我国果树产业发展的时代任务[J].中国果树（02）：1-3.

[39] 束怀瑞，张世忠，2021.我国苹果产业70年发展历程与展望[J].落叶果树.53（01）：1-3.

[40] 王金政，2019.新中国果树科学研究70年——苹果[J].果树学报36（10）：1255-1263.

[41] 王丽琴，束怀瑞，2003.我国苹果根系研究的成就与应用[J].中国科学技术前沿：501-526.

[42] 范伟国，杨洪强，2006.果树根构型及其与营养和激素的关系[J].果树学报（04）：587-592.

[43] 范伟国，2006.苹果砧木根构型的分类、吸收特性及其调控研究[D]. 泰安：山东农业大学.

[44] 杨洪强，韩小娇，2007.低磷胁迫下平邑甜茶根构型与磷吸收特性的变化[J].园艺学报（06）：1341-1346.

[45] 罗飞雄，2014.不同砧木苹果树细根周转动态的研究[J].园艺学报41（08）：1525-1534.

[46] 杨洪强，2000.失水对苹果新根ABA含量和蛋白激酶活性的影响[J].园艺学报（02）：79-84.

[47] 束怀瑞，2002.苹果根系生物学研究进展[J].山东农业大学苹果根系研究论文集.

[48] 杨洪强，2001.尿素、IBA和羊粪对苹果幼树新根的诱导与调控[J].中国农业科学（01）：51-55.

[49] 姚胜蕊，2000.有机物料对盆栽苹果土壤酶活性的影响[J].土壤肥料（01）：32-34.

[50] 范伟国，杨洪强，2009.不同基质对平邑甜茶幼树生长、根系形态与营养吸收的影响[J].植物营养与肥料学报15（04）：936-941.

[51] 韩甜甜，2012.土壤不同介质界面对苹果根系构型和土壤特性的影响[J].中国农业科学 45（17）：3639-3645.

[52] 生利霞，2009. 不同土壤紧实度对平邑甜茶根系特征及氮代谢的影响[J]. 果树学报26（05）：593-596.

[53] 范伟国，杨洪强，2009.平邑甜茶幼苗生长、根构型及吸收特性的容器调控[J].园艺学报36（04）：559-564.

[54] 侯立群，2001.施氮空间与苹果植株的氮素吸收及分配特性[C].厦门：氮素循环与农业和环境学术研讨会.

[55] 黄萍，2018.垂直孔施有机物对土壤硝酸盐代谢及苹果叶片光合作用的影响[J].土壤学报55

（05）：1276-1285.

[56] 白健，2016.苹果根域调控对土壤理化性质和根系生长的影响[J].园艺学报，43（05）：829-840.

[57] 董星晨，2014.不同表层土壤管理措施对陇东果园土壤氮素矿化菌的影响[J].甘肃农业大学学报49（02）：139-146.

[58] 范伟国，2001.不同土质对苹果树生长发育的影响[J].山西果树（04）：24-25.

[59] 张世忠，2021.苹果园水肥气生一体化技术[J].落叶果树53（04）：33-35.

[60] 张德，　2021.盐胁迫对2种抗性苹果砧木叶片生理及解剖结构的影响[J].果树学报38（08）：1275-1284.

[61] 程平，2022.干旱胁迫对苹果树生长、光合特性及果实品质的影响[J].云南大学学报（自然科学版）44（02）：405-414.

[62] 黄桃鹏，2015.赤霉素生物合成及信号转导途径研究进展[J].植物生理学报51（08）：1241-1247.

[63] 宋杨，2013.短枝型苹果赤霉素受体基因MdGID1a及其启动子克隆和表达分析[J].园艺学报40（11）：2237-2244.

[64] 李春燕，2017.苹果矮化砧木致矮机理研究进展[J].中国农学通报33（28）：86-92.

[65] 景士西，2007.园艺植物育种学总论第二版[M].北京：中国农业出版社.

[66] 石荫坪，1986.果树突变育种[M].上海：上海技术出版社.

[67] 沈德绪，1999.果树育种学[M].北京：中国农业出版社.

[68] 张鲜鲜，赵静，李欣，等，2009.梨矮化砧木选育研究进展[J].河北农业科学13（05）：42-44.

[69] 徐明义，姚芳玲，1996.矮化中间砧梨简介[J].农业科技与信息（10）：12.

[70] 李春燕，杨廷桢，高敬东，等，2017.苹果矮化砧木致矮机理研究进展[J].中国农学通报33（28），86-92.

[71] 姜敏，蒲富慎，贾敬贤，等，1987.'榅桲+哈代'砧嫁接中国梨的生育表现[J].中国果树（4）：25-28.

[72] 范志懿，刘佳嘉，2020.果树叶片营养诊断方法研究进展.山西农业科学48（12）：2017-2022.

[73] 郝紫微，季兰，2017.我国果园生草研究现状与展望.山西农业科学45（03）：486-490.

[74] 刘丽，李秋利，高登涛，等，2022.树形对桃树生长、产量和品质的影响.果树学报39（01）：36-46.

[75] 王志强，2020.当代桃和油桃.中原农民出版社.

[76] 王志强，牛良，崔国朝，等，2018.桃园生草的三种方式[J].果农之友（7）：12-13

[77] 王志强，牛良，崔国朝，等，2015.桃树整形修剪的新方式—半直立多主无侧高光效树形[J].果农之友11：15

[78] 成果，陈立业，王军，等，2015.2种整形方式对'赤霞珠'葡萄光合特性及果实品质的影响[J].果树学报2：215-224.

[79] 邓烈，何绍兰，刘雪峰，等，2017.郁闭柑橘园整形改造对植株冠层生理特性、产量和果实品质的影响[J].中国农业科学50：1734-1746.

[80] 刘永忠，2015.柑橘提质增效核心技术研究与应用[M].北京：中国农业科学技术出版社.

[81] 王中英，赵玉军，童德中，1998.矮化中间砧苹果树14C同化物质分配和运转的研究[J].山西农业科学26：10-14.

[82] 谢善鹏，解凯东，夏强明，等，2022.柑橘6个地方品种资源四倍体高效发掘及分子鉴定[J].果树学报39（01）：1-9.

[83] 周锐，解凯东，王伟，等，2020. 依据多倍体形态特征快速高效发掘柑橘四倍体[J]. 园艺学报47（12）：2451-2458.

[84] 梁美霞，2017. 柱型苹果生长特性及Co基因定位研究进展. 中国农业科学50（22）：4421-4430.

[85] ALLAN P, GEORGE A P, NISSEN R, et al., 1993. Effects of paclobutrazol on phenological cycling of low-chill 'Flordaprince' peach in subtropical Australia [J]. Scientia Horticulturae, 53: 73-84.

[86] ALLARIO T, BRUMOS J, COLMENERO-FLORES J M, et al., 2013. Tetraploid Rangpur lime rootstock increases drought tolerance via enhanced constitutive root abscisic acid production [J]. Plant Cell Environ, 36: 856-868.

[87] ALONI, COHEN, KARNI, et al., 2010. Hormonal signaling in rootstock-scion interactions [J]. Scientia horticulturae.

[88] ALONI B, COHEN R, KARNI L, et al. 2013. Hormonal signaling in rootstock–scion interactions [M].

[89] AMASINO R, 2010. Seasonal and developmental timing of flowering [J]. Plant J, 61: 1001-1013.

[90] ARITE T, IWATA H, OHSHIMA K, et al., 2007. DWARF10, an RMS1/MAX4/DAD1 ortholog, controls lateral bud outgrowth in rice [J]. Plant J, 51: 1019-1029.

[91] ARZANI K, ROOSTA H R, 2004. Effects of paclobutrazol on vegetative and reproductive growth and leaf mineral content of mature apricot (Prunus armeniaca L.) trees [J]. J. Agric. Sci. Technol, 6: 43-55.

[92] ASHRAF N, BHAT M Y, SHARMA M, et al., 2015. Influence of paclobutrazol and summer pruning on growth and vigour of apple cv. Red delicious [J]. Journal of Food, Agriculture and Environment, 13: 98-100.

[93] ATKINSON C J, ELSE M A, TAYLOR L, et al., 2003. Root and stem hydraulic conductivity as determinants of growth potential in grafted trees of apple (Malus pumila Mill.) [J]. J Exp Bot, 54: 1221-1229.

[94] ATKINSON C J, POLICARPO M, WEBSTER A D, et al., 1999. Drought tolerance of apple rootstocks: Production and partitioning of dry matter [J]. Plant and Soil, 206: 223-235.

[95] B., LóPEZ, S., et al., 2001. Fine-root longevity of Quercus ilex [J]. New Phytologist, 151: 437-441.

[96] BACAICOA E, MORA V, ZAMARREñO A M, et al., 2011. Auxin: a major player in the shoot-to-root regulation of root Fe-stress physiological responses to Fe deficiency in cucumber plants [J]. Plant Physiol Biochem, 49: 545-556.

[97] BAI T, DONG Z, ZHENG X, et al., 2020. Auxin and Its Interaction With Ethylene Control Adventitious Root Formation and Development in Apple Rootstock [J]. Front Plant Sci, 11: 574881.

[98] BAI T, ZHU Y, FERNáNDEZ-FERNáNDEZ F, et al., 2012. Fine genetic mapping of the Co locus controlling columnar growth habit in apple [J]. Mol Genet Genomics, 287: 437-450.

[99] BAILEY-SERRES J, VOESENEK L A, 2008. Flooding stress: acclimations and genetic diversity [J]. Annu Rev Plant Biol, 59: 313-339.

[100] BALAL R M, SHAHID M A, VINCENT C, et al., 2017. Kinnow mandarin plants grafted on tetraploid rootstocks are more tolerant to Cr-toxicity than those grafted on its diploids one [J]. Environmental and Experimental Botany, 140: 8-18.

[101] BAOYIN C, WANG C, TIAN Y, et al., 2015. Anatomical characteristics of young stems and mature leaves of dwarf pear [J]. Scientia Horticulturae, 186.

[102] BARBIER F, PéRON T, LECERF M, et al., 2015. Sucrose is an early modulator of the key hormonal mechanisms controlling bud outgrowth in Rosa hybrida [J]. J Exp Bot, 66: 2569-2582.

[103] BARBIER F F, DUN E A, KERR S C, et al., 2019. An Update on the Signals Controlling Shoot Branching [J]. Trends Plant Sci, 24: 220-236.

[104] BAUGHER T A, SINGHA S, LEACH D W, et al., 1994. Growth, productivity, spur quality, light transmission and net photosynthesis of 'Golden Delicious' apple trees on four rootstocks in three training systems [J]. Fruit varieties journal., 48: 251-255.

[105] BOOKER J, SIEBERER T, WRIGHT W, et al., 2005. MAX1 encodes a cytochrome P450 family member that acts downstream of MAX3/4 to produce a carotenoid-derived branch-inhibiting hormone [J]. Dev Cell, 8: 443-449.

[106] BOSTAN M, 2022. Influence of Crown Formation Method on Development of the Apple Trees in the Nursery [J].

[107] BRAUN D M, WANG L, RUAN Y L, 2014. Understanding and manipulating sucrose phloem loading, unloading, metabolism, and signalling to enhance crop yield and food security [J]. J Exp Bot, 65: 1713-1735.

[108] BREWER P B, DUN E A, FERGUSON B J, et al., 2009. Strigolactone acts downstream of auxin to regulate bud outgrowth in pea and Arabidopsis [J]. Plant Physiol, 150: 482-493.

[109] BRYLA D, TROUT T, AYARS J E, et al., 2003. Growth and Production of Young Peach Trees Irrigated by Furrow, Microjet, Surface Drip, or Subsurface Drip Systems [J]. HortScience: a publication of the American Society for Horticultural Science, 38: 1112-1116.

[110] BULLEY S M, WILSON F M, HEDDEN P, et al., 2005. Modification of gibberellin biosynthesis in the grafted apple scion allows control of tree height independent of the rootstock [J]. Plant Biotechnol J, 3: 215-223.

[111] BURTON A J, PREGITZER K S, HENDRICK R L, 2000. Relationships between fine root dynamics and nitrogen availability in Michigan northern hardwood forests [J]. Oecologia, 125: 389-399.

[112] CASAGRANDE BIASUZ E, KALCSITS L A, 2022. Apple rootstocks affect functional leaf traits with consequential effects on carbon isotope composition and vegetative vigour [J]. AoB Plants, 14: plac020.

[113] CHABIKWA T G, BREWER P B, BEVERIDGE C A, 2019. Initial Bud Outgrowth Occurs Independent of Auxin Flow from Out of Buds [J]. Plant Physiol, 179: 55-65.

[114] CHANG C, LI C, LI C-Y, et al., 2014. Differences in the Efficiency of Potassium (K) Uptake and Use in Five Apple Rootstock Genotypes [J]. Journal of Integrative Agriculture, 13: 1934-1942.

[115] CHAUMONT F, TYERMAN S D, 2014. Aquaporins: highly regulated channels controlling plant water relations [J]. Plant Physiol, 164: 1600-1618.

[116] CHEN X, LU S, WANG Y, et al., 2015. OsNAC2 encoding a NAC transcription factor that affects plant height through mediating the gibberellic acid pathway in rice [J]. Plant J, 82: 302-314.

[117] CHEN Y, AN X, ZHAO D, et al., 2020. Transcription profiles reveal sugar and hormone signaling pathways mediating tree branch architecture in apple (Malus domestica Borkh.) grafted on different rootstocks [J]. PLoS One, 15: e0236530.

[118] CHENG J, ZHANG M, TAN B, et al., 2019. A single nucleotide mutation in GID1c disrupts its interaction with DELLA1 and causes a GA-insensitive dwarf phenotype in peach [J]. Plant Biotechnol J, 17: 1723-1735.

[119] CHENG X, RUYTER-SPIRA C, BOUWMEESTER H, 2013. The interaction between

strigolactones and other plant hormones in the regulation of plant development [J]. Front Plant Sci, 4: 199.

[120] CHRISTOV C, TSVETKOV I, KOVACHEV V, 1995. Use of paclobutrazol to control vegetative growth and improve fruiting efficiency of grapevines (Vitis vinifera L.) [J]. Bulg J Plant Physiol, 21.

[121] COMAI L, 2005. The advantages and disadvantages of being polyploid [J]. Nat Rev Genet, 6: 836-846.

[122] COMAI L, TYAGI A P, WINTER K, et al., 2000. Phenotypic instability and rapid gene silencing in newly formed arabidopsis allotetraploids [J]. Plant Cell, 12: 1551-1568.

[123] CRAWFORD S, SHINOHARA N, SIEBERER T, et al., 2010. Strigolactones enhance competition between shoot branches by dampening auxin transport [J]. Development, 137: 2905-2913.

[124] CUI N, TS D, LI F, et al., 2009. Response of vegetative growth and fruit development to regulated deficit irrigation at different growth stages of pear-jujube tree [J]. Agricultural Water Management, 96: 1237-1246.

[125] D'ALOIA M, BONHOMME D, BOUCHé F, et al., 2011. Cytokinin promotes flowering of Arabidopsis via transcriptional activation of the FT paralogue TSF [J]. Plant J, 65: 972-979.

[126] DALZIEL J, LAWRENCE D K, 1984. Biochemical and biological effects of kaurene oxidase inhibitors, such as paclobutrazol [J]. British Plant Growth Regulator Group Monograph, 11: 43-57.

[127] DARDICK C, CALLAHAN A, HORN R, et al., 2013. PpeTAC1 promotes the horizontal growth of branches in peach trees and is a member of a functionally conserved gene family found in diverse plants species [J]. Plant J, 75: 618-630.

[128] DIRLEWANGER E, GRAZIANO E, JOOBEUR T, et al., 2004. Comparative mapping and marker-assisted selection in Rosaceae fruit crops [J]. Proc Natl Acad Sci U S A, 101: 9891-9896.

[129] DOBRENEL T, MARCHIVE C, AZZOPARDI M, et al., 2013. Sugar metabolism and the plant target of rapamycin kinase: a sweet operaTOR? [J]. Front Plant Sci, 4: 93.

[130] DOMAGALSKA M A, LEYSER O, 2011. Signal integration in the control of shoot branching [J]. Nat Rev Mol Cell Biol, 12: 211-221.

[131] DOUGHERTY L, SINGH R, BROWN S, et al., 2018. Exploring DNA variant segregation types in pooled genome sequencing enables effective mapping of weeping trait in Malus [J]. J Exp Bot, 69: 1499-1516.

[132] DURAND M, PORCHERON B, HENNION N, et al., 2016. Water Deficit Enhances C Export to the Roots in Arabidopsis thaliana Plants with Contribution of Sucrose Transporters in Both Shoot and Roots [J]. Plant Physiol, 170: 1460-1479.

[133] EEUWENS C J, LORD S, DONOUGH C R, et al., 2002. Effects of tissue culture conditions during embryoid multiplication on the incidence of ``mantled'' flowering in clonally propagated oil palm [J]. Plant Cell, Tissue and Organ Culture, 70: 311-323.

[134] EISSENSTAT D M, YANAI R D, 1997. The Ecology of Root Lifespan [J]. Advances in Ecological Research, 27: 1-60.

[135] ELITZUR T, NAHUM H, BOROVSKY Y, et al., 2009. Co-ordinated regulation of flowering time, plant architecture and growth by FASCICULATE: the pepper orthologue of SELF PRUNING [J]. J Exp Bot, 60: 869-880.

[136] ELSEVIER. Comparative biochemistry and physiology[C]//:Comparative biochemistry and physiology. Part B, Biochemistry & molecular biology,1995

[137] FALLAHI E, CHUN I-J, NEILSEN G, et al., 2001a. Effects of three rootstocks on photosynthesis, leaf mineral nutrition, and vegetative growth of "BC-2 Fuji" apple trees [J]. Journal of Plant Nutrition - J PLANT NUTR, 24: 827-834.

[138] FALLAHI E, COLT W, FALLAHI B, et al., 2001b. The Importance of Apple Rootstocks on Tree Growth, Yield, Fruit Quality, Leaf Nutrition, and Photosynthesis with an Emphasis on 'Fuji' [J]. HortTechnology, 12.

[139] FARRAR J F, JONES D L, 2000. The control of carbon acquisition by roots [J]. New Phytologist, 147: 43-53.

[140] FELDMANN K A, 2001. Cytochrome P450s as genes for crop improvement [J]. Curr Opin Plant Biol, 4: 162-167.

[141] FENG-QUAN, TAN, HONG, et al., 2017. Metabolic adaptation following genome doubling in citrus doubled diploids revealed by non-targeted metabolomics [J]. Metabolomics, 13: 143.

[142] FENG Y, SUN Q, ZHANG G, et al., 2019. Genome-Wide Identification and Characterization of ABC Transporters in Nine Rosaceae Species Identifying MdABCG28 as a Possible Cytokinin Transporter linked to Dwarfing [J]. Int J Mol Sci, 20.

[143] FENG Y, ZHANG X, WU T, et al., 2017. Methylation effect on IPT5b gene expression determines cytokinin biosynthesis in apple rootstock [J]. Biochem Biophys Res Commun, 482: 604-609.

[144] FOSTER T M, CELTON J M, CHAGNé D, et al., 2015. Two quantitative trait loci, Dw1 and Dw2, are primarily responsible for rootstock-induced dwarfing in apple [J]. Hortic Res, 2: 15001.

[145] FOSTER T M, MCATEE P A, WAITE C N, et al., 2017. Apple dwarfing rootstocks exhibit an imbalance in carbohydrate allocation and reduced cell growth and metabolism [J]. Hortic Res, 4: 17009.

[146] FOSTER T M, SELEZNYOVA A N, BARNETT A M, 2007. Independent control of organogenesis and shoot tip abortion are key factors to developmental plasticity in kiwifruit (Actinidia) [J]. Ann Bot, 100: 471-481.

[147] FRAGOSO V, ROTHE E, BALDWIN I T, et al., 2014. Root jasmonic acid synthesis and perception regulate folivore-induced shoot metabolites and increase Nicotiana attenuata resistance [J]. New Phytol, 202: 1335-1345.

[148] FUJIOKA S, YOKOTA T, 2003. Biosynthesis and metabolism of brassinosteroids [J]. Annu Rev Plant Biol, 54: 137-164.

[149] FUJITA S, OHNISHI T, WATANABE B, et al., 2006. Arabidopsis CYP90B1 catalyses the early C-22 hydroxylation of C27, C28 and C29 sterols [J]. Plant J, 45: 765-774.

[150] FUKAKI H, WYSOCKA-DILLER J, KATO T, et al., 1998. Genetic evidence that the endodermis is essential for shoot gravitropism in Arabidopsis thaliana [J]. Plant J, 14: 425-430.

[151] GALLAVOTTI A, 2013. The role of auxin in shaping shoot architecture [J]. J Exp Bot, 64: 2593-2608.

[152] GAN Z, WANG Y, WU T, et al., 2018. MdPIN1b encodes a putative auxin efflux carrier and has different expression patterns in BC and M9 apple rootstocks [J]. Plant Mol Biol, 96: 353-365.

[153] GHANEM M E, ALBACETE A, SMIGOCKI A C, et al., 2011. Root-synthesized cytokinins improve shoot growth and fruit yield in salinized tomato (Solanum lycopersicum L.) plants [J]. J Exp Bot, 62: 125-140.

[154] GREGORY P J, ATKINSON C J, BENGOUGH A G, et al., 2013. Contributions of roots and rootstocks to sustainable, intensified crop production [J]. J Exp Bot, 64: 1209-1222.

[155] GROB J A, 1996. Plant Stems: Physiology and Functional Morphology [J]. Forest Science, 42: 125-125.

[156] HAISHAN A, FEIXIONG L, TING W, et al., 2017. Effect of rootstocks or interstems on dry matter allocation in apple [J]. Eur.J.Hortic.Sci., 82: 225-231.

[157] HAKE S, SMITH H M, HOLTAN H, et al., 2004. The role of knox genes in plant development [J]. Annu Rev Cell Dev Biol, 20: 125-151.

[158] HAMPTON J, HEBBLETHWAITE P, 2006. The effect of the growth regulator paclobutrazol (PP333) on the growth, development and yield of Lolium perenne grown for seed [J]. Grass and Forage Science, 40: 93-101.

[159] HARRISON N, HARRISON R J, BARBER-PEREZ N, et al., 2016. A new three-locus model for rootstock-induced dwarfing in apple revealed by genetic mapping of root bark percentage [J]. J Exp Bot, 67: 1871-1881.

[160] HARTIG K, BECK E, 2006. Crosstalk between auxin, cytokinins, and sugars in the plant cell cycle [J]. Plant Biol (Stuttg), 8: 389-396.

[161] HASEGAWA S, SOGABE Y, ASANO T, et al., 2011. Gene expression analysis of wounding-induced root-to-shoot communication in Arabidopsis thaliana [J]. Plant Cell Environ, 34: 705-716.

[162] HAYAT F, ASGHAR S, YANMIN Z, et al. Rootstock Induced Vigour is Associated with Physiological, Biochemical and Molecular Changes in 'Red Fuji' Apple[C]//,2020

[163] HEILMANN I, SHIN J, HUANG J, et al., 2001. Transient dissociation of polyribosomes and concurrent recruitment of calreticulin and calmodulin transcripts in gravistimulated maize pulvini [J]. Plant Physiol, 127: 1193-1203.

[164] HETHERINGTON A M, WOODWARD F I, 2003. The role of stomata in sensing and driving environmental change [J]. Nature, 424: 901-908.

[165] HILL J L, JR., HOLLENDER C A, 2019. Branching out: new insights into the genetic regulation of shoot architecture in trees [J]. Curr Opin Plant Biol, 47: 73-80.

[166] HIRAKAWA Y, KONDO Y, FUKUDA H, 2010. TDIF peptide signaling regulates vascular stem cell proliferation via the WOX4 homeobox gene in Arabidopsis [J]. Plant Cell, 22: 2618-2629.

[167] HOLLENDER C A, PASCAL T, TABB A, et al., 2018. Loss of a highly conserved sterile alpha motif domain gene (WEEP) results in pendulous branch growth in peach trees [J]. Proc Natl Acad Sci U S A, 115: E4690-e4699.

[168] HOOIJDONK B, WOOLLEY D, WARRINGTON I, et al., 2010a. Initial alteration of scion architecture by dwarfing apple rootstocks may involve shoot-root-shoot signalling by auxin, gibberellin, and cytokinin [J]. Journal of Horticultural Science and Biotechnology, 85: 59-65.

[169] HOOIJDONK B, WOOLLEY D, WARRINGTON I, et al., 2011. Rootstocks Modify Scion Architecture, Endogenous Hormones, and Root Growth of Newly Grafted 'Royal Gala' Apple Trees [J]. Journal of the American Society for Horticultural Science, 136: 93-102.

[170] HOOIJDONK B M V, WOOLLEY D J, WARRINGTON I J, et al., 2010b. Initial alteration of scion architecture by dwarfing apple rootstocks may involve shoot-root-shoot signalling by auxin,

gibberellin, and cytokinin [J]. The Journal of Horticultural Science & Biotechnology: 85.

[171] HOSSAIN S, MIZUTANI F, ONGUSO J M, et al., 2005. Effect of interstock and spiral bark ringing on the growth and yield of peach [J]. 11: 309-316.

[172] HUGARD J J I T E A, 1970. Pear rootstocks [J].

[173] JIA D, GONG X, LI M, et al., 2018. Overexpression of a Novel Apple NAC Transcription Factor Gene, MdNAC1, Confers the Dwarf Phenotype in Transgenic Apple (Malus domestica) [J]. Genes (Basel), 9.

[174] JIANG F, HARTUNG W, 2008. Long-distance signalling of abscisic acid (ABA): the factors regulating the intensity of the ABA signal [J]. J Exp Bot, 59: 37-43.

[175] JIANG J, MA S, YE N, et al., 2017. WRKY transcription factors in plant responses to stresses [J]. J Integr Plant Biol, 59: 86-101.

[176] JIANG Y, TONG S, CHEN N, et al., 2021. The PalWRKY77 transcription factor negatively regulates salt tolerance and abscisic acid signaling in Populus [J]. Plant J, 105: 1258-1273.

[177] JINDAL K, DALBRO S, ANDERSEN A, et al., 2006. Endogenous Growth Substances in Normal and Dwarf Mutants of Cortland and Golden Delicious Apple Shoots [J]. Physiologia Plantarum, 32: 71-77.

[178] JUPA R, MéSZáROS M, HOCH G, et al., 2022. Trunk radial growth, water and carbon relations of mature apple trees on two size-controlling rootstocks during severe summer drought [J]. Tree Physiol, 42: 289-303.

[179] KAMBOJ J S, BLAKE* A, S. P, et al., 1999. Identification and quantitation by GC-MS of zeatin and zeatin riboside in xylem sap from rootstock and scion of grafted apple trees [J]. Plant Growth Regulation, 28: 199-205.

[180] KEBROM T H, BRUTNELL T P, HAYS D B, et al., 2010. Vegetative axillary bud dormancy induced by shade and defoliation signals in the grasses [J]. Plant Signal Behav, 5: 317-319.

[181] KENIS K, KEULEMANS J, 2007. Study of tree architecture of apple (Malus × domestica Borkh.) by QTL analysis of growth traits [J]. Molecular Breeding, 19: 193-208.

[182] KHADILKAR A S, YADAV U P, SALAZAR C, et al., 2016. Constitutive and Companion Cell-Specific Overexpression of AVP1, Encoding a Proton-Pumping Pyrophosphatase, Enhances Biomass Accumulation, Phloem Loading, and Long-Distance Transport [J]. Plant Physiol, 170: 401-414.

[183] KO D, KANG J, KIBA T, et al., 2014. Arabidopsis ABCG14 is essential for the root-to-shoot translocation of cytokinin [J]. Proc Natl Acad Sci U S A, 111: 7150-7155.

[184] KOUKOURIKOU-PETRIDOU M A, 1996. Paclobutrazol affects the extension growth and the levels of endogenous IAA of almond seedlings [J]. Plant Growth Regulation, 18: 187-190.

[185] KURAKAWA T, UEDA N, MAEKAWA M, et al., 2007. Direct control of shoot meristem activity by a cytokinin-activating enzyme [J]. Nature, 445: 652-655.

[186] KVIKLYS D, LANAUSKAS J, USELIS N, et al., 2017. Rootstock vigour and leaf colour affect apple tree nutrition [J]. Zemdirbyste-Agriculture, 104: 185-190.

[187] LALONDE S, WIPF D, FROMMER W B, 2004. Transport mechanisms for organic forms of carbon and nitrogen between source and sink [J]. Annu Rev Plant Biol, 55: 341-372.

[188] LAPINS K O, 1976. Inheritance of compact growth type in apple [J]. journal american society for horticultural science.

[189] LASTDRAGER J, HANSON J, SMEEKENS S, 2014. Sugar signals and the control of plant

growth and development [J]. J Exp Bot, 65: 799-807.

[190] LEI G J, ZHU X F, WANG Z W, et al., 2014. Abscisic acid alleviates iron deficiency by promoting root iron reutilization and transport from root to shoot in Arabidopsis [J]. Plant Cell Environ, 37: 852-863.

[191] LI B, FENG Z, XIE M, et al., 2011. Modulation of the root-sourced ABA signal along its way to the shoot in Vitis riparia x Vitis labrusca under water deficit [J]. J Exp Bot, 62: 1731-1741.

[192] LI H L, ZHANG H, YU C, et al., 2012a. Possible roles of auxin and zeatin for initiating the dwarfing effect of M9 used as apple rootstock or interstock [J]. Acta Physiologiae Plantarum, 34: 235-244.

[193] LI M, WEI Q, XIAO Y, et al., 2018. The effect of auxin and strigolactone on ATP/ADP isopentenyltransferase expression and the regulation of apical dominance in peach [J]. Plant Cell Rep, 37: 1693-1705.

[194] LI P, WANG Y, QIAN Q, et al., 2007. LAZY1 controls rice shoot gravitropism through regulating polar auxin transport [J]. Cell Res, 17: 402-410.

[195] LI S, PENG F, XIAO Y, et al., 2020. Mechanisms of High Concentration Valine-Mediated Inhibition of Peach Tree Shoot Growth [J]. Front Plant Sci, 11: 603067.

[196] LI X, YU E, FAN C, et al., 2012b. Developmental, cytological and transcriptional analysis of autotetraploid Arabidopsis [J]. Planta, 236: 579-596.

[197] LI Z M, ZHANG J Z, MEI L, et al., 2010. PtSVP, an SVP homolog from trifoliate orange (Poncirus trifoliata L. Raf.), shows seasonal periodicity of meristem determination and affects flower development in transgenic Arabidopsis and tobacco plants [J]. Plant Mol Biol, 74: 129-142.

[198] MA C, MEIR S, XIAO L, et al., 2015. A KNOTTED1-LIKE HOMEOBOX protein regulates abscission in tomato by modulating the auxin pathway [J]. Plant Physiol, 167: 844-853.

[199] MA Y, XUE H, ZHANG L, et al., 2016. Involvement of Auxin and Brassinosteroid in Dwarfism of Autotetraploid Apple (Malus × domestica) [J]. Sci Rep, 6: 26719.

[200] MAGOME H, YAMAGUCHI S, HANADA A, et al., 2004. dwarf and delayed-flowering 1, a novel Arabidopsis mutant deficient in gibberellin biosynthesis because of overexpression of a putative AP2 transcription factor [J]. Plant J, 37: 720-729.

[201] MAJDI H, DAMM E, NYLUND J-E, 2001. Longevity of mycorrhizal roots depends on branching order and nutrient availability [J]. New Phytologist, 150: 195-202.

[202] MARTíNEZ-ALCáNTARA B, RODRIGUEZ-GAMIR J, MARTíNEZ-CUENCA M R, et al., 2013. Relationship between hydraulic conductance and citrus dwarfing by the Flying Dragon rootstock (Poncirus trifoliata L. Raft var. monstruosa) [J]. 27: 629-638.

[203] MASON M G, ROSS J J, BABST B A, et al., 2014. Sugar demand, not auxin, is the initial regulator of apical dominance [J]. Proceedings of the National Academy of Sciences, 111: 6092-6097.

[204] MCADAM S A, BRODRIBB T J, ROSS J J, 2016. Shoot-derived abscisic acid promotes root growth [J]. Plant Cell Environ, 39: 652-659.

[205] MEACHAM-HENSOLD K, MONTES C M, WU J, et al., 2019. High-throughput field phenotyping using hyperspectral reflectance and partial least squares regression (PLSR) reveals genetic modifications to photosynthetic capacity [J]. Remote Sens Environ, 231: 111176.

[206] MELDAU S, WOLDEMARIAM M G, FATANGARE A, et al., 2015. Using 2-deoxy-2-[18F]

fluoro-D-glucose ([18F]FDG) to study carbon allocation in plants after herbivore attack [J]. BMC Res Notes, 8: 45.

[207] MENDEL K, COHEN A, 1967. Starch Level in the Trunk as a Measure of Compatibility Between Stock and Scion in Citrus [J]. Journal of Horticultural Science, 42: 231-241.

[208] MESTRE L, REIG G, BETRáN J, et al., 2015. Influence of peach–almond hybrids and plum-based rootstocks on mineral nutrition and yield characteristics of 'Big Top' nectarine in replant and heavy-calcareous soil conditions [J]. Scientia Horticulturae, 192.

[209] MILNER M J, MITANI-UENO N, YAMAJI N, et al., 2014. Root and shoot transcriptome analysis of two ecotypes of Noccaea caerulescens uncovers the role of NcNramp1 in Cd hyperaccumulation [J]. Plant J, 78: 398-410.

[210] MIZUTANI M, TODOROKI Y, 2006. ABA 8′-hydroxylase and its chemical inhibitors [J]. Phytochemistry Reviews, 5: 385.

[211] MOORE J N, ROM R C, BROWN S A, et al., 1993. 'Bonfire' dwarf peach, 'Leprechaun' dwarf nectarine, and 'Crimson cascade' and 'Pink cascade' weeping peaches [J]. 28: 854-854.

[212] MORIYA S, IWANAMI H, KOTODA N, et al., 2009. Development of a Marker-assisted Selection System for Columnar Growth Habit in Apple Breeding [J]. Journal of the Japanese Society for Horticultural Science, 78: 279-287.

[213] MüLLER D, WALDIE T, MIYAWAKI K, et al., 2015. Cytokinin is required for escape but not release from auxin mediated apical dominance [J]. The Plant Journal, 82: 874-886.

[214] NARTVARANANT P, SUBHADRABANDHU S, TONGUMPAI P, 2000. Practical aspect in producing off-season mango in Thailand [J]. Acta Horticulturae, 509: 661-668.

[215] NEILSEN D, MILLARD P, HERBERT L C, et al., 2001. Remobilization and uptake of N by newly planted apple (Malus domestica) trees in response to irrigation method and timing of N application [J]. Tree Physiol, 21: 513-521.

[216] NELSON D, WERCK-REICHHART D, 2011. A P450-centric view of plant evolution [J]. Plant J, 66: 194-211.

[217] NIU L, TAO Y B, CHEN M S, et al., 2016. Identification and characterization of tetraploid and octoploid Jatropha curcas induced by colchicine [J]. Caryologia: International Journal of Cytology, Cytosystematics and Cytogenetics, 69: 58-66.

[218] NODA K, OKUDA H, IWAGAKI I, 2000. Indole acetic acid and abscisic acid levels in new shoots and fibrous roots of citrus scion-rootstock combinations [J]. Scientia Horticulturae - SCI HORT-AMSTERDAM, 84: 245-254.

[219] OHTAKA K, YOSHIDA A, KAKEI Y, et al., 2020. Difference Between Day and Night Temperatures Affects Stem Elongation in Tomato (Solanum lycopersicum) Seedlings via Regulation of Gibberellin and Auxin Synthesis [J]. Front Plant Sci, 11: 577235.

[220] OLIVIER O J, JACOBS G, STRYDOM D K, 1990. Effect of a foliar application of paclobutrazol in autumn on the reproductive development of 'Songold' plum [J]. South African journal of plant and soil = Suid-Afrikaanse tydskrif vir plant en grond., 7: 92-95.

[221] OUSTRIC J, MORILLON R, LURO F, et al., 2017. Tetraploid Carrizo citrange rootstock (Citrus sinensis Osb. × Poncirus trifoliata L. Raf.) enhances natural chilling stress tolerance of common clementine

(Citrus clementina Hort. ex Tan) [J]. J Plant Physiol, 214: 108-115.

[222] PAPAGEORGIOU I, GIAGLARAS P, MALOUPA E, 2002. Effects of Paclobutrazol and Chlormequat on Growth and Flowering of Lavender [J]. HortTechnology, 12.

[223] PATIL S B, BARBIER F F, ZHAO J, et al., 2022. Sucrose promotes D53 accumulation and tillering in rice [J]. New Phytol, 234: 122-136.

[224] PéRET B, LI G, ZHAO J, et al., 2012. Auxin regulates aquaporin function to facilitate lateral root emergence [J]. Nat Cell Biol, 14: 991-998.

[225] PRASAD T K, LI X, ABDEL-RAHMAN A M, et al., 1993. Does Auxin Play a Role in the Release of Apical Dominance by Shoot Inversion in Ipomoea nil? [J]. Annals of Botany, 71: 223-229.

[226] PREGITZER K S, DEFOREST J L, BURTON A J, et al., 2002. FINE ROOT Architecture of Nine North American Trees [J]. Ecological Monographs, 72: 293-309.

[227] PREGITZER K S, HENDRICK R L, FOGEL R, 1993. The demography of fine roots in response to patches of water and nitrogen [J]. New Phytol, 125: 575-580.

[228] RAMEAU C, BERTHELOOT J, LEDUC N, et al., 2014. Multiple pathways regulate shoot branching [J]. Front Plant Sci, 5: 741.

[229] RANOCHA P, DENANCé N, VANHOLME R, et al., 2010. Walls are thin 1 (WAT1), an Arabidopsis homolog of Medicago truncatula NODULIN21, is a tonoplast-localized protein required for secondary wall formation in fibers [J]. Plant J, 63: 469-483.

[230] ROMERO P, BOTIA P, GARCIA F, 2004. Effects of regulated deficit irrigation under subsurface drip irrigation conditions on vegetative development and yield of mature almond trees [J]. Plant and Soil, 260: 169-181.

[231] RUFATO L, DA SILVA P S, KRETZSCHMAR A A, et al., 2021. Geneva® Series Rootstocks for Apple Trees Under Extreme Replanting Conditions in Southern Brazil [J]. Front Plant Sci, 12: 712162.

[232] RUSHOLME PILCHER R, CELTON J-M, GARDINER S, et al., 2008. Genetic Markers Linked to the Dwarfing Trait of Apple Rootstock 'Malling 9' [J]. Journal of the American Society for Horticultural Science. American Society for Horticultural Science, 133.

[233] SAEED M, DODD P, SOHAIL L, 2010. Anatomical studies of stems, roots and leaves of selected citrus rootstock varieties in relation to their vigour [J]. J. Hortic. For., 2.

[234] SAJER O, SCORZA R, DARDICK C, et al., 2012. Development of sequence-tagged site markers linked to the pillar growth type in peach (Prunus persica) [J]. Plant Breeding, 131: 186-192.

[235] SASAKI T, SUZAKI T, SOYANO T, et al., 2014. Shoot-derived cytokinins systemically regulate root nodulation [J]. Nat Commun, 5: 4983.

[236] SASSI M, LU Y, ZHANG Y, et al., 2012. COP1 mediates the coordination of root and shoot growth by light through modulation of PIN1- and PIN2-dependent auxin transport in Arabidopsis [J]. Development, 139: 3402-3412.

[237] SATO E M, HIJAZI H, BENNETT M J, et al., 2015. New insights into root gravitropic signalling [J]. J Exp Bot, 66: 2155-2165.

[238] SAUER M, ROBERT S, KLEINE-VEHN J, 2013. Auxin: simply complicated [J]. J Exp Bot, 64: 2565-2577.

[239] SCHACHTMAN D P, GOODGER J Q, 2008. Chemical root to shoot signaling under drought

[J]. Trends Plant Sci, 13: 281-287.

[240] SCHALLER G E, BISHOPP A, KIEBER J J, 2015. The yin-yang of hormones: cytokinin and auxin interactions in plant development [J]. Plant Cell, 27: 44-63.

[241] SCHOMBURG F M, BIZZELL C M, LEE D J, et al., 2003. Overexpression of a novel class of gibberellin 2-oxidases decreases gibberellin levels and creates dwarf plants [J]. Plant Cell, 15: 151-163.

[242] SCOFIELD S, MURRAY J A, 2006. KNOX gene function in plant stem cell niches [J]. Plant Mol Biol, 60: 929-946.

[243] SCORZA R, BASSI D, DIMA A, et al., 1994. Developing new peach tree growth habits for higher density plantings [J]. 19-21.

[244] SHARMA M, JOOLKA N K, 2011. Influence of triacontanol and paclobutrazol on growth and leaf nutrient status of Non-Pareil almond under different soil moisture regimes [J]. Indian Journal of Horticulture, 68: 180-183.

[245] SHEN Y, ZHUANG W, TU X, et al., 2019. Transcriptomic analysis of interstock-induced dwarfism in Sweet Persimmon (Diospyros kaki Thunb.) [J]. Hortic Res, 6: 51.

[246] SI Z, LIU H, ZHU J, et al., 2018. Mutation of SELF-PRUNING homologs in cotton promotes short-branching plant architecture [J]. J Exp Bot, 69: 2543-2553.

[247] SINGH A P, DIXIT G, MISHRA S, et al., 2015. Salicylic acid modulates arsenic toxicity by reducing its root to shoot translocation in rice (Oryza sativa L.) [J]. Front Plant Sci, 6: 340.

[248] SIVANAPPAN R K, 1994. Prospects of micro-irrigation in India [J]. Irrigation and Drainage Systems, 8: 49-58.

[249] SOLARI L I, DEJONG T M, 2006. The effect of root pressurization on water relations, shoot growth, and leaf gas exchange of peach (Prunus persica) trees on rootstocks with differing growth potential and hydraulic conductance [J]. J Exp Bot, 57: 1981-1989.

[250] SONG C, ZHANG D, ZHANG J, et al., 2016. Expression analysis of key auxin synthesis, transport, and metabolism genes in different young dwarfing apple trees [J]. Acta Physiologiae Plantarum, 38: 43.

[251] SOSINSKI B, GANNAVARAPU M, HAGER L D, et al., 2000. Characterization of microsatellite markers in peach [Prunus persica (L.) Batsch] [J]. Theoretical and Applied Genetics, 101: 421-428.

[252] SOTIROPOULOS T, 2008. Performance of the apple (Malus domestica Borkh) cultivar Imperial Double Red Delicious grafted on five rootstocks [J]. Horticultural Science, 35: 7-11.

[253] SOUMELIDOU K, BATTEY N H, JOHN P, et al., 1994. The Anatomy of the Developing Bud Union and its Relationship to Dwarfing in Apple [J]. Ann Bot, 74: 605-611.

[254] SUKU S, KNIPFER T, FRICKE W, 2014. Do root hydraulic properties change during the early vegetative stage of plant development in barley (Hordeum vulgare)? [J]. Ann Bot, 113: 385-402.

[255] SUN J, SUN Y, AHMED R I, et al., 2019. Research Progress on Plant RING-Finger Proteins [J]. Genes (Basel), 10.

[256] SUN X, WANG C, XIANG N, et al., 2017. Activation of secondary cell wall biosynthesis by miR319-targeted TCP4 transcription factor [J]. Plant Biotechnol J, 15: 1284-1294.

[257] TAKEI K, YAMAYA T, SAKAKIBARA H, 2004. Arabidopsis CYP735A1 and CYP735A2 encode cytokinin hydroxylases that catalyze the biosynthesis of trans-Zeatin [J]. J Biol Chem, 279: 41866-41872.

[258] TAN F Q, TU H, LIANG W J, et al., 2015. Comparative metabolic and transcriptional analysis of a doubled diploid and its diploid citrus rootstock (C. junos cv. Ziyang xiangcheng) suggests its potential value for stress resistance improvement [J]. BMC Plant Biol, 15: 89.

[259] TAN M, LI G, QI S, et al., 2018a. Identification and expression analysis of the IPT and CKX gene families during axillary bud outgrowth in apple (Malus domestica Borkh.) [J]. Gene, 651.

[260] TAN M, LI G, QI S, et al., 2018b. Identification and expression analysis of the IPT and CKX gene families during axillary bud outgrowth in apple (Malus domestica Borkh.) [J]. Gene, 651: 106-117.

[261] TANAKA M, TAKEI K, KOJIMA M, et al., 2006. Auxin controls local cytokinin biosynthesis in the nodal stem in apical dominance [J]. Plant J, 45: 1028-1036.

[262] TANIMOTO E, 2012. Tall or short? Slender or thick? A plant strategy for regulating elongation growth of roots by low concentrations of gibberellin [J]. Ann Bot, 110: 373-381.

[263] THOMAS, TWORKOSKI, RALPH, et al., 2001. Root and Shoot Characteristics of Peach Trees with Different Growth Habits [J].

[264] THOMAS H, VAN DEN BROECK L, SPURNEY R, et al., 2022. Gene regulatory networks for compatible versus incompatible grafts identify a role for SlWOX4 during junction formation [J]. Plant Cell, 34: 535-556.

[265] TIAN Y-K, WANG C-H, ZHANG J-S, et al., 2005a. Mapping Co, a gene controlling the columnar phenotype of apple, with molecular markers [J]. Euphytica, 145: 181-188.

[266] TIAN Y K, WANG C H, ZHANG J S, et al., 2005b. Mapping Co, a gene controlling the columnar phenotype of apple, with molecular markers [J]. Euphytica, 145: 181-188.

[267] TINGEY D T, PHILLIPS D L, JOHNSON M G, 2003. Optimizing minirhizotron sample frequency for an evergreen and deciduous tree species [J]. New Phytol, 157: 155-161.

[268] TOMBESI S, JOHNSON R S, DAY K R, et al., 2010a. Interactions between rootstock, inter-stem and scion xylem vessel characteristics of peach trees growing on rootstocks with contrasting size-controlling characteristics [J]. AoB Plants, 2010: plq013.

[269] TOMBESI S, JOHNSON R S, DAY K R, et al., 2010b. Relationships between xylem vessel characteristics, calculated axial hydraulic conductance and size-controlling capacity of peach rootstocks [J]. Ann Bot, 105: 327-331.

[270] TURNBULL C G N, RAYMOND M A A, DODD I C, et al., 1997. Rapid increases in cytokinin concentration in lateral buds of chickpea (Cicer arietinum L.) during release of apical dominance [J]. Planta, 202: 271-276.

[271] TWORKOSKI T, FAZIO G J I J O F S, 2015. Effects of Size-Controlling Apple Rootstocks on Growth, Abscisic Acid, and Hydraulic Conductivity of Scion of Different Vigor [J]. 15: 1-13.

[272] TWORKOSKI T, MILLER S, SCORZA R, 2006. Relationship of Pruning and Growth Morphology with Hormone Ratios in Shoots of Pillar and Standard Peach Trees [J]. Journal of Plant Growth Regulation, 25: 145-155.

[273] UMEHARA M, HANADA A, YOSHIDA S, et al., 2008. Inhibition of shoot branching by new terpenoid plant hormones [J]. Nature, 455: 195-200.

[274] VERMA P, CHANDEL J, 2019. EFFECT OF DIFFERENT LEVELS OF DRIP AND BASIN IRRIGATION ON GROWTH, YIELD, FRUIT QUALITY AND LEAF NUTRIENT CONTENTS OF

PEACH CV. REDHAVEN [J].

[275] VINCKEN J P, HENG L, DE GROOT A, et al., 2007. Saponins, classification and occurrence in the plant kingdom [J]. Phytochemistry, 68: 275-297.

[276] VISENTIN I, VITALI M, FERRERO M, et al., 2016. Low levels of strigolactones in roots as a component of the systemic signal of drought stress in tomato [J]. New Phytol, 212: 954-963.

[277] WANG B, SMITH S M, LI J, 2018. Genetic Regulation of Shoot Architecture [J]. Annu Rev Plant Biol, 69: 437-468.

[278] WANG L, FENG C, ZHENG X, et al., 2017. Plant mitochondria synthesize melatonin and enhance the tolerance of plants to drought stress [J]. J Pineal Res, 63.

[279] WANG L, ZHAO Y, REITER R J, et al., 2014. Changes in melatonin levels in transgenic 'Micro-Tom' tomato overexpressing ovine AANAT and ovine HIOMT genes [J]. J Pineal Res, 56: 134-142.

[280] WANG R, LI R, CHENG L, et al., 2021. SlERF52 regulates SlTIP1;1 expression to accelerate tomato pedicel abscission [J]. Plant Physiol, 185: 1829-1846.

[281] WELLS, CHRISTINA, E., et al., 2001. MARKED DIFFERENCES IN SURVIVORSHIP AMONG APPLE ROOTS OF DIFFERENT DIAMETERS [J]. Ecology.

[282] WERNER D J, FANTZ P R, RAULSTON J C J H, 1985. 'White Glory' weeping nectarine [J].

[283] WU W, LI J, WANG Q, et al., 2021. Growth-regulating factor 5 (GRF5)-mediated gene regulatory network promotes leaf growth and expansion in poplar [J]. New Phytol, 230: 612-628.

[284] XIA X, DONG H, YIN Y, et al., 2021. Brassinosteroid signaling integrates multiple pathways to release apical dominance in tomato [J]. Proc Natl Acad Sci U S A, 118.

[285] XU H, ZHANG W, LI M, et al., 2010. Gibberellic acid insensitive mRNA transport in both directions between stock and scion in Malus [J]. Tree Genetics & Genomes, 6: 1013-1019.

[286] XUE H, ZHANG B, TIAN J-R, et al., 2017. Comparison of the morphology, growth and development of diploid and autotetraploid 'Hanfu' apple trees [J]. Scientia horticulturae, 225: 277-285.

[287] YADAVA U L, DAYTON D F, 1972. The Relation of Endogenous Abscisic Acid to the Dwarfing Capability of East Malling Apple Rootstocks1 [J]. Journal of the American Society for Horticultural Science, 97: 701-705.

[288] YAO S, MERWIN I A, BROWN M G, 2009. Apple Root Growth, Turnover, and Distribution Under Different Orchard Groundcover Management Systems [J]. HortScience horts, 44: 168-175.

[289] YOSHIDA M, YAMANE K, IJIRO Y J B O T C O A U U, 2000. Studies on ornamental peach cultivars [J]. 17: 1-14.

[290] YU Y, KIM H S, MA P, et al., 2020. A novel ethylene-responsive factor IbERF4 from sweetpotato negatively regulates abiotic stress [J]. Plant Biotechnology Reports, 14: 397-406.

[291] ZARROUK O, GOGORCENA Y, GóMEZ-APARISI J, et al., 2005. Influence of almond × peach hybrids rootstocks on flower and leaf mineral concentration, yield and vigour of two peach cultivars [J]. Scientia Horticulturae, 106: 502-514.

[292] ZENG R F, ZHOU H, FU L M, et al., 2021. Two citrus KNAT-like genes, CsKN1 and CsKN2, are involved in the regulation of spring shoot development in sweet orange [J]. J Exp Bot, 72: 7002-7019.

[293] ZHANG J Z, ZHAO K, AI X Y, et al., 2014. Involvements of PCD and changes in gene expression profile during self-pruning of spring shoots in sweet orange (Citrus sinensis) [J]. BMC

Genomics, 15: 892.

[294] ZHANG W N, DUAN X W, MA C, et al., 2013. Transport of mRNA molecules coding NAC domain protein in grafted pear and transgenic tobacco [J]. Biologia Plantarum, 57: 224-230.

[295] ZHANG Y, ZHANG B, YAN D, et al., 2011. Two Arabidopsis cytochrome P450 monooxygenases, CYP714A1 and CYP714A2, function redundantly in plant development through gibberellin deactivation [J]. Plant J, 67: 342-353.

[296] ZHAO C, AVCI U, GRANT E H, et al., 2008. XND1, a member of the NAC domain family in Arabidopsis thaliana, negatively regulates lignocellulose synthesis and programmed cell death in xylem [J]. Plant J, 53: 425-436.

[297] ZHENG H Q, STAEHELIN L A, 2001. Nodal endoplasmic reticulum, a specialized form of endoplasmic reticulum found in gravity-sensing root tip columella cells [J]. Plant Physiol, 125: 252-265.

[298] ZHENG X, ZHAO Y, SHAN D, et al., 2018. MdWRKY9 overexpression confers intensive dwarfing in the M26 rootstock of apple by directly inhibiting brassinosteroid synthetase MdDWF4 expression [J]. New Phytol, 217: 1086-1098.

[299] ZHOU Y, HAYAT F, YAO J, et al., 2021. Size-controlling interstocks affect growth vigour by downregulating photosynthesis in eight-year-old 'Red Fuji' apple trees [J]. European Journal of Horticultural Science, 86.

[300] ZHOU Y, TIAN X, YAO J, et al., 2019. Morphological and photosynthetic responses differ among eight apple scion-rootstock combinations [J]. Scientia Horticulturae, 261: 108981.

[301] ZHU X F, ZHU C Q, ZHAO X S, et al., 2016. Ethylene is involved in root phosphorus remobilization in rice (Oryza sativa) by regulating cell-wall pectin and enhancing phosphate translocation to shoots [J]. Ann Bot, 118: 645-653.

[302] ZHUO X, ZHENG T, ZHANG Z, et al., 2021. BULKED SEGREGANT RNA SEQUENCING(BSR-SEQ)IDENTIFIES A NOVEL ALLELE ASSOCIATED WITH WEEPING TRAITS IN PRUNUS MUME [J]. 8: 19.

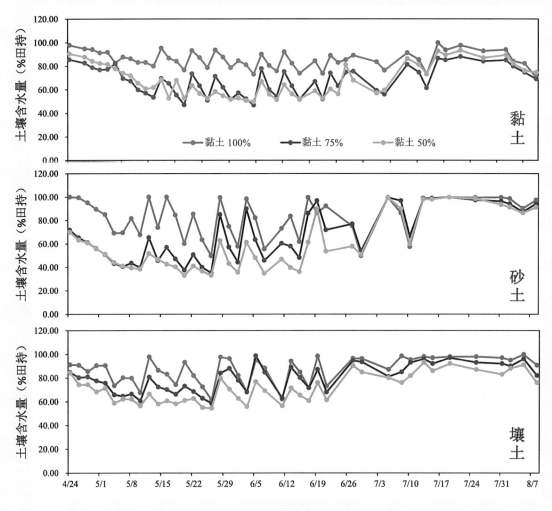

图 3-3　不同质地土壤梨水分需求特性

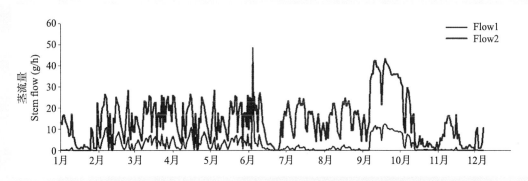

图 3-5　不同粗度冰糖橙枝条（Flow1 枝条直径为 1cm 和 Flow2 枝条直径为 3.2cm，下同）

周年茎流量变化（2020 年）

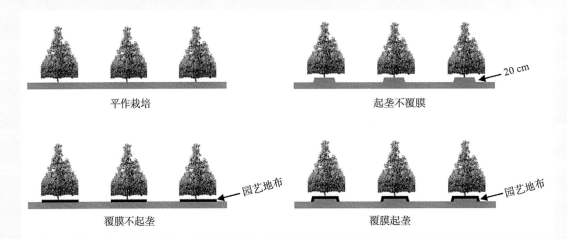

图 3-25　不同节水栽培模式图

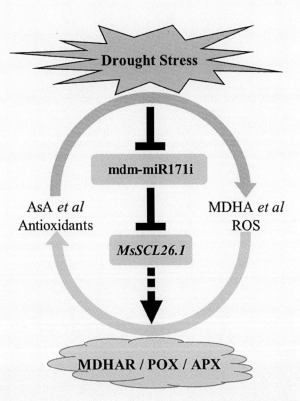

图 3-45　MiR171i-*MsSCL26.1* 模块介导新疆野苹果抗旱性的模式图

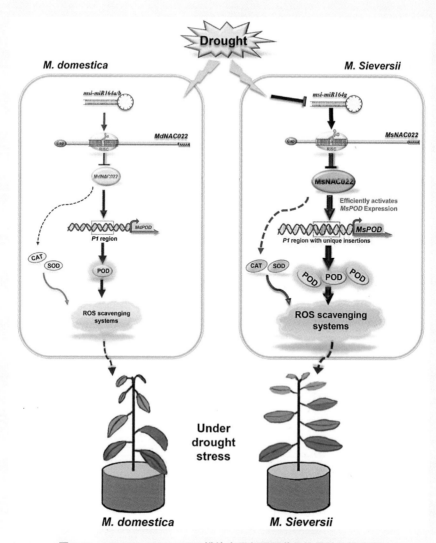

图 3-46　MiR164g-*MsNAC022* 模块介导新疆野苹果抗旱性的模式图

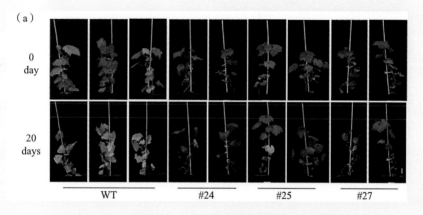

图 3-54　干旱条件下 *VlbZIP30* 转基因葡萄的水分高效利用

图 4-5　果园土壤钻孔通气与滴灌施肥协同实施

图 4-27　葡萄叶片和果实缺钾症状

图 4-33　土壤不同 pH 值下'红星'苹果叶片黄化情况

弘前富士　　　　　　　　红星　　　　　　烟富3号
Hirosaki Fuji　　　　　　Red Star　　　　Yanfu 3

图 4-41　缺铁处理下不同苹果品种叶片黄化情况

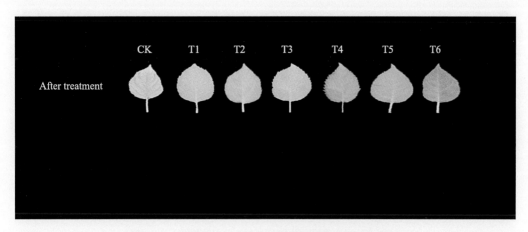

图 4-42　苹果黄化叶片喷施不同复配铁肥后的叶色变化